Stefan Hornbostel

Wissenschaftsindikatoren

Stefan Hornbostel

Wissenschaftsindikatoren

Bewertungen in der Wissenschaft

Westdeutscher Verlag

Die Deutsche Bibliothek – CIP-Einheitsaufnahme

Hornbostel, Stefan:
Wissenschaftsindikatoren: Bewertungen in der Wissenschaft / Stefan Hornbostel. – Opladen: Westdt. Verl., 1997
ISBN 3-531-12908-2

Der Westdeutsche Verlag ist ein Unternehmen der Bertelsmann Fachinformation.

Umschlaggestaltung: Horst Dieter Bürkle, Darmstadt
Umschlagbild: Honoré Daumier: Die Azteken vor den Gelehrten
Gedruckt auf säurefreiem Papier

ISBN 978-3-531-12908-2 ISBN 978-3-322-90335-8 (eBook)
DOI 10.1007/978-3-322-90335-8

¿Las oyes cómo piden realidades ....?

Inhaltsverzeichnis

1 Einleitung

> Wie kann man einerseits die Wissenschaft und ihre Resultate skeptisch ansehn, ja verächtlich betrachten u. doch sie dann für wahr setzen u. zu eigenen Ideen verwerten. Scheinbar widerspruchsvoll. Aber nur scheinbar. Anstelle des Begriffs der *Wahrheit* u. der Realität, einst theologisches, dann wissenschaftliches Requisit, tritt ja jetzt der Begriff der *Perspective* ...
>
> Gottfried Benn

Wissenschaftsforschung, die Wissenschaft und ihre Institutionen zum Gegenstand hat, ist zumindest als institutionalisiertes Spezialgebiet ein relativ junges Phänomen. Noch Anfang der 60er Jahre drückte Robert Merton seine Verwunderung darüber aus, *daß so wenige Soziologen (und Historiker) des 20. Jahrhunderts die Wissenschaft als eine der großen sozialen Institutionen ihrer Zeit behandelt haben* (MERTON 1972 a: 121). Bald danach entstanden allerdings auch in der Bundesrepublik die ersten Studien und Memoranden zur Wissenschaftsforschung. Mit Beginn der 70er Jahre setzte dann international ein exponentielles Wachstum der Literatur zum Thema "Messung von Forschungsleistungen" ein. Daniel und Fisch (1986: XIV) fanden bei der Zusammenstellung einer Bibliographie zu dem Thema für den Zeitraum 1910 bis 1949 lediglich 15 Arbeiten, für den Zeitraum 1950 bis 1969 bereits 126 Publikationen und allein in der Zeit von 1970 bis 1985 schon 522 Beiträge. Heute läßt sich international eine keineswegs abgeschlossene *beachtenswerte institutionelle Etablierung* der Wissenschaftsforschung als Forschungsgebiet feststellen (FELT u.a. 1995: 28). Waren viele der frühen Studien über Forschungsleistungen noch von ausschließlich akademischem Interesse, bekam in den 80er Jahren dieses Thema auch eine hochschul- und wissenschaftspolitische Brisanz, dadurch, daß in vielen europäischen Ländern die Evaluation von Forschungs- und Lehrleistungen der Hochschulen eingefordert und teilweise auch die Mittelvergabe mit den Ergebnissen derartiger Leistungsbewertungen verknüpft wurde. Stichworte wie Wettbewerb, Transparenz, "value for money" beschreiben diese veränderte wissenschaftspolitische Situation: *[T]he question of to asses the quality of higher education and scientific research became one of the central issues in European higher education in the last decade* (GOEDEGEBUURE u.a. 1990: 15). Damit einhergehend entwickelte sich vor allen Dingen aus der Wissenschaftspolitik heraus ein erheblicher Bedarf an geeigneten Evaluationsmethoden für Forschung und Lehre. In der Bundesrepublik Deutschland diagnostizierte der Wissenschaftsrat Handlungsbedarf in stärkerem Maße für die Lehre als für die Forschung und stellte *ein gravierendes Defizit (...) in der Berichterstattung über die Bedingungen und Leistungen in der Lehre* (1993: 52) fest, verbunden mit einer Empfehlung, rasch Verfahren und Kriterien für eine überregionale Evaluation der Lehre zu entwikkeln.

Wie auch in anderen europäischen Ländern trifft die Forderung nach Evaluation und Berichterstattung über erbrachte Leistungen in Lehre und Forschung auf eine Situation stagnierender öffentlicher Zuwendungen. Seit Mitte der 70er Jahre sind die

Ausgaben für die deutschen Hochschulen, wenn man den Klinikbereich unberücksichtigt läßt, in realen Preisen sogar gesunken, obwohl das Hochschulwesen in dieser Zeit beständig expandierte. Forschung und akademische Ausbildung konkurrieren seit dem Ende der exponentiellen Wachstumsphase immer stärker mit anderen gesellschaftlichen Bereichen um knappe öffentliche Ressourcen (vgl. ERICHSEN 1995: 217). Dabei geht die Stoßrichtung der Wissenschaftspolitik deutlich in jene Richtung, die der Wissenschaftsrat seit 1985 immer wieder eingefordert hat, nämlich in Richtung der Implantation von quasi-marktwirtschaftlichen Steuerungselementen. Inzwischen herrscht auch eine gewisse Einigkeit dahingehend, *daß angesichts der desolaten Lage der öffentlichen Haushalte eine Erhöhung der Ausgaben für die Hochschulen nur zu erreichen ist, wenn die Effizienz der Hochschulen in Lehre und Forschung nachgewiesen und öffentlich überprüfbar gemacht wird* (ARBEITSGRUPPE BILDUNGSBERICHT 1994: 683).

Hinter dieser Einigkeit eines kleinsten gemeinsamen Nenners verbergen sich allerdings Konflikte, die tiefer begründet liegen als lediglich in einem Spannungsverhältnis zwischen einem Informationsrecht der Öffentlichkeit,[1] selektiv eingesetzter finanzieller Steuerungsinstrumente auf der einen und der Autonomie von Forschung und Lehre auf der anderen Seite. Während die Konstrukteure von Evaluationsinstrumenten betonen, daß *Indikatoren zur Messung der Forschungsqualität nur als Korrektiv der Selbstbewertung dienen, nicht aber als Kampfinstrument fremder Interessengruppen gegen die Wissenschaft* (WEINGART 1993: 34), zeichnen sich sowohl im Binnenverhältnis der Wissenschaft als auch im Verhältnis von Wissenschaft und Gesellschaft tiefergreifende Veränderungen gerade im Hinblick auf die Ausgestaltung wissenschaftlicher Autonomie ab: *Heute, da Wissenschaft in der Gestalt von Technologie direkt greifbare Auswirkungen auf nahezu alle anderen Lebensbereiche hat (...), ist weder Raum noch viel Verständnis für Wissenschaft nach dem reinen Curiositas-Prinzip, das jede wissenschaftliche Maßnahme mit dem um die Folgen unbekümmerten neugierigen Erkennenwollen rechtfertigt. Und so kann (...) auch nicht verwundern, daß nicht nur in der zur Wissenschaftsforschung entwickelten Wissenschaftsphilosophie, sondern auch in deren Gegenstandsbereich, den Wissenschaften selbst, der Bedarf an Orientierungswissen zunimmt* (ZIMMERLI 1988: 54). Dieser Bedarf an Orientierungswissen hat allerdings sehr unterschiedliche Aspekte:

- Mit der Verwissenschaftlichung der Gesellschaft, der Entwicklung zur Wissensgesellschaft oder dem Umbau von Organisationen und Gesellschaften zu wissensbasierten Systemen hat Wissen eine enorme Bedeutungssteigerung als Steuerungsressource erreicht. Damit einher geht ein Verschleiß der Autorität dieses Wissens. In Gestalt von Zweifeln am Expertenstatus von Wissenschaftlern, in der Betonung der kontextuellen Bindung der Rationalität wissenschaftlicher Erkenntnis, in der neuerlichen Suche nach einer ethischen Fundierung der Wissenschaft, als Verrechnung von wissenschaftlichen Erfolgen mit potentiellen oder realen wissenschaftsinduzierten Katastrophen, aber auch als Zweifel am wissenschaftstheoretischen Selbstverständnis (insbesondere eines reduktionistischen Wissenschaftsprogramms) äußert sich die selbst als wissenschaftlich auftretende und treffend als *Sekundärverwissenschaftli-*

1 Im §2 des Hochschulrahmengesetzes ist ausdrücklich die Informationspflicht gegenüber der Öffentlichkeit festgeschrieben.

chung (BECK 1982) bezeichnete Kritik an der Wissenschaft. Forschung wird zunehmend als ein sozial, technologisch und ökologisch riskantes Unternehmen gewertet. Um gesellschaftliche Akzeptanz aufrechtzuerhalten, bedarf es neuartiger, Wissenschaft auf der Metaebene nutzende Vermittlungsinstanzen (Ethikkommissionen, Technikfolgenabschätzung, Sozial- und Umweltverträglichkeitsprüfungen etc.). Es bedarf aber auch einer veränderten wissenschaftstheoretischen Reflexion darüber, was die Qualität von Forschungsarbeiten ausmacht.

• Verschwimmende Grenzen zwischen Wissenschaft und Technik und Verwissenschaftlichung vieler gesellschaftlicher Bereiche auf der einen Seite und stagnierende Ressourcen, Wachstumsgrenzen auf der anderen, stellen die Organisation von Forschung und Lehre und die Verfahren der Ressourcenverteilung vor neue Aufgaben. Bereits seit längerer Zeit zeichnet sich in der Bundesrepublik eine tendenzielle Umorientierung in der Forschungsfinanzierung ab. Die weitgehend von der Zahl der Studenten abhängige Grundfinanzierung verliert gegenüber der antragsgebunden Drittmittelfinanzierung an Gewicht; Länder und Bund bringen zunehmend spezielle antragsgebundene Fonds aus, deren Mittel selektiv zur Förderung spezieller Vorhaben eingesetzt werden. In anderen europäischen Ländern ist die Tendenz, Mittelkürzungen oder Umverteilungen an qualitativen Kriterien festzumachen - anstelle linearer oder globaler Verteilungsstrategien - noch stärker festzustellen. Der Wissenschaftsrat fordert auch für die Hochschulen selbst, Forschungsfinanzierung über Haushaltsmittel *stärker als bisher nach Qualitätsgesichtspunkten zu differenzieren* (1988: 83). Derartige Strukturpolitik benötigt nicht mehr nur Informationen über Input und Bestandsgrößen, sondern zunehmend auch Informationen über Qualität und Quantität des Outputs.

• Differenzierte und selektive Ressourcenverteilungen erzeugen ihrerseits einen Bedarf an leistungsfähigen Entscheidungsstrukturen und Legitimationsbedarf für getroffene Verteilungsentscheidungen. Auf ersteres sind insbesondere die Hochschulen denkbar schlecht vorbereitet. Die Reform und der Ausbau des Hochschulwesens in der Bundesrepublik hat die Entscheidungs- und Verteilungsstrukturen nahezu unverändert gelassen: *In ihrer traditionellen Verfasstheit kann die Hochschule die Aufgaben der Leistungsevaluation, der leistungsgesteuerten Ressourcenverteilung und der eigenverantwortlichen Anpassung an die Anforderungen der gesellschaftlichen Umwelt nicht wahrnehmen* (WISSENSCHAFTSRAT 1993a: 18). Öffentlicher Legitimationsbedarf entsteht unter solchen Bedingungen, unter denen die Autonomie der Wissenschaft allein keine hinreichende Legitimation mehr ist, sowohl bei den Ressourcenempfängern (Sind die Mittel effizient eingesetzt? Welche Leistungen wurden erzielt? usw.) als auch bei den Mittelgebern bzw. den verteilenden Institutionen (Wurden tatsächlich innovative und gehaltvolle Ansätze gefördert? Sind die Mittel in die richtigen Wissenschaftsgebiete geflossen? usw.). Damit sind wissenschaftssoziologische Fragen nach der Funktionsfähigkeit der Selbststeuerungsmechanismen der Wissenschaft aufgeworfen, aber auch wissenschaftstheoretische Fragen nach den Grundlagen für derartige Entscheidungsprozesse. Daß es sich dabei nicht um rein akademische Fragen handelt, zeigt sich nicht zuletzt in der wissenschaftsinternen Kritik am traditionellen Verfahren des Peer Review. Auf der wissenschaftspolitischen Seite ist zu notieren, daß von stärkerer Leistungstransparenz und verstärkten Wettbewerbsanreizen auf der institutionellen Ebene die Mobilisierung erheblicher Leistungsreserven erwartet wird. Es wird vermutet, daß öffentlich dokumentierte Leistungsprofile das Renommee von Institutionen so stark zu beeinflussen vermögen, daß positive Rückwirkungen auf das Motivations-, Organisations- und Entscheidungssystem eintreten (vgl. WISSENSCHAFTSRAT 1985: 10 ff).

- Wachsender Orientierungsbedarf über Schwerpunkte und Stärken wie Schwächen in Forschung und Lehre besteht angesichts eines quantitativ erheblich gewachsenen Hochschulsystems auch von externer Seite aus, nämlich dort wo Wissenschaft als "Dienstleistungsbetrieb" auftritt.
- Ebenfalls mit dem Wachstum von Wissenschaft hängt schließlich ein wissenschaftsinternes wie -externes Orientierungsproblem über das vorhandene Wissen zusammen. Schon lange ist absehbar, daß die "Informationsexplosion", die das exponentielle Wissenwachstum produziert hat, Auswirkungen auf die wissenschaftlichen Kommunikationsstrukturen und Mechanismen der Informationsselektion hat. Inzwischen werden jährlich rund 4 Millionen wissenschaftliche Publikationen in ca. 70.000 Fachzeitschriften veröffentlicht, von den Monographien ganz abgesehen. Für eine Suche nach einschlägiger Literatur stehen heute weltweit ca 4.000 Datenbanken zur Verfügung, wobei allein der Science Citation Index etwa 1,5 Millionen Dokumente nachweist. Die absehbare Folge ist, daß sich die Informationsexplosion wiederholt: *Das Datenbankangebot und die Datenbanken selbst wachsen mit einer derartigen Schnelligkeit, daß es immer schwieriger wird, die gewaltigen Informationsmengen gezielt zu verwenden* (HERFURTH/OHLY 1994: 79). Es sind nun die Datenbankbetreiber, die das Bewertungsproblem neuerlich aufnehmen und danach fragen, wie sich "relevante" Literatur identifizieren läßt, wie sich Experten für ein Spezialgebiet ausfindig machen lassen, wie sich neu entwickelnde Spezialgebiete bestimmen lassen etc. Auf der Metaebene, d.h. nicht auf der Ebene der originären Forschung, sondern auf der Ebene der Selektion und Verknüpfung von Informationen über Forschung, entsteht damit das ganze Problem der Bewertung aufs neue. Und ebenso werden all jene Fragen nach einer wissenschaftstheoretischen Fundierung dieser Transformation von Information in Wissen wie auch die Fragen nach den sozialen Kontexten, in denen Informationssuchende und "intelligente" Datenbanken aufeinandertreffen, nun für das Informationsmanagement neuerlich aufgeworfen (vgl. INGWERSEN 1994).

Diese kurze Skizze zeigt zweierlei: a) Der Orientierungsbedarf über Wissen, Wissenschaft, wissenschaftliche Institutionen und ihre Leistungsfähigkeit ist nicht auf einen speziellen Nutzerkreis beschränkt. Orientierende Informationen können daher immer von verschiedenen Interessenten mit unterschiedlichen Fragestellungen und Intentionen genutzt werden. b) Nicht nur Selektionsentscheidungen, sondern bereits orientierende Informationen - und dazu gehören auch Wissenschaftsindikatoren - sind von Konflikten begleitet, da eingespielte Aushandlungsmechanismen und damit verbundene Machtpositionen zur Disposition gestellt werden. Es geht bei einer indikatorgestützten Berichterstattung also immer um Interessen, aber auch um ein übergreifendes Identitätskonzept, aus dem sich Autonomieansprüche herleiten lassen. Luhmann (1987b: 161) hatte den Begriff der Selbstbeschreibung für ein solches Identitätskonzept vorgeschlagen, das selbstreferentiellen Systemen erlaubt, ihre Selbstbeobachtung nicht einfach okkasionell und situativ zu organisieren, sondern wie das Wissenschaftssystem durch strukturelle Vorgaben zu steuern. Einmal tradiert, können solche Selbstbeschreibungen durchaus ihre *Adäquität im Verhältnis zur struk-*

turellen Komplexität des Systems verlieren und dann zu Korrekturen Anlaß geben, *auch wenn das Plausibilitätsniveau der Tradition nicht so rasch wiedergewonnen werden kann* (ebd.). Insofern erscheint es lohnend, angesichts des veränderten Legitimationsbedarfs von Wissenschaft die noch im Erprobungsstadium befindlichen Systeme von Wissenschaftsindikatoren auf ihren potentiellen Beitrag zur Formierung eines wissenschaftlichen Selbstverständnisses zu befragen. Rückt man die quantifizierende Wissenschaftsforschung in die Perspektive subsystemarer Selbstbeschreibungen, dann wird schnell verständlich, warum Leistungs- oder Qualitätsindikatoren nicht nur die Stabilität wissenschaftspolitischer und organisationeller Arrangements gefährden können, sondern auch potentiell in Konkurrenz zu anderen tradierten Selbstbeschreibungen geraten. Denn wenn sich Luhmanns (1987b: 162) Charakterisierung moderner Gesellschaften durch den Verlust einer *representatio identitatis* auf Wissenschaft übertragen läßt, dann ist nicht nur mit einer marktförmigen Ausdifferenzierung von Bewertungsprozessen zu rechnen (vgl. BEN-DAVID 1977: 250), sondern auch mit divergierenden Mustern von Selbstbeschreibungen.

Zumindest die heftigen Reaktionen auf die ersten Versuche, mit Hilfe von Indikatoren öffentliche Leistungsvergleiche vorzunehmen, deuten darauf hin, daß - jenseits methodischer Vorbehalte - auch wichtige Interessen als gefährdet angesehen wurden: Weingart und Winterhager (1984: 28-31) berichten über die heftigen Konflikte, bis hin zu persönlicher Diffamierung, die eine Studie über die Förderprofile der amerikanischen National Science Foundation auslöste, und über die Androhung von Gerichtsklagen und das massive Eingreifen der Presse im Falle zweier britischer Untersuchungen von Martin und Irvine über Forschungszentren auf dem Gebiet der Radioastronomie und der Hochenergiephysik. Fisch (1988: 19) beschreibt auch für die Bundesrepublik, daß solche Wissenschaftler sich *mehr oder weniger verdeckten Ad-personam Angriffen* ausgesetzt sehen, und auch die Leitungsebenen von Universitäten sowie manche Länderministerien *sensibel auf die öffentliche Bekanntmachung autochthoner Versuche einer Fächer- oder Universitätsbewertung* reagieren. Die Auseinandersetzungen und das breite Echo in der Presse um die Veröffentlichung von Studienzeiten durch den Wissenschaftsrat und die scharfen Kontroversen um die Evaluation von Hochschulen im Auftrag von Zeitschriften und Magazinen ließen sich dieser Liste anfügen. Auf seiten der Evaluatoren machte sich Vorsicht breit: In vielen Evaluationsstudien wurde darauf verzichtet, Universitäten und Fachbereiche beim Namen zu nennen, um so jeder Möglichkeit administrativer Verwendung der Untersuchungsergebnisse vorzubeugen. Auf seiten der Hochschulen entstanden sehr diffuse, aber dennoch ernsthafte Befürchtungen im Hinblick auf die Konsequenzen solcher Bewertungsversuche: *Was bedeutet ein Mittel- oder Schlußplatz in der Rangreihe in einer Zeit knapper Mittel und langfristig rückläufiger Studentenzahlen? Welche Auswirkungen würde ein ungünstiger Platz in der Physik oder in der Betriebswirtschaftslehre für die weitere Nachfrage nach Studienplätzen und für die Existenz der Fächer an einzelnen Orten haben?* (ALEWELL 1989: 11)

Es geht an dieser Stelle nicht darum, die Berechtigung so spektakulär vorgetragener Kritik zu prüfen oder andersherum gegen Kritik zu immunisieren. Vielmehr stellt sich die Frage, ob nicht jenseits aller Sachfragen und personeller und institutioneller Abwehrstrategien die Schärfe der Kritik andeutet, daß von der Wissenschaftlergemeinde ein höheres Gut, nämlich die Selbststeuerungsfähigkeit des Wissenschaftssystems, als bedroht wahrgenommen wird. Diese Frage drängt sich auf angesichts der Tatsache, daß Bewertungsprozeduren eigentlich zum Alltagsgeschäft der Wissenschaft gehören: Gutachter bewerten die Qualität von Drittmittelforschungsvorhaben, Herausgeber und Gutachter wissenschaftlicher Verlage bewerten die Eignung eingereichter Manuskripte, Wissenschaftler selektieren, bewerten und zitieren vorhandene Literatur im Rahmen ihrer eigenen Forschung, der Staat holt bei wichtigen Allokationsentscheidungen Expertise aus der Wissenschaft ein, Berufungskommissionen bewerten Personen im Rahmen des Verfahrens, wissenschaftliche und außerwissenschaftliche Gesellschaften vergeben Preise und Ehrungen, wissenschaftliche Fachgesellschaften wählen aus ihren Reihen Fachgutachter der DFG und nicht zuletzt werden im Rahmen der Lehre permanent Bewertungen vorgenommen. Derartige Partialbewertungen werden durchaus auch zu pauschaleren Reputationsurteilen über Personen und Institutionen zusammengezogen, wie die einschlägige Forschung zeigt. Wissenschaftsindikatoren stimmen mit solchen informellen Reputationsurteilen mal mehr, mal weniger überein. Die Kritik an veröffentlichten Evaluationen scheint allerdings weniger vom Maß der Übereinstimmung als vom Ausgang der Evaluation bestimmt zu sein.

Mit dem *Tabu des öffentlichen Nachweises qualitativer Unterschiede zwischen den Universitäten* (ARBEITSGRUPPE BILDUNGSBERICHT 1994: 681) wurde in der Bundesrepublik erst gebrochen, nachdem die Massenmedien sich des Themas angenommen hatten. Zunächst hatte das Nachrichtenmagazin DER SPIEGEL 1989 erstmalig die Studienbedingungen in Form eines Ranking deutscher Universitäten veröffentlicht. Es folgten eine Vielzahl weiterer öffentlicher Evaluationsversuche. Neben der Lehre ist auch das Forschungsranking inzwischen nicht mehr nur ein vorsichtig betriebenes akademisches Unternehmen, sondern wurde als Reputationsranking (STERN 1993) bzw. als Publikationsranking mit dem Anspruch, *leistungsfähige Forschungsstätten zu erkennen* (FOCUS 39/1993: 131), oder als Zitationsranking, das unter den Forschungseinrichtungen die *Aktiven*, die *Einflußreichen* und *Effektiven* zu identifizieren beansprucht (BILD DER WISSENSCHAFT 5/1993: 38), einer breiten Öffentlichkeit präsentiert.

Unter dem Druck, praktisch verwertbare Ergebnisse zu produzieren, hat sich dabei die Technik der Indikatorenkonstruktion weitaus schneller entwickelt als die theoretische Reflexion über deren Aussagefähigkeit, und damit zusammenhängend scheinen sich die hauptsächlich an der Wissenschaftsforschung beteiligten Disziplinen (Philosophie, Geschichte, Soziologie und die eher praktisch orientierte Research & Development Forschung) weitgehend gegeneinander abgeschottet zu haben. Zitationsanalysen deuten darauf hin, daß die intellektuellen Interessen aus diesen Disziplinen kaum gemeinsame Schnittmengen haben (LEYDESDORFF 1989). Das sollte aber nicht darüber hinwegtäuschen, daß sich die Entwicklung auch der quantifizierenden Wissenschaftsforschung keineswegs in spektakulären Ranglisten erschöpft; vielmehr verbinden sich hier eher grundlagenorientierte wissenschaftssoziologische Fragestellungen und anwendungsorientierte Methodenentwicklung: *Indeed in this new field, 'quantitative studies of science and technology', is flourishing as result of both a demand from science policy and research management, and the push from those science studies using increasingly advanced statistical and computerized data-handling techniques* (VAN RAAN 1988: 1).

Umstritten ist vor allen Dingen, inwieweit Wissenschaftsforschung kompetent Aussagen über wissenschaftsphilosophische Themen wie Qualität wissenschaftlicher Arbeit, Fortschritt etc. machen kann, und politisch, ob eine solche Unternehmung die Demontage eingespielter innerwissenschaftlicher Selbstverständigungen wie auch der Legitimation von Wissenschaft gegenüber der Politik betreibt. So spricht Mittelstraß (1979: 74) von mindestens zwei "Mißverständnissen", die den Institutionalisierungsprozeß der Wissenschaftsforschung begleitet hätten: *Einmal von seiten der Wissenschaften, insofern die von der Wissenschaftsforschung angestrebte Analyse des Faktums Wissenschaft unter dem Gesichtspunkt seiner Steuerbarkeit und Planbarkeit als Übergriff eines 'finalisierenden' wissenschaftsexternen Interesses auf eine nach ihrem überwiegenden Selbstverständnis selbstzweckhaft orientierte Wissenschaftspraxis aufgefaßt werden kann (...). Zum anderen von seiten der Wissenschaftsforschung selbst, insofern diese den Eindruck erweckt, als ob sie in ihrem integrativen Ansatz gleich auch die Rolle der bisherigen wissenschaftstheoretischen Reflexion mit übernehmen könne und wolle.*

Das erste Mißverständnis betrifft die mit der Institutionalisierung einer öffentliche Leistungsbewertung immer auch hervorgerufene Veränderung sowohl in den Binnenverhältnissen von Wissenschaft als auch in ihren Beziehungen zu gesellschaftlichen Einrichtungen. Nicht nur Wissenschaftspolitik orientiert sich möglicherweise an Leistungsindikatoren und Bewertungen, auch die Klientel von Wissenschaft und Wissenschaftler selbst nutzen derartige Information u.U. in wenig vorhersehbarer Weise. Wissenschaftler werden vermutlich, wie der Siegeszug des *publish or perish* gezeigt hat, mit veränderten Strategien auf derartige Bewertungen regieren, ebenso wie Institutionen eventuell zu veränderten Managementverhalten genötigt werden. Finalisierend im Sinne der Durchsetzung einer extern formulierten Zielsetzung wirken Indikatoren jedoch deshalb nicht, weil sie regelmäßig auf Prozeßdaten, auf weitgehend in der wissenschaftlichen Praxis selbst produzierte Daten, zurückgreifen. Neutral sind derartige Indikatoren deshalb allerdings noch nicht, denn Datenauswahl, -sammlung, -aufbereitung, -präsentation und -interpretation lassen weite Spielräume. Die möglichen Steuerungseffekte hängen damit durchaus von der Auswahl bestimmter Indikatoren ab. Der Versuch, Forschungs- und Lehrleistungen zu erheben und zu bewerten, gar über quantitative Meßoperationen in Indikatoren zu symbolisieren und eventuell als Institution im Wissenschaftssystem selbst zu verankern, wirft Fragen in sehr unterschiedlichen Kontexten auf. Wenn an den Modus wissenschaftsinterner Bewertungen angeknüpft werden soll, bedarf es zunächst der Kenntnis darüber, wie innerhalb von Wissenschaft Qualitätsurteile über wissenschaftliche Leistungen gefällt und in den Selbststeuerungsmechanismus von Wissenschaft inkorporiert werden. Der Versuch, solche fall- und kontextabhängigen Bewertungen zu generalisieren, wirft methodische und technische Fragen auf. Welche Möglichkeiten zur Explizierung solcher Urteile sind überhaupt gegeben, welche sachlichen, zeitlichen, organisatorischen, räumlichen, sozialen Differenzierungen sind zu berücksichtigen und welche Informationen sind mit hinreichender Verläßlichkeit zugänglich?

Mit diesen Fragen ist das zweite "Mißverständnis" angesprochen, das Mittelstraß im Verhältnis von Wissenschaftsforschung und anderen Disziplinen ausmachte. Nicht nur spektakuläre Ranglisten oder Effizienzvergleiche einzelner Institutionen sind unmittelbar mit der Frage, wie sich die Qualität wissenschaftlicher Arbeit messen läßt, konfrontiert. Bereits die Versuche, Strukturinformationen über einzelne Wissenschaftsbereiche bereitzustellen, z.B. kognitive Landkarten zu entwerfen, müssen Fragen nach der "Zentralität" eines wissenschaftlichen Beitrages zum Erkenntnisfortschritt, nach der "Bedeutung" und "Wichtigkeit" von Personen und Werken in irgendeiner Weise operationalisieren. Das übersteigt die klassischen Fragen der Wissenschaftsphilosophie, zumal speziell die Methodologie ihrerseits nach Wegen für eine praktikable Bewertung wissenschaftlicher Leistungen sucht. Die Schwierigkeiten bei der Entwicklung aussagekräftiger Indikatoren und die heftigen Konflikte bei der Implementation solcher Indikatoren zeigen, daß es um mehr als ein technisches Problem der symbolischen Abbildung von Leistungen geht. Die zitierten "Mißverständnisse", die die Entwicklung von Wissenschaftsindikatoren begleiteten, sollten daher auch nicht vorschnell auf ein instrumentell-technisches Problem verkürzt, sondern vielmehr als Indiz dafür gewertet werden, daß Wissenschaft als gesellschaftliches Subsystem möglicherweise in der Art und Weise seiner Selbstbeschreibung eine transitorische Phase durchlebt, deren Ausgang noch offen ist.

Systemische Selbstbeschreibungen liegen einerseits als wissenschaftstheoretische Analyse und daraus gewonnenen normativen Methodologien vor, für die vor allen Dingen ideale, weitgehend situations- und subjektunabhängige Bezugspunkte wie Wahrheit oder Vernunft strukturbestimmend sind. Andererseits liegen wissenschaftssoziologische Beschreibungen und Analysen und z.T. auch normative Postulate vor, die aus der sozialen Struktur des Wissenschaftssystems die Steuerungsmechanismen dieses Systems zu rekonstruieren suchen. Beide Varianten der Selbstbeschreibung des Wissenschaftssystems sollen zunächst daraufhin untersucht werden, in welcher Weise sie das Problem der Bewertung wissenschaftlicher Erkenntnisansprüche und Leistungen angehen, an welchen Stellen selbstreferentielle Schleifen zu unergiebigen Tautologien führen und welche praktischen Konsequenzen sich daraus für eine öffentliche Information über wissenschaftliche Leistungen ergeben. In einem zweiten Schritt sollen praktische Verfahren der Leistungsbewertung vorgestellt und auf ihre Kompatibilität mit den vorhandenen Selbstbeschreibungen geprüft werden. Es geht dabei einerseits um die klassischen Verfahren des Peer-Review, andererseits um die verschiedenen Techniken, mit Hilfe quantifizierender Verfahren Aussagen über Strukturen und Leistungen der scientific community zu gewinnen. Berücksichtigt wurden dabei nur Forschungsindikatoren. Der Versuch, Selbstbeschreibungen durch empirische Verfahren der Leistungsmessung auf ihre Angemessenheit zu überprüfen oder umgekehrt empirische Verfahren dadurch zu validieren, daß ihre Befunde auf die Kategorien der Selbstbeschreibung bezogen werden - also danach zu fragen, ob z.B. Wissenschaftsindikatoren tatsächlich "gute" Forschung identifizieren -, stößt auf ein grundsätzliches Problem. Wissenschaftsindikatoren sind Teil einer Selbstbeobachtung von Wissenschaft. Sie sind dabei direkt auf existierende Selbstbeschreibungen bezogen. Sowohl diese Selbstbeobachtung als auch eine Beobachtung der Beobachtung sind damit von der paradoxen Konstitution selbstreferentieller Systeme betroffen: *Ein Beobachter kann (...) erkennen, daß selbstreferentielle Systeme paradox konstituiert sind. Diese Erkenntnis selbst macht jedoch die Beobachtung unmöglich, denn sie würde ein autopoietisches System postulieren, dessen Autopoiesis blockiert ist. Bei Annahme einer reinen, uneingeschränkten, unentfalteten Selbstreferenz würde mithin die Paradoxie in die Beobachtung selbst übertragen werden* (LUHMANN 1987b: 172).

Diese Ausgangslage erklärt die Sterilität und Ergebnislosigkeit einer Vielzahl von Debatten darüber, ob Indikatoren wissenschaftliche Leistungen "richtig" abbilden. Anstelle dieser zwangsläufig unentscheidbaren Frage sollen daher die jeweils spezifischen selektiven Perspektiven der verschiedenen Indikatoren nachgezeichnet werden. Die Validitätsprüfung der im folgenden zu diskutierenden Indikatoren wird sich entsprechend - soweit dies bei definitorischen Konstrukten überhaupt möglich ist - auf die Prüfung der Konstruktvalidität und der prognostischen Validität beschränken. Dies sind Voraussetzungen dafür, daß Indikatoren innerhalb des Wissenschaftssystems überhaupt als mögliche Beobachtung und Beschreibung akzeptiert werden. Validität in diesem eingeschränkten Sinne ist zwar sicherlich eine notwendige, aber keineswegs eine hinreichende Bedingung für Akzeptanz. Fragt man nun nach den weiteren Bedingungen für die Akzeptanz von Wissenschaftsindikatoren, dann stößt man unweigerlich auf die Eigentümlichkeiten selbstreferentiellen Operierens. Wissenschaftsindikatoren sind nämlich zu gleicher Zeit wissenschaftliche Arbeit (Theorie- und Methodenentwicklung sowie Empirie), für die selbst gilt, was Indikatoren für andere Wissensbereiche indizieren; sie sind als Reflexionswissen möglicherweise Bestandteile eines evolutionären Veränderungsprozesses von Selbstbeschreibungen und damit Identitätskonzeptionen des Wissenschaftssystems, was angesichts der wachsenden Kontingenzen der wissenschaftsphilosophischen wie -soziologischen Selbstbeschreibungselemente seit der 'antipositivistischen Wende' (vgl. HEINTZ 1993: 532 ff) in den späten 60er Jahren nicht unwahrscheinlich ist; sie sind weiterhin analytisches Instrumentarium für wissenschaftssoziologische Fragestellungen und strategisch nutzbares Handlungswissen für die verschiedensten kollektiven und individuellen Akteure im Feld und damit zum Auf- und Abbau von Legitimationspotentialen sowohl im Binnen- wie im Außenverhältnis von Wissenschaft einsetzbar.

Will man die Entwicklung von Wissenschaftsindikatoren in eine theoretische Perspektive einrücken, die dieses eigentümliche "Eingelassensein" in die zu beschreibende Wissenschaft selbst berücksichtigt, dann wird es notwendig, das Luhmannsche Konzept der Selbstbeschreibung zu erweitern. Luhmanns Konzept weist nämlich hinsichtlich der handelnden Akteure "blinde Flecken" auf und führt in Verbindung mit seiner Theorie der Kommunikationsmedien (hier Wahrheit) im Falle von Wissenschaft selbst in einen selbstreferentiellen Zirkel. Erst die Berücksichtigung handelnder Akteure ermöglicht eine plausible Erklärung dafür, wie Fremdreferentialitäten so eingebaut werden können, daß einerseits die Differenz von Wissenschaft und Nicht-Wissenschaft erhalten bleibt und andererseits Relevanzbezüge, die sich im Wissenschaftssystem selbst nicht gewinnen lassen, so implementiert werden können, daß eine nach wie vor identitätsstiftende Selbstbeschreibung möglich ist und die Dynamik wissenschaftlicher Entwicklung auch gegen konservative Strukturen aufrechterhalten wird. Es sei noch einmal an Luhmanns Charakterisierung des Wissenschaftssystems als selbstreferentielles System erinnert: Selbstreferenz setzt voraus, daß Systeme *eine Beschreibung ihres Selbst erzeugen und benutzen; sie müssen mindestens die Differenz von System und Umwelt systemintern als Orientierung und als Prinzip der Erzeugung von Informationen verwenden können* (LUHMANN 1984: 25). Reflexive Prozesse wie etwa das Forschen über Forschung oder andere Formen der Selbstbeschreibung scheinen aber nur zum Teil Ergebnis evolutionärer *Ausdifferenzierung von selbstreferentiellen Systemen innerhalb von selbstreferentiellen Systemen* zu sein

(LUHMANN 1981: 120). Neben den wissenschaftsinternen Reflexionen über Bedingungen und Möglichkeiten wissenschaftlichen Erkenntnisgewinns scheint vor allen Dingen - zumindest was Wissenschaftsindikatoren anbetrifft - ein Informations- und Steuerungsbedarf aus der Umwelt des Wissenschaftssystems sich abzuzeichnen. Ob nun als von außen provozierte Selbstbeschreibung oder als Fremdbeschreibung durch andere gesellschaftliche Subsysteme, es scheint als hätte das Wissenschaftssystem Anlaß, Selbstdarstellungen zu produzieren, *denen die Annahme zu Grunde liegt, daß die Umwelt das System nicht ohne weiteres so akzeptiert, wie es sich selbst verstanden wissen möchte* (ebd.: 602).

Nicht nur im Hinblick auf das Gesamtsystem taucht die Frage auf, ob den eingesetzten Ressourcen eine quantitativ und qualitativ adäquate Leistung entspricht, sondern auch die Leistungsfähigkeit einzelner Institutionen gerät unter Rechenschaftsdruck: Die Fiktion eines weitgehend aus intrinsischer Motivation und interner Gestaltungskraft sich organisierenden, reorganisierenden und sich selbst optimierenden Ensembles von Institutionen ohne nennenswerte qualitative Differenzierung scheint nicht mehr ausreichend zu sein.

2 Bewertungen als wissenschaftstheoretisches Problem

> Nur in der Wissenschaft gibt es so etwas wie Fortschritt; nur hier können wir sagen, daß wir zu einer Zeit mehr wissen, als wir vorher wußten.
>
> Karl Popper

> Die Wissenschaft ist eine der vielen Lebensformen, die die Menschen entwickelt haben, und nicht unbedingt die beste. Sie ist laut, frech, teuer und fällt auf.
>
> Paul Feyerabend

Wenn wissenschaftliche Leistungen beschrieben, rekonstruiert, abgewogen oder prognostiziert werden sollen, tauchen alsbald Bewertungsprobleme auf: Was sind wissenschaftliche Leistungen? Was sind gute oder schlechte Beiträge zur Wissenschaft? Welche Fragestellungen sind relevant? Welchen Stellenwert hat eine Theorie oder eine Hypothese im Verhältnis zum bestehenden Wissen? Ist eine neue Theorie wissenschaftlich fortschrittlich, oder handelt es sich nur um eine neue Verpackung von schon Bekanntem? Sind empirische oder experimentelle Bemühungen in einem Forschungsgebiet nur noch der Versuch, bedrohte Erbhöfe zu schützen, oder versprechen sie Durchbrüche zu neuem Wissen? Entscheidungen über derartige Fragen müssen - mehr oder weniger reflektiert - in der Wissenschaftspraxis ständig gefällt werden. Die Reflexion derartiger Fragen ist Gegenstand der Wissenschaftstheorie. Für die hiesige Fragestellung ist ein Teilaspekt von besonderem Interesse, nämlich die Frage, ob es gelingen kann, unabhängig von den häufig kontroversen Einschätzungen der betroffenen Wissenschaftler und den im weitesten Sinne sozialen Bedingungen ihres wissenschaftlichen Handelns, methodologische Regeln zu formulieren, die eine Bewertung der wissenschaftlichen Qualität von Theorien oder Forschungsresultaten ermöglichen. Die Frage an die Wissenschaftstheorie richtet sich entsprechend auf die Möglichkeiten *erkenntnisinterner Bewertungen* (RADNITZKY 1989a: 465) oder, wie Popper es formuliert, auf die Möglichkeit objektiver Erkenntnis. Zumindest analytisch soll davon zunächst die Frage an die Wissenschaftssoziologie getrennt werden, wie und ob es der Wissenschaft gelingt, solche Bewertungen durch angemessene soziale Organisation sicherzustellen bzw. ob solch methodologisch fundiertes Entscheidungsverhalten überhaupt in der Wissenschaftspraxis auffindbar ist, denn eine normative Wissenschaftstheorie könnte theoretisch durchaus Bewertungsverfahren bereitstellen, die historisch nicht in die Praxis der Wissenschaft integriert wurden. Auch die wissenschaftspsychologische Frage nach den Bedingungen für die innovative, kreative Entwicklung neuer Theorien gehört (zumindest nach verbreitetem Verständnis) nicht in den engeren (philosophischen) Kontext der Wissenschaftstheorie.

Zwar ist spätestens seit Kuhns zentralem Werk über wissenschaftliche Revolutionen die strikte Trennung zwischen Wissenschaftstheorie, -soziologie, -geschichte und -psychologie obsolet geworden, und insbesondere pragmatisch orientierte Wissenschaftstheoretiker bemühen sich, *die soziale Institutionalisierung und die methodische Regulierung von Wissenschaft nicht als voneinander unabhängige Dinge zu sehen* (SCHWEMMER 1981: 55). Dennoch soll aus heuristischen Gründen zunächst geprüft werden, wieweit aus methodischen Prüfverfahren praktische Konsequenzen für die Bewertung von Theorien abgeleitet werden können. Immerhin sind viele Wissenschaftstheoretiker davon überzeugt, daß methodologischen Verfahren für die Bewertung von Theorien eine herausragende Stellung zukommt. Radnitzky (1989a: 465) beispielsweise stellt Qualitätsbewertungen nicht nur in Aussicht, sondern reklamiert sie auch als Domäne der Wissenschaftstheorie: *Jeder Versuch, den Begriff 'Methodologie' zu klären, muß darauf Rücksicht nehmen, daß für die Bewertung der wissenschaftlichen Qualität der Resultate der Forschung nur die Methodologie zuständig ist.* Die Begründung für diesen Anspruch liegt in einer tiefen Skepsis gegenüber der Fähigkeit der Wissenschaftlergemeinde, tatsächlich zwischen wahr und falsch differenzieren zu können: Auch wenn der einzelne Wissenschaftler einem bestimmten wissenschaftlichen Ethos folgt, so die Annahme, kann sein individuelles Nutzenkalkül wissenschaftliche Wertentscheidungen nahelegen (z.B. das Festhalten an einer fragwürdig gewordenen Theorie, wenn die kompetente Einarbeitung in die neue Theorie nur mit großem Aufwand möglich ist), die aus der Perspektive der Methodologie zumindest als nicht wünschenswert erscheinen. In dieser Sichtweise ist es folgerichtig, zu vermuten, daß die Zuteilung sozialer Anerkennung innerhalb der Wissenschaft keineswegs deckungsgleich mit der Identifizierung von disziplinärem Fortschritt sein muß: *Erfolg zu haben im soziologischen Sinn - Reputation erwerben oder erhöhen, seiner Theorie Anerkennung verschaffen - ist nicht dasselbe wie Erfolg im Methodologie-Sinn: einen Erkenntnisfortschritt erzielen. Die wissenschaftliche Qualität der Resultate seiner Forschung sollte der Grund sein, warum ein Wissenschaftler eine bestimmte Reputation genießt. Die beiden genannten Arten von Erfolg können stark korrelieren, sie müssen es aber nicht* (RADNITZKY 1989A: 466). Popper (1974: 57) wollte seine Replik auf Kuhn nicht schließen, ohne darauf hinzuweisen, daß für ihn *der Gedanke: wir sollten uns, was die Ziele der Wissenschaft und ihren möglichen Fortschritt betrifft, an die Soziologie oder an die Psychologie (...) wenden, überraschend und enttäuschend ist. (...) Die Vermutung, daß wir in diesen beiden (...) so etwas wie eine 'objektive, reine Beschreibung' finden können, ist falsch. Außerdem: Wie könnte uns die Zuflucht zu diesen häufig unechten Wissenschaften in dieser besonderen Schwierigkeit behilflich sein?* Ganz linientreue 'Popperianer' wie Post (1980: 312) formulieren zur Bekehrung der *Popperianer, die auf Abwege geraten sind*, noch drastischer: *Die Wissenschaftstheorie will ja das Phänomen Wissenschaft erklären - daß Wissenschaft möglich ist, daß sie Erfolg hat, daß sie Fortschritte macht. Diese Funktion fällt weg, wenn man in der Wissenschaftstheorie eine 'positivistische' soziologische Definition des Erfolges zugrunde legt. Unser normatives Programm soll aber keine soziologischen Kriterien enthalten.*

Im folgenden sollen daher - beginnend mit dem Kritischen Rationalismus - einige in der jüngeren Geschichte der Wissenschaftstheorie wesentliche Überlegungen zur Bewertung wissenschaftlicher Leistungen skizziert werden. Die oben eingeklagte "Soziologiefreiheit" wird sich dabei allerdings (sachnotwendig) nicht durchhalten lassen. Auch ist weder Vollständigkeit angezielt noch eine ins Detail gehende Darstellung der verschiedenen Ansätze. Vielmehr geht es darum, die grundsätzlichen Probleme verfahrensmäßig gesicherter Bewertungen wissenschaftlicher Leistungen exemplarisch zu erörtern.

2.1 Kritischer Rationalismus

> Die "Logik der Forschung" ist im großen und ganzen trocken, abstrakt und höchst ahistorisch. Wo es Popper unternimmt, so nebenbei die Falsifizierbarkeit wichtiger wissenschaftlicher Theorien zu betrachten, da begeht er entweder grobe logische Fehler, oder er verzerrt die Geschichte, um sie an eine Rationalitätstheorie anzupassen.
>
> Imre Lakatos

Am nachhaltigsten wurde der Anspruch auf eine methodologisch begründete Möglichkeit, die Qualität wissenschaftlicher Theorien zu vergleichen, im Umfeld des auf Popper zurückgehenden Kritischen Rationalismus erhoben. Popper selbst hat die vergleichende Bewertung von Theorien zu einem zentralen Anliegen seiner Philosophie gemacht: *Die philosophische Hauptkrankheit unserer Zeit ist ein intellektueller und moralischer Relativismus (...). Unter Relativismus - oder, wenn man will Skeptizismus - verstehe ich (...) die Theorie, daß die Wahl zwischen konkurrierenden Theorien willkürlich ist, da es entweder so etwas wie eine objektive Wahrheit nicht gibt; oder, falls es sie gibt, es keine Theorie gibt, die wahr oder jedenfalls (...) der Wahrheit näher ist als eine andere Theorie; oder, daß es im Falle zweier oder mehrerer Theorien keinen Weg und kein Mittel gibt zu entscheiden, ob eine von ihnen besser ist als eine andere* (POPPER 1992b: 460). Dieses Anliegen scheint auf den ersten Blick kontraintuitiv, denn es war gerade der Kritische Rationalismus, der zu seiner Grundüberzeugung die prinzipielle Fallibilität allen menschlichen Wissens gemacht hat, einschließlich seiner eigenen Methodologie. Die Überzeugung, daß sicheres Wissen positiv nicht möglich sei, hatte Popper bekanntermaßen in der Auseinandersetzung mit den induktionslogischen Positionen des Wiener Kreises in den 30er Jahren entwickelt. Der von Popper vorgeschlagene Weg besteht grundsätzlich darin, nicht die Bestätigung von Theorien, sondern vielmehr ihre Widerlegung anzustreben. Falsifizierbar sind Theorien dann, wenn eine Konfrontation mit empirischen Tatbeständen möglich ist. Poppers Abgrenzungskriterium für die empirische Wissenschaft lautet: *Ein empirisch-wissenschaftliches System muß an der Erfahrung scheitern können* (POPPER 1984a: 15). Während die Wahrheit allgemeiner Sätze über Verifikationsverfahren nicht festzustellen ist, kann logisch durch deduktives Schließen durchaus die Falschheit solcher Sätze festgestellt werden (Asymmetrie zwischen Verifizierbarkeit und Falsifizierbarkeit).

Das Abgrenzungskriterium für Wissenschaftlichkeit ist immer wieder kritisiert worden.[1] Es mag an dieser Stelle ausreichen, bona fide zu konstatieren, daß Popper auch metaphysischen (nicht-empirischen) Theorien durchaus Bedeutung zugesteht und die Problematik von Theorien, deren tatsächliche Testbarkeit sich erst lange Zeit nach ihrer Formulierung durch geeignete Experimentaltechnik einstellt, durchaus sieht. Für die Frage nach der Möglichkeit von Theoriebewertung kann die Abgrenzungsproblematik als nachrangig eingestuft werden, nicht jedoch die damit verbunde-

1 Zur Problematik der Abgrenzung empirischer gegenüber metaphysischen Aussagen und zur Ähnlichkeit dieser Problematik bei induktionslogischen Verfahren vgl. Stegmüller 1978b: 403.

ne Idee der Falsifikation. Wenn Fallibilismus und Falsifikationismus gemeinsam Bestandteil einer Methodologie sein sollen, wie bei Popper, entsteht die Frage, ob überhaupt gesicherte Erfahrungen möglich sein können, die für Falsifikationsversuche einsetzbar sind. Popper versucht zunächst, einen von wahrnehmungspsychologischen Elementen und Evidenzerlebnissen freien Begriff von Beobachtbarkeit einzuführen. Der Versuch, Beobachtungen in Sätze zu überführen (nur Sätze können mit Satzsystemen zwecks Falsifikation konfrontiert werden), wirft allerdings ein grundsätzliches Problem auf: *Wir können keinen wissenschaftlichen Satz aussprechen, der nicht über das, was wir 'auf Grund unmittelbarer Erlebnisse' sicher wissen können, weit hinausgeht ('Transzendenz der Darstellung'); jede Darstellung verwendet allgemeine Zeichen, Universalien; jeder Satz hat den Charakter einer Theorie, einer Hypothese* (POPPER 1984a: 61); d.h. *es gibt keine reinen Beobachtungen*, sondern lediglich *kritisierbare Prüfsätze* (ebd.: 76). Solche Sätze müssen mithin als fallibel, wenn auch nicht als falsifizierbar angesehen werden. Popper definiert sie als *Basissätze* in der Form *singulärer Es-gibt-Sätze*, die durch *Beobachtung intersubjektiv nachprüfbar* sind (ebd.: 60 ff). Logisch gesehen vermag ein singulärer Beobachtungssatz eine allgemeine Hypothese zu falsifizieren. Dies setzt allerdings die Wahrheit der Beobachtungssätze voraus. Ein *naiver Falsifikationismus*, der von der endgültigen Falsifizierbarkeit von Hypothesen aufgrund von Beobachtungssätzen ausgeht, scheint also nur schwer mit einem *konsequenten Fallibilismus* vereinbar zu sein, der auch Beobachtungssätze als fallibel anerkennt und folglich auch Falsifikationen, die auf Beobachtungssätzen beruhen, als fallibel anerkennen muß (ANDERSSON 1981b: 256). Poppers Ausweg besteht darin, auch Basissätze für die Kritik offenzuhalten: *[J]eder Basissatz kann neuerdings durch Deduktion anderer Basissätze überprüft werden; wobei unter Umständen die gleiche Theorie wieder verwendet werden muß oder auch eine andere. Dieses Verfahren findet niemals ein 'natürliches' Ende* (POPPER 1984a: 69). Der drohende regressus ad infinitum kann nur dadurch abgewendet werden, daß die *verschiedenen Prüfer* eine *Einigung* erzielen und bestimmte Basissätze *anerkennen.* Basissätze haben *insofern den Charakter von Dogmen, als sie ihrerseits nicht weiter begründet werden können* (ebd.: 70). Als unproblematisch gelten sie nur deshalb, weil *die Idee der zureichenden Begründung oder der subjektiven Überzeugung von der Idee der kritischen Überprüfung ersetzt wird* (ANDERSSON 1981b: 274). Dabei ist nicht die tatsächliche Überprüfung, sondern die Möglichkeit weiterer Prüfungen maßgeblich. Im Rekurs auf solche Basissätze läßt sich der Begriff der Falsifikation näher definieren: *Eine Theorie heißt 'empirisch' bzw. 'falsifiziert', wenn sie die Klasse aller überhaupt möglichen Basissätze eindeutig in zwei nichtleere Teilklassen zerlegt: in die Klasse jener, mit denen sie im Widerspruch steht, die sie 'verbietet' - wir nennen sie die Klasse der Falsifikationsmöglichkeiten der Theorie -, und die Klasse jener, mit denen sie nicht in Widerspruch steht, die sie 'erlaubt'* (POPPER 1984a: 53).

Die rein logische Falsifikation einer Theorie allerdings sagt wenig aus, denn ein zwingender Beweis für die Falschheit kann nicht erbracht werden. Ein möglicher Falsifikator enthält immer zugleich die Negation der aus der Theorie abgeleiteten Vorhersagen und die Angabe der Randbedingungen. Nur wenn die Randbedingungen als richtig (und im Theorievergleich konstant) gesetzt werden, schlägt die Falsifikation auf die Theorie durch. *Da die Beobachtungssätze, die die Randbedingungen beschreiben, fallibel sind und da außerdem, selbst wenn der potentielle Falsifikator als zutreffend anerkannt wird, nur das theoretische System widerlegt wird, ist auch die Falsifikation einer Theorie fallibel und daher im Prinzip revidierbar* (RADNITZKY 1980: 344). Sowohl fallible Basissätze wie auch unkalkulierbare zukünftige Ergebnisse können die Falsifikation selbst falsifizieren. Auch der Umgang mit logisch falsifizierten Theorien ist keineswegs in dem Sinne determiniert, daß eindeutig entschieden werden könnte, welche Komponenten eines theoretischen Systems als falsifiziert gelten können, inwieweit zulässig Hilfshypothesen eingeführt werden können, und schließlich, inwieweit mit falsifizierten Theorien - in Ermangelung besserer - weitergearbeitet werden soll. Popper selbst stellt fest: *Es ist oft nur Sache des wissenschaftlichen Instinkts des Forschers (und des nachprüfenden Probierens), welche Sätze (...) er für harmlos hält und welche für abänderungsbedürftig* (1984a: 46, Anm.2). Von der formallogischen Analyse allein ist daher kein praktisch relevantes Wissen zu erwarten: *Wer in den empirischen Wissenschaften strenge Beweise verlangt oder strenge Widerlegungen, wird nie durch Erfahrung eines besseren belehrt werden können* (POPPER 1984a: 23).

Die logische Nicht-Entscheidbarkeit der Frage, welche Bestandteile eines Theoriekomplexes als falsifiziert gelten können (in der Literatur als Duhem-Quine-Problem bekannt), macht es notwendig, auf normative Methodenlehren zurückzugreifen, um methodologisch gestützte Entscheidungshilfen zu formulieren. Allerdings - soviel läßt sich im Vorgriff sagen - ist eine befriedigende methodologische Lösung der praktischen Entscheidungsprobleme bisher nicht in Aussicht. Koertge (1980: 263) empfiehlt daher: *Bis dahin sollten sich die Wissenschaftler nach ihren eigenen individuellen Urteilen über die wissenschaftliche Qualität richten, und die Geldgeber für die wissenschaftliche Forschung sollten sich über diese Meinungsvielfalt nicht wundern und von ihr nicht abschrecken lassen.* Die Gründe für dieses vorgreifende, pessimistische Urteil bedürfen allerdings einer genaueren Erörterung. Je nach bevorzugter wissenschaftstheoretischer Position werden sie verschieden ausfallen. Hier soll zunächst der Poppersche Weg weiter verfolgt werden: Bisher waren lediglich Angaben darüber gemacht worden, unter welchen Bedingungen eine Theorie durch Falsifikation zumindest problematisch wird. Diese Beurteilung, die lediglich einen negativen Ausgang zuläßt (Falsifikation), ermöglicht jedoch kein positives Urteil über die Qualität einer Theorie, noch bietet sie eine Grundlage für Wahlentscheidungen zwischen konkurrierenden Theorien. Um zu einer positiven Beurteilung von Theorien zu kommen, differenziert Popper Theorien nach dem Grad ihrer Falsifizierbarkeit: Theorien können so konstruiert sein, daß sie mehr oder weniger leicht zu falsifizieren sind (Prüfbarkeits- oder Falsifizierbarkeitsgrad). *Ein Satz sagt um so mehr über die 'Erfahrungswirklichkeit', je mehr er verbietet* (POPPER 1984a: 83). Ein solcher Satz mit einer "großen" Klasse von Falsifikationsmöglichkeiten, ist *logisch unwahrscheinlich*, hat aber hohen *empirischen Gehalt* (ebd.). Die Idee des empirischen Gehaltes ist zentral für Poppers Wissenschaftstheorie, denn er identifiziert Erkenntnisfortschritt mit Zuwachs an empirischem Gehalt. Der Falsifizierbarkeitsgrad (die logische Wahrscheinlichkeit) als Maß für den Gehalt einer Theorie ist allerdings zumindest im Falle allgemeiner Gesetze[1] keine ausreichende Grundlage für eine qualitative Differenzierung von Theorien. Aus der kritischen Auseinandersetzung mit einer Theorie und ihrer methodologischen Charakterisierung läßt sich, so Popper, eine Beurteilung dieser Theorie entwickeln: *Ein Bericht über das Ergebnis der Prüfungen, denen eine Theorie unterworfen wurde, kann in einer Beurteilung zusammengefaßt werden* (ebd.: 347). Ein solcher Bericht drückt den Grad der *Bewährung* einer Theorie aus: *Die Bewährung ist keine Hypothese, sondern aus (der Theorie und) den anerkannten Basissätzen ableitbar: sie stellt fest, daß diese der Theorie nicht widersprechen - und zwar unter Berücksichtigung des Prüfbarkeitsgrades der Theorie sowie der Strenge der Prüfungen, denen diese (bis zu einem bestimmten Zeitpunkt) unterworfen wurde. Wir nennen eine Theorie 'bewährt', solange sie diese Prüfungen besteht* (ebd.: 211 f). Nicht so sehr die Anzahl der bewährenden Fälle ist für den Bewährungsgrad einer Theorie entscheidend, sondern Teststrenge und Falsifizierbarkeitsgrad. Wenn eine Theorie bereits durch einige Fälle bewährt ist, wird der Bewährungsgrad durch weitere (ähnliche Fälle) nicht wesentlich erhöht,[2] er kann aber durch Bewährungen auf einem neuen Anwendungsgebiet erheblich steigen. Popper verlangt für Theorien strenge Tests und fordert daher das *ernsthafte Bemühen* um Widerlegung der Theorie (ebd.: 372). Ernsthaftigkeit ist allerdings nicht formalisierbar. Das wesentliche Bestimmungselement für die überhaupt erreichbare Bewährbarkeit liegt daher im Falsifizierbarkeitsgrad (und damit der logischen Wahrscheinlichkeit) einer Theorie. Bewährung und logische Wahrscheinlichkeit sind allerdings nicht dasselbe, *denn die Wahrscheinlichkeit eines Satzes (in bezug auf Prüfsätze) drückt eben keine Beurteilung der Strenge der Prüfungen aus, die eine Theorie bestanden hat, und auch nicht der Art, in der sie diese Prüfungen bestanden hat* (ebd.: 347). Ein solcher Bericht, der die Strenge von Prüfungen berücksichtigt, muß also angeben können, in welchem Umfang Erkenntnisfortschritt durch eine neue Theorie geliefert wird. Altbekannte Tatsachen, die von einer neuen Theorie behauptet werden, können konsequenterweise ihren Bewährungsgrad nicht erhöhen. Darüber hinaus scheint es notwendig, bei der Bewertung einer Theorie zu berücksichtigen, ob falsifizierende oder bestätigende Befunde gravierend sind oder lediglich Marginalien eines theoretischen Systems betreffen. Die bisher diskutierte Bewährung ist insofern mit einem Zeitindex versehen, als die Bewährung vorläufig ist und sich mit neuen Befunden ändern kann.[3] Bezieht man jedoch Erkenntnisfortschritt in die Bewertung mit ein, dann erhält man eine sich in der Zeit verändernde Beziehung von zu prüfender Theorie und dem jeweils schon bekannten Wissen. Popper hat dieses jeweils schon vorhandene *Hintergrundwissen* sowohl zur Formulierung der Teststrenge als auch zur Beschreibung des Erkenntnisfortschritts benutzt. Die empirische Stützung von Theorien ergibt sich

1 Popper bestimmt die logische Wahrscheinlichkeit aller allgemeinen Gesetze mit 0, ihr Falsifizierbarkeitsgrad beträgt dann 1 (POPPER 1984a: 322 f und 434 ff).

2 Die These solcher abnehmenden Ertragszuwächse ist umstritten. Es zeigt sich an dieser Stelle, daß auch Poppers Wissenschaftstheorie, entgegen eigener Behauptungen, nicht ganz frei von induktionslogischen Elementen ist, denn ohne die Annahme eines gleichförmigen Naturverlaufs ist dieses Argument nicht haltbar (vgl. dazu: LENZEN 1974; WATKINS 1980). PÄHLER (1986: 113) schlägt vor, die Frage des neuerlichen Testens von Hypothesen nicht als epistemologisches, sondern forschungsökonomisches Problem zu verstehen.

3 Im Gegensatz zu Aussagen über die Wahrheitsnähe einer Theorie, wie sie Popper mit der Theorie der Versimilitude formulierte, die zeitunabhängige Geltung beanspruchen.

demnach aus einer dreistelligen Beziehung zwischen Daten, Theorien und Hintergrundwissen. Die Diskussion darüber, wie das Hintergrundwissen in eine Bewährung von Theorien eingebracht werden kann, ist allerdings derartig umfangreich, daß hier nur allergröbste Linien skizziert werden können: Poppers Anliegen ist vor allen Dingen, daß ad hoc-Theorien, die lediglich Bekanntes reformulieren, keine positiven Bewährungen erfahren. Er verlangt daher, daß Theorien *unabhängig* überprüft werden, d.h. die zu prüfende Theorie muß über den gesamten gegebenen Wissensstand hinaus neue Tatsachen vorhersagen. Das Ziel ist, die Theorie einem möglichst hohen Risiko des Scheiterns auszusetzen; bekannte Tatsachen können daher eine neue Theorie nicht bewähren.[1] Diese rigide Orientierung auf eine Vergrößerung des Tatsachenwissens hat eine schnelle "Entwertung" von Theorien zur Folge: *Akzeptiert man eine Tatsache vorläufig, gleichgültig ob sie mit Hilfe irgendeiner bekannten Theorie erklärt werden kann oder nicht, wird sie sozusagen im selben Moment entwertet: Sie kann weder einer zukünftigen Theorie, die sie erklären kann, als Erklärungsleistung (Beitrag zum Erkenntnisfortschritt) zugute gehalten werden, noch ist sie zur strengen Prüfung dieser Theorie brauchbar* (PÄHLER 1986: 110).

Popper geht dennoch davon aus, daß mit Hilfe des Bewährungsgrades *wetteifernde Theorien* verglichen werden können, er stellt auch in Aussicht, *numerische Bewährungsgrade* zu errechnen (POPPER 1984a: 365); für die praktische Anwendung sieht er allerdings nicht die Möglichkeit eines numerischen Bewährungswertes, sondern nur die einer groben Differenzierung in *positive* bzw. *negative Bewährungswerte* (ebd. 1984a: 213). Immerhin scheiden nicht-bewährte Theorien aus der Konkurrenz aus, so daß *uns dieses Verfahren dann dazu berechtig[t] zu sagen, daß die überlebende Theorie die beste - und die am besten überprüfte - ist, die wir kennen* (ebd.: 373). Dies sagt allerdings noch nichts darüber, mit welcher Theorie ein Wissenschaftler arbeiten sollte. Wichtiger noch scheint, daß dieser Vergleich von Bewährungen nur unter sehr idealisierten Bedingungen (nur Bewährungen der einen Theorie, Falsifikation der anderen Theorie, die Unanfechtbarkeit sowohl der Bewährungen wie der Falsifikation unterstellt) zu Ergebnissen führt. Die realen Vergleichssituationen sind weit unübersichtlicher: *Sicher ist die wirkliche Situation in einer wissenschaftlichen Diskussion oft verworren, jede der konkurrierenden Theorien ist mit theoretischen oder empirischen Schwächen behaftet. In solchen Fällen werden Versuche, sie anhand ihrer Bewährungsgrade zu unterscheiden, im allgemeinen fehlschlagen* (WATKINS 1980a: 42). Die im Laufe der Wissenschaftsgeschichte anwachsende Erklärungskraft von konkurrierenden Theorien bildet in Ansätzen, wie sie von Lakatos, Worall, Musgrave und Radnitzky - bei aller Differenz im einzelnen - vertreten werden, das wesentliche Kriterium für die Bewährung einer neuen Theorie. Die Erklärungskraft von Theorien (die allerdings nicht völlig unabhängig vom Tatsachenwissen ist) wird in das Konzept des Hintergrundwissens integriert. Danach kann von schon bestehenden Theorien erbrachte Evidenz eine neue Theorie nicht mehr bewähren. Die methodologische Regel besagt bezüglich der Tatsachen nur, *daß man eine*

1 Worrall (1980: 53) weist auf das von Popper selbst benannte Problem hin, daß sehr gute Theorien anerkannte Tatsachenaussagen korrigieren. In der Popperschen Methodologie führt dies zu der wenig einleuchtenden Konsequenz, daß es einer Theorie weniger einbringt, wenn sie anerkanntem Wissen erfolgreich widerspricht, als wenn sie erfolgreich einem Ergebnis widerspricht, das aufgrund des anerkannten Wissens *sehr wahrscheinlich* ist.

Tatsache nicht zweimal verwenden kann, einmal zur Aufstellung einer Theorie und nochmals zu ihrer Stützung (WORRALL 1980: 57). Sehr wohl können aber bekannte, jedoch unerklärte Tatsachen zur Bewährung herangezogen werden. Die Überlegung, daß eine Tatsache, die bei der Entwicklung einer Theorie benutzt wurde, nicht auch zur Bewährung dieser Theorie verwandt werden kann, dient vor allen Dingen dazu, die Prämierung von ad hoc-Theorien zu vermeiden. Damit aber droht die Bewährung einer Theorie zur Überprüfung des Forschers zu werden (welche Tatsachen hat er explizit oder implizit bei der Entwicklung seiner Theorie benutzt?). Ein Ausweg scheint darin zu liegen, daß nicht allein eine Theorie, sondern die Theorie zusammen mit ihrer Heuristik bewertet wird. Man geht dann der Frage nach, ob sich aus dem Rahmen des theoretischen Programms unabhängige Gründe für die Verwendung einer bekannten Tatsache ergeben. Allerdings liefert die Heuristik eines Forschungsprogramms wohl nur in seltenen Fällen eindeutig verwertbare Hinweise auf die Art und Weise, in der Tatsachenwissen verwendet wurde (vgl. Kap. 2.2).

Beide Aspekte, die strenge Prüfung anhand falsifizierbarer neuer Tatsachenvorhersagen und der Vergleich der Erklärungskraft konkurrierender Theorien, erscheinen für eine Bewährung neuer Theorien wichtig; sie lassen sich jedoch nicht gleichzeitig optimieren: Die Orientierung am Tatsachenwissen verweigert vorschnell wichtigen Theorien die Bewährung, die Orientierung an der Erklärungsleistung droht umgekehrt die Grenze zwischen soliden Theorien und lediglich ad hoc formulierten Theorien zu verwischen. Derartige Optimierungsprobleme treten bei methodologisch orientierten Theoriebewertungen immer wieder auf (vgl. Kap. 2.6). Ihre Lösung scheint, wenn man eine praktische Bewertungsperspektive zugrunde legt, nur möglich, indem die Rigidität methodologischer Regeln relativiert wird. Einen solchen Vorschlag unterbreitet Pähler (1986: 134 ff), der verschiedene Arten von Beiträgen zum Erkenntnisfortschritt zuläßt. Er nennt folgende Leistungen:

1. *Die Vorhersage völlig neuer Tatsachen*
2. *Die Erklärung bisher unerklärbarer Tatsachen*
3. *Die unabhängige Alternativ-Erklärung bekannter und erklärbarer Tatsachen*
4. *Die ihr Explanandum revidierende Erklärung*

Die für die Bewährung wichtige Frage, ob eine Theorie strenge Tests bestanden hat, beantwortet Pähler dann mit einem "weichen" Kriterium, nämlich der Erfüllung einer oder mehrerer selbstgesetzter Leistungen aus obigem (nicht unbedingt vollständigen) Katalog: *Eine Theorie hat einen strengen Test genau dann bestanden, wenn sie die von ihr behaupteten Leistungen tatsächlich nachweisbar erbracht hat* (PÄHLER 1986: 136).

Kehren wir noch einmal zum Popperschen Bewährungsbericht zurück, der hinsichtlich folgender Punkte bewertet: *wie die Theorie ihre Probleme löst; der Grad der Prüfbarkeit; die Strenge der Prüfungen, der sie unterzogen wurde; und wie sie diese Prüfungen bestanden hat* (POPPER 1984b: 18). Ein solcher Bericht bleibt für praktische Zwecke unbefriedigend. Ohne einen Induktionsschluß läßt sich über die Zukunft einer bewährten Theorie nicht einmal eine begründete Vermutung anstellen. Wenn Popper dennoch pragmatische Empfehlungen ausspricht, geraten sie zu einer verschlungenen Rücknahme der Empfehlung: *Wenn wir die bestgeprüfte Theorie als Grundlage für unser Handeln wählen, dann 'verlassen' wir uns natürlich in gewissem Sinne auf sie. Man könnte sie sogar in gewissem Sinne als die 'verläßlichste' verfüg-*

bare Theorie bezeichnen. Das bedeutet aber nicht, daß sie 'verläßlich' wäre (POPPER 1984b: 22). Weiterhin erhalten erfolgreiche Falsifikationen ein absolutes Übergewicht in einem solchen Bericht, sie können durch erfolgreiche Tatsachenvorhersagen ("Verifikationen") nicht aufgewogen werden. Beim Vergleich zweier falsifizierter Theorien sind schließlich kaum mehr sinnvolle Aussagen zu erwarten. Für eine praktikable Bewertung von Theorien ist daher mehr notwendig, als ein Bewährungsbericht liefert.

Weitergehende Aussagen über die Qualität von Theorien benötigen aber einen gemeinsamen Bezugspunkt, von dem aus eine Beurteilung möglich wird. Diesen Bezugspunkt macht Popper im Wahrheitsbegriff aus, nunmehr aber nicht als regulative Idee verstanden, sondern als meßbares Konzept: *Ich möchte sagen können, die Wissenschaft strebe nach der Wahrheit im Sinne der Übereinstimmung mit den Tatsachen oder der Wirklichkeit; und ich möchte auch (...) sagen können, die Relativitätstheorie sei - jedenfalls vermutlich - eine bessere Annährung an die Wahrheit als die Newtonsche Theorie und diese eine bessere als die Keplersche Theorie* (POPPER 1984b: 60). Popper hat deswegen den Begriff der Wahrheitsähnlichkeit in sein Programm aufgenommen. Er bezieht sich dabei auf Tarskis Wahrheitsdefinition. Vereinfacht lautet die Grundüberlegung (vgl. POPPER 1984b: 44-61 und 376-382): Eine Theorie hat eine Klasse von wahren (nicht tautologischen) Aussagen (Wahrheitsgehalt) und eine Klasse von falschen Aussagen (Falschheitsgehalt). Vergleicht man nun zwei Theorien T_1 und T_2, so läßt sich sagen, T_2 habe eine größere Wahrheitsähnlichkeit genau dann, wenn aus T_2 mehr wahre Aussagen folgen als aus T_1, aber nicht mehr falsche, oder: weniger falsche, aber nicht weniger wahre. Da an wahren Aussagen kein Mangel besteht, muß für den Vergleich von Theorien als weitere Bedingung ihr Gehalt hinzutreten. Je größer der Gehalt einer wahren Aussage, desto besser ist ihre Annäherung an die Wahrheit. Entsprechend versucht Popper, ohne den Rahmen der zweiwertigen Logik zu verlassen, auch von mehr oder weniger falschen Aussagen zu sprechen. Gelänge diese Art von Theorievergleich, ergäbe sich ein starkes Argument für die rationale Bevorzugung bzw. Eliminierung von Theorien: *Wir können zwar in den empirischen Wissenschaften niemals genügend Argumente für die Behauptung haben, wir hätten tatsächlich die Wahrheit erreicht; aber wir können starke und recht gute Argumente für die Behauptung haben, daß wir uns der Wahrheit ein Stück genähert haben; das heißt, daß die Theorie T_2 ihrem Vorgänger T_1 vorzuziehen ist, jedenfalls im Lichte aller bekannten rationalen Argumente* (POPPER 1984b: 58). Diese These hat bisher nur wenige Anhänger gefunden. Eine Zusammenfassung der wichtigsten Einwände und der logischen Ableitungen gibt Andersson (1980); hier mag es ausreichen, das Ergebnis der Kritik am Konzept der Wahrheitsähnlichkeit zu referieren: Aus Poppers Überlegungen folgt, daß eine falsche Theorie der Wahrheit nicht näher kommen kann als eine wahre Theorie. Das ist wenig plausibel, denn es sind leicht - wie Popper selbst demonstriert - interessante falsche Theorien vorstellbar (mit vielen wahren Konsequenzen), die intuitiv einer wahren Theorie vorzuziehen sind. Zwei verschiedene falsche Theorien sind nach der obigen Erläuterung der Wahrheitsnähe unvergleichbar; dies aber ist in der praktischen Forschung gerade der Standardfall des Theorievergleichs (Vergleich von zwei falsifizierten Theorien). Da in jeder genügend reichhaltigen Sprache axiomatisierbare Theorien nur vergleichbar sind, wenn sie wahr sind, reduziert sich das Konzept der

Wahrheitsnähe auf axiomatisierbare Theorien und führt lediglich zu der trivialen Aussage, daß von zwei wahren Theorien eine logisch stärker sein kann (vgl. ANDERSSON 1980: 292). Nach diesen Ergebnissen bleibt im Rahmen der Popperschen Methodologie nur der Vergleich empirischer Gehalte, der - von anderen Problemen abgesehen - zu dem bereits skizzierten Problem führt, daß zwei "falsche" Theorien den gleichen Bewährungsgrad aufweisen können. Mit Poppers Hinwendung zu evolutionstheoretischen Ansätzen[1] werden allerdings diese Konsequenzen eines strikten Falsifikationsprogramms abgemildert, denn einerseits rückt nun die Genese von Problemen stärker in das Blickfeld, und andererseits wird mit der Betonung der Verfahren des Problemlösens bzw. des Verstehens von Problemen die Aufmerksamkeit stärker auf die Leistungen von Theorien gelenkt, die jenseits einer Widerstandsfähigkeit gegen Falsifikationsversuche liegen.

Popper geht dabei von folgendem Grundschema aus: P_1 -> VT -> FE -> P_2. Dabei bezeichnet P_1 das Ausgangsproblem, das ebensogut ein praktisches Problem sein kann wie ein wissenschaftliches Problem, das sich beim Versuch, ein anderes Problem zu lösen, ergibt. VT steht für eine vorläufige Theorie, also das, was Popper immer wieder als einfallsreiche oder kühne Vermutung bezeichnet hat. Mit FE ist die Fehlerelimination gemeint, dabei handelt es sich um die kritische Prüfung der vorläufigen Theorie. Diese Prüfung enthält neben Falsifikationsversuchen und der Beschaffung von positiver Evidenz vor allem den Vergleich mit konkurrierenden Lösungsversuchen. Die Fehlerelimination führt nun zu neuen Problemen P_2 entweder zu bisher nicht gesehenen Problemen oder zumindest zu Verstehensproblemen (also *ein Problem über ein Problem*), die den *Hintergrund* des Problems betreffen (POPPER 1984b: 171 ff). Der Hintergrund eines Problems besteht zumindest aus einer Sprache, deren Gebrauch bereits Theorien voraussetzt. Das Problemlösen wird damit zu einem iterativen Prozeß; dessen Ziel ist ein Verstehen der Problemsituation (eines Problems zusammen mit seinem Hintergrund, auf dem es sich als Problem stellt). Damit entsteht ein Fortschrittsbegriff, der im Gegensatz zu den eher destruktiven Falsifikationsanstrengungen konstruktive Elemente enthält: *Ein befriedigendes Verstehen ist erreicht, wenn die Interpretation, die vorläufige Theorie, dadurch gestützt wird, daß sie neues Licht auf neue Probleme wirft - auf mehr Probleme, als wir erwartetet hatten; oder dadurch, daß sie Teilprobleme löst, von denen wir manche zunächst noch gar nicht gesehen hatten. Wir können also den Fortschritt dadurch ermessen, daß wir P_1 mit späteren Problemsituationen (z.B. P_n) vergleichen* (ebd.: 170 f).

Wie Popper in einer seiner seltenen wissenschaftshistorischen Untersuchungen am Beispiel der Gezeitentheorie Galileis ausführt, läßt sich bei einer Analyse der Problemsituation Galileis durchaus rechtfertigen, daß dessen Gezeitentheorie auf einer strenggenommen bereits falsifizierten Theorie aufbaute,[2] da nur so das eigentliche Ziel einer physikalischen Erklärung auf der Grundlage des Erhaltungsgesetzes für Drehbewegung erreichbar war (vgl. ebd.: 176 f). Nach Poppers Darstellung war es richtig, das Optimierungsproblem zwischen der Reichweite der Erklärungskraft und

1 Vgl. dazu Kap. 6 in: POPPER 1984b (Über Wolken und Uhren).

2 Galilei benutzte die Kopernikanische Theorie der Kreisbewegung der Planeten, obwohl er Keplers Arbeiten zur elliptischen Planetenbewegung kannte. Vgl. zu der vor allen Dingen von Feyerabend zur Kritik am Falsifikationismus benutzen Diskussion um die Frage, ob Galileis Arbeiten im Rahmen einer falsifikationistischen Methodologie erklärbar sind: ANDERSSON 1981c.

der Genauigkeit der Darstellung durch Verletzung eines falsifikationistischen Postulats (Ausscheiden falsifizierter Theorien) zu lösen.

Im Hinblick auf die Frage, was diese methodologischen Überlegungen zur Klärung der Bewertungsproblematik von wissenschaftlichen Leistungen beizutragen vermögen, lassen sich vier Aspekte resümieren, die in den folgenden Kapiteln anhand weiterführender theoretischer Konzepte behandelt werden sollen:

1. Die Abmilderungen eines strengen falsifikationistischen Programms, die Popper gegen Ende der 60er Jahre vorgenommen hat, führen tendenziell von der Falsifikation einzelner Theorien weg und hin zu einer Beurteilung der "Problemgenerierungspotenz" von ganzen Theorieserien. Das aber hat Konsequenzen für die Beurteilung der jeweiligen Interimsprodukte (die vorläufigen Theorien). Auf diesen Aspekt wird im folgenden Kapitel 2.2 näher eingegangen.

2. Die Diskussion einer auf Falsifikation aufbauenden Theoriebewertung, die im Ergebnis sogar Aussagen über die Wahrheitsähnlichkeit der beurteilten Theorien erlauben soll, hat gezeigt, daß ohne ein bestimmtes Maß an methodologisch nicht mehr herleitbaren Entscheidungen weder Kritik möglich ist noch praktikables Selektionsverhalten gegenüber bestehenden Lösungsversuchen theoretischer Probleme. Poppers Lösungsvorschlag, mit Hilfe der Situationsanalyse solche Entscheidungsprobleme als im wesentlichen kognitive Optimierungsprobleme zu behandeln, steht im Gegensatz zu Konzepten, die hier vor allen Dingen soziale Mechanismen der Komplexitätsreduktion ausmachen. Bewertungen wären dann nicht mehr (allein) methodologisch erklärbar. In Kapitel 2.3 und 2.4 wird dies weiter verfolgt. Von Feyerabend ist der Gedankengang dahingehend radikalisiert worden, daß methodologische Bewertungsversuche nicht nur erfolglos, sondern geradezu schädlich für das wichtigste wissenschaftliche Ziel - den Erkenntnisfortschritt - seien (vgl. Kap. 2.5).

3. Die von Popper vorgeschlagene Beurteilung von Theorien in Gestalt eines Bewährungsberichtes stellt eine Art Standardisierung von Kritik in Aussicht. Wenn es gelänge, derartige Berichte (Kritiken) trotz der vorgetragenen Bedenken zu entwikkeln, dann entstünde eine Art von "Markttransparenz", die es erlauben würde, mit methodologisch gesicherten Indikatoren die Leistungen von Theorien und Überprüfungen, aber auch von Personen und Institutionen zu messen. Auf die Chancen eines solchen Berichtssystems wird in Kapitel 2.6 genauer eingegangen.

4. Poppers Vorschlag einer evolutionären Deutung der Wissenschaftsentwicklung führt zu einem weiteren, über das einfache Modell der Falsifikation hinausgehenden Gedanken: Wenn die Leistungsfähigkeit von Theorien als Beitrag zur Lösung eines Ausgangsproblems oder in der Generation neuer Probleme im Vergleich zu möglichst vielen alternativen Lösungsvorschlägen gesehen wird, dann erscheint das Bewertungsproblem als ein ökologisches Problem, das kognitive und soziale Nischen sowie Populationen für die Besiedlung der Nischen voraussetzt und das durch Rekurs auf Falsifikation allein nicht mehr befriedigend gelöst werden kann. Ein solches Modell, das nicht die Verfahren der Fehlerelimination, sondern die Prozesse der Theorieselektion unter den jeweiligen "ökologischen" Bedingungen in den Mittelpunkt stellt, wird in Kapitel 2.7 näher behandelt.

2.2 Modifikationen des Kritischen Rationalismus

> Der Schmetterling schlüpft aus, wenn die Raupe ihren tiefsten Stand der Degeneration erreicht hat.
>
> Paul Feyerabend

Inspiriert durch die von Kuhn aufgebrachten wissenschaftshistorischen Bedenken gegen den Falsifikationismus, aber auch von der Befürchtung, die Bewertungen des methodologischen Falsifikationismus könnten aufgrund seines strengen Programms *allzu entschieden*, gar *allzu willkürlich* ausfallen, hat Lakatos versucht, das Poppersche Programm zu erweitern (LAKATOS 1974: 111). Die von Lakatos aufgestellte und von Worrall und Zahar weiterentwickelte Methodologie der wissenschaftlichen Forschungsprogramme (MWFP) nimmt unter den hier vorgestellten wissenschaftstheoretischen Positionen eine Zwitterstellung ein. Einerseits steht sie nämlich dem Popperschen Falsifikationismus sehr nahe und ist von Lakatos auch als Rettungsversuch der Grundelemente dieser Methodologie verstanden worden, andererseits hat sie sich von wesentlichen Bestandteilen der Popperschen Methodenlehre weit entfernt und sieht sich dem Vorwurf eines unzulässigen *Soziologismus* ausgesetzt (POST 1980, KOERTGE 1980). Feyerabend (1975: 491) feiert in Lakatos einen heimlichen Mitstreiter des Anarchismus in der Wissenschaft, und Musgrave (1976) schließlich hält Lakatos vor, im Laufe der Zeit immer 'bescheidener' geworden zu sein, mit der Folge, daß am Ende von einer Lakatosschen Methodologie nicht mehr gesprochen werden könne. Vor allen Dingen in der Weiterentwicklung der MWFP zeigt sich in der Tat eine Abkehr von der anfangs noch starken Überzeugung, Methodologien gäben lediglich nachträgliche Urteile, aber keine Ratschläge ab, und von einer strikten Trennung von Entdeckungs- und Begründungszusammenhang bei der Anwendung methodologischer Rekonstruktionen. Zahar sieht die Stärke der MWFP gerade darin, die intuitiven Entscheidungen von Wissenschaftlern weitaus besser rekonstruieren zu können, als dies das Poppersche Falsifikationsprogramm vermag: *Ich behaupte natürlich nicht, die Wissenschaftler hätten vollständig ausformulierte Methodologien; wohl aber, daß sie in konkreten Situationen intuitive methodologische Grundsätze anwenden, mit deren Hilfe sie sowohl Entscheidungen treffen als auch wichtige Hypothesen aufstellen können. Und ich behaupte weiter, daß MWFP die beste vorhandene rationale Rekonstruktion der intuitiven Methodologie ist, nach der einige der besten Wissenschaftler vorgegangen sind* (ZAHAR 1980: 81).

Die raison d'être des Lakatosschen Programms läßt sich zusammenfassen in der Metapher, daß Ideen *Raum zum Atmen* benötigen und insbesondere junge Forschungsansätze mit *methodologischer Toleranz* behandelt werden müssen (LAKATOS 1974: 152). Nicht Destruktion wie bei Popper, sondern *konstruktive Kritik mit Hilfe konkurrierender Forschungsprogramme* ist die Maxime (ebd.: 173). Dazu werden wesentlich zwei (folgenreiche) Veränderungen des Popperschen Programms eingeführt: Zum einen soll der Gegenstand der Bewertung nicht mehr die einzelne Theorie zu einem bestimmten Zeitpunkt sein, sondern die Entwicklung eines Forschungsprogramms, bestehend aus einzelnen Theorien, über einen längeren Zeitraum. Die sichere Widerlegung einer Theorie durch Falsifikation wird so in eine lediglich vorläufige Zurückweisung verwandelt, sie entwertet nicht das Forschungsprogramm.

Falsifizierte Sätze können sich im Lichte historisch neuer Theorien als wichtiger Beitrag zum wissenschaftlichen Fortschritt erweisen. Anomalien sind insofern zwar Probleme, aber keine Bedrohung eines Forschungsprogramms, und die MWFP trägt damit den Einsichten der Wissenschaftsgeschichte Rechnung, die von Kuhn zugespitzt so formuliert wurden, daß strenggenommen eigentlich alle wissenschaftlichen Theorien falsifiziert seien.

Die zweite wesentliche Veränderung bezieht sich auf das bereits in Kap. 2.1 erwähnte Hintergrundwissen, das zur Beurteilung von Theorien herangezogen wird, mit der Folge, daß nicht die Konfrontation von Faktenwissen und Theorie mit dem Ziel der Falsifikation, wie bei Popper, sondern das konkurrierende Forschungsprogramm den Vergleichsmaßstab bildet. Mit diesem Schritt wird ebenfalls eine praxisnähere Position bezogen, denn vergleichende Bewertungen von Theorien müssen in der Regel nicht zwischen einer bewährten und einer falsifizierten Theorie getroffen werden, sondern zwischen zwei (zumindest teilweise) falsifizierten Theorien. Nach der MWFP *ist eine Theorie dann besser als ihr Konkurrent, wenn sie durch mehr Tatsachen gestützt wird (...) - und das kann auch dann der Fall sein, wenn beide Theorien widerlegt sind. Damit wird (...) der methodologische Scheinwerfer von den Widerlegungen weg auf die Verifikation zusätzlichen Gehalts gerichtet (d.h. desjenigen Gehalts einer Theorie, den ihr Konkurrent nicht besitzt)* (WORRALL 1980: 62). So wird die Ersetzung von Theorien durch andere auch ohne Falsifikation möglich, allein aufgrund des Gehaltsüberschusses (LAKATOS 1978: 72 f). Ein Forschungsprogramm (oder besser eine Serie von Theorien) besteht nach Lakatos aus einem Rahmen, der durch eine positive und eine negative Heuristik ausgezeichnet ist, und innerhalb dessen sich eine Folge verwandter (aber nicht unbedingt voneinander abhängiger) Theorien entwickeln. Insofern weist das Konzept des Forschungsprogramms große Ähnlichkeit mit dem Kuhnschen Begriff der Normalwissenschaft auf (vgl. STEGMÜLLER 1981: 296).

Die negative Heuristik enthält die methodologische Regel, den *'harten Kern'* eines Forschungsprogramms als *'unwiderlegbar'* zu postulieren und den *Stoß der Überprüfungen* auf einen *Schutzgürtel von Hilfshypothesen* zu lenken, der zur Verteidigung des Kerns immer wieder modifiziert oder gar völlig ersetzt werden muß (LAKATOS 1974: 130 f). Der Kern eines Forschungsprogramms[1] ist damit dogmatisiert und durch Falsifikationsbemühungen nicht mehr erreichbar. Anders formuliert: Ein Programm, das sich auf einigen Gebieten bewährt hat, muß beim Auftreten von Anomalien nicht verworfen werden, sondern kann durch Umarbeitung des Schutzgürtels in neue fruchtbare Forschung verwandelt werden. Adjustierungen im Schutzgürtel sind allerdings nur so lange zulässig, solange sie sich *konsequent gehaltvermehrend* auswirken: *Jeder Schritt muß eine konsequent progressive theoretische Problemverschiebung darstellen. Die einzige weitere Forderung ist, daß der Zuwachs an Gehalt sich zumindest gelegentlich im nachhinein bewähre* (ebd.: 131). Hier liegt der Grund, warum der 'harte Kern' nicht auf Dauer dogmatisiert werden kann. Bei einem Programm, das dauerhaft keine neuen Tatsachen antizipiert, kann der harte Kern *unter gewissen Bedingungen zerbröckeln* (ebd.).

1 Newtons Programm beispielsweise enthält als 'harten Kern' die drei Gesetze der Dynamik und das Gravitationsgesetz.

Die positive Heuristik enthält demgegenüber die langfristige und grundlegende Forschungsstrategie. Sie *besteht aus einer partiell artikulierten Reihe von Vorschlägen oder Hinweisen, wie man die 'widerlegbaren Fassungen' des Forschungsprogramms verändern und entwickeln soll und wie der 'widerlegbare' Schutzgürtel modifiziert und raffinierter gestaltet werden kann* (ebd.). Die positive Heuristik bezeichnet ein über das konkret formulierte Tatsachenwissen hinausgehendes Reservoir an Ideen und Anleitungen dazu, wie aus jenen Ideen Folgerungen gezogen und in neue Forschung übersetzt werden können. Die Betonung der Heuristik drängt die Bedeutung von Falsifikationen in den Hintergrund: *So zeigt sich wieder einmal, wie irrelevant 'Widerlegungen' einer spezifischen Fassung in einem Forschungsprogramm sind: Sie werden erwartet, und man hat sogar die positive Heuristik als die Strategie, die sie vorhersagt (produziert) und verdaut. In der Tat, wenn die positive Heuristik einmal klar formuliert ist, dann sind die Schwierigkeiten des Programms eher mathematischer als empirischer Art* (ebd.: 133). Es sind daher nicht Falsifikationen, die ein Programm in Gang halten, sondern *Verifikationen*, wobei natürlich nicht im induktionslogischen Sinne ein Programm verifiziert, sondern nur die Leistungsfähigkeit der Heuristik demonstriert werden kann (ebd.). Worrall (1980: 70) nennt einige mögliche Bestandteile der positiven Heuristik: mathematische Formulierungen, die die vorhandene Mathematik für die Ableitung von Folgerungen verwendbar macht, Hinweise zur Behandlung möglicher Widerlegungen und Anweisungen zur Ausnutzung von Analogien schon vorhandener Theorien. Zahar (1973) zeigt anhand der leistungsfähigen Heuristik des relativitätstheoretischen Programms, wie - unabhängig von empirischen Problemen - eine Fülle verwandter, aber unabhängiger Theorieentwicklungen angestoßen werden konnten. Vor diesem Hintergrund erscheint es auch einleuchtend, daß häufig *theoretische Durchbrüche in Schüben* auftreten (WORRALL 1980: 69): Eine leistungsfähige Heuristik inspiriert viele neue Theorieentwicklungen. Sowohl die von Merton beschriebenen Mehrfachentdeckungen (vgl. Kap. 3.1) als auch die Kuhnschen Wissenschaftsrevolutionen (vgl. Kap. 2.3) lassen sich mit der Idee der Heuristik eines Forschungsprogramms verbinden. Prioritätsstreitigkeiten sind nach Lakatos jedoch nicht so sehr ein soziales Phänomen, denn die zeitliche Priorität (zumindest in der strengen Interpretation des Lakatosschen Programms) entscheidet schließlich auch über die Güte der Theorie mit. Sind Tatsachen einmal vorhergesagt, können andere Theorien sie nur noch post hoc verwenden (vgl. LAKATOS 1978: 78).

Um zu einer Bewertung von (konkurrierenden) Forschungsprogrammen zu kommen, stellt Lakatos auf die theoretische Entwicklung eines Programms in der Zeit ab: *Ein Forschungsprogramm schreitet fort, solange sein theoretisches Wachstum sein empirisches Wachstum antizipiert, d.h. solange es neuartige Tatsachen mit einigem Erfolg vorhersagt ('progressive Problemverschiebung'); es stagniert, wenn sein theoretisches Wachstum hinter seinem empirischen Wachstum zurückbleibt, d.h. wenn es nur Post-hoc-Erklärungen entweder von Zufallsentdeckungen oder von Tatsachen gibt, die von einem konkurrierenden Programm antizipiert und entdeckt worden sind.* (LAKATOS 1978: 71 f). Schließlich kann ein Programm auch *degenerieren*, wenn es lediglich semantische Umdeutungen konkurrierender Programme enthält, ohne einen Erklärungszuwachs zu liefern. Bewertungskriterium für ein Forschungsprogramm ist die Richtung der Problemverschiebung innerhalb eines solchen Programms. Lakatos (1974: 115) spricht von *theoretisch progressiven Problemverschiebungen*, wenn die neue Theorie einen empirischen Gehaltsüberschuß gegenüber der Vorgängertheorie besitzt, von *empirisch progressiver Problemverschiebung*, wenn sich der Gehaltsüberschuß auch bewährt, und allgemein von *progressiver Problemverschiebung*, wenn beides vorliegt.

Die Bewertung eines Programms als progressiv, stagnierend oder degenerierend ist allerdings erst nach geraumer Zeit möglich. Entsprechend muß die Handlungsempfehlung an Wissenschaftler auch vage bleiben. Denn rationale Kriterien für das Festhalten an stagnierenden oder gar degenerierenden Forschungsprogrammen oder deren Aufgabe stehen nicht zur Verfügung. Man kann *rational an einem degenerierenden Programm festhalten, bis es von einem Rivalen überholt ist und sogar noch nachher*, denn die Möglichkeit einer "Erholung" ist nicht auszuschließen (LAKATOS 1978: 80). Besonders deutlich wird die Möglichkeit nachträglicher Revision der Bewertung von Befunden am Beispiel des experimentum crucis, das von Falsifikationisten häufig als Beleg dafür angeführt wird, wie durch eine bahnbrechende Falsifikation eine Entscheidung zugunsten einer Theorie herbeigeführt wird. Nach der MWFP gibt es *keine entscheidenden Experimente, zumindest nicht, wenn man darunter Experimente versteht, die ein Forschungsprogramm mit sofortiger Wirkung stürzen können* (LAKATOS 1974: 167). Der Titel des experimentum crucis kann sowohl aberkannt als auch erst nach langer Zeit zugestanden werden. In jedem Fall ergibt sich der Stellenwert eines Experiments als eines entscheidenden erst im Rahmen der nachträglichen Rekonstruktion der Fortschrittlichkeit konkurrierender Programme.

Urteile über wissenschaftlichen Fortschritt entwickeln sich laut Lakatos über die kritische Rekonstruktion (abhängig vom gewählten Rationalitätsbegriff) von Forschungsprogrammen. Dabei gesteht Lakatos zu, daß jede Wissenschaftsgeschichte auch *externe Geschichte*, also logisch-rational nicht rekonstruierbare (sozio-psychologische) Elemente enthält, das *empirische Bewährungskriterium* ist aber das Maß internalistisch rekonstruierbarer Geschichte: *Jede rationale Rekonstruktion produziert ein charakteristisches Muster des rationalen Wachstums wissenschaftlicher Kenntnisse. Aber alle diese normativen Rekonstruktionen müssen unter Umständen durch empirische externe Theorien ergänzt werden, die den Zweck haben, die verbleibenden nicht-rationalen Faktoren zu erklären. Die Geschichte der Wissenschaft ist immer reicher als ihre rationale Rekonstruktion. Aber die rationale Rekonstruktion oder die interne Geschichte ist primär, und die externe Geschichte nur sekundär, denn die wichtigsten Probleme der externen Geschichte werden durch die interne Geschichte definiert. Die externe Geschichte gibt entweder nicht-rationale Erklärungen für die Schnelligkeit, den Ort, die Auswahl etc. historischer Ereignisse, so wie diese durch die interne Geschichte gedeutet werden; oder sie gibt eine empirische Erklärung festgestellter Unterschiede zwischen der Geschichte und ihrer rationalen Rekonstruktion* (LAKATOS 1978: 82). Eine solche Rekonstruktion setzt aber eine Entscheidung darüber voraus, welche der konkurrierenden wissenschaftlichen Theorien oder empirischen Befunde der internen Wissenschaftsgeschichte zugerechnet werden können. Für diese Entscheidung kann nicht wiederum eine allgemeine Regel angegeben werden, vielmehr sind Kompetenz und Konsens von Wissenschaftlern maßgeblich. *Während es nur wenig Einmütigkeit in bezug auf ein allgemeines Kriterium des wissenschaftlichen Charakters von Theorien gab, gab es doch in den letzten zwei Jahrhunderten beträchtliche Einmütigkeit hinsichtlich einzelner Errungenschaften.*

Während es keine allgemeine Übereinstimmung in bezug auf Theorien wissenschaftlicher Rationalität gab, gab es doch große Einmütigkeit hinsichtlich der Frage, ob ein besonderer einzelner Schritt im Spiel der Wissenschaften verschroben war, ob ein besonderes Gambit korrekt gespielt wurde oder nicht. Eine allgemeine Definition der Wissenschaft muß also die anerkannt besten Gambits als 'wissenschaftlich' rekonstruieren (ebd.: 92).

Die Qualität wissenschaftlicher Tätigkeit ergibt sich aus den *'Basis'-Bewertungen der wissenschaftlichen Elite*; diese wiederum entstammen nicht der Anwendung eines allgemeinen Regelsystems, sondern es sind die *wissenschaftliche Maßstäbe, so wie sie von der wissenschaftlichen Elite instinktiv in besonderen Fällen angewendet werden, die den hauptsächlichen (...) Maßstab der universellen Gesetze der Philosophen bilden. Wenn das aber zutrifft, dann hinkt der methodologische Fortschritt (...) noch immer hinter der allgemeinen wissenschaftlichen Klugheit her* (ebd.: 113). Lakatos hält derartige Basisurteile nicht ausnahmslos für *rational*, er *akzeptiert* sie jedoch zur Kritik universalistischer Wissenschaftsdefinitionen (ebd.: 92). Der Rationalitätsbegriff bekommt damit den Status einer "falsifizierbaren" Theorie, der Begriff der Rationalität wird aber nicht aufgegeben: *Alle Methodologien, alle rationalen Rekonstruktionen lassen sich historiographisch 'falsifizieren': die Wissenschaft ist rational, aber ihre Rationalität läßt sich nicht unter die allgemeinen Gesetze irgendeiner Methodologie subsumieren* (ebd.: 102). Was allerdings wissenschaftliche Rationalität ist, bleibt im dunkeln. An dieser Stelle wird das Anliegen der MWFP deutlich, methodologische Rekonstruktionen möglichst gut in Einklang zu bringen mit den intuitiven Urteilen kompetenter Wissenschaftler. Im Hinblick auf vergleichende Bewertungen von Forschungsprogrammen offenbart sich allerdings zumindest aus wissenschaftstheoretischer Sicht ein erhebliches Problem: Da die Bewertung eines Forschungsprogramms als progressiv oder degenerierend nur im Zeitverlauf möglich ist, ohne daß eine zeitliche Grenze formuliert werden könnte, wird der zur Bewertung benutzte Rationalitätsbegriff (progressive Problemverschiebung) sehr diffus: *Jede Wahl des Wissenschaftlers ist rational, weil mit den Maßstäben vereinbar* (FEYERABEND 1975: 482).

Lakatos verweist in seiner Antwort auf diese Kritik auf die Trennung von *methodologischen Bewertungen* und *heuristischen Ratschlägen*, wonach die Entscheidung des Wissenschaftlers in der Tat fast beliebig ist, solange er nicht *die öffentlich beglaubigte Leistung* eines Programms leugnet. *Riskantes Spielen ist völlig rational: irrational ist es, wenn man sich über die eingegangenen Risiken täuscht* (LAKATOS 1978: 80). Nachfolger wie Worrall (1980: 74) reformulieren das Feyerabendsche *Mach was Du willst* (anything goes) mit der Feststellung, daß aus "Theorie A ist besser als B" nicht geschlossen werden könne, daß es auch *vernünftig* ist, an A, nicht aber an B zu arbeiten. Lakatos selbst vermischt allerdings diese Ebenen. Er scheint wenig entschieden, ob sein Entwurf lediglich als ex-post-facto-Bewertung von wissenschaftlichen Theorien aufzufassen sei oder als normative Methodologie, die unmittelbar Handlungsempfehlungen an den Wissenschaftler enthält. Für letzteres spricht zumindest sein Vorschlag, die Analyse von Forschungsprogrammen unmittelbar in Selektionsentscheidungen umzusetzen. Seine Empfehlung im Falle degenerierender Forschungsprogramme lautet: *Herausgeber wissenschaftlicher Journale sollten sich weigern, (...) Aufsätze (von Wissenschaftlern, die an diesen Programmen festhalten) zu publizieren (...). Auch Forschungsstiftungen sollten sich weigern, Geld zu diesen Zwecken zu gewähren* (LAKATOS 1974: 286).

Gerade weil das Risiko solch intuitiver Urteile unbekannt, die Definition von Heuristik für praktische Zwecke viel zu vage ist und schließlich externe Einflüsse bedacht werden müssen, gewinnt Feyerabends eher soziologische Überlegung, womit denn zu rechnen sei, wenn Lakatos' Empfehlung an Zeitschriftenherausgeber und Drittmittelgeber Realität würde, an Schlagkraft: *Wissenschaftler, die emotionale und finanzielle Unterstützung genauso brauchen wie jeder andere Mensch auch - zumal heute, wo die Wissenschaft kein philosophisches Abenteuer mehr ist, sondern ein Geschäft -, werden ihre 'Entscheidungen' revidieren und dazu neigen, Forschungsprogramme auf dem absteigenden Ast zu verwerfen* (FEYERABEND 1975: 489). Dies würde dem von Lakatos (1974: 150) gewünschten *'theoretischen Pluralismus'* zuwiderlaufen; es würde auch die Möglichkeit des Vergleichs konkurrierender Programme erheblich einschränken.

Für Lakatos war die für die Bewertung von Forschungsprogrammen notwendige Zeitgrenze kein Problem. Urbach (1980) radikalisiert diesen Gedanken und faßt die Möglichkeit, aufgrund der Heuristik eines Forschungsprogramms auch zukunftsorientierte Bewertungen abzugeben, ins Auge. Er präzisiert die *Leistungsfähigkeit einer Heuristik* gemäß dreier von Lakatos konstruierter Dimensionen: Erstens lassen sich Heuristiken unterscheiden nach der *Genauigkeit*, mit der sie die nächste zu erwartende Theorie vorhersagen, zweitens können Heuristiken unterschiedlich *produktiv* sein, indem sie über Standardverfahren zur Behebung von Anomalien verfügen, und drittens besitzen sie unterschiedliche *Selbständigkeit* bei der Entwicklung neuer Theorien, unabhängig von den empirischen Erfolgen (URBACH 1980: 120 f). Immer dann, wenn sich Forschungsprogramme nur in einer dieser drei Dimensionen wesentlich unterscheiden, lassen sich begründete Vermutungen - keine garantierten Prognosen - über den weiteren Erfolg des Programms anstellen. Man kann hierin sicherlich einen hilfreichen Vorschlag zur systematisierenden Beschreibung aktueller Forschungsprogramme sehen. Die bereits geltend gemachten Bedenken gegenüber der Ausbeutbarkeit von Heuristiken lassen es aber als nahezu unmöglich erscheinen, die *objektiven Aussichten eines Forschungsprogramms* zu beurteilen, auf die Urbach (1980) abzielt.

Zweifellos gehört es zu den Leistungen der MWFP, mit der Berücksichtigung der Heuristik von Forschungsprogrammen wesentliche Begrenzungen des Falsifikationismus überwunden und ein realistischeres Bild von Wissenschaftsentwicklung gezeichnet zu haben. Auch in technischer Hinsicht kann diese Methodologie - wie Zahar demonstriert - durchaus Erfolge aufweisen. Dennoch bleibt sie mit Grundproblemen der Falsifikation, wenn auch in Gestalt einer *'Falsifikation zweiter Ordnung'* befrachtet, wenn es gilt, Kriterien für das Degenerieren von Forschungsprogrammen zu präzisieren: die Überlegungen zur Immunisierung von Theorien lassen sich auch auf Forschungsprogramme anwenden (STEGMÜLLER 1981: 301 f). Obwohl das Lakatossche Programm gegenüber einem puren Falsifikationismus nicht nur an Plausibilität, sondern auch an Realitätsgehalt (was das tatsächliche Verhalten von Wissenschaftlern angeht) gewonnen hat, bleiben die Fragen nach der Fortschrittlichkeit einzelner Programme, ihrer wissenschaftlichen Bedeutung oder gar nach den zu bevorzugenden Theorien weitgehend unbeantwortet. Die wesentliche Ursache dafür liegt im Aufeinandertreffen von zwei unterschiedlichen Zeithorizonten. Die methodologische Bewertung von Forschungsprogrammen stellt auf sehr lange Betrachtungszeiträume ab und fällt dann ein zwar immer noch auf Extrapolation gegründetes, aber durch lange Beobachtungsreihen erhärtetes Urteil. Ganz anders stellt sich die Bewertungssituation für Wissenschaftler dar, die an aktuellen Forschungsproblemen arbeiten. Für jene ist weder absehbar, ob die langfristigen Versprechungen eines theoretischen Programms eingelöst werden können, noch ist absehbar, ob sich ein Forschungsprogramm fruchtbar in neue Richtungen weiterentwickelt. Die Auseinandersetzungen der letzten Jahre um die Hochenergiephysik z.B. zeigen dieses Dilemma deutlich: Die Kritiker behaupten, daß mit enormen (anderen Bereichen fehlenden) Finanzmitteln lediglich eine ständig erweiterte Taxonomie ("Teilchenzoo") produziert würde, die Befürworter hingegen stellen nicht nur mögliche praktische Anwendungen heraus, sondern auch langfristige Ziele (eine Erklärung dessen, "was die Welt im innersten zusammenhält"). Ähnliche Debatten zeichnen sich in der Genforschung ab. Für Bewertungen und Entscheidungen, die einzelne Wissenschaftler in praktischen Forschungssituationen entwickeln und die ein Beurteiler mit kurzfristiger Perspektive entwickeln kann, gelten offenbar andere Erfolgskriterien als progressive oder degenerative Problemverschiebungen. Langfristige Erwartungen an ein Forschungsprogramm und Weltbilder mögen dafür einen Rahmen abgeben, aber die Bewertungen einzelner Wissenschaftler scheinen an kurzfristige Verwertungsinteressen gebunden zu sein, die anderen Rationalitätskriterien folgen als die langfristige Bewertung ganzer Forschungsprogramme.[1]

2.3 Kuhns Kritik am Falsifikationismus

> Den persönlichen Heldentaten auf anderen sozialen Gebieten genau entsprechend, bleiben auch die der Wissenschaft nur dann bestehen, wenn sie Suggestivwirkung ausüben, d.h. im geeigneten sozialen Moment erscheinen.
>
> Ludwik Fleck

Kuhn verknüpft in seiner Betrachtung der *Struktur wissenschaftlicher Revolutionen* wissenschaftstheoretische und -soziologische Argumente in kaum trennbarer Weise, da er davon ausgeht, daß bei der Analyse wissenschaftlicher Erkenntnis immer auch berücksichtigt werden muß, *wie die wissenschaftliche Tätigkeit de facto ausgeübt wird* (KUHN 1974a: 4). Sein Werk wurde in der Wissenschaftstheorie vorwiegend kritisch rezipiert, in der Wissenschaftssoziologie hingegen überwiegend positiv. Hier sollen zunächst dessen wichtigste wissenschaftstheoretische Implikationen dargelegt werden.

Es ist hilfreich, sich an der öffentlichen Kontroverse zwischen Kuhn und Popper zu orientieren, um die Irritationen zu skizzieren, die Kuhns Werk in der Wissen-

1 Es sei hier an Max Webers Formulierung erinnert: *Interessen (materielle und ideelle), nicht Ideen beherrschen unmittelbar das Handeln der Menschen. Aber: die 'Weltbilder', welche durch 'Ideen' geschaffen werden, haben sehr oft als Weichensteller die Bahnen bestimmt, in denen die Dynamik der Interessen das Handeln fortbewegte* (WEBER 1972: 252).

schaftstheorie hervorgerufen hat.[1] Zunächst betont Kuhn, daß der Versuch, einzelne Theorien durch permanente Falsifikationsversuche zu bewähren, keineswegs Praxis in der Wissenschaft sei und zudem auch ein theoretisch unzureichendes Bewertungsmodell für Theorien bilde: *Kein bisher durch das historische Studium der wissenschaftlichen Entwicklung aufgedeckter Prozeß hat irgendeine Ähnlichkeit mit der methodologischen Schablone der Falsifikation durch unmittelbaren Vergleich mit der Natur. Diese Bemerkung bedeutet nicht, daß Wissenschaftler nicht wissenschaftliche Theorien ablehnten oder daß Erfahrung und Experiment für den Prozeß, in welchem sie es tun, nicht wesentlich seien. Sie bedeutet aber (...), daß der Urteilsakt, der die Wissenschaftler zur Ablehnung einer vorher anerkannten Theorie führt, niemals nur auf einem Vergleich jener Theorie mit der Natur beruht* (KUHN 1979: 90). Nach Kuhn sind vielmehr zwei Formen von Wissenschaft zu unterscheiden, die charakteristische Muster der Bewertung von Theorien und Beobachtungsdaten ausbilden. Es handelt sich zum einen um die *normale Wissenschaft* und zum anderen um außergewöhnliche Wissenschaft (*wissenschaftliche Revolutionen*).

Zur Kennzeichnung der charakteristischen Muster umgeht Kuhn bewußt den Terminus "Theorie" und benutzt statt dessen den umfassenderen Begriff des *Paradigma*. Dieser Begriff bleibt allerdings unscharf, er enthält unterschiedliche Dimensionen und changiert mindestens zwischen einer soziologischen Bedeutung, in der ein Paradigma eine Konstellation von Meinungen, Werten, Methoden, Theorien usw. darstellt, die von den Mitgliedern einer bestimmten wissenschaftlichen Gemeinschaft geteilt werden, und einer philosophischen Bedeutung, in der Paradigma ein Element in dieser Konstellation darstellt und die konkreten Problemlösungen meint, die als Vorbilder oder Beispiele explizite Regeln als Basis für die Lösung wissenschaftlicher Probleme zu ersetzen vermögen (vgl. ebd.: 186).[2] Ein Paradigma wird also vorliegen, bevor Wissen kodifiziert und axiomatisiert ist, es umfaßt mehr als Sätze oder Satzsysteme wie bei Popper, denn es schließt auch kollektive Intuitionen ein, es regelt in Gestalt von Musterbeispielen zulässige Lösungswege und die Beurteilung der Relevanz von wissenschaftlichen Fragen, und schließlich wirkt es auf die Wahrnehmung selbst: Die Phänomene existieren nicht in neutraler Weise, sie werden durch das Paradigma mitkonstituiert. Betrachtet man zunächst die Rolle, die das Paradigma in der normalen Wissenschaft spielt, dann kommt ihm *am Anfang weitgehend eine Verheißung von Erfolg* zu, *die in ausgesuchten und noch unvollständigen Beispielen liegt. Die normale Wissenschaft besteht in der Verwirklichung jener Verheißung, einer Verwirklichung, die durch Erweiterung der Kenntnis der vom Paradigma als besonders aufschlußreich dargestellten Fakten, durch Verbesserung des Zusammenspiels dieser Fakten mit den Voraussagen des Paradigmas sowie durch weitere Artikulierung des Paradigmas selbst herbeigeführt wird* (ebd.: 38). Dies führt zu der eingangs erwähnten beachtlichen Abweichung vom Popperschen Falsifikationismus. Der Wissenschaftler in Phasen der normalen Wissenschaft ist nämlich weniger mit der Falsifikation bestehender Theorie befaßt als vielmehr mit der Lösung der Rätsel (*puzzle*), die aufgrund des Paradigmas lösbar erscheinen. *Ein normales Forschungs-*

1 Stegmüller sprach von der größten existierenden Herausforderung an die gegenwärtige Wissenschaftstheorie (STEGMÜLLER 1978: 167).

2 Vgl. dazu Kuhns Postskriptum (KUHN 1979), seine Anmerkungen zum Paradigmabegriff (KUHN 1988: 389-420) und die Analyse von Masterman (1974).

problem zu einem Abschluß bringen heißt, das Erwartete auf einem neuen Weg erreichen, und es erfordert die Lösung einer Vielzahl umfangreicher instrumenteller, begrifflicher und mathematischer Rätsel. Derjenige, der sich erfolgreich zeigt, erweist sich als Experte im Rätsellösen, und die Herausforderung durch das Rätsel ist ein wichtiger Teil dessen, was ihn vorwärts zu treiben pflegt (ebd.: 50). Die Freistellung vom Zwang, immer wieder Grundprinzipien überprüfen zu müssen, ermöglicht den Wissenschaftlern erst, daß sie *sich ausschließlich auf die subtilsten und esoterischsten der sie beschäftigenden Phänomene konzentrieren können* (ebd.: 175). Eine für die Normalwissenschaft typische paradigmatische Verfestigung bildet auch den Ausgangspunkt für Spezialisierung, Entwicklung einer Fachöffentlichkeit und schließlich für ein funktionierendes soziales Anerkennungssystem. Wenn also Normalwissenschaft einerseits durch ein leitendes Paradigma erheblich determiniert ist, so ist sie andererseits gerade deshalb enorm leistungsfähig. Aus dieser regelmäßigen "Verletzung" des Falsifikationsgebotes durch den normalen Wissenschaftler erwachsen verschiedene Einwände gegen den Falsifikationismus:

Wissenschaftler sind in der normalen Wissenschaft *Rätsellöser* und nicht *Paradigmenprüfer* (ebd.: 155), denn solange ein Paradigma ungelöste Rätsel aufgibt und einen Lösungsweg im Rahmen des Paradigmas in Aussicht stellt, besteht kein Grund, die Energie auf die Falsifikation der leitenden Theorien zu verwenden. Die Regeln und Methoden erscheinen unproblematisch, solange eine wissenschaftliche Gemeinschaft die bereits erzielten Problemlösungen anerkennt. *Regeln müßten daher wichtig werden und die charakteristische Gleichgültigkeit ihnen gegenüber müßte verschwinden, sobald die Paradigmata oder Vorbilder nicht mehr als tragfähig empfunden werden* (ebd.: 61 f). Ungelöste Rätsel bestehen aber nur, solange Unvollkommenheiten in der Übereinstimmung von Beobachtungsdaten und Theorie vorliegen. *Wenn jede einzelne Nichtübereinstimmung ein Grund für die Ablehnung einer Theorie wäre, müßten alle Theorien allezeit abgelehnt werden* (KUHN 1979: 157). Überzogene Falsifikationsanstrengungen brächten wissenschaftlichen Fortschritt fast zum Stillstand. Bei Popper führt diese Einsicht zu der Aufforderung, trotz des Falsifikationsgebotes zunächst an Theorien festzuhalten: *Würde man allzuschnell der Kritik den Platz überlassen, dann würde man nie ausfindig machen können, worin die reale Kraft unserer Theorien liegt* (POPPER 1974: 55). Bei Kuhn erscheint die Falsifikation einer gültigen Theorie allerdings aus einem systematischen Grund von vornherein nicht möglich. Nicht die Theorie wird in Phasen der Normalwissenschaft einer Prüfung unterworfen, sondern der Wissenschaftler bzw. sein Geschick, mit widerspenstigen Daten und Erfahrungen fertigzuwerden. Zwar werden laufend Überprüfungen und Tests vorgenommen, sie richten sich aber darauf, Rätsel zu lösen, durch das Paradigma vorgegebene Hypothesen und Vermutungen zu prüfen und mit der Theorie kompatibel zu machen. *Besteht die Vermutung oder Hypothese genug Tests oder genügend strenge Tests, so hat der Wissenschaftler eine Entdeckung gemacht, oder hat zumindest ein Rätsel, das er sich vorgenommen hatte, gelöst. Wenn nicht, so muß er sein Rätsel entweder völlig aufgeben oder versuchen, es mit einer anderen Hypothese zu lösen. (...) [G]elingt der Test nicht, so gilt es als ein Versagen seiner persönlichen Geschicklichkeit, nicht als dasjenige des Korpus der gültigen Wissenschaft* (KUHN 1974a: 4 f). Grundlegende Zweifel zu erheben, versetze den Wissenschaftler in den Augen seiner Kollegen in die Situation des schlechten Zimmermanns, der seinem Werkzeug die Schuld gibt (vgl. KUHN 1979: 92). Zusammenfassend läßt sich sagen: Wissenschaftler *behandeln die Anomalien nicht als Gegenbeispiele, obwohl Anomalien im Vokabular der Wissenschaftstheorie genau das sind* (KUHN 1979: 90). Dieser Position schließt sich Lakatos weitgehend an, wenn er postuliert, die Geschichte 'falsifiziere' den Falsifikationismus (LAKATOS 1978: 90), und vorschlägt, Forschungsprogramme in einen *harten Kern* und einen *Schutzgürtel* aus Hilfshypothesen und Vermutungen zu unterteilen (LAKATOS 1974: 131). Es scheint daher ausgesprochen funktional, daß Wissenschaftler Veränderungen und Neuentdeckungen einen erheblichen Widerstand entgegensetzen. Ein solcher Widerstand garantiert, *daß die Wissenschaftler nicht zu leicht abgelenkt werden, so daß die zum Paradigmawechsel führenden Anomalien die existierende Erkenntnis erst bis auf ihren Kern durchdringen müssen* (KUHN 1979: 77 f).

Die bisherigen Überlegungen galten für Phasen der normalen Wissenschaft. Einiges scheint darauf hinzudeuten, daß Popper diese Phasen eher als bedauernswerte Entgleisungen im eigentlich wissenschaftlichen Prozeß permanenter Revolution gesehen hat: *Der 'Normalwissenschaftler' (...) wurde schlecht unterrichtet. Man hat ihn in einem dogmatischen Geiste erzogen; er ist ein Opfer der Unterweisung, die ihm zuteil wurde. Er hat sich die Technik angeeignet, die man anwenden darf, ohne nach den Gründen zu fragen (...). Infolgedessen ist er sozusagen zu einem angewandten Wissenschaftler geworden - im Unterschied zu einem solchen, den ich als reinen Wissenschaftler bezeichnen würde* (POPPER 1974: 52). Nach Kuhn besteht wenig Anlaß zu einer solchen Abwertung der Normalwissenschaft, die die ganz überwiegende Quantität wissenschaftlicher Arbeit und auch ihre qualitative *Tiefe* ausmacht und ausgemacht hat. Aber auch in revolutionären Situationen, in denen das Paradigma selbst zur Disposition steht, hält Kuhn den Falsifikationismus weder in normativer noch in analytischer Hinsicht für tragfähig. Revolutionäre Situationen werden durch eine Krise vorbereitet, die zahlreiche Symptome aufweist. Dazu gehören sich häufende Anomalien (Rätsel), die den Lösungsversuchen widerstehen, *wuchernde Versionen des Paradigmas* tauchen auf, Standardlösungen werden in Frage gestellt, spekulative Theorien entstehen, Wissenschaftler äußern offen Unzufriedenheit und beginnen Grundlagendiskussionen (KUHN 1979: 93 ff). Die Krise entsteht nicht bereits mit dem Auftreten von Anomalien; sondern erst, wenn diese eine bestimmte Quantität oder Qualität erreicht und Verunsicherung unter den Fachwissenschaftlern ausgelöst haben, ließe sich von einer Krise sprechen. Der Ausgang solcher Krisen ist offen. Es kann schließlich das alte Paradigma sich doch als geeignet erweisen, es kann sein, daß die Probleme schlicht archiviert werden, oder es kann zum Paradigmenwechsel kommen. Ein solcher Wechsel vollzieht sich bei den Wissenschaftlern, die ihn vollziehen (nicht unbedingt in der Disziplin), meist sehr schnell, und zwar aus zwei Gründen: *Die Entscheidung, ein Paradigma abzulehnen, ist immer gleichzeitig auch die Entscheidung, ein anderes anzunehmen, und das Urteil, das zu dieser Entscheidung führt, beinhaltet den Vergleich beider Paradigmata mit der Natur und untereinander* (ebd.: 90). Es stellt sich also zum einen die Frage, wie ein neues Paradigma überhaupt erkennbar und mit vorhandenen Daten vereinbar wird, und zum anderen die Frage, ob und wieweit ein neues Paradigma im Theorievergleich bestehen kann und muß. Auf beide Fragen antwortet Kuhn in einer Weise, die nicht mit dem Popperschen Falsifikationismus in Einklang steht.

Zur Klärung der ersten Frage greift Kuhn auf eine Analogie aus der Psychologie zurück. So wie in einem Vexierbild schlagartig die Gestalt des Gesehenen wechselt, so *taucht das Paradigma oder ein ausreichender Hinweis auf eine spätere Artikulierung ganz plötzlich, manchmal mitten in der Nacht, im Geist eines tief in die Krise verstrickten Wissenschaftlers auf* (ebd.: 102). Ist ein solcher Paradigmenwechsel vollzogen, wirkt er wieder auf die Wissenschaft zurück. Es zeichnet sich nicht nur eine neue Theorie ab, sondern die Gesamtheit von Theorien, Methoden, Überzeugungen und praktikablen Lösungsmustern steht zur Disposition. Die Wissenschaftler haben es nach einem Paradigmenwechsel mit *einer anderen Welt* zu tun (ebd.: 123). *Der Wissenschaftler muß dann lernen, eine neue Gestalt zu sehen. Wenn er das getan hat, wird die Welt seiner Forschung hie und da mit der vorher von ihm bewohnten nicht vergleichbar erscheinen* (ebd.: 124).

An dieser Stelle schließt sich die zweite Frage an, ob die Verbreitung des neuen Paradigmas durch Überlegenheit oder größere Wahrheitsnähe (im Popperschen Sinne) gegenüber dem alten bestimmt ist. Kuhn geht von einem qualitativen Sprung beim Paradigmenwechsel aus, der dazu führt, daß die neue Normalwissenschaft, *die aus einer wissenschaftlichen Revolution hervorgeht, mit dem Vorangegangenen nicht nur unvereinbar, sondern oft sogar inkommensurabel [ist]* (ebd.: 116). Laut Kuhn ist die Falsifikation nicht nur kein hinreichendes Kriterium bei der Theoriewahl, da auf eine gegebene Datenmenge immer verschiedene Theorien anwendbar sind, ohne daß eine Theorie alle Anomalien zu klären vermöchte; beim Paradigmenwechsel tritt erschwerend noch hinzu, daß die streitenden Wissenschaftler gewissermaßen in verschiedenen Welten leben und unterschiedliche Sprachen sprechen: *Wenn auch jeder hoffen mag, den anderen dazu zu bringen, die betreffende Wissenschaft und ihre Probleme mit seinen Augen zu sehen, so kann doch keiner hoffen, seinen Standpunkt als den richtigen zu beweisen. Der Wettstreit zwischen Paradigmata kann nicht durch Beweise entschieden werden* (ebd.: 159). Die Tatsache, daß gewöhnlich ein Teil des traditionellen Vokabulars und der Methodik in das neue Paradigma übernommen wird, verschleiert dabei die auftretenden Kommunikationsprobleme, da sie im neuen Paradigma in ein völlig anderes Verhältnis zueinander treten. Von Theoriewahl oder Entscheidung kann daher eigentlich nicht die Rede sein, vielmehr versuchen die Vertreter der konkurrierenden Paradigmen, zu *bekehren* und zu einer neuen Glaubenshaltung zu bewegen. Da keine neutrale Beobachtungssprache vorhanden ist, sind die Vertreter der konkurrierenden Paradigmen gezwungen, zu übersetzen bzw. die jeweils andere Sprache zu erlernen. Die Wahl einer neuen Theorie ist dann gleichbedeutend damit, *daß man sich entschließt, sich eine andere Eingeborenensprache anzueignen und diese in einer demgemäß verschiedenen Welt zu benützen. (...) Sucht man eine alternative Theorie auf die eben geschilderte Weise, dann findet man, daß man sie sogleich auch schon benützt. (So entdeckt man plötzlich, daß man in eine fremde Sprache nicht mehr übersetzt, sondern daß man in dieser Sprache schon denkt)* (KUHN 1974b: 268).

Dies heißt nicht, daß logische Analysen, wissenschaftstheoretische Überlegungen oder methodologische Prüfungen völlig unerheblich seien, sie werden vielmehr als Argumente bei der Überzeugung der Konkurrenten eine Rolle spielen, nur können sie keinen Grund für die Wahl eines Paradigmas liefern (vgl. ebd.: 253). Die Unmöglichkeit einer rational begründbaren Wahl zwischen Paradigmen heißt auch, daß man denjenigen Wissenschaftlern, die am alten Paradigma festhalten, obwohl es längst nicht mehr die "herrschende Lehre" stellt, keinen logisch begründeten Vorwurf machen kann. Daraus wird auch deutlich, warum Kuhn eine zwiespältige Haltung einnimmt gegenüber den Möglichkeiten, "Fortschritt" oder "Wahrheitsähnlichkeit" zu definieren oder gar zu messen. Kuhn geht zwar von einem evolutionistischen Wissenschaftsbild aus, unterstellt diesem aber kein evolutionäres Telos. Es scheint für Kuhn folglich klar zu sein, daß die Erklärung dessen, was *wissenschaftlicher Fortschritt* ist und was ihn inhaltlich ausmacht, *letzten Endes psychologisch oder soziologisch sein muß. Das heißt, sie muß die Beschreibung eines Wertsystems, einer Ideologie sein, zusammen mit einer Beschreibung jener Institutionen, durch welche dieses System weitergegeben und erhärtet wird* (KUHN 1974a: 21). Es können also nicht logische oder methodologische Vergleichsverfahren sein, die eine Entscheidung über Fortschrittlichkeit von Theorien oder Paradigmen herbeiführen. Kuhn sieht vielmehr im konventionalistischen Beschluß das Kriterium für Fortschritt: *Woraus auch der wissenschaftliche Fortschritt bestehen mag, wir können über ihn nur dann berichten, wenn wir die Natur der wissenschaftlichen Gruppe prüfen; wir müssen entdecken, was diese Gruppe schätzt, was sie duldet, was sie verachtet* (KUHN 1974b: 230).

Es hieße allerdings eine künstliche Konfliktlinie zu konstruieren, wollte man die Kuhnschen Überlegungen zu einem wissenschaftlichen Relativismus radikalisieren, wie er etwa von Feyerabend vorgetragen wurde, der dem wissenschaftstheoretisch begründeten Versuch der Qualitätsbewertung von Theorien keinerlei Erfolgsaussicht zuspricht. Kuhns Anliegen ist nicht, der Methodologie jede Kompetenz für die Entwicklung von begründeten Entscheidungsalgorithmen abzusprechen. Er konzediert, daß die Suche nach Entscheidungsverfahren zu *lehrreichen Ergebnissen* geführt habe (KUHN 1988: 428). Sein Einwand zielt vielmehr darauf, daß es im Rahmen methodologischer Anstrengungen nicht gelinge, *daß die einzelnen Entscheidungskriterien eindeutig formuliert werden können und daß (falls sich mehr als eines als relevant erweist) zu ihrer gemeinsamen Anwendung eine brauchbare Gewichtungsfunktion* angegeben werden könne (ebd.). Selbst wenn einzelne Wissenschaftler über einen Entscheidungsalgorithmus verfügen sollten und selbst wenn diese Algorithmen hohe Ähnlichkeit hätten, wäre nach Kuhn kein homogenes Urteil zu erwarten, *aufgrund der subjektiven Erwägungen, durch die jeder einzelne die objektiven Kriterien ergänzen muß, ehe irgendwelche Rechnungen ausgeführt werden können* (ebd.: 431).

Damit scheint das Problem der Bewertung von Theorien weniger in der Aufstellung von Kriterienlisten zu liegen (auch Kuhn nimmt an, daß Beurteilungskriterien wie Tatsachenkonformität, Reichweite, Widerspruchsfreiheit, Einfachheit, Innovation weitgehend akzeptiert werden), sondern in der Anwendung dieser Kriterien auf die konkrete Entscheidungssituation bzw. in der Gewichtung konkurrierender Kriterien. Kuhn postuliert keineswegs ein völlig willkürliches oder beliebiges Entscheidungsverhalten bei der Theoriewahl, er weist jedoch darauf hin, daß bei der Befolgung methodologischer Entscheidungsregeln Unsicherheiten verbleiben, die nur durch subjektive, methodologisch nicht mehr begründbare Wahlakte beseitigt werden können. Diese individuellen Faktoren sind die Eigenschaften, Eigenheiten, Lebenserfahrungen und Persönlichkeiten der einzelnen Wissenschaftler: *[M]an muß Eigenschaften betrachten, die von einem Wissenschaftler zum anderen verschieden sind, ohne daß dadurch im geringsten von den Grundsätzen abgewichen würde, die die Wissen-*

schaft zur Wissenschaft machen. Solche Grundsätze (...) genügen nicht, um die Entscheidung der einzelnen Wissenschaftler festzulegen (ebd.: 426). Diese Notwendigkeit, sowohl subjektive wie objektive Faktoren bei der Rekonstruktion der Entscheidungen von Wissenschaftlern zu berücksichtigen, gilt sowohl für den Entdeckungszusammenhang, für den die Wissenschaftstheorie keinen Erklärungsanspruch erhebt, wie auch für den Rechtfertigungszusammenhang, denn auch die nachträgliche Rekonstruktion von wissenschaftlichen Entscheidungen kann die verbleibende methodologische Vagheit nicht restlos auflösen.

Bleibt nachzutragen, daß auch dann, wenn eine Theorie von vielen Wissenschaftlern akzeptiert wird, keineswegs notwendigerweise bei diesen Wissenschaftlern auch eine identische Entscheidungsstruktur zugrunde liegen muß. Eine Theorie kann durchaus aus verschiedenen Gründen bevorzugt werden. Kuhns Vorschlag besteht darin, methodologische Vorgaben nicht als Regeln, sondern als Werte aufzufassen, die gewissermaßen ein Flußbett bilden für die Wahl von Theorien, Bestätigungsstrategien und Rechtfertigungen: *Werte (...) mögen sich in der Anwendung als nicht eindeutig erweisen (...); das heißt, sie sind vielleicht keine ausreichende Grundlage für einen gemeinsamen Entscheidungsalgorithmus. Doch sie sagen eine Menge aus: was jeder Wissenschaftler erwägen muß, um zu einer Entscheidung zu kommen, was er als belangvoll ansehen soll und was nicht, und über welche Grundlagen seiner Wahl man von ihm Auskunft erwarten kann* (ebd.: 434).

Kuhns Werk verschiebt die Problematik der Theorienbewertung folgenreich. Im wesentlichen dürften es drei Elemente sein, die eine neue Perspektive aufnötigen: Erstens Kuhns Behauptung, daß mit einem überwiegend nach logischen, subjektfreien Prüfkriterien verfahrenden Falsifikationismus weder überzeugend die qualitativen Differenzen zwischen Theorien erfaßt werden können, noch das Verhalten von Wissenschaftlern und wissenschaftlichen Institutionen historisch rekonstruiert werden kann, noch Maximen für das Verhalten in Entscheidungssituationen entwickelt werden können. Kuhn formuliert sogar schärfer, daß eine Befolgung der falsifikationistischen Forderungen die Wissenschaft zum Erliegen brächte. Zweitens Kuhns (umstrittene) Differenzierung der Wissenschaftsdynamik in revolutionäre und normale Wissenschaft mit grundsätzlich verschiedenen Operationsmodi, die auch in die Bewertung von Theorien die Kategorien *revolutionär* und *nicht-revolutionär* einführen. Drittens führt nach Kuhn der Weg zur Bewertung wissenschaftlicher Leistungen (zumindest innerhalb eines Paradigmas) nicht über eine methodologische Beurteilung, sondern über eine Erhebung der Einschätzungen von jeweils kompetenten Wissenschaftlern und der Feststellung der Konsensualität dieser Beurteilungen. Diese Auszeichnung der Fachgemeinschaft als "Bewertungsforum" bleibt aber ambivalent angesichts der individuellen Variabilität der Urteilskriterien, die Kuhn eben jenen kompetenten Wissenschaftlern attestiert. Fleck, von dessen Arbeiten Kuhn sich inspirieren ließ, hatte bereits darauf hingewiesen, daß nicht nur das *Denkkollektiv* für die Genese von Bewertungsstandards wesentlich sei, sondern auch die Wechselwirkungen zwischen verschiedenen Denkkollektiven (vgl. Kap. 3.2.1). Verstärkt wurden die Zweifel an der Gestaltungsmacht der scientific community vor allen Dingen durch empirische Laborstudien (vgl. Kap. 3.2.3). Danach ist die wissenschaftliche Fachgemeinschaft weniger der Ort, an dem kompetent über Theorievariationen geurteilt und entschieden wird, als vielmehr *Resultat des gleichen Prozesses (...), aus dem auch eine neue Theorie hervorgeht* (LÜDTKE 1995: 98). Kuhn bleibt hier uneindeutig: In genetischer Perspektive betont er die Variabilität des Beurteilungsprozesses, in der historischen Retrospektive eher die Festigkeit der entstandenen sozialen Institutionen und Gruppen und entsprechend die Fähigkeit der Fachgemeinschaft zum kompetenten, wenn auch methodologisch nicht völlig rekonstruierbaren Urteil.

2.4 Von der Logik zur Entscheidungstheorie

> Alle Prüfung, alles Bekräften und Entkräften einer Annahme geschieht schon innerhalb eines Systems. Und zwar ist dies System nicht ein mehr oder weniger willkürlicher und zweifelhafter Anfangspunkt aller unsrer Argumente, sondern es gehört zum Wesen dessen, was wir ein Argument nennen. Das System ist nicht so sehr der Ausgangspunkt als das Lebenselement der Argumente.
>
> Ludwig Wittgenstein

Eine strukturalistische Sichtweise von Theorien hat Stegmüller (1978a, 1978b, 1979, 1981) in die Debatte eingeführt. Er bezieht sich dabei auf quantitativ formulierte physikalische Theorien. Anhand seiner Reinterpretation der Kuhnschen Wissenschaftstheorie lassen sich einige der bereits thematisierten Probleme in neuem Licht sehen. Stegmüller (1978a: 172) wirft den Wissenschaftslogikern zwei grundsätzliche Fehler vor: *Der eine Fehler besteht in der Imitation des Vorgehens der Metamathematiker (...) Der zweite Fehler besteht in dem, was man die monistische Auffassung von wissenschaftlicher Rationalität nennen könnte. Beides hängt eng zusammen.*

Stegmüller geht davon aus, daß bei metatheoretischen Untersuchungen mathematischer Disziplinen Theorien als *Satzklassen* aufgefaßt werden und so Ableitungs- und Folgerungsbeziehungen zwischen Sätzen hergestellt werden können. Er bezeichnet dies als die *Aussagenauffassung* physikalischer Theorien (ebd.). Diese Auffassung sei aber zur Charakterisierung der Überzeugungen von Wissenschaftlern, die sich innerhalb der (Kuhnschen) Normalwissenschaft einer wissenschaftlichen Tradition verpflichtet fühlen, völlig unangemessen. Das *Verfügen über eine Theorie* sei nicht gleichzusetzen mit dem *Glauben an eine Klasse von Sätzen* oder dem *Akzeptieren dieser Sätze. Denn die Personen, welche über ein und dieselbe Theorie verfügen, können mit dieser Theorie ganz verschiedene Überzeugungen und ganz verschiedene hypothetische Annahmen verbinden* (ebd.). Der zweite Fehler wird ähnlich hergeleitet. Wenn in der Mathematik Rationalität durch die Korrektheit logischer Beziehungen bezeichnet ist, dann stellt sich für die Wissenschaftstheorie entsprechend die Frage, wie sich rationale Beziehungen zwischen Sätzen herstellen lassen (induktivistisch oder durch Deduktion). Kuhn verweist - wie erläutert - diese methodologische Frage auf einen untergeordneten Platz, was zu dem Vorwurf an ihn führte, er unterstelle Wissenschaftlern und der Wissenschaft irrationales Handeln. Stegmüller kommt nun zu dem Schluß, daß, wenn man die unangemessene Aussagenauffassung physikalischer Theorien aufgibt, die Notwendigkeit, von einer spezifischen Rationalität auszugehen, hinfällig wird: *Läßt man diese Fiktion* [der Aussagenauffassung] *(...) fallen, so ist man nicht nur nicht mehr genötigt, die Rationalität der Erfahrungs-*

wissenschaften auf einen Begriff von spezifisch-empirischer Argumentation zu gründen. Ja, man ist nicht einmal mehr gezwungen anzunehmen, daß es nur eine einzige Art von wissenschaftlicher Rationalität gibt (STEGMÜLLER 1978a: 173).

Eine Theorie läßt sich über verschiedene logische Operationen in eine *logische Komponente* (Strukturkern) und eine *empirische Komponente* zerlegen (vgl. ausführlich STEGMÜLLER 1981). Der Strukturkern K einer Theorie enthält die mathematische Fundamentalstruktur einer Theorie und die grundlegenden Nebenbedingungen. Von einer Kernerweiterung läßt sich sprechen, wenn spezielle Gesetze und spezielle Nebenbedingungen für definierte Anwendungsbereiche hinzutreten. Während im Laufe der normalwissenschaftlichen Forschung der Strukturkern unverändert bleibt, spielen sich die Wandlungsprozesse in den Kernerweiterungen ab. *In diesen Kernerweiterungen, und nur in diesen, bestehen die eigentlichen wissenschaftlichen Hypothesenbildungen* (STEGMÜLLER 1979: 757). Dazu gehört auch die Aufgabe von Kernerweiterungen, die sich an der Erfahrung nicht bewähren.

Für die empirische Komponente naturwissenschaftlicher Theorien ist nicht wie im Falle mathematischer Theorien ein Individuenbereich (etwa komplexe Zahlen) festgelegt, sondern lediglich ein paradigmatisch umrissener Anwendungsbereich. Man begnügt sich mit *paradigmatischen Beispielen und der Forderung, daß weitere Fälle einzubeziehen sind, wenn eine 'hinreichende Ähnlichkeit' mit einer 'genügend großen' Anzahl von paradigmatischen Fällen besteht* (ebd.: 755). Stegmüller bezeichnet diese offene Menge als die *Menge der intendierten Anwendungen I.* Die Vagheit dieser Charakterisierung führt dazu, daß Theorien eine *weitgehende Immunität gegen Erfahrungen, mit denen die Theorie in Konflikt zu geraten scheint*, erhalten (ebd.). Genaugenommen handelt es sich um eine dreifache Immunität: 1. lassen sich ständig neue (möglicherweise erfolgreiche) Kernerweiterungen formulieren, ohne den Kern zu gefährden, 2. ist die Menge der intendierten Anwendungen offen, es können daher neue Anwendungsbereiche formuliert werden, und 3. sind physikalische Theorien deshalb empirisch nicht widerlegbar, weil sie im Strukturkern Größen enthalten, die auf erfolgreichen Anwendungen der Theorie beruhen (vgl. ebd.: 762-764); der Kern einer Theorie ist zwar keine Tautologie, doch er ist *fast leer*, was seine empirische Widerlegung verhindert (STEGMÜLLER 1981: 299). Fortschritt in normalwissenschaftlichen Forschungsprogrammen läßt sich entsprechend sowohl als *Vergrößerung des Anwendungsbereiches* wie auch als *verbesserte Kernerweiterungen* definieren (STEGMÜLLER 1979: 759).

In der Konsequenz führen diese Überlegungen zu einer Revision sowohl des Popperschen wie auch des Kuhnschen Konzeptes: Gegen Popper läßt sich einerseits einwenden, daß Falsifikationen keinesfalls zur Aufgabe eines Theoriekerns zwingen können und daß weder "Normalwissenschaftler" noch Wissenschaftler, die an falsifizierten Theorien weiterarbeiten, einem Irrationalismusvorwurf ausgesetzt sind. Falsifikationsversuche spielen lediglich bei Versuchen der Kernerweiterung eine Rolle. Paradoxerweise zeigt sich damit, *daß Popper, ganz entgegen seinen eigenen Versicherungen, sich sogar ausschließlich mit Vorgängen im Rahmen der normalen Wissenschaft befaßt hat* (ebd.: 758). Gegen Kuhn läßt sich einwenden, daß er die Bedeutung von Falsifikationsversuchen unter Bedingungen von Normalwissenschaft unterschätzt hat, denn Falsifikationen im Sinne von Kernerweiterungen spielen eine erhebliche Rolle sowohl in Gestalt normalwissenschaftlichen Fortschritts wie auch normalwissenschaftlicher Rückschläge. Unter revolutionären Bedingungen stellt sich das Problem der vergleichenden Theoriebewertung anders dar. Kuhn hatte aufgrund der Inkommensurabilitätsthese eine äußerst skeptische Position bezogen bezüglich der Möglichkeit, Theorien nach dem Grad ihrer Fortschrittlichkeit zu beurteilen. Stegmüller schlägt vor, auch solch inkommensurable Theorien mit Hilfe eines Reduktionsverfahrens[1] einem logisch gestützten Leistungsvergleich zu unterziehen. Instrumentarium ist hier ein Verfahren, Theorien mit unterschiedlichem begrifflichen Apparat aufeinander zu reduzieren. Dabei ist nicht ein archimedischer Punkt außerhalb beider Theorien, sondern die neue Theorie als Standpunkt gewählt. Die neue Theorie braucht nicht die gesamten empirischen Behauptungen der alten wiederzugeben, ebensowenig muß eine exakte Übertragung der alten Behauptungen möglich sein. Es reicht vielmehr, eine *partielle und näherungsweise Einbettung einer Theorie in eine andere* durch Reduktion herzustellen (STEGMÜLLER 1981: 305). Über diese Reduktion gewinnt Stegmüller einen Fortschrittsbegriff, der sich (wie schon bei Lakatos angezielt) auf das Verhältnis von Theorien bezieht, also *nur innere und keine äußeren Kriterien* erfüllt, d.h. keinen *endgültigen Erkenntnisfortschritt* bestimmt, also von der Popperschen Wahrheitsnähe weit entfernt ist (ebd.: 306).

Da Theorien nicht durch Falsifikation eliminiert werden können, spricht Stegmüller von Theorienverdrängung, wenn eine Ersetzung des Kerns stattfindet. Seine Analyse macht keine Aussagen darüber, warum eine solche Verdrängung stattgefunden hat (dies sei eine soziologische oder psychologische Frage), sondern beantwortet lediglich die Frage, ob eine *Verdrängung mit Erkenntnisfortschritt* oder eine *Theorieverdrängung mit möglicher Verzweigung des Fortschritts* vorliegt:[2] *Eine wissenschaftliche Revolution 'progressiv' nennen heißt behaupten, die verdrängte Theorie lasse sich partiell und näherungsweise in die verdrängende einbetten* (ebd.: 305 f).[3] Die Entscheidung, einen Theoriekern zu ersetzen, kann dabei nicht durch methodologische Empfehlungen herbeigeführt werden, sondern beruht immer auf einer Wertentscheidung. Die logische Analyse *ist stets eine objektive Rechtfertigung der voraufgegangenen Entscheidung für den neuen Kern. Das Werturteil, auf dem die Entscheidung beruhte, wird gewissermaßen nachträglich zu einem vorläufigen, da nun seine subjektive Komponente durch objektive Überlegenheit ersetzt worden ist* (ebd.: 308).

Davon zu unterscheiden ist die Situation einer Theorie mit zwei ähnlich überlegenen Nachfolgern (Verzweigung des Fortschritts). *Wieder muß man entscheiden, ob einige, alle oder keine der neuen Möglichkeiten weiterverfolgt werden sollen. Doch diesmal sind die zugrundeliegenden Werturteile endgültige* (ebd.). In der Konsequenz

1 Das Reduktionsverfahren benutzt eine Ramseyfizierung der untersuchten Theorie. Der Übergang zu einem Ramsey-Substitut entsteht dadurch, daß zunächst die theoretischen Terme durch Variablen ersetzt werden und anschließend den Variablen die entsprechenden Existenzquantoren vorangestellt werden. Es entsteht dann eine in nichttheoretischer Sprache abgefaßte Existenzbehauptung, die nach Ramsey genau dieselben empirischen Folgerungen enthält wie die ursprüngliche Hypothese. Vgl. genauer STEGMÜLLER 1978b: 400 ff und 1979: 476-478.

2 Stegmüller weist allerdings ausdrücklich darauf hin, daß die theoretischen Probleme einer Reduktionstheorie bisher erst auf sehr allgemeiner Ebene bearbeitet und nur für wenige konkrete Fälle praktisch erprobt sind. Er spricht daher von "Aussicht auf Erfolg" für dieses Programm.

3 Ob man damit allerdings entscheidend weiterkommt, als schon von Popper vorgeschlagen, kann bezweifelt werden. Poppers "objektives Kriterium" für "Kühnheit" einer Theorie lautet: *Es besteht darin, daß die neue Theorie die alte korrigiert, obwohl sie das erklären muß, was die alte erklärte; das heißt, sie widerspricht der alten Theorie: Sie enthält diese, aber nur näherungsweise* (POPPER 1984: 16).

wird damit von Stegmüller die Aussagekraft methodologischer Regeln sehr viel enger bestimmt als etwa im Kritischen Rationalismus. Solche Regeln *können* nützlich, *müssen* es aber nicht sein (ebd.: 313). In der praktischen Entscheidungssituation zwischen Theorien kann die Methodologie nicht mehr weiterhelfen: *In jeder möglichen Verzweigungssituation (angesichts unserer begrenzten Lebenszeit und Hilfsmittel) ist die Theoriewahl kein Gegenstand theoretischer Begründung mehr, sondern ein Gegenstand der Entscheidungstheorie* (ebd.: 309). Damit verändert sich auch der Begriff der "rationalen Rekonstruktion", wie er von Lakatos eingeführt wurde. Stegmüller sieht keine Notwendigkeit dafür, daß es sich um logische Rekonstruktionen handeln muß, er plädiert nur dafür, Rekonstruktionen um jene Seiten zu ergänzen, die der formalen Logik zugänglich sind.

Stegmüllers Verweis auf eine Entscheidungstheorie zielt auf die Möglichkeit, logische oder rationale Bewertungsgrundlagen mit wert- und situationsgebundenen Präferenzstrukturen handelnder Akteure zu verbinden. Solche Modelle (vor allen Dingen in den 40er und 50er Jahren in der Ökonomie entwickelt), die das Entscheidungshandeln als "rational choice" auffassen und den Akteuren dabei eine "bounded rationality" sowie "subjektiv erwarteten Nutzen" zuschreiben, haben derzeit nicht nur in der Soziologie Konjunktur, auch in die Wissenschaftsforschung haben sie Eingang gefunden. Ihr Ausgangspunkt ist die Diagnose, daß die Methodologie wesentliche Entscheidungselemente nicht bereitstellen kann: *For whereas philosophers are quite good at recommending which hypothesis to endorse, they have little use to say about the all-important issue of when an endorsement should be made. This point underscores a fact generally missed by philosophers overly concerned about the purity of epistemic justification: Whatever may be the scientist's primary short-term epistemic interest, it is not the attainment of truth-at-all-cost* (FULLER 1989: 50). Wissenschaftler werden als Akteure aufgefaßt, die bestimmte Interessen verfolgen. Zwar ist bisher nicht befriedigend geklärt, welcher Art diese Interessen sind, wie homogen oder inhomogen sie sind und durch welche Standards und Normen sie begrenzt werden, deutlich ist allerdings, daß diese Interessen über das Erreichen typisch methodologischer Ziele (Präzision, Einfachheit, Reichweite etc.) hinausgehen und nicht auf kognitive Interessen begrenzt sind. Entsprechend ist auch der zugrundeliegende Rationalitätsbegriff nicht mit epistemischen Anforderungen verknüpft, sondern wird lediglich instrumentell als Zielerreichung verstanden, als *human actions directed towards reaching specified goals* (GIERE 1988: 161). Ebenso gilt als Kriterium der Zielerreichung nicht ein abstraktes methodologisches Gütekriterium, sondern ein der Spieltheorie entlehntes Kriterium der "Befriedigung" mit dem erreichten Ergebnis, unter Bedingungen, unter denen es nicht möglich ist, alle theoretisch möglichen Ergebnisoptionen zu bewerten. Wissenschaftler erscheinen damit nicht als Maximierer oder Optimierer in einer Entscheidungssituation, sondern als *satisficer*. Giere (1988: 163 f) versucht dieses Modell des *Scientists as satisficers* vom Verdacht des Relativismus und Anti-Realismus zu befreien. Er führt dazu eine weitere Bedingung ein: *Applying a satisficing strategy requires the additional restriction that the outcomes representing correct decisions be regarded as satisfactory, while those repre-*

senting incorrect decisions are regarded as unsatisfactory (ebd.).[1] Das heißt, die Anwendung des Satisficer-Modells setzt voraus, daß es sich um *open-minded*-Wissenschaftler handelt, die bereit sind, auch ein präferiertes Theoriegebäude bei entsprechender Gegenevidenz zu verwerfen. Der umgekehrte, in der Wissenschaftsgeschichte immer wieder beschriebene Fall des *closed-minded*-Wissenschaftlers, der an seiner Theorie um jeden Preis festhält, ist keineswegs ein Ausdruck von Irrationalität, aber ein Fall, auf den sich das Satisficer-Entscheidungsmodell nicht anwenden läßt, da auch "unrichtige" Ergebnisse als hinreichend befriedigend bewertet werden. Auch für den zur Revision bereiten Wissenschaftler entsteht jedoch die Situation, daß eine Entscheidungsmatrix zu mehreren "befriedigenden" Lösungen führt. Präferenzen können dann nur noch unter Rückgriff auf Interessen (welcher Art auch immer) begründet werden. Ebenso ist es möglich, daß die Entscheidungsmatrix zu keiner "befriedigenden" Lösung führt. Es bleibt dann nur die Option, über weitere Informationsbeschaffung neue Evidenz zu produzieren. Wann diese ausreichend ist und wie sie das Entscheidungsproblem verändert, ist abermals nur bei Einbeziehung von Interessen der Wissenschaftler zu klären. Der Interessenbegriff rückt damit an zentrale Stelle - ohne Kontradiktion zu einem auch methodologisch akzeptablen Rationalitätsbegriff und ohne Interessen und sozialen Strukturen lediglich eine Lückenbüßerfunktion einzuräumen wie in Lakatos' Modell: *(I)t is not essential to an interest theory that there be no such thing as a representationally correct decision, or that scientists have no interest in being correct in a representational sense. What is essential is that scientists have other interests as well, and that these play a significant role [in] scientific decisions* (GIERE 1988: 165).

Derartige rational choice-Modelle sind ein aussichtsreicher Weg, die immer wieder eingeklagte engere Verbindung von Soziologie und Wissenschaftstheorie herzustellen. Allerdings bedarf es dazu einer genaueren Klärung des Interessenbegriffes, der derzeit als Sammelkategorie von der metaphysischen Überzeugung über professionspolitische Tagespolitik bis zum ökonomischen Individualinteresse nahezu alles versammelt. Ebenso notwendig ist auch eine genauere Klärung des Rationalitätsbegriffes und der Beziehungen zu dem des Interesses (vgl. Kap. 3.2). Immerhin ist erkennbar, daß das Konzept der *bounded rationality* sowohl gegenüber manchen methodologischen Positionen eine realitätsnähere Beschreibung des Beurteilungsverhaltens von Wissenschaftlern liefert als auch gegenüber soziologischen Erklärungen, die entweder normgesteuertes Verhalten oder von jeglicher epistemischen Rationalität befreite Interessenkonzepte heranziehen: *The bounded rational agent is a gamesman of sorts, but in a sense that is propaedeutic to the kind of 'language games' that has come to signal Wittgensteinian approaches to knowledge production (...) Being a bounded rational agent involves nothing so heroic as what Popper or Peirce would suggest, namely, that the scientist gamble on a hypothesis that if true would eliminate many competitors but that more likely will, under severe test, eliminate only*

---

1 Die Unterscheidung zwischen "correct" und "incorrect" setzt allerdings voraus, daß eine methodologische Metaebene existiert. Giere (1988: 10) verweist bezüglich dieses Problems auf sein Modell einer evolutionären und naturalistischen Wissenschaftsphilosophie: *(T)his requires being able to say what it is like to reach the goal. But the goal in science is usually taken to be something like 'true' or 'correct' theories. And the tradional epistemological problem has always been to justify the claim that one has in fact found a correct theory. (...) Thus, a naturalistic philosophy of science can be supported only by a circular argument that assumes some means to the goal are in fact effective.*

itself. Rather, granting that she is likely to end up having been mistaken, the scientist ought to protect herself from the worst possible outcome (FULLER 1989: 48).

2.5 Feyerabends Methodenpluralismus

Feyerabend kann alles mit der linken Hand.

John Watkins

Feyerabends scharfsinnige Kritiken an den verschiedensten wissenschaftstheoretischen Schulen haben die Debatte in der Wissenschaftstheorie in Gang gehalten und fraglos bereichert. Die Grundzüge seiner Kritik an den herkömmlichen Konzepten methodologischer Theoriebewertungen hat Feyerabend so zusammengefaßt: *Man kann Theorien nicht aus ihnen ableiten. Man kann auch kein negatives Kriterium angeben, z.B. gute Theorien seien widerlegbare Theorien, denen aber noch keine Tatsache widerspricht. Ein Falsifikationsprinzip, das Theorien ausscheidet, weil sie nicht mit den Tatsachen übereinstimmen, würde die gesamte Wissenschaft beseitigen müssen (oder zugeben müssen, daß große Teile von ihr nicht widerlegbar sind). Auch der Gedanke, eine gute Theorie erkläre mehr als ihre Konkurrenten, ist nicht sehr wirklichkeitsnah. Gewiß: neue Theorien sagen oft Neues voraus - doch fast stets auf Kosten des bereits Bekannten. Was die Logik anlangt, so erkennen wir, daß selbst ihre einfachsten Forderungen in der wissenschaftlichen Praxis nicht erfüllt sind und wegen der Komplexität des Materials auch gar nicht erfüllt sein können. Die Ideen, mit denen die Wissenschaftler das Bekannte darstellen und ins Unbekannte vorstoßen, entsprechen nur selten den strengen Vorschriften der Logik oder reiner Mathematik, und der Versuch, sie ihnen anzupassen, würde der Wissenschaft die Elastizität rauben, ohne die es keinen Fortschritt gibt. Man erkennt: Tatsachen allein sind nicht stark genug, um zur Annahme oder Ablehnung wissenschaftlicher Theorien zu veranlassen, sie lassen dem Denken einen zu weiten Spielraum; Logik und Methodologie andererseits scheiden zu viel aus, sie sind zu eng* (FEYERABEND 1986: 388 f). Die Feyerabendsche Kritik stellt eine Totalabrechnung mit den bisher vorgestellten Methodologien dar.[1] Seiner Auffassung nach sind es allenfalls soziologische, historische oder psychologische Methoden, mit denen die Dynamik von Wissenschaft erfaßt werden könne.

Feyerabends didaktisch motiviertes Vorgehen, mit Hilfe von *Antiregeln* allerlei aus den Angeln zu heben, läßt allerdings eine praktikable Alternative kaum erkennen, wenn es um praktische Selektionsentscheidungen angesichts knapper Ressourcen geht. Allerdings wird auch die gern kolportierte Maxime *anything goes* seinem Anliegen nicht ganz gerecht, denn Feyerabend ist lediglich der Ansicht, daß *'Grundsätze' unabhängig von konkreten Forschungsproblemen* nicht aufgestellt werden können, genauer gesagt: *Allgemeine Prinzipien spielen eine Rolle, aber sie werden nach Maßgabe der Forschungslage eingesetzt und gedeutet* (FEYERABEND 1986: 11, 32 und 1989: 411). Feyerabends Ausgangspunkt ist keineswegs ein anarchisches

1 Für eine ausgezeichnete Würdigung des Feyerabendschen Werkes vgl. DUERR 1980 und 1981a.

Verständnis der Prüfung von Theorien, sondern durchaus eine Rationalitätsauffassung, *die sich an allgemeinen Werten orientiert, allgemeine Grundsätze aufstellt, allgemeine Regeln ableitet usw., ursprünglich sogar nach reiner Popperart in Verfolgung einer verhältnismäßig engen Vorstellung von Regelrationalität* (SPINNER 1980: 49). Insoweit führt auch der programmatische Titel *Irrwege der Vernunft* in die Irre, denn Feyerabend bezieht seine Kritik keineswegs auf die Vernunft, sondern auf einen sehr eingeschränkten Rationalitätsbegriff (vgl. TOULMIN 1991: 317).

Hatte Feyerabend zunächst noch versucht, eine Rationalitätstheorie zu formulieren, die eine formale Behandlung von Problemen erlaubt (vgl. FEYERABEND 1963), so scheint er heute am ehesten einer Form von Rationalismus in der Tradition J.S. Mills zuzustimmen, deren Kern ein theoretischer Pluralismus ist (vgl. FEYERABEND 1980: 191). *Ein Wissenschaftler, der an hohem empirischen Gehalt interessiert ist und der möglichst viele Seiten seiner Theorie verstehen möchte, wird sich also eine pluralistische Methodologie zu eigen machen, er wird Theorien mit anderen Theorien statt mit der 'Erfahrung', 'Daten' oder 'Tatsachen' vergleichen, und er wird versuchen, Auffassungen, die im Wettbewerb zu unterliegen scheinen, zu verbessern, statt sie fallenzulassen* (FEYERABEND 1986: 55).

Diese Auffassung von Pluralismus ebenso wie Feyerabends Orientierung auf *eine praktische Logik, deren sich die Wissenschaftler bedienen und die noch nicht in expliziter Form vorliegt* (FEYERABEND 1981: 178) weist Parallelen zu Lakatos' Vorgehen auf. Bei der Auswahl möglicher Konkurrenzideen akzeptiert Feyerabend allerdings im Gegensatz zu fast allen Wissenschaftstheoretikern keinerlei Abgrenzungskriterium: je unorthodoxer und je zahlreicher, desto besser. Auch die Grenzziehung zwischen Wissenschaft und Nicht-Wissenschaft wird damit hinfällig: *[D]ie Trennung von Wissenschaft und Nichtwissenschaft [ist] nicht nur künstlich, sondern auch dem Erkenntnisfortschritt völlig abträglich. Wenn wir die Natur verstehen und unsere materielle Umgebung beherrschen wollen, dann müssen wir alle Ideen, alle Methoden verwenden* (FEYERABEND 1986: 393). Man kann dieses Pluralismuspostulat als eine immanente Kritik am Falsifikationismus verstehen, die das nicht ausgeschöpfte Kritikpotential des Falsifikationismus dadurch erhöht, daß einerseits die nach Popper noch nicht wissenschaftlichen (nicht gehaltvollen) Theorien in der Kontrastierung möglichst unvereinbarer Theorievarianten ihren Platz haben (Proliferationsprinzip), andererseits die bei Popper ausgeschlossenen (weil falsifizierten) Theorien nicht einfach verworfen werden (Beharrlichkeitsprinzip eines nichteliminativen Pluralismus).

So begrüßenswert das Postulat des Methodenpluralismus sein mag, Feyerabend entgeht den logischen Zwängen nicht. Deutlich wird dies an seinen (ironischen) Vorschlägen, *den Chauvinismus der Intellektuellen* (damit sind wohl vornehmlich die Kritischen Rationalisten gemeint) *durch die Entziehung von Steuergeldern einzudämmen* (FEYERABEND 1980: 159). Feyerabend kann auf dem Gebiet der Ideen ohne weiteres ein Mehr fordern, er kann aber kaum ausgrenzen, denn selbst dogmatische Methodologien haben natürlich einen Platz im Pluralismus. Kritisch aber wird es, wenn knappe Ressourcen im Spiel sind, dann ist Entscheidung unumgänglich und ein grenzenloser Pluralismus schlicht nicht finanzierbar. Darüber hinaus gerät Feyerabend in Widerspruch zu seinen eigenen Maximen, denn auch er kann nicht anders, als seine Ratschläge als 'vernünftig' zu empfehlen (vgl. WELSCH 1995: 423). Damit aber liegt die Frage nach guten Gründen für die Bevorzugung einer Theorie, eines Forschungsprogramms oder einer experimentellen Prüfung wieder auf dem Tisch. Feyerabends Befreiungsschlag aus dieser Situation, *die Macht der Wissenschaften und des Rationalismus mit allen nur möglichen Mitteln auszuhöhlen* (FEYERABEND 1979: 185 f), den Einzelnen darin auszubilden, in konkreten Situation Entscheidungen zu treffen, ohne Rückgriff auf Theorien, Normen oder sonstige umfassende Maßstäbe, ersetzt allerdings den Normativismus durch reinen Dezisionismus, der vermutlich weit restriktivere Wirkungen hat, als Erkenntnis- oder Wissenschaftstheorie je entfalten könnte (vgl. SPINNER 1980: 59).

Damit ist schließlich auch die noch konstruktive Erweiterung des Falsifikationismus abgelöst von einem Modell des Bewertungsprozesses, das durch seine okkasionelle Situationsbindung (vgl. FEYERABEND 1979: 85 f) in keinerlei Beziehung mehr zum Kritikprogramm des Falsifikationismus steht: *Die Neue Vernunft ist situations- statt normgebunden. Unterwirft sie sich keinen abstrakten, unabhängigen, fallübergreifenden Maßstäben, so doch um so mehr den Umständen des Einzelfalls* (SPINNER 1980: 74). Trotz der gewichtigen Einwände, die sich gegen Feyerabends polemische Auflösung jeglicher Rationalitätsanforderungen vorbringen lassen, erscheint es bemerkenswert, daß gerade die von erkenntnistheoretischen Vorannahmen wenig belastete laborkonstruktivistische Wissenschaftssoziologie sich in eine ähnliche Richtung bewegt, was die Aufwertung von Situation und Kontext gegenüber stabilen sozialen oder kognitiven Ordnungsmustern angeht.

2.6 Die Ökonomisierung des Kritischen Rationalismus

> Der Monismus treibt über sich hinaus zum Dualismus oder Pluralismus, nach dessen Setzung aber wieder das Bedürfnis nach Einheit zu wirken beginnt; so daß die Entwicklung der Philosophie wie die des individuellen Denkens von der Vielheit an die Einheit und von der Einheit an die Vielheit gewiesen wird. Die Geschichte des Denkens zeigt es als vergeblich, einen dieser Standpunkte als den definitiven gewinnen zu wollen; die Struktur unserer Vernunft in ihrem Verhältnis zum Objekt beansprucht vielmehr die Gleichberechtigung beider.
>
> Georg Simmel

Stegmüller hat überzeugend dargelegt, daß die eigentlich praktischen Bewertungsprobleme von Theorien weniger eine Frage von methodologischen Prüftheorien sind als vielmehr eine Frage der Entscheidungstheorie. Für die verschiedenen Varianten des Kritischen Rationalismus konnte gezeigt werden, daß sie auf eine ähnliche Konsequenz hinauslaufen, allerdings gegen die eigenen Intentionen, und zwar aus der Schwierigkeit heraus, konkurrierende Bewertungsaspekte unter einem monistischen Rationalitätsbegriff zu konsistenten und widerspruchsfreien Handlungsempfehlungen zu komprimieren. Es zeigte sich, daß nicht nur die bereits genannten immanenten Unschärfen, eng eingegrenzte Geltungsbereiche, Interdependenzbeziehungen zwischen verschiedenen Theorien und Gewichtungsprobleme im

Rahmen des Kritischen Rationalismus zu einer Bewertungsmethodologie führen, die weit entfernt von breiter praktischer Anwendbarkeit ist. Erschwerend kommt hinzu, daß diese Vorschläge von den praktischen Bedingungen von Wissenschaft weitgehend abstrahieren. Lakatos' Beispiel für seine Zweifel an der Leistungsfähigkeit des Falsifikationismus[1] mag auf der methodologischen Ebene widerlegbar sein, auf der praktischen Ebene ist es eine gute Illustration dafür, daß methodologische Anforderungen wie der Falsifikationsappell oder die Forderung nach strengsten Tests schnell mit pragmatischen Strategien und praktischen Realisationsbedingungen in Konflikt geraten können. Man könnte allgemein von Optimierungsproblemen sprechen, die sich allein im Rahmen methodologischer Vorschriften nicht befriedigend lösen lassen. Man könnte auch an das Verständnis von Methodologie als *eine Art Technologie, bezogen auf ein vorausgesetztes Ziel der betreffenden Problemlösungstätigkeit,* anknüpfen (ALBERT 1982: 26). Technologien müssen für ihren spezifischen Anwendungszweck kontextual justiert werden. Ihre Anwendung unter komplexen Umweltbedingungen beinhaltet im voraus nur schwer zu kalkulierende Unsicherheitsmomente, und es entsteht ein der gleichzeitigen Optimierung widersprüchlicher Ziele vergleichbares Problem (z.B. Kosten und Sicherheit). Auch eine der wenigen wissenschaftshistorischen Untersuchungen Poppers (Galileis Theorie der Gezeiten) zeigt bereits eine gewisse Auflösung der strengen methodologischen Anforderungen. Popper bescheinigt Galilei, die durch Kepler bereits falsifizierte Annahme kreisförmiger Planetenbahnen für seine Gezeitentheorie zu Recht benutzt zu haben, um eine möglichst *kühn* aufgebaute Theorie zu entwerfen. Die Eliminierung von Widersprüchen zwischen Beobachtungsdaten und Theorie, durch Wahl der gehaltvolleren Theorie, wird zur *regulativen Idee* abgemildert (POPPER 1984b: 124). Nur so läßt sich das Auswahldilemma zwischen einer *genauen Hypothese mit geringer Reichweite* und einer *weniger präzisen Hypothese mit größerer Reichweite* lösen. *Genauigkeit und Reichweite geraten hier in Konkurrenz miteinander. Beide Werte können nicht gleichzeitig maximiert werden. Wie sie nach einer allgemeinen Regel 'verrechnet' werden könnten, ist nicht absehbar* (SCHNEIDER 1988: 436).

Dem Problem der Entscheidungsfindung unter Unsicherheitsbedingungen bzw. bei unvollständiger oder widersprüchlicher Information haben sich sowohl die Psychologie (für den Bereich von Individuen und Gruppen) als auch die Ökonomie (auch in pragmatischer Absicht) gewidmet. Es liegt also nahe, mögliche Analogien auszubeuten. Solche aus der Ökonomie benutzt Radnitzky (1980: 368), um die Aufgabe der Methodologie zu formulieren: *'Gegeben einen bestimmten Planungshorizont, wenn wir unsere Anstrengungen auf die Beantwortung der Frage A konzentrieren, dürfen wir dann hoffen, daß der erzielte Erkenntnisgewinn größer sein wird als es der Fall gewesen wäre, wenn wir uns auf die Frage B konzentriert hätten?' Die Methodologie sollte dafür eine Präferenzregel für Fragen ausarbeiten, die (...) es ermöglicht, gute Gründe für eine bestimmte Fragepräferenz anzuführen. Auch*

1 Lakatos stellt die These auf, daß selbst die Physik Newtons nicht dem falsifikationistischen Anspruch gerecht werde, irgendwelche Sachverhalte zu verbieten. Sein fiktives Beispiel lautet: Ein Planet weicht von der theoretisch bestimmten Bahn ab. Ein Physiker schließt daraus auf einen unbekannten Planeten, dessen Bahn und Masse er errechnen kann. Gelingt die Beobachtung des Planeten nicht, lassen sich endlos weitere Nachweisstrategien entwickeln: zuerst ein neues Teleskop; dann ein Satellit, der kosmischen Staub entdecken soll, der den Planeten verdeckt; dann ein anderer Satellit, der Magnetfelder aufspüren soll, die der vorherigen Satelliten nicht entdeckt hatte usw. (LAKATOS 1974: 98 f).

hier fungiert die Methodologie wie ein Anlageberater, der mittels Konzeptualisierung, Situationsanalyse und Scenarioentwürfen dem Anleger Hilfestellung, Entscheidungshilfen leistet, aber die riskante Entscheidung dem Kunden (hier: Forscher) überlassen muß (...). Jedenfalls wird die Allokation von knappen Ressourcen (...) von Rentabilitätserwartungen - an Erkenntnisgewinn - von um knappe Ressourcen konkurrierenden Forschungsvorhaben angeleitet sein müssen, wenn sie, trotz aller Fallibilität und Risiko, rational sein soll. Ob Wissenschaftstheoretiker den Vergleich mit dem Anlageberater unbedingt schmeichelhaft finden oder nicht, sei dahingestellt. Das Zitat verdeutlicht aber eine gewichtige Verschiebung des Rationalitätsbegriffes. Ein Anlageberater kann "gut" sein, wenn er mit Fingerspitzengefühl, Erfahrung und Intuition erfolgreiche Empfehlungen ausspricht, er kann auch "gut" sein, wenn er sich auf eine hochmathematisierte, wirtschaftstheoretisch fundierte Marktanalysetechnik verläßt, und es gibt wohl auch "feyerabendsche" Anlageberater, die sich von mythischen Gewißheitsvorstellungen leiten lassen und dennoch nicht am Markt scheitern. Kurz, der Vergleich zeigt, daß eine Lösung der Entscheidungs- und Bewertungsprobleme nicht notwendig an eine bestimmte wissenschaftstheoretische Methodologie geknüpft ist, wie Radnitzky und auch Pähler suggerieren.

Pähler (1984) hat versucht, die methodologischen Regeln des Popperschen Kritischen Rationalismus um ökonomisch inspirierte Überlegungen zur Optimierung von Allokationsentscheidungen und zum Handeln unter Unsicherheitsbedingungen zu ergänzen, mit dem Ziel, praktische Vorschläge für die Bewertung von Theorien zu entwickeln. Pählers Versuch, ökonomische Rationalitätskriterien in die Poppersche Wissenschaftstheorie einzufügen, erscheint auf dem Hintergrund der immer wieder kritisierten Abstinenz des Kritischen Rationalismus gegenüber wissenschaftshistorischen und wissenschaftssoziologischen Erkenntnissen und den kritischen Einwänden gegen die Reichweite falsifikationistischer Methodologien plausibel. Auch Pähler sieht, trotz einer sehr optimistischen Beurteilung der Popperschen Methodologie, die Schwierigkeiten einer pragmatischen Verwendung der Ergebnisse methodologischer Prüfungen. Seine Bereitschaft, sich über diese Schwierigkeiten hinwegzusetzen, gründet in einer Analogisierung wirtschaftlicher Entscheidungsprobleme: *Daß nicht erst bei der Abschätzung der 'Produktionskapazität' eines Wissenschaftlers oder der 'Zukunftserwartungen' einer Theorie, sondern schon bei so vergleichsweise einfachen Fragen wie 'Was kostet ein Falsifikationsversuch, eine empirische Bewährung?' in dem Sinne von 'Welche Falsifikationsversuche/Bewährungen hätte man statt dessen unternehmen können?' enorme Ermittlungsprobleme entstehen, ist uns völlig klar. Aber erstens ist auch z.B. die Beurteilung von Investitionen in Unternehmen kein geringeres Problem, und derartige Probleme werden ständig gelöst, und zweitens werden faktisch bei wissenschaftlichen Entscheidungen, wenn meist auch mit Hilfe 'guter Nasen', diese Größen berücksichtigt* (PÄHLER 1986: 156).

Sieht man einmal von der auch von Radnitzky vorgetragenen Hoffnung ab, auch Relevanzfragen und von zukünftigen Entwicklungen abhängige Fragen irgendwann mit methodologischen Verfahren entscheidbar zu machen, bleibt Pähler bei einer sehr vorsichtigen Einschätzung: Sie lautet im Kern, daß methodologische Verfahren zu systematisierten Prüfberichten über Theorien und Forschungsprogramme verhelfen können. Methodologische Prüfberichte sind *datierte Informationen*, die sich im Laufe der Zeit ändern können (ebd.: 142). Das ökonomische Pendant zum Bewährungsbericht ist der Marktpreis, der Allokationsentscheidungen beeinflußt. Ebenso wie Preise verzerrt, gar nicht zu ermitteln sein oder sich unerwartet ändern können und in keiner Weise eine Investitionsentscheidung determinieren, sind methodologische Prüfberichte über Theorien eine Information, die für den Wissenschaftler erst durch Kontextualisierung mit seinen Produktionsbedingungen Bedeutung gewinnt. Auf der überindividuellen Ebene haben methodologische Regeln die Funktion, Mindestqualitätsstandards in der Kommunikation von Wissenschaftlern zu sichern: *Man kann methodologische Regeln u.a. als Versuch ansehen, durch gewisse Standardisierungen und Konventionen die Effizienz eines arbeitsteiligen und daher arbeitsvereinigende Koordinationsmechanismen erfordernden Wissenschaftssystems zu steigern (...). Aber andererseits werden sie, gerade weil sie zwecks Rationalisierung bestimmte Verfahren standardisieren und Verhaltensweisen berechenbar machen müssen, nicht die in allen Fällen optimale Lösung darstellen können (...). Ein gewisses Maß an Verletzungen dieser Regeln wäre für die Stabilität des Systems insgesamt wohl ungefährlich und für seinen Wandel - auch durch 'fruchtbare' innovative Regelverletzungen vermutlich eher günstig (...). Wir würden daher zumindest auch eine Art ökonomischer Verteilung von Mindestnormen für möglich halten, die zeigen könnte, daß nicht nur ein 'Zuviel' an Normen (...), sondern auch ein 'Zuwenig' an Normen den Erkenntnisfortschritt behindern kann* (ebd.: 144 f). Es fragt sich jedoch, ob auf diese Weise mehr gewonnen wird als die Übersetzung der Probleme der Wissenschaftstheorie in die Sprache der Ökonomie, ohne daß die Probleme damit einer Lösung nähergebracht würden. Der Verweis auf eine ökonomische Praxis scheint genauso wertvoll oder wertlos wie der Verweis auf eine erfolgreiche Wissenschaftspraxis. Pähler macht allerdings auf einen wichtigen Unterschied aufmerksam: Während die Poppersche Methodologie bei der Bewertung von Theorien wesentlich mit Mengengrößen im ökonomischen Sinn arbeitet, hätte es eine entwickelte ökonomische Theorie der Forschung mit gewichteten Konsequenzen von Theorien, also mit Wertgrößen zu tun. *Die Gewichtung der Konsequenzen von Theorien ist aber sowohl für die Erfolgskontrolle der Wissenschaft, als auch für die Planung der zukünftigen wissenschaftlichen Aktivitäten völlig unentbehrlich, so daß dieses Problem trotz aller Gefahren des 'Psychologismus' und 'Dezisionismus' in Angriff genommen werden muß* (ebd.: 95).

Mit "harter Methodologie" allein werden sich derartige Wertgrößen allerdings nicht ermitteln lassen. Pähler schlägt daher vor, trotz ungeklärter methodischer Probleme und des Risikos möglicher Fehlbeurteilungen eine Art von kondensierter Kurzinformation über den Stand von Theorieentwicklungen bereitzustellen. Solche Berichte können notwendig nicht in einer *zusammenfassenden Kennziffer* ausgedrückt werden, sie enthalten vielmehr eine (kritisierbare) Liste beurteilungsrelevanter Aspekte, die sich als *interne Rechnungslegung* an die betroffenen Wissenschaftler, als *externe Rechnungslegung* an interessierte Dritte richtet (ebd.: 89 f). Versehen mit Grenzen für den Spielraum subjektiver Bewertungen, die der Idee des Gläubigerschutzes entspringen, sollen solche Berichte *den berechtigten Interessen der Forschungsförderung dienen, sowie denen anderer Wissenschaftler, die darauf angewiesen sind, Theorien in ihre Problemvoraussetzungen aufzunehmen, die sie selbst nicht überprüfen können* (ebd.: 93). Im Kern ist dieser Vorschlag allerdings nichts anderes als ein ideales Modell wissenschaftlicher Beurteilung. Ob auf diesem Wege die grundsätzlichen Probleme gutachterlicher Beurteilungsverfahren gemildert und die Akzeptanzkriterien für Erkenntnisansprüche verändert werden können, ist allerdings mehr als fraglich. Kaum zu bestreiten ist aber die Notwendigkeit einer vergleichbaren Rechenschaftslegung, wenn Wissenschaft ihre Legitimation gegenüber der Öffentlichkeit erhalten will. Auch dort, wo Pähler bemüht ist, die Bedingungen rationalen Auswahlhandelns für den einzelnen Wissenschaftler zu spezifizieren, ist nicht erkennbar, daß sich ein wesentlicher Fortschritt gegenüber den bereits diskutierten Problemen ergibt. Nach Pähler muß die methodologische Bewertung durch die subjektiven Nutzenkalküle der einzelnen Wissenschaftler ergänzt werden. Die Entscheidung der Fragen, ob an einer Theorie weitergearbeitet werden soll, ob eine andere Theorie statt dessen bearbeitet werden oder Energie in die Neuentwicklung einer Theorie investiert werden soll, ob es lohnt, eine Theorie neuerlich zu prüfen, ob Theorien trotz widersprechender Beobachtungsdaten durch die Einführung von Störbedingungen (Exhaustion) weiter verwendbar gemacht werden etc., soll auf dem Hintergrund der individuellen Produktionskapazität des einzelnen Wissenschaftlers gefällt werden. Die Entscheidung für oder gegen eine Handlungsweise ist eingebettet in ein Set von individuellen und institutionellen "constrains". Eine streng methodologisch unhaltbare Entscheidung kann, so schließt auch Pähler, individuell durchaus rational sein, wenn die eigene Produktionskapazität Umorientierungen als ineffizient erscheinen läßt: *Es kann also durchaus rational sein, mit seiner eigenen Theorie auszusterben* (ebd.: 152).

Dies muß mit einer rational verfaßten Wissenschaft nicht konfligieren, wie sich mit Bezug auf Feyerabend, Kuhn, Lakatos, Stegmüller schnell belegen läßt: Wenn Theorienkonkurrenz erwünscht ist, muß irgend jemand bereit sein, die konkurrierende Theorie stark zu machen, in Ermanglung einer wohl bewährten Theorie notfalls auch mit einer schwachen Theorie. Dies ist insofern unbedenklich, als die Arbeit an einer Theorie methodologisch nicht als irrational qualifiziert werden kann. Ist der Rationalitätsbegriff ausreichend weit gewählt, dürfte ex-post-facto jedes Verhalten von Wissenschaftlern als rationales rekonstruierbar sein. Wenn sich Wissenschaftler aber aus guten Gründen gegen methodologische Empfehlungen entscheiden können und dieses Verhalten letztendlich wieder in die Bewertung neuer Theorien einfließt, dann ist gerade der Anspruch objektivistischer Methodologien, unabhängig vom faktischen Verhalten der einzelnen Wissenschaftler Qualitätsurteile fällen zu können, hinfällig. Es läßt sich dann nicht viel mehr sagen, als daß methodologisch gewonnene Qualitätsurteile mit den handlungsleitenden intuitiven Urteilskompetenzen von Wissenschaftlern harmonieren können oder auch nicht, ohne daß daraus von den Betroffenen Konsequenzen zu ziehen wären.

Aber auch wenn man von individuellen Nutzenkalkülen absieht, scheinen sich keine Antworten auf die Frage nach dem *optimalen Ersatzzeitpunkt* einer Theorie zu ergeben. Pählers Kriterium lautet: *[K]ann man mit denselben Ressourcen, die die Verteidigung einer Theorie kosten würde, in derselben Zeit eine bessere neue Theorie produzieren oder weiterentwickeln, wäre es unökonomisch, die alte Theorie zu verteidigen* (ebd.: 149). Hier ist wohl die Grenze der Analogie zum Wirtschaftsleben erreicht, denn gäbe es zuverlässige Daten für diesen Entscheidungsalgorithmus, dann wäre jede Wissenschaftstheorie überflüssig. Pählers Anliegen läßt sich in einem Punkt allerdings rückhaltlos unterstützen: Die Notwendigkeit nicht nur einer systematisierenden Kritik, sondern auch das Offenhalten für Kritik zur *Abwehr sklerotisierender Einflüsse* ist sicherlich von nicht zu unterschätzender Bedeutung (HARTMANN 1991: 143). Eine von Pähler aus der Popperschen Wissenschaftstheorie gewonnene Gliederung zur Bewertung von Theorien, die keinen Vollständigkeitsanspruch erhebt, vermag einen solchen Anspruch allerdings nur bedingt einzulösen. Pähler (1986: 93) schlägt eine *Strukturierung der komplexen Bewertungsproblematik* vor, die in Analogie zum Aktienrecht die *Bringe-Schuld* der Wissenschaft gegenüber der Öffentlichkeit abzutragen helfen soll. Er schlägt dazu eine Liste vor, in der über die bisherige Bewährung der Theorie, die bisher bekannten Probleme, die Leistungsfähigkeit relativ zu konkurrierenden Theorien über Kosten und manch anderes berichtet werden soll (vgl. PÄHLER 1986: 91 f). Eine derartige - auf Naturwissenschaften zugeschnittene - Liste enthält vieles, was in der Praxis der Begutachtung (z.B. der Gutachterfragebogen der National Science Foundation oder auch die von DFG-Gutachtern benutzten Kriterien) längst als möglicherweise zu berücksichtigende Kriterien gehandelt wird.[1] Derartige Sammlungen von Beurteilungsaspekten wurden und werden immer wieder aufgestellt (vgl. z.B. BUCHHOLZ 1995). Der entscheidende Mangel besteht nicht so sehr darin, daß die Liste im Einzelfall Irrelevantes oder wichtige Posten nicht enthält, sondern daß die Bewertung der einzelnen Posten kaum verbindlich geregelt werden kann. Das heißt, auch dann wenn über eine Liste von Urteilskriterien Konsens erzielt werden kann, ist keineswegs sichergestellt, daß unabhängige Bewerter die Positionen mit gleichen Gewichten versehen, und entsprechend heterogen kann die Beurteilung einer Theorie ausfallen. Untersuchungen des Peer-Review-Verfahrens zeigen auch empirisch, daß Konsensualität hinsichtlich relevanter Urteilskriterien nicht unbedingt mit Konsensualität hinsichtlich der faktischen Bewertung einhergehen muß: Gottfredson (1978: 924 ff) fand bei einer Untersuchung der Beurteilungskriterien von Herausgebern amerikanischer Psychologie-Fachzeitschriften zwar eine hohe Übereinstimmung hinsichtlich der Kriterien, die zur Gütebeurteilung der eingereichten Manuskripte herangezogen werden sollten, aber in der praktischen Beurteilung von Manuskripten nur moderate Übereinstimmungen. Aus einer pluralistischen Perspektive haben Listen von Beurteilungskriterien den entscheidenden Nachteil, daß bei einer starren Vorgabe von Kriterien die wünschenswerte Vielfalt von Kritik und Bewertungen (*Phantasie statt Professionalität* heißt es provokatorisch bei HARTMANN 1991: 150) leiden würde. Dem steht die Hoffnung gegenüber, das Bewertungsverfahren entscheidend verbessern zu können: *The limitations of expert judgement - limited objectivity - can be overcome by appropriately formulated and selected criteria* (BUCHHOLZ 1995: 216). Angesichts der theoretischen Einwände und der Kritik an der Praxis des Peer-Review-Verfahrens (vgl. Kap. 5.1) fragt sich aber, ob derartige Versuche einer Standardisierung von Bewertungsverfahren nicht in erster Linie Ausdruck einer methodologischen Konsensfiktion sind, die den wissenschaftlichen Bewertungsprozeß selbst kaum zu ändern vermögen. Anders formuliert, es ist die Frage, ob der Weg über eine gutachterliche Prüfung des Gehaltes von Theorien und Erkenntnisansprüchen dem Ziel einer Rechenschaftslegung der Wissenschaft näherbringt.

---

1 Die Formalisierung von Beurteilungsprozessen durch vorgegebene Kriterienlisten scheint das Urteilsverhalten der Gutachter im übrigen wenig zu beeinflussen (vgl. KRUYTBOSCH 1989).

2.7 Die Ökologie des Geistes

> Da aber ein Sprachspiel etwas ist, was in wiederholten Spielhandlungen in der Zeit besteht, so scheint es, man könne in keinem einzelnen Falle sagen, das und das müsse außer Zweifel stehen, wenn es ein Sprachspiel geben solle, wohl aber, daß, in der Regel, irgendwelche Erfahrungsurteile außer Zweifel stehen müssen.
>
> Ludwig Wittgenstein

Ähnlich wie Kuhn strebt Toulmin eine *plausible und vernünftige Verbindung* von Wissenschaftslogik, Soziologie und Psychologie an (TOULMIN 1978: 275; vgl. auch 1974: 44 ff). Sein Programm einer *Ökologie des Geistes* versucht die Balance zu halten zwischen einer soziologischen Betrachtung wissenschaftlicher Gemeinschaften und einer philosophischen Transzendierung der Entscheidungspraxis in wissenschaftlichen Milieus: *Wir können uns nicht damit begnügen, Grundsätze rationaler Beurteilung im Rahmen einer abstrakten Erkenntnistheorie aufzustellen, ohne zu fragen, welche Bedeutung sie für die praktischen Aufgaben haben, denen sich der kritische Geist faktisch gegenübersieht* (TOULMIN 1983: 24). Toulmins Arbeiten beschäftigen sich konsequenterweise nicht nur mit der Frage von Entdeckungen und der Entwicklung von Ideen, sondern in erster Linie mit der Frage nach den Grundlagen und Maßstäben für die Beurteilung von Ideen, und zwar sowohl im Hinblick auf die Beurteilungspraxis als auch auf die Möglichkeit einer kritischen Position zu dieser Praxis.

Bezugspunkt für die Analyse wissenschaftlichen Ideenwandels ist Toulmins Begriff von Vernunft, den er gegen den *Kult der Systematik* abgrenzt: *Der Inhalt irgendeiner vernunftorientierten Tätigkeit bildet weder ein einziges logisches System noch eine zeitliche Folge solcher Systeme. Vielmehr handelt es sich um ein geistiges Unternehmen, dessen 'Vernünftigkeit' in den für seine historische Entwicklung maßgebenden Verfahren liegt* (ebd.: 106). Dieser Begriff einer *praktischen Vernünftigkeit* findet neuerdings auch unter anderen Bezeichnungen (z.B. *transversale Vernunft*) rasche Verbreitung (vgl. WELSCH 1995).

Toulmin versucht mit diesem weiten Begriff gerade den Dilemmata zu entgehen, die sich einstellen, wenn die Beurteilung von Theorien entweder weitgehend auf formallogische Deduktion gestützt wird (Popper) oder aber auf eine ausschließlich konventionalistische Deutung, die Veränderungen nur in revolutionären Bekehrungen erkennen kann. Vernünftigkeit als Kriterium für Bewertungen und für die Richtigkeit von Urteilen zu wählen heißt, daß Urteilspraxen nur in begrenztem Maße über den Einzelfall hinaus generalisiert werden können, und zum anderen, daß auch die kollektiven Urteile von Wissenschaftlern einer Kritik zugänglich sind. Poppers Aufforderung zu "Vermutungen" und "Widerlegungen" wird so in einen anderen evolutionären Kontext gestellt als bei Popper selbst: *'Vernünftig' in der Wissenschaft ist das, was sich als vernünftig erwiesen hat, 'rechtfertigbar' ist das, was sich als rechtfertigbar herausstellt, 'wissenschaftsintern relevant' ist das, was sich als wissenschaftsintern relevant entpuppt. (...) Die tatsächliche Anwendung solcher Unterscheidungen und die entsprechenden Entscheidungen darüber, was man in irgendeiner Situation als 'relevant' akzeptieren kann, sind Sache des wissenschaftlichen*

Urteils und müssen nach den Besonderheiten des Einzelfalls neu festgelegt werden. Wie alle Urteile beruhen diese Entscheidungen auf der erfahrungsgeleiteten Deutung historischer Präzedenzfälle, die sich trotzdem im Laufe der Zeit als in gewisser Hinsicht abwegig oder irreführend herausstellen kann (TOULMIN 1983: 303). Vernünftigkeit ist damit bezogen auf die jeweils historische Problemlage, die kontextspezifische Abwägung von Urteilskriterien und die soziale Praxis in einer *rationalen Unternehmung* (nicht nur in der Wissenschaft), so *daß die Vernünftigkeit nicht eine Eigenschaft eines logischen oder theoretischen Systems als solchen* (sic!) *ist, sondern eine Eigenschaft der menschlichen Tätigkeiten oder Unternehmungen, von denen die einzelnen Begriffssysteme zeitliche Querschnitte sind; insbesondere eine Eigenschaft der Verfahren, mit denen die in diesen Unternehmungen jeweils akzeptierten Begriffe, Urteile und formalen Systeme kritisiert werden* (ebd.: 161).

Geistige Unternehmungen treten auf in Gestalt von *'Disziplinen', jede mit ihrem eigenen System von Begriffen, Methoden und Grundzielen* (ebd.: 168). Bei aller Wandelbarkeit zeigen solche Disziplinen eine Kontinuität, insbesondere im Hinblick auf die Auswahlfaktoren, die für Veränderungen ihres Inhaltes maßgeblich sind: *wissenschaftliche Disziplinen sind, wie Organismenarten, sich entwickelnde 'historische' Gegenstände, keine 'ewigen'* (ebd.: 170). Zur Definition der Disziplin zieht Toulmin die historische Folge der Fragestellungen, der Probleme einer Disziplin heran. Was als wissenschaftliches Problem einer Disziplin gelten kann, ergibt sich aus den disziplinären *Erkenntnisidealen*, die ebenso dem historischen Wandel unterliegen. Problemlagen sind allerdings nicht zu verstehen als axiomatische Systeme, sondern als kontinuierliche Genealogie von Problemen, die an Forscher und Forschungskontext rückgebunden ist. Probleme entstehen nicht durch den *Vergleich von 'Aussagen' mit 'Beobachtungen', sondern von 'Ideen' mit 'Erfahrungen'* (ebd.: 180). Damit gerät über den Rechtfertigungskontext hinaus die Genese von Problemen in das Blickfeld: *[D]ie Wissenschaftler machen die theoretischen Schwächen ihrer gegenwärtigen Vorstellungen dadurch aus, daß sie die Differenz feststellen zwischen ihren gegenwärtigen Möglichkeiten der 'Erklärung' der interessierenden Eigenschaften der natürlichen Welt und den Erklärungszielen, die durch ihre gegenwärtigen Ideale der Naturordnung oder Modelle vollständigen Verstehens definiert werden* (ebd.: 182).

Durch die Rückbindung der Probleme an die jeweiligen Träger, die Wissenschaftler und ihre soziale Organisation, ist Toulmins Disziplinbegriff immer aus zwei Komponenten zusammengesetzt, nämlich den inhaltlichen Ideen und der historischen Artikulation durch die Wissenschaftler: *In diesem Sinne sind die Hauptprobleme einer geistigen Disziplin gleichzeitig die Hauptgegenstände der Beschäftigung ihrer Vertreter* (ebd.: 184). Toulmin geht damit wesentlich weiter, als lediglich - wie etwa Lakatos - anzuerkennen, daß aus der Perspektive der Ideengeschichte externe Faktoren in besonderen Fällen zur Erklärung der Entwicklung einer Disziplin herangezogen werden müssen. Vielmehr erscheinen die soziale Seite und die kognitive als miteinander verknüpft und nur im analytischen Zugriff trennbar. Ein disziplinäres Vernunftunternehmen hat danach zwei Seiten: *Man kann es als Disziplin mit einer gemeinsamen Tradition von Methoden und Verfahren zur Behandlung ihrer theoretischen und praktischen Probleme auffassen, oder aber als Profession mit einem System von Institutionen, Rollen und Menschen, deren Aufgabe die Anwendung oder*

Verbesserung dieser Methoden und Verfahren ist (ebd.: 171). Nur wenn beide Seiten zusammen gesehen werden, läßt sich die Übervereinfachung eines abstrakt wissenschaftstheoretischen Bildes formallogischer Entscheidungsprozeduren oder eines soziologischen Bildes, das von den inhaltlichen Problemen einer Disziplin abstrahiert, vermeiden. *Die Begriffe der 'wissenschaftlichen Disziplin' und der 'gelehrten Profession' sind aufeinander bezogen, und ebenso sind es die Faktoren, die für den geistigen Zusammenhang einer Disziplin und für die Identität einer Profession sorgen. In beiden Fällen werden Menschen durch die Erfahrung, die sie auf einem bestimmten Gebiet gesammelt haben, zur Anerkennung bestimmter Erklärungsideale geführt* (TOULMIN 1983: 184).

Eine wissenschaftliche Disziplin weist im Idealfall, Toulmin spricht von *kompakten Disziplinen*, fünf Eigenschaften auf, die alle zentral auf die Ideale der Disziplin bezogen sind (ebd.: 441): 1. es existiert eine wohlbestimmmte Menge *wirklichkeitsnaher und anerkannter kollektiver Ideale*; 2. diese Ideale haben Anforderungscharakter für die betreffenden Wissenschaftler; 3. Verfahrensneuerungen werden in Diskussionen vorgetragen, die *disziplinäre Orte für die Vorbringung von rechtfertigenden Argumentationen* sind; 4. in Professionsforen wird mit Hilfe *anerkannter 'Beweisführungsverfahren'* die kollektive Anerkennung neuer Verfahren gerechtfertigt; 5. die kollektiven Ideale bestimmen die *Adäquatheitsbedingungen, an denen Argumente für diese Neuerungen geprüft werden.*

Gegenüber den *kompakten* Disziplinen (z.B. Physik und Biologie) fehlt in den *diffusen Disziplinen* und in den *möglichen Disziplinen* (z.B. Soziologie und Psychologie) auf der methodischen Seite vor allen Dingen ein klar abgegrenztes Reservoir disziplinbezogener Probleme mit der Folge, daß die *theoretischen Neuerungen keiner konsequenten kritischen Prüfung ausgesetzt sind und keine stetige vernünftig begründete Richtung erhalten* und auf der institutionellen Seite keine wirksame professionelle Organisation steht, so daß das disziplinäre Potential nicht ausgenutzt werden kann (ebd.: 442). Der Inhalt einer Disziplin ist entsprechend zwar auf die kollektiven Ziele der Disziplin bezogen, dennoch aber keineswegs - auch nicht im Falle kompakter Disziplinen - homogen: *Wir betrachten also den Gehalt einer Naturwissenschaft nicht als ein dichtes und zusammenhängendes logisches System, sondern als ein theoretisches Aggregat, eine 'Population', in der es bestenfalls einzelne beschränkte Gebiete mit logischer Systematik gibt. So gesehen, läßt sich das Problem der wissenschaftlichen Vernunft neu formulieren. Gewöhnlich sind in jeder Wissenschaft viele verschiedene Erklärungsverfahren, Begriffe und Darstellungsmethoden zur Erfüllung ihrer eigentlichen disziplinären Ziele in Gebrauch. Zwischen den einen oder anderen von ihnen gibt es formale oder 'logische' Verknüpfungen (...). Neben diesen systematisch miteinander zusammenhängenden Begriffen und Verfahren gibt es gewöhnlich andere, die logisch von einander unabhängig sind, ja in Konflikt stehen (...). Das bedeutet, daß eine ganze Wissenschaft aus einer 'historischen Population' logisch voneinander unabhängiger Begriffe und Theorien besteht, die je ihre eigene Geschichte, ihre Struktur und ihre Konsequenzen haben* (ebd.: 155 ff). Diese Vielfalt von koexistierenden Verfahren und die Perspektive auf das Handeln von Wissenschaftlern führt auch zu einem veränderten Begriff von Erklärung. Standen bisher die Argumente und ihre logische Konsistenz bzw. die logische Verbindung von Hypothesen und Empirie im Mittelpunkt, bezeichnet bei Toulmin

(1983: 188) *'Erklärung' in erster Linie einen Bereich menschlicher Tätigkeit, wozu die Darlegung formaler, beweisender Argumente gehören kann, aber nicht muß (...). In diesem Sinne ist das Argument selbst nicht mehr die 'Erklärung' einer Erscheinung; bestenfalls kann es 'als Erklärung dienen', wenn es im richtigen Zusammenhang vorgebracht und richtig angewandt wird.* Damit wird die Vielfalt praktischer Erklärungsverfahren hervorgehoben, ohne daß sie als formale Argumentationen rekonstruiert werden müßten. Zugleich ist mit den Erklärungsverfahren auch der *Weitergabegehalt* einer Disziplin gekennzeichnet, der auf jede neue Wissenschaftlergeneration durch einen Prozeß der *Enkulturation*, der *Initiation in eine soziale Institution* vergleichbar, übertragen wird (ebd.: 190 ff): *Der geistige Weitergabegehalt einer wissenschaftlichen Disziplin - das gemeinsame Erbe, das alle Vertreter dieser Wissenschaft gemeinsam lernen, besitzen, anwenden und kritisieren - enthält also eine ganz bestimmte Konstellation von Erklärungsverfahren* (ebd.: 191). Diese Verbindung von Idee und erlerntem Erklärungsverhalten faßt Toulmin in dem Epigramm zusammen: *Jede Idee ist eine geistige Mikroinstitution* (ebd.: 198). In dieser Sichtweise wandelt sich auch die Frage nach Wahrheit oder Falschheit wissenschaftlicher Theorien in eine Frage nach der Anwendbarkeit bzw. den Bedingungen der Anwendbarkeit: Unter welchen Bedingungen wird eine Theorie praktisch den disziplinären Erkenntniszielen gerecht?: *[E]s gibt keine Frage der empirischen 'Wahrheit' oder 'Falschheit' der theoretischen Aussagen in der Wissenschaft als solcher. Vielmehr gewinnen die theoretischen Begriffe und Aussagen nur dann einen indirekten empirischen Gehalt oder Sinn, wenn ihr Anwendungsbereich mit Hilfe weiterer Identifikationsaussagen angegeben worden ist; und das führt dazu, daß die theoretischen Begriffe und Aussagen in unmittelbar empirische 'Metaaussagen' eingebaut werden* (ebd.: 202). Derartige Metaaussagen beziehen sich vor allen Dingen auf Aussagen über den Zuständigkeitsbereich der Theorie, die Anwendungsbedingungen und die Genauigkeit der Anwendungen.

In synchronischer Betrachtung liegen in jeder Disziplin jeweils eine Vielzahl von Ideen und zugehörigen Erklärungsverfahren vor, in diachronischer Perspektive sind sie in Problemgenealogien vernetzt. Toulmins Analyse bezieht sich auf die evolutionären Wandlungen von *Ideenpopulationen*; d.h. zu jeder Zeit bestehen in einer Disziplin verschiedene Ideen, Theorien und Methoden, *vorläufige Ideenvarianten*, von denen nur wenige zu *endgültigen Ideenvarianten [werden], die tatsächlich in die kollektive Tradition einer Disziplin eingehen* (ebd.: 149). Die Beschreibung des Ideenwandels in evolutionären Termini führt zu einer deutlichen Abgrenzung gegenüber dem Kuhnschen Revolutionskonzept. Toulmin geht davon aus, daß der Bezug auf die gemeinsamen disziplinären Ziele eine vollständige Verständigungsunfähigkeit durch differente Weltbilder, wie sie in Kuhns ursprünglicher Fassung des Revolutionsbegriffes vorgesehen war, sehr unwahrscheinlich macht, der Begriff Revolution daher mindestens eine *rhetorische Übertreibung*, wenn nicht gar eine Tautologie sei (ebd.: 141 ff): *Völlige Verständigungsunfähigkeit ist nur dann unvermeidlich, wenn die Beteiligten nicht einmal auf dem Gebiet ihrer disziplinären Ziele etwas Gemeinsames haben. Doch bei dem Mindestmaß an Kontinuität der disziplinären Ziele haben auch Wissenschaftler mit völlig verschiedenartigen theoretischen Ideen im allgemeinen immer noch eine Grundlage für den Vergleich der Erklärungskraft ihrer Ansätze, und die konkurrierenden Paradigmen oder Voraussetzungen - die zwar auf der 'theoretischen' Ebene unvereinbar sind - bleiben kommensurabel als verschiedene Lösungsversuche gemeinsamer 'disziplinärer' Aufgaben* (ebd.: 153). Mit Kuhns späteren Änderungen am Paradigmabegriff, *Mikrorevolutionen*, wie Toulmin (1983: 139) sie bezeichnet, scheint sich gerade das Spezifische der wissenschaftlichen Revolutionen aufzulösen; danach *läuft der Unterschied zwischen 'normalen' und 'revolutionären' Wandlungen hinaus auf den Unterschied zwischen Wandlungen von Aussagen, die keine theoretischen Neuerungen bringen und daher deduktiv oder quasi-deduktiv gerechtfertigt werden können, und theoretischen Veränderungen, die sich allen rein formalen oder deduktiven Verfahren entziehen. In diesem Sinne hat natürlich jeder wissenschaftliche Wandel gewöhnlich sowohl etwas 'Normales' als auch etwas 'Revolutionäres' an sich* (ebd.: 141). Betrachtet man die Ideenentwicklung im historischen Verlauf, dann treten beim Übergang von einem Querschnitt durch die jeweilige Ideenpopulation zum nächsten keine vollständigen Brüche auf, sondern evolutionärer Wandel: *nämlich dadurch, daß spätere gedankliche Querschnitte einer Tradition die Inhalte ihrer unmittelbaren Vorgänger reproduzieren, modifiziert durch diejenigen gedanklichen Neuerungen, die in der Zwischenzeit selegiert worden waren - im Lichte der jeweilig gegebenen professionellen Standards der damaligen Wissenschaft* (ebd.: 266). Eine Ideenvariante ist dabei weniger eine individuelle Erkenntnis als vielmehr eine *Gemeinschaftssache* (ebd.: 243). Ideen müssen den Status einer realen Möglichkeit erreichen, *die Neuerung des einzelnen muß als eine Möglichkeit erscheinen, mit den Problemen fertig zu werden, die Ursache der kollektiven Unzufriedenheit sind* (ebd.). Wissenschaftler sehen eine neue Erkenntnisbehauptung immer im Hinblick auf fachliche Probleme und beurteilen sie nach den *möglichen Lösungen* für diese Probleme, so daß die Klasse der *'wissenschaftlichen' Möglichkeiten* viel kleiner ist als die Klasse der *'logischen' Möglichkeiten* (ebd.). Die Bedingungen der Ideenvariation lassen sich Toulmins Grundschema entsprechend in einen intellektuellen Aspekt und einen professionsbezogenen Aspekt zerlegen. Auf der intellektuellen Seite muß eine theoretische Neuerung bestimmten Minimalanforderungen genügen, d.h. sie muß zu einem relevanten Problem "passen". Mögliche Lösungen sind dann auf mindestens drei verschiedene Weisen möglich, da jeder wissenschaftliche Begriff drei unterscheidbare Seiten (Sprache, Darstellung und Anwendung) hat. Diese Unterscheidung bezieht sich auf die bereits erwähnte wissenschaftliche Erklärungstätigkeit: Die symbolische Seite umfaßt die Sprache, d.h. Namen, Sätze, Verallgemeinerungen, Gesetze etc. und die Darstellungsmethoden, die sowohl aus mathematischen Formalismen wie auch aus Schaubildern, Taxonomien und Datenverarbeitungsprogrammen bestehen können. Diese symbolische Seite kommt aber nur zum Tragen, wenn brauchbare Anwendungsverfahren zur Verfügung stehen. *Man braucht z.B. Erkennungsverfahren zur Identifikation der speziellen Gegenstände, Systeme oder meßbaren Größen, auf die ein bestimmter Fachausdruck oder Begriffsname anzuwenden ist* (ebd.: 193).

Für die Fortentwicklung der Ideen einer Disziplin sind neben den intellektuellen Mindestbedingungen aber vor allem professionsbezogene Bedingungen maßgeblich, d.h. *gut organisierte Einrichtungen für die kritische Diskussion und Verbesserung dieser Ideen* (ebd.: 246). Es handelt sich dabei um Diskussions- und Wettbewerbsforen, die so organisiert sind, *daß neue Ideen einzelner anhand einer kollektiven Menge von Erklärungsidealen beurteilt werden können* (ebd.). Als permanente Quelle von Ideenvarianten ist schließlich die Weitergabe des disziplinären Gehaltes in der Lehre zu sehen. Ideen bleiben während ihrer Weitergabe nicht unverändert, vielmehr schleichen sich in diesen Prozeß ständig Variationen ein, so daß *jede Generation von Lernenden die anerkannten - und die abweichenden - Ideen und Verfahren ihrer Disziplin auf ihre Weise zu einem Gebäude zusammen[stellt]* (ebd.: 333).

Die Menge verfügbarer Ideenvarianten hängt danach einerseits vom inneren Zustand einer Disziplin ab, d.h. der Menge von *'lösungsreifen' Problemen*, andererseits von den *wirtschaftlichen, politischen oder institutionellen Seiten einer Problemsituation, die die Möglichkeiten für die Forschung (...) entweder verbessern oder verschlechtern* (ebd.: 248). Der innere Selbstregulationsmechanismus führt dazu, daß urteilsfähige Wissenschaftler nicht zu komplizierte Probleme wählen, sondern solche, bei denen *die Arbeit alsbald Früchte zeitigt* und die *herangereifte wissenschaftliche 'Ernte'* rasch eingebracht werden kann, und daß sie aber andererseits auch nicht zu einfache Probleme auswählen, die zu keinen *theoretischen Erkenntnissen* führen (ebd.: 250). Dieser Selbstregulationsmechanismus wird von äußeren gesellschaftlichen und kulturellen Einflüssen und sozialen Institutionen überlagert, die mit Anreizen und Hindernissen eigenständig steuern. Beide Faktoren sind allerdings nicht unabhängig, sondern wirken gleichgewichtig auf den Zustrom von Ideenvarianten ein. Die Ideenvariation wird *stets gleichzeitig von inneren (oder geistigen) und äußeren (oder gesellschaftlichen) Faktoren beeinflußt, die wie zwei unabhängige Filter wirken* (ebd.: 259). Beide Faktoren können gegenläufig oder auch komplementär ausgerichtet sein, und nur ihre gemeinsame Betrachtung liefert eine Erklärung für die Geschwindigkeit des Ideenwandels. Als möglichen Fall behindernder Gegenläufigkeit nennt Toulmin eine ausgeprägte Projektforschung: *Wenn aller Nachdruck auf der praktischen 'projektbezogenen' Forschung liegt, können auch die theoretisch aussichtsreichsten abstrakten Forschungsansätze hintangestellt werden* (ebd.: 259 f).

Wie bei der Ideenvariation sind auch bei der Ideenauslese wieder beide Seiten, die disziplinbezogene und die professionsbezogene, von Bedeutung. Für die Auswahl von Ideen innerhalb des disziplinären Rahmens eines Vernunftunternehmens stellt sich die zentrale Frage: *Was soll (...) in unserer Disziplin im einzelnen als 'vernünftig' - oder als 'Grund' - gelten?* (ebd.: 263). Untrennbarer Bestandteil der 'Problematik' einer Wissenschaft sind die Auswahlkriterien für die Beurteilung von Neuerungen; sie sind wie die Probleme selbst auf die Erklärungsideale der Disziplin bezogen. Das heißt, nicht logische Kriterien wie Wahrheit, sondern die Ideale der Disziplin geben eine *allgemein anerkannte Richtung des Ideen- und Verfahrenswandels* ab, aus der sich wiederum Kriterien für die Akzeptanz *'brauchbarer'* Varianten ableiten lassen (ebd.: 419). Vergegenwärtigt man sich die oben genannten Grundtypen theoretischer Neuerung und geht man davon aus, daß innerhalb der Disziplin sowohl hinsichtlich der Probleme wie der Auswahlkriterien *ausreichend Einigkeit* besteht, dann ergeben sich zunächst die einfachen Fälle der Auswahl von Forschungsideen: Die Vor- und Nachteile einer Ideenvariante lassen sich über die theoretischen Probleme der Disziplin mittelbar auf die Ideale und Ziele der Disziplin beziehen, und die Konsequenzen der Auswahl lassen sich abschätzen. Es handelt sich dabei nicht um die Klärung von wahr/falsch-Fragen, sondern um die vergleichende Frage, ob die neue *theoretische Variante unsere Erklärungsmöglichkeiten stärker verbesser[t] als ihre Konkurrenten* (ebd.: 265). Die Maßstäbe für die Entscheidung über eine theoretische Variante sind entsprechend *informeller Art, sie drücken die augenblicklichen Fachideale* aus (ebd.: 266). Auch in einfachen Entscheidungsfällen ist daher keine feste Verrechnungsregel gegeben, sondern es ist ein abwägendes Urteil gefordert: *Die einschlägigen Gesichtspunkte sind nicht nur häufig inkommensurabel - es fehlt nicht nur oft jede einfache Vergleichsmöglichkeit dafür, wieviel 'Wert' z.B. durch Genauigkeit, Anwendungsbreite und Einheitlichkeit entsteht-, sondern oft erfordern die Entscheidungen auch die Abwägung eines Gewinns auf einem Gebiet gegen einen Verlust auf einem anderen. Die anerkannten Entscheidungskriterien der Disziplin sind stets vielfältig und weisen manchmal in entgegengesetzte Richtungen* (ebd.: 267). Entscheidend ist daher nicht eine formallogische Prüfung neuer Ideen, sondern die kompetente und abwägende Beurteilung durch Fachwissenschaftler. Ihnen steht dabei, wie Toulmin (1983: 117) in Analogie zur Rechtsprechung formuliert, eine Konstellation von Normalverfahren zur Urteilsfindung zur Verfügung: *Die historische Bilanz früherer Entscheidungen schafft vielmehr eine Normalvermutung für die Zukunft. Kritische Vergleiche mit früheren Urteilen schaffen Vermutungsregeln für ähnliche zukünftige Fälle; sie werden nur dann außer Kraft gesetzt, wenn sich besondere Gründe dafür anführen lassen* (ebd.: 117). Der Urteilskonsens der Fachwissenschaftler ergibt sich im günstigsten Fall quasi automatisch aus dem Bezug zur Menge der disziplinären Probleme, zu den Zielen und den gemeinsamen Vorstellungen über die Lösungsmöglichkeiten der Probleme: *Damit gibt es wohlbestimmte Auswahlkriterien für die Entscheidung zwischen Theorievarianten, und die Wissenschaftler stimmen in ihren Urteilen über neue Ideen überein, einfach deswegen, weil diese Einmütigkeit für sie entscheidet, was für Veränderungen zur Zeit die anerkannten theoretischen Ziele der Wissenschaft erfüllen* (ebd.: 271). Die einfachen Fälle zeichnen sich vor allen Dingen dadurch aus, daß es hinsichtlich der *tiefliegendsten Vernunftstrategien* Übereinstimmung unter den Wissenschaftlern gibt, nicht dadurch, daß es völligen Konsens über ein fixes, in allen Fällen verwendbares Beurteilungskriterium gäbe. Denn *welches Kriterium man auch wählt, es gibt stets andere Fälle, auf die es nicht anwendbar ist; und im allgemeinen sind für jede einzelne Entscheidung mehrere inkommensurable Gesichtspunkte von Bedeutung* (ebd.: 269).

Toulmin unterscheidet zwei Ausnahmen von diesem "normalen" Prozeß der Entscheidungsfindung: zum einen das *Versagen der Vernunft*, zum anderen eine Veränderung der strategischen *Kriterien der Vernünftigkeit* (ebd.). In die erste Gruppe gehören all jene Fälle, in denen äußerer Druck, unterbrochene Kommunikationen, mangelnder Zusammenhalt der Profession oder schlicht Vorurteile oder Unaufmerksamkeit die Durchsetzung einer Idee verhindern. Im zweiten Fall stehen die Ziele der Disziplin und damit die basalen Strategien zur Diskussion. Diese Ziele wandeln sich zwar weitaus langsamer als die Theorien und Ideen einer Disziplin, nichtsdestoweniger unterliegen aber auch sie dem historischen Wandel. Wenn derartige strategische Meinungsverschiedenheiten vorliegen, gibt es keine wohlbestimmten Auswahlkriterien mehr, hinsichtlich derer alle Fachvertreter hinreichend übereinstimmen. Es geht dann vielmehr um die Neuformulierung der disziplinären Ziele: *In den 'klaren' Fällen bestimmen die anerkannten Ziele einer Wissenschaft auch anerkannte Beurteilungsverfahren; doch in den der Sache nach 'nebelhaften' Fällen müssen die Wissenschaftler die Ziele des ganzen theoretischen Spiels neu überdenken und damit auch ihre Urteilsmaßstäbe. Die klaren Fälle sind also auch 'Routinefälle', in denen man nach einem alten, vertrauten System von Regeln spielen kann; die nebelhaften Fälle dagegen sind auch strittige Fälle, in denen die Wissenschaftler mit Fragen konfrontiert werden, die sie gewöhnlich auf sich beruhen lassen können* (ebd.: 277). Auch in solchen Fällen sieht Toulmin jedoch die Möglichkeit vernünftiger Verfahren zur Entscheidungsfindung. Er vergleicht die Situation mit der Lage der Rechtsprechung, wenn es zu einem *Verfassungsproblem* kommt und die einfache Anwendung bisheriger Verfahren versagt. Wenn nicht nur darüber geurteilt werden muß, *was das Recht war und ist*, sondern auch darüber, *was es werden soll*, dann ist eine *Frontlinie der Vernunft* erreicht, an der *fehlbare Menschen im Namen des von ihnen vertretenen menschlichen Unternehmens mit neuen und unvorhergesehenen Problemen fertig werden müssen* (ebd.: 281 f). Unter solchen Bedingungen bekommen Bewertungen den Charakter *vernünftiger Wetten* (ebd.: 190). Wie auch Kuhn warnt Toulmin jedoch vor einer Verwechslung solcher Unsicherheiten mit reiner Subjektivität. Es handele sich nach wie vor um die Analyse objektiver Sachverhalte, wenngleich *die ganze 'Relativität' der Ideen und Maßstäbe* anerkannt wird, *die (...) in verschiedenen Milieus als maßgebend gelten* (ebd.: 289). D.h. auch, daß kein exaktes Abgrenzungskriterium (wie etwa bei Popper) zwischen Wissenschaft und Nicht-Wissenschaft oder zwischen Wissenschaft und politischen Ideologien besteht. Auch zunächst in ihrer Bevorzugung unbegründete wissenschaftliche Moden entwickeln sich häufig zu nachhaltiger Bedeutung. Anhaltspunkte liefern am ehesten die Verfahren, mit denen Theorien durchgesetzt oder verteidigt werden: *Als Vorurteil oder Aberglaube qualifizieren sich nun Auffassungen nicht durch ihren Inhalt, sondern durch die Art, wie sie aufrechterhalten werden* (ebd.: 301). Dogmatismus oder Vorurteile werden daran deutlich, daß nicht mit Argumenten, sondern mit politischen, juristischen oder religiösen Sanktionen operiert wird. Der Rekurs auf Argumentationsverfahren vermag allerdings keine klare Trennung von wissenschaftlichen und nichtwissenschaftlichen Diskursen herzustellen, denn disziplinär etablierte Begriffe und Methoden *werden oft auch zu soziologisch 'etablierten', d.h. in den Institutionen der Wissenschaft fest verwurzelten. Dann brauchen die Widerstände gegen Veränderungen keine 'unwissenschaftlichen' oder 'irrelevanten', der Wissenschaft äußerlichen Gesichtspunkte ins Spiel zu bringen und können doch vollständig an den eigentlichen wissenschaftlichen Erfordernissen der Sache vorbeigehen* (ebd.: 303). Auf diese Weise sind nicht selten theoretische Neuerungen im Konflikt mit fachlicher Orthodoxie im *odium professionale* untergegangen (ebd.).

Allein aus dem Fokus der disziplinären Analyse ist die Frage von Theoriebewertungen und -wahlentscheidungen nicht auflösbar, da es in der Regel nicht möglich ist, rivalisierenden Theorien *richtige Zensuren* zu geben oder sie graduell auf einer *Qualitätsskala numerisch einzustufen* (TOULMIN 1981: 133). Ergänzend muß daher die professionsbezogene Analyse hinzutreten, die nach den sozialen Bedingungen und Mechanismen der Ideenvariation und -auslese fragt. Ging es in der disziplinbezogenen Analyse wesentlich um die Beurteilung und vernünftige Rechtfertigung von Ideen, so geht es in der professionsbezogenen Analyse vor allem um die kausale Erklärung des Vorgangs der Positionierung und Verdrängung einflußreicher Gruppen, die mit ihrem Urteil die Richtung der disziplinären Entwicklung formen: *Die disziplinbezogene Seite der Wissenschaftsgeschichte ist vernunft-, rechtfertigungs- und zukunftsbezogen, die professionsbezogene Seite kausal, erklärend und rückblickend; und der Natur der Sache nach sind diese beiden Seiten nicht gleichartig, sondern ergänzen einander* (TOULMIN 1983: 363). Trotz der Freiheitsspielräume, die Profession und Disziplin in ihrer Entwicklung haben, bleiben sie eng aufeinander bezogen: *Eine wissenschaftliche Profession muß also als ein 'historisches Gebilde' oder eine 'Population' betrachtet werden, deren institutionelle Entwicklung der theoretischen Entwicklung der von ihr getragenen Disziplin parallel läuft. Darüber hinaus sind es dieselben kollektiven Interessen und Ziele, die diesen beiden Seiten eines Vernunftunternehmens Einheitlichkeit und Kontinuität verleihen* (ebd.: 307 f). Der Möglichkeitsstatus einer neuen Idee hängt nicht nur von den intellektuellen Qualitäten ab, sondern auch davon, daß sie *von den einflußreichen Mitgliedern des betreffenden Berufstandes ernstgenommen wird* (ebd.: 311). Entsprechend entsteht auch für die Profession die Frage, wie einflußreiche Mitglieder, gatekeeper der Disziplin in ihre Positionen kommen und inwieweit ihre Urteile die disziplinären Ziele und Ideale befördern: So *gewinnen einzelne Wissenschaftler das Recht, im Namen ihres Faches zu sprechen, nur aufgrund der Urteilsfähigkeit, die sie vorher bei der Behandlung der aktuellen theoretischen Probleme ihrer Profession bewiesen haben - und auch diese Urteilsfähigkeit muß im Lichte der augenblicklichen Erklärungsmöglichkeiten und Ideale festgestellt werden* (ebd.: 311). Die kollektiven Ziele bilden entsprechend die Grundlage für die Beurteilung und Kritik der Leistungsfähigkeit von Personen und Institutionen der Profession.

Toulmin rückt damit auch für die Analyse der Profession die heikle Balance zwischen Wandel und Kontinuität in den Mittelpunkt. Einerseits müssen Professionen Institutionalisierungsformen entwickeln, die die Kontinuität des Vernunftunternehmens gegen die Vielzahl kontingenter Spezifikationen der disziplinären Probleme sichern, andererseits müssen auch die Verfahren der Umwälzung der Bewertungsstandards in den professionellen Institutionen gesichert sein, wenn Wandel möglich sein soll. Der Etablierung wissenschaftlicher Autorität steht daher die ständige Demontage dieser Autorität gegenüber. Mit Hilfe eines Vergleichs mit der politischen Bühne versucht Toulmin zu zeigen, *wie sich (...) die Institutionen einer Wissenschaft, genau wie die jeder anderen kollektiven menschlichen Tätigkeit, durch das Wirken von Parteien und Einflußgruppen entwickeln, durch Staatsstreiche und einseitige Unabhängigkeitserklärungen, wie sie Schauplatz ständigen Gerangels zwischen alter Garde und Jungtürken sind, zwischen Autokraten und Demokraten, Oligarchien und Gerontokratien - wie sie also die für das politische Leben und Handeln ganz allgemein kennzeichnenden Formen, Spielarten und Instrumente aufweisen* (ebd.: 312). Die Profession besteht nicht aus einem statischen Gefüge von Positionen und Institutionen, sondern vielmehr aus einer Wettbewerbssituation, in der *'Etabliertheit' und 'Autorität'* konflikthaft und mit Reibungsverlusten immer neu hergestellt werden müssen. Die Reputationshierarchie von Institutionen und Personen bildet insofern ein entscheidendes Regulativ, aber sie ist nicht unbedingt auf Dauer gestellt oder völlig einvernehmlich: *Jede wissenschaftliche Profession hat (...) neben den formalen Karrierestrukturen der Professionspositionen eine informelle, ungeschriebene 'Qualitätsrangfolge'. Diese ist selbst eine wesentliche historische Variable. Denn während in einer Profession gewöhnlich allgemeine Übereinstimmung bezüglich einiger besonders maßgebender Namen besteht, pflegt es auch gewisse systematische Meinungsverschiedenheiten zu geben, die oft 'Generationsunterschieden' entsprechen* (ebd.: 332). Diese Generationsunterschiede markieren mit dem Wechsel der jeweiligen *Generationen der Beurteiler* den institutionalisierten Wandlungsprozeß, dabei ist für die jeweils neue Generation die Neuinterpretation der disziplinären Ziele wesentlich, nicht so sehr ein Zuwachs an Tatsachenwissen. *Denn der Hauptaspekt dieser Professionsentwicklung ist der Wechsel der herrschenden Bezugsgruppen in den verschiedenen Wissenschaften (...). In der professionsbezogenen Entwicklung einer Wissenschaft ist also das maßgebliche Zeitintervall oder die 'Generation' die Zeit des Bestehens einer Bezugsgruppe bis zu ihrer Ablösung durch eine andere* (ebd.: 331). Entscheidend für den wissenschaftlichen Wandel ist damit nicht so sehr die individuelle Bereitschaft jedes Wissenschaftlers zur Revision (sie ist nach Toulmin kaum vorhanden), sondern es sind die kollektiven Selektionsprozesse: *Die theoretischen Ziele und Schwierigkeiten einer Disziplin stehen im Mittelpunkt der gemeinsamen wissenschaftlichen Anstrengungen der Fachvertreter; und diese Ziele filtern dann aus deren persönlichen Ideen und Interessen diejenigen theoretischen Probleme heraus, die für die kollektive Entwicklung der Wissenschaft von Bedeutung sind* (ebd.: 342). Dies ist das Modell eines idealen Funktionierens. Toulmin selbst liefert eine Liste wissenschaftshistorischer Beispiele, die zeigen, wie stark disziplinäre Anforderungen und professionelle Entwicklung auseinandertreten können; die Liste ließe sich unschwer fortsetzen. Toulmin konzediert daher, daß disziplinäre "Filter" gelegentlich versagen: *Zweifellos sollte ein 'gewichtiges' Argument auch für alle wohlerfahrenen Denker 'ins Gewicht fallen', aber dazu kommt es nicht immer. Ebenso können auch Argumente, die unter irgendwelchen Verhältnissen für Menschen 'ins Gewicht fallen', einer vernünftigen Prüfung nicht standhalten* (ebd.: 365).

Die Koexistenz verschiedener Institutionen und Bewertungskriterien führt dazu, daß die Profession zwar auf die disziplinären Ziele bezogen sein soll, aber in diesem Rahmen eine erhebliche Eigendynamik entwickeln kann, so daß die Frage, inwieweit professionelle Urteile oder Institutionen den disziplinären Zielen tatsächlich förderlich sind, ihrerseits in der Profession umstritten sein kann. Um ein Beispiel zu nennen: Die wissenschaftlichen Zeitschriften gehören zu den *mächtigsten Institutionen'* der Wissenschaft, da ihre Auswahlen unter den Manuskripten unmittelbar die Menge *anerkannter 'Möglichkeiten'* beeinflussen (ebd.: 317). Den bestehenden Bewerterautoritäten kann man sich nun unterwerfen, genauso kann ein invisible college, eine neue Forschungsrichtung oder eine Schule aber auch bemüht sein, diese Autorität durch die Strategie von Zeitschriftenneugründungen zu umgehen. Dabei kommen nicht nur disziplinäre Notwendigkeiten ins Spiel. Quine (1991: 237 f) schildert den Entwicklungsprozeß für die Philosophie sehr anschaulich: *Es gibt noch andere Motive für Veröffentlichungen, außer daß man den Kollegen Wahrheiten mitteilen will, die sie nicht entbehren können. Da ist die Eitelkeit, und da gibt es die weitverbreitete und mitunter begründete Vorstellung, daß Berufungen und Beförderungen an der Universität von Publikationen abhängen. Demnach wurden die neuen Zeitschriften gewiß benötigt: Sie wurden benötigt von den Autoren der Artikel, die nicht gut genug waren, um von den vorhandenen Zeitschriften angenommen zu werden. Die derart ins Dasein gerufenen Zeitschriften erfüllten dieses Bedürfnis in gewissem Grade, doch auch sie bewahrten seltsamerweise gewisse Mindeststandards; und so empfand man das Bedürfnis nach noch mehr Zeitschriften, um zu helfen, die mehrfach abgelehnten Artikel unterzubringen. Diese Serie regt zur Extrapolation an, und diese ist ihr auch zuteil geworden (...). Die Masse der Fachzeitschriften ist derart unverdaulich und lohnt das Verdauen so wenig, daß die Gefahr immer größer wird, daß die guten Artikel übersehen werden, obwohl ihre Zahl größer ist denn je.* Das Zitat verdeutlicht recht gut eine der von Toulmin beschriebenen Entwicklungsmöglichkeiten der Beziehung von Profession und Disziplin. Die Profession kann eine eigendynamische Bewegung entwickeln, die sie von den disziplinären Zielen weit entfernt; die kritische Beleuchtung solcher Entwicklungen erfolgt allerdings wiederum unter Bezug auf die disziplinären Ziele, die jedoch ebenfalls aufgrund ihrer je historischen Interpretation keine völlig eindeutigen Urteile zulassen: *In diesem Sinne kann die Vermehrung der Zeitschriften den wirklichen disziplinbezogenen Bedürfnissen vorauseilen, wie umgekehrt der Konservatismus von Professionsorganisationen die angemessene disziplinbezogene Entwicklung aufhalten kann. In beiden Fällen sind die Parallelen zwischen theoretischen und institutionellen Veränderungen zwar eng, aber nicht unausweichlich. Und in beiden Fällen ergibt sich die Konvergenz von disziplinbezogenen und professionsbezogenen Gesichtspunkten - von Ideen und Institutionen - letzten Endes nicht aus logischer Notwendigkeit, sondern aus ökologischen Notwendigkeiten* (TOULMIN 1983: 350).

Mit dem Begriff "ökologische Notwendigkeit" nimmt Toulmin Bezug auf sein basales Theorem einer allgemeinen evolutionstheoretischen Deutung des Ideenwandels. Disziplin- und professionsbezogene Aspekte bezeichnen dabei nur analytisch unterschiedlich fokussierte Zugriffe auf dasselbe Phänomen: *Die Zweiheit von disziplinbezogenen und personenbezogenen Seiten des Ideenwandels (...) ist ein unmittelbares Gegenstück der Zweiheit von 'ökologischen' und 'genealogischen' Begriffen in der Theorie der Entwicklung der Organismen (...). Die genealogische Darstellung erklärt die Artenbildung als Kausalkette ineinandergreifender Vorgänge, die ökologische als biologische Kette funktionaler Erfolge* (ebd.: 366 f). Das heißt, einerseits trägt die Umwelt mit veränderlichen ökologischen "Nischen", die von bestimmten Populationen besetzt werden können, zum Erfolg einer neuen Art bei, andererseits läßt sich dieser Vorgang auch verstehen als genealogischer Prozeß der Ausdifferenzierung einer Art: *Gibt es keine passenden Nischen, so bleibt das genetische Potential einer Population unausgenützt; gibt es keine passenden Populationen, so bleiben die ökologischen Anforderungen einer bestimmten Nische unerfüllt* (ebd.: 368). Populationen und Nischen stehen in komplexer Wechselbeziehung; die eine jeweils als Ursache der anderen zu erklären, ist nicht möglich. Toulmins Modell einer *Ökologie des Geistes* hat retrospektiv einen ähnlichen Zweck wie die funktionale Analyse in der Systemtheorie, nämlich die Basis für die Beurteilung von historischen Möglichkeiten und der Ausschöpfung des Realisierungspotentials zu schaffen; prospektiv verzichtet Toulmin auf die Unterstellung eines evolutionären Telos' und betont die Abhängigkeit der Beurteilung von Ideen und Theorien von den nichtprognostizierbaren Bedingungen des Einzelfalls. Urteile über wissenschaftliche Erkenntnisansprüche, ebenso wie Urteile über die Personen und Institutionen, können daher nicht als allgemeingültige Bewertung vollzogen werden, die etwa die Annäherung an Wahrheit beschreiben würde, sondern nur als eine am Einzelfall orientierte Bewertung, deren Maßstäbe sich aus den wandelbaren Kriterien der Vernünftigkeit ergeben: *Auch hier sind die ganzen Begriffe wie 'Vorzug' und 'Überlegenheit' aufeinander bezogen und definieren sich gegenseitig. Sie bieten keine Möglichkeit zur Aufstellung verbindlicher oder allgemeingültiger, vom Einzelfall unabhängiger Kriterien zur Beurteilung der vernünftigen Vorzüge tatsächlicher Ideenwandlungen, und noch weniger zu irgendeiner allgemeineren Entscheidung der daraus entstehenden philosophischen Fragen über die 'Vernünftigkeit' (...). Die Vernunftprobleme, vor denen man in irgendeiner bestimmten Situation steht, spiegeln die speziellen Probleme wider, die aus unserer gegenwärtigen intellektuellen Betätigung entspringen; und vor allem hängen die aktuellen Urteilskriterien in jedem Vernunftunternehmen von den praktischen Anlässen zu Entscheidungen und innerer Selbstkritik ab, die sich tatsächlich im Rahmen des Unternehmens ergeben* (ebd.: 370).

Toulmin zieht zur Klärung der Bewertungsprozesse innerhalb der Wissenschaft weniger die "inhärente" Qualität von geistigen Produkten, sondern vielmehr die Praxis von Wissenschaftlern im Umgang mit diesen Produkten heran. Dabei können Bewertungsmaßstäbe nur eine begrenzte Kontinuität erreichen, denn sie sind permanenten Wandlungs- und Anpassungsprozessen ausgesetzt. Auch Toulmin modelliert den Bewertungsprozeß im wesentlichen als Konsensualitätsentwicklung; allerdings mit der wichtigen Einschränkung, daß Konsens nicht einfach eine Annäherung an Wahrheit darstellt, sondern eher einem unter den jeweiligen disziplinären, professionellen, aber auch ökonomischen und politischen Rahmenbedingungen [1] mehr oder weniger deformierten Prozeß quasi-politischer Willensbildung gleicht. Entsprechend gilt seine Aufmerksamkeit auch den Verfahren, mit denen Konsens hergestellt oder gemessen wird. Der Expertenstatus von Beurteilern allein kann angesichts der Heterogenität der scientific community allerdings nicht ausreichend sein.

Toulmin bedient sich der Wittgensteinschen Vorstellung des Sprachspiels, nach der ein Verstehen von Sprache ohne Einsicht in die Tätigkeiten, in die sie verwoben ist, nicht möglich ist und zugleich Nichtsprachliches zur notwendigen Verständnisbedingung wird (vgl. SCHULTE 1989: 146). So wie bei Wittgenstein die *Lebensform* das Gesamt der (veränderlichen) Praktiken einer Sprachgemeinschaft ausmacht, von wo aus Fremdheit und Vertrautheit, Selbstverständliches und Abzuweisendes sich erst herstellt, gibt bei Toulmin das Vernunftunternehmen diesen Rahmen ab: *Letzten Endes werden wir also zu dem Gedanken zurückgeführt, daß eine Wissenschaft in erster Linie ein einheitliches 'Vernunftunternehmen' ist, und daß das Theoretische und das Institutionelle komplementäre Seiten dieses einen Unternehmens sind. Dieses Vernunftunternehmen liefert den Rahmen oder die 'Lebensform', in der disziplinbezogene und professionsbezogene Gesichtspunkte je auf ihre Art ihre Bedeutung und Wirkung haben* (TOULMIN 1983: 361).[2] Er versucht die *praktischen Grundsätze des vernünftigen Urteilens*, nach denen zu entscheiden ist, *welche Ideen, Begriffe oder Gesichtspunkte zur Zeit am ehesten als geistige Maßstäbe für Denken und Handeln auftreten können*, und die Reflexion auf diese Grundsätze, *eine Analyse der Gesichtspunkte (...), unter denen der Autoritäts-*

1 Toulmin sieht in den wissenschaftsexternen Anforderungen eine wesentliche Quelle für die Entstehung von wissenschaftlichen Problemen: *Welche Möglichkeiten eine Kultur für die Entwicklung heterodoxer Vorstellungen hinsichtlich der Natur bereitstellt, und welches Ausmaß an Innovation man dort findet, ist eine Angelegenheit, die vor allem von Faktoren abhängt, die extern sind bezüglich der untersuchten Wissenschaftsentwicklungen. Konfrontiert mit dem Problem hinsichtlich des Umfangs wissenschaftlicher Arbeit, die in einem gegebenen Bereich innerhalb einer bestimmten Gesellschaft vonstatten geht, können wir guten Grundes gesellschaftliche, wirtschaftliche, institutionelle und ähnliche Faktoren als die hauptsächlichen Gesichtspunkte anführen, die zu diesen Problemen in Beziehung stehen* (TOULMIN 1978: 259).

2 Besonders deutlich wird die Übereinstimmung mit Wittgensteins Argumenten in Wittgensteins Charakterisierung der Faktoren, die sprachliche Verständigung ermöglichen: *Richtig und falsch ist, was Menschen sagen; und in der Sprache stimmen die Menschen überein. Dies ist keine Übereinstimmung der Meinungen, sondern der Lebensform. Zur Verständigung durch die Sprache gehört nicht nur eine Übereinstimmung in den Definitionen, sondern (so seltsam dies klingen mag) eine Übereinstimmung in den Urteilen. Dies scheint die Logik aufzuheben; hebt sie aber nicht auf. Eines ist, die Meßmethode zu beschreiben, ein Anderes, Messungsergebnisse zu finden und auszusprechen. Aber was wir 'messen' nennen, ist auch durch eine gewisse Konstanz der Messungsergebnisse bestimmt* (WITTGENSTEIN 1980: Philosophische Untersuchungen § 241 und § 242; S. 389).

anspruch gerade dieser Maßstäbe zu beurteilen ist, zu verbinden (ebd.: 15). Was dabei unscharf bleibt und bleiben muß, da letztlich allenfalls in der historischen Rekonstruktion zugänglich, ist die Frage nach dem Wahrheitswert von Urteilen und Bewertungen, die auf dieser Basis gefällt werden. So etwa lautet die Kritik von Burleson (1979: 112) an Toulmin: *[H]e only implicitly recognizes the crucial difference between warranted and unwarranted consensually achieved decisions. Toulmin does not clearly differentiate between distinct types of consensus.* Ähnlich argumentiert Habermas (1982: 62), wenn er Toulmin vorhält, *konventionelle, von Handlungskontexten abhängige Ansprüche nicht deutlich von universalen Geltungsansprüchen* zu trennen. In den philosophischen Wahrheitstheorien ist eine allgemeine Entwicklung in Richtung auf eine Pragmatik vor allen Dingen durch die Transzendentalpragmatik Apels und Habermas' daran anschließende diskursive Konsenstheorie repräsentiert (SKIRBEKK 1989: 31, HABERMAS 1977).[1] In diesem, hier nicht weiter ausgeführten Theoriestrang, rückt vor allen Dingen die Einlösung deskriptiver und normativer Geltungsansprüche über einen argumentativ erzielbaren Konsens in den Vordergrund. Dabei bildet die ideale Kommunikationsgemeinschaft das Konstitutive dieses Konsenses (Apel) bzw. bei Habermas die ideale Sprechsituation die Grundlage für einen berechtigten Konsens. Entsprechend erhält hier auch die Kritik an der realen Kommunikationsgemeinschaft einen hohen Stellenwert.

Dieser kritische Impuls findet sich auch in Toulmins Analyse. Dabei liegt das Schwergewicht aber auf der Analyse der Entwicklung und Beurteilung von wissenschaftlichen Erkenntnisansprüchen im handlungspraktischen Kontext der Wittgensteinschen "Lebensformen" und "Sprachspiele", die ihrerseits in enger Verwandtschaft mit dem pragmatischen Versuch stehen, praktische Vernunft und empirisches Handeln miteinander zu verschränken. Worauf Toulmin allerdings in der Tat konsequent verzichtet, ist die Fiktion von beschreibbaren, universal gültigen Geltungsansprüchen; sein Credo lautet: *Es gibt keinen Nullpunkt* (TOULMIN 1991: 286). Sein Begriff von Vernunft ist an eine nicht überschaubare, von Kontingenzen durchsetzte historisch sich verändernde Praxis rückgebunden. Die praktische Vernünftigkeit, die Toulmin im Visier hat, bedeutet auch eine gegenüber der auf Stabilität und Systemhaftigkeit angelegten rationalistischen Vernunft, eine weitaus stärkere Betonung des Mündlichen, des Besonderen, des Lokalen und des Zeitgebundenen (vgl. ebd.: 298 f). Diese Kategorien finden, als "Indexikalität" auch in der Wissenschaftssoziologie immer stärkere Beachtung. Allerdings ist damit auch das Tor geöffnet für eine weitere Kritik an Toulmin, die nun unterstellt, daß die Auszeichnung des internen Operierens von Disziplinen[2] als "wissenschaftlich" zugleich externe Steuerungsversuche mit einem wissenschaftlichen Adelsprädikat versehe: *Toulmin has much to say about the role of ideological interests in the arguments that scientists use to steer the course of future research, but nothing to say about the role that politicans, administrators, and other non-scientists (...) play in providing direction. Nor does Toulmin address (...) how one draws the line between a scientist arguing under the influence of ideological interests and a scientist simply*

1 Habermas lehnte zunächst in "Erkenntnis und Interesse" den Pragmatismus als Form des Positivismus ab, übernahm dann jedoch wesentliche Teile der von Apel aus der Peirceschen Konsenstheorie entwickelten Kommunikationstheorie in sein Konzept der "kommunikativen Kompetenz".

2 Gemeint ist hier die Notwendigkeit der Übersetzung externer Anforderungen in disziplininterne Probleme. Oder wie Fuller (1989: 24) es formuliert: *[I]f money talks, it is only with the aid of an epistemic translator.*

arguing as a politican (FULLER 1989: 23). In der Tat geht Toulmin davon aus, daß derartige motivationale Differenzen insoweit belanglos sind, als sie in disziplininternen Filterungsprozessen neutralisiert werden. Sehr wohl können, nach seiner Auffassung, jedoch solche Interessen, wenn sie mit politischen oder ökonomischen Machtressourcen versehen sind, die Entwicklungsgeschwindigkeit und die -richtung einer Disziplin beeinflussen. Toulmins Bemühen um eine Perspektive, die kognitive und soziale Aspekte zusammenbindet, ermöglicht gerade das, was Fuller programmatisch einklagt: *'[T]he social' and 'the cognitive' are not separate parts of the scientific enterprise; rather, they are two relatively autonomous discourses that are available for analyzing any part of science* (FULLER 1989: 27).

Auch wenn Toulmins wissenschaftsphilosophischer Ansatz nie zu einem Mainstream-Modell in der Wissenschaftsforschung geworden ist, sind seine Überlegungen m.E. hilfreich für die Entwicklung von Berichterstattungssystemen über wissenschaftliche Leistungen und Entwicklungen. Sie bewahren nämlich einerseits vor einer vorschnellen und unkritischen Identifizierung von Meßkonstrukten mit epistemischen Kategorien wie Wahrheit, Fortschritt, neuem Wissen oder Revolutionen und lassen andererseits Beschreibungen zu, die nicht von vornherein durch Zweifel an der analytischen Dekomponierbarkeit von Urteilen und Bewertungen entwertet werden.

2.8 Resümee: Methodologie als Evaluation?

> 'Was ist Wahrheit?' sagte Pilatus spöttisch und wollte nicht bleiben, um die Antwort zu hören. Pilatus war seiner Zeit voraus. Denn 'Wahrheit' selbst ist ein abstraktes Substantiv, also ein Kamel von einer logischen Konstruktion, das nicht einmal durch das Ohr eines Grammatikers hindurchgehen kann.
>
> John Austin

Die in den vorangegangenen Kapiteln behandelten Positionen und Grundprobleme der Wissenschaftstheorie haben einen deutlichen Trend in der Bearbeitung der Bewertungsprobleme zum Ausdruck gebracht:[1] Der Weg hat in einer *antipositivistischen Wende* (BAYERTZ 1980) von dem zu Beginn des Jahrhunderts vorherrschenden absoluten Rechtfertigungsrationalismus über das Eingeständnis, mit rein logisch orientierten Methodologien der Dynamik der Wissenschaft nicht gerecht werden zu können, zu einer bescheideneren, differenzierteren und vor allen Dingen weitaus pragmatischer orientierten Methodologie geführt. Man könnte mit Lenk (1986: 27) sagen, die neuere Wissenschaftstheorie *gerät zukunftsorientierter und praxisnäher als die traditionelle absolut rechtfertigende Wissenschaftstheorie*. Zugleich ist die Frage, wie eine allseits akzeptable kritische Bewertung von Theorien oder wenigstens eine Annäherung an ein solches Ziel in praktischer Absicht aussehen könnte, mit dem

1 Da es hier nicht um eine Geschichte der Wissenschaftstheorie geht, mußte es bei einem Streifzug bleiben. Einzelne Positionen und Schulen wie z.B. die induktionslogischen Positionen des Wiener Kreises, verbunden mit den Namen Neurath, Schlick, Carnap u.a. sind nicht ausführlich zur Sprache gekommen, ebensowenig die universalpragmatischen Positionen von Apel und Habermas. An den grundsätzlichen Begrenzungen und Aporien der wissenschaftstheoretischen Behandlung des Bewertungsproblems ändert allerdings auch eine ausführliche Behandlung dieser Positionen nichts.

Größenwachstum von Wissenschaft immer dringlicher geworden zu sein: *Je größer (...) die Investitionen, die über die Mobilisierung von Gutachtern, die Gründung von Besprechungszeitschriften oder die Entwicklung regelrechter Erfolgskontrollen in das kritische Geschäft eingespeist werden, umso dringlicher die Frage, ob solche Kritik sich selber rechtfertigen kann, ob sie von den Betroffenen anerkannt wird und in der Sache nachweisliche Wirkung erzielt* (HARTMANN/DÜBBERS, 1984: 7). Lakatos' Empfehlungen an die Zeitschriftenherausgeber und die Drittmittelgeber zeigen sehr deutlich, daß die zunächst nur theoretisch oder historisch interessanten Fragen nach den methodischen Möglichkeiten, wissenschaftlich von unwissenschaftlich, "gute" von "schlechter" Wissenschaft, Rationalität von Irrationalität, wahr von nicht-wahr zu trennen, nur wenig entfernt sind von ganz praktischen Bewertungsproblemen. Aber gerade an praktischen Bewertungssituationen zeigt sich, daß der von der Methodologie reklamierte Zuständigkeitsanspruch für Qualitätsbewertungen nicht eingelöst werden kann. Dafür sind mehrere Gründe verantwortlich:

1. Zur Beurteilung von wissenschaftlichen Leistungen stehen unterschiedliche Kriterien zur Verfügung. Der Versuch, diese Vielfalt auf ein einziges Kriterium oder wenige Urteilskriterien zu begrenzen, führt regelmäßig zu rigiden methodologischen Anforderungen, die weder geeignet sind, den historischen Verlauf der Wissenschaftsentwicklung noch das Beurteilungsverhalten von Wissenschaftlern zu rekonstruieren. Methodologisch angeleitete Bewertungen müssen daher immer ein Optimierungsproblem im Hinblick auf die Urteilskriterien lösen. Exemplarisch sei dazu noch einmal auf Pähler (1986: 140) verwiesen, der zwar davon ausgeht, daß die Methodologie geeignet ist, *gute Gründe dafür zu liefern, eine Theorie einer anderen vorzuziehen*, aber zugleich darauf hinweist, daß eine Theoriebewertung immer problemabhängige Entscheidungen darüber voraussetzt, *was so wichtig ist, daß es in die Bewertung aufgenommen wird und was nicht so wichtig ist*. Daher die Schlußfolgerung, daß es für den Theorienvergleich *keine Recheneinheit gibt, die jeweiligen Vor- und Nachteile gleichnamig zu machen und dann zu verrechnen*, so daß in der Konsequenz *diese Art des Vergleichs nur in wenigen Fällen zu klaren, eindeutigen Präferenzen [wird] führen können*. Bewertungen haben selbst den Status von Hypothesen, sie können (auf dem Hintergrund einer bestimmten Methodologie) richtig oder falsch, angemessen oder unangemessen sein (auf dem Hintergrund einer gegebenen Situation). Will man Bewertungen des bestehenden Wissens, die im Verlaufe des Forschungsprozesses anfallen, ihrerseits bewerten, reicht es nicht aus, danach zu fragen, ob ein methodologisches Regelsystem korrekt befolgt wurde. Selbst wenn man einen universellen Geltungsanspruch methodologischer Regeln unterstellt, ist inzwischen wohl unbestritten, daß daraus keine kontextunabhängigen Handlungsanweisungen deduziert werden können. Für jedes Prüfkriterium eines Erkenntnisanspruchs und entsprechend auf der Metaebene für jedes Kriterium der Prüfung einer Bewertung läßt sich eine praktische Forschungssituation benennen, *in der das Kriterium temporär heruntergespielt oder sogar aufgehoben werden muß, nämlich in dem Kompromiß, den man in konkreten Situationen treffen muß* (RADNITZKY 1975: 50).

2. Dieser Zwang zum Kompromiß entsteht, weil Bewertungen sich nicht auf einen kontextfreien Erkenntnisanspruch, sondern auf eine wissenschaftliche Leistung und einen Problemkontext, in den diese eingebettet ist, beziehen. Bewertungen haben daher immer auch mit einem hermeneutischen Problem zu tun, das sich sowohl auf das

Verstehen und Interpretieren der zu bewertenden Leistung als auch der Problemkonstellation bezieht. In diesem Punkt bewegen sich inzwischen die verschiedenen wissenschaftstheoretischen Schulen aufeinander zu. So gesteht z.B. auch Popper (1984: 172) zu, daß im Prozeß des Verstehens subjektive Erfahrungen und Einstellungen eine Rolle spielen, die er als *Akzentuierung* bezeichnet: *das Herausgreifen einer Theorie oder eines Problems als wichtig, obwohl es vielleicht gar nicht das gerade untersuchte Problem oder die gerade untersuchte Theorie ist; oder das Gegenteil: das Fallenlassen einer Theorie als irrelevant (nicht als falsch), jedenfalls für den augenblicklichen Stand der Diskussion, während sie in einem anderen Stadium von Bedeutung sein kann.* Man kann dieses Problem auch als Relevanzproblem bezeichnen (vgl. Kap. 3.2.5). Mit welcher Schärfe und mit welchen Konsequenzen, mit welcher Nachsicht gegenüber Inkonsistenzen oder erfolgreichen Falsifikationen ein Erkenntnisanspruch beurteilt wird, wie intensiv und wie zahlreich Auseinandersetzungen, Nachprüfungen, Stellungnahmen zu einem Erkenntnisanspruch ausfallen, hängt ab von der Relevanz, die die Beurteiler dem Problemlösungsversuch zuschreiben. Solche Relevanzbestimmungen können nur zum Teil durch Abschätzung wissenschaftsimmanenter Folgen einer neuen Theorie, empirischer Befunde oder neuer Verfahren erfolgen; in der Regel sind die Auswirkungen nicht überschaubar. Die Methodologie liefert bei derartigen prognostischen Problemen kaum Hilfestellungen. Handelt es sich gar um Theorieverdrängungen oder -verzweigungen, kann die Methodologie allenfalls ex-post-facto eine objektivierende Rechtfertigung liefern.

3. Methodologische Bewertungen sind in mehrerer Hinsicht zeitgebunden: Sie sind zunächst von der Veränderung des Hintergrundwissens abhängig; d.h. Bewertungen ein und desselben Gegenstandes verändern sich im Laufe der Zeit. Wie Lakatos' Analyse von Forschungsprogrammen gezeigt hat, benötigt man einen nicht genau bestimmbaren Zeitrahmen, um Urteile wie *progressiv* oder *degenerierend* formulieren zu können. Dies läßt zeitnahe oder prospektive Bewertungen den Charakter "vernünftiger Wetten" annehmen. Anders formuliert: Methodologische Bewertungsverfahren operieren mit langen Zeithorizonten, während die Bewertungen von Forschern und Forschergruppen sich auf kurze Zeithorizonte beziehen. Die bisher von der Wissenschaftsphilosophie nicht beantwortete Frage lautet entsprechend: *If the research team is ultimately trying to pursue truth or maximize coherence with other bodies of knowledge or attain some other epistemically virtuous state, what exactly should its short-term expectations be?* (FULLER 1989: 50) Die kurzfristige und die langfristige Perspektive sind offenbar im Hinblick auf praktikable Urteilskriterien nicht identisch, beide unterliegen jedoch einem normativen "Wahrheitsanspruch". Diese Verquickung führt zu dem immer wieder ausgetragenen Streit, inwieweit soziale Orientierungen in die Urteilsbildung von Wissenschaftlern einfließen. Eine analytische Trennung ist - zumindest innerhalb des Zeitrahmens, in dem ein Problem Gegenstand aktueller Forschungsbemühungen ist - kaum möglich. Vielmehr läßt sich ein und derselbe Urteilsakt einmal methodologisch verstehen und einmal soziologisch: *The scientist uses evidence not only to judge which hypothesis is most likely true, but also to judge whether more evidence is likely to alter that judgement. In other words, evidence functions as both as a natural and a social indicator - equally a measure of the likelihood that the data are representative of the object under study and of the likelihood that the scientific community will sustain the scientist's interpretation in the long run*

(ebd.). Schließlich sind die Bewertungskriterien selbst Wandlungsprozessen unterworfen. Sie verändern sich abhängig vom Reflexionswissen und den Problemkonstellationen. Was etwa als mathematischer Beweis anzusehen ist, hat sich in der Geschichte der Mathematik mehrfach verändert.

4. Bewertungen sind durch fachliche und überfachliche Methodologien unterdeterminiert. Methodologien können daher auch nicht von einem archimedischem Punkt außerhalb des eigentlichen Forschungshandelns ausgehen. Dies ist der Ausgangspunkt aller evolutionär angelegten und pragmatisch beeinflußten wissenschaftstheoretischen Untersuchungen, bei aller Differenz im Detail: *Die Philosophen haben herkömmlicherweise die vernünftige Beurteilung und Rechtfertigung als etwas Abstraktes, Losgelöstes behandelt, das in einem abgelegenen (ewigen?) Reich weit weg von den tatsächlichen Forschungen vor sich gehe, deren Ergebnisse zu beurteilen sind; doch nach der vorliegenden Analyse ist diese Trennung nicht möglich. Wir waren immer stärker gezwungen, das 'Beurteilen' und 'Rechtfertigen' als wesentliche innere Bestandteile des praktischen Lebens der Vernunftunternehmen selbst zu sehen. Urteilsmaßstäbe, Relevanzkriterien, Vernunftideale und theoretische Ziele entstehen, entwickeln sich und werden verfeinert im Lichte der erklärenden, praktischen und/oder Urteilstätigkeiten* (TOULMIN 1983: 366). Weitaus strittiger ist, welche Konsequenzen damit für die Methodologie entstehen. Der Duhem-Quine-These von der Theoriegeladenheit der Beobachtung zufolge ist es unmöglich, eine irgendwie "neutrale" Position der methodologischen Beurteilung einzunehmen. Nicht die Bewertung führt zu Entscheidungen über wahr/falsch Fragen, vielmehr muß zunächst eine Entscheidung getroffen und ein theoretischer Rahmen akzeptiert werden, um auf eine Realität zugreifen zu können: *Immer da ist es sinnvoll, 'wahr' auf einen Satz anzuwenden, wo dieser in Begriffen einer gegebenen Theorie gefaßt ist und von dieser Theorie (zusammen mit der von ihr gesetzten Realität) aus betrachtet wird. (...) Denn Wahrheit wird hier vom Blickpunkt desselben umgebenden Theorie-Korpus aus zugeschrieben, und die Wahrheitszuschreibungen sitzen in ein und demselben Boot wie die wahren Sätze selbst* (QUINE 1980: 56 f). Diese Situation hat in den jüngeren wissenschaftstheoretischen Analysen[1] zu einer immer stärkeren Öffnung methodologischer Analysen gegenüber sozialwissenschaftlichen Analysen der Wissensproduktion und -evaluation geführt. Waren in den Modellen von Popper und vor allen Dingen von Lakatos soziale Einflüsse auf den Bewertungs- und Entscheidungsprozeß noch vor allem als Ergänzung eines internalistisch rekonstruierbaren Wissenschaftsprozesses verstanden worden, rückten die sozialen Mechanismen bei Kuhn an die erste Stelle. Auch wenn Kuhns Revolutionsmodell in vieler Hinsicht (nicht zuletzt von Kuhn selbst) "entschärft" wurde, ist inzwischen weitgehend akzeptiert, daß Theoriewahlentscheidungen und Bewertungen von Erkenntnisansprüchen ohne Einbeziehung der sozialen und professionellen Orientierungen von Wissenschaftlern nicht hinreichend erklärbar sind. Wie soziale Interessen und methodologische Normen miteinander verknüpft sind, ist damit allerdings noch nicht geklärt: *One of the major general lessons from*

1 Der Begriff "cognitive theory of science", der sozialwissenschaftliche, psychologische und wissenschaftsphilosophische Befunde zu verbinden sucht, wäre hier eigentlich angemessener. Auf Quine geht auch die Empirisierung der Wissenschaftstheorie zurück. Seine Forderung, anstelle der "Logik der Forschung" die Praxis der Forschung zu untersuchen, ist in jüngster Zeit vor allen Dingen von der Kognitionspsychologie aufgenommen worden (vgl. ALMEDER 1990).

recent research on human judgment (...) is that people are very poor at distinguishing among the various factors that influence their judgments. Since scientists obviously have both professional and social interests, any model of scientific decision making that restricted consideration to some supposed set of 'scientific values' would stand little chance of fitting the actions of real scientists. Not that the presumed 'scientific' virtues should be ignored. They simply must take their place alongside other sorts of values or interests (GIERE 1988: 163). Damit wird auch die strikte Unterscheidung von wissenschaftsinternen und -externen Normen, Methoden und Zwecken hinfällig. Möglich ist es allerdings nach wie vor, über eine Wissenschaftspraxis, für die eine Unterscheidung von intern und extern nicht konstitutiv ist, unter jeweils internen oder externen Gesichtspunkten zu sprechen. Die Unterscheidung liegt damit nicht mehr im Objektbereich, sondern in der Fokussierung des analytischen Zugriffs auf diesen Bereich (vgl. MITTELSTRAß 1989: 184).

5. Die "pragmatische Wende" in der Wissenschaftsphilosophie, aber auch der Einfluß der Wissenschaftssoziologie hat das Kriterium des Konsenses von kompetenten Wissenschaftlern zu einem gewissen Ersatz für methodologisch nicht abschließbare Bewertungsprozesse gemacht. Der Stellenwert von konsensualen Entscheidungen, die keiner weiteren logischen oder methodologischen Begründung unterliegen, ist je nach Methodologie mehr oder weniger zentral: Bei Popper waren es nur die Basissätze, die durch konsensuale Konventionen bestimmt wurden; bei Lakatos waren es die instinktiven Urteile einer wissenschaftlichen Elite in besonderen Fällen; Polanyi ging in seinem Entwurf impliziter Wissensformationen sogar davon aus, daß das Prinzip gegenseitiger Kontrolle, das die gesamte Wissenschaft umspannt, einen *indirekten Konsens* unter allen Wissenschaftlern herstelle (POLANYI 1985: 68); bei Toulmin tauchte Konsens sowohl als fachliche Orthodoxie auf als auch als Urteilskonsens bei Vorliegen wohlbestimmter disziplinärer Probleme und Entscheidungsverfahren; bei Kuhn schließlich wird das konsensuale Urteil zum einzig möglichen Anhaltskriterium für Qualitätsbeurteilungen. Nach Kuhns Ansicht muß das methodologisch unterdeterminierte Urteil des einzelnen durch das Kollektivurteil einer über Werte integrierten Gemeinschaft ersetzt werden: *Weil es keine Kriterien gibt, die die Entscheidung des einzelnen eindeutig bestimmen könnten, (...) vertraut man am besten dem gemeinschaftlichen Urteil der so ausgebildeten Wissenschaftler* (KUHN 1988: 421). Konsensualität, im Sinne von "Ausmaß oder Menge übereinstimmender Urteilshandlungen" wird auch praktisch im Rahmen von Beurteilungsverfahren (Peer Review, Wissenschaftsindikatoren) als Anhaltspunkt für "Richtigkeit" benutzt. Erkennbar changiert die Bedeutung von Konsens zwischen ganz basalen Anforderungen wie etwa Übereinstimmung in der Verbalisierung bestimmter Beobachtungen über die Vorstellung von Konsens als Validitätskriterium von Urteilsprozessen, denen gleiche oder ähnliche Urteilskriterien zugrunde liegen, zu Konzepten von Konsens als Ersatz für die methodologisch nicht ermittelbare "Richtigkeit" analytisch nicht dekomponierbarer Urteile bis hin zur Möglichkeit, Konsens als Wahrheitskriterium im Sinne eines vorweggenommenen idealen Konsenses (ideale Sprechsituation, Konsens in the long run) zu verstehen, was natürlich immer die Möglichkeit kollektiver und konsensualer Fehleinschätzung beinhaltet. Die Vorstellung von Konsens als Wahrheitskriterium hat ihre Wurzeln hauptsächlich im amerikanischen Pragmatismus. Der Pragmatismus thematisierte die soziale Bedingtheit und Verflochtenheit von Erkennen und Handeln

im Rahmen seiner Semiotik. Begriffe werden weder als Abbildung von Qualitäten verstanden, wie im Empirismus, noch als ein rein nominalistisches Konstrukt, sondern als Maxime für einen Forschungsprozeß. Dieser Maxime haftet notwendig eine empirisch nicht überprüfbare Interpretation von Begriffen an (vgl. MARTENS 1981: 233). Im Forschungsprozeß gewonnene Überzeugungen sind kein Selbstzweck, sondern sollen Problemlösungen in Form von Handlungsregeln bereitstellen. Die Wahrheit einer Überzeugung ergibt sich als doppelte Übereinstimmung: Einmal als Korrespondenz von Überzeugungen mit einer unabhängigen Realität, wobei allerdings der Zugriff auf Realität vom Begriffssystem und damit von Interpretationen abhängt. Zum zweiten als Konsens der handelnden Forscher im Kontext gemeinsamen Handelns und Interpretierens. Dieser Wahrheitsbegriff figuriert allerdings nach Peirce lediglich als regulative Idee *in the long run* (PEIRCE 1967: 220 und 259 ff). Ähnlich wird in der transzendentalpragmatischen Perspektive die ideale Sprechsituation zur Grundlage von Konsensprozessen gemacht. In der an Kuhn anschließenden Verwendung von Konsensmessungen wird allerdings nicht eine Idealsituation, sondern eine Realsituation zugrundegelegt, und die methodologisch anspruchsvollen Voraussetzungen für Konsens werden auf "Kompetenz" der Diskursteilnehmer verkürzt. Ebenso verschwindet das zweite im Realismus wurzelnde - sicherlich nur schwer operationalisierbare - Kriterium der Übereinstimmung mit einer externen Wirklichkeit. Die Folge ist eine relativ bedenkenlose Verwendung des Konsenskriteriums für Evaluationszwecke.

Im Durchgang durch die methodologische Diskussion ist deutlich geworden, daß sich hinter der Formel "Konsens" ein ganzes Spektrum möglicher Bewertungsaspekte verbirgt, so daß die eigentlichen Fragen zunächst lauten müssen: "Worüber besteht Konsens?" und "Zwischen wem besteht Konsens?". Die Bestimmung von Konsens setzt nämlich ein Konzept voraus, das es erlaubt, Übereinstimmung zu operationalisieren. Da Bewertungen nicht aus einem Algorithmus bestehen, dessen Bestandteile klar differenzierbar sind, sondern eher aus einem holistischen Urteilsakt, ist es nicht möglich, alle Glieder eines Beurteilungsprozesses auf Übereinstimmung zu prüfen. Soweit verschiedene Urteilsdimensionen analytisch ausgegliedert werden können, zeigt sich in der Regel, daß Experten über einzelne Aspekte ein sehr unterschiedliches Maß an Übereinstimmung erzielen können, auch wenn sie in einem generalisierten Urteil übereinstimmen (z.B. publikations-, förderungs-, zitierwürdig) und vice versa. Insbesondere hoch generalisierte Urteile können demnach konsensual ausfallen, obwohl (oder weil) Dissens hinsichtlich der relevanten Urteilskriterien besteht oder weil die Verrechnung unterschiedlicher Beurteilungen einzelner Kriterien zu einem ähnlichen Gesamtergebnis führt oder weil unterschiedliche Verrechnungsmodalitäten zu einem Ausgleich führen. Schließlich wird Konsens als "Wahrheitsersatz" fragwürdig, wenn die Urteilshandlungen selbst von sozialen oder professionellen Interessen präformiert werden. Konsens wäre dann eher Ausdruck sozialer Kohärenz als methodologischer Beurteilung, ohne daß die Beteiligten im Sinne von "Vetternwirtschaft" Konsens strategisch herbeiführen würden. Da Konsens in aller Regel nicht als vollständige Übereinstimmung aller beteiligten Personen vorliegt, wird darüber hinaus die Festlegung einer Art von Schwellenwert für zulässige Abweichung benötigt. Diese Problematik zeigt sich deutlich in der methodischen Diskussion darüber, was als angemessene mathematische Operationalisierung von Konsens angesehen werden darf (vgl. Kap. 5.1.1). Konsens-Dissensbildungen sind zunächst einmal Bestandteile der kommunikativen Interaktionsprozesse, die Forschung begleiten. Konsensbildungen sind wie die Bewertung von Daten, Experimenten, Theorien und Modellen mit Situationen und Interpretationen verknüpft, erstrecken sich über sachlich und zeitlich sehr unterschiedlich große Räume und sind keineswegs frei von strategischen und interessenpolitischen Koalitionsüberlegungen. Insoweit ist auch die Konsensualität verfahrensmäßig hergestellter Beurteilungen nur bedingt ein Indikator für die "Richtigkeit" der abgegebenen Beurteilungen.

Die fachlichen und überfachlichen Methodologien, die wissenschaftstheoretische Reflexion auf ihre Anwendungsmöglichkeiten und der Versuch, die Problembestände einer Disziplin zu explizieren, sind trotz der vorgetragenen Einwände gegen eine praktische Verwertbarkeit methodologischer Beurteilungen jedoch weder überflüssig noch wirkungslos. Sie bieten zwar keine unmittelbaren Praxisanleitungen, weder für die Entwicklung neuer Erkenntnisse noch für die Bewertung vorhandenen Wissens, aber sie nehmen den Status "regulativer Ideen" ein. Sie ermöglichen die Kommunikation über Geltungsansprüche, obwohl keine Letztbegründungen geliefert werden können. Sie stellen argumentativ vertretbare Rahmen dar, die dezisionistische Elemente des Bewertungsprozesses kommunikabel halten, d.h. einerseits den Möglichkeitsraum für Beurteilungen einengen, andererseits vor einem "Wahrheitsdogmatismus" bewahren. Die moderne wissenschaftstheoretische Diskussion ist durch die Koexistenz sehr unterschiedlicher Modelle wissenschaftlicher Rationalität geprägt. Aus diesem Spektrum konnte hier lediglich ein Ausschnitt erörtert werden: Ein fallibilistisches Modell (POPPER), das Rationalität in das Verfahren der Kritik verlegt, eine Erweiterung zum raffinierten Falsifikationismus (LAKATOS), der Rationalität in negativen und positiven Heuristiken paradigmenübergreifend anlegt, ein historisches Modell (KUHN), das Rationalität in die Faktizität historischer Entwicklungen verlegt, ein Modell der Proliferation (FEYERABEND), das jedenfalls einen wissenschaftsspezifischen Begriff von Rationalität ausschließt, ein strukturalistisches Modell (STEGMÜLLER), das ein gewisses Maß transtheoretischer Rationalität durch Strukturvergleich ermöglicht und ein evolutionäres Modell (TOULMIN), in dem Rationalität zum Element der "Lebensformen" wissenschaftlicher Gemeinschaften wird.

Ob eine solche Pluralität durch eine konstruktivistische und dabei normativ-kritisch orientierte Wissenschaftstheorie überwunden werden kann oder sollte, wie Mittelstraß (1989) vorschlägt, ist sehr fraglich. Übereinstimmung besteht aber hinsichtlich der Diagnose: *Wissenschaftstheoretische Analysen im Problemfeld Theorienstruktur, Theoriendynamik und Theorienexplikation führen nicht nur zu unterschiedlichen Konzeptionen von Wissenschaft, vor allem im Aspekt der Darstellung, sondern auch zu unterschiedlichen wissenschaftlichen Rationalitätsmodellen. Durch Wissenschaft als besonderer Form der Wissensbildung wird in rationalen Kulturen definiert, was Rationalität ist. Daß dies im Rahmen unterschiedlicher Rationalitätsmodelle geschieht, ist eine Eigentümlichkeit der modernen wissenschaftstheoretischen Diskussion* (MITTELSTRAß 1989: 177).

Der Stellenwert der aktuellen wissenschaftstheoretischen Debatte für die Analyse von Bewertungsprozessen läßt sich abschließend in drei Aspekten zusammenfassen:

A. Wissenschaftstheorie kann ihre Abstinenz gegenüber der tatsächlichen Wissenschaftsentwicklung nur überwinden, wenn es gelingt, über Wissenschaftssoziologie und Wissenschaftsgeschichte einen empirischen Zugang zum institutionellen Fundament (oder, wie Toulmin es ausdrückt, zur disziplinären Seite) von Wissenschaft zu erhalten. Andersherum ist es die wissenschaftstheoretische Reflexion, die die Deskription faktischer Entwicklungen auf dem Hintergrund idealer Wissenschaftsmodelle zu transzendieren vermag. Der wichtigste Beitrag der Wissenschaftstheorie liegt entsprechend in der Bereitstellung eines Reflexionswissens, nicht jedoch in der Bereitstellung eines unmittelbar handlungsorientierenden Wissens. Letzteres haben die Einzelwissenschaften weitgehend in eigene Regie übernommen.

B. Die Öffnung der Wissenschaftstheorie zur Wissenschaftssoziologie, -geschichte und -psychologie verträgt sich zwar nicht mit dem Alleinvertretungsanspruch der Methodologie in puncto Qualitätsbewertung, dennoch verbleiben für eine Wissenschaftstheorie, die sich eines Alleinvertretungsanspruches enthält, nicht nur die Möglichkeiten eines Leistungsvergleichs von Theorien unter bestimmten Bedingungen; wichtiger noch: eine methodologisch angeleitete Kritik und Rekonstruktion von Theorien scheint sogar die Voraussetzung dafür zu sein, daß die Übersetzungsprobleme, die Kuhn zwischen den Vertretern konkurrierender Paradigmen ausmacht, gemildert werden können. Soweit trägt Wissenschaftstheorie zur ex-post-Rationalisierung von Entscheidungsprozessen bei.

C. Zumindest was die Frage der Qualitätsbeurteilung und der darauf gestützten Wahlentscheidung von Wissenschaftlern betrifft, scheinen sich unter dem Dach des Pragmatismus über die Öffnung zu sozialwissenschaftlichen Erklärungsansätzen hinaus auch Konvergenzen zwischen den verschiedenen wissenschaftstheoretischen Positionen abzuzeichnen. Während Kuhn z.B. durchaus zugesteht, daß die Methodologie strukturierende Funktionen im wissenschaftlichen Diskurs hat, schränken umgekehrt Vertreter der Popperschen Methodologie die praktischen Konsequenzen der Qualitätsbeurteilung von Theorien sehr stark ein.

Methodologien stellen gewissermaßen Bausteine zur Verfügung, die im Rahmen methodischen Argumentierens für die Bewertung von wissenschaftlichen Leistungen eingesetzt werden können, sie sind jedoch keine letzte Entscheidungsinstanz. Der unmittelbare Beitrag von Methodologien zur Leistungsbewertung besteht also im Angebot "begründeter" Argumentationsweisen.

3 Bewertungen als wissenschaftssoziologisches Problem

Gute Ansichten sind wertlos. Es kommt darauf an, wer sie hat.

Karl Kraus

In den 1930er Jahren begann nicht nur eine heftige Debatte um eine angemessene Methodologie, sondern auch eine Debatte über die gesellschaftliche Funktion von Wissenschaft, ihre Abhängigkeit von gesellschaftlichen Strukturen, ihre Planbarkeit und Verantwortlichkeit, ihre soziale Verfaßtheit und die Mechanismen wissenschaftsinterner Dynamik. Die Beiträge zu den Debatten um die wissenschaftsinterne Organisation und ihrer sozialen Verfaßtheit stammen aus den unterschiedlichsten Disziplinen und theoretischen Kontexten: Aus der Wissenschaftstheorie, aus der Geschichtswissenschaft, aus der Soziologie, aus natur- und medizinwissenschaftlichen Einzeldisziplinen und aus der Psychologie (vgl. DOBROV/LOTZ 1969, WEINGART 1972, MEJA/STEHR 1982).

Als eigenständige Wissenschaftssoziologie hat sich zunächst die Merton-Schule etablieren können, nicht zuletzt deshalb, weil Merton die Ausdifferenzierung einer eigenständigen Wissenschaftssoziologie aus der Philosophie und Geschichte gezielt vorangetrieben hatte. Mertons Wissenschaftssoziologie behandelt die sozialen Korrelate der Wissenschaft. Kognitive Ansprüche und Inhalte wissenschaftlichen Wissens wurden in einer Art Arbeitsteilung der Wissenschaftstheorie überantwortet und von den sozialen Prozessen der Produktion und Evaluation von Wissen getrennt. In gewisser Weise stellt die Mertonsche Wissenschaftssoziologie ein soziologisches Pendant zu einer objektivistischen und kritischen Wissenschaftstheorie dar, denn mit dem *Ethos der Wissenschaften* sind jene Normen und sozialen Funktionsbedingungen des Wissenschaftssystems benannt, die Wissensselektionen nach kognitiv-internen Rationalitätskriterien erst zulassen. Der theoretische Ansatz der Merton-Schule wird im folgenden Kapitel näher dargestellt, weil die dort entwickelte tauschtheoretische Perspektive, nach der den Zuteilungen sozialer Anerkennung im Idealfall methodologische Bewertungen korrespondieren, eine wesentliche Grundlage für die quantitative Abbildung von Bewertungsprozessen darstellt, wie exemplarisch im Kapitel 3.1.1 anhand der Wissenschaftsanalysen von De Solla Price und einer frühen Anwendung von Wissenschaftsindikatoren durch die Gebrüder Cole dargelegt wird.

Mertons normorientierte Wissenschaftssoziologie war ähnlicher Kritik ausgesetzt wie die Poppersche Wissenschaftstheorie (vgl. BEN-DAVID 1981). Beiden Ansätzen wurde vorgehalten, Postulate aufzustellen, die sich im realen Verhalten von Wissenschaftlern nicht als universelle Handlungsmaximen wiederfinden lassen. Die von abstrakten und universellen Normen im Falle der Normenkonkurrenz erzeugte Ambivalenz, die durch Rekurs auf Normen nicht aufgelöst werden kann, verschärfte die Frage nach anderen Determinanten des Verhaltens von Wissenschaftlern und wissenschaftlichen Institutionen. Wissenschaftshistorische Untersuchungen und die bereits skizzierte Debatte in der Wissenschaftstheorie führten im Laufe der 60er und 70er Jahrezu wachsender Skepsis sowohl gegen methodologische Verfahren der Theoriebewertung als auch gegenüber normativ gesicherten sozialen Prozessen zur Sicherung kritischer Bewertung jenseits subjektiver oder gruppenpartikularer Meinungen und

Überzeugungen. In dem Maße, in dem die Empirie als absolute Instanz für die Bewertung von Theorien an Boden verlor, stellte sich die Frage, nach welchen (anderen) Kriterien über den "Wahrheitsgehalt" von Theorien entschieden wird (vgl. HEINTZ 1993: 535).

Diese thematischen Veränderungen der Wissenschaftssoziologie vollzogen sich in einer Art "nationalen Arbeitsteilung": *American research has emphasized the description of general norms of scientific behaviour, the exploration of the reward system and stratification in science, and the formation of consensus in the evaluation of scientific work and merit. (...) There has been a great preference in American studies for the use of quantitative techniques* (BEN-DAVID 1991: 443). Hingegen war insbesondere die britische Wissenschaftssoziologie stärker durch die Philosophie und die Wissenssoziologie beeinflußt und entwickelte entsprechend andere Fragestellungen: *On the whole, they have been critical of structural-functional analysis, and their view of science has tended to be much more relativistic than in United States. According to them [British sociologists], scientific norms and 'thruths' are changing from field to field and time to time, more under the impact of 'negotiations' between opposing interests than of new discoveries. Therefore, they are much more interested in scientific conflicts than in consensus* (ebd.: 444). Beide "Schulen" haben voneinander kaum Kenntnis genommen (vgl. COLLINS 1985b: 135). In der kontinentalen Wissenschaftssoziologie äußert sich die Neuorientierung im Ausgang der 60er Jahre und zu Beginn der 70er Jahre zunächst in einer Reihe von Kritiken an Mertons Konzeption eines wissenschaftlichen Ethos. Der 1970 erschienene Artikel von Barnes und Dolby deutet bereits im Titel programmatisch die Richtung an: *Das Wissenschaftliche Ethos: Ein abweichender Standpunkt* (vgl. BARNES/DOLBY 1972). Einen gemeinsamen Ausgangspunkt hatten diese sich in der Folgezeit schnell zu vielen abweichenden Standpunkten auseinanderentwickelnden Ansätze zunächst in der Forderung danach, die "black box" der Produktion wissenschaftlichen Wissen zu öffnen und nicht nur Input und Output, sondern auch die dazwischenliegenden Prozesse der wissenschaftssoziologischen Analyse zugänglich zu machen, so z.B. Whitley (1972a) in seinem Beitrag *Black Boxism and the Sociology of Science*. Damit zusammenhängend verlagerte sich das Untersuchungsinteresse weg von den Fragen nach Normverletzungen hin zu den alltäglichen Verfahrensweisen von Wissenschaftlern: *Während frühe wissenssoziologische Untersuchungen (paradoxerweise) von der Notwendigkeit ausgingen, falsche oder verzerrte Erkenntnis zu analysieren, ist heute das Forschungsziel, unsere routinemäßigen, 'rationellen' kognitiven Prozesse zu untersuchen* (BARNES 1980: 163). Eingelöst wurde diese "Öffnung" auf sehr unterschiedliche Weise. Eine Forschungslinie läßt sich als Ausweitung der von Merton inaugurierten Fragestellungen und auch als Vernetzung mit dem Kuhnschen Paradigmenkonzept verstehen. Sie folgt nicht mehr den strukturfunktionalistischen Basistheoremen, überschreitet die Grenzen zur Wissenschaftsgeschichte und wendet sich verstärkt der kognitiven Seite von Wissenschaft zu. Dazu gehört insbesondere die Untersuchung wissenschaftlicher Spezialgebiete (vgl. z.B. HAGSTROM 1965) und der invisible colleges, in der Erwartung, daß nicht universelle soziale Normen, sondern vielmehr die spezifischen technischen (methodischen) Normen für die Mechanismen kognitiver Konsensproduktion verantwortlich sind. In Anlehnung an Kuhns Paradigmenkonzept betont z.B. Mulkay (1974: 98) die *zentrale Stellung von Theorie, Methodologie und*

Forschungstechniken innerhalb des normativen Rahmens wissenschaftlicher Gruppen für die Analyse von kognitivem Konsensus und den Mechanismen der Akzeptanz neuer Wissensansprüche. Angestoßen wurde diese Umorientierung von der Untersuchung allgemeiner Wissenschaftsnormen zur Untersuchung spezieller Teilgebiete vor allen Dingen durch Kuhns Paradigmenkonzept: *Knowledge was seen as the outcome of paradigm bound science which was itself identified by the existence of strongly bounded social structures with powerful mechanisms of cognitive and social control. While the Mertonian sociology of science has linked knowledge production to general and rather diffuse norms, the post Kuhnian sociology of science sought coherent and strongly bounded communities as the major, if not only, locus of knowledge production and validation* (WHITLEY 1983: 684). Genauer betrachtet, handelt es sich bei dieser Forschungslinie, die Bewertungsprozesse als Konsens homogener Gemeinschaften modellierte, trotz der rhetorischen Invektiven gegen das Mertonsche Programm eher um eine inhaltliche und gebietsspezifische Differenzierung normativer Rahmenbedingungen. Soweit ist sie den Forschungen des strukturfunktionalistischen Programms durchaus ähnlich.

Ebenfalls in deutlicher Opposition zu Mertons Programm und dennoch die tauschtheoretischen Überlegungen aufnehmend, die in der Analyse des Belohnungs- und Wettbewerbssystems leitend waren, ersetzte Bourdieu (1975, 1988, 1991) Mertons Bild des streng regelgeleiteten, sportlichen Wettbewerbs der Wissenschaftler durch ein Konfliktmodell, in dem politisch und strategisch um Machtverteilungen und Profite gekämpft wird. Bourdieu faßt Wissenschaft als bipolares Feld auf, dessen einer Pol autonom und weitgehend selbstreferentiell organisiert ist (Wissenschaftspol), während der andere heteronom und durch politische und ökonomische Interessen strukturiert ist (gesellschaftlicher Pol). In diesem mehrdimensionalen Feld läßt sich nun die relationale Stellung von Akteuren oder Gruppen als Träger bestimmter Kapitalien bestimmen (vgl. FELT u.a. 1995: 77). Die Eigentümlichkeit des wissenschaftlichen Feldes ergibt sich daraus, daß Wissenschaftler zugleich "Gegner und Komplizen" sind, die einerseits konkurrieren, andererseits über kollegiale Anerkennung eben das Prestige erzeugen, um das konkurriert wird. An die Stelle "uneigennütziger" Wissenschaftler treten in dieser Sichtweise "Profitmaximierer", die sowohl symbolisches, kulturelles als auch ökonomisches Kapital einsetzen und zu mehren versuchen. Wissenschaftlich-technische Fähigkeiten und soziale Macht verschmelzen in dieser fast kriegerischen Auseinandersetzung um wissenschaftliche Autorität unauflöslich (vgl. BOURDIEU 1975: 19). Die Regeln dieser Auseinandersetzung sind weder explizite Methodologien noch soziale Normen, sondern Praktiken, die im fachspezifischen Habitus festgelegt sind und sozialisatorisch weitervermittelt werden. Zum eigentlichen Agens im Wissenschaftssystem werden danach Strategien der Dominierung und Monopolisierung von Marktsegmenten. Wissenschaftler erscheinen als Kleinkapitalisten, die mit allen Mitteln symbolisches Kapital akkumulieren. Daß unter solchen Bedingungen wissenschaftlicher Fortschritt (im Sinne einer Annäherung an "Wahrheit") möglich ist, erklärt Bourdieu unter Rückgriff auf Polanyis Modell gegenseitiger Kontrolle mit einer wechselseitigen Kontrolle von Produzenten und Abnehmern wissenschaftlicher Produkte (vgl. POLANYI 1985).[1] In seinen empirischen Untersuchungen des universitären Machtfeldes benutzt Bourdieu Wissenschaftsindikatoren (speziell Publikations- und Zitationsdaten) als *objektive* Indikatoren für *wissenschaftliches Prestige*, allerdings zugleich mit der Einschränkung versehen, daß *es so gut wie kein institutionelles Kriterium für wissenschaftlichen Wert gibt - was nicht wenig über dieses Feld aussagt, das nach eigenem Bekunden die Werte der Wissenschaft und nichts sonst anerkennt* (BOURDIEU 1988: 135 ff). Die Bewertungsproblematik verschiebt sich damit von den wissenschaftlichen Produkten auf die Produzenten wissenschaftlichen Wissens, ihre Produkte erscheinen vor allen Dingen als symbolisches Kapital im Machtkampf. Konsequenterweise wären Wissenschaftsindikatoren darauf zu befragen, inwieweit sie ihrerseits symbolische Reproduktionen der fachlichen Machtstrukturen darstellen. Bourdieu bleibt in dieser Frage unentschlossen, denn einerseits geht er davon aus, daß das universitäre Feld eine *Stätte des Kampfes zwischen und um Klassifizierungen und Rangordnungen* ist, wozu auch die Durchsetzung *neuer, für die eigenen Produktionen günstigeren Bewertungskriterien* gehört, andererseits spricht er den Indikatoren, die er empirisch verwendet, relativ kritiklos eine Art objektiver Abbildfunktion zu (ebd.: 55). Kritik entzündete sich aber vor allen Dingen daran, daß Bourdieus Kapitalismusanalogien weder eine befriedigende Erklärung für den Zusammenhang kognitiver und sozialer Prozesse, noch für das wechselseitige Interesse der Wissenschaftler an den wissenschaftlichen Produkten liefert (vgl. KNORR 1985, KNORR CETINA 1991).

Aufgenommen wurde die Frage vor allen Dingen im Rahmen von Laborstudien, die dem Produktionsprozeß wissenschaftlichen Wissens auf den Grund gehen wollten. Was bis dahin als Anerkennung, Prestige oder Ansehen behandelt wurde, erfuhr eine neuerliche Differenzierung im Rahmen ökonomischer Modellanalogien. Latour und Woolgar (1979) faßten Ansehen als *credit* auf und unterschieden zwischen *credit as reward* und *credit as credibility*. Ersteres bezeichnet die herkömmliche Anerkennung durch Peers, während letzteres "Glaubwürdigkeit" bezeichnet, die sich ähnlich wie Geldkapital investieren und in immer neue Kapitalformen verwandeln läßt. In derartigen "Glaubwürdigkeitszyklen" sind die Grenzen zwischen epistemischen und nicht-epistemischen Kriterien aufgehoben, und in einer Art "integriertem ökonomischen Modell" lassen sich die unterschiedlichsten Aktivitäten für die Produktion von "Kredit" einsetzen. Ebenfalls mit den Begriffen vom "wissenschaftlichen Feld" und "Kredit" entwickelte Knorr (1985) ein ökonomisches Modell, das vor allen Dingen das Entstehen von wissenschaftlichem "Erfolg" erklären sollte. All diese Ansätze zeichnen sich dadurch aus, das sie ehemals klaren Grenzen zwischen methodologischen Fragen und soziologischen, ebenso wie die Unterscheidungen zwischen Entdeckungs- und Rechtfertigungszusammenhang verschwimmen lassen und das *Niemandsland zwischen Wissenschaftssoziologie und Erkenntnistheorie* betreten (KNORR 1985). Daß dabei immer wieder Anleihen bei ökonomischen Markt- und Wettbewerbsmodellen gemacht wurden, hat damit zu tun, daß in ganz unterschiedlichen wissenschaftssoziologischen Theorien ein gemeinsames Anliegen vorhanden

---

1 Auch die Habitusformen weisen starke Ähnlichkeiten mit Polanyis "tacit knowledge" auf. Bourdieus Modellierung der wissenschaftlichen Dynamik als permanente Revolte junger Wissenschaftler findet sich ähnlich in Toulmins Konzept des Generationenkonflikts.

war, nämlich die Selektionsleistungen des Wissenschaftssystems (und damit auch die vorgängigen Bewertungsprozesse) erklärbar zu machen. Die Antworten auf die Frage, was bewertet wird, wer bewertet und nach welchen Regeln bzw. mit welchen Ressourcen Bewertungen organisiert werden, fallen allerdings recht unterschiedlich aus. Die Entwicklung dieser Fragestellungen bewegte sich auf eine immer stärkere Ausdehnung der Wissenschaftssoziologie auf die Inhalte der *black-box* Wissenschaft hin: Wissenschaftssoziologen *no longer confine their interest to a study of how institutions work, or the rules governing competition, or network or community organisation. Increasingly, they are investigating the content of science itself. Though this change of direction now seems legitimate, and indeed irreversible, it still remains very tentative* (CALLON 1980: 197). Die letzte - und wohl radikalste - vom französischen Dekonstruktivismus inspirierte Variante in dieser Entwicklung stellt die Actor-Network-Theorie dar (vgl. LATOUR 1987; CALLON 1986). Diese Theorie unterscheidet nicht mehr zwischen humanen und nicht-humanen Elementen, zwischen technischen und sozialen Phänomenen, zwischen internen und externen Vorgängen. Im Netzwerk ist vielmehr alles gleichwertig und die zentralen Operationen des "Anwerbens von Verbündeten" und des "Übersetzens" können ebenso von Mikroben, Mikroskopen, Forschern oder Wirtschaftsunternehmen ausgehen und zur Stabilisierung des Netzwerkes beitragen. Die theoretische Konstruktion solcher Netzwerke ähnelt nicht nur den "fensterlosen Monaden", auch die Bewertungsproblematik ist ad absurdum geführt. Es läßt sich nur noch ex post facto feststellen, daß ein Netz Erfolg gehabt hat oder auch nicht. Die völlig ungehemmte Freisetzung von Reflexion hat diesen Theoriestrang letztlich in unfruchtbare Tautologien und in ein hilfloses Experimentieren mit literarischen Repräsentationsformen geführt, die auch nicht mehr den Anschein wissenschaftlichen Sonderwissens erwecken sollen.

Die Anfänge einer konstruktivistischen, wissenssoziologisch inspirierten Wissenschaftsforschung liegen in den 30er Jahren, als Wissenschaftssoziologie und Wissenssoziologie noch nicht deutlich ausdifferenziert waren. Als klassisches Beispiel für eine sowohl soziologisch als auch philosophisch angelegte Untersuchung, die Wissen als lokal konstruiertes begreift, soll im Kapitel 3.2.1 näher auf Ludwik Flecks Studie zur Entstehung wissenschaftlicher Tatsachen eingegangen werden, da sich in seinem Werk bereits viele - später (wieder)entdeckte - Topoi und theoretische Ansätze der neueren Wissenschaftssoziologie wiederfinden. Anschließend soll die während der 70er Jahre vor allen Dingen in Großbritannien entstandene "neue Wissenschaftssoziologie" (vgl. BUNGE 1991), die sich in der Tradition der Wissenssoziologie als *sociology of scientific knowledge* (SSK) begreift, auf ihren Beitrag zur Bewertungsproblematik befragt werden (Kap. 3.2.2). Sie ist mikrosoziologisch orientiert, mit vielfältigen Anleihen bei der Ethnomethodologie und dem Symbolischen Interaktionismus, wissenschaftsphilosophisch eher relativistischen und konstruktivistischen Positionen verpflichtet, und sie überschreitet die Grenze zwischen Wissenschaftssoziologie und Wissenschaftstheorie insofern, als sie unmittelbar nach den Konstitutionsbedingungen von Wissen fragt. Insoweit richtet sie sich sowohl gegen die strukturfunktionalistische Betrachtung von Wissenschaft und das Konzept kumulativer Theorieentwicklung, wie z.T. auch gegen das Kuhnsche Paradigmenkonzept, weil Wissenschaftsdynamik nicht vorrangig in konkurrierenden Paradigmen verortet wurde. Unter dem Sammelbegriff der "Neuen Wissenschaftssoziologie" haben sich eine

Fülle theoretischer Ansätze und Integrationsversuche unterschiedlichster Provenienz versammelt, die sich z.T. durchdringen, sich z.T. aber auch weitgehend unabhängig voneinander entwickelt haben. Programmatisch für den Beginn dieser neuen Ausrichtung läßt sich Bloors (1973, 1976) *strong programm* lesen, demzufolge Theorien unparteiisch als symmetrisch, d.h. gleichberechtigt angesehen werden sollen. Die ehemals scharfen Demarkationslinien zwischen Wissenschaft, Pseudowissenschaft und Nichtwissenschaft wurden damit unschärfer. Wissenschaft und wissenschaftliche Rationalität verloren ihren besonderen Status, es schien, *daß ein Unterschied zur Alltagsrationalität nicht feststellbar ist* (KNORR CETINA 1991: 52). Speziell Grenzwissenschaften wurden zu einem Untersuchungsbereich, der einerseits auch in etablierten Wissenschaften gängige Praxen schärfer zutage treten ließ, andererseits auf soziale Mechanismen der Grenzziehung zwischen Wissenschaft und Nicht-Wissenschaft aufmerksam machte (vgl. NOWOTNY/ROSE 1979; WALLIS 1979; DUERR 1981b; COLLINS/PINCH 1979). In diesem Rahmen spielten auch die Untersuchungen von Artefakten und Betrug in der Wissenschaft und ihr Zusammenhang mit den sozialen und institutionellen Bedingungen der Wissensproduktion eine Rolle (vgl. z.B. DOLBY 1980, BROAD/WADE 1984 oder DI TROCCHIO 1994). Die Überwindung des *cordon sanitaire, der wissenschaftliches Wissen bisher abschirmte*, wie Overington (1985: 123) es formulierte, hat nicht nur den Objektbereich wissenschaftssoziologischer Fragestellungen erweitert, sondern auch in Gestalt *relativistischer* (COLLINS 1975), *mikroanalytischer* (GILBERT 1976) oder *interpretativer* Verfahren (LAW/FRENCH 1974) die Methoden der Wissenschaftsforschung stimuliert und natürlich ebenfalls die metatheoretische Frage nach der Begründbarkeit soziologischen Wissens aufgeworfen (z.B. BOURDIEU 1988: 9 ff). Die gesamte Bewertungsproblematik erscheint aus der mikrosoziologischen Perspektive der wesentlich auf Fallstudien beruhenden "neuen Wissenschaftssoziologie" in völlig anderem Licht: Experimentalergebnisse werden verhandelt, Wissenschaftler verfolgen Interessen und agieren wie Politiker, Fakten werden quasi-industriell fabriziert, der Forschungsprozeß trägt opportunistische Züge, anstelle einheitlicher logisch-epistemischer Regeln beeinflussen soziale Diskursstrategien den Bewertungsprozeß, die Durchsetzung von Interpretationen experimenteller Befunde ist an erfolgreiche Koalitionsbildungen geknüpft, und ehemals getrennte Sphären der Entdeckung und der Bewertung scheinen fließende Übergänge zu haben. Die neueren Entwicklungen stellen sich weit unübersichtlicher dar als das klar gegliederte theoretische Gebäude der traditionellen Wissenschaftssoziologie. Zumindest drei Strömungen sollen im folgenden angesprochen werden: Das "Interessenmodell", das Bewertungsprozesse wesentlich durch professionelle oder soziale Interessen beeinflußt sieht, das "Diskursmodell", das Bewertungen als Prozeß in den interpretierenden, aber auch strategischen Kommunikationen der Wissenschaftler über ihre Befunde betrachtet, und das "Konstruktionsmodell", das Erkenntnis als *fabriziert* ansieht und entsprechend Bewertungsprozesse bereits im Umgang mit dem technischen Instrumentarium und in den experimentellen Praxen verortet. Einen ersten Versuch, die vielen Einzelergebnisse zu integrieren und in einen theoretischen Bezug zu stellen, der über den engen Rahmen der Laborstudien hinausweist, bildet schließlich Whitleys Ansatz (Kap. 3.2.4), der Einheit der Wissenschaft ein Ensemble unterschiedlicher sozialer Systeme mit jeweils gebietsspezifischen Bewertungsstandards gegenüberzustellen. Whitley versucht, die neueren wissenschaftssoziologischen

Befunde in einen allgemeineren organisations- und professionssoziologischen Rahmen einzubetten. Damit werden zwar Phänomenbereiche erkennbar, die sich aus der mikroanalytischen Perspektive der neuen Wissenschaftssoziologie nicht erschließen; aber eine theoretische Perspektive zur Integration sowohl der wissenschaftstheoretischen wie soziologischen Frage nach der Entwicklung, Geltung, Praxis und gesellschaftlichen Einbettung wissenschaftlicher Bewertungsprozesse ist damit noch nicht erreicht. In eben diese Richtung bewegt sich vom Anspruch her die Systemtheorie mit dem Versuch, Wissenschaft als ausdifferenziertes Subsystem zu analysieren und dabei auch die erkenntnistheoretischen Probleme der soziologischen Analyse zugänglich zu machen. Im Kapitel 3.3 werden daher die Luhmannschen Beiträge zur Wissenschaftssoziologie und die Theorie selbstorganisierender Systeme diskutiert.

Insgesamt läßt sich mit der breiten Rezeption der Kuhnschen Untersuchungen [1] sowohl in der Wissenschaftstheorie wie auch in der Wissenschaftssoziologie eine Umorientierung ausmachen, die man mit Gethmann (1981: 17) als *"pragmatische Wende", d.h. als Wende zum kognitiv und sozial agierenden und interagierenden Wissenschaftler-Subjekt* bezeichnen könnte. In der Folgezeit wird sowohl in der wissenschaftstheoretischen wie auch in der wissenschaftssoziologischen Literatur der programmatische Anspruch erhoben, einen integrativen Rahmen zu entwickeln, innerhalb dessen die sich ausdifferenzierende Wissenschaftsforschung sowohl die kognitiven wie sozialen Elemente fassen könnte.[2] Crane (1972: 11) empfiehlt mit Blick auf scientific communities, *it would (...) be appropriate to examine in greater depth the cognitives cultures of such communities in order to specify more precisely the interaction between the cognitive and the social components of science.* Ähnlich hält Weingart (1974: 20) eine angemessene Untersuchung der Wissenschaftsentwicklung nur für möglich, *wenn sie sowohl als Prozeß rationaler Argumentation als auch als Strategie der Institutionalisierung begriffen wird, d.h. wenn die 'scientific community' als Argumentations- und Handlungszusammenhang zugleich gesehen wird.* Er verlangt einen *einheitlichen Zugang, in dem wissenschaftsphilosophische und wissenschaftssoziologische Komponenten zusammengehen* (WEINGART 1974: 19). Übereinstimmend wird in der Literatur allerdings festgehalten, daß ein neues integratives Paradigma für die Wissenschaftssoziologie oder besser die Wissenschaftsforschung noch nicht sichtbar ist. Krohn/Küppers (1987: 1) konstatieren nicht nur ein Scheitern der interdisziplinären theoretischen Fundierung, sondern vermuten sogar, daß *die Defizite interdisziplinärer Erklärungsversuche (..) die disziplinären erträglich gemacht* hätten. Heute scheint der Anspruch auf ein integrierendes theoretisches Modell von Wissenschaft weitgehend einem postmodernen Lob der Vielfalt gewichen zu sein, so daß die Frage danach, ob die Wissenschaftsforschung ein *erfolgreiches transdiziplinäres Unternehmen* sei, mit einem klaren *wohl ja und nein* beantwortet wird (FELT u.a. 1995: 283).

1 Die Rezeptionsgeschichte Kuhns ist selbst ein wissenschaftssoziologisch interessanter Vorgang. Während in den USA das Kuhnsche Modell als hypothetisches Konstrukt neben dem Mertonschen Modell für empirische Studien benutzt wurde, gerieten in Europa die philosophischen Implikationen beider Modelle weitaus stärker in den Focus der Analyse, so daß hier eine Konfliktlinie zwischen Strukturfunktionalismus und Positivismus auf der einen und Kuhn und dem Relativismus auf der anderen Seite eröffnet wurde (vgl. BEN-DAVID 1991: 441 f).

2 Vgl. für einen Überblick über die Entwicklung dieses Gebietes: MULKAY 1980; BARNES/EDGE 1982; COLLINS 1985b; ZUCKERMAN 1988; COZZENS/GIERYN 1990; BEN-DAVID 1991; CALLON 1994.

3.1 Wissenschaftsnormen und Bewertungsprozesse

Eine neue wissenschaftliche Wahrheit triumphiert nicht dadurch, daß man ihre Gegner überzeugt, sondern weil ihre Gegner schließlich sterben und eine neue Generation heranwächst, die mit ihr vertraut ist.

Max Planck

Auch wenn man über Prioritätsfragen streiten kann (vgl. WEINGART 1972: 20 ff), gehört Robert Merton zweifellos zu den Gründervätern der modernen Wissenschaftssoziologie. Sein "strukturfunktionalistisches Paradigma" stellte bis in die 70er Jahre hinein die dominante theoretische Orientierung insbesondere in der amerikanischen Wissenschaftssoziologie dar und hat ein reichhaltiges Forschungsprogramm hervorgebracht (vgl. GIERYN 1982). Daß es Merton gelang, Wissenschaftssoziologie als eigenständige Teildisziplin erfolgreich zu etablieren, ist durch drei Umstände begünstigt worden: Erstens begann sich in der Nachkriegszeit, spätestens nach dem "Sputnik-Schock (1957)", eine längerfristige "Wissenschaftspolitik" zu entwickeln, und damit wurde Wissenschaft zu einem untersuchungswürdigen "Problem". Zweitens fügte sich sein strukturfunktionaler Ansatz in die Mainstream-Soziologie jener Zeit und stieß daher nicht auf Widerstände. Drittens war Merton darauf bedacht, klare Grenzen zu den benachbarten Disziplinen (Wissenschaftstheorie und -geschichte) zu ziehen und der jungen Wissenschaftssoziologie dadurch ein originäres Forschungsfeld zu schaffen (vgl. MERTON 1977: 68 ff). Diese Grenzziehung, die von Merton später durchaus wieder zur Disposition gestellt wurde, ist hier nicht aus historischen Gründen von Interesse, sondern deshalb, weil damit einerseits eine soziologische Traditionslinie eröffnet wurde, aus der bis heute wesentliche Argumente für Techniken einer Strukturbeschreibung von Wissenschaft entnommen werden, und andererseits, weil die Kritik an den dabei notwendig entstehenden Ausgrenzungen bereits im Kern die Kritik an szientometrischen Verfahren enthält.

Merton führt zunächst eine - dem Abgrenzungskriterium des Kritischen Rationalismus sehr ähnliche - Definition der Ziele der Wissenschaft ein: *Das institutionelle Ziel der Wissenschaft ist die Ausweitung gesicherten Wissens. Die technischen Methoden, die zur Erreichung dieses Ziels angewandt werden, liefern die relevante Definition von Wissen: empirisch bestätigte und logisch konsistente Voraussagen* (MERTON 1972b: 47). Diese Bestimmung teilt mit der Popperschen Methodologie nicht nur den metaphysischen Realismus, sondern auch das Konzept des logischen Falsifikationismus, die Bestimmung von Wissenschaft als empirisch und die Annahme der Kumulierbarkeit von Wissen. Die technischen Methoden, die Methodologie und das damit produzierte Wissen, die kognitive Seite von Wissenschaft, sollen daher nicht Gegenstand wissenschaftssoziologischer Untersuchungen sein. Ihre Untersuchung verweist Merton an die Wissenschaftstheorie. Allerdings unternimmt Merton keineswegs eine völlige Trennung zwischen den methodischen Normen und den sozialen Normen, die die Wissensentwicklung steuern. Beide - so seine der Weberschen Protestantismusthese verwandte historische Argumentation - sind in einer Art Koevolution unter besonderen gesellschaftlichen Bedingungen entstanden: Moderne Wissenschaft ging weder unmittelbar aus der Vernunft hervor, noch ist sie mit ihr gleichzustellen. Vielmehr ist es ein *glücklicher gesellschaftlicher Zufall*, daß im Verlaufe der Wissenschaftsgeschichte der protestantische Puritanismus ganz unbeabsichtigt sowohl prozedurale oder technische Normen des wissenschaftlichen Forschens als auch damit verbundene moralische Regeln hervorgebracht hat: *Die Bräuche der Wissenschaft haben eine methodologische Begründung, aber sie sind nicht nur bindend, weil sie effizient sind, sondern weil sie für richtig und gut gehalten werden. Sie sind sowohl moralische wie technische Vorschriften* (ebd.: 48).

Diese Doppelung einer normativen Methodologie in eine methodische und eine soziale Komponente ermöglicht es, beide Teile als unabhängige zu untersuchen, ohne jeweils den Begründungsdiskurs des anderen Teils neu entwickeln zu müssen. Die sozialen Normen entwickeln sich zwar durch einen gemeinsamen Wertbezug in Korrespondenz mit methodologischen Regeln, sind von jenen aber insoweit unabhängig, als sie ein sozialisatorisch perpetuiertes, moralisch verbindliches Wissenschaftsethos konstituieren: *Das Ethos der Wissenschaft ist der gefühlsmäßig abgestimmte Komplex von Werten und Normen, der für den Wissenschaftler als bindend betrachtet wird. Die Normen werden in der Form von Vorschriften, Verboten, Präferenzen und Genehmigungen ausgedrückt. Sie sind im Sinne von institutionellen Werten legitimiert. Diese Imperative, durch Lehre und Beispiel vermittelt und durch Sanktionen verstärkt, werden in unterschiedlichem Maße vom Wissenschaftler internalisiert und prägen somit sein wissenschaftliches Bewußtsein (...). Obgleich das Ethos der Wissenschaft nicht kodifiziert ist, kann es aus dem moralischen Konsensus der Wissenschaftler abgeleitet werden* (ebd.: 46 f). Wenngleich Merton betont, daß das wissenschaftliche Ethos, weil es seinen Geltungsanspruch nicht aus der erfolgreichen Anwendung von Methoden herleitet, ein eigenständiges Regulativ der Wissenschaftsentwicklung sei, zeigen die einzelnen - theoretisch postulierten - Normen, die er dem Ethos zuordnet, einen sehr starken Bezug zur Methodologie und reflektieren durchaus die wissenschaftstheoretische Diskussion jener Zeit. Im einzelnen handelt es sich zunächst um vier grundlegende Normen:

- Universalismus bezeichnet den Grundsatz, daß Wahrheitsansprüche unabhängig von sozialen und individuellen Merkmalen des Forschers nach vorab aufgestellten, unpersönlichen Kriterien zu bewerten sind. Im strengen Sinne handelt es sich eher um eine Voraussetzung wissenschaftlicher Bewertungsprozesse. Dabei wird zugleich die methodologische Forderung nach Übereinstimmung mit Beobachtungsdaten und dem bisher bestätigten Wissen abgedeckt (vgl. MERTON 1985: 90).
- Kommunismus regelt die Besitzansprüche der Wissenschaftler. Wissenschaftliche Erkenntnis wird der Gemeinschaft überantwortet. Der Wissenschaftler hat lediglich Anspruch auf angemessene Anerkennung und Ansehen. *Der Zwang zur Verbreitung von Resultaten wird durch das institutionelle Ziel der Erweiterung des Wissens sowie durch den Anreiz der Anerkennung verstärkt, die natürlich von der Veröffentlichung abhängt* (MERTON 1972b: 51). Auch diese Norm ist Voraussetzung für das methodologische Postulat der "strengen Prüfung" von Erkenntnisansprüchen.
- Uneigennützigkeit soll die Integrität des Austauschsystems sicherstellen. Sie macht den Wissenschaftlern zur Auflage, auch unter den Bedingungen von Konkurrenz Wissenschaft lediglich um ihrer selbst willen zu betreiben. *Die Übersetzung der Norm der Uneigennützigkeit in die Praxis ist sehr wirksam durch die wechselseitige Verantwortlichkeit der Wissenschaftler unterstützt. Wenn die Kontrollen, die die*

qualifizierte Kollegenschaft ausübt, ineffektiv werden, kommt es zum Mißbrauch der Expertenautorität und der Herausbildung von Pseudowissenschaft (ebd.: 54). Auch in dieser Norm ist der Bezug zum methodologischen Gebot prinzipieller Überprüfbarkeit wissenschaftlicher Aussagen erkennbar.

• Organisierter Skeptizismus beinhaltet die Verpflichtung zur unvoreingenommenen Überprüfung allen wissenschaftlichen Wissens. Er enthält nicht nur die Verpflichtung zur Kritik, sondern garantiert nach Merton als methodische Regel auch die Selektion von Wissen nach *empirische[n] und logische[n] Kriterien* (ebd.: 55).

Diese vier Normen bilden das Fundament für permanent ablaufende Bewertungsprozesse individueller oder institutioneller Art. Dabei steht weniger die Genesis wissenschaftlicher Geltungsansprüche als vielmehr die *soziologische Analyse der öffentlichen Bewertung von Geltungsansprüchen* im Mittelpunkt von Mertons Arbeiten (STEHR 1985: 19). Die enge Verbindung zwischen Methodologie und sozialen Normen läßt allerdings erwarten, daß die methodologischen Probleme der Theoriebewertung sich auch auf die Bestimmung sozialer Normen auswirken. In der Tat ist die Anzahl relevanter Normen immer wieder erweitert und adjustiert worden. Bereits 1952 ergänzte Barber zwei weitere Normen. Merton selbst fügte 1957 die Normen *Originality* und *Humility* den ursprünglich vier Normen hinzu. Den Erweiterungen korrespondiert die bereits dargelegte methodologische Debatte um die Abgrenzung einer neuen Theorie vom schon bekannten Hintergrundwissen und die vor allen Dingen von Lakatos vorgebrachten Einwände gegen den Falsifikationismus. Merton (1984: 1092) selbst bezeichnet das "Überleben" bereits falsifizierter Theorien als "Phoenix-Phänomen". Er vertritt keineswegs die Position eines naiven Falsifikationisten, sondern plädiert für einen ausgeprägten Theorienpluralismus, ohne das Konzept der Erkennbarkeit einer objektiven Realität aufzugeben. Den notwendig entstehenden Konflikt (*cognitive and social conflict*) sieht er als funktional für die Realitätserkenntnis an (SZTOMPKA 1986: 78). Es ist daher nicht überraschend, daß ähnlich wie bei methodologischen Bewertungen auch auf der sozialen Seite die verschiedenen Verhaltensnormen in einem Spannungsverhältnis stehen und tendenziell widersprüchlich werden können. Derartige Optimierungsprobleme entstehen, weil die *gesellschaftliche Institution Wissenschaft mangelhaft integriert ist, insofern sie nämlich potentiell unvereinbare Werte in sich faßt* (MERTON 1985: 117). Bereits in der (1957 publizierten) Analyse wissenschaftlicher Prioritätsstreitigkeiten weist Merton auf den komplizierten Austarierungsmechanismus hin, der Wissenschaft stabilisiert. Um das institutionelle Ziel der Wissenschaft, die Erweiterung des gesicherten Wissens, zu befördern, hat die Institution Wissenschaft im Laufe ihrer Geschichte ein komplexes Belohnungssystem hervorgebracht. Da Eigentumsrechte nur begrenzt vorhanden sind (Kommunismus), sind die Belohnungen vorwiegend ideeller Art. Ausgezahlt wird die Belohnung *prinzipiell in der Währung der Anerkennung von Fachkollegen für geleistete Arbeit* (ebd.: 147), was organisierten Skeptizismus und Universalismus voraussetzt. Die Norm der Uneigennützigkeit allerdings setzt dem Streben nach Anerkennung Grenzen. Sie soll vor allen Dingen verhindern, daß Anerkennung nicht um jeden Preis angestrebt wird (Plagiat, Betrug, Fälschung, Streitsucht, Eigendünkel): *Wenn die Institution effektiv funktioniert, gehen Erweiterung des Wissens und Steigerung des persönlichen Ruhms Hand in Hand; das institutionelle Ziel verbindet sich mit der persönlichen Belohnung. Aber die institutionellen Werte weisen auch Unzulänglich-*

keiten auf. Die Institution kann partiell außer Kontrolle geraten, wenn Originalität und ihre Anerkennung übermäßig betont werden. Die Wissenschaftskultur ist in gewissem Maße pathogen (ebd.: 299). Deutlicher noch wird das Changieren zwischen Funktionalität und Dysfunktionalität bei der Untersuchung des *Matthäus-Effekts* in der Wissenschaft. Die Zuteilung von Belohnungen durch Fachkollegen führt direkt oder indirekt zur Akkumulation von Vorteilen; anerkannten Wissenschaftlern werden bessere Arbeitsbedingungen und höhere Aufmerksamkeit eingeräumt, die wiederum mehr und bessere Arbeit ermöglichen. *So beeinflußt das Belohnungssystem, ohne daß dies direkt in der Absicht einer der beteiligten Gruppen läge, auch die 'Klassenstruktur' der Wissenschaft, in dem es die Chancen für die verschiedenen Wissenschaftler, ihre Rolle als Forscher auszubauen, ungleich verteilt* (ebd.: 151).

Derartige Klassenlagen können sich für den einzelnen Wissenschaftler *dysfunktional* auswirken, speziell wenn sie seine Entwicklung bereits in der Frühphase behindern. Es kann auch zu einem *'Einrast-Effekt'* kommen, d.h. ein Wissenschaftler mit hoher Reputation verliert diese nicht mehr, *obgleich er von 'Newcomern' überrundet* wird (ebd.: 150). Grundsätzlich geht Merton davon aus, daß der Matthäus-Effekt an den Selektionsprozessen beteiligt ist, die zu einer *Konzentration wissenschaftlicher Ressourcen und Talente führen* (ebd.: 171). Wenn die starke Bevorteiligung anerkannter Wissenschaftler auf herausragender Leistungsfähigkeit beruht, dann entwikkelt der Matthäus-Effekt sehr funktionale Auswirkungen im wissenschaftlichen Kommunikationssystem. Bei der Bewältigung der Publikationsflut wird die Reputation des Autors ein wichtiges Kriterium bei der Auswahl der Lektüre. Durch die Bündelung der Aufmerksamkeit der jeweiligen scientific community auf die Fachautoritäten wird so Redundanz im Kommunikationssystem abgebaut. Angesichts der durch Reputation bereits erreichten Aufmerksamkeit ist diesen Wissenschaftlern allerdings fast automatisch die Reaktion der Fachkollegen und damit meist neuerliche Belohnung gesichert. Die Fragilität einer solchen self-fulfilling-prophecy sieht Merton durchaus: *Wie andere self-fulfilling-prophecies wird auch diese unter bestimmten Umständen dysfunktional. Denn obwohl die Wahrscheinlichkeit bei namhaften Wissenschaftlern größer ist als bei unbekannten, daß sie bedeutende Beiträge liefern, sind sie ganz offenbar nicht die einzigen, die das tun. Schließlich sind Wissenschaftler nicht schon zu Beginn ihrer Karriere 'namhaft'* (ebd.: 168).

In Gefahr geraten kann allerdings auch die Norm des Universalismus, speziell dann, wenn *Redakteure und Gutachter wissenschaftlicher Zeitschriften und andere Torwächter der Wissenschaft* ihre Bewertungen allein von der Autorität des Autors abhängig machen (ebd.: 169). In die Rolle des Gutachters ist je nach Disziplin und Persönlichkeit der Gutachter immer auch die Möglichkeit des Fehlurteils eingeschrieben, und zwar in einem solchen Maße, daß über individuelles Versagen hinaus auch die bewertende Institution beeinträchtigt werden kann: *Es ist dies ja nicht der erste Fall, wo eine mit Bewertungsaufgaben betraute Institution vor dem Problem steht, wer diejenigen beurteilen soll, die die Urteile fällen. Die Prüfung und Auslese der Gutachter ist für das Gutachtersystem ebensosehr ein funktionales Erfordernis wie die Prüfung und Auslese der Aufsätze für die Publikation* (ebd.: 212). Die Möglichkeit von Fehlurteilen oder unangemessener Wahrnehmung der Gutachterrolle heißt nun allerdings nicht, daß das Gutachterwesen überflüssig sei. Merton sieht im Gegenteil in den institutionalisierten Bewertungen einen entscheidenden Selektionsmechanismus, der kumulativen Wissensfortschritt erst ermöglicht: *Selbstverständlich kommt es gelegentlich zu Fehlurteilen. Aber das System, wissenschaftliche Arbeiten zu prüfen, bevor sie in das Archiv der Wissenschaft eingehen, macht es möglich, daß die Wissenschaftler mit einem gewissen Maß an Vertrauen auf der Arbeit anderer aufbauen können. In diesem Sinne schafft die Autoritätsstruktur der Wissenschaft, in der das Gutachtersystem eine zentrale Stellung einnimmt, eine institutionelle Basis für die relative Verläßlichkeit und die Kumulation von Wissen* (ebd.: 216). Die historisch sich durchsetzende Institutionalisierung gutachterlicher Bewertungsstrukturen ist nicht nur Reaktion auf konkrete Probleme der Wissenschaftspraxis, sondern entwickelt sich selbst zum festen Bestandteil sozialer Organisation der Wissenschaft und damit zur Quelle neuer (normgerechter) Verhaltensweisen, Motivationen und sozialer Rollen. Die von anerkannten Wissenschaftlern begutachteten Beiträge erhalten durch die *kompetente Prüfung* ein hohes Maß an *Glaubwürdigkeit* (ZUCKERMAN/MERTON 1985: 181). Dies setzt voraus, daß die Zeitschrift bzw. ihr Gutachtergremium einen ausreichend hohen *autoritativen Status* entwickelt, welcher wiederum den Gutachtern eine geachtete Schlüsselfunktion als Gatekeeper in der Wissenschaft verschafft (ebd.: 182).

An dieser Stelle zeigt sich abermals, daß, obwohl Merton die methodologische Seite bewußt aus der soziologischen Analyse ausklammert, seine soziologische Untersuchung bestimmte methodologische Annahmen voraussetzen muß. Denn Merton entwirft Konsensprozesse gerade nicht als ein ausschließlich soziales Phänomen, sondern als sozialen und kognitiven Vorgang. In diesem Fall greift Merton auf die paradigmatische Verfestigung - nicht auf den an anderer Stelle geforderten Theorienpluralismus - zurück: In welchem Maße die Durchsetzung von anerkannten institutionellen Bewertungsprozessen gelingt, ist wesentlich von der *Kodifizierung* des Wissens in den jeweiligen Disziplinen abhängig, d.h. je klarer die theoretischen Strukturen eines Gebietes, desto eindeutiger und übereinstimmender sind auch Kriterien zur Bewertung neuer Problemdefinitionen und Problemlösungen auf Seiten der Wissensproduzenten und der Bewerter (ebd.: 186). Die empirischen Untersuchungen zur Durchsetzung universalistischer Normen führten zu wenig eindeutigen Ergebnissen. Merton und Zuckerman (1971) fanden zwar für angesehene Wissenschaftler bessere Publikationschancen, konnten darin aber keine Normverletzung sehen, da die besseren Chancen auch auf eine höhere Qualität der Beiträge zurückführbar sei. Gaston (1975) stellte in einer Sekundäranalyse verschiedener Untersuchungen zum Belohnungssystem fest, daß in der Größenordnung von 30 bis 53 Prozent der untersuchten Fälle partikularistische Kriterien bei der Zuteilung von Anerkennung wirksam sind. Dabei bestätige sich, daß die Bedeutung universalistischer Kriterien mit der Kodifizierung der Disziplin zunehme (GASTON 1975: 298). Insbesondere eine zentralisierte Forschungsförderung führe zu einer Stärkung universalistischer Urteilskriterien. Hingegen fand Cole (1983) keine Unterschiede zwischen den Belohnungssystemen verschiedener Disziplinen mit unterschiedlichem Maß an kognitivem Konsens.

Als erstes Zwischenergebnis läßt sich festhalten: Die klare Trennung von wissenschaftstheoretischen und wissenschaftssoziologischen Bewertungsregeln gelingt in

Mertons Theorie nur, weil a) beide dynamisch angelegt und damit veränderlich sind[1] und weil b) als Prämisse eingeführt wurde, daß die sozialen Normen einen eigenständigen Beitrag zum Entstehen wissenschaftlichen Fortschritts leisten. Allerdings lassen sich sowohl für die Wissenschaftsdynamik als auch für die Eigenständigkeit der sozialen Organisation zwei unterschiedliche Lesarten entwickeln, nach denen die Beziehung zwischen Kognitivem und Sozialem geradezu gegensätzlich ausfällt. In Mertons Wissenschaftssoziologie sind nämlich zwei verschiedene Argumentationsgänge enthalten: Der erste geht von einem unproblematischen methodologischen Hintergrund aus. In Wissenschaftsbereichen mit klaren Zielen, anerkannten und unstrittigen Methoden, weitgehend konsensfähigen theoretischen Grundlagen entscheidet die soziale Organisation über Beförderung oder Behinderung des wissenschaftlichen Fortschrittes. Und zwar deshalb, weil die ideale soziale Organisation genau einer idealen methodologischen Vorgehensweise entspricht. Unter diesen idealen Bedingungen entsprechen auch die sozialen Anerkennungen, die im Rahmen des Belohnungssystems vergeben werden, methodologischen Qualitätsbeurteilungen. Der eigenständige wissenschaftssoziologische Ansatz besteht darin, Art und Umfang der Entfernung der sozialen Organisation von diesem Ideal zu untersuchen. Die Dynamik, die in dieser Perspektive untersucht wird, besteht im Prozeß der Equilibrierung tendenziell widersprüchlicher Normen. Der Wissensfortschritt ist daher auch nicht *gradlinig und kumulativ* (WEINGART 1972: 30), sondern selektiv und kumulativ (MERTON/BARBER 1976). Die sozialen Bedingungen sind als externe Faktoren zu verstehen, die die intern gesteuerte Wissensproduktion modulieren. Es ist diese Argumentationslinie, die die Kritiker umstandslos als affirmativen Positivismus etikettierten (vgl. STEHR 1978).

Mertons Wissenschaftssoziologie enthält aber auch eine zweite, nur schwach entwickelte Argumentationslinie. Danach koexistieren auf der kognitiven Seite sehr unterschiedliche Verfahren der Erkenntnisproduktion und -bewertung. Merton selbst nimmt jedenfalls im Laufe der Zeit auf sehr unterschiedliche methodologische Positionen Bezug (Popper, Lakatos, Kuhn, Fleck) und spricht von sozialen und kognitiven Konflikten. Wenn jedoch Paradigmen oder Denkstile konkurrieren, Entscheidungen methodologisch unterdeterminiert bleiben und entsprechend unterschiedliche Bewertungsstile existieren, dann entsteht eine Dynamik ganz anderer Art: Die soziale Seite beeinflußt unter solchen Bedingungen auch Inhalte und Verfahren in der Wissenschaft (also die Gegenstandsbereiche der Wissenschaftstheorie). Das Belohnungssystem ist dann - unabhängig von seinen internen Unzulänglichkeiten - nicht mehr automatisch mit einer autonomen kognitiven Seite verknüpft, sondern wird zur Arena, in der eben jene kognitiven Konflikte und die damit verbundenen Strategien in Machthandeln übersetzt werden. Das institutionalisierte Normensystem ist dann eher eine legitimatorische Ressource als ein funktionales Institut. Merton hat diesen Argu-

1 Merton selbst bezieht sich für die methodologische Seite ausdrücklich auf Popper und Kuhn, die soziale Dynamik sieht er vor allen Dingen im Zusammenhang mit dem Belohnungssystem der Wissenschaft, das eine ständige Prämierung origineller Beiträge sicherstellt und darüber weiter motivierend wirkt (vgl. MERTON/ZUCKERMANN 1973: 554).

mentationsstrang nicht weiter verfolgt.[1] Es dürfte aber diese weniger normorientierte Linie sein, die die Mertonsche Wissenschaftssoziologie anschlußfähig macht für neuere Fragestellungen und integrationsfähig für sehr unterschiedliche methodologische Konzepte. Gerade die Zurückhaltung gegenüber wissenschaftsphilosophischen und gesellschaftstheoretischen Vorannahmen, eine Art epistemologische Neutralität, könnte sich als nützlich erweisen für eine Untersuchung der sozialen Organisation von Wissenschaft, ihrer Vernetzungs- und Positionierungsleistungen, ohne die problematische Rückbindung an eine spezifische Funktionalität dieser Organisation für die Erkenntnisproduktion.

Die Kritik an Merton setzt vor allen Dingen am Charakter der Handlungsnormen an. Normen oder Handlungsregeln geben möglicherweise lediglich das methodologisch-legitimatorische Repertoire von Wissenschaftlern wieder. Man dürfte dann eine relativ große Beliebigkeit in der Befolgung zumindest der einzelnen Normen erwarten. Garfinkel, der ein ähnliches Set von Regeln entwickelte, sah den Verstoß zumindest gegen einzelne Normen als konstitutiv für den Forschungsprozeß an (vgl. GARFINKEL 1967: 272 f). Die empirischen Befunde erhärteten die wachsenden Zweifel daran, ob die Befolgung der Normen überhaupt einen funktionalen Effekt für die Entwicklung der Wissenschaft hat (vgl. WEINGART 1972 und 1974). Mitroff (1974) stellte eine Liste von 11 relevanten Normen auf. Allerdings nicht so sehr mit dem Ziel, größere Vollständigkeit bei der Beschreibung der normativen Grundlagen des Handelns von Wissenschaftlern zu erreichen, als vielmehr mit der Intention, auf die grundlegende Ambivalenz solch normgesteuerten Verhaltens hinzuweisen. Er zeigt, daß sich für fast alle Mertonschen Normen auch Gegennormen aufstellen lassen, die zumindest ähnliche empirische Evidenz für sich beanspruchen können. Seine Kritik bezieht sich aber nicht nur auf den ungesicherten empirischen Nachweis der Existenz dieser Normen, sondern ebenso auf die unterstellte Verhaltenswirksamkeit und insbesondere auf den epistemischen Status dieser durch Induktion aus den hoch selektiven schriftlichen Zeugnissen einiger Wissenschaftler gewonnenen Normen. Letztere methodologische Kritik wird auch von Law vorgebracht, der in dem Anspruch, Funktionsweisen von Wissenschaft auf der Grundlage von Normen zu erklären, ein *self-validating methodological and theoretical system* sieht: *We look for norms, we choose certain types of data - those where we expect to locate the norms, and we go on to interpret that data normatively. If we fail to find shared norms we take it that our methods are not good enough, or that the area has not been institutionalized properly* (LAW 1974: 168).

Merton wies diese Kritik an der Funktionalität des wissenschaftlichen Ethos als kognitiven Subjektivismus und Übertreibung der unvermeidbaren subjektiven Komponenten wissenschaftlicher Forschung zurück (vgl. MERTON 1976: 59). Es bleibt jedoch ein Desideratum: Wenn wissenschaftliches Wissen laut Merton immer auch ein soziales Produkt ist (vgl. BREITHECKER-AMEND 1992: 53) und zudem die Methodologie bei der Bewertung wissenschaftlicher Aussagen erhebliche Spielräume läßt, dann richtet sich die eigentliche Frage nicht mehr auf die Befolgung oder Verletzung

1 Merton hat allerdings einen solchen Wandel der Wissenschaftssoziologie keineswegs ausgeschlossen und betont selbst, daß die Wissenschaftssoziologie während ihrer Institutionalisierungsphase eine Überbetonung der normativen Elemente und eine Einseitigkeit zugunsten der sozialen Aspekte entwickelt habe (vgl. MERTON 1977: 68).

von Normen, sondern auf den Inhalt, die Herstellung und Verfahren der Validierung wissenschaftlichen Wissens, also auf genau jene Bereiche, die Merton bewußt aus der soziologischen Analyse ausgespart hatte. Ähnliche Probleme ergeben sich im Hinblick auf eine zweite Ausgrenzung, die Merton vorgenommen hatte. Seine Analyse der relativ abstrakten Werte und der stärker situationsbezogenen Normen zielt auf die institutionelle Ebene bzw. die Rollenerwartungen, nicht jedoch auf die Handlungsmotive des einzelnen Wissenschaftlers. Zwar warnt Merton vereinzelt davor, die *institutionelle und motivationale Ebene der Analyse zu verwechseln* (MERTON 1972b: 53), seine Kritiker halten ihm allerdings vor, implizit doch eine solche Verknüpfung vorzunehmen: *Im Verlauf seines Arguments setzt er einfach die idealistische Vorstellung von Werten mit der positivistischen Vorstellung von Motivationen gleich, oder, um es anders auszudrücken, er verwandelte Webersche Werte, d.h. Ideale oder Standards, an denen tatsächliches Handeln gemessen wird und im Hinblick auf die es einen Sinn erhält, in Paretianische Sentiments, d.h. Quellen (oder Ursachen) von Verhalten* (KING 1974: 50). Die "moralische Verbindlichkeit" der Wissenschaftsnormen wirft in der Tat die Frage auf, woher sie diese Verbindlichkeit beziehen und in welchem Maße sie das Handeln von Wissenschaftlern bestimmen. Storer weist darauf hin, daß eine instrumentelle Betrachtung der Normen allein keine Erklärung für ihre moralische Kraft sein kann und zudem von einem engen Zusammenhang zwischen *persönlicher Bindung an die Förderung der gesamten Wissenschaft* und der *persönlichen Bindung an die Normen der Wissenschaft* ausgegangen werden muß (STORER 1972a: 67). Er schlägt als Ausweg aus diesem Dilemma eine Perspektive vor, nach der Normen zunächst nur für *die fortgesetzte und gerechte Zuweisung des Gutes, in diesem Fall kompetenter Reaktion, wichtig* sind (ebd.). Wissenschaftler hätten ein egoistisches Interesse an der Aufrechterhaltung des sozialen Systems, das diese kompetente Reaktion verteilt, da ihre eigene Chance auf Belohnung von der Funktionsfähigkeit des Verteilungssystems abhängt. Da Wissenschaftler antizipieren könnten, welche Folgen deviante Handlungen haben, wenn sie generalisiert werden, seien sie aus Eigeninteresse bestrebt, den durchaus funktionalen Mertonschen Normen zu folgen. Abgesehen davon, daß diese Begründung nicht überzeugt, da eine individuell vorteilhafte Verletzung des Ethos aus der Perspektive des Akteurs noch nicht das gesamte Ethos beschädigt, wird mit diesem Argument die Begründung von Normen folgenreich verschoben. Nach Storer *sind die Normen aus dem Interesse des Wissenschaftlers an Entlohnung abgeleitet,* während nach Merton *Entlohnung und Normen verschiedene Konsequenzen einer 'vollständigen Hingabe an den Fortschritt des Wissens' sind* (ebd.: 68 f). Die Konsequenzen dieser Modifikation der Mertonschen Auffassung werden insbesondere im Hinblick auf die Einschätzung der Bedingungen kompetenter Reaktion, also Bewertung, deutlich. Während Mertons Konzeption der Normen als gleichzeitig technische und moralische immer einen Konnex zur kognitiven Seite von Wissenschaft herstellt - wenngleich er fast ausschließlich die soziale Verfaßtheit von Wissenschaft untersucht - radikalisiert Storers Position die Eingrenzung der Aussagen der Wissenschaftssoziologie auch theoretisch auf die sozialen Institute der Wissenschaft. Damit wird der Methodologie die Rolle zugewiesen, die Grundlagen für subjektunabhängige Bewertungsverfahren bereitzustellen, die zu einem allgemeinen Konsens führen: *Wenn kompetente Reaktion in der Wissenschaft allgemein verfügbar sein soll, dann muß es weitgehende Übereinkunft unter den Wissenschaftlern darüber geben, wodurch wertvolle Arbeit zustande kommt und wie sie zu bewerten ist. Eine solche Übereinkunft hängt von dem allgemein geteilten Wissen und der Theorie ab, die in sich implizite Richtlinien für die Erweiterung des Wissens enthält. Ohne einen solchen allgemeinen Kommunikationsraum würde das Problem der kollektiven Identifikation wichtiger Fragen und der Bewertung der Arbeit einzelner Wissenschaftler eigentlich unmöglich* (STORER 1972b: 97). Fehlt eine so weitgehende Übereinstimmung, wie Storer sie voraussetzt, dann führt das Entlohnungsinteresse des Wissenschaftlers zu einer Eigendynamik, die mit der kognitiven Wissenschaftsentwicklung nicht mehr verbunden ist. Genauer gesagt, die soziale Verfassung der Wissenschaft entscheidet dann über die Richtung der Wissensentwicklung. Storers Extrembeispiel der Gegenüberstellung von "Genie" und "Spinner" mag dies verdeutlichen: Beharrt ein Wissenschaftler trotz übereinstimmender Kritik der Fachöffentlichkeit auf einer Theorie oder Methode, werden die übrigen Wissenschaftler darüber entscheiden müssen, ob es sich um einen zu Recht kritisierten Spinner handelt oder um ein verkanntes Genie. *Diese Entscheidung kann aber nicht nur darauf gegründet werden, ob der Mann recht oder unrecht hat. In vielen Fällen gibt es keine Möglichkeit, das festzustellen oder auch nur zu sagen, ob ein neuer theoretischer Rahmen nützlicher sein könnte als der augenblicklich akzeptierte. Das Urteil muß sich statt dessen darauf stützen, wie gut der neue Beitrag als eine Verbesserung oder Erweiterung zum gegenwärtigen Wissen 'paßt'* (ebd.: 103). Der von Barber (1972) diagnostizierte *Widerstand von Wissenschaftlern gegen wissenschaftliche Entdeckungen* fügt sich gut in dieses Bild, in dem eine Mischung aus kognitiven Urteilsunsicherheiten und institutionell fixierten Konservativismen die Zuverlässigkeit der Bewertungen wissenschaftlicher Leistungen zumindest in Grenzfällen in Frage stellt. Storers Schlußfolgerung geht darüber noch hinaus: *Der Wissenschaftsbetrieb ist dem durchschnittlichen Wissenschaftler angemessener als dem überragenden Genie* (STORER 1972b: 104).[1] In aller Deutlichkeit zeigt sich hier, daß die Reflexion über den wissenschaftlichen Wahrheitsbegriff auch aus der soziologischen Analyse nicht ausgeschlossen werden kann, wenn die kognitive Entwicklung wissenschaftlichen Wissens selbst als Quelle von Bewertungsproblemen angesehen werden muß. Storer trägt dem mit einem stark relativierten Wahrheitsbegriff Rechnung, wonach *wissenschaftliche Wahrheit im Augenblick das ist, was von der Mehrheit der Wissenschaftler auf einem bestimmten Gebiet akzeptiert wird, und daß ihre Annahme sich auf die Beziehung zu anderen Wahrheiten statt auf ihren absoluten, unabhängigen Wert gründet* (ebd.: 105).

Auch die Analyse der Motivationen von Wissenschaftlern und ihrer Überformung durch institutionelle Normen zeigt, daß eine normorientierte Untersuchung noch keinen Aufschluß darüber gibt, warum wissenschaftliche Aussagen akzeptiert oder abgewiesen werden, geprüft oder ignoriert, wohlwollend oder abweisend behandelt werden, warum Themengebiete ausgewählt und andere kaum berücksichtigt werden. Es wird an anderer Stelle noch zu diskutieren sein, inwieweit Normbefolgung und Konsensualität hinsichtlich der Bewertungsnormen in der Wissenschaft allgemein

1 Derartige Einschätzungen kursieren als Reflex auf die arbeitsteilig und betriebsförmig verfahrenden experimentellen Naturwissenschaften schon seit Anfang dieses Jahrhunderts (vgl. z.B. ORTEGA Y GASSET 1993).

bzw. in bestimmten Disziplinen vorausgesetzt werden darf. Mertons Entwurf stellt zunächst ein ideales Bild der Funktionsweise wissenschaftlicher Gemeinschaften dar. Wenngleich Mertons Analysen nahelegen, daß dies über weite Strecken auch dem faktischen Verlauf von Wissenschaft entsprechen soll, gerät bei Merton dennoch die Labilität, die tendenzielle *Pathogenität* des Wissenschaftssystems, nicht aus dem Blickfeld. Wie läßt sich nun auf dieser Grundlage eine quantitative Strukturbeschreibung gewinnen, die auch die Qualität wissenschaftlicher Produktion berücksichtigt?

Mertons Argumentationsschritte sollen im Hinblick auf diese Frage noch einmal zusammengefaßt werden: Zunächst identifiziert Merton - getrennt von der wissenschaftstheoretischen Frage nach den Möglichkeiten, den kognitiven Status von Wissen zu bewerten - den sozialen Mechanismus der Zuteilung von Reputation: *I shall argue that cognitive wealth in science is the changing stock of knowledge, while the socially based psychic income of scientists takes the form of pellets of peer recognition that aggregate into reputational wealth* (MERTON 1988: 620). Neben einer intrinsisch motivierten Befriedigung durch wissenschaftliche Arbeit stellt die Anerkennung durch *peers* die wesentliche extrinsische Motivationsquelle dar: *Since positive recognition by peers is the basic form of extrinsic rewards, all other extrinsic rewards, such as monetary income from science-connected activities, advancement in the hierarchy of scientists, and enlarged access to human and material scientific capital, derive from it* (ebd.: 621). Der Weg zu einer solchen Anerkennung führt über das wissenschaftliche Publikationswesen. Dies kann seine Funktion aber nur erfüllen, wenn über Wissenschaftsnormen sichergestellt wird, daß reziprok zur Veröffentlichung auch die geistige Urheberschaft anerkannt und honoriert wird: *It can operate effectively only if the practice of making one's work communally accessible is supported by the correlative practice in which scientists who make use of that work acknowledge having done so. In effect, they thus reaffirm the property rights of the scientist to whom they are then and there indebted. This amounts to a pattern of legitimate appropriation as opposed to the pattern of illegitimate expropriation (plagiary)* (ebd.). Das wesentliche Institut für diese Form legaler Aneignung ist das Zitat, das in der Weitergabe und Akkumulation von Wissen sowohl eine instrumentelle als auch eine symbolische Funktion übernimmt: *Instrumentally, it tells us of work we may not have known before, (...) symbolically, it registers in the enduring archives the intellectual property of the acknowledged source by providing a pellet of peer recognition of the knowledge claim, accepted or expressly rejected, that was made in that source* (ebd.: 622).

Damit sind, gestützt auf die Wissenschaftsnormen, drei institutionalisierte Praktiken des Wissenschaftssystems benannt, die die wesentlichen Informationsquellen für Wissenschaftsindikatoren bilden: Das Peer-Urteil als direkte Zuteilung von Anerkennung und Selektion von Wissensansprüchen durch kompetente Bewertung bei Herausgeberschaften, Verteilung von Forschungsgeldern etc.; die Publikation als Weg zur Anerkennung durch Peers und funktional für das Wissenschaftssystem als Bereitstellung potentiell neuen Wissens; das Zitat als andere Form eines *pellet of peer recognition* durch eine breite Beteiligung der Peers in einem Wissenschaftsgebiet und die Einordnung neuen Wissens in eine intellektuelle Tradition.

Da das Belohnungssystem der Wissenschaft durch Mertons Parallelisierung von technischen und moralischen Normen immer auch eine Qualitätskennzeichnung transportiert, lassen sich diese Informationen auch zu Qualitätsinformationen verdichten. Allerdings ist dieses Unternehmen sehr voraussetzungsreich, denn es läßt sich nur in Disziplinen oder Subdisziplinen einsetzen, in denen ausreichend Konsens über Methoden, relevante Probleme und bereits vorhandenes Wissen besteht. Weiterhin setzt es voraus, daß zwischen technischen und moralischen Normen eine sehr enge Korrespondenz besteht und die methodologische Qualifizierung wissenschaftlicher Aussagen unproblematisch ist. Schließlich wird vorausgesetzt, daß die soziale Organisation der Wissenschaft keine dauerhaften und gravierenden Normverstöße zuläßt und daß die Anerkennung durch ein unabhängiges und kompetentes Auditorium über das formale Kommunikationssystem erfolgt.

3.1.1 Vom Strukturfunktionalismus zur Szientometrie

> Eine der Krankheiten dieses Jahrhunderts ist die Überzahl an Büchern; so überladen ist die Welt von ihnen, daß es unmöglich ist, den Wust an unnützem Zeug zu verdauen, der täglich ausgebrütet und in die Welt geworfen wird.
>
> Barnaby Rich (1613)

Zu den wichtigen Wegbereitern einer quantitativen Analyse der Sozialstruktur und der Wachstumsmuster der Wissenschaft gehört der Wissenschaftshistoriker Derek de Solla Price (vgl. zur Wirkung: GARFIELD 1985). Sein Interesse richtet sich zunächst nicht unmittelbar auf eine Evaluation wissenschaftlicher Leistungen, sondern auf eine "gesetzesförmige" Beschreibung der Wachstumsprozesse der Wissenschaft und des wissenschaftlichem Wissens (PRICE 1974, orig. 1963).[1] Price konstruierte aus der Kumulation von Publikationsdaten, der Zahl der Wissenschaftler und der finanziellen Aufwendungen für Wissenschaft die Trendaussage einer S-förmigen Entwicklung der Wissenschaft: Nach einer Phase exponentiellen Wachstums[2] geht das Wachstum in ein lineares über und kommt schließlich an einer Sättigungsgrenze zum Stillstand. Das heißt nicht, daß Wissenschaft zu existieren aufhört oder keine neuen Erkenntnisse produziert würden, sondern daß sich der quantitative Umfang (publizierte Artikel, Zahl der Wissenschaftler, finanzielle Aufwendungen etc.) in einer bestimmten Größenordnung stabilisiert.[3] Weitgehend akzeptiert ist inzwischen, daß Wissenschaft in einem weitaus schnellerem Maße gewachsen ist als andere Bereiche der Industriegesellschaften (vgl. MULKAY 1980: 15 f). Strittig ist hingegen, mit welcher Geschwindigkeit sich dieses Wachstum vollzieht, wie es sich für disziplinäre Teilbereiche der Wissenschaft entwickelt, wann und aus welchen Gründen eine Sättigungsgrenze erreicht wird, welche Konsequenzen sich wissenschaftsintern und im Verhältnis von Wissenschaft

1 Von einem allgemeinen Gesetz läßt sich allerdings nur im Hinblick auf die Charakteristika exponentiellen Wachstums sprechen. Price' Schilderung des weiteren Verlaufs der Wissenschaftsentwicklung ist hingegen eine Trendanalyse.

2 Diese Entwicklung war bereits seit langem bekannt (vgl. RESCHER 1978: 54).

3 Price (1974: 42) meint sogar, daß das Erreichen der Sättigungsgrenze Hoffnung erwecken sollte: *Sättigung bedeutet selten den Tod, sondern vielmehr, daß wir am Anfang neuer und erregender Arbeitsweisen der Wissenschaft stehen, bei denen man nach ganz neuen Grundsätzen vorgeht.*

und Gesellschaft daraus ergeben. Daß eine absolute Grenze für das Größenwachstum existiert, ist trivial und unstrittig, unklar ist, wo diese liegt, denn es scheinen weniger absolute Grenzen (z.B. das Begabungspotential) zu sein, sondern variable politische und ökonomische Kriterien, die den Wachstumsprozeß beeinflussen. Toulmin (1966) hat darauf hingewiesen, daß auch biologische Wachstumsprozesse, wenn sie einen Sättigungspunkt erreichen, abhängig von den restringierenden Faktoren sehr unterschiedliche Optionen haben und durchaus in neue Wachstumsphasen eintreten können. Die Untersuchungen von einzelnen Forschernetzwerken bestätigten zunächst die Pricesche Wachstumskurve auch im kleinen: *[T]he growth of research areas fits the same logistic curve that Price has used in describing the growth of new publications in scientific disciplines to which research areas belong* (CRANE 1972: 12). Allerdings zeigte sich, daß diese Wachstumskurven deutliche andere Verläufe annehmen können in Forschungsgebieten, die auf starken externen Bedarf reagieren (z.B. Ökologie, Krebsforschung, vgl. CHUBIN/STUDER 1979) oder in Gebieten, die eher technik- als theoriebasiert sind (vgl. LAW 1973). Auch die Entwicklungen bei Erreichen des Sättigungspunktes scheinen sehr variabel zu sein. Netzwerke in stark expandierenden Gebieten zerfallen und begründen neue Forschungslinien, andere verändern ihren Schwerpunkt in Richtung Anwendungsorientierung und wachsen, dritte verharren auf einem einmal erreichten Niveau (vgl. MULKAY 1980: 20).
Folgt man Price' Diagnose, befinden wir uns heute - zumindest was die Hochschulforschung anbetrifft - nahe der definitiven Sättigungsgrenze. Die folgenden Tabellen zeigen, daß in der Bundesrepublik Deutschland in den letzten beiden Jahrzehnten im Hinblick auf das wissenschaftliche Personal und die Finanzausstattung der Hochschulen insgesamt kaum mehr Wachstumsprozesse stattgefunden haben. Zwar stieg die Zahl der Studienanfänger im Zeitraum von 1977 bis 1990 um 78%, die sächliche und finanzielle Ausstattung der Hochschulen hingegen stieg nominal nur geringfügig, real stagnierte sie, so daß der Anteil der Hochschulausgaben am Bruttosozialprodukt von 0,78% (1977) auf 0,65% (1990) zurückging (Wissenschaftsrat 1993a: 10).

Tabelle 1: Stellen für wissenschaftliches Personal an Universitäten, Gesamthochschulen, Pädagogischen Hochschulen und Kunsthochschulen in der Bundesrepublik Deutschland

1970	1975	1980	1985	1990
38.742	54.215	53.886	52.961	53.940

Quelle: Wissenschaftsrat 1992a: 16

Tabelle 2: Öffentliche Aufwendungen für die Hochschulen in der BRD (Nettoausgaben minus unmittelbare Einnahmen) Beträge in Millionen DM in Preisen von 1980

1975	1980	1987	1989
16.992,00	16.817,00	16.940,00	17.240,00

Quelle: Wissenschaftsrat 1992b: 71

Price' Untersuchungen ziehen vielfache Parallelen zu ökonometrischen und naturwissenschaftlichen Wachstumsuntersuchungen. Die Besonderheit des wissenschaftlichen Wachstums lag bisher in der relativ höheren Wachstumsgeschwindigkeit: *Der wesentli-*

che Unterschied zwischen der Analyse der Wissenschaft und der Wirtschaft liegt in der Größe der Parameter. Der Hauptteil des exponentiellen Wissenschaftswachstums verdoppelt sich in nur 10 Jahren, das ist viel schneller als irgend etwas sonst (PRICE 1974: 66). Price hat die Veränderung der Wachstumsrate in der Wissenschaft mit dem Übergang von Little Science zu Big Science charakterisiert, wobei nicht nur das Wachstumsmuster sich verändert, sondern auch die Kommunikations- und Produktionsstrukturen der Wissenschaft sich grundlegend wandeln in Richtung kleiner, nicht ohne weiteres zugänglicher Forschernetzwerke, die vor allen Dingen auf informeller Ebene Informationen austauschen.

Seine Untersuchungen sind hier in zweierlei Hinsicht von Interesse. Erstens erwartet Price mit dem Übergang zur Big Science gravierende Veränderungen im Kommunikations- und Produktionssystem von Wissenschaft, was a) einen erhöhten Aufwand an Planung, Information durch Wissenschaftsforschung und Legitimation gegenüber den Financiers induziert und was b) die Bedingungen für eine öffentliche Bewertung von Erkenntnisansprüchen und damit ebenso die Bedingungen für eine szientometrische Abbildung von wissenschaftlicher Leistung und Qualität verändert.[1] Zweitens legt Price zwar weitgehend empirisch deskriptive Untersuchungen vor, er benutzt aber implizit Annahmen über die Sozialstruktur der Wissenschaft und läßt spezifische wissenschaftstheoretische Überlegungen einfließen, um die Indikatoren zu rechtfertigen, mit denen er nicht nur quantitatives Wachstum, sondern auch qualitative Veränderungen im Erkenntnisfortschritt beziffert.

Ursachen für den Wachstumsprozeß der Wissenschaft sieht Price in wissenschaftsinternen wie -externen Faktoren. Zu den internen Faktoren gehört, daß Forschungsthemen aus sich heraus wachsen und sowohl Wissen als auch Problemstellungen sich in einem kumulativen Prozeß vergrößern. Jedes gelöste Problem wirft neue Probleme auf, so daß ein endogenes Wachstum entsteht (vgl. STICHWEH 1979: 97, GASTON 1980: 487). Das "Absterben" von Forschungsgebieten bleibt dabei allerdings ebenso unberücksichtigt wie exogen induzierte Entscheidungen über die Relevanz oder Irrelevanz einer weiteren Problembearbeitung. Price (1974: 89 f) geht vielmehr von einer konstanten "Geburtsrate" derart aus, daß etwa 10 Artikel in wissenschaftlichen Zeitschriften einen neuen Artikel hervorbringen. Dieses Muster, das langfristig darauf hinausläuft, daß im Durchschnitt jeder jemals erschienene Artikel einmal im Jahr zitiert wird (vgl. PRICE 1965: 511), ist empirisch nicht bestätigt. Zitationen verteilen sich nach Art der Zeitschrift, Typ des Artikels, nach Personen und Fachgebieten extrem unterschiedlich. Zudem wird zumindest in Gestalt von Zitaten keineswegs auf das ganze Archiv der Wissenschaft zurückgegriffen. Es sei dahingestellt, wie zutreffend das Modell endogenen und kumulativen Wachstums für die Phase exponentiellen Wachstums ist. Für den Übergang zum linearen Wachstum macht Price jedenfalls inhibierende Faktoren interner und externer Art aus: Es handelt sich u.a. um zunehmende In-

---

1 Diese Prognose eines erhöhten Planungs- und Informationsbedarfes hat entscheidend zur Entstehung einer auf Politikberatung orientierten Wissenschaftsforschung beigetragen (vgl. WEINGART 1972). Auch die Debatte um die Einführung von mehr Wettbewerbselementen in das deutsche Hochschulsystem und den dafür notwendigen transparenzerzeugenden Leistungskennzahlen für Forschung und Lehre koinzidiert mit den Mittelverknappungen für die Hochschulen (vgl. WISSENSCHAFTSRAT 1985 und 1993). Im europäischen Ausland (z.B. Niederlande und Großbritannien) ging die Einführung von institutionalisierter Lehr- und Forschungsevaluation einher mit starken Einschnitten im Finanzbudget der Hochschulen (HOLTKAMP/ REISSERT 1992).

flexibilität und Kommunikationsprobleme der Wissenschaftler durch immer weitere Spezialisierung, um Ausschöpfung der Begabungsreserven, um Grenzen der Informationsverarbeitungskapazität aufgrund der steigenden Publikationsmengen und um finanzielle Restriktionen. Nach Price' Schätzung verdoppeln sich die Kosten pro Wissenschaftler alle 10 Jahre (PRICE 1974: 103). Wichtiger noch ist jedoch, daß die Aufrechterhaltung des qualitativen Wachstums der Wissenschaft einen noch weit höheren Finanzeinsatz erfordere als das reine Größenwachstum. Zur Begründung greift Price auf das von Lotka 1926 formulierte "Verteilungsgesetz" zurück, wonach ca. 10% aller Wissenschaftler etwa 50% der wissenschaftlichen Publikationen produzieren. Nach dieser häufig bestätigten Verteilung ist nur ein sehr kleines Stratum der Wissenschaftlerhierarchie besonders produktiv. D.h. ein Wachstum der Zahl der produktiven Wissenschaftler setzt ein überproportional hohes Wachstum der Zahl der weniger produktiven Wissenschaftler voraus. Ebenso folgt daraus, daß nur ein kleiner Teil aller publizierten Aufsätze von hoher "Qualität" ist, wenn man wie Price (1974: 89) *den Nutzen einer Arbeit anhand der Häufigkeit, mit der sie zitiert wird,* definiert.
Die Folgerung für den Ressourcenbedarf der Wissenschaft lautet: *Da die Zahl der durchschnittlichen Wissenschaftler im allgemeinen mit dem Quadrat der Anzahl der hervorragenden, hochproduktiven wächst, leiten wir das erschreckend kostspielige Prinzip ab, daß die Forschungsausgaben mit der vierten Potenz der Zahl der hervorragenden Wissenschaftler ansteigen* (ebd.: 103). Zur Begründung seiner Quantifizierung von Erkenntnisfortschritt und Qualität wissenschaftlicher Arbeit greift Price implizit und explizit auf Merton zurück. Er sieht die wissenschaftliche Publikation zunächst als ein soziales Phänomen: *Der wissenschaftliche Aufsatz scheint (...) zur Anmeldung eines Besitzanspruches entstanden zu sein, als Folge der überlappenden Forschungsanstrengungen* (ebd.: 80). Prioritätssicherung steht im Vordergrund und *nur nebenbei dient der Aufsatz als Informationsträger* (ebd.). Daher hätten Wissenschaftler *einen starken Drang, Arbeiten zu schreiben, und kaum Interesse, sie zu lesen* (ebd.: 81).[1]

Da die Veröffentlichung in der Regel einer Begutachtung unterliegt - Price geht sogar von relativ stabilen Standards der Bewertung aus -, kann auch angenommen werden, daß Publikationen in qualitativer Hinsicht neues Wissen oder neue Probleme[2] dem bestehenden Archiv hinzufügen (vgl. PRICE 1974: 88; BREITHECKER-AMEND 1992: 259). Die Publikation wird damit - analog zu ökonomischen Einheiten - zu einer standardisierten Mengeneinheit.[3] Schließlich bestimmt Price mit dem Zitat auch ein

1 Ergebnisse militärischer oder industrieller Forschung werden nicht ohne weiteres veröffentlicht. Einige Disziplinen (z.B. Ingenieurwissenschaften) haben neben der Publikation andere Formen der Prioritätssicherung: Blaupausen, Prototypen, Modelle etc. Schließlich wird ein Teil von Prioritätsansprüchen zusätzlich oder auch ausschließlich über Patentanmeldungen gesichert. Price (1974: 80) sieht auch, daß der starke Wettbewerbsdruck *Mißbräuche* und in *seltenen Fällen betrügerische Ansprüche* hervorbringt.

2 Price' Ausführungen sind in dieser Hinsicht widersprüchlich, denn die Kumulation neuer Probleme ist nicht mit einer Kumulation von Wissen gleichzusetzen (vgl. BREITHECKER-AMEND 1992: 132).

3 Diese Annahme ist empirisch kaum haltbar. Zum einen unterliegt das Publikationsverhalten, nicht zuletzt aufgrund der Existenz von Wissenschaftsindikatoren, Veränderungen, wie etwa der Zergliederung eines Aufsatzes in viele kleine Beiträge, in *Least Publishable Units,* wie Broad (1981: 1137) diesen Aufsatztyp euphemistisch umschreibt, oder etwa der Mehrfachpublikation mit geringfügigen Variationen. Zum anderen unterscheiden sich Aufsätze zwischen Fachgebieten extrem hinsichtlich der Länge und der Halbwertzeit (d.h. dem Veralten der Publikation gemessen an der Häufigkeit, mit der die Publikation zitiert wird). Schließlich unterscheiden sich Reviews, Letters, Articles, Full Articles nicht nur inhaltlich, sondern auch im Hinblick auf die Resonanz (Zitierung) ganz erheblich.

Äquivalent zur ökonomischen Werteinheit. Das Zitat wird als Nachweis der "Nutzung" einer Arbeit interpretiert. Price (1974: 89) sieht selbst, daß diese Interpretation des Zitats nur mit einer *rosaroten Brille* möglich ist, angesichts der Zitierung von *Freunden oder einflußreichen Wissenschaftlern ohne Notwendigkeit* und angesichts der Praxis, einem Aufsatz *zur Dekoration eine schöne Quote von einem Dutzend Referenzen hinzuzufügen.* Er rechtfertigt diese Praxis mit der Aggregatebene, auf der er sich bewegt: Da es um die Regelmäßigkeit von globalen Wachstums- und Verteilungsmustern geht, seien aufgrund des "Verteilungsgesetzes" auch mit den *liederlichsten Definitionen brauchbare Ergebnisse* zu erzielen (ebd.: 89). In Anbetracht der definitorischen Unschärfen scheint es nur konsequent, daß Price weder die Benutzung der Qualitäts- und Produktivitätsindikatoren auf der Individualebene noch die Kombination beider Indikatoren für Qualitätseinstufungen von Personen oder wissenschaftlichen Artikeln im Auge hatte. Er spricht davon, *glücklicherweise solche Maße für den Wissenschaftler nicht aufstellen [zu] müssen* und hält es für ein *interessantes psychologisches Phänomen*, daß Wissenschaftler *insgeheim die Hoffnung hegen, daß für ihre eigene Qualität und ihren Ruf eine Norm objektiver Beurteilung gefunden werden könne* (ebd.: 88). Dennoch hat Price in zweierlei Hinsicht den Weg für eine quantitative Analyse kleiner Gruppen und personaler Leistungen gewiesen.

Zum einen war Price' Prognose, daß zunehmend kleine Netzwerke mit sehr mobilen Mitgliedern die wissenschaftliche Elite organisieren würden, Anstoß für die bereits erwähnten Netzwerkstudien und die Untersuchung wissenschaftlicher Spezialgebiete (vgl. z.B. CRANE 1972). Diese eher strukturbeschreibenden Ansätze waren weniger eng mit den strukturfunktionalistischen Theoremen zum Belohnungssystem verknüpft und machten dafür stärkere Anleihen bei Kuhns Paradigmenkonzept (vgl. BEN-DAVID 1991: 439). Paradoxerweise wurden und werden diese Studien vornehmlich mit Hilfe von Publikationsanalysen (vgl. Kap. 5) durchgeführt, obwohl nach Price' Ansicht gerade die informelle Kommunikation innerhalb dieser Netzwerke *den wissenschaftlichen Aufsatz zu einer toten oder sterbenden Kunst gemacht* hat (PRICE 1974: 102). Zum anderen hat Price entgegen seiner o.g. Position durchaus die Möglichkeit einer individuellen Leistungscharakterisierung mit Hilfe szientometrischer Verfahren erwogen: *Wir können die Gewichtigkeit eine Mannes als den Logarithmus der Anzahl der Aufsätze definieren, die er im Lauf seines Lebens verfaßt hat* (ebd.: 61). Diese Forschungslinie wurde allerdings nicht von Price selbst, sondern vor allen Dingen von Jonathan und Stephen Cole ausgebaut, seitdem ab Mitte der 60er Jahre mit dem Science Citation Index auch die technischen Voraussetzungen für bibliometrische Untersuchungen gegeben waren. Sie ist eng verknüpft mit den strukturfunktionalistischen Untersuchungen zum Stratifikations- und Belohnungssystem und hat sehr schnell ein praktische, nämlich politikberatende Komponente gewonnen. Das Zusammentreffen einer theoretischen Grundlage mit reichhaltigem empirischen Material (Literaturdatenbanken), methodischen Weiterentwicklungen und einer Anwendungsperspektive ließ dieses Forschungsgebiet sehr schnell wachsen. Ben-David (1991: 439) meint sogar, daß *one of the most continous, clearly formulated, consciously pursued, and technically advanced research programs in sociology* entstand. Allerdings entstanden auch folgenreiche neue Probleme mit dem Versuch, wissenschaftliche Leistungen und ihre Qualität meßbar zu machen, insbesondere dann, wenn diese Messungen als mögliche Grundlage wissenschaftspolitischen Handelns erschienen.

Anhand eines Beispiels sei diese Problemlage demonstriert: Die Gebrüder Cole legten 1972 eine Zitationsuntersuchung der im Jahre 1965 im Science Citation Index erfaßten Publikationen amerikanischer Universitätsphysiker vor. Geprüft werden sollte die o.g. These, daß eine sehr große Zahl wenig produktiver Wissenschaftler nötig sei, um eine kleine Elite hochproduktiver Wissenschaftler herauszufiltern. Die gesellschaftliche Alimentierung eines Großteils der Wissenschaftler wurde zudem häufig mit Verweis darauf gerechtfertigt, daß nur eine Vielzahl recht unbedeutender Beiträge die eigentlichen Durchbrüche zu neuem Wissen ermöglichen. Die Coles bezeichnen diese These als *Ortega-Hypothesis.*[1] Sie operationalisieren diese These derart, daß sie annehmen, daß in den Arbeiten von *scientific frontiersmen* die Nutzung der Arbeiten weniger herausragender Wissenschaftler in Gestalt von Zitaten sichtbar wird. Dazu muß angenommen werden, daß Zitationen direkt mit "Qualifizierung" von Erkenntnisbehauptungen zusammenhängen: *[T]he research cited by scientists in their own papers represents a roughly valid indicator of influence on their work* (ebd.: 369). *Influence* wird in einem weiteren Schritt gleichgesetzt mit *high-quality work* (ebd.: 370). Das Ergebnis der Studie von Cole & Cole wird von den Autoren als Widerlegung der Ortega-Hypothesis betrachtet, denn ein kleines hochproduktives Stratum von Wissenschaftlern, das Publikationen mit hoher Qualität (= viel zitiert) produziert, bezieht sich über Zitationen nicht auf eine breite Basis anderer Wissenschaftler, sondern wiederum auf eine kleine Elite. Auch Autoren, deren Publikationen nicht als *super quality papers* eingestuft wurden, beziehen sich in hohem Maße auf diese Elite. Die Konsequenz dieser Befunde lautet, *that reducing the number of scientists might not slow down the rate of scientific progress* (ebd.: 374). Die Angemessenheit jedes einzelnen Operationalisierungsschritts läßt sich natürlich anzweifeln; die Coles diskutieren daher in ihrem Aufsatz bereits mögliche Einwände, vor allem gegen die von ihnen verwendete Methode. Aufschlußreicher ist die externe Kritik: Gegen das Konzept verbindlicher Normen (give credit where credit is due) wird das Modell eines wesentlich durch soziale Überzeugungsstrategien (Berufung auf etablierte Autoren) motivierten Zitierverhaltens gesetzt, so daß Zitierungen als *incomplete and biased*

1 Referenztext ist folgende von Ortega y Gasset aufgestellte These: *Die Experimentalwissenschaften haben sich zum guten Teil dank der Arbeit erstaunlich mittelmäßiger, ja weniger als mittelmäßiger Köpfe entwikkelt. (..) Ein gut Teil dessen, was in der Physik oder Biologie zu tun ist, besteht aus mechanischen Anwendungen oder Verallgemeinerungen, die eigentlich jeder beliebige machen kann. Eine ganze Anzahl von Untersuchungen sind sehr wohl durchführbar, wenn die Wissenschaft in kleine Parzellen eingeteilt wird und der Forscher sich in einer davon ansiedelt und um alle anderen nicht kümmert. Die Festigkeit und Exaktheit der Methoden gestattet diese vorübergehende praktische Zerstückelung des Stoffes.(...) So fördert der Durchschnittsgelehrte den Fortschritt der Wissenschaft, eingesperrt in seine Laboratoriumszelle wie eine Biene in der Wabe ihres Stocks oder wie der Gaul im Laufkreis des Göpels. (...) Das ist die innere Lage des Fachgelehrten, der im Anfang unseres Jahrhunderts zu übertriebenster Entwicklung gelangte. Der Spezialist ist in seinem winzigen Weltwinkel vortrefflich zu Hause; aber er hat keine Ahnung von dem Rest. (...) Die direkte Folge des einseitigen Spezialistentums ist es, daß heute, obwohl es mehr 'Gelehrte' gibt als je, die Anzahl der 'Gebildeten' viel kleiner ist als zum Beispiel um 1750. Und das Schlimmste ist, daß mit diesen Triebpferden des wissenschaftlichen Göpels nicht einmal der innere Fortgang der Wissenschaft gesichert ist. denn sie hat von Zeit zu Zeit als organische Regulierung ihres eigenen Wachstums eine Neufundierung nötig, und das verlangt (...) einen Willen zur Synthese, die immer schwieriger wird, da sie sich auf immer ausgedehntere Gebiete des Gesamtwissens erstreckt* (ORTEGA Y GASSET 1993: 116-119). Ortega geht es in erster Linie um die Rettung eines Begriffs von gebildeter Persönlichkeit, den er von den Ausdifferenzierungsprozessen moderner Gesellschaften (Spezialistentum) bedroht sieht. Nur in dieser Perspektive ist die *Mittelmäßigkeit* des *Durchschnittsgelehrten* zu verstehen. Es handelt sich nicht um fachliche Mittelmäßigkeit, sondern um die *Scheuklappen* und die Bereitschaft zur Ausblendung aller *Sinnfragen*, die Ortega als zivilisationsbedrohend erscheinen.

erscheinen müssen (MACROBERTS/ MACROBERTS 1987: 294). Gegen die Vorstellung einer nach universalistischen Kriterien hergestellten sozialen Hierarchie von Wissenschaftlern als Ausdruck der kognitiven Leistungen wird das Bild einer sozialen Hierarchie ohne diesen systematischen Leistungsbezug gestellt: *[W]hat we are suggesting is that many scientists contribute significantly to scientific progress but receive little or no credit by way of citations, awards, and so forth, for their contributions* (ebd.). Line (1987: 297) weist auf potentielle Reifizierung hin, fragt: *What is a 'substantial contribution'?* und verlangt Differenzierungen zwischen der Forschungsfront und der *base line* der Forschung. Ähnlich klagt Moravcsik (1987: 299) Differenzierungen nach disziplinären und subdisziplinären Bereichen ein und fragt nach der korrekten Zuordnung der Indikatorwerte: *does it pertain to individual contributions or group contributions?* Schließlich wird auch die Gleichsetzung des Indikatorwertes mit Qualität problematisiert: *[C]itation form only one element in a composite indicator of measuring output* (MORAVCSIK 1987: 299). Auch empirische Überprüfungen der Ortega-Hypothese deuten eher auf lineare Zusammenhänge zwischen der Zahl der Wissenschaftler und Quantität und Qualität der Publikationen. So fanden Cole und Meyer (1985) bei einer Untersuchung der zwischen 1963 und 1975 an amerikanischen Universitäten neu angestellten Physikern, daß, trotz der ab 1965 stark rückläufigen Einstellungen, der Anteil an kreativen Physikern einen konstanten Prozentsatz der jeweiligen Wissenschaftlerpopulation ausmachten: *[T]he number of scientists who will make significant contributions to science is a linear function of total number of people entering science* (COLE/MEYER 1985: 455). Dieser Befund widerspricht sowohl dem Verteilungsgesetz[1] als auch der von den Gebrüdern Cole aufgestellten These, daß eine wissenschaftliche Elite weitgehend unabhängig von der Gesamtzahl der tätigen Wissenschaftler existiere. Es geht hier allerdings nicht um einen Entscheid. Das Beispiel sollte vielmehr im Vorgriff auf die ausführliche Würdigung der Indikatoren in Kapitel 5 den Weg - und die dabei entstehenden Probleme - von den strukturfunktionalistischen Theoremen zu einer konkreten Technik der Leistungsmessung illustrieren.

3.2 Von der Deskription zur Konstruktion wissenschaftlicher Fakten

> So wichtig es sein mag, die Motive zu wissen, nach denen wirklich die Menschheit bisher gehandelt hat: vielleicht ist der Glaube an diese oder jene Motive, also das, was die Menschheit sich selber als die eigentlichen Hebel ihres Tuns bisher untergeschoben und eingebildet hat, etwas noch Wesentlicheres für den Erkennenden.
>
> Friedrich Nietzsche

Die Entwicklungen in der Wissenschaftstheorie, die Betonung der sozialen Prozesse bei der Bewertung und Durchsetzung von Wissen und die Zweifel an der Tragfähigkeit der strukturfunktionalistischen Erklärungsmodelle hatten seit Ende der 60er Jahre in

1 Auch eine Überprüfung der Verteilung von Aufsätzen auf Autoren und der Verteilung von Zitaten auf Publikationen erbrachte keine Übereinstimmung mit der von Price postulierten Verteilung (vgl. SCHUBERT/GLÄNZEL 1985).

der britischen Wissenschaftssoziologie die Aufmerksamkeit auf die Entstehung und Bewertung wissenschaftlicher Fakten gelenkt. Unter Anknüpfung an Traditionen der Wissenssoziologie (Durkheim, Mannheim, Scheler, Fleck) und mit der (Wieder)Aneignung wissenschaftstheoretischer Positionen (Wittgenstein, Lakatos, Hesse, Feyerabend) wurde eine Fülle von empirischen Fallstudien angeregt. Im Ergebnis führte die Öffnung der "black box" des wissenschaftlichen Wissens durch die "cognitive sociology of science" zu der Einsicht, daß die soziologische Analyse weder ein methodologisch unproblematisches Prozessieren der untersuchten Wissenschaftsbereiche noch eine universelle Gültigkeit sozialer Normen voraussetzen kann: *There seems to be little point in focusing our analysis of cognitive norms on general rules dealing with logical consistency, verifiability or replication as if these notions can be taken as analytically unproblematic; for the meaning of such rules will be as varied as the specific contexts in which they can be seen to operate. This has became increasingly clear as a result of historical analysis and of the growing number of sociological case studies* (MULKAY 1980: 56). In den folgenden vier Abschnitten sollen diese Funde, beginnend mit der klassischen Untersuchung von Fleck, genauer dargestellt werden. Die Spannweite der Modifikationen am traditionellen Bild einer intern gesteuerten, normorientierten und methodologisch abgesicherten Wissensproduktion reichen dabei von der Ergänzung um soziale Aushandlungsprozesse im Sinne eines Zusammenspiels von sozialen und kognitiven Faktoren bis zur De(kon)struktion der Wissenschaft als Erkenntnisunternehmen mit einem epistemologischem Sonderstatus.

3.2.1 Die Konstruktion wissenschaftlicher Tatsachen

> Philosophers long made a mummy of science. When they finally unwrapped the cadaver and saw the remnants of an historical process of becoming and discovering, they created for themselves a crisis of rationality. That happened around 1960.
>
> Ian Hacking

Ludwik Flecks Monographie "Entstehung und Entwicklung einer wissenschaftlichen Tatsache", ein Jahr nach Poppers "Logik der Forschung" erschienen (1935), gelangte nicht mehr in den Ideenfundus, den die deutschen Emigranten in die angelsächsischen Länder exportierten. Der Zerfall der deutschsprachigen Zentren der Wissenschaftstheorie unter dem Druck der nationalsozialistischen Wissenschaftspolitik raubte das Publikum; die Internierung des polnischen Juden Fleck in den Konzentrationslagern Auschwitz und Buchenwald verunmöglichte eine Weiterarbeit an seiner Wissenschaftssoziologie.

Das wissenschaftssoziologische Werk des Mediziners Fleck, entlang einer Fallstudie zum diagnostischen Testverfahren der Syphilis aufgebaut, ist weniger das Kompendium einer systematischen Wissens- oder Wissenschaftssoziologie als vielmehr der essayistische Entwurf eines dem damals gängigen (vor allem medizinischen) Wissenschaftsbegriff völlig entgegengesetzten Bildes von wissenschaftlicher Dynamik. In ihm werden eine Fülle von Themen und Theorien angerissen, die erst Jahrzehnte später als "revolutionäre" Thesen in die Wissenschaftstheorie und -soziologie Eingang fanden. Wiederentdeckt wurde das Buch vor allen Dingen dank einer Erwähnung in Kuhns Vorwort 1962 zur "Struktur wissenschaftlicher Revolutionen"; Kuhn hatte eher zufällig von diesem Werk Kenntnis erhalten. Danach waren es Baldamus und vor allen Dingen Merton (1977) mit einer Übersetzung ins Englische, die für eine Verbreitung sorgten. Die Rezeptionsgeschichte des Werkes läßt sich selbst als interessante wissenssoziologische Fallanalyse lesen: Fleck hatte - um Ben Davids (1960, 1971) Theorem zu benutzen - eine Hybridrolle eingenommen, die ihn gegenüber allen wichtigen Referenzgruppen (praktische Mediziner, Bakteriologen, Philosophen, Historiker, Soziologen) in eine Außenseiterposition brachte, welche einerseits die Rezeption und Anerkennung seiner Arbeiten erschwerte,[1] andererseits aber das Innovationspotential einer derartigen Hybridrolle stützte, da ein disziplinärer Konsenszwang kaum wirksam wurde (vgl. FREUDENTHAL/LÖWY 1988).

Fleck (1980) beschreibt in seinem Hauptwerk zunächst den langen, bis ans Ende des 19. Jhdts. reichenden Weg der Begriffsdefinition der Syphilis, der zum einen über die ethisch-mystische Krankheitseinheit "Lustseuche" führte, zum anderen über einen empirisch-therapeutischen Zugriff. Sein Befund: *Es gibt keine Generatio spontanea der Begriffe* (FLECK 1980: 31), *'Syphilis an sich' existiert nicht* (ebd.: 55), neue Begriffe sind immer schon durch vergangene Irrtümer und Erkenntnisse, durch Lehre, durch Sprache und Institutionen mit der Vergangenheit verknüpft. Fleck verfolgt, wie sich die Durchsetzung einer zeitgenössischen Begriffsbestimmung auf der Grundlage eines serologischen, mit dem Nachweis des Erregers Spirochaeta pallida verbundenen Begriffskonzeptes abspielte. Das dabei entwickelte allgemeine begriffliche und theoretische Instrumentarium soll im folgenden skizziert werden.

Anders als in Poppers subjektloser Konstellation von Tatsache, Hypothese und Hintergrundwissen nimmt hier das erkennende Subjekt eine zentrale Stellung ein. Fleck betrachtet den Erkenntnisakt als dreiwertige Beziehung mit den Elementen Subjekt (Erkennender), Objekt (Zu-Erkennendes) und dem jeweiligen Wissensbestand. Betonte Popper als Qualitätskriterium einer Theorie deren Abweichung vom Hintergrundwissen, so betont Fleck gerade umgekehrt das "Eingelassensein" in diesen Hintergrund: *[B]ereits Erkanntes beeinflußt die Art und Weise neuen Erkennens, das Erkennen erweitert, erneuert, gibt frischen Sinn dem Erkannten. Deshalb ist Erkennen kein individueller Prozeß eines theoretischen 'Bewußtseins' überhaupt; es ist Ergebnis sozialer Tätigkeit, da der jeweilige Erkenntnisbestand die einem Individuum gezogenen Grenzen überschreitet* (ebd.: 54). Den Träger dieses Kulturmilieus bezeichnet Fleck als Denkkollektiv, d.h. *als Gemeinschaft der Menschen, die im Gedankenaustausch oder in gedanklicher Wechselwirkung stehen* (ebd.: 54). Das Denkkollektiv figuriert als *Träger geschichtlicher Entwicklungen eines Denkgebietes, eines bestimmten Wissensbestandes und Kulturstandes, also eines besonderen Denkstiles* (ebd.: 55). Die innere Struktur und Organisation des Denkkollektivs ist nicht deckungsgleich mit

1 Baldamus (1977: 151) vermutet, daß, im Gegensatz zu Kuhns Reinterpretation des Fleckschen Werkes, gerade Flecks Bereitschaft, explizit an soziologische Konzepte (Durkheim, Simmel u.a.) anzuknüpfen, einer breiten Rezeption entgegenstand: *Thus, the initial repression of his work was due to the fact that it anticipated a sociology of science which nobody could have possibly understood or predicted at the time.* Ausführliche Bemerkungen zur Biographie Flecks und zur Rezeptionsgeschichte finden sich in COHEN/SCHNELLE 1986 und SCHNELLE 1982 und im Vorwort von Schäfer und Schnelle zu FLECK 1980.

den organisationellen Strukturen des Wissenschaftsbetriebes: *die geistigen Führer und die Kreise, die um sie entstehen, decken sich nicht mit der offiziellen Hierarchie und Organisation* (ebd.: 136).

Seine Entstehung verdankt ein Denkkollektiv aber nicht nur diesen "internen" Gründen, sondern auch "externen", in Flecks Terminologie: *soziale[n] Stimmungen* (ebd.: 102). Daß gerade die Syphilisforschung und nicht etwa die Tuberkuloseforschung moralische, administrative, finanzielle und organisatorische Unterstützung bekam, die schließlich auch dem Wissenschaftler die nötige *Hochspannung* verschaffte, ist nach Fleck nicht aus Vernunftgründen erklärbar, sondern nur durch soziale Stimmungen. Dabei spielt die besondere moralische Seite der "Lustseuche" eine wesentliche Rolle. Unter den Stichworten "intern-extern" und "Finalisierung der Wissenschaft" taucht die Frage nach der Beziehung von Wissenschaft und Gesellschaft in den 70er Jahren wieder auf (vgl. BÖHME/ VAN DEN DAELE 1973).

Das Denkkollektiv indiziert auch die Entindividualisierung wissenschaftlicher Arbeit. Wissenschaft als Kollektivarbeit läßt die Zurechnung von Leistungen zu Personen zumindest problematisch werden. Der Protagonist einer neuen Entdeckung ist *mehr ein Fahnenträger der Entdeckung als ihr alleiniger Vollbringer* (FLECK 1980: 57). Der Einzelne wird in das Denkkollektiv mit einer Art Initiationsritus aufgenommen. Wie später Kuhn betont Fleck die Rolle von Lehre und Lehrbüchern in diesem "Sozialisationsprozeß": *Jede didaktische Einführung ist also wörtlich ein Hineinführen, ein sanfter Zwang. (...) Sie wirken nicht nur formell: der heilige Geist senkt sich auf den Neuling herab und bis jetzt Unsichtbares wird ihm sichtbar. Dies ist die Wirkung der Aneignung eines Denkstils* (ebd.: 137). Dieses Sichtbarwerden, die Fähigkeit zum *Gestaltsehen* ist es, die es erlaubt, den anfänglich ungeordneten, chaotischen Wahrnehmungen experimenteller Ergebnisse Struktur zu verleihen. Fleck spricht dabei nicht nur von der Fähigkeit, durch Bindung an den Denkstil eine Tatsache zu erkennen, sondern weitergehend vom Denkzwang: *Denkstil ist nicht nur diese oder jene Färbung der Begriffe und diese oder jene Art sie zu verbinden. Er ist bestimmter Denkzwang und noch mehr: die Gesamtheit geistiger Bereitschaften, das Bereitsein für solches und nicht anderes Sehen und Handeln. Die Abhängigkeit der wissenschaftlichen Tatsache vom Denkstil ist evident* (ebd.: 85). Der Holismus des "Denkstils" führt dazu, daß auch die Beobachtung, das Experiment und schließlich die wissenschaftliche Tatsache durch den jeweiligen "Denkstil" geformt werden. Flecks Charakterisierung des Experiments weicht ganz erheblich von der gängigen Auffassung des Experiments als Entscheidungsinstanz für den Geltungsanspruch einer Hypothese und der Replikation als intersubjektive "Verifikationsinstanz" ab: *Die 'allgemeine Überprüfbarkeit' wird als sozusagen demagogisches Postulat offiziell gefordert, doch ist es erstens keine allgemeine, sondern eine denkkollektive Prüfung, zweitens besteht sie einzig in der Überprüfung der Stilgemäßheit eines Wissens* (ebd.: 158). Die Aussagekraft eines Experimentes ist damit an einen kognitiven Interpretationshintergrund gebunden; die Durchführung eines Experimentes vermag dann aber nicht mehr im Meinungsstreit zu entscheiden (vgl. COLLINS 1985b: 138), so daß ein Experimentum crucis allenfalls ex post bestimmt werden kann und widerstreitende Denkschulen gleichermaßen empirische Evidenz für ihre Behauptungen beanspruchen können: *Das Wissen war zu allen Zeiten für die Ansichten jeweiliger Teilnehmer systemfähig, bewiesen, anwendbar evident. Alle fremden Systeme waren für sie wider-*

sprechend. (...) Zwischen den Auffassungen und ihren Beweisen besteht in der Wissensgeschichte kein formal-logisches Verhältnis: die Beweise richten sich ebenso oft nach den Auffassungen, wie umgekehrt die Auffassungen nach den Beweisen (FLECK 1980: 34 und 40). Gegen den logischen Status des Experimentes als einer Beweisinstanz führt Fleck neben den stilgebundenen Interpretationen auch die Bindung der experimentellen Methode an handwerklich-technische Prozeduren an (vgl. ebd.: 126 f), ein Umstand, in dem Pinch (1981) später eine wichtige Quelle von Bewertungsunsicherheiten in der Wissenschaft sah: *Jeder Legitimierungsversuch konkret ausgeführt hat einen nur beschränkten Wert: er ist an ein Denkkollektiv gebunden. Man ist nicht imstande, den Stil der Auffassungen und die für jedes naturwissenschaftliche Untersuchen nötige technische Fertigkeit logisch zu fassen. Eine Legitimierung ist also nur dort möglich, wo sie eigentlich nicht mehr von Nöten ist, nämlich unter Menschen derselben denkstilgemäßen geistigen Verfassung und speziell annähernd gleicher Vorbildung* (FLECK 1980: 49 f).

Die Bedeutung des Experiments ergibt sich nach Fleck vielmehr aus seinem heuristischen Wert. Das Experiment setzt der Forschungsidee ein *Widerstandsaviso* entgegen. In der Auseinandersetzung mit diesen Widerständen versucht der Forscher durch *Suchen nach Ähnlichkeiten, Probieren, Zurückziehen* zu unterscheiden, *was seinem Willen gehorcht, von dem, was sich von selbst ergibt und sich dem Willen widersetzt* (ebd.: 124). In drei Schritten entsteht auf diese Weise erst die wissenschaftliche Tatsache: *zuerst ein Widerstandsaviso im chaotischen anfänglichen Denken, dann ein bestimmter Denkzwang, schließlich eine unmittelbar wahrzunehmende Gestalt* (ebd.: 124). Der Ausgang des experimentellen Suchens ist offen. Aus einer Fülle kontingenter Randbedingungen entwickeln sich tentativ das Problem und die zu seiner Erfassung notwendigen Begrifflichkeiten und Klassifikationen bis zu einem unmittelbaren Gestaltsehen. Aus einer Vielzahl interpretationsbedürftiger Befunde entsteht im Zusammenspiel und abhängig von den Interpretationen anderer Wissenschaftler eine Entscheidungskette, die weder in ihrer zeitlichen Erstreckung noch in ihrer Struktur determiniert ist (vgl. COLLINS 1981b: 3). Der ursprüngliche Denkstil wird dabei modifiziert: *Das Erkennen verändert den Erkennenden* (FLECK 1980: 114).

Ganz im Gegensatz zur Vorstellung des Experimentes als Prüfinstanz wird das Experiment zur Quelle von Wissenserweiterungen: *Jede empirische Entdeckung kann also als Denkstilergänzung, Denkstilerweiterung oder Denkstilumwandlung aufgefaßt werden* (ebd.: 122). Aus vagen, nicht reproduzierbaren Anfangsbedingungen und fehlerhaften Methoden entsteht auf diese Weise ein (nicht unbedingt intendiertes) Ergebnis. *So verhält es sich mit allen wirklich wertvollen Versuchen: sie sind immer unklar, unfertig, einmalig. Und wenn sie klar, präzis und beliebig reproduzierbar werden - sind sie für eigentliche Forschungszwecke nicht mehr nötig, sie dienen dann nur zu Demonstrationszwecken oder Einzelfeststellungen* (ebd.: 112 f). Ist der begriffliche Apparat zur Formulierung eines Problems erst einmal aufgebaut, dann ergeben sich aus dieser Systematisierung auch die weiteren Prüfprozeduren. Das Experiment wird zur denkstilgebundenen Prüfung: *Jede formulierte Problemlösung enthält bereits die Hälfte ihrer Lösung. Jede zukünftige Überprüfung fährt immer nur auf vorhandenen gedanklichen Geleisen zurück: nie wird eine Zukunft von der Vergangenheit (...) vollkommen frei, ausgenommen sie bricht mit ihr aus eigenen Gesetzen ihrer besonderen Denkstruktur* (ebd.: 53).

Auf die lose Beziehung zwischen Theorie, Experiment, instrumenteller Ausstattung, experimentellen Praktiken, die allesamt variiert werden können, um experimentellen Daten einen "Sinn" zu geben, wird in der jüngeren Wissenschaftssoziologie wieder ausdrücklich verwiesen (vgl. HACKING 1983). Ebenso taucht neuerdings die Idee des "Widerstandsaviso" in Gestalt von *resistances arising in the material world* wieder auf (PICKERING 1989: 279).

Die in der Zeit ablaufenden Systematisierungen von Wissensfragmenten lassen sich als Phasen der Theorieentwicklung charakterisieren. Sie deuten bereits an, was später mit der Abgrenzung wissenschaftlicher Aktivität in "umstritten, revolutionär und normal" bezeichnet wird: *Jede umfassende Theorie passiert eine Epoche der Klassizität, wo nur exakt hineinpassende Tatsachen gesehen werden, und eine der Komplikationen, wo sich erst die Ausnahmen melden. (...) Häufig überwuchern schließlich die Ausnahmen die Zahl der regelmäßigen Fälle. (...) Fördernde Macht besitzt nur eine klassische Theorie mit ihren plausiblen (also in der Epoche wurzelnden), abgeschlossenen (also beschränkten), propagandafähigen (also stilgemäßen) Ideenverknüpfungen* (FLECK 1980: 42 f). Der Verweis auf Propaganda zeigt schließlich, daß nicht nur Beobachtung und Experiment unauflösbar in sozial strukturierte Wissensformationen eingelassen sind, sondern auch, daß die Verbreitung und die Akzeptanz von Wissen nur dann erfolgreich sind, wenn *suggestive Wirkung und denkkollektive Verbreitung*[1] gegeben sind (ebd.: 55).

Diese *Zick-zacklinie der Entwicklung* verwandelt sich in der Retrospektive *in einen geraden, zielbewußten Weg. (...) Aus falschen Voraussetzungen und unreproduzierbaren ersten Versuchen ist nach vielen Irrungen und Umwegen eine wichtige Entdeckung entstanden* (ebd.: 101). In den schriftlichen Forschungsberichten wird dieser Weg rationalisiert und idealisiert, er wird von allen Vagheiten, Zufälligkeiten, technisch-instrumentellen Kunstfertigkeiten und raum-zeitlichen Kontingenzen befreit: *Es ist so, als ob nur der Text eines Liedes angegeben wäre, nicht aber seine Melodie* (ebd.: 126). Was bei Fleck als wesentlich unbewußter psychologischer Mechanismus gesehen wird - *man transmittiert die Ergebnisse in die Absichten* (ebd.: 114) - erscheint bei Knorr Cetina als durchaus reflektierter Prozeß, in dem die Wissenschaftler *die Resultate mit den Umständen ihrer 'Entdeckung' identifizieren* (KNORR 1981: 232), dennoch aber aus den publizierten Ergebnissen alle sozialen Konstruktionsmerkmale eliminieren (vgl. LATOUR/WOOLGAR 1979: 176).

Aussagen, die veröffentlicht und rezipiert wurden, unabhängig davon, ob akzeptiert oder bekämpft, bilden eine sich selbst verstärkende Realität, aus der weitere Erkenntnisakte erwachsen. *Es entsteht so ein geschlossenes, harmonisches System, innerhalb dessen der logische Ursprung einzelner Elemente nicht mehr aufzufinden ist. (...) Die Geschlossenheit der Systeme, die Wechselwirkungen zwischen dem Erkannten, dem zu Erkennenden und den Erkennenden verbürgen die Harmonie innerhalb des Systemes, gleichzeitig auch die Harmonie der Täuschungen, die dann im Bereiche eines bestimmten Denkstils auf keine Weise aufzulösen ist* (FLECK 1980: 53). Fleck verweist hier nicht auf die intentionale Täuschung, wie sie als Regelverstoß im

1 Es stellen sich an dieser Stelle fast zwangsläufig Assoziationen zu Storers Bemerkung ein, daß Wissen, um akzeptanzfähig zu sein, in den Wissensbestand integrierbar sein muß (vgl. STORER 1972b: 104), und zu Kuhns Beschreibung der Überzeugungsbemühungen der Anhänger verschiedener Paradigmen mit Hilfe der Propaganda.

strukturfunktionalistischen Paradigma behandelt wurde, sondern auf die nichtintentionale Täuschung, die später vor allen Dingen als "Artefakt" wieder in die Diskussion kam (vgl. LYNCH 1985, KRIZ 1985). Schließlich zeigt die Untersuchung von Betrug in der Wissenschaft auch die mögliche Verkettung von beiden Formen der Täuschung: An eine intentionale Täuschung schließen weitere Arbeiten an, und die Plausibilität der Befunde führt zu neuen, nicht intendierten Täuschungen (vgl. BROAD/WADE 1984, GRAFTON 1991).

Das Denkkollektiv, wie es bisher geschildert wurde, gewinnt seine Bedeutung vor allem aus seiner Beharrungstendenz. Denkzwang, Initiation, über Wechselwirkungen ständig neu produzierte Bestätigungen der Richtigkeit der Perspektive und die Entwicklung von Gruppenstrukturen lassen eine Tendenz zur Dogmatisierung vermuten. *Die realisierende Ausführung dominiert über die schöpferische Stimmung, die auf ein gewisses diszipliniertes, gleichmäßiges, diskretes Niveau sinkt. (...) Die organische Abgeschlossenheit jeder Denkgemeinde geht parallel einer stilgemäßen Beschränkung der zugelassenen Probleme (...). Daraus entsteht spezifische Wertung und charakteristische Intoleranz: gemeinsame Züge jeder abgeschlossenen Gemeinschaft* (FLECK 1980: 135 ff). Man fühlt sich an Kuhns Normalwissenschaft erinnert, auch hinsichtlich der Immunität, die Paradigmen gegen widersprechende Erfahrung entwickeln können: *Wenn eine Auffassung genug stark ein Denkkollektiv durchtränkt, wenn sie bis ins alltägliche Leben und bis in sprachliche Wendungen dringt, wenn sie im Sinne des Wortes zur Anschauung geworden ist, dann erscheint ein Widerspruch undenkbar, unvorstellbar* (ebd.: 41). Erst die Absonderung widersprechender Empirie oder ihre Erklärung im Rahmen des Denkstils produzieren "systemfähiges" Wissen: *Gerade die Beharrlichkeit, mit der einer Anschauung Widersprechendes 'erklärt' wird, die bekannte Konziliatorenarbeit, ist sehr lehrreich. Denn sie beweist, wie logische Systemfähigkeit um jeden Preis angestrebt wird und wie sich die Logik in der Praxis ausdeuten läßt. Jede Lehre will ein logisches System sein - und wie oft ist sie eine Petitio principii!* (ebd.: 44).

Die Systemfähigkeit des Wissens und ihre Fixierung im Denkkollektiv bestimmt schließlich das Ausmaß an Konsens im entsprechenden Kollektiv. *Je ausgebauter ein Wissensgebiet, je entwickelter es wird, desto kleiner werden die Meinungsdifferenzen* (ebd.: 110). Wie genau ein Wissensgebiet abgegrenzt werden kann, bleibt offen, es handelt sich aber offenbar um sub- oder auch intradisziplinäre Einheiten. Konsens ist dabei nicht mit "Wahrheit" identifiziert, sondern lediglich mit "Systemfähigkeit" von Wissen. Auch dieser Aspekt wurde später im Entscheidungsverhalten von Wissenschaftlern als "Interessenlage" wiederentdeckt, und zwar als Tendenz, bei der Entscheidung zwischen konkurrierenden Interpretationen jene zu bevorzugen, die dem bestehenden "Wissenssystem" die geringsten Modifikationen zumuten (vgl. PICKERING 1981a und 1981b).

Der Dogmatisierung des Denkkollektivs steht ein dynamisierendes Element gegenüber, das sich aus den Kommunikationen verschiedener Denkkollektive ergibt. Fleck schlägt folgende Differenzierung für das Denkkollektiv vor: Zunächst kann eine Person verschiedenen Denkkollektiven angehören (wissenschaftlichen, kirchlichen, gewerkschaftlichen), um jedes Denkkollektiv herum bilden sich des weiteren Zonen unterschiedlicher Nähe zum Zentrum, *ein kleiner esoterischer Kreis und ein größerer exoterisches Kreis* (FLECK 1980: 138). Damit ergeben sich Typen (mit fließenden

Übergängen) von inner- und interkollektiver und inner- und interpersonaler Kommunikation.[1] Fleck weist diesen Kommunikationstypen charakteristische Strukturen zu, die auf dem Wege von Wechselwirkungen als permanente Quelle von Modifikationen des Denkstils agieren. Die gemeinsame Problematik aller Kommunikation ergibt sich aus Flecks Sprachauffassung: *[D]urch jede Mitteilung, ja durch jede Benennung wird ein Wissen exoterischer, populärer. Man müßte sonst an jedes Wort eine Fußnote mit Einschränkungen und Explikationen anschließen, ja eigentlich an jedes Wort dieser Fußnoten eine zweite Wortpyramide, deren Gipfel es bildete, und so fort, woraus ein Gebilde entstünde, das sich nur in einem Raume von sehr vielen Dimensionen darstellen ließe* (ebd.: 152). Das eigentliche, reflektierte Expertenwissen scheint danach kaum kommunizierbar, sondern nur die über Sprache trivialisierten Varianten. Daraus folgen die Kommunikationsprobleme zwischen den Zentren ("spezieller Fachmann") verschiedener Denkkollektive. Die *Verständigung der Anhänger differenter Denkstile* ist unmittelbar *unmöglich* (ebd.: 51). Jene Verständigungsprobleme wurden später vor allen Dingen von Kuhn unter dem Stichwort "Inkommensurabilität" beschrieben. Obwohl Fleck feststellt, daß *[j]e größer die Differenz zweier Denkstile, umso geringer der Gedankenverkehr* ist (ebd.: 142), entsteht die eigentliche Inkompatibilität - zumindest in der Person des Wissenschaftlers - erst bei nahe verwandten Denkstilen: *Sind die Denkstile sehr verschieden, so können sie ihre Abgeschlossenheit auch in einem und demselben Individuum bewahren, handelt es sich dagegen um verwandte Denkstile, so ist solches Trennen nicht gut möglich: der Streit der Denkstile macht ihr Nebeneinander unmöglich* (ebd.: 144 f).

Innerhalb eines Denkkollektivs macht Fleck zwei gegenläufige Folgen von Kommunikation aus: Einerseits einen selbstverstärkenden Effekt, den er mit "sozialer Stimmung" bezeichnet. Er stellt fest, *daß der intrakollektive Denkverkehr ipso sociologico facto - ohne Rücksicht auf den Inhalt und die logische Berechtigung - zur Bestärkung der Denkgebilde führt: Vertrauen zu den Eingeweihten, deren Abhängigkeit von der öffentlichen Meinung, gedankliche Solidarität Gleichgestellter, die im Dienste derselben Idee stehen, sind gleichgerichtete soziale Kräfte, die eine gemeinsame besondere Stimmung schaffen und den Denkgebilden Solidität und Stilgemäßheit in immer stärkerem Maße verleihen. (...) [J]e länger die Vermittlung eines Gedankens innerhalb desselben Denkkollektivs, umso sicherer erscheint er* (ebd.: 140). Andererseits versteht Fleck die innerhalb des Denkkollektivs ablaufenden Prozesse der Auseinandersetzung mit der Natur und die Kommunikation darüber als Quelle von dynamisierenden Kräften, als Einschleusung feiner Modifikationen. Die eigentliche Triebkraft der Wissenschaftsdynamik sieht Fleck aber in den Kommunikationsprozessen zwischen esoterischen und exoterischen Bereichen: *[D]a allen Worten eine mehr oder weniger ausgeprägte denkstilgemäße Färbung anhaftet, die sich bei der interkollektiven Wanderung ändert, kreisen sie interkollektiv immer mit einer gewissen Änderung ihrer Bedeutung. (...) Man kann also kurz sagen, jeder interkollektive Gedankenverkehr habe eine Verschiebung oder Veränderung der Denkwerte zur Folge. So wie gemeinsame Stimmungen innerhalb des Denkkollektivs zur Bestärkung der Denkwerte*

1 Fleck spricht nicht von Kommunikation, sondern von Denkverkehr. Die Ersetzung durch den Kommunikationsbegriff läßt die Charakterisierung des "inneren Zwiegesprächs" als innerpersonaler Kommunikation etwas gezwungen erscheinen.

führt, ruft Stimmungswechsel während der interkollektiven Gedankenwanderung eine Veränderung dieser Werte in einer ganzen Skala der Möglichkeiten hervor: vom kleinen Färbungswechsel über fast vollständigen Sinnwechsel bis zur Vernichtung jeden Sinns (...) (ebd.: 143). Grundlegend für diesen Gedanken ist das Bild von den esoterischen und exoterischen Kreisen um ein Denkkollektiv. Im Zentrum steht der "spezielle Fachmann", über den "allgemeinen Fachmann" erstrecken sich die esoterischen Kreise bis zum "gebildeten Dilettanten". Mit jeder Verallgemeinerungsstufe werden die esoterischen Kreise größer, und ebenso wachsen die Schnittmengen mit den esoterischen Kreisen anderer Denkkollektive, auf der untersten Stufe bestehen die Kreise schließlich überwiegend aus einer gemeinsamen Schnittmenge. Die Wissensinhalte dieser Kreise bezeichnet Fleck als "fachmännisches Wissen" und "populäres Wissen". *Charakteristisch für eine populäre Darstellung ist der Wegfall der Einzelheiten und hauptsächlich der streitenden Meinungen, wodurch eine künstliche Vereinfachung erzielt wird. Sodann die künstlerisch angenehme, lebendige, anschauliche Ausführung. Endlich die apodiktische Wertung, das einfache Gutheißen oder Ablehnen gewisser Standpunkte. (...) Der Gipfel, das Ziel populären Wissens ist die Weltanschauung, ein besonderes Gebilde, gefühlsbetonter Auswahl populären Wissens verschiedener Gebiete entstammend* (ebd.: 149 f).

Populäres Wissen ist also keinesfalls unqualifiziertes Wissen oder Halbbildung. Vielmehr entsteht populäres Wissen durch Transformation des Expertenwissens, ohne dabei die wesentlichen Charakteristika des Denkstils einzubüßen. Es setzt anscheinend ein gewisses Maß an Verfestigung, an Systemfähigkeit des fachmännischen Wissens voraus. Die eigentliche Leistung dieses Transformationsprozesses, der zunächst vom esoterischen zum exoterischen läuft, ist aber, daß das populäre Wissen sowohl in das ursprüngliche wie auch in andere Denkkollektive zurückwirkt. Es stellt eine Art von *universelle[m] Spender für viele spezielle Denkkollektive* dar (ebd.: 143). Das populäre Wissen *bildet die spezifische öffentliche Meinung und die Weltanschauung und wirkt in dieser Gestalt auf den Fachmann zurück* (ebd.: 150). Mit der Popularisierung von Wissen wird also etwa das Umgekehrte dessen erreicht, was mit der möglichst exakten, alle Unwägbarkeiten und Unschärfen markierenden Expertensprache angezielt ist. An die Stelle des vorbehaltlichen Wissens tritt ein von den spezifischen Kontexten der Entdeckung und Rechtfertigung befreites, unpersönliches und verallgemeinerungsfähiges Wissen. *Erst das denksoziale Wandern persönlicher Wissensfragmente innerhalb des esoterischen Kreises und die Rückwirkung des exoterischen ändern sie so, daß aus persönlichen, nichtadditiven Fragmenten additive, unpersönliche Teile entstehen* (ebd.: 156). Die Leistung dieser Transformation aus hochspezialisierten Denkkollektiven in populäres Wissen und dessen Rückgewinnung [1] läßt sich nun in drei Richtungen bestimmen: a) Wissensfragmente könnten in völlig andere Denkkollektive transportiert werden, wobei ständig Bedeutungsverschiebungen produziert werden, b) es erscheint in gewissem Maße möglich (nicht an der noch nicht popularisierungsfähigen Forschungsfront), die Verständigungsprobleme zwischen Vertretern unterschiedlicher Denkkollektive auf dem Umweg über populäres Wissen

1 Fleck selbst hebt zwar die Bedeutung einer näheren Untersuchung populären Wissens hervor, liefert selbst aber nur äußerst fragmentarische Skizzen für eine nähere Bestimmung dieses Wissens und der kommunikativen Prozesse, die sich zwischen populärem und fachmännischem Wissen abspielen.

zu mildern, c) in der Rückwirkung auf das eigene Denkkollektiv entsteht Gewißheit; Fleck geht sogar weiter und macht hier eine Quelle von "Wahrheit" aus.[1] Darüber hinaus legen die Esoterik des Wissens und die begrenzte Beweiskraft des Experimentes aber eine Sichtweise des wissenschaftlichen Experten nahe, die vom gängigen Bild stark abweicht. Gerade in den esoterischen Kreisen ist trotz möglicherweise hoher Konsensualität (innerhalb des Denkkolletivs) der Status des Wissens am wenigsten gesichert. Collins (1985b: 144) faßt neuere Laboruntersuchungen in eben dieser Richtung zusammen: *Eine (...) merkürdige Folgerung liegt darin, daß dort, wo Befunde nicht energisch umkämpft sind, ihre Faktizität gegenüber allen unverletzlich zu sein scheint, ausgenommen diejenigen, die an der Faktenerzeugung selber beteiligt waren (der Core-Set). Im Gegensatz zu der populären Ansicht vom letztlich zwingenden Charakter des Experiments (...) finden jene Personen, die in einiger Distanz zu schwierigen Experimenten stehen, die berichteten Ergebnisse überzeugender als die Mitglieder des Core-Sets, die sich der möglichen Reformulierung ihres Arbeitsberichts, des sozial vermittelten Charakters der Abschließung einer Debatte und der Möglichkeit ihrer Wiedereröffnung bewußt sind.*

Wenn dem Experiment die Entscheidungskraft über die Wahrheit einer Hypothese oder Theorie abgesprochen wird, dann stellt sich die Frage nach dem epistemischen Status wissenschaftlichen Wissens. Für Fleck lautet die Frage: *Wie entsteht aus falschen Voraussetzungen, aus unklaren ersten Versuchen, aus vielen Irrungen und Umwegen doch eine 'wahre' Erkenntnis?* (FLECK 1980: 104). Die Antwort läuft auf eine Verknüpfung der Vorstellung einer objektiven Wirklichkeit mit dem subjektiven Erkenntnisakt im Begriff der Koppelung hinaus: *Erkennen heißt (...) bei gewissen gegebenen Voraussetzungen die zwangsläufigen Ergebnisse feststellen. Die Voraussetzungen entsprechen den aktiven Koppelungen und bilden den kollektiven Anteil des Erkennens. Die zwangsläufigen Ergebnisse gleichen den passiven Koppelungen und bilden das, was als objektive Wirklichkeit empfunden wird* (ebd.: 56). Fleck kommt auf diese Weise zu einer methodologischen Regel: *Ein Denkprinzip, das mehr Einzelheiten und mehr zwangsmäßige Koppelungen wahrzunehmen erlaubt, verdient, wie die Geschichte der Naturwissenschaft lehrt, den Vorzug* (ebd.: 34). Dieser scheinbar objektive Fortschrittsbegriff ist allerdings, wie Flecks Erörterung des Wahrheitsbegriffes zeigt, auf dem Hintergrund von Denkstil und Denkkollektiv zu verstehen: *Solche stilgemäße Auflösung, nur singulär möglich, heißt Wahrheit. Sie ist nicht 'relativ' oder gar 'subjektiv' im populären Sinne des Wortes. Sie ist immer oder fast immer, innerhalb eines Denkstils, vollständig determiniert. Man kann nie sagen, derselbe Gedanke sei für A wahr und für B falsch. Gehören A und B demselben Denkkollektive an, dann ist der Gedanke für beide entweder wahr oder falsch. Gehören sie aber verschiedenen Denkkollektiven an, so ist es eben nicht derselbe Gedanke, da er für einen von ihnen unklar sein muß oder von ihm anders verstanden wird* (ebd.: 131).

Wahr und falsch sind danach nicht ohne weiteres auseinanderzuhalten. Dies wird auch deutlich in Flecks Vorstellung einer Steigerung der Konsistenz und Integrationsfähigkeit eines Denkstils. Fleck charakterisiert die Leistungsfähigkeit eines Denkkol-

1 Dieses komplexe Zusammenspiel zwischen öffentlichem, popularisiertem Wissen und wissenschaftlichem Expertenwissen wurde in den 80er Jahren wiederentdeckt und war Gegenstand vieler sich kritisch mit dem gängigen Begriff Populärwissen auseinandersetzender Studien (vgl. z.B. SHINN/WHITLEY 1985; HILGARTNER 1990).

lektivs mit der Fähigkeit, verschiedene Ideengänge und Entwicklungslinien zu neuen Fix- und Knotenpunkten zu vernetzen, von denen wiederum Entwicklungslinien ihren Ausgang nehmen. *Ein Netzwerk in fortwährender Fluktuation: es heißt Wirklichkeit oder Wahrheit* (ebd.: 105). Mit Ansteigen solcher Verknüpfungen nehmen aktive und passive Koppelungen zu, allerdings nicht gleichmäßig. *Es ist, als ob mit dem Wachsen der Knotenpunkte (...) der freie Raum sich verkleinere, als ob mehr Widerstände entstünden, als ob die freie Entfaltung des Denkens beschränkt würde. Dies ist sehr wichtig, doch es gehört (...) zur Analyse des Irrtums* (ebd.: 111). Es handelt sich offenbar um selbst aufgebaute "Scheuklappen", mit denen das Eindringen in ein Wissensgebiet möglich wurde, die aber zugleich grundsätzliche Neuorientierungen verhindern. Mit den Kategorien "wahr" und "falsch" ist dieser Prozeß nur schwer zu fassen. Wahrheit erscheint nicht als per Beschluß festgelegte Konvention, aber auch nicht einfach als Aufscheinen der Natur im Experiment. Vielmehr entsteht aus der Fülle historisch schon vorgenommener (kontingenter) Selektionen ein Denkstil, auf dessen historisch variablem Hintergrund ein Ergebnis zwingend als Tatsache erscheint: *Auch ist Wahrheit nicht Konvention, sondern im historischen Längsschnitt: denkgeschichtliches Ereignis, in momentanem Zusammenhange: stilgemäßer Denkzwang* (ebd.: 131).

Das von Fleck vorgestellte Bild von Erkenntnis und Wahrheit changiert ständig zwischen einer realistischen und relativistischen Perspektive: Die passiven Koppelungen ergeben sich offenbar aus der Struktur der Natur, unabhängig davon, ob es sich um ästhetische oder naturwissenschaftliche Gesetzesaussagen handelt. *Man kann diese Beziehungen sozusagen objektivieren und als Ausdruck der 'Schönheit' oder der 'Wahrheit' ansprechen* (ebd.: 132). Erkenntnis *scheint als 'Wahrheit' nur 'logisch' oder 'sachlich' bedingt* (ebd.: 133). Haben aber Denkstilveränderungen stattgefunden, zeigt sich retrospektiv, daß diese *Auffassung hauptsächlich durch die angewandte Methodik bedingt war* (ebd.). Es ist die *innere Harmonie des Denkstils* bzw. die *Harmonie der Täuschungen*, die *den festen Glauben an eine unabhängig von uns existierende Wirklichkeit schafft* (ebd.: 114 f). Die Beschreibung einer Tatsachenwelt geschieht danach zwar nicht unabhängig von der Natur, ihr historisch jeweils gültiger - mehr oder weniger "wissenschaftlicher" - Entwurf enthält aber immer - untrennbar - die aktiven (subjektiven) Strukturierungsleistungen: *So bildet sich ein allseitig zusammenhängendes Getriebe der Tatsachen, durch beständige Wechselwirkung sich im Gleichgewichte erhaltend. Dieses zusammenhängende Geflecht verleiht der 'Tatsachenwelt' massive Beharrlichkeit und erweckt das Gefühl fixer Wirklichkeit, selbständiger Existenz einer Welt. Je weniger zusammenhängend das System des Wissens, desto magischer ist es, desto weniger stabil und wunderfähiger die Wirklichkeit: immer gemäß dem kollektiven Denkstil* (ebd.: 135). Hier scheint ein ähnlicher Gedanke formuliert zu sein, wie er später von Lakatos mit dem Konzept der Forschungsprogramme vorgelegt wurde, deren harter Kern im logischen Sinne nicht überprüfbar ist und Züge dogmatischen Glaubens trägt, während im Schutzgürtel sich permanent Veränderungen vollziehen. Auch die Schwierigkeiten scheinen ähnlich gelagert zu sein: Wenn der Wahrheitsbegriff nur in bezug auf das Denkkollektiv zu verstehen ist, dann ist der Vergleich von Denkkollektiven und die Bewertung ihrer Entwicklungsrichtung nicht sinnvoll möglich. Die Anzahl der zwangsmäßigen Koppelungen dürfte jedenfalls kaum ein befriedigendes Kriterium zur Feststellung von Fortschrittlichkeit liefern.

Fleck stellt allerdings in bezug auf die Bewertungsproblematik mit seiner Beschreibung des intrakollektiven Denkverkehrs einen interessanten Ausweg in Aussicht: *Gewißheit, Einfachheit, Anschaulichkeit entstehen erst im populären Wissen* (ebd.: 152). Der unsichere Status des Beweises wird im Verlauf der Popularisierung des Wissens in Sicherheit transformiert: *An Stelle des spezifischen Denkzwanges der Beweise, der erst in mühsamer Arbeit herauszufinden ist, entsteht durch Vereinfachung und Wertung ein anschauliches Bild* (ebd.: 149). Dank der Suggestion völliger Zwangsläufigkeit und Folgerichtigkeit, die sich im populären Wissen ausbreitet, *wird die Wahrheit zur objektiv existierenden Qualität gemacht und die Forscher in zwei Klassen eingeordnet: in schwarze Charaktere, die die Wahrheit verfehlen, und in weiße, die sie finden. Auch diese Wertung - ein allgemeiner Zug exoterischen Denkens - entstand durch die Forderung des intrakollektiven Denkverkehrs und wirkt dann auf das fachmännische Wissen zurück* (ebd.: 153). Um festen Boden zu gewinnen, sucht der Forscher nach *Widerstand*, nach den *passiven Koppelungen*, nach dem *Denkzwang, dem gegenüber er sich passiv fühlen könnte*; so formuliert Fleck die *allgemeine Richtung der Erkenntnisarbeit* als: *größter Denkzwang bei kleinster Denkwillkürlichkeit* (ebd.: 124). "Wissenschaft" und "Nichtwissenschaft" werden aber auch nicht gleichrangig wie bei Feyerabend. Fleck erkennt fließende Übergänge und differenziert dabei nach dem "Tatsachenbezug" (den passiven Koppelungen). Mythos und Wissenschaft unterscheiden sich bei Fleck durch den Stil: *die Wissenschaft sucht ein Maximum jener passiven Elemente in ihr System aufzunehmen, ohne Rücksicht auf die Übersichtlichkeit; der Mythos enthält nur wenige solcher Elemente, aber künstlerisch komponiert* (ebd.: 125).

3.2.2 Die neue Wissenschaftssoziologie

> Um eine Praxis festzulegen, genügen nicht Regeln, sondern man braucht auch Beispiele. Unsere Regeln lassen Hintertüren offen, und die Praxis muß für sich selbst sprechen.
>
> Ludwig Wittgenstein

In der Darstellung der Fleckschen Wissenschaftssoziologie wurde bereits vereinzelt auf die Weiterführung und Wiederaufnahme bestimmter Argumentationsstränge in der jüngeren wissens- und wissenschaftssoziologischen Forschung hingewiesen. Im folgenden sollen die wichtigsten Beiträge im Hinblick darauf, wie sie die Produktion und Bewertung wissenschaftlicher Leistungen erklären, diskutiert werden.

Während die traditionelle Wissenschaftssoziologie den Konstitutionsprozessen wissenschaftlichen Wissens keine Aufmerksamkeit schenkte, die externen, sozialen Einflüsse auf das wissenschaftliche Wissen als unwesentlich oder zumindest kontingent ansah (vgl. BEN-DAVID 1975) und sich im wesentlichen auf die Sozialstruktur der Wissenschaft als Explanandum beschränkte, wurde zu Beginn der 70er Jahre vor allen Dingen in der britischen und der französischen Wissenssoziologie der epistemologische Sonderstatus wissenschaftlichen Wissens in Frage gestellt. Programmatisch formulierte Bloor (1976) in seinem *strong programme* vier Grundsätze für die Wissenssoziologie: 1. Kausalität: Wissenssoziologie solle kausale Begründungen für die Akzeptanz von wissenschaftlichem Wissen liefern;[1] 2. Unvoreingenommenheit hinsichtlich der Zuschreibungen von wahr/falsch, rational/irrational, erfolgreich/fehlgeschlagen; 3. Symmetrie im Hinblick auf die Gründe für die Glaubwürdigkeit (credibility) wissenschaftlicher Überzeugungen (d.h. Verzicht auf die Sonderstellung methodologischer Argumente) und 4. Reflexivität, da die Kausalerklärungen für den Objektbereich auch auf wissenssoziologische Erklärung selbst anwendbar sein sollen.[2]

Äquivalente für naturwissenschaftliche Kausalerklärungen sind in den Sozialwissenschaften nur schwer erreichbar (die laborkonstruktivistischen Ansätze verzichten denn auch auf derartige Kausalerklärungen), und die Forderung nach Reflexivität gerät schnell in eine offene und unfruchtbare Reflexionsspirale. Einflußreich für die Entwicklungen in der Wissenschaftssoziologie war insbesondere die (Re)Formulierung des relativistischen Wissenschaftsverständnisses, wie es in den Symmetrie- bzw. Äquivalenzpostulaten zum Ausdruck kommt (vgl. BARNES/BLOOR 1982). In ihnen ist die Skepsis gegenüber der Annahme einer Existenz unabhängiger Realität und den zugehörigen universalen Standards wissenschaftlicher Beurteilung unmittelbar erkennbar: *If it chanced that definitions of good work were always identical in science, then it would be worthwhile to attempt to identify a contingent set of standards definitive, in practice, of scientific judgments. Unfortunately, such homogenity is not to be found. Taking science as we find it, we have to acknowledge that its constituent collectivities, although they may be more uniform in their judgments than is our culture as a whole, do not deploy identical general norms of evaluation* (BARNES 1974: 60).

Im Hintergrund steht die Frage danach, wie Regeln und Praxis sich zueinander verhalten. Anders als Merton beziehen sich Barnes und Bloor auf die Wittgensteinsche Sprachphilosophie, wonach eine Praxis nicht vollständig durch Regeln expliziert werden kann. Die Verbindung zwischen Praxis und Regeln muß durch etwas hergestellt sein, das seinerseits nicht erneut eine Regel ist (vgl. BLOOR 1992). Dieses Etwas verortet Bloor im Sozialen, genauer gesagt in sozialen Interessen, die die Konstruktion wissenschaftlichen Wissens affizieren. Damit war ein Anspruch installiert, der sich nicht nur gegen die Vorstellung einer kumulativen, linearen Wissensentwicklung richtete, sondern auch gegen Konzepte wie den Denkstil oder die Paradigmengemeinschaft, die die Wissensentwicklung an die internen Eigenschaften des Paradigmas gebunden hatte: *What we wish to show is that opposed paradigms and hence*

1 Wenn Kausalität mit Determinismus verbunden wird, führt diese Forderung zu einer reductio ad absurdum. Die Verbindung ist allerdings nicht zwingend: kausale Erklärungen sind in einem schwächeren Sinne auch ohne deterministische Annahmen möglich (vgl. HESSE 1980: 49 f). Das ist allerdings immer noch eine Forderung, die weit strengere Anforderungen an Kausalität stellt als etwa der Webersche Begriff des Verstehens, der auch dort anwendbar ist, wo allgemeine Kausalgesetze nicht anwendbar sind.

2 Vgl. dazu BABER 1992. Gerade weil die neuere Wissenschaftssoziologie viele wissenschaftstheoretische Positionen ablehnt, stellt sich die Frage nach der methodischen Begründbarkeit ihrer eigenen Erkenntnisse mit besonderer Schärfe. Die Diagnose des Laborkonstruktivismus, daß Wissen ein sozial und handwerklich konstruiertes ist, gilt natürlich auch für die Befunde aus Laborstudien. Bisher sind die methodischen Reflexionen allerdings vor allen Dingen auf die Darstellungsebene konzentriert, nicht auf die methodischen und theoretischen Probleme. Hasse, Krücken und Weingart (1994: 243 ff) sehen daher in der Entwicklung der neueren Wissenschaftssoziologie eine Tendenz zur *Implosion*, die sich vor allen Dingen zu einer immer stärkeren Einebnung der Differenzen zwischen Sozialem und Nicht-Sozialem äußert und zu einer Tendenz zur *Explosion* in Gestalt einer einfachen Übertragung der Befunde der Laborstudien auf Wissenschaft und Gesellschaft insgesamt. Zur Kritik an der neuen Wissenschaftssoziologie und ihren wissenschaftsphilosophischen Annahmen vgl. auch BUNGE 1991 und 1992.

opposed evaluations may be sustained, and probably are in general sustained, by divergent sets of instrumental interests usually related in turn to divergent social interests (BARNES/MCKENZIE 1979: 54).

Allerdings blieb sowohl der Interessenbegriff diffus als auch die Mechanismen der Umsetzung von Interessen in Wissen. Insbesondere die von Bloor vertretene deterministische Variante des Einflusses sozialer Interessen führt entweder in einen Reduktionismus, in dem Kausalität durch immer neue Ursachen abgestützt werden muß, oder zu einer so grobmaschigen Parallelisierung von Interessen und Wissen bzw. Urteilen, so daß das Wirkungsverhältnis ungeklärt bleibt (vgl. HASSE u.a. 1994: 228 ff; GALISON 1987: 10 ff; KNORR CETINA/MULKAY 1983: 115 ff). Teilweise wurde der Einfluß von externen Interessenlagen, angesichts der empirischen Unergiebigkeit des *strong programme*, auf ein Maß zurückgenommen, wie es auch von weniger radikalen Positionen durchaus vertreten wird: *It is claimed that interests inspire the construction of knowledge out of available cultural resources in ways which are specific to particular times and situations and their overall social and cultural contexts (...). It is true that no laws or necessary connections are proposed to link knowledge and the social order* (BARNES 1977: 58). Eine solche "Aufweichung" des strong programme betrifft auch die übrigen Programmpunkte. Das Insistieren darauf, daß wissenschaftliches Wissen, Bewertungsnormen und Wahrheitskriterien nicht absolut, sondern nur im Kontext eines gegebenen sozialen Systems existieren und von diesem beeinflußt sind, heißt nicht, daß damit jegliche Regel, Rationalität oder begründeter Standard dispensiert sei: *The strong thesis does not imply, however, that there is no distinction between the various kinds of rational rules adopted in a society on the one hand, and their conventions on the other. There may be hierarchies of rules and conventions, in which some conventions may be justified by argument in terms of some rational rules, and some subsets of those rules in terms of other. None of these possibilities imply that rational rules go beyond social and biological norms to some realm of transcendent rationality* (HESSE 1980: 56). In einer gegebenen Wissenschaftskultur kommen mithin Regeln (mit interpretativen Freiräumen) zur Anwendung, ohne daß diese Regeln jeweils neu verhandelt würden. Das gilt für die Wissenschaftssoziologie ebenso wie für naturwissenschaftliche Forschung. Die praktische Bedeutung des Symmetriepostulats für die Beurteilung von gegebenen Bewertungen (richtig/falsch, relevant/irrelevant etc.) ist daher ausgesprochen gering.

Der Begriff des sozialen Interesses hat allerdings auch in völlig anderen Kontexten Karriere gemacht. Er taucht ebenfalls im Rahmen der Diskursanalyse und auch in den ökonomischen Metaphern der konstruktivistischen Laborstudien auf.[1] Ausgangspunkt des Diskursmodells, das ausdrücklich auf die "Erklärung" wissenschaftlicher Überzeugungen durch externe, soziale Interessen verzichtet (vgl. KNORR CETINA 1983: 117),

1 Unter dem Begriff "neue Wissenschaftssoziologie" werden üblicherweise verstanden: die Arbeiten der "Edinburgh school" im Umfeld des "strong programme" (z.B. BLOOR 1976, BARNES 1977), der "Bath school" um Collins, mit einer stärker mikrosoziologischen Orientierung auf wissenschaftliche Kontroversen (z.B. COLLINS 1985), die ebenfalls auf Konsensprozesse und Diskursanalysen spezialisierte Gruppe um Mulkay in York und die laborkonstruktivistischen Ansätze um die Pariser Gruppe Latour und Woolgar einerseits und Knorr Cetina andererseits. Inzwischen ist dieser Forschungsbereich weiter expandiert, und die Grenzziehungen zwischen den einzelnen Ansätzen sind undeutlicher geworden. So bemühen sich etwa die laborkonstruktivistischen Ansätze neuerdings verstärkt um die Analyse laborübergreifender Konsens- und Diskursphänomene.

ist die Beobachtung, daß Wissenschaftler bei der Rechtfertigung von Theorieselektionen nicht nur in konventioneller Art und Weise auf die Stützung von Hypothesen durch experimentelle Daten verweisen, sondern auch umgekehrt *hochgradig variable Deutungen* experimenteller Befunde bemühen, um konkurrierende Hypothesen oder Theorien zurückzuweisen (GILBERT/MULKAY 1985: 225).

Bereits Fleck hatte darauf hingewiesen, daß an der Forschungsfront das Experiment keine alleinige Entscheidungskraft über Wahrheitsansprüche hat, sondern seine Aussagekraft durch die denkstilgebundene Interpretation gewinnt. Auch die Kontrolle (Reproduzierbarkeit) spielt im unmittelbaren Entdeckungszusammenhang noch keine Rolle, und wenn eine Theorie Gestalt angenommen hat und ausreichend empirische Evidenz vorliegt, scheint das Interesse der Wissenschaftler an der Überprüfung von Experimentalergebnissen schnell zu erlahmen. Die Ergebnisse von Collins (1975, 1981a) bestätigen, daß Wissenschaftler an der Replikation experimenteller Ergebnisse ihrer Kollegen in der Regel kaum Interesse haben. Eine Entscheidbarkeit durch Experimente scheint nur dort gegeben zu sein, wo Einigkeit über die kompetente Durchführung eines Experimentes besteht. Er stellte in einer Analyse von Experimenten zur Ermittlung starker Ströme von Schwerkraftstrahlen heraus, daß je nach theoretischer Vorannahme den Experimenten Beweiskraft zu- oder abgesprochen werden konnte: *Wiederholungen des Experiments können allein den Meinungsstreit nicht beseitigen. Jedes neue Experiment ist offen für Interpretationen im Sinne kompetenter oder inkompetenter Durchführung, je nach dem vorhergehenden Standpunkt des Beobachters* (COLLINS 1985b: 138). Unzureichende Spruchkraft von Fakten und Experimenten und durch reine Argumentation zumindest in endlicher Zeit nicht auflösbare Meinungsverschiedenheiten (vgl. COLLINS 1985a) werfen die Frage auf, wie es innerhalb des Wissenschaftssystems dennoch gelingt, Urteile zu fällen, Konsensualität herzustellen und Streitigkeiten zu beenden, ohne daß sich anomische Parzellierungen einstellen. Ähnlich fragt Pickering (1992: 4 f): *Why doesn't scientific culture continually disintegrate as scientific actors develop it in the myriad different ways that are conceivable in principle? How is closure - the achievement of consensus on particular extensions of culture - to be understood*? Pickering (1981a, b) versuchte in Studien über subatomare Partikelforschung und magnetische Monopole zu zeigen, wie einerseits Interessen und daraus resultierende Bündnisstrukturen die Beendigung von Debatten beeinflussen und andererseits das Bestreben der Wissenschaftler, möglichst geringe Veränderungen am bereits kanonisierten Wissen und an Standardverfahren zuzulassen, zum Beurteilungskriterium von Hypothesen, Theorien und Prüfverfahren avancieren: Akzeptiert werden Resultate besonders dann, wenn sie bereits vorhandene Theorien bestätigen oder aber neue und lösbare Probleme aufwerfen (vgl. PICKERING 1984). Dies widerspricht zwar einem naiven Falsifikationismus, ist jedoch völlig kompatibel mit den Forderungen eines raffinierten Falsifikationismus. Anders formuliert: Wissenschaftler haben ein Interesse an der Erweiterung wissenschaftlichen Wissens bei größtmöglicher Erhaltung bereits bewährter Wissensbestände und Verfahren. Ein solcher Interessenbegriff ist jedoch fast tautologisch, denn hinter jeder akzeptierten Veränderung des Wissens läßt sich ein Interesse (individueller wie kollektiver Akteure) vermuten, aus dem sich schließlich auch Qualitätskriterien ableiten lassen.

Der Versuch, Bewertungen aus (wissenschaftsinternen) Interessen herzuleiten, stößt auf ähnliche Schwierigkeiten, wie sie bei der Erklärung von Theoriewahlen durch individuelle Nutzenkalküle entstehen (vgl. Kap. 2.6). Man kann auf diese Weise wohl strategische Kalküle von Wissenschaftlern oder Wissenschaftlergruppen, auch Selbstinszenierungen rekonstruieren, aber man kann nicht - außer durch Rückgriff auf Machtpolitiken - erklären, warum bestimmte Standards, Interpretationen oder Theorien sich durchsetzen.[1] Die Begründung von Akzeptanz oder Abweisung neuer Erkenntnisansprüche oder der Schließung kontroverser Debatten mit vorgängigen Interessen wird auf diese Weise schnell zu einem zirkulären Argument, wie die folgende Erläuterung zeigt: *Knowledge is for use, not simply for contemplation, and actors have their own interests that instruments can serve well or ill. Introduction of the distinctively sociological concept of interest serves to solve the problem of closure in two ways. On the one hand, actors can be seen as tentatively seeking to extend culture in ways that might serve their interests rather than in ways that might not. And on the other hand, interests serve as standard against which the products of such extensions, new conceptual nets, can be assessed. A good extension of the net is one that serves the interest of relevant scientific community best* (PICKERING 1992: 4). Ohne einen sozialtheoretischen Bezugsrahmen, der es erlaubt, Interessen zu qualifizieren und ohne Angabe eines Vermittlungsmechanismus, der die Transformation von Interessen in kognitive Strukturen erklärt, bleibt der Interessenbegriff eine Sammelkategorie, in der sich gleichermaßen die kommunikativ vermittelte Suche nach Problemlösungen, die professionell motivierten Handlungsstrategien einzelner Akteure, organisationelle Eigeninteressen, aber auch (wissenschafts)politische Orientierungen oder intellektuelle "foci" wiederfinden.

Zur Beschreibung der Variabilität, mit der Wissenschaftler begutachten, gehört auch die Einsicht, daß Wissenschaftler durchaus mit Nachsicht und Wohlwollen, mit *interpretative charity* (COLLINS 1981b: 35) und nicht mit der Rigidität und Rückhaltlosigkeit eines organisierten Skeptizismus die Arbeiten ihrer Kollegen beurteilen. Bei der Bewertung der Zuverlässigkeit (*certainity*) wissenschaftlicher Befunde scheinen Wissenschaftler überdies über eine gewisse Flexibilität zu verfügen. Pinch (1981) konnte bei der Befragung von Wissenschaftlern unterschiedlicher disziplinärer Herkunft (die aber alle über Probleme von *solar-neutrinos* arbeiteten) keine Übereinstimmung darüber notieren, aus welchem Gebiet gesicherte Erkenntnisse vorliegen. Die Einschätzung der Zuverlässigkeit schien sich vielmehr mit dem in Betracht gezogenen Auditorium zu verändern: *Scientist, it seems, can 'rationally' express either certainity or uncertainity in their own and other areas. If such assessments are social in nature then it is not surprising that one constraint is the potentiel audience for comments on certainity. (...) [W]hen scientists perceive a possible public audience they tend to act defensively and stress the certainity of their own areas - while at the same time, doubting the certainity of others* (PINCH 1981: 155). Umgekehrt beschreibt Star (1985), wie solche "Selbstinszenierungen" verschiedener Forschungsspezialgebiete wechselseitig zur Transformation lokaler Unsicherheiten in globale Sicherheit genutzt werden können. In ihrer Untersuchung über neurophysiologische Versuche, Hirnareale zu lokalisieren, schreibt sie: *Evidence for localization was collected from*

1 In der Tat widmeten sich einige Studien der Untersuchung des Einsatzes von (nicht legitimierter) Macht oder selektiver Berichterstattung zur Verhinderung von Publikationen oder zur "Demontage" von Theorien (vgl. TRAVIS 1980, WYNNE 1976, COLLINS/PINCH 1979).

several areas. As these were triangulated to describe the same phenomenon in a general argument, local contingencies from one field became invisible. Researchers tended to attribute certainity to other fields: physiologists relied on clinical evidence to supplement their anomalous or uncertain results; pathologists turned to physiological evidence when they could not find evidence for discrete areas. (...) Because of the attribution of certainity across disciplinary lines, it was impossible for researchers to trace a simple path of uncertainity, responses, or negotiations of anomalous results (STAR 1985: 408).

Während Wissenschaftler dazu neigen, richtige Überzeugungen als Ergebnis verfahrensmäßig gesicherter experimenteller Erkenntnis anzusehen, das keiner besonderen Erläuterung kontextueller Entstehungsbedingungen bedarf, bemühen sie umgekehrt zur Erklärung der "Schwäche" oder Fehlerhaftigkeit konkurrierender Theorieprogramme vornehmlich Begründungen, die außerhalb des fachlichen Diskurses liegen. Diese Asymmetrie scheint einen Verstärkungseffekt für das traditionelle Bild eines völlig rational entscheidbaren Bewertungs- und Selektionsverfahrens für Wissensansprüche zu haben. Je nach Situation können für das *accounting for error* fachwissenschaftliche oder eher soziale Argumente bemüht werden und Unsicherheiten der Experimentalergebnisse auf- oder abgewertet werden. So zumindest der Befund von Mulkay/Gilbert (1982: 181) aufgrund einer Befragung von 34 Biochemikern: *Whereas correct beliefs is portrayed as exclusively a cognitive phenomenon, as arising unproblematically out of rational assessments of experimental evidence, incorrect belief is viewed as involving the intrusion of distorting social and psychological factors into the cognitive domain. (...) [A]ccounts of correct belief and of errors are constructed (...) from highly flexible resources. Various aspects of any set of scientific beliefs can be emphasized or ignored. The scientific content can be formulated at various levels of generality. And anomalies and experimental uncertainities, which can always be identified if the speaker so wishes, can be defined as marginal or as implying important scientific weaknesses. Similar, the social and psychological notions which are brought to bear on instances of error are essentially open-ended and highly malleable.* Mulkay/Gilbert sehen in diesen Befunden einen Hinweis darauf, daß unter den Wissenschaftlern im Falle von Dissens nicht nur die Überzeugung existiert, daß rationale Entscheidungsmöglichkeiten gegeben sind, sondern, daß darüber hinaus durch die asymmetrische Rechenschaftslegung von Fehlern und sicheren Befunden eine sozial gesteuerte Reifikation dieser Überzeugung geleistet wird.

Der Ertrag der Diskursanalyse liegt insgesamt vor allen Dingen im detaillierten Ausweis der Vielfalt argumentativer Ressourcen, die Wissenschaftler bei der Bewertung umstrittener Sachverhalte mobilisieren können, nicht jedoch in einer theoretisch befriedigenden Erklärung der Interessenlage von Wissenschaftlern, die an der Bewertung von Erkenntnisansprüchen teilhaben.

3.2.3 Das Labor als Ort von Bewertungen

> The research process is nothing more and nothing less than the rest of our daily world and daily stories of fictions and disorder.
>
> Bruno Latour

Während die meist mit Tiefeninterviews durchgeführten Diskursanalysen immer unter dem Vorbehalt standen, eine bereits "aufbereitete" Selbstdarstellung wissenschaftlicher Akteure widerzuspiegeln[1] und die Auseinandersetzungen um das *strong programme* in eine empirisch unzugängliche und theoretisch fruchtlose Sackgasse führten, versprachen die laborkonstruktivistischen Untersuchungen einen durch teilnehmende Beobachtung der Praxis wissenschaftlicher Tätigkeit unmittelbaren Zugang zu den Konstitutionsprozessen wissenschaftlichen Wissens. Laborstudien sollten gewissermaßen die Fragestellungen der vorherigen Debatten aufnehmen, sich diesen aber nicht durch möglichst intime Kenntnisse des Feldes, sondern durch den weitgehend voraussetzungslosen ethnomethodologischen Blick auf die Praktiken einer fremden Kultur nähern: *I am recommending that instead of adopting the perspective of the strong programme, we recognize that modes of reasoning essentially similar to those constituting the strong programme - including activities such as the attribution of motives or interests, the specification of social context, the search for causal influence and so on - both characterise and have significant consequences for scientific work. Thus, the practical reasoning activities of scientists provide an alternative focus for our attempts to further our understanding of the 'process of scientific investigation'* (WOOLGAR 1981: 244). Tatsächlich erfuhren die Pionierarbeiten auf diesem Gebiet (LATOUR/ WOOLGAR 1979 und KNORR CETINA 1991 [1.Aufl. 1984]) eine stürmische Rezeption.[2] Der programmatische Anspruch des Laborkonstruktivismus zielt auf eine unverzerrte Deskription der Genese wissenschaftlichen Wissens und verortet die Bewertung von Erkenntnisansprüchen nicht in einer vom Entstehungsprozeß getrennten Sphäre, sondern in der "Produktion" von Wissen selbst.[3] Die soziale Praxis von Wissenschaftlern ist für die Produktion von Wissen konstitutiv und das Labor der Ort, an dem diese Praxis in besonderer Reinheit zu beobachten ist. Der Widerspruch zwischen der konstruktivistischen Basisannahme der Negation einer beobachterunabhängigen Realität und der epistemischen Sonderstellung der laborkonstruktivistischen Beobachtungsdaten wird allerdings kaum reflektiert.

Wie viele andere bereits genannte Autoren geht auch Knorr Cetina (1991: 24) davon aus, daß das Experiment in der Perspektive der Wissenschaftler weniger eine

---

1 Gilbert und Mulkay gehen zwar davon aus, daß die in Experteninterviews erhobenen Begründungsfiguren den informellen Diskursen von Wissenschaftlern weitgehend entsprechen, sie weisen aber darauf hin, daß die kontextabhängige Flexibilität bei der Auswahl argumentativer Ressourcen auch in der Interviewsituation selbst wirksam ist (vgl. GILBERT/MULKAY 1985: 226).

2 Nowotny (1982: 209) erklärt diesen "Erfolg" damit, daß die Laborstudien auf den Mangel an empirischen Daten reagiert und mit der mikrosoziologischen Orientierung den Zeitgeist der Soziologie getroffen hätten. Hasse/Krücken/Weingart (1994: 230) weisen darauf hin, daß der Laborkonstruktivismus durch *geradezu rücksichtslose Einbeziehung empirischer Phänomene* eine erlösende Antwort auf die *zermürbenden Frustrationen ausweglosen Theoretisierens* geboten hätte.

3 Während Laborstudien sich erst neuerdings den sozialen und kognitiven Strukturen zuwenden, die das einzelne Labor übergreifen, war die Analyse wissenschaftlicher Kontroversen auf *core sets* oder communities bezogen (vgl. z.B. COLLINS 1985).

Wahrheitsprüfung ist, als vielmehr das *Bestreben, erfolgreich etwas 'hinzukriegen', das mittels Publikation in Anerkennung und Kredit umgemünzt werden* kann. Sie sieht wissenschaftliches Wissen als *instrumentell fabriziert* an, dessen Produktion als *hochgradig intern strukturiert angesehen werden* muß (ebd.). Während der Laborarbeit müssen eine Fülle von Selektionen, in Gestalt von Entscheidungen und Verhandlungen vorgenommen werden. Wissenschaftliche Produkte sind nicht nur auf verschiedenen Ebenen der Selektivität strukturiert, sondern getroffene Selektionen modalisieren auch Anschlußselektionen. Diese "Entscheidungsgeladenheit" der Laborarbeit führt dazu, den Bewertungsprozeß direkt in der lokal situierten Laborproduktion auszumachen: *The epistemological qualities of validity or wrongness cannot be separated from sociological notions of decision-making* (LATOUR/WOOLGAR 1979: 121). Bewertung und Konsenserzeugung sind unauflösbar in das Handeln im Labor verwoben, da *Wissenschaftler im Labor ihre Entscheidungen und Selektionen ständig auf die vermutliche Reaktion bestimmter Mitglieder der Wissenschaftlergemeinde, die als 'Validierende' in Frage kommen, beziehen, ebenso wie auf die Politik der Zeitschrift, in der sie zu publizieren vorhaben* (KNORR CETINA 1991: 29). Damit liegt in der Praxis nicht eine Aufgliederung von Entdeckung und getrennten Prozessen der Wissensakzeptierung vor, *sondern die Erhärtung bestimmter Erkenntnisansprüche durch kontinuierliche Eingliederung in die laufende Forschung* (ebd.: 31). In der Perspektive des Laborkonstruktivismus verschiebt sich der Bewertungsprozeß von der Ebene des formalen Kommunikationssystems, in dem ein Wissensanspruch der Überprüfung überantwortet wird, auf eine informale Ebene, auf der sich die Frage stellt, *wie man schneller wissenschaftliche Produkte entwickelt, von denen gewußt wird, daß sie gesucht, gebraucht und abgenommen werden* (KNORR CETINA/AMANN 1992: 225).

Wissenschaftliche Arbeit besteht nach diesem Ansatz in *der Realisierung von Selektivität in einem von vorgehenden Selektionen konstituierten Raum*, dabei kann es sich um das Anknüpfen an und das Nutzen von bereits vorliegenden Erkenntnissen, Prozeduren oder Geräten handeln, aber auch um die Kritik bereits getroffener Selektionen, die ja immer die Möglichkeit alternativer Selektionen einschließen (KNORR CETINA 1991: 28). Die Kontexte, die auf die Realisierung von Selektionen einwirken, sind nicht a priori bestimmt, wie etwa im Konzept der scientific community als entscheidendem Ort der Bewertung von Geltungsansprüchen. In der Theorie Knorr Cetinas mäandern diese relevanten Kontexte zwischen kleinsten lokalen und personalen Einheiten und größeren *transwissenschaftlichen* und *transepistemischen* Feldern (ebd.: 154 f). Der Terminus "transepistemisch" verweist darauf, daß die inhaltliche Konzeptionierung von Forschung nicht unabhängig ist von den kognitiven Orientierungen im Umfeld des Wissenschaftlers; Forschungsgelder, Karrierechancen, Industriekooperationen etc. erzwingen mehr als bloß eine soziale Vernetzung. Mit "transwissenschaftlichen Feldern" rekurriert Knorr Cetina auf die Beobachtung, daß über die eigentliche Spezialistengemeinde hinaus auch Nicht-Wissenschaftler und Wissenschaftler aus anderen Gebieten zu Transaktionspartnern werden. Das Handlungsfeld des Wissenschaftlers setzt sich so aus verschiedensten Handlungsarenen zusammen, die auf die Entscheidungsprozesse der Laborarbeit Einfluß haben. Die Kontingenz getroffener Selektionen nimmt auf diese Weise weiter zu. Der Forschungsprozeß ist daher durch einen *Opportunismus* gekennzeichnet, der sich aus der *situationalen Kontingenz* und der *lokalen 'Ansässigkeit' wissenschaftlicher Operationen*, kurz: durch

'Indexikalität' der Forschungsprodukte ergibt (ebd.: 64 f); einer *spezifisch 'wissenschaftlichen' Rationalität* wird ein *lokal situierte[s] indexikalische[s] Räsonieren* entgegengehalten (ebd.: 110). Nach den Beobachtungen Knorr Cetinas ist die Menge der Wahlmöglichkeiten innerhalb eines Forschungsprozesses so groß, daß sie nicht durch Rückgriff auf das Schrifttum oder anerkannte Standardverfahren, sondern nur *mit Hilfe idiosynkratischer, an einem bestimmten Ort verankerter Interpretationen* und durch Ausspielen von Macht und Verfügungschancen über materielle Arbeitsbedingungen reduziert werden kann (ebd.: 77). Diese kontingente Kontextabhängigkeit des wissenschaftlichen Produkts ist allerdings im Endergebnis (der Publikation) nicht mehr zu entdecken: *Die Wissenschaftler selbst lösen ihre Produkte aus dieser Kontextabhängigkeit, wenn sie sie im wissenschaftlichen Papier in 'findings' umwandeln, von denen sie 'berichten'* (ebd.: 90).

Die grundlegenden Charakteristika des Forschungsprozesses aus der laborkonstruktivistischen Perspektive sind demnach: die Indexikalität oder Kontextualität, die Heterogenität im Sinne vielfältigster Einflüsse aus der sozialen Umwelt, der Opportunismus im Sinne höchst variabler Regelanwendung, die Idiosynkrasie im Sinne der Abhängigkeit von lokalen Bedingungen und Definitionsprozessen und schließlich *fiction building* bei der Verschriftlichung der Befunde (LATOUR 1981). Validierung von Erkenntnissen findet danach nicht in einer von der Produktion unabhängigen Sphäre wissenschaftsöffentlicher Prüfung und Bewertung statt, und entsprechend ist nicht die jeweilige scientific community die relevante Bezugsgruppe, sondern es sind im engeren Sinn die lokale Laboröffentlichkeit und im weiteren Sinne relevante außerwissenschaftliche Instanzen. Ebensowenig sind es Publikationen, die gegen Reputation getauscht werden, sondern die im Labor fabrizierten Fakten: Über den Mechanismus der Transformation (*analoges Argumentieren*) werden *wissenschaftliche 'Tatsachen'* (in ihrer indexikalischen Verfaßtheit) ausgetauscht und nicht *Veröffentlichungen*; es zeigt sich dann, *daß der Austausch eher mit der wissenschaftlichen Produktion als mit Prozessen der Kontrolle und Belohnung zusammenhängt* (KNORR 1985: 172). Innerhalb des formalen Kommunikationssystems der Wissenschaft sind die Spuren dieser Produktionsweise allerdings nicht mehr zu erkennen. Knorr Cetina (1991: 239 ff) spricht mit Bezug auf die Herstellung eines wissenschaftlichen Artikels von einer *doppelten Produktionsweise*, die aus einer *instrumentellen Produktionsweise* besteht, in deren Rahmen die eigentliche Laborarbeit *entkontextiert* wird, und einer literarischen Produktionsweise, die einerseits die *Entkontextierung* weitertreibt (durch selektive Auswahl objektivierend wirkt) und andererseits *Neukontextierungen* schafft, indem der Artikel in die relevante Forschungslandschaft eingepaßt wird. Die so erfolgte Umwandlung des Forschungsprozesses setzt sich beim Leser des fertigen Artikels fort, der Artikel wird neuerlich um-, re-, dekonstruiert (oder auch ignoriert). Ähnlich wie Fleck auf die Veränderungen kommunizierten Wissens durch semantische Bedeutungsverschiebungen hingewiesen hatte, spricht Knorr Cetina (1991: 243) von *Transformationsprozessen*, in deren Verlauf nicht die *Äquivalenz* der Objekte, sondern ihre *Differenz* entscheidend ist. Nur wissenschaftliche Ergebnisse, die (im Sinne von Ressourcen) umwandlungsfähig sind, lassen sich mit den Interessen anderer wissenschaftlicher Akteure verknüpfen. Entsprechend sind die Bewertungen von Wissenschaftlern durch eigene Forschungsinteressen "gefärbt": *[S]ie bewerten Resultate von Kollegen im Hinblick auf die nicht realisierten Möglichkeiten, die diese im*

Gewebe ihrer eigenen anhaltenden Forschungen für sie erschließen (ebd.: 159). Insbesondere Latour und Woolgar entwickeln aus dieser Zentrierung von Bewertungen auf das eigene Forschungshandeln in Analogie zur Ökonomie und mit Anleihen bei Bourdieu ein Modell, das die Interessenlagen der Akteure weder aus einem Interesse an Wahrheit, Information oder Anerkennung, sondern fast ausschließlich als strategische Interessen an der Beschleunigung und Erweiterung des Reproduktionszyklus versteht, in dessen Zentrum der Gewinn von *credibility* steht (vgl. LATOUR/WOOLGAR 1979, LATOUR 1981,1983, 1987). Eine derartige Reduktion von Wissenschaft auf die Suche nach *credibility* ist allerdings ähnlich unergiebig, wie das Modell einer ausschließlich interessenlosen Suche nach Wahrheit (vgl. WILLIAMS/LAW 1980).

Ökonomische Methaphern wie Investition, Rendite, Risikokalkulation, business usw. finden sich schließlich auch dann, wenn Wissenschaftler gegenüber fachfremden Dritten ihre Entscheidungsprozesse zu explizieren versuchen (KNORR CETINA 1982: 110 f). Derartige quasi-ökonomische Modelle, insbesondere in Form von rational-choice Modellen (vgl. Kap. 2.4), mögen zur Rekonstruktion bestimmter Entscheidungsverzweigungen oder strategischer Handlungen durchaus hilfreich sein; als allgemeines Modell für den wissenschaftlichen Produktionsprozeß und speziell für die Modellierung von Bewertungsprozessen, sind sie allerdings nicht tauglich. Der Grund dafür liegt nicht nur in den bereits erwähnten Schwierigkeiten bei der Bestimmung von handlungsleitenden Zielen und Interessen und bei der Klärung dessen, was als rationales Handeln aufgefaßt werden kann (vgl. Kap. 2.8), sondern auch in dem Umstand, daß ökonomische Produktions- und Distributionsmodelle nur sehr eingeschränkt auf Wissenschaft übertragen werden können. Die Art der produzierten Güter, das nur bedingte Zusammentreffen von Reputation und Verfügungsmacht über Ressourcen, die Diffusität der Tauschbeziehungen, die unklare Beziehung zwischen Produktionsmittelbesitz und Verfügungsmacht etc. beschränken die Analogien zum ökonomischen System auf Einzelphänomene des Wissenschaftssystems.

Aus der Perspektive mikrosoziologischer Ansätze wird dabei vor allen Dingen der isoliert individualistische Ausgangspunkt quasi-ökonomischer Modelle kritisiert: *It ignores (...) that outcomes are socially accomplished-in-context or interactively negotiated rather than individually 'calculated'. In addition, it ignores that outcomes are often not consciously 'calculated', which renders the idea of 'satisficing' as problematic as that of 'maximizing'* (KNORR CETINA 1982: 106). Dennoch ist die von Knorr Cetina vorgeschlagene *participant-centred perspective* keineswegs mit rational-choice-Modellen unvereinbar. Beide ähneln sich zumindest in dem Anspruch, makrosoziale Strukturphänomene aus mikrosozialen Konstellationen zu erklären (vgl. ebd.: 116). Die Differenz liegt vielmehr in der unterschiedlichen Betonung dessen, was in einer mikrosozialen Handlungssituation relevant ist. Während ökonomisch inspirierte Erklärungsmodelle von Präferenzstrukturen, Nutzenkalkülen, Interessen und Auszahlungsmatrizen ausgehen, die gegenüber situativen Bedingungen tendenziell invariant sind, erscheinen in der akteurszentrierten Perspektive diese Größen als abhängig vom situationalen Kontext und als jeweils neu verhandelbar.

Kontextualität in der "schwachen Version" bezieht sich dabei lediglich auf den Entdeckungszusammenhang und bezeichnet das weitgehend unstrittige Phänomen, daß die thematische Zentrierung von Wissenschaft nicht ausschließlich intern vorgenommen wird, sondern durch soziale und politische Kontexte beeinflußt wird. Die "starke

Version", die vom Laborkonstruktivismus vertreten wird, geht hingegen davon aus, daß Kontextualität auch auf den "context of justification" durchgreift (vgl. BONẞ u.a. 1993: 176). Die Ursache dafür liegt nicht nur darin, daß Rechtfertigungs- und Entdeckungszusammenhang im Laborkonstruktivismus ohnehin als fließende Übergänge gesehen werden, sondern vor allen Dingen darin, daß Rekontextualisierungen (wie z.B. für die Replikation von Experimenten notwendig) häufig nur eingeschränkt möglich sind. Dem idealisierten Gang einer ex ante-Formulierung von Hypothesen, die in der Konfrontation mit experimentellen Daten auf ihren Wahrheitsgehalt geprüft werden, wird daher mit den Ergebnissen der Laboruntersuchungen ein geradezu spiegelverkehrtes Bild entgegengehalten: Das Übertragen von Lösungen, das Sehen von Analogien (nicht nur figuraler Art), die Entwicklung von Ideen durch *Analogie-Räsonieren* sind die Mechanismen, die Erfolg in Aussicht stellen und Ansporn für Forschungstätigkeit sind. *Wenn sich die mittels einer Analogierelation verbundenen 'Ideen' als nicht realisierte Lösungen mit Erfolgsversprechen darstellen, dann nimmt die mit solchen Ideen verbundene Forschung eine eigenartige Post-hoc-Qualität an; das heißt, die Untersuchung eines Problems wird vorgenommen, nachdem dessen Lösung bereits gefunden ist. (...) Unrealisierte Lösungen werden nicht an unabhängigen Daten gemessen, sondern zum Funktionieren gebracht mit Hilfe von Selektionen, die die antizipierte Lösung aktiv nachkonstruieren* (KNORR CETINA 1991: 108). Gelingt es, alte Lösungen auf neue Probleme anzuwenden, dann handelt es sich um einen Teil des Prozesses der Konsensbildung und Erhärtung von Wissen; kommt es zu einer Transformation wissenschaftlicher Objekte, so handelt es sich um einen Teilaspekt des wissenschaftlichen Wandels. Derartige Forschung ist, unterstützt durch das Bestreben der Wissenschaftler, die *Risiken gering zu halten*, konservativ (ebd.: 111). Sie entspricht weitgehend den Charakteristika, die Fleck für das Forschungsprogramm eines entwickelten Denkstils oder Kuhn für die Phasen der Normalwissenschaft nannten. Dieser Befund überrascht nicht, wenn man bedenkt, daß Laborstudien *Episoden relativ 'normaler' Wissenschaft betrachten* und *wahrscheinlich nicht viel Licht auf die Lösung von Kontroversen werfen können* (COLLINS 1985b: 142). Der Anspruch der jüngsten Laborstudien geht allerdings genau in diese Richtung. Ihr Ziel ist zu zeigen, wie es - nach Wissenschaftsgebieten und ihren sozialen und territorialen Strukturierungen unterschiedlich - gelingt, *lokale Aktivitäten zur Präformierung von Konsens und zur Selektion durchsetzbarer Resultate* zu organisieren (AMANN 1993: 29).

Angesichts der beschriebenen Kontingenzen, variablen Selektionskriterien und kontextabhängigen Entscheidungsprozessen drängt sich das Bild eines weitgehend anarchischen Verlaufs wissenschaftlicher Forschung auf, dessen inhärente Bewertungsprozesse lokalen und situativen Idiosynkrasien, nicht jedoch methodologischen Standards folgen. Latour (1981: 70) formulierte diesen Eindruck, ältere und neuere Ansätze der Wissenschaftssoziologie vergleichend, explizit: *In the old framework, disorder, turbulence, agitation, circumstances were to be eliminated for a world of order, logics and rationality to appear and be maintained. In the new framework, order is nothing but local circumstances obtained from, maintained by, dissolved from time to time in disorder; if you eliminate the opportunism, the context, the fiction building, the agitation, the reconstruction, the rationalisation you get nothing at all.* Anders gesagt, wissenschaftliches Räsonieren unterscheidet sich grundsätzlich nicht vom Alltagshandeln. Wahrheit und Wirklichkeit sind dabei Konsequenzen, nicht

Ursachen der Konstruktionstätigkeit im Labor. Gegen die fast grenzenlose interpretative Flexibilität im Umgang mit empirischen Befunden, die diese Beschreibung suggeriert, wird neuerdings mit einer Figur argumentiert, die Fleck als *Widerstandsaviso* beschrieben hatte. Pickering (1989: 279) spricht von *resistances arising in the material world*, Gooding (1992: 69) von *recalcitrances*. Es handelt sich bei ihnen um Anzeichen dafür, daß im experimentellen Setting etwas "nicht stimmt". Da die konstruktivistische Perspektive davon ausgeht, daß *facts and phenomena are made, not observed, and that criteria for truth are produced, not preordained,* erscheint es nur konsequent, auch die materiale Ausstattung des Labors einzubeziehen und - ähnlich wie die Duhem-Quine-These dies für das Zusammenspiel von Daten und Theorie formulierte - nun von einem Zusammenspiel weiterer Fakoren bei der Generierung und Prüfung von Theorien auszugehen: *There is a play between many things: data, theory, experiment, phenomenology, equipment, data processing* (HACKING 1992: 52 und 55). Dieses Zusammenspiel ermöglicht eine Struktur, die sich in einem autopoietischen Prozeß stabilisiert. Hacking (1992: 30) geht davon aus, daß Laborwissenschaften *are self-vindicating in the sense that any test of theory is against apparatus that has evolved in conjunction with it - and in conjunction with modes of data analysis. Conversely, the criteria for the working of the apparatus and for the correctness of analyses is precisely the fit with theory.* Ähnlich - aber noch radikaler, was die Symmetrie aller involvierten Elemente anbetrifft - hatte bereits Latour (1987) sein Actor-Network entworfen. Diese Ausweitung des Laborkonstruktivismus auf die materielle Seite der Laborarbeit führt jedoch zu einer immer weiteren Ausdehnung des Sozialen,[1] ohne das eigentliche Problem der laborkonstruktivistischen Untersuchungen, nämlich ihre Begrenzung auf das vor Ort Beobachtbare, zu lösen. Diese Begrenzung ist in mehrerlei Hinsicht bedeutsam:[2]

1. Die dem Labor übergeordneten sozialen Phänomene und organsationellen Rahmenbedingungen bleiben weitgehend unberücksichtigt.[3] Dies führt zu einer vorschnellen Beschreibung von Wissenschaft als Summe einzelner Laboratorien. Zwar ist der Laborkonstruktivismus bemüht, mit Begriffen wie transepistemisch und transwissenschaftlich über das enge Labor hinauszusehen, aber die weitere Umwelt des Labors erscheint nur aus der Perspektive der im Labor handelnden Wissenschaftler. Damit werden die spezifischen Umwelten verschiedener Wissenschaftsbereiche, vor allen Dingen aber deren Eigenrationalitäten und das Ausmaß der Intervention dieser Umwelten in den Forschungsprozeß verwischt. Aus der Opposition zu makrosoziologischen Strukturbeschreibungen setzt der Laborkonstruktivismus auf das Entgegengesetzte: Strukturen existieren, wenn überhaupt, nur insoweit, als sie sich - in einem bottom-top-Modell - aus den unmittelbaren Interaktionen des Laborpersonals erkennen lassen. Damit gerät völlig aus dem Blick, daß die Produkte aus den Laboren nicht ohne weiteres in die gesellschaftliche Umwelt diffundieren.

---

1 Hasse u.a.(1993: 247) charakterisieren dies als eine soziomorphe Maxime, die lautet: *alles ist sozial - alles ist konstruiert.*

2 Vgl. zur kritischen Würdigung des Laborkonstruktivismus: WHITLEY 1983; NOWOTNY 1982, NOWOTNY 1990, HITZLER/HONER 1989; COZZENS/GIERYN 1990, WOODHOUSE 1991, HASSE U.A. 1994.

3 Knorr Cetinas transepistemische Felder tauchen in der empirischen Analyse nicht mehr auf, auch in Latours Untersuchungen reduzieren sich die laborübergreifenden Bezüge auf Aspekte der möglichen kommerziellen Verwertbarkeit der Produkte.

2. Die Kennzeichnung der wissenschaftlichen Arbeit als eine von alltäglicher Problembewältigung nicht unterscheidbare Tätigkeit ist selbst ein Muster von Analogiebildung, das wichtige Differenzen übersieht. Wie bereits gezeigt wurde, sind Beurteilungsprozesse in der Tat an Kontexte und Relevanzbeschreibungen gebunden, die nicht ihrerseits durch methodologische Normen bestimmt werden können. Dem entspricht im alltäglichem Umgang mit Neuem und Unerwartetem eine kontextuell gebundene Spezifikation von Relevanzen, die ein ausreichendes Erkennen der Situation und ein angemessenes Handeln ermöglichen. Dabei geht es grundsätzlich um die Reduktion von Unbekanntem auf Bekanntes, auf Typisches (vgl. HITZLER/HONER 1989: 31). Das Grundmuster der Spezifikation von Relevanzen ist insoweit im wissenschaftlichen Erkenntnisprozeß kein anderes als im alltäglichen. Der Unterschied liegt vielmehr im Ausmaß voluntativ auferlegter Relevanzkontexte. Und zwar in zweierlei Hinsicht: Zum einen handeln auch Wissenschaftler in vielen Situationen nach ganz alltäglichen, individuellen Nutzenkalkülen und treffen Entscheidungen, die nicht besonderen wissenschaftlichen Relevanzstrukturen zuzuschreiben sind, d.h. jedoch nicht, daß sie immer und unter allen Bedingungen so handeln. Zum anderen sind die beobachtbaren Interaktionen und materialen Manipulationen nicht mit dem Erkenntnisprozeß identisch. Die gezielte Spezifikation eines Relevanzrahmens geht dem vielmehr voraus: *Sozial konstruiert wird die Mitteilbarkeit von Erkenntnis, interaktiv erzeugt werden die bedeutenden Zeichen, die Erkenntnis intersubjektiv zugänglich machen, bewahren und damit auch 'bewahrheiten' (...). Die Konstitution von Erkenntnis hingegen läßt sich auf dieser Analyseebene nicht beschreiben* (HITZLER/HONER 1989: 31).

3. Die kognitive Dimension der Laborarbeit, ihr Bezug auf Theorien und Methodologie, bleibt im Laborkonstruktivismus ein unbeobachtbares Epiphänomen. Aus der sicherlich zutreffenden Beschreibung alltäglicher Interaktionen, Aushandlungen und Analogieräsonnements, läßt sich wohl auf das "wie", aber weder auf das "was" des Erkenntnisprozesses noch auf das "warum" des Akzeptanzprozesses schließen. Soziale und kognitive Strukturen, die nicht in den unmittelbaren Interaktionszusammenhängen des Labors manifest sind, bleiben - methodisch notwendigerweise [1]- außerhalb der Wahrnehmung des Beobachters. Die Folge ist, daß gerade die Fraglosigkeiten, der als unproblematisch angenommene Hintergrund, also gerade jene Aspekte, die in fachlichen Beurteilungsprozessen - jenseits aller Differenzen - das Fundament und die akzeptierten Regeln bilden, unsichtbar bleiben: *[C]onstructivist studies have not provided a better understanding of what researchers see as negotiable and what they consider beyond dispute, what they implicitly or deliberately accept as knowledge to be taken for granted as given institutional arrangements and what they contest (...) Elements of a sociocognitive order beyond the level of locally contingent episodes of interaction and beyond individual choices and preferences will have to be invoken in order to say anything specific about why and how some researchers succeed in getting some of their knowledge claims widely accepted while other fail* (HAGENDIJK 1990: 50). Auch wenn die traditionelle Wissenschaftssoziologie die Bedeutung von Regeln

---

1 Aus diesen Gründen wird dem Laborkonstruktivismus eine unzureichende Reflexion seiner eigenen methodischen Grundlagen vorgehalten. Hasse u.a. (1993: 237) charakterisieren das Ziel des Laborkonstruktivismus als *quasi-naturalistische Abbildung* der Laborrealität und halten dies auch vor einem konstruktivistischem Hintergrund für *ungerechtfertigt und naiv.*

und Normen überzeichnet hat, müssen doch einige basale Übereinkünfte vorhanden sein, damit die Interaktionen im Labor überhaupt stattfinden können.

Der Laborkonstruktivismus hatte auf die Sackgassen der methodologischen Debatte und die empirisch kaum umsetzbaren Postulate des *strong programme* mit einem radikalen Empirismus reagiert, der sowohl die erkenntnistheoretischen Probleme ignorierte als auch die laborübergreifenden Strukturen auf unmittelbare Interaktionsprozesse reduzierte. Auch bei dem Versuch, die weitere Umwelt (vor allem die nicht beobachtbare) des Labors in Gestalt transepistemischer und -wissenschaftlicher Arenen einzubeziehen, blieb weitgehend unklar, in welcher Weise und in welcher Intensität diese auf den Bewertungsprozeß einwirken. Ebensowenig sind die ökonomischen Akkumulationsmodelle geeignet, jenen Prozeß aufzuklären: Für Bewertungen sei die potentielle Befriedigung subjektiver oder kollektiver Nutzenerwartungen wesentlich. Das "Produkt" muß sozusagen verkäuflich sein. Das ist im Hinblick auf außerwissenschaftliche Bewerter wörtlich zu verstehen, im Hinblick auf die innerwissenschaftlichen Bewertungen ist der Charakter des "Vorproduktes", an das sich weitere Verarbeitungen anschließen, die abermals "Verkäuflichkeit" in Aussicht stellen, entscheidend. Diese Hinweise, gewonnen in Wissenschaftsgebieten, die in der Tat nicht nur mit Theorien, sondern auch mit materiellen Produkten handeln und zudem einen außerwissenschaftlichen "Kundenkreis" haben, sind sicherlich berechtigte Korrekturen am idealisierten Bild des "uninteressierten" und allein der Wahrheit verpflichteten Wissenschaftlers. Eine Erklärung der Akzeptanz von Erkenntnisansprüchen ist damit aber ebenfalls nicht erfolgt. Vielmehr brechen gerade jene durch Nutzenkalküle nicht erklärbaren, aber von den Akteuren antizipierten Beurteilungskriterien von Gutachtern, Herausgebern und Peers in das Labor ein, ohne daß verständlich würde, warum diese Antizipationen keineswegs unendliche individuelle Variationen sind.

Auf die Frage, wie sich die reichhaltigen empirischen Befunde der Laborstudien sozialtheoretisch rekontextualisieren lassen, soll in den folgenden Kapiteln anhand eines Aspektes (Professionsanalyse) und anhand eines umfassenden Theoriemodells (Systemtheorie) eingegangen werden.

3.2.4 Wissenschaft als Profession

> 'Progress' involves a judgement of value, which is not involved in the conception of history as a genetic process.
>
> J. B. Bury

Bewertungsprozesse sind an Zieldefinitionen und an die soziale Institutionalisierung einer Bewertungspraxis gebunden. Auf letzteres hatte Toulmin mit seiner Ergänzung der disziplinären Analyse durch eine Professionsanalyse hingewiesen (vgl. Kap. 2.7). Während in Toulmins Modell Zieldefinitionen überwiegend aus der kognitiven Entwicklung von Disziplinen abgeleitet wurden, zeigte sich in den Laborstudien, daß auch außerhalb der engeren akademischen Bezüge transepistemische und transwissenschaftliche Kontexte die Zieldefinition beeinflussen (vgl. Kap. 3.2.3). Schließlich hatte De Solla Price (Kap. 3.1.1) auf die tiefgreifenden Veränderungen des Forschungshandelns im Übergang zur "Big Science" aufmerksam gemacht. Für Whitley (1981, 1982, 1983) folgt aus diesen Befunden, daß wissenschaftliche Bewertungsprozesse zwar auf einem allgemeinen Anspruch beruhen, der jedoch die vielfältige Praxis keineswegs determiniert: *While the sciences share general attributes of the knowledge production and validation process, qua science, they institutionalize these in distinctive ways and produce distinctive knowledges* (WHITLEY 1983: 712). Diese Diagnose - darin folgt Whitley den bereits referierten Befunden der neueren Wissenschaftssoziologie - gilt auch innerhalb einzelner Wissenschaftsgebiete. Produktions- und Bewertungsprozesse weisen ganz erhebliche Variabilität auf: *What becomes recognized as scientific knowledge is the outcome of complex social processes which are not reducible to an algorithm, and which are themselves subject to change. In fields which are commonly regarded as the most scientific it is quite clear that judgements are made in the context of patterns of social and intellectual organisation and cannot be adequately understood without locating them in that context* (ebd.: 318). Diese Befunde sind nicht nur auf einen veränderten Fokus der Wissenschaftssoziologie zurückzuführen, sondern auch auf gravierende Veränderungen der Wissenschaftslandschaft in der Nachkriegszeit. Die Wissenschaft erfuhr in dieser Zeit sowohl ein exponentielles Wachstum vor allem ihrer laborförmigen Gebiete als auch eine starke Diffusion in andere nichtakademische Gebiete der Gesellschaft: *Science today is a highly general umbrella term which covers a vast range of activities conducted by a large number of qualified personel in a variety of work organisations for a variety of purposes* (ebd.: 299).[1] Das hat zur Folge, daß ebenso in intellektueller wie in institutioneller Hinsicht ein sehr breites Spektrum von Forschungs- und Urteilspraxen existiert und daß Bewertungsprozesse nicht nur durch das Maß kognitiver Konsensualität, sondern auch stark durch die organisationellen und professionellen Rahmenbedingungen wissenschaftlicher Arbeit beeinflußt werden.

Whitley sieht daher auch in den Bemühungen, einheitliche Gebiete über Normen, die von den jeweiligen Wissenschaftlern geteilt werden, oder über die Konstruktion von Paradigmengemeinschaften zu identifizieren, kein taugliches Mittel, die Ausdifferenzierung von unterschiedlichen Bewertungspraxen zu erfassen: *As the 'scientific method', science became an abstract set of norms for producing knowledge oriented towards a variety of goals and a variety of employing organizations arose to control and direct such knowledge production. This variety of relations between employers, scientists and universities means that the academic model of scientific work and 'communities' is inadequate for understanding the professionalized sciencs* (WHITLEY 1982: 352). Er charakterisiert Wissenschaftsgebiete entsprechend als *reputational organisations*, die sich zunächst auf den Dimensionen *mutual interdependence* und *degree of task uncertainty* differenzieren lassen (ebd.: 315). Wissenschaft erscheint als ein spezieller Typus professioneller Organisationen. Im Gegensatz zu dem relativ monolithischen Konzept der scientific communities schlägt Whitley vor, Wissenschaft als organisationelle Kontrolle über Arbeitspraxen und Ziele zu verstehen, die durch eine Reputationsorganisation dominiert werden und nicht nur über eine, sondern über mehrere analytische Dimensionen gekennzeichnet sind.

Eine erste Differenzierung einer solchen sozialen Organisationsform von Wissen-

1 Mit fast den gleichen Worten beschreibt Mittelstraß (1993) die Situation in der Wissenschaft.

schaft ergibt sich damit nach dem Ausmaß der Zentralisierung der Kontrolle über verschiedene Arbeitsorganisationen durch eine oder mehrere Reputationsorganisationen: *Different sciences may control jobs in a variety of different organizations and scientists in any particular organization may contribute to the goals of a number of different reputational communities* (ebd.: 328). Je weniger ein Gebiet unter die zentralen Ziele einer Reputationsorganisation fällt, desto eher ergeben sich Freiräume, Auswahlmöglichkeiten und lokal definierte Standards und Idiosynkrasien. Mit anderen Worten: Je vielfältiger die adressierbaren Reputations-Organisationen, desto größer sind die Möglichkeiten opportunistischer Spezifikationen im Forschungsalltag und desto größer sind die Chancen, die Relevanzkontexte einer dieser Organisationen zu treffen; für die Bewertung eines Erkenntnisanspruchs stehen potentiell verschiedene Foren und damit auch unterschiedlich akzentuierte Standards zur Verfügung.

Eine zweite Differenzierung läßt sich über den Grad gegenseitiger Abhängigkeit der Wissenschaftler in der Produktion und Bewertung von Wissen herstellen und über das Ausmaß der Formalisierung und Standardisierung in einem Gebiet. Whitley geht davon aus, daß jedes Forschungsthema zunächst einmal in ein definiertes Forschungsgebiet eingefügt werden muß. Diese Kontextualisierung mit bereits vorhandenen Themen, Problemen, Verfahrenstechniken, Traditionen etc. bezeichnet er als *domain assumption.* Diese bildet den Hintergrund, auf dem ein Phänomen als interessant oder relevant verortet werden kann. Mit der Verortung ergeben sich auch erste Anhaltspunkte für die Standards der Bearbeitung und Beurteilung: *The specification of a cognitive domain of interest which implies some ordering of research topics or issues sets constraints - however loosely - on how such topics are to be conceptualised and worked on. (...) [J]udgements are requiered to make sense of results in the light of existing concerns and assumptions. These judgements can be viewed as developments of interpretative norms which are connected - in varying degrees - to dominant conceptions of the field and appropriate approaches* (WHITLEY 1981: 304 f). Dabei knüpft Whitley an das Konzept unterschiedlicher Kodifizierungsgrade an und geht davon aus, daß in hoch formalisierten Bereichen mit meist starken Interdependenzen in der theoretischen Strukturierung stärkere Restriktionen vorherrschen und mithin auch Beurteilungen mit wenig Ambiguität fast routinemäßig erfolgen. Allerdings ist dies ein Extremfall: *In most sciences (...) choices are still requiered of scientist and decicions have to be made up about how to proceed* (ebd.: 308).

Interdependenzen ergeben sich aber auch auf der sozialen Ebene als Abhängigkeit von etablierten Gruppen in einem Forschungsgebiet. Diese Abhängigkeit variiert zunächst einmal in der Zeit, entsprechend der "Konkurrenzsituation" im jeweiligen Gebiet: *Increased competition for reputations and resources in fields with common technical procedures and formalized communication systems results in increasingly narrow and specific research problems being untertaken as practitioners attempt to show their originality simultaneously with their fidelity to the dominant goals of the reputational system* (WHITLEY 1982: 330). Hier taucht sowohl der Aspekt einer schon in den Produktionsprozeß von Wissen eingelassenen Übernahme von Relevanzeinschätzungen (z.B. in der Auswahl der zitierten Literatur) als auch die Möglichkeit einer Neuschaffung von Bewertungskontexten durch vorangetriebene Spezialisierung auf. Das Ausmaß der Abhängigkeit von relativ kleinen Eliten und homogen gefaßten Bewertungsstandards hängt aber auch davon ab, wie stark der Zugang zu Ressourcen -

seien es Forschungsgelder, Publikationsraum oder notwendige Apparaturen - zentralisiert ist. In Bereichen wie etwa der Hochenergiephysik ist der Zugang zu den kostspieligen Experimentaleinrichtungen stark begrenzt und die Durchführung von Experimenten auf eine komplizierte Kooperation verschiedenster Wissenschaftler und Techniker angewiesen. Eine Art soziale und kognitive Schließung ist die Folge. Die Zugangsbarrieren zu solchen Bereichen sind enorm hoch, und in solchen "monopolisierten" Forschungsgebieten entscheidet eine relativ kleine Gruppe von Wissenschaftlern sowohl über Standards und Relevanzen als auch über die Zugangschancen für experimentelle Arbeit. Umgekehrt ergibt sich für Wissenschaftsbereiche, die ein weniger spezialisiertes Auditorium haben oder ein breites Praxisfeld kontrollieren oder verschiedene Reputationsorganisationen erreichen können, eine größere Zahl von Alternativen auch hinsichtlich der Festlegung von Relevanzkriterien und Bewertungsstandards. Diese Pluralität ist nicht unbedingt an eine fehlende paradigmatische Geschlossenheit geknüpft. Wie im Falle der modernen Biowissenschaften kann es auch bei vereinheitlichten technischen Prozeduren und einheitlichem Theoriegebäude möglich sein, an sehr verschiedene theoretische oder praktische Ziele und Problemdefinitionen und die zugehörigen Repuationsorganisationen anzuknüpfen. Unter solchen Bedingungen werden für einzelne Forschungsgruppen eine Vielzahl von strukturierenden "Umweltschleifen" möglich: *Plurality of work organizations and goals represented in them is likely to lead to a plurality of reputational communities available to practitioners such that their dependence on any one group of colleagues is reduced and the boundaries of such organizations become more fluid* (ebd.: 335).

Whitleys drittes Differenzierungsmerkmal der sozialen Wissenschaftsorganisation, der Grad der Aufgabenunsicherheit, nimmt die Unterscheidung von *Disziplinen und möglichen Disziplinen* bei Toulmin und die Vielzahl ähnlicher Versuche, zwischen harten und weichen Wissenschaftsbereichen zu unterscheiden, auf. Wenn Problemdefinitionen und Lösungsstrategien einigermaßen klar und konsensual bestimmt und in einer arbeitsteiligen, planenden und Ergebnisse koordinierenden und kontrollierenden Organisation bearbeitet werden können, ohne daß es sich um reine Routinearbeit handelt, dann sind auch Ergebnisbewertungen und Belohnungszuteilungen unproblematisch: *the whole science operates like a smooth machine* (ebd.: 337). Es handelt sich um Normalwissenschaft in einem generalisierten Sinne, in der sich die methodologischen Bewertungsprobleme durch konventionell festgelegte Ziele und Verfahren weitgehend auflösen und entsprechend Relevanz und Bedeutung einzelner Beiträge relativ einfach zu ermitteln sind. Umgekehrt gilt natürlich, daß in Bereichen mit hoher Aufgabenunsicherheit lokale und situationale Spezifikationen von Standards, Zielen und Aufgaben eher anzutreffen sind, daß sie umstrittener sind und daß insgesamt ein inhomogeneres Auditorium mit der Evaluation von Beiträgen befaßt ist: *Criteria of success and significance are less institutionalized in these fields so that work ist evaluated differently at different sites and reputations not as awidely established throughout the fields as in more integrated sciences* (ebd.: 338). Die Grenze zwischen beiden Wissenschaftsbereichen dürfte allerdings fließend sein, ebenso wie die Abgrenzung von Feldern hoher und geringer Aufgabenunsicherheit innerhalb von Disziplinen. Mit wachsender Entfernung von der eigentlichen Forschergruppe wird die Integration eines Wissensgebietes immer abstrakter, und damit ergeben sich auch in hoch formalisierten und integrierten Wissenschaftsfeldern Teilgebiete mit weitgehenden Bewertungsunsicherheiten, ebenso wie sich in weniger formalisierten Wissensgebieten Zonen mit hoch formalisierten, konsensualen Wissens- und Verfahrensbeständen bilden können;[1] schließlich sind solche Zuschreibungen historisch variabel, das heißt, im wesentlichen bestimmen die aktuell realisierten Problemwahlen, welches Maß an "Bewertungssicherheit" besteht.

Whitleys Charakterisierung der Rahmenbedingungen von institutionalisierten Bewertungsprozessen läßt sich als makrosoziologischer Ansatz einer kognitiv orientierten Wissenschaftssoziologie verstehen, die strukturfunktionalistische Analysen des Belohnungssystems und Professionsanalysen mit den Befunden der neueren Wissenschaftssoziologie zu verbinden sucht. Dabei werden zwar den bisherigen Befunden wichtige Aspekte hinzugefügt, wie etwa der mit der Professionsanalyse verbundene Wechsel der Perspektive auf maßgebliche Auditorien außerhalb der engeren scientific community, aber es entsteht weder eine theoretische Synthese, noch eine empirische Perspektive, die die nach wie vor disparaten Befunde integrieren könnte.

3.2.5 Kontext, Relevanz und Situation

> Wo (..) ein Begriff des Erkennens, der die geltende Wissenschaft transzendiert, überhaupt fehlt, resigniert Erkenntniskritik zur Wissenschaftstheorie; diese beschränkt sich auf die pseudonormative Regelung der etablierten Forschung.
>
> Jürgen Habermas

Bei der Diskussion wissenschaftstheoretischer Perspektiven auf die Bewertungsproblematik war als zentraler Problempunkt intersubjektiv übereinstimmender Bewertungen nicht das Fehlen von Urteilskriterien, sondern die Bestimmung der Relevanz der verschiedenen Kriterien bei der Verrechnung zu einer Beurteilung aufgetaucht. Weiterhin wurde in der methodologischen Debatte zwischen verschiedenen Kontexten unterschieden: Einerseits zwischen dem Entdeckungs- und dem Rechtfertigungskontext (mit unscharfen Grenzen), andererseits wurde die Einbettung von Beurteilungen in situationale Kontexte betont. Diese situationalen Bedingungen des Urteilens führten schließlich auch zu einer Ergänzung der rein logischen Rekonstruktion wissenschaftlicher Entscheidungen um die Situationsanalyse des handelnden Wissenschaftlers (POPPER, TOULMIN) bzw. in der Kuhnschen Version zur Einführung des Paradigmenbegriffes als sozialem und kognitivem Kontext. Insbesondere im Rahmen des Laborkonstruktivismus wurde schließlich auch diese *monodisziplinäre Perspektive* (LÜDKTE 1995: 98), die die Fachgemeinschaft bzw. die Disziplin als maßgebliche Instanz begreift, durch interdisziplinäre oder gar transwissenschaftliche - jedenfalls situationsspezifische - Konstellationen ersetzt. "Situation" steht dabei für veränderliche räumliche, zeitliche, soziale und kognitive Rahmenbedingungen, und insoweit ist "Situation" ein Synonym für Kontext oder eine von möglicherweise meh-

---

1 Vgl. dazu Knorr (1975: 343), die für die wenig integrierten sozialwissenschaftlichen Disziplinen aufgrund empirischer Erhebungen diagnostizierte, daß *hochgradige Konsolidierung und hochgradiger Dissens* nebeneinanderexistieren.

reren Kontextkategorien. Zwischen Relevanz und Kontext ergibt sich ebenfalls eine enge Beziehung, weil Relevanzen die Kriterien der Selektivität darstellen, die die Abgrenzung sowohl der kognitiven wie der sozialen Kontexte wissenschaftlicher Tätigkeit wesentlich bestimmen (vgl. LIST 1993: 160).

Zündstoff liefern diese Begrifflichkeiten deshalb, weil sich an ihnen die häufig dramatisierten Oppositionspaare wie Realismus - Relativismus, Wahrheit - Nützlichkeit, Objektivität - indexikalisches Wissen, Universalismus - Partikularismus, nomothetisch/erklärend - ideographisch/verstehend etc. profilieren lassen. Je mehr Gewicht den lokalen und situativen Kontextfaktoren in der Beurteilung beigemessen wird, desto eher läßt sich der epistemische Sonderstatus von Wissenschaft anzweifeln, um so unterschiedsloser erscheinen wissenschaftliche Diskurse und Alltagsdiskurse. Und umgekehrt: Je stärker Kontexte generalisiert oder Wissen und seine Beurteilung kontextunabhängig gesehen werden können, desto stärker erscheint Wissenschaft als Sonderform von Erkenntnis mit spezifischer Rationalität, begründeten Regeln der Akzeptanz und Verwerfung von Erkenntnisansprüchen und Universalitätsansprüchen hinsichtlich der Geltung ihrer Aussagen. Die neuere Wissenschaftssoziologie hat die Kontextualität der Produktion, Validierung und diskursiven Verhandlung wissenschaftlicher Befunde im Sinne einer Gebundenheit an lokale, materielle und soziale Bedingungen in den Mittelpunkt ihrer Analysen gestellt. Die These lautete, daß die wissenschaftlichen Tatsachen *in einem kognitiven, sozialen und institutionellen Handlungszusammenhang [stehen], der ausschlaggebend dafür ist, was wissenschaftlich 'in' und 'out', was die richtige Problemsicht und was eine befriedigende Erklärung ist* (BONß u.a. 1993:175). Zwischen Alltagsdiskursen und wissenschaftlichen Diskursen bestehen danach allenfalls graduelle Unterschiede. Diese Einsicht wird nun als *relativ neu* und als *Brücke* und *dritter Weg* zwischen Phänomenologie und Positivismus angesehen (WENZEL/SCHULZE 1993: 41). Beides ist offensichtlich falsch. Einerseits hat auch die positivistisch orientierte Methodologie sich durchaus den Phänomenen der Kontextualität zugewandt, andererseits reichen die Versuche, die Leerstellen des methodologischen Programms zu füllen, weit zurück, und schließlich ist trotz vieler Versuche (vgl. z.B. BATESON 1984: 150 f, BATESON 1992: 321 f) eine ausgereifte Kontexttheorie nicht in Sicht, denn die Frage, wann welche Kontexte bei der Produktion und Bewertung von wissenschaftlichem Wissen zum Tragen kommen, ist nach wie vor unbeantwortet.

Auf die unlösbare und über den engen methodologischen Diskurs hinausgehende Verquickung von Relevanzzuschreibungen, basalen Wertvorstellungen und individuellen oder sozialen Motivationen hatte bereits Schütz (1982) in seinen Ausführungen über *Das Problem der Relevanz* hingewiesen (geschrieben 1947-51). Er beschäftigt sich dort im wesentlichen mit Relevanzstrukturen des Alltagshandelns; seine Differenzierung von unterschiedlichen Relevanztypen läßt sich aber durchaus auf den wissenschaftlichen Bewertungsprozeß applizieren. Schütz unterschied thematische Relevanz, Auslegungsrelevanz und Deutungsrelevanz. Mit einer Theorie der thematischen Relevanz sollte die *Freiheit in der Wahl jener Werte, von denen wir theoretisch und im praktischen Leben geführt werden*, bestimmt werden, mit der Auslegungsrelevanz neues Licht auf *Funktion und Sinn der Methodologie* geworfen werden und schließlich mit der Motivationsrelevanz eine *Theorie des intersubjektiven Verstehens* begründet werden (SCHÜTZ 1982: 107 f). Drei Themenkomplexe also, die eine zentrale Rolle im diskutierten Bewertungsprozeß wissenschaftlicher Leistungen spielen.

Mit der thematischen Relevanz ist, grob gesprochen, das auferlegte oder voluntativ herbeigeführte Auftauchen unvertrauter Erfahrungen in einem Erfahrungshorizont gemeint: *[T]hematische Relevanzen werden durch jede Veränderung oder Modifikation geschaffen, die uns nötigen, die Idealisierungen des 'und so weiter' und des 'immer wieder', welche ja unserer ganzen Erfahrung zugrunde liegen, zu unterbrechen* (ebd.: 58 f). Wenn der *Aufmerksamkeitsstrahl* erst einmal auf ein *ausgezeichnetes Thema* gelenkt ist, ergeben sich erste Einschränkungen: *[Z]u einem gewissen Grad [sind] sowohl die Richtung, in der die wesentlichen Relevanzen bis zum Horizont führen, als auch die Grenze, bis zu der man ihnen folgen muß, konstituiert* (ebd.: 65). Die Begriffe "Thema" und "Horizont" sind der Husserlschen Phänomenologie entnommen und verweisen auf ebendas, was an anderer Stelle als Kontextualität bezeichnet wird. Es handelt sich im Falle wissenschaftlicher Untersuchungen vor allen Dingen um die kognitiven Traditionen und Problemdefinitionen eines Wissenschaftsgebietes. Diese bilden einen kognitiven Kontext, der die Sicht auf das Problem präformiert. Wie tief (bis zu welchem *Gewißheitsgrad*) ein durch die thematische Relevanz gegebenes Problem dann analysiert werden muß, hängt wesentlich vom *aktuellen Interesse* des Subjekts ab (ebd.: 58 ff). Der Begriff "aktuelles Interesse" klärt sich im Zusammenhang mit den beiden anderen Relevanztypen. Das Interesse ist im alltäglichen und im wissenschaftlichen Handeln nach Schütz verschieden. Nur im wissenschaftlichen Handeln gibt es vorrangig eine theoretische Einstellung, die ohne praktische Zweck-Mittel-Relation auf die Vermehrung, Sicherung und Überprüfung von Wissen gerichtet ist.

Thematische Relevanzen werden in Gestalt von Problemen im Wissenschaftssystem sowohl intern generiert (z.B. die "Widerstände" und nicht erwarteten Ergebnisse im Experiment, die neuen Probleme, die sich mit jeder gelungenen Problemlösung ergeben) als auch aus anderen gesellschaftlichen Bereichen importiert. Die Fokussierung des "Aufmerksamkeitsstrahls" und damit auch die Ausrichtung von Urteilskriterien erfolgt mit der Einordnung des zu untersuchenden oder zu beurteilenden Phänomens in einen intellektuellen Kontext. Diese erste "Domestizierung" eines Problems entsteht also durch die Verortung in einem schon bekannten Kontext.

Auslegungsrelevanz bezeichnet den Vorgang der Verknüpfung des thematisch relevanten Problems mit dem bereits vorhandenen Wissen, die Subsumtion unter *diejenigen typischen früheren Erfahrungen, die [den] gegenwärtig zuhandenen Wissensvorrat ausmachen* (ebd.: 67). Dabei beruht die Auslegungsrelevanz auf einem *Prinzip der Verträglichkeit aller seiner koexistenten Momente* (ebd.: 76). Das heißt, auszulegende Erfahrung und Auslegungsschema werden zu Systemen integriert, deren *Typus* in der erworbenen Erfahrung und dem Erwartungsbestand (*Potentionen*) hinsichtlich der Perpetuierbarkeit der Erfahrungen vorfindlich ist, deren Angemessenheit aber situationsbedingt ist. Auslegungsrelevanzen existieren nicht an sich, sondern müssen sich auf ein Thema beziehen, ebenso existiert der Typus nur in bezug auf besondere Probleme. Auslegung (Zustimmung, Zweifel, Fragen) muß daher ebenso erlernt werden wie die Abwägung der Ergebnisse einer Auslegung (umstandsgemäße Vervollständigung und Koordinierung des Materials etc.). Der *Typus* ist für Schütz *die Demarkationslinie zwischen den erforschten und den unerforschten Horizonten des vorliegenden Themas und das Ergebnis früher gültiger Systeme der Auslegungs-*

relevanzen (ebd.: 99). Dabei ist mit den *früher gültigen Systemen* mehr als Methoden des logischen und deduktiven Folgerns gemeint, nämlich erfahrungsmäßig bewährte Systeme, die sich als nützlich erwiesen haben (*eine Reihe praktischer Rezepte, um typische Zwecke durch typische Mittel zu erreichen* (ebd.: 109 f)). [1]Entsprechend ist der Vorgang des "Auslegens" auch keine *Kette logischer Schritte*, sondern eine bereits in der *vorprädikativen Sphäre* angelegte Schematisierung. Wann eine Auslegung einen befriedigenden, wenn auch vorläufigen *Gewißheitsgrad* erreicht hat (*Anzahl und Gewicht derjenigen Auslegungsrelevanzen, die als genügend angesehen werden*), ist wiederum von der Situation,[2] die das *aktuelle Interesse* bestimmt, abhängig (ebd.: 75 ff). Im Ergebnis steht ein zumindest für die Situation fraglos gegebenes Wissen: *Solange wie die dem vertrauten Wissen anhängenden Erfahrungen fortlaufend von der Typizität der neu hinzukommenden Erfahrungen gleicher oder ähnlicher Gegenstände erfüllt werden, solange die Welt so weitergeht wie es im Wissensvorrat (das heißt in den sedimentierten Typifizierungen) antizipiert wird, werden wir uns bei diesem Zustand beruhigen* (ebd.: 97). Dabei gaben die thematischen Relevanzen vor, bis zu welchem *Niveau* ein Problem untersucht werden mußte, um eine *ausreichende Vertrautheit* und ein Wissen von den Erfahrungsgegenständen zu gewinnen, während die Auslegungsrelevanz sich auf die *Typizität* dieses Wissens bezog, also auf die Frage, hinsichtlich welcher Aspekte Vertrautheit herrscht, oder anders formuliert: was *für die Lösung typischer Probleme typisch relevant* ist (ebd.: 98). Während im Alltagshandeln die biographisch bestimmte Struktur des Wissensvorrats maßgeblich ist, kommen im Falle der Wissenschaft die disziplinären Traditionen (das Ensemble bewährter Theorien und Verfahren) einerseits und die lokale Situiertheit (die lokalen Traditionen, sozialen Strukturen und technischen Infrastrukturen) andererseits zum Tragen. Im Gegensatz zum Alltagshandeln erschöpfen sich die Auslegungsrelevanzen nicht darin, die Routinen des Alltagshandeln neuerlich zu ermöglichen, sondern in einer systematischen und planmäßigen Ausdeutung des Problems.

Mit Motivationsrelevanz schließlich ist die Zielgebundenheit des Untersuchungshandelns gemeint. Sie bezieht sich auf das Interesse, das die Auswahlprozesse des Bewußtseins leitet: *Die 'Wichtigkeit', richtig, das heißt bis zu einem genügend plausiblen Grad, auszulegen, besteht in der Tatsache, daß nicht nur die zu wählenden Mittel, sondern auch die zu erreichenden Ziele, von dieser Diagnose abhängen* (ebd.: 79). Motivationsrelevanzen enthalten einerseits Um-zu-Motive, aus denen sich die Planmäßigkeit des Handelns ergibt, andererseits Weil-Motive, *die ihren Niederschlag in der biographisch bestimmten Situation des Selbst zu einem bestimmten Augenblick findet.* "Interesse" bezeichnet diese biographisch bestimmte Konzentration auf einen *gewissen Weltausschnitt* (ebd.: 101). In Kap. 3.2.1 wurde bereits auf die Schwierigkeit einer sinnvollen Bestimmung des Interessenbegriffes hingewiesen. In der Schützschen Trias von Relevanzen wird immerhin deutlich, daß im wissenschaftlichen Handeln mindestens drei verschiedene Interessenkomplexe zu unterscheiden sind: Das sind zunächst analog zum Alltagshandeln die individuellen, biographisch geformten Interessen des Forschers, zweitens Interessen, die sich aus den Zielbestimmungen einer

1 Nicht zu übersehen ist die Ähnlichkeit zwischen solchen erfahrungsmäßig bewährten Systemen und den *Musterbeispielen* Kuhns.

2 Vgl. dazu die starke Betonung der Situationsgebundenheit von Urteilen und Beurteilungskriterien bei Toulmin (Kap. 2.7).

gegebenen Forschungssituation und ihrem lokalen und institutionellen Rahmen ergeben, und drittens Interessen, die sich aus dem disziplinären Problembestand konstituieren. Ausgangspunkt ist die Handlungssituation und das pragmatische Motiv ihrer Bewältigung. Von hierher bestimmt sich, welche Elemente des Wissens- und Erfahrungsvorrates relevant werden. Für den Beurteilungsprozeß heißt das, daß die epistemischen Kriterien wie Wahrheit, Plausibilität, Bewährung etc. nicht außer Kraft gesetzt werden, aber erst durch die Forschungssituation in ihrer Relevanz spezifiziert werden. Auch der Unterschied zwischen Alltagshandeln und wissenschaftlichem Handeln wird damit deutlicher: Er liegt nicht so sehr in der Auszeichnung epistemischer Elemente als vielmehr in den unterschiedlichen Relevanzstrukturen: Im Falle von Wissenschaft ist der *methodisch betriebene, durch Regeln der expliziten Rechtfertigung geleitete Erwerb von Wissen* vorrangig (LIST 1993: 165). In Kap. 2 wurde allerdings gezeigt, daß gerade diese regelgeleitete und explizite Rechtfertigung nur begrenzt möglich ist. Auch Schütz vertritt hier einen normativen Anspruch, ohne dessen Einlösbarkeit zu diskutieren. Der Wert seines Beitrages liegt daher auch nicht in der Benennung von Regeln der Rechtfertigung, sondern darin, zu zeigen, daß die Spezifikation von Regeln über die Bestimmung von Relevanzkontexten verläuft.

Keinem der drei Relevanzsysteme kommt eine besondere Stellung zu, sie sind vielmehr nur *drei Aspekte eines einzigen Phänomenkomplexes* (ebd.: 107), d.h. der Anstoß für die Beschäftigung mit einem Problem, und die Art und Weise der Bearbeitung läßt sich von jedem Relevanzsystem aus beginnen, wobei jeweils in den anderen Systemen neue Relevanzen angestoßen werden. Die Interdependenz der Relevanzsysteme verhindert gerade jene Totalisierung, die der Laborkonstruktivismus hinsichtlich der sozialen und materiellen Kontextbedingungen des Labors betrieben oder die die Methodologie hinsichtlich der kognitiven Strukturen und ihrer logischen Konsistenz zugrundegelegt hatte. Schütz dagegen macht deutlich, wie verschiedene Kontexte bei der Problembearbeitung relevant und im Laufe der Bearbeitung verändert werden.

Was Schütz als Relevanzsysteme bei der Bearbeitung eines Problems ausgemacht hatte, taucht in der Bewertung eines Lösungsvorschlages für ein Problem noch einmal auf. Allerdings mit der wichtigen Ergänzung, daß der wissenschaftliche Beurteiler in gewissem Maße frei ist, die Relevanzsysteme auch anders zu spezifizieren. Schütz weist darauf hin, daß Relevanzsysteme auch *selbst als habitueller Besitz Elemente des zuhandenen Wissensvorrates sind* und jederzeit *für eine neue Untersuchung thematisch relevant werden können* (ebd.: 109). Relevanzsysteme stehen ähnlich wie das Wissen selbst für die Wissenschaft als tradierte und über Sozialisation vermittelte, aber prinzipiell revidierbare Elemente zur Verfügung: *Das Wissen ist ja schon sozialisiertes Wissen, und so sind es auch die Relevanzsysteme, und ist es die als gegeben hingenommene Welt* (ebd.: 111). Relevanzsysteme stehen als Reflexionswissen für den neuerlichen Auf- und Umbau von Relevanzsystemen zur Verfügung. Zusätzlich zum kritischen Nachvollzug der spezifizierten Relevanzen hat der Beurteiler also die Option, den zu begutachtenden Sachverhalt unter anders spezifizierten Relevanzen zu betrachten. Dieses Resultat begründet die oben ausgedrückte Skepsis am Anspruch der Methodologie, eben jene Relevanzen bestimmen zu können (vgl. RADNITZKY 1980: 369), die offenbar den Schnittpunkt sozialer Formierung und subjektfreier, methodischer Prüfung bilden: *Die Methodologie kann niemals das erstellen, was für uns thematisch relevant ist, ebensowenig können uns die operationalen Regeln den Brennpunkt unseres motivationsmäßigen Interesses liefern* (SCHÜTZ 1982: 174). Vielmehr verweisen gerade die offenen Möglichkeiten, *zwischen Handlungsentwürfen zu wählen, denen allen thematische, auslegungsmäßige und motivationsmäßige Relevanzen anhaften*, darauf, daß dieser Möglichkeitsraum nur durch soziale Prozesse reduziert werden kann (ebd.: 183). Da Relevanzsysteme reflexiv zugänglich sind, dienen sie allerdings nicht nur der Problemlösung, sondern sind auch in der Kommunikation über potentielle Problemlösungen und bei der Erzeugung von Akzeptanz strategisch einsetzbar.

Für die Bewertung von Erkenntnisansprüchen ist es notwendig, ein Territorium zu bestimmen, aus dem sich Bewertungsstandards ableiten lassen und ein Relevanzhorizont abstecken läßt. Das heißt mit anderen Worten, daß der Wissenschaftler *nicht nur für das Auffinden 'einer Wahrheit' verantwortlich ist, sondern auch dafür, daß sie (...) für seine Kollegen Bedeutung hat* (STORER 1972b: 106). Anders gesagt: Nicht nur der Befund, sondern auch das zugehörige Relevanzsystem muß an den Rezipienten vermittelt werden. Die wissenschaftliche Publikation reflektiert diesen Zwang in dem Bemühen, einleitend ein Bild vom relevanten Problembereich, seiner Geschichte und den bisherigen Lösungsversuchen zu entwerfen. Während der Forschungsprozeß zunächst eklektizistisch mit bestehendem Wissen verfährt, entstehen die *literarischen Konventionen für wissenschaftliche Veröffentlichungen* (TOULMIN 1983: 342) erst dadurch, daß der Forscher selbst versuchen muß, Akzeptanz für seine Arbeit in den ihn umgebenden engeren und weiteren Wissenschaftskontexten herzustellen: *Research issues and foci are 'interesting' or 'relevant' or 'hot' in some intellectueal context which make sense of them in terms of more general concerns and problems which form the basis of identity of a scientific field and so 'contribute' to that field* (WHITLEY 1981: 303). Die Relevanz eines Erkenntnisanspruches ist daher nicht einfach durch seinen kognitiven Gehalt gegeben, sondern sie muß auch auf einer sozialen Bühne inszeniert werden, indem einerseits eine stilisierte Problemgeschichte und andererseits die Bedeutsamkeit der eigenen Forschung entwickelt wird. Dies ist der Grund dafür, daß wissenschaftliche Publikationen mehr als eine reine Faktendarstellung enthalten, nämlich literarische Überzeugungsstrategien, die den Leser vom Wert der vorgetragenen Erkenntnisbehauptung überzeugen sollen.[1] Welche Freiheitsgrade bei der Stilisierung von Relevanzen gegeben sind und in welchem Maße sie die Akzeptanz von Erkenntnisbehauptungen beeinflussen können, hängt im weiteren Sinne von den sozialstrukturellen Kontextbedingungen, im engeren Sinne von der Beschaffenheit des maßgeblichen Auditoriums ab.

Sicher ist jedenfalls, daß Relevanzzuweisungen nicht nur ein kognitiv-internes Unternehmen sind, sondern zugleich eine Nahtstelle markieren, in der auch nichtwissenschaftliche Problemstellungen notwendig in das Wissenschaftssystem eindringen. Analysiert wurde das Problem vor allen Dingen bei großen Forschungs-

---

1 Unabhängig davon muß das Produkt "verkauft" werden. Daher gehören die "Marketingstrategien", mit denen ein Erkenntnisanspruch in Umlauf gebracht wird (Versand von Sonderdrucken, Mehrfachpublikationen mit marginalen Textveränderungen, Organisation von Rezensionen etc.) zu den Strategien von Akzeptanzerzeugung. Die Wahrnehmung einer Publikation durch andere Wissenschaftler hängt schließlich auch davon ab, wie stark das informelle Kommunikationssystem um Kongresse und Einladungen herum zur Aufmerksamkeitserzeugung genutzt wird, so zumindest die Selbsteinschätzung der Wissenschaftler (vgl. SEHRINGER 1991: 117).

programmen und zwar nicht nur als "Finalisierung" von Forschung (vgl. BÖHME/VAN DEN DAELE 1973), sondern auch als Fehlattribuierung von Relevanzen seitens der Wissenschaftler, die ihren Forschungsproblemen ein Etikett verleihen, das andere Wissenschaftler, Geldgeber oder Politiker von der Bedeutung der Forschung überzeugen soll,[1] oder die externe Fragen so umetikettieren[2], daß sie als wissenschaftlich interessante zu behandeln sind. Angesichts der kognitiven Entscheidbarkeitsprobleme über die Berechtigung von Relevanzzuschreibungen werden allerdings wissenschaftsethische Positionen, die wie von Koertge (1989: 410 f) *die Praxis, andere über die Relevanz der eigenen Forschung zu täuschen,* anprangern und es zur Berufspflicht des Wissenschaftlers erklären, von *trivialer Forschung Abstand zu nehmen* (obwohl sie z.B. zu schnell veröffentlichbaren Ergebnissen führt) kaum in der Lage sein, die "Reinheit der Wissenschaft" wiederherzustellen. Solche Ermahnungen versuchen mit Hilfe eines normativen Wissenschaftsverständnisses eben jene Lücke aufzufüllen, die dieses normative Wissenschaftsverständnis in der Praxis hinterläßt.

Kontextualität wirft demnach nicht nur (wie zur Zeit überwiegend diskutiert) die Frage nach der Generalisierbarkeit wissenschaftlicher Befunde und der damit verbundenen Möglichkeit der Umkontextualisierung auf, sondern bildet auch wissenschaftsintern eine kommunikative Ressource, mit der der Anwendungsbereich von Theorien und Verfahren ausgezeichnet wird. Zugleich wird damit im Hinblick auf wissenschaftliche Beurteilungsprozesse (sei es implizit in Form der Zitierung, sei es explizit z.B. als Peer-Urteil) deutlich, daß Beurteilungen sich nicht allein auf eine Prüfung des kognitiven Gehaltes eines Beurteilungsgegenstandes beziehen, sondern eben jene Relevanzsysteme und die sich daraus ergebenden Kontexte re- und umkonstruieren. Der Expertendissens entsteht somit zum Teil durch die unterschiedliche Spezifikation von Relevanzsystemen, ohne daß deshalb die Urteilskriterien oder die Beurteilung einzelner Aspekte unterschiedlich sein müßten. Schließlich verweist das Basistheorem kontextorientierter Wissenschaftsanalysen, daß wissenschaftliche Gegenstände und Erklärungen sich im *Horizont kognitiver und sozialer 'Umgebungsrelationen'* konstituieren (BONß u.a. 1993:181), auf einen anderen Theorieansatz. Umgebungsrelationen lassen sich nämlich auch systemtheoretisch als System/Umwelt-Bezüge verstehen. Die mikrosoziologische Frage nach der Indexikalität von Wissen und dessen Beurteilung läßt sich also durchaus auch in einem makrosoziologischem Theoriezusammenhang behandeln.

1 Koertge (1989: 410) berichtet, daß in großen amerikanischen Forschungsinstitutionen professionelle Verfasser von Finanzierungsexposés die Aufgabe haben, Forschungsvorhaben so zu "verpacken", daß sie den offiziellen Zielen der Geldgeber entsprechen.

2 Dieses auch als "Etikettenschwindel" bezeichnete Phänomen beschreibt den komplizierten Übersetzungsprozeß einer wissenschaftsexternen Fragestellung in ein Forschungsprogramm.

3.3 Wissenschaft in der Perspektive der Systemtheorie

> Je abstrakter die Wahrheit ist, die du lehren willst, um so mehr mußt du noch die Sinne zu ihr verführen.
>
> Friedrich Nietzsche

3.3.1 Wissenschaft als Subsystem

Luhmanns Verständnis nach ist es das Anliegen des systemtheoretischen Ansatzes zu klären, *ob und wie Wissenschaft sich als ein soziales Handlungssystem selbst steuern kann, welche Probleme dabei auftreten und wie sie gelöst werden können* (LUHMANN 1974: 232). Analog zu anderen gesellschaftlichen Subsystemen entwirft Luhmann auch Wissenschaft als ausdifferenziertes funktionales Subsystem, das operational geschlossen (d.h. über seine eigenen Operationen autonom entscheidend) und informationell offen (d.h. zur Kommunikation mit anderen gesellschaftlichen Subsystemen fähig) agiert. Ausgezeichnet ist das Wissenschaftssystem durch die Existenz eines spezifischen wissenschaftlichen Kommunikationsmediums, nämlich Wahrheit. *In der Forderung intersubjektiv zwingender Gewißheit wahrer Erkenntnisse hatte immer schon das Merkmal überzeugender Demonstrierbarkeit, also sicherer Übertragbarkeit des Wissens gelegen. Das legt es nahe, Wahrheit funktional zu definieren als ein Medium der Übertragung von Sinn, das sich auf bestimmte Weise von anderen, vergleichbaren Medien wie Macht, Geld oder Liebe unterscheidet. Ihre spezifische Form gewinnt Wahrheit dadurch, daß ein besonderer Sanktionsmodus als Kriterium der Selektivität fungiert* (ebd.: 233).

Während in einfachen Gesellschaften sich Wahrheit nur auf das Erleben der ihr zugehörigen Menschen stützt, entwickelt sich durch Ausdifferenzierung, funktionale Spezifikation und Abstraktion in modernen Gesellschaften eine spezifisch wissenschaftliche Wahrheit heraus, die losgelöst von sozialen Rollenanforderungen, Alltagserfordernissen und pragmatischen Relevanzen eine relative Indifferenz zwischen Gesellschaft und Wissenschaft ermöglicht. Wahr ist jetzt nur noch eine Kommunikation, der jedermann zustimmen muß, will er sich nicht der Gefahr aussetzen, seine Qualität als Subjekt einzubüßen (vgl. ebd.: 234). Wissenschaftliche Wahrheit ist demnach durch Radikalisierung und Restriktion der Wahrheitsbedingungen ausgezeichnet. Luhmann sieht darin eine *strategisch placierte Verknappung von Wahrheit* bzw. eine chronische Knappheit an Wahrheit, bedingt durch *methodische Anforderungen hoher, fast unerreichbarer Gewißheit.* Als Folge dieser Verknappung steigt die Komplexität von Gesellschaft und Wissenschaft, weil erst mit der Begrenzung von Wahrheitsfähigkeit auch die mögliche Zahl der in diesem Sinne wissenschaftlichen Kommunikationen wachsen kann: *Chronische (also situationsunabhängige) Knappheit ermöglicht erst dauerhafte, arbeitsteilige Arbeit, lange, umweghafte Gedankenketten, langfristiges berufliches Engagement unter Verzicht auf unmittelbaren Nutzen* (ebd.: 235). Luhmanns Wahrheitsbegriff bleibt dabei sehr diffus, so daß sich einwenden ließe, daß die Begrenzung wahrheitsfähiger Kommunikationen keineswegs Knappheit verursachen muß. An im logischen und damit wissenschaftlichen Sinne wahren Sätzen besteht kein Mangel. Es scheint insofern zweifelhaft, ob der Bezug auf Wahrheit bereits über die Teilhabe oder Nichtteilhabe an wissenschaftlicher Kommunikation entscheiden kann. Zu Recht weisen Krohn/Küppers (1987: 18) darauf hin, daß die Zulassung von Sätzen *als wissenschaftliche Information über Relevanzkriterien geregelt werden, in deren Zentrum nicht der Wahrheitsgehalt, sondern die systemrelative Nützlichkeit steht.*

Offenbar bezieht sich Luhmann mit seiner These von der Knappheit an Wahrheit aber nicht einfach auf im logischen Sinne wahre Sätze, sondern es soll, wie sich aus der weiteren Entwicklung der Luhmannschen Theorie ergibt, das schon bei Toulmin und Popper beschriebene Phänomen rekursiven wissenschaftlichen Handelns eingefangen werden.[1] Es geht also nicht um die Feststellung der Wahrheit eines Satzes oder einer Theorie von einem externen Bewertungsstandpunkt aus (z.B. Logik), sondern um die systeminterne Fassung, was schlicht heißt: wissenschaftlich wahr ist das, was im Wissenschaftssystem als wahr gilt (vgl. LUHMANN 1990: 198). Man darf also vermuten, daß Luhmanns Wahrheitsbegriff eher mit der jeweiligen Urteilspraxis von Wissenschaftlern assoziiert ist als mit einem methodologischen Prüfkonzept. Anders als Toulmin, der in disziplinären Werten und schließlich in Vernunft letzte Bezugspunkte annimmt, oder als Polyani, der mit *implizitem Wissen* solche Letztbezüge markiert, verweist Luhmann diese Fragen neuerlich an das System, das selbst die Bedingungen formuliert und verändert, unter denen rekursives Operieren, das Anschließen an Theorien, Daten, Methoden zulässig ist. Zum Problem wird daher, wie die *Anschlußfähigkeit* von Handlungen hergestellt werden kann, ohne daß mit immer neuen Selbstbezügen reine Tautologie entsteht (vgl. LUHMANN 1984: 62). Damit rückt die Problematik der Selbstreferenz an prominente Stelle, denn die Wahrheitsfrage stellt sich nun als Frage danach, wie der Anschluß an selbstreferentielle Operationen gesichert werden kann, wie es gelingen kann, daß das Wissenschaftssystem sich über situationale Anlässe hinaus stabilisiert und einen kontinuierlichen Interaktionszusammenhang ausbilden kann.

Luhmann nennt drei verschiedene Bedeutungen von Selbstreferenz: Von *basaler Selbstreferenz* spricht er, wenn Ereignisse, die an der Systembildung mitwirken, einen Kontext benötigen, um sich selbst zu identifizieren und Relationen wählen zu können; von *refelexiven Prozessen*, wenn Prozesse auf sich selbst gerichtet werden, bevor sie sich auf ein Objekt richten und dadurch Steuerungskapazität gewinnen (etwa Forschen über Forschung); von *Reflexion* schließlich, wenn ein System zu seiner Selbststeuerung sich an der eigenen Identität unter Gebrauch der System-Umwelt-Abgrenzung orientiert (LUHMANN 1980: 104). Alle drei Formen hängen eng mit dem Komplexitätsproblem zusammen, das entsteht, *wenn ein System so viele Elemente zusammenhält, daß es nicht mehr jedes Element mit jedem anderen verknüpfen kann* (ebd.). Die Verarbeitung von Komplexität erfordert Selektionen aus der Fülle von Möglichkeiten. Selektionen können nun *durch Selbstreferenz kontrolliert werden, indem die (mögliche) Rückbeziehung auf das Selbst als Kriterium der Diskriminierung benutzt wird* (ebd.). Mit wachsender Komplexität und damit mit zunehmendem Selektionszwang

1 Bei Toulmin wird diese Rekursivität mit "Problemgenealogien" bezeichnet, bei Popper sind es die sich nicht willentlich, sondern autonom ergebenden neuen Probleme, die am Ende der Bearbeitung des Ausgangsproblems stehen.

ist zu erwarten, daß nicht nur die basale Selbstreferenz, sondern auch die übrigen Formen der Selbstreferenz zum Tragen kommen. Luhmann sieht ein Kennzeichen moderner Wissenschaft gerade darin, daß speziell auf Erkenntnisgewinn gerichtete Kommunikationszusammenhänge ausdifferenziert werden, *die mehr und mehr in eigene Regie übernehmen, was von Theorien und Methoden erwartet werden darf*, d.h. daß jene in historisch wandelbarer Weise die Akzeptanzkriterien für Wissen festlegen (ebd.: 108). Selbstreferenz als rein zirkuläre Bezugnahme ist lediglich *unfruchtbare Tautologie* und *unabschließbare Beliebigkeit* (ebd.). Zur produktiven Nutzung muß das System daher *enttautologisiert* werden. Beliebigkeit muß durch *Konditionierung* begrenzt werden: für den wissenschaftlichen Diskurs heißt dies *die Inhibierung der sofortigen und umstandslosen Rückkehr zu sich selbst* (ebd.: 109). Konditionierung soll demnach den Möglichkeitsraum begrenzen, ihn zugleich aber verfügbar halten. Luhmann macht zwei gegenläufige Selbstkonditionierungsstrategien aus, die als zwei Funktionsteile des Wahrheitscodes gelten:

Das erste Prinzip wird als *Externalisierung* bezeichnet und führt, über Sprache vermittelt, Asymmetrien ein, und zwar so, daß der Eindruck entsteht, *als ob das Objekt (Satzsubjekt) für seine Eigenschaften selbst verantwortlich sei - und nicht der, der über es redet und ihm Eigenschaften beilegt* (ebd.: 110). Auf diese Weise wird eine Umwelt projektiert, die als Projektion, über die Alter und Ego schon immer verständigt sind, als Grundlage für Kommunikation dienen kann. Diese Umwelt besteht weder aus ontologischen Gegebenheiten noch aus transzendentalen oder dialektischen Versöhnungen von Objektivem und Subjektivem, wie Luhmann betont. Vielmehr werden *Faktenannahmen jeder Art potentiell aufgelöst und für Rekombinationen freigeben (...). Entscheidend ist, daß die Selektion (oder wie man häufig auch sagt: die Information), daß dies und etwas anderes der Fall ist, der Umwelt und nicht dem System zugerechnet wird und daß die Selektion systemintern deshalb als Erleben und nicht als Handeln geführt wird* (ebd.). Auf diese wechselseitige Unterstellung von Erleben ist das symbolisch generalisierte Kommunikationsmedium für Wahrheit spezialisiert: *Durch diese Form der Externalisierung unterscheidet sich Wahrheit von allen anderen Kommunikationsmedien* (ebd.: 111). Die entscheidende Frage, welche Bedingungen denn vorliegen müssen, damit sowohl Alter als auch Ego etwas als Erleben identifizieren - das Kommunikationsmedium also seine Aufgabe erfüllt, Anschlußselektionen wahrscheinlich zu machen - bleibt damit allerdings unbeantwortet. Rückgriffe auf gemeinsam geteilte Werthorizonte wie bei Toulmin oder semantische Wahrheitsdefinitionen wie bei Popper verbieten sich in der Luhmannschen Analyse. Luhmann verweist statt dessen auf neuerliche Selbstreferenzen, die dadurch entstehen, daß die Abweisung von Möglichkeiten an Bedingungen geknüpft wird (die Konditionierungen), die nicht absolut gelten, sondern ihrerseits selbstreferenziell begründet werden (vgl. ebd.: 109). Man erfährt daher nur, daß die *Konditionierung auf die gemeinsam unterstellte Form des Erlebens* zwar Voraussetzung für Übereinstimmung ist, daß diese *Übereinstimmung des Erlebens im Sinne intersubjektiv zwingender Gewißheit* jedoch keineswegs gewährleistet ist (ebd.: 112). Daher bleibt basale Selbstreferenz auch weiterhin möglich, eben als Anzweifelung der Prämissen, auf die der andere seine Behauptungen stützt. Es entsteht dann die Situation, daß in Form von Kritik die wechselseitige Unterstellung des Erlebens thematisiert und problematisiert wird. Luhmann sieht dies allerdings für *Sonderlagen* reserviert (ebd.). Das zweite

Element der Konditionierung bezeichnet Luhmann als *binäre Schematisierung*; im Gegensatz zur Externalisierung wird damit basale Selbstreferenz nicht verhindert, sondern gefördert. Grundlage dieser Schematisierung ist die durch die Sprache bereitgestellte Möglichkeit der Negation. Im Falle der Wahrheit ist, *weil hier der Code Geltung auf universelle Anerkennung durch jedermann stützt (oder zumindest so symbolisiert), jede Kommunikation auf Kritik, also Ablehnung, also Konflikt angewiesen. Andernfalls könnten Wissenschaftler sich nur zur Verherrlichung des bereits Erkannten zusammenfinden. Jeder Erkenntnisgewinn impliziert Kritik. Das Problem ist also ähnlich paradoxiert wie im Falle der Liebe, nur umgekehrt: Die Regel, Wahrheit sei allgemein anerkannt, zwingt auf der operativen Ebene alle Kommunikation in die Form des Widerspruchs* (LUHMANN 1984: 513 f).

Binäre Schematismen ermöglichen die Duplizierung aller Themen in Gestalt einer Ja- und einer Nein-Fassung. *Jede Annahme einer Ja-Fassung profiliert sich damit gegen die zugeordnete Nein-Fassung und wird so zur Selektion* (LUHMANN 1980: 112). Es handelt sich dabei nicht um die qualitative Bevorzugung wahrer Aussagen, sondern um eine Symmetrisierung von Beziehungen, so daß der Beweis für das Ja über die Unmöglichkeit des Gegenteils geführt werden kann (vgl. ebd.). Werden binäre Schematisierungen in dieser Weise formalisiert, technisiert und symmetrisiert (etwa durch logische Operationen), dann entfallen die qualitativen Besetzungen (wie sie etwa bei Lust/Unlust noch vorhanden sind) mit der Folge, daß Handlungsmotivationen nicht mehr abgeleitet werden können: *wenn also (...) die logisch technisierte Differenz von wahren und unwahren Aussagen nicht als solche motivierend wirkt, entsteht ein Motivationsdefizit* (ebd.: 113). Motivationen für weitere Bemühungen um Erkenntnisgewinn entstehen nur noch aus dem *Nebencode der Reputation, in dem Reputationswerte stellvertretend für Wahrheiten zirkulieren* (ebd.). Es sei hier nur angemerkt, daß auch andere Nebencodierungen möglich sind. Stichweh (1988b: 77) weist darauf hin, daß auf der Ebene der Organisationen der Wissenschaft sich die (eigentlich der Ökonomie zugerechnete) Codierung Haben/Nichthaben in bezug auf Forschungsmittel durchgesetzt habe. Auf die Frage solcher Zweitcodierungen (speziell Reputation) wird zurückzukommen sein, denn Luhmann verankert dort nicht nur die Motivation für wissenschaftliches Handeln, sondern auch das Steuerungssystem, das seinerseits die mit dem Wahrheitsbegriff freigesetzte Komplexität reduzieren soll.

Zuvor soll jedoch der oben entwickelte Schematismus von Externalisierung und binärer Schematisierung, der zunächst nur die Bedingungen für den Ausdifferenzierungsprozeß von Wissenschaft kennzeichnet, auf der Ebene des Operierens von Wissenschaft betrachtet werden oder genauer als *Programmierung des operativen Vollzugs unter dem Gesichtspunkt von Bedingungen der Richtigkeit des Verhaltens* (LUHMANN 1980: 115). Luhmann ordnet den Konditionen der Externalisierung die Entwicklung von Theorien in dem Sinne zu, daß Informationen als *gegenstandsfähig* externalisiert werden. Theorien *'binden' sozusagen Informationen zu dauerhaft verfügbarem, reproduzierbarem Sinn* (ebd.). Direkt an den binären Schematismus knüpfen *Methoden* an, die mit Hilfe der binären Struktur Komplexität in Entscheidungssequenzen überführen. Allerdings lassen sich keineswegs alle Themen in Ja/Nein-Entscheidungen überführen, was darauf verweist, *daß Methode stets auf Kooperation mit Theorie angewiesen ist und nur beide zusammen intuitives Wissen ersetzen und überbieten können* (ebd.: 116). Die Notwendigkeit, Methoden durch Rückgriff auf Theorien

Begrenzungen zu unterwerfen, um Resultate zu erhalten, bezeichnet Luhmann als *Limitationalität* (ebd.). Limitationalität ist aber auch für Theorien eine notwendige Begrenzung von Möglichkeiten, denn - Luhmann folgt hier offenbar der Grundidee des Falsifikationismus - innerhalb der Theorie muß Mögliches von Unmöglichem abgrenzbar sein und die Theorie muß möglichst Unwahrscheinliches aussagen: *Es wird - gegen alle Wahrscheinlichkeit - eine begrenzte Zahl von Möglichkeiten postuliert, so daß mit der Negation der Möglichkeit die Wahrscheinlichkeit des Vorliegens anderer vergrößert werden kann* (ebd.: 115).[1] In welchem Maße Theorien und Methoden Interdependenzen entwickeln, hängt danach stark davon ab, wie Limitationalität verstanden wird. Grundsätzlich ist mit dem Begriff der Limitationalität die Begründbarkeit von Entscheidungen gegen Alternativen gemeint: *Die Bestimmung eines Elementes (...) muß sich reflektieren als etwas, das den Spielraum für andere einschränkt* (ebd.: 117). Je stärker nun Selbstreferenz zur Bedingung der Möglichkeit der Erkenntnis gemacht wird, desto stärker wird Limitationalität selbst thematisiert, die Differenz von *verbannten und erfaßten, ausgeklammerten und zugelassenen Möglichkeiten* ist dann nicht mehr neuerlich an ein Entscheidungsverfahren abweisbar, der Wissenschaftler muß sie *auf die eigene Kappe nehmen* (ebd.: 118). Limitationalität ist die Spezifikation der allgemeinen Kontingenzformel der Systemtheorie für die Wissenschaft, in der es um die *Limitierung des Möglichen gegen einen sie transzendierenden Möglichkeitsentwurf, der durch das selbstreferentielle System miterzeugt wird*, geht (ebd.).[2] Luhmann gibt hier erwartungsgemäß keine Gründe an für die Bevorzugung einer bestimmten Methode im Hinblick auf die Einführung von Limitierungen, sondern plädiert für einen Methodenpluralismus und nennt lediglich fünf verschiedene Möglichkeiten, Limitationalität einzuführen: *Gattungslogik, Typologik (insbesondere Kreuztabellierung), gesetzesförmige oder statistische Regelmäßigkeiten, Falsifikationsprinzip und funktionaler Vergleich* (LUHMANN 1980: 119). Diese unterschiedlichen Formen der Limitierung können je nach Gegenstandsbereich der Disziplin und den Anforderungen von Theoriebildung und Methodologie auch gleichzeitig angewandt werden.

Die Abbildung 1 konfiguriert die einzelnen Elemente, die Luhmann als Bedingung der Ausdifferenzierung und des operativen Vollzugs eines ausdifferenzierten, selbstreferentiellen, auf Erkenntnisgewinn spezialisierten Wissenschaftssystems eingeführt hat: *So wie Wahrheit die Einheit in der Differenz von Externalisierung und binärer Schematisierung herstellt und ein soziales System über dieses Kommunikationsmedium nur ausdifferenziert werden kann, wenn diese Verknüpfung gelingt, so fungieren Theorie und Methode dann als operative Einheit, wenn sie gemeinsame Limitationalitätsprämissen verwenden* (LUHMANN 1980: 117). Die "Schlüpfrigkeit" jenes Wahrheitsbegriffs ergibt sich daraus, daß zur Absicherung einer Erkenntnis ständig neue rekursive Rückgriffe notwendig sind, in denen neuerlich kontingente Entscheidungen anfallen: *Alle Beobachtung benutzt (...) ein Differenzschema. Dabei wird die Einheit*

1 Im Kapitel 2.1 wurde die Problematik einer solchen symmetrischen Unterstellung diskutiert. Luhmanns Annahme, daß man die *Bemühungen um die Feststellung von Unwahrheiten (...) für gleichbedeutsam halten [kann] wie die Bemühungen um Feststellungen von Wahrheiten* erscheint auf diesem Hintergrund zumindest problematisch (Luhmann 1980: Fußnote 54). Auch gilt bei der Prüfung komplexerer Theorien nicht nur "psychologisch", wie Luhmann meint, sondern auch logisch: "Die Negation von Unwahrheiten ist kein volles Äquivalent für Wahrheiten" (Luhmann 1980: Fußnote 41).

2 Vgl. ausführlich zum Kontingenzbegriff Luhmann 1984.

der Differenz durch den Beobachter, nicht durch seinen Gegenstand definiert (...) Differenzschemata enthalten (...) immer ein Moment der Kontingenz. (...) Daraus ergibt sich gemessen an den Standarderwartungen der klassischen Wissenschaftstheorie in Hinsicht auf 'intersubjektiv zwingende Gewißheit' ein Moment der Unsicherheit, der Relativität, ja der Willkür (LUHMANN 1984: 654 f). Es bleibt daher eine Aufgabe für weitere Forschung, zu klären, wie es im Wissenschaftssystem tatsächlich gelingt, ständig neue selbstreferentielle Bezugnahmen zu unterbrechen, oder anders formuliert, die Fülle von Unsicherheiten wissenschaftlicher Erkenntnis und Theorie in kommunizierbare Sicherheiten und Gewißheiten zu transformieren.

Abbildung 1

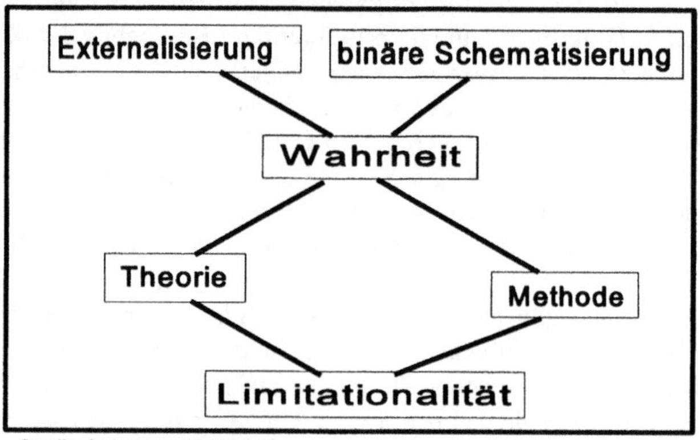

Quelle: Luhmann 1980: 117

Für die Frage, wie in der Wissenschaft aus der unüberblickbaren Komplexität selektiert wird, Informationen sortiert werden und Offenheit für kontingente Ereignisse sichergestellt wird, reicht der Bezug auf Wahrheit jedoch nicht aus, um aus der entgrenzten Möglichkeitsfülle wahrheitsfähiger Themen und tatsächlich zirkulierender Informationen noch systematisch zu selektieren. Die mit der *Komplexität ihres Weltentwurfs* überforderte Wissenschaft operiert daher nach Luhmann (1974: 236 f) mit einem Steuerungssystem, das auf *sehr viel drastischere Weise Selektionshilfe* leistet und Komplexität auf ein auch für den einzelnen überschaubares Maß reduziert. Zu diesem Steuerungssystem gehört einerseits die Organisation, d.h. organisatorische Entscheidungssysteme, die Finanzierungen, Positionszuweisungen, Publikationsmöglichkeiten und technische Infrastruktur bereitstellen und verteilen. Die allerdings auch - was die universitäre Bürokratie angeht - zur *dominierenden Rigidität* werden kann, die Freiheitsspielräume besetzt und *das Mögliche auf das Machbare* einschränkt (LUHMANN 1987a: 203). Andererseits gehört zu diesem Steuerungssystem die Reputation, die Personen, Forschergruppen, Institute, Universitäten, Verlage, Publikationen etc. genießen. An die Stelle von Wahrheit tritt mit der Reputation eine *Orientierung an Symptomen*, die gegenüber den strengen Wahrheitskriterien nur noch ein *vermindertes Anspruchsniveau* erreichen müssen (LUHMANN 1974: 237). Reputation wird zum einen hergestellt durch einen mit der "Wahrheitsproduktion" nur locker vermittelten, eben symptomatischen Zusammenhang, und zum anderen dient das Medium Reputation selbst als Symptom von Wahrheit und reguliert insoweit das *Erscheinen von Wahrheit* (ebd.: 238).

Voraussetzung für die Ausbildung von Reputation ist zunächst, daß *jede Förderung der Wahrheit (...) als persönliche Leistung zurechenbar* ist (ebd.: 241). Allerdings ist Reputation nicht nur durch Generalisierung von "wahrheitsfördernden" Einzelleistungen erreichbar, sondern auch durch Partizipation am Renommee anderer Personen oder Institutionen (ebd.: 237). Daraus folgt, daß zwar nicht jede Leistung, aber *jede anerkannte Leistung (...) unabhängig von ihren wirklichen Ursachen* Reputation einbringt (ebd.: 241). Grundlage für Reputation ist also eine konsensuale Zuschreibung von Reputationswerten. Dazu gehören zumindest das persönliche Ansehen, Publikationen, Teilhabe am Renommee anderer, Zitiertwerden, Aufnahme in Lehrbücher und Standardwerke, aber auch die Anwesenheit an renommierten Orten. Aus derartigen Indizien für die *Beachtlichkeit von Äußerungen* bildet sich *Reputation im Wissenschaftssystem* als *eine Art von Kredit, ein (allerdings unbefristeter) Wechsel auf Wahrheit* (ebd.: 237). Derartige aus mehr oder weniger öffentlicher Meinung von Wissenschaftlern verdichtete Reputation weist einige Besonderheiten im Hinblick sowohl auf die Selbststeuerungsprozesse wie auch im Hinblick auf die Verbindung zwischen Wissenschaft und der sie alimentierenden Gesellschaft auf:

Die Verteilung von Reputation folgt nicht einer Nullsummenlogik, d.h. Reputation muß nicht entzogen werden, um neue Reputation aufzubauen. Dies ermöglicht einerseits, den Steuerungsprozeß offenzuhalten für neue Personen, Theorien, Themen etc., und andererseits, einmal verteilte Reputation über lange Zeit zu stabilisieren. Dabei *verblaßt* Reputation allenfalls (außer bei diskreditierenden Informationen) durch Nichterneuerung und dies abhängig von der Geschwindigkeit wissenschaftlichen Wandels. Ein solcher Prozeß ist *riskant*, denn Irrtümer sind schwer zu erkennen, und sie können lange Ketten von Folgeproblemen nach sich ziehen. Sanktioniert wird Fehlverhalten daher allenfalls im Rahmen neuer Reputationszuteilung.

Reputationsmaximierung mag zwar auf der Ebene individueller Motivation zum primären Handlungsziel im Wissenschaftskontext werden, Reputation kann aber *kein gesellschaftlich legitimierbares Ziel und (...) daher auch kein offizielles Systemziel sein* (ebd.: 239). Nach innen (Selbststeuerung) führt dies zur Notwendigkeit, Reputation immer wieder als Folge wahrheitsfördernden Handelns darstellen zu müssen, wobei Reputation nicht nur wegen der losen Verbindung zur Leistungsebene, sondern auch zum Zweck der Erhaltung ihrer offenen Komplexität, zur Verhinderung sedierter Herrschaftsstrukturen unterlegitimiert bleibt: *Die Orientierung an Reputation darf nicht selbst in guten Ruf kommen* (ebd.: 241). Nach außen (Verbindung zur Gesellschaft) entsteht die prekäre Situation, daß Reputation nicht einziges Kriterium für gesellschaftliche Anerkennung oder gar Entscheidungsgrundlage für finanzielle Förderung sein kann. Zugleich steht jedoch kein anderes Kriterium zur Verfügung, so daß sich wissenschaftsexterne Zuwendungsentscheidungen immer auch auf Reputation beziehen müssen. Reputation ist *eine unentbehrliche Grundlage für die Anknüpfung weiterer Kriterien. Insofern kommt die Gesellschaft nicht umhin, das Selbststeuerungssystem der Wissenschaft zu respektieren* (ebd.: 238). Aus Luhmanns gesellschaftstheoretischer Perspektive bleibt also das Fremdsteuerungspotential (speziell über Wissenschaftsfinanzierung) begrenzt, da es letztlich nur über Anerkennung des Selbststeuerungsprozesses vermittels Reputation wirksam werden kann, auf einer so stark generalisierten und wirkungsunsicheren Ebene, daß externe Einflüsse auf die Wahrheit selbst weitgehend absorbiert werden können (vgl. ebd.: 240).

Reputation erfüllt aber nicht nur Steuerungsaufgaben. Es wurde eingangs bereits darauf hingewiesen, daß die Ausdifferenzierung des Kommunikationsmediums Wahrheit und seine anschließende Formalisierung in Methoden im Gegensatz zu einem lebensweltlichen Wahrheitsbegriff weder negativ Sanktionen noch positiv Motivationen bereithält für weiteres Bemühen um Wahrheit: *Die abstrakte Funktion der Sinn erlebenden, Welt mitkonstituierenden Subjektivität* ist kein sozialer Status und daher auch nicht Motivationsquelle (ebd.: 242). Auch hier tritt Reputation als Ersatz auf: *Dieselben Kanäle und Symbole, die Informationen Beachtlichkeit sichern und sie ins Relief des vor anderem Sichtbaren heben, strukturieren auch die motivkräftigen Ziele und die Nebenbedingungen, die mit diesen Zielen verknüpft sind. (...) Aufmerksamkeit anderer ist unvermeidlich knapp (...) und eben deshalb ist es ein attraktives Ziel, sie für eigenes Gedankengut zu erobern. Das kann nach den Bedingungen des Systems aber nur durch Erwerb und Erhaltung von Reputation geschehen, also unter Nebenbedingungen, die das Handeln zugleich sozialer Kontrolle unterwerfen und die Erfüllung bestimmter Anspruchsniveaus gewährleisten* (ebd.: 242 f).

Erstaunlicherweise wird danach im Wissenschaftssystem ein hochdifferenziertes Kommunikationsmedium, nämlich Wahrheit, von einem weiteren Medium, nämlich Reputation, überlagert, das nicht nur weit weniger differenziert ist (multifunktional zuständig für die Selektion von Informationen, für die Bereitstellung von Motivation und sozialer Kontrolle),[1] sondern auch auf einer unterlegitimierten und riskanten Struktur ruht: *Die stabileren Teile des Systems [müssen] durch die labileren, die sachlich arbeitenden durch die unsachgemäß beeinflußbaren, die wahrheitsnahen durch die wahrheitsfernen Teile des Systems geführt werden* (ebd.: 240). Dies lenkt den Blick auf die möglichen Dysfunktionalitäten, die sich aus der Verkettung von Wahrheit und Reputation einerseits und Motivation und Steuerung innerhalb von Reputation andererseits ergeben. Die kritischen Punkte im Verhältnis von Wahrheit und Reputation wurden bereits genannt: Die Abgehobenheit der Reputation von der Leistungsebene; Instabilität, aber auch leistungsunabhängige Stabilisierung von Reputationszuweisungen; Riskiertheit der Struktur im Sinne von unüberblickbaren Folgeproblemen; fragwürdige Legitimität von Reputation und die Möglichkeit von Fremdsteuerung über den Mechanismus der Reputation. Mit den Interferenzen zwischen Reputation und Motivation treten verschiedene Möglichkeiten der Fehlsteuerung von Informationsflüssen hinzu. Die Auswahl von Themen und ihre Präsentation wird reputationstaktisch ausgerichtet, und umgekehrt werden Arbeitsgebiete ohne große Reputationschancen durch Entzug von Motivation "ausgetrocknet". Eine Fülle von unausgereiften oder unnötigen Publikationen entsteht auf diese Weise (vgl. ebd.: 243). Originalität als Bedingung von Reputation führt zu den bekannten Prioritätsstreitigkeiten und in theoretisch weniger konsolidierten Fächern zu *unkontrollierbaren*

1 Angesichts der Grundannahme einer ständigen selbstproduzierten Komplexitätssteigerung innerhalb des Wissenschaftssystems überrascht es allerdings nicht, daß Luhmann (1974: 244) annimmt, daß auch Reputation sich dem Druck weiterer funktionaler Differenzierung nicht entziehen kann.

Reputationskämpfen, zu raschem Wechsel der Modethemen, zu unerledigtem Liegenlassen vielbehandelter Probleme, zur Oberflächendifferenzierung der Terminologien, zur Verschlüsselung von Banalitäten usw. (ebd.).

Reputation als Steuerungsmedium ist demnach zwar durch hohe Flexibilität ausgestattet, bleibt aber angesichts ihrer Unterlegitimiertheit und der induzierten dysfunktionalen Folgen prekär. Luhmann sieht daher die Notwendigkeit, den Selbststeuerungsprozeß durch andere Institutionalisierungen, vor allem durch das von Merton formulierte wissenschaftliche Ethos sowohl abzustützen als auch zu kompensieren. So wie Merton die Wissenschaftsnormen zugleich als technische und als moralische Normen betrachtet hatte, postuliert Luhmann die Notwendigkeit ambivalenter Normen, die ebenso im Wahrheitskontext wie im Reputationskontext sinnvolles Verhalten anleiten sollen (vgl. ebd.: 241). Vor allem die Institutionalisierung sachlicher Kritik dient dann dazu, in einem Zug Wahrheit und Reputation zu befördern, da die Kritik zwar nicht persönlich, aber der Person zuzuordnen ist.

Es stellt sich hier abermals die Frage, ob solche hoch generalisierten und ambivalenten Normen die ihnen zugewiesene Funktion (hier das Zusammenhalten von gesellschaftlicher Funktion und Steuerung) erfüllen können, ob sie überhaupt verhaltenswirksam werden, ob ihre Ambivalenz eine verhaltenswirksame Konkretisierung gestattet, ob sie irgendeine Spezifität gegenüber normativen Erwartungshaltungen in anderen Systemkontexten besitzen, kurz: ob hier nicht eine analytische Beschreibung durch die programmatische Selbstbeschreibung des Systems ersetzt wird. Was Luhmann konzeptionell fassen möchte, ist offenbar die in den vorangegangenen Kapiteln bereits mehrfach thematisierte Dualität von kognitiven, auf Begründungsverfahren und Wahrheitsansprüche zielenden Elementen von Wissenschaft einerseits und der sozialen Verfaßtheit von Wissenschaft andererseits, die sich nicht umstandslos als Abbild kognitiver Strukturen entwerfen läßt. Entsprechend erscheint Reputation in eigentümlicher Weise auf Wahrheit bezogen (Symptom, Nebencode) und zugleich mit Eigengesetzlichkeit ausgestattet: Reputation *läßt sich von der Ebene sachlicher wissenschaftlicher Kommunikation abheben und verselbständigen, wenn und soweit es gelingt, über Reputationswerte Konsens zu bilden, auch wo dies über sachliche Meinungen nicht möglich ist* (ebd.: 237). Luhmann hat aus dem Wahrheitsbegriff objektivistische Elemente ebenso entfernt wie pragmatistische oder konsenstheoretische,[1] die alle einer irgendwie gearteten Objektivität anhängen: *Was immer Titel wie Subjekt, Freiheit, Emanzipation, Vernunft, Notwendigkeit besagen sollten - sie werden rebanalisiert und den sozialstrukturellen Bedingungen angepaßt, unter denen Funktionssysteme operieren* (LUHMANN 1981: 122). Wahrheit wird so - folgt man Bubners (1974: 126 f) Charakterisierung - zur leeren Kategorie der Steigerung: *Wahrheit entledigt sich im soziologischen Blickwinkel der Systemfunktionalität ihres alten Charakters objektiv begründeter Erkenntnis und erscheint verwandelt zu einer Sonderform der Reduktion von Komplexität.* Auf der anderen Seite tauchen mit dem Reputationsbegriff einige der verbannten Elemente wieder auf, nun allerdings in nicht genau bestimmte Distanz zur Wahrheit gebracht: Konsens als Grundlage für Reputationszuteilung, Werte und Normen als Vermittlungsinstanzen zwischen Wahrheits-

1 *[J]ede Darstellung von Kommunikation als 'Entscheidung' würde dem Medium der Wahrheit widersprechen* (LUHMANN 1974: 240).

und Reputationskontexten, Entscheidungen (Berufungen, Ehrungen etc.) als Reputationsquelle und schließlich ein gegenüber der Wahrheit nicht sonderlich differenziertes Medium, das zugleich für Steuerung, Motivierung und kollegiale Kontrolle zuständig ist, ja sogar das Erscheinen von Wahrheit reguliert.

Folgt man nun der funktionalen Analyse in dem Versuch, mit Hilfe funktionaler Äquivalente auch einen Maßstab der Kritik zu etablieren, zeigt sich, daß eine Übertragung der Steuerungsfunktion, die Luhmann der Reputation zuschreibt, auf die "wahrheitsnäheren" Bereiche von Theorie und Methode schnell Konflikte mit dem Wahrheitsbegriff provoziert. Luhmann (1974: 244 f) nennt die Naturwissenschaft als Beispiel für einen Wissenschaftsbereich, in dem konsistente und weithin anerkannte Theorien zum Teil die Selektion des Informationsflusses selbst übernehmen können, so daß hier Reputation möglicherweise als Selektionsleistung von geringerer Bedeutung ist. Als Folge einer solchen Verschiebung der Steuerungsfunktion diagnostiziert Luhmann zunächst eine Beschleunigung des Austausches von wissenschaftlichen Ergebnissen, d.h. ein Teil des Problems wird aus der sachlichen Urteilsbildung in die Zeitdimension verlagert und zugleich entsteht die Gefahr, *sich von der Basis intersubjektiv zwingend gewiß übertragbarer Wahrheiten zu entfernen* (ebd.: 245). Dies leuchtet unmittelbar ein, denn nun muß der Wahrheitsbegriff das leisten, was Luhmann gerade dem von selbstreferentiellen Zirkeln freigehaltenem Medium der Reputation zugeschrieben hatte. Andererseits läßt sich die Verbindung von Reputation und Wahrheit nicht abbrechen, denn dann ginge gerade das Spezifikum der Selbststeuerung von Wissenschaft verloren. Wissenschaftliche Reputation ließe sich dann nicht von in anderen Subsystemen erworbener Reputation unterscheiden. [1]

Es scheint, als würde die von Luhmann getroffene Entscheidung, das Wissenschaftssystem ausschließlich durch Bezug auf das charakterisierende Kommunikationsmedium Wahrheit zu analysieren, dazu zwingen, die Beobachtung des Wissenschaftssystems ihrerseits in die binäre Schematisierung von wahrheitsfördernd/nicht wahrheitsfördernd zu bringen. Die Folge davon ist, daß einerseits die Vagheiten des als selbstreferentiell analysierten Begriffs auch auf die Analyse der Selbststeuerung des Systems zurückschlagen, andererseits die Möglichkeiten völlig anderer Steuerungsimperative, deren Beziehungen zur Wahrheit ungeklärt sind, nicht ernsthaft in das Blickfeld geraten oder allenfalls als dysfunktionale Entgleisungen. Luhmanns Versuch zu unterbinden, daß man in *den Sinnbereich anderer Kommunikationsmedien gerät* (Geld oder Macht), ist insofern auch mit erheblichen theoretischen Kosten verbunden (ebd.: 233). Denn die klare Trennung, daß aufgrund von wissenschaftlichem Wissen entstehende offene Fragen *für die Wissenschaft Forschungsthemen*, hingegen *für die Wirtschaft ein Kapitalrisiko* sind, endet bei Luhmann unversehens in der *Paradoxie der Selbigkeit des Differenten* (LUHMANN 1993: 143). Der Verweis darauf, daß das Scheitern von Kapitaleinsatz bzw. die Verfügbarkeit von Forschungsergebnissen in den verschiedenen Funktionssystemen ganz unterschiedliche Folgen habe und daher auch *die rekursiv und präkursiv in den Einzeloperationen berücksichtigten Sachverhalte in beiden Systemen ganz verschieden* seien, obwohl im *konkreten Unterscheidungsgebrauch vor Ort* beide Welten zusammenfallen, vermag denn auch

1 Davon zu unterscheiden ist, daß der Typus einer solch fragilen Steuerung, wie sie mit Reputation beschrieben ist, durchaus auch in anderen Subsystemen zu finden ist.

nicht zu klären, was genau die Unterscheidung der Operationen ausmacht (ebd.). Vielmehr droht sich hier die Theorie gegen jede empirische Erfahrung zu imprägnieren und sich gerade der Chancen eines programmatisch eingeforderten selbstkorrektiven Theoriedesigns zu berauben.

Versucht man nun zu resümieren, welche Konsequenzen sich aus den Luhmannschen Überlegungen für eine Beschreibung des Wissenschaftssystems mit Hilfe von (Forschungs-) Indikatoren ergeben, dann lassen sich folgende Ergebnisse festhalten: Zunächst ergibt sich aus der System-Umwelt-Perspektive eine Differenzierung von Leistung und Funktion. Leistungen sind die aus dem Wissenschaftssystem in andere Subsysteme transferierten Elemente, die Anwendung wissenschaftlicher Erkenntnisse, könnte man vereinfachend sagen. Zur Erfassung solcher Leistungen ist keine Kenntnis über die innere Organisation von Wissenschaft notwendig. Es reicht ein Black-Box-Modell, das die Zuordnung von Input- und Outputgrößen ermöglicht. Beispiele für die Beschreibung solcher Leistungen wären etwa die Erfassung ökonomischer Effekte durch Wissensanwendung oder auch kultureller Effekte. Die eigentliche Grundlagenforschung ist demgegenüber nur mit Bezug auf die Funktion des Wissenschaftssystems, nämlich die Wissensproduktion zu erfassen. D.h. zur Beschreibung und Beurteilung solcher Operationen muß auf die innere Struktur von Wissenschaft einschließlich ihrer selbstreferentiellen Bezugnahmen eingegangen werden. [1]Bezieht man sich auf die Beschreibung oder Selbstbeschreibung selbstreferentieller Systeme, lassen sich Wissenschaftsindikatoren einmal als Teil prozessualer Selbstreferenz (Reflexivität) verstehen, die als Forschung über Forschung auf die Selbststeuerungsprozeduren des Systems zurückwirkt, zum anderen lassen sich Indikatoren als Teil von Reflexionsprozessen verstehen, von Operationen, mit denen das System sich selbst gegenüber seiner Umwelt bezeichnet. Insbesondere solche Prozesse, die zu korrigieren versuchen, *daß die Umwelt das System nicht ohne weiteres so akzeptiert, wie es sich selbst verstanden wissen möchte*, könnte man im weitesten Sinne als Legitimationsprozesse verstehen, in denen das Wissenschaftssystem gegenüber der Gesellschaft, aber auch gegenüber anderen Subsystemen seine Leistungsfähigkeit in eigener Regie unter Beweis stellt (LUHMANN 1984: 602).

Betrachtet man die Entwicklung von Wissenschaftsindikatoren selbst als Bestandteil von selbstreferentiellen Operationen, läßt sich auch nach den Bedingungen für die Erstellung akzeptanzfähiger Aussagen fragen sowie nach den Auswirkungen, die ein solches Reflexionswissen für die Selbststeuerungsoperationen des Systems hat. Forschung über Wissenschaft hat als selbstreferentielles Unternehmen mit all den oben genannten Elementen (Externalisierung, Binarisierung, Limitationalisierung) zu tun. Instruktiv erscheinen in diesem Zusammenhang Luhmanns Ausführungen zur Planung, genauer: Selbstplanung sozialer Systeme, an die hier angeknüpft werden soll. Voraussetzung für Planungsprozesse ist zunächst eine modellhafte Abstraktion des Systems, in dem geplant werden soll. Eine *vereinfachte Version der Komplexität des*

1 *Einerseits erfüllt die Wissenschaft für die Gesellschaft eine spezifische Funktion, die nur sie, nur sie als Wissenschaft, erfüllen kann. Wir haben diese Funktion als Gewinnen neuer Erkenntnisse ausgemacht. Andererseits gibt die Wissenschaft solche Erkenntnisse als Leitung an andere Funktionssysteme oder auch an das Alltagsleben ihrer gesellschaftlichen Umwelt ab. Während man den Funktionsbezug mit dem Modell eines selbstreferentiell geschlossenen Systems beschreiben muß, würde es, wenn man nur auf Leistungsbeziehungen abstellen will, genügen, ein Input/Output-Modell zugrundezulegen* (LUHMANN 1987 a: 111).

Systems muß in das System selbst eingeführt werden (ebd.: 636). Eine solche Beschreibung[1] kann nicht vollständig sein, sie setzt selbst Selektionen voraus. Damit wird es immer möglich, auf nicht berücksichtigte Aspekte hinzuweisen: *Interessen sind übergangen, mögliche Folgen nicht beachtet, Risiken falsch eingeschätzt und vor allem: andere Prioritäten und Wertrangordnungen zurückgesetzt* (ebd.). In der Debatte um Wissenschaftsindikatoren ist genau dies der Fall gewesen, denn ein in vielen Varianten immer wieder auftauchendes Argument gegen jede Form formalisierter Leistungsberichterstattung lautet, daß die Komplexität von Lehr- und Forschungsprozessen nicht erfaßt werden kann und daher einzelne (Personen wie Institutionen) ungerechtfertigt Schaden erleiden und darüber hinaus das fragile Selbststeuerungssystem der Wissenschaft unterminiert wird. Allgemeiner formuliert: Mit der Selbstbeschreibung entsteht genau jene Problematik, die sich grundsätzlich stellt, wenn im Rahmen funktionaler Analyse eine Beobachterperspektive eingenommen wird: *Der Selbstbezug, auch die Selbstthematisierung der Systeme, erscheint dann auf dem Bildschirm der funktionalen Analyse als Selbstsimplifikation des Objektsystems, die ihrerseits die Funktion einer notwendigen (aber nicht unbedingt: so und nicht anders notwendigen) Reduktion von möglicher Komplexität erfüllt. Der Grund für die Notwendigkeit der Reduktion liegt in der Struktur des Komplexitätsproblems, nämlich darin, daß Komplexität zur Selektion bevorzugter Relationierungsmuster zwingt. Die funktionale Analyse löst sich dadurch, daß sie Objektsysteme thematisiert, scheinbar von dieser Notwendigkeit ab. Sie rekonstruiert die Kontingenzen des Systems, obwohl diese als solche gar nicht ausgenutzt werden können. Sie unterstellt ihrem Objekt Freiheitsgrade, die ihm selbst nicht zur Verfügung stehen. Sie kompensiert aber diese Realitätsüberschätzung dadurch, daß sie genau darin ihr letztes Bezugsproblem sieht. Sie reflektiert den Zumutungsgehalt ihrer Analyse in ihrer Begrifflichkeit. Im Komplexitätsproblem kommt die Differenz von Selbstreferenz im Objekt und Selbstreferenz in der Analyse, von beobachtetem und beobachtendem System zur Reflexion* (ebd.: 89). Für Systemplanungen bzw. Selbstbeschreibungen von Systemen kommt hinzu, daß solche Beschreibungen ihrerseits beobachtet werden und diese Beobachtungen Anlaß für Verhalten sein können, das in der Planung nicht vorgesehen war (z.B. Boykott oder aber formal konforme, inhaltlich aber nicht intendierte Verhaltensweisen). Will Planung diese selbst gesteigerte Komplexität des Systems neuerlich berücksichtigen, entsteht *Hyperkomplexität* (ebd.: 637). Am Beispiel von Publikations- und Zitationsanalysen läßt sich dieser Mechanismus ablesen: Nachdem in den USA Publikationszählungen technisch leicht verfügbar geworden waren und zudem als Indikator für wissenschaftliche Aktivität eine gewisse Akzeptanz und praktische Bedeutung erreicht hatten (z.B. als gerichtsnotorischer Beweis in Gehaltsverhandlungen benutzt werden konnten), entstanden Rückwirkungen auf das Publikationsverhalten. Sowohl in Gestalt des "publish or perish" - Prinzips als auch in veränderten Publikationsstrategien (Mehrfachveröffentlichungen mit nur leichten Modifikationen, Zerteilung längerer Texte in mehrere kurze Aufsätze, etc.). Ähnlich lassen sich Zitierkartelle und Ver-

1 Auch die hier zu verhandelnden Forschungsindikatoren können als Selbstbeschreibung des Wissenschaftssystems betrachtet werden. Mit Luhmanns Planungsbegriff ist dies völlig vereinbar, da Wissenschaftsindikatoren kein Selbstzweck sind, sondern vielmehr als Element eines Selbststeuerungsprozesses von Wissenschaft verstanden werden. Luhmann zieht selbst in Erwägung, bereits die Anfertigung einer Selbstbeschreibung als Planung zu bezeichnen (vgl. LUHMANN 1984: 637, Fußnote 70).

änderungen im Zitierverhalten möglicherweise als Reaktion auf immer gebräuchlicher werdende Zitationsuntersuchungen interpretieren. Die mit solchen Indikatoren angefertigte Selbstbeschreibung muß dann neuerlich reagieren: durch Gewichtung von Publikationen, durch Eliminierung von Zitierkartellen und andere technische Justierungen. Solche Bereinigungen setzen den Zirkel allerdings wieder in Bewegung, sie produzieren neue Probleme und neue Beobachtungen. Luhmann (1984: 638) folgert für solche Systeme: *In hyperkomplexen Systemen wird mithin auch die Darstellung des Systems im System als kontingent erfahrbar. (...) Alle festen Grundlagen müssen mithin aufgegeben, sie müssen als zureichender Konsens jeweils erarbeitet werden; und auch der Konsens unterliegt dem gleichen Gesetz der Beobachtbarkeit.*

Angewandt auf die Entwicklung von Forschungsindikatoren läßt sich dieser Befund derart konkretisieren, daß ein technisch ausgefeiltes Indikatorenkonzept eine notwendige, aber keine hinreichende Bedingung dafür ist, daß solche Indikatoren als angemessene Beschreibungen von Wissenschaftshandeln angesehen werden. Hinzutreten muß die Akzeptanz mindestens durch die scientific community. Dies wiederum setzt voraus, daß möglichst viele Facetten und Thematisierungen dessen, was als Meßkonstrukt (z.B. Forschungsleistung oder Forschungsqualität) konsensfähig werden soll, Berücksichtigung findet: eine Operation, in der auch die jeweils partikularen Interessenlagen der Betroffenen auf- oder abgefangen werden müssen. In dieser Hinsicht bietet die funktionalistische Analyse die Chance, vorschnelle Perspektivverengungen durch allzu rigide geschnittene theoretische Zugänge zu vermeiden. Als Problem kehrt jedoch der "Wahrheitswert" solcher Analysen zurück: *Wenn es der funktionalistischen Analyse gelingt, trotz großer Heterogenität und Verschiedenartigkeit der Erscheinungen Zusammenhänge aufzuzeigen, kann dies als Indikator für Wahrheit gelten, auch wenn die Zusammenhänge nur für den Beobachter einsichtig sind. Jedenfalls wird es bei dieser Technik des Einsichtgewinns schwerer und schwerer, die Überzeugung festzuhalten, die Ergebnisse könnten auf eine fehlerhafte Methode, auf Irrtum, auf reine Imagination zurückzuführen sein. Damit ist keineswegs gesagt, daß die semantische Form, in der sie präsentiert werden, der Realität 'entspricht'; wohl aber, daß sie Realität 'greift', das heißt, sich als Ordnungsform im Verhältnis zu einer ebenfalls geordneten Realität bewährt* (ebd.: 90 f).

3.3.2 Wissenschaft als selbstorganisierendes System

> Die gefährlichsten Unwahrheiten sind Wahrheiten, mäßig entstellt
>
> Georg Christoph Lichtenberg

Im systemtheoretischen Ansatz Luhmanns war mit der Figur der Selbstbeschreibung bereits ein Weg aufgezeigt, sich analytisch einem System über dessen Binnenperspektive zu nähern, ohne - wie etwa im Strukturfunktionalismus - normative Kriterien vorgeben zu müssen. Bei Luhmann blieben aber sowohl mit der Zweitcodierung "Reputation" wie auch mit der Festlegung eines generalisierten Kommunikationsmediums Wahrheit gerade solche normativen Elemente wesentlich; ebenso warf die Wahl des Basiselements "Kommunikation" für konkrete empirische Analysen einige

Probleme auf, da sich die Untersuchung der Handlungen konkreter Akteure nur auf Umwegen mit der Luhmannschen Theoriearchitektur verbinden läßt.

An dieser Stelle erhebt die Theorie selbstorganisierender Systeme[1] den Anspruch, mit *weniger Vorentscheidungen* und weitaus *konstruktiver* einen analytischen Zugang zu den vom System selbst vorgenommenen Unterscheidungen von System und Umwelt anzubieten und den Beobachter so von *problematischen Vorentscheidungen* zu entlasten (KROHN/KÜPPERS 1989: 18 f). Anders als im Luhmannschen Modell geht es um reale Akteure: *The main concern of the theory of self-organizing systems is the modelling of the actual operation of real systems, not the funktional description of analytically defined entities* (KROHN/ KÜPPERS 1990: 208). Ausgangsüberlegung ist, daß Wissenschaft sich nicht als *besonderes Wissenssystem* kennzeichnen läßt, sondern nur als *soziales System zur Erzeugung von Wissen* (KROHN/KÜPPERS 1989: 28). Das Wissenschaftssystem sei daher weder durch die vorhandenen fachlichen Theorien noch durch eine besondere Methodologie hinreichend beschrieben. Konstitutiv für wissenschaftliche Tätigkeit ist allein die *Absicht der Wissenserzeugung*, konkreter: das Forschungshandeln. Basiselemente in diesem System sind daher Forscher, d.h. Personen (als komplexe und multidimensionale Entitäten) und nicht Kommunikationen.

Krohn/Küppers konzentrieren sich bei ihrer Untersuchung auf die Forschungsgruppe als kleinste soziale Einheit, die durch rekursive Interaktionen der Forscher entsteht. In der Forschungsgruppe und dem sich dort vollziehenden Forschungshandeln sehen sie den Ort der Selbstorganisation der Forschung, während das *Wissenschaftshandeln* darauf gerichtet ist, günstige Randbedingungen für die Forschung zu schaffen, und zwar durch Handeln in die innerwissenschaftliche Umwelt (andere Forschungsgruppen, scientific communities, Zeitschriften) wie auch in die außerwissenschaftliche Umwelt (Politik, Ökonomie, Kultur). Diese Beschreibung ist im wesentlichen eine Reformulierung der schon in den 70er Jahren vorgeschlagenen Differenzierung von Steuerungskontexten für Forschungsunternehmen. Radnitzky (1975: 23 ff) beispielsweise hatte eine Differenzierung in ein *internes Steuerfeld* vorgenommen, dessen innerer Teil die menschlichen Komponenten, die "beliefs" und psychischen Entitäten umfaßt, während der äußere Teil ein *intellektuelles Milieu* beschreibt, das sowohl das epochale intellektuelle Klima benennt als auch den *'Markt' für intellektuelle Ressourcen,* bestehend aus anderen Forschungsunternehmungen und dem Wissen über andere intellektuelle "Territorien". Als *externes Steuerfeld*[2] hatte Radnitzky die umgebende *soziale Welt* ausgemacht und dieser die Institutionen und Forschungstraditionen zugeordnet, die außerhalb des Forschungsunternehmens stehen, aber auf den Gang des Forschungsunternehmens Einfluß nehmen (z.B. Forschungsförderung, dominante Forschungsrichtungen innerhalb der Universitäten etc.). Radnitzkys Entwurf enthält die Möglichkeit, jeweils unterschiedliche Perspektiven und Fragestellungen an ein Wissenschaftssystem heranzutragen. Krohn/Küppers versuchen nun, die Vielzahl möglicher Perspektiven in einen Modellrahmen zu bringen. Trotz der sehr weitgefaßten Definition des Forschungshandelns ordnen Krohn und Küppers

1 Der Begriff Selbstorganisation ist ein Sammelbegriff für sehr unterschiedliche, vor allen Dingen in der naturwissenschaftlichen Forschung etablierte Theorien. Zur Kritik der Anwendung der Theorie selbstorganisierender Systeme auf die Wissenschaft(vgl. NOWOTNY 1990).

2 Auch Radnitzky versteht "extern" aus der Perspektive der Forschergruppe und nicht als extern im Sinne einer systemischen Kennzeichnung von Wissenschaft.

(1989: 56) diesem Handeln ein weitaus enger gefaßtes Produkt zu: *Von der Interaktion innerhalb der Forschungsgruppe ausgehend, ist ein Produkt jedes Ergebnis, das für eine Präsentation außerhalb der Forschungsgruppe aufbereitet wird, also beispielsweise in einem Vortrag oder einer Publikation, einer Patentschrift usw. als Gegenstand der Beschreibung auftreten kann.* Warum der aus nicht-publizierten Erfahrungen des Scheiterns von Forschungsanstrengungen bestehende spezifische Erfahrungsschatz einer Forschungsgruppe, der einen wichtigen Teil impliziten Wissens ausmacht, nicht den Status eines Produktes erhält, ist wohl nur dadurch zu erklären, daß Krohn/Küppers ein empirisch umsetzbares Modell anstreben und daher ihre Begriffsdefinitionen den antizipierten meßtheoretischen Problemen anpassen. Die Handlungskoordination der Forschungsgruppe wird, ähnlich wie in anderen sozialpsychologisch vergleichbaren Gruppen, durch gemeinsam geteilte Überzeugungen (beliefs), Einstellungen (attitudes) und Absichten (intentions) geregelt; diese lassen sich durch die *Gruppenmatrix*[1] beschreiben (ebd.: 36 ff). Folgende Elemente der Gruppenmatrix lassen sich unterscheiden:

a) Die *Ausbildung eines kollektiven Denkstils (kognitive Komponente)* greift auf Flecks Untersuchungen zurück und bezeichnet den Umstand, daß sowohl die Offenheit von Forschungsentscheidungen wie auch das Beharren auf Entscheidungen in problematischen Situationen nur durch Gruppeninteraktionen, und zwar von Teilnehmern mit intimer Gegenstandskenntnis, gewährleistet werden kann.

b) Die *Stabilisierung des Gruppenverhaltens (soziale Komponente)* schließt an Kuhns Überlegungen zum Paradigmawechsel (und die Kritik daran) an und bezeichnet die sozialpsychologischen Mechanismen, mit denen das Verhalten der Gruppe gegenüber abweichenden Meinungen stabilisiert wird.

c) Mit *Engagement und Verpflichtung (emotionale Komponente)* wird die Verstärkung von gruppenspezifischen Normen und Regeln, abhängig von der Schwierigkeit des Zugangs zur Gruppe, bezeichnet.

d) Die *Ausbildung von Gruppenidentität (reflexive Komponente)* nimmt schließlich die bei Luhmann diskutierte Idee einer selbstreferentiellen Bezugnahme zu Steuerungszwecken auf. Krohn/Küppers (1989: 40) gehen davon aus, daß Forschungsgruppen zum einen *Selbstbilder* entwickeln, die eine Beschreibung der Gruppenidentität enthalten, einschließlich einer Vorstellung davon, wie die Gruppe von außen wahrgenommen wird (Fremdbild). Selbstbild und Bild des Fremdbildes ermöglichen eine Identität der Gruppe in der Zeit und stabilisieren sie gegen Mitgliedswechsel und Aufgabenveränderungen. Zugleich wird das Selbstbild aber als modellhafte Konstruktion der Gruppenmatrix verstanden; der Forschungsgruppe werde ihre eigene Gruppenmatrix auf diese Weise reflexiv zugänglich: *Das Selbstbild ist ein intern konstruiertes Modell der Gruppenmatrix und zugleich Teil von dieser und kein 'von außen' vorgehaltener Spiegel* (ebd.: 41).

Aus den Selbstbildern verschiedener Gruppen entwickelt sich über das Wechselspiel zwischen Selbst- und Fremdwahrnehmung auch ein Modell des jeweiligen Forschungsgebietes: *Das Bild einer Gruppe enthält sachlich gesehen immer auch Angaben über den Stand der Forschungen und dessen Beziehungen zu dem anderer*

1 Der Begriff lehnt sich deutlich an Kuhns Begriff der "disziplinären Matrix" an. Er ist bei Krohn/Küppers allerdings für die Forschungsgruppe reserviert und stärker sozialpsychologisch gefaßt als Kuhns Konzept.

Gruppen.(...) Durch die Vernetzung der (modellierten) Bilder von den Forschungsspezialitäten wird auch ein Modell des Gebietes erzeugt (ebd.: 77). Leider bleiben Krohn und Küppers in der genauen Bestimmung von Selbst- und Fremdbild sehr oberflächlich. Zur Bedeutung des Fremdbildes erfährt man lediglich: *Im Fremdbild werden die Handlungen des Systems absorbiert, die es aufgrund seiner Interpretation des Fremdbildes erbringt* (ebd.: 43). Hier klingt an, daß das Fremdbild nicht nur ein Bild ist, das die Forschungsgruppe aus kommunikativen Indizien von Nicht-Mitgliedern der Gruppe über ihr Ansehen bei anderen zusammenträgt, sondern daß es auch für ein Wissen der systemischen Präformationen steht, denen Fremdwahrnehmungen unterliegen. Die notwendig unvollständigen *interpretatorische[n] Abgleichungen* zwischen Selbst- und Fremdbild, setzen nämlich voraus, daß bereits ein gemeinsamer Interpretationsrahmen besteht, der aus der Fülle möglicher Bewertungsaspekte die gemeinsam als relevant unterstellten herausfiltert. Die Ursache für diese Begriffsunschärfe dürfte darin liegen, daß Krohn/Küppers in der Absicht, die dichotomisierenden Konzepte wie extern-intern, sozial-kognitiv, selbst- und fremdgesteuert zu überwinden, die Forschungsgruppe in erster Linie als sozialpsychologisches Phänomen begreifen. Aus dieser Perspektive erscheint der Forschungsprozeß als *'blind'. Er ist nicht selbstkorrektiv und hat keine inneren Möglichkeiten, abwegige Fortschreibungen der Gruppenmatrix von fruchtbaren zu trennen* (ebd.: 45). Korrekturen und Strukturierungen dieses Prozesses treten erst in der Interaktion mit inner- und außerwissenschaftlichen Umwelten auf. Diese Betrachtung führt notwendig zu einem "ahistorischen" Bild der Handlungen einer Forschungsgruppe. Krohn/Küppers übersehen, daß mit der von ihnen eingeführten reflexiven Funktion des Selbstbildes nicht nur eine je aktuelle rekursive Praxis möglich ist, sondern auch der Zugang zu bereits sedimentierten Praxen und Problemgenealogien (diachrone Dimension) eröffnet wird.

Krohn/Küppers radikalisieren die Problemsicht, die sich mit der Einführung der Reflexivität des Forschungshandelns ergibt, in Richtung auf die Offenheit des Forschungshandelns, wodurch die für konstruktivistische Ansätze typische Frage danach aufgeworfen wird, wie es zu stabilen Mustern von Erkenntnis, Theorien und Methoden kommen kann. Ein konstruktivistisches Konzept, das ohne Apriorismus auskommen will, muß sich notwendig der Frage stellen, ob sich denn wissenschaftliche Erkenntnis von reiner Willkür unterscheidet bzw. wie die Stabilisierung und Tradierung von Theorien und Verfahren erklärbar ist. Wie schon aus Toulmins Interpretation des Wittgensteinschen Begriffs der Lebensform bekannt, gehen Krohn/Küppers (nun mit den Worten Maturanas) davon aus, daß die *Erkenntnisoperation im Prinzip an die Praxis der Lebewesen* anknüpfen muß (ebd.: 55). Der Forschungsprozeß stellt sich - wie ebenfalls bereits diskutiert - in dieser Perspektive nicht als eine "Logik der Forschung", sondern als ein ständig entscheidungsgeladenes Selektieren von Optionen unter kontingenten Randbedingungen dar. Durch die Möglichkeit der Reflexion auf diese Bedingungen wird die *Offenheit der Erkenntnisprozesse* weiter gesteigert (ebd.: 56). Eine Schließung dieses offenen Prozesses wird erreicht, wenn sich in der nach außen gerichteten Beschreibung des Forschungsergebnisses eine *Eigenlösung* einstellt: *Eine Eigenlösung zeichnet sich dadurch aus, daß sich die Erkenntnisoperation in ihrer Struktur nicht mehr verändert oder, mit anderen Worten, angewandt auf dasselbe Objekt, sich selbst reproduziert* (ebd.: 57). Für den Fall empirischer Forschung gehen Krohn/Küppers (1989: 59) davon aus, daß zwei unabhängige *Bewer-*

tungsraster so miteinander verschachtelt sind, daß über Transformationen die Ergebnisse des einen zum Input des anderen werden. Es handelt sich dabei um den experimentellen oder verfahrensmäßigen Teil der Erkenntnisoperation, dem die Bewertung erfolgreich/erfolglos zugeordnet wird, und um den theoretischen Teil, in dem Daten interpretiert und vernetzt sowie Hypothesen aufgestellt werden. Ihm sind die Bewertungen wahr/falsch zugeordnet. Die Transformationen zwischen beiden Bewertungsrastern, die nicht eindeutig aufeinander abbildbar sind, werden als *Operationalisierung* (Umsetzung von Hypothesen in Verfahren) und *Erklärung* (theoretisch interpretierbare Daten) bezeichnet (ebd.). Da beide Transformationen nicht eindeutig determiniert sind, sondern immer mehrere Optionen bestehen, handelt es sich zunächst um *lose Kopplungen;* wird an einer solchen Selektion festgehalten, entstehen *feste Kopplungen,* d.h. eine Operation führt in einem bestimmten Geltungsbereich bei Anwendung auf beliebige Objekte zu denselben Ergebnissen (ebd.: 60 f). Eine solche Operation hat eine Eigenlösung gefunden. Die festen Kopplungen schließen nicht aus, daß auch andere Lösungen hätten erreicht werden können, ebenso können getroffene Entscheidungen neuerlich zur Debatte gestellt werden. Das nicht vorhersehbare Erreichen einer solchen Kopplung (der Eigenlösung), die sich dann als Routine etablieren läßt, ist der unwahrscheinliche Fall von Erkenntnisfortschritt und der Entdeckung von "Wahrheiten": *Eigenlösungen sind also als 'Wahrheiten' oder 'Wirklichkeitserkenntnisse' interpretierbar, aber unter dem Vorbehalt, daß sie keine Auskunft über die Wirklichkeit geben, sondern eine Beschreibung eines in sich geschlossenen, stabilen intellektuellen und effektiven Operierens in derselben* (ebd.: 64). Diese Argumentationsfigur erinnert stark an das bei Fleck (1980: 56) entwickelte Modell von "aktiven und passiven Koppelungen", in dem die *passiven Koppelungen* das bilden, *was als objektive Wirklichkeit empfunden wird.* Während aber bei Fleck die Entwicklung eines dazu notwendigen Denkstils konsequent als historische Genealogie eines Problems und seiner Lösungsmöglichkeiten erscheint (vgl. FLECK 1980: 131), fehlt eben diese Dimension in dem Modell von Krohn/Küppers. Das Erreichen einer Eigenlösung ist in deren Modell abhängig von den in der *emotional-kognitiven Matrix spezifizierten Kooperationsbedingungen* der Forschungsgruppen (KROHN/KÜPPERS 1989: 64).

Die Begrifflichkeiten wahr/falsch und erfolgreich/erfolglos, die zur Kennzeichnung der Erkenntnisoperation benutzt werden, verweisen denn auch auf eine Ebene, die sich allein durch Rekursion und Interaktion nicht befriedigend bestimmen läßt. Zwar betonen die Autoren, daß die Entscheidungen der Forschungsgruppen kein *Würfelspiel* seien, sondern nach *Maßgabe des in die Gruppenmatrix eingeschriebenen Selbstverständnis* getroffen würden, nur ist in der Gruppenmatrix kein Ort vorgesehen, von dem aus sich die strukturierende Kraft kognitiver Problemtraditionen bestimmen ließe. So wird letztlich die Entgegensetzung von "sozial" und "kognitiv" nicht gelöst, sondern durch Ausblendung der Zeitlichkeit, in der sich soziale Strukturierungsprozesse vollziehen, als allgemeines sozialpsychologisches Gruppenhandeln rekonstruiert. Im Ergebnis steht daher auch nur die vage Feststellung, *daß die soziale Interaktion auf den Umgang mit Objekten zurückwirkt und umgekehrt* (ebd.: 67). Die Fruchtbarkeit des Modells selbstorganisierender Prozesse liegt daher weniger in der Analyse der wissenschaftlichen Erkenntnisoperationen, als vielmehr - ausgehend von der Offenheit von Forschungsprozessen - in dem Versuch, die Randbedingungen für das Forschungshandeln und ihre Rückwirkungen zu erfassen. Krohn und Küppers bestimmen diese Randzonen unter Rückgriff auf das Selbstbild von Forschungsgruppen. Dem Selbstbild der Forschungsgruppe korrespondieren Fremdbilder, die sich im Laufe der Zeit durch Rekursionen stabilisieren. Auch wenn Selbst- und Fremdbild nie völlig zur Deckung kommen, lassen sich aus dem Maß der Übereinstimmung Systemgrenzen und Randzonen herleiten: *Fremd- und Selbstbild definieren dort, wo sie zusammenfallen, eine Grenze zwischen System und Umwelt. Ihre Nicht-Koinzidenz konstituiert dagegen eine Randzone als sozialen Raum, über den weder die Forschungsgruppe noch die Umwelt vollkommen verfügen kann. In dieser Randzone werden die Divergenzen zwischen Selbst- und Fremdbild verhandelt und als Randbedingungen formuliert, d.h. die Differenz zwischen System und Umwelt wird als soziale Vereinbarung über Zuständigkeiten festgelegt* (ebd.: 43 f). In dieser Perspektive sind System und Rand auf das engste miteinander verknüpft; Veränderungen des Randes sind nur möglich, wenn auch der Systemzustand verändert wird. Das durch Vernetzung von Forschungsgruppen entstehende Wissenschaftssystem ist demnach für die Forschung als Umwelt zu verstehen, und die Forschung versucht über Wissenschaftshandeln ihre Umwelt als *Milieu* zu konstruieren, um die Bedingungen für die Fortsetzung von Forschung herzustellen. Da die Forschungsgruppe in den Randzonen keine alleinige Verfügungsmacht besitzt, entstehen durch das Handeln in den Randzonen Rückkopplungsprozesse, sog. *Umweltschleifen*, die strukturierend auf die Wissensproduktion wirken. In diesem Modell taucht also die in den 70er Jahren immer wieder diskutierte Frage nach der Autonomie von Forschung bzw. ihrer sozialen Einbindung oder gesellschaftlichen Steuerbarkeit auf.

Die Frage, ob Forschung nur intern strukturiert sei (so z.B. Lakatos), externe Anstöße benötige (Krohn 1979), ab einem bestimmten Entwicklungsstadium steuerbar sei (Finalisierungsthese, vgl. BÖHME/VAN DEN DAELE 1973), ob externe Faktoren Wirkungen allerdings völlig kontingenter Art entfalten (Ben-David 1971) oder externe Entwicklungen beschleunigend oder verzögernd auf intern induzierte Entwicklungen einwirken (Toulmin 1983), ist in dem von Krohn/Küppers vorgeschlagenem Modell weitgehend entschärft in der Formel, *daß alle sozialen Interaktionen der Wissenschaftler Rückwirkungen auf die Art haben, sich wissenschaftlich mit einer Sache zu befassen* (KROHN/KÜPPERS 1989: 68). Da in jenem Modell die Handlungen von Wissenschaftlern der Ausgangspunkt sind und nicht die Produkte (Theorien, Methoden etc.), erscheint es fast trivial, daß in den Handlungen der Wissenschaftler Umwelteinflüsse zu entdecken sind. Wie oben bereits angemerkt, löst das von Krohn/Küppers vorgeschlagene Modell die Dichotomisierung von sozial/kognitiv, autonom/gesteuert z.T. nur durch Ausblendung kognitiver Strukturierungsprozesse auf. Was etwa bei Toulmin noch als Dualität von disziplin- und professionsbezogener Seite eines Vernunftunternehmens erscheint, ist bei Krohn/Küppers konsequent in ein System ausschließlich sozialer Interaktionsprozesse gebracht, an dessen Basis "konservative" Forschungsgruppen stehen, deren stabile Eigenlösung nur durch Umwelteinflüsse dynamisiert werden kann. Damit wird die professionsbezogene Seite von Wissenschaftsentwicklung zugänglich und die verschiedenen Befunde der Wissenschaftssoziologie lassen sich einem theoretischen Rahmen zuordnen. Fragen nach Theoriedynamik und den Auswirkungen von Umbrüchen im kognitiven Gehalt einer Disziplin erscheinen hingegen allenfalls in ihren Auswirkungen auf die ständig zu verhandelnden Randzonen der Wissenschaft. Entsprechend wird auch die Frage der Bewertung von Theorien konsequent als soziales Phänomen behandelt. Krohn und Küppers (1989: 68 f) gehen davon aus, daß sowohl *die Anlässe, eine Theorie zu formulieren,* als auch *die Akzeptanzbedingungen, durch die eine Theorie Gemeingut mehrerer Forschungsgruppen* wird, nicht im Forschungsprozeß selbst, sondern in den Umweltschleifen des Forschungshandeln zu finden sind: *Es gibt (...) keinen von seinen sozialen Kontexten ablösbaren generalisierten Konsens über die rationalen Qualitäten einer Theorie.* Vielmehr wird Rationalität - die Grundlage für rationale Urteile - als ebenfalls *soziale Konstruktion* gesehen, die in den Umweltschleifen des Wissenschaftssystems entsteht (ebd.: 113). Auf dieser Allgemeinheitsebene ist dem Argument - außer der Tendenz zur Tautologisierung - kaum etwas entgegenzuhalten. Kritikwürdig scheint daher weniger die grundsätzliche Einschätzung eines über weite Strecken von sozial fundierten Entscheidungen abhängigen Forschungsprozesses, als vielmehr die vollständige Ausblendung der unter solch unsicheren Ausgangsbedingungen noch möglichen verfahrensmäßigen Argumentation. Der Verweis auf die letztendlich soziale Bedingtheit von Entscheidungsprozessen kann so den analytischen Zugang zum Verhalten von Wissenschaftlern erheblich einengen.

Krohn/Küppers fassen die bisherigen Befunde der Wissenschaftssoziologie in sieben strukturell verschiedenen Umweltschleifen zusammen:

- Die erste Umweltschleife entsteht aus der Vernetzung von Forschungsgruppen in lokalen Organisationen und universalen Kommunikationsnetzen. Auf der lokalen Ebene spielt vor allen Dingen das Labor eine wichtige Rolle, in dem die Kooperation verschiedener Forschungsgruppen organisiert und verhandelt wird und als *koordinierte Festlegung der Arbeitsziele* auf die Forschungsgruppen zurückwirkt (ebd.: 75). Zu den laborungebundenen Vernetzungen gehören die Fachgemeinschaften (invisible colleges) und, weiter aggregiert, die scientific communities, wobei Krohn/Küppers (1989: 77) damit - abweichend vom üblichen Sprachgebrauch - Organisationen in der Rechtsform von Vereinen und Gesellschaften bezeichnen. In den Fachgemeinschaften geht es um weitgehend informellen Informationsaustausch, der auch taktische Geheimhaltung oder Fehlinformation umfassen kann. Die Ziele auf dieser Ebene sind *Beschleunigung und Richtungskorrektur* der Forschung, die Rückwirkungen betreffen vor allen Dingen das *Image* einer Forschungsgruppe (ebd.: 76). Vereine und Gesellschaften schließlich entwickeln eher formalisierte Interaktionen, bieten aber mit Workshops, Kongressen und Versammlungen auch Institutionen, die wesentlich der informellen Kommunikation dienen. In dieser Umwelt entstehen *Strukturen, die einen kontrollierten oder selektiven Umgang der Forschungsgruppen miteinander ermöglichen* (ebd.: 80) Das Feld der informellen Beziehungen ist allerdings über Laborstudien hinaus bisher wenig bearbeitet.

- Die zweite Umweltschleife bezieht sich auf die formellen Kommunikationsprozesse, d.h. auf die wissenschaftlichen Publikationen. Krohn/Küppers beziehen sich dabei im wesentlichen auf die wissenschaftlichen Zeitschriften und folgen Flecks Analyse: Spezialistenwissen wird im Hinblick auf ein Publikum interpretiert und durch die Publikation in eine kommunizierbare Form gebracht. Die eigenständigen Interpretationen und Reaktionen der Leser wirken dann neuerlich auf die Forschungsgruppe zurück. Mit Piagets Begriff der "Dezentrierung" bezeichnen Krohn/Küppers die in Antizipation eines Publikums erfolgende Selektion und Aufbereitung (Konstruktion) der Forschungserfahrungen. Neben den kognitiven Konstruktionen, die

Publikationen kennzeichnen, gehören als soziale und strategische Aspekte in diese Umwelt: die *Modellierung des gegebenen Wissens* (die Historiographie des Gebietes) und die *Modellierung des eigenen Forschungsbeitrags*, der vor allen Dingen vermittels der Zitation in die Forschungslandschaft eingepaßt wird (ebd.: 84 f). Obwohl diese Umwelt weitgehend durch die Wissenschaftler kontrolliert ist, bleibt diese Kontrolle unvollständig. Redaktionspolitiken, kommerzielle Überlegungen der Verlage, themenzentrierte Publikationen, häufig verbunden mit einem "call for papers", und die Aktivitäten anderer Zeitschriften verleihen dieser Randzone eine gewisse Autonomie.

• Eine Überschneidungszone mit außerwissenschaftlichen Akteuren entsteht mit der dritten Umweltschleife, die Forschungspolitik und -planung umfaßt. Krohn/Küppers sehen im Zwang zur Einwerbung von Drittmitteln eine entscheidende Tendenz zur Dynamisierung der Forschung. Aufgrund der internen Struktur der Forschungsgruppen tendiert ihre Arbeit zum Konservatismus, allenfalls zu einer Driftbewegung: *Neues kann hierdurch nicht entstehen, Bestehendes wird lediglich modifiziert, bewährte Lösungen und Verfahren ausgebaut, verwandte Problemstellungen gesucht etc.* (ebd.: 89). Innovationen werden daher vor allen Dingen von Forschungs- und Förderprogrammen angestoßen, die nicht ausschließlich durch die Wissenschaftler selbst initiiert sind. Solche Programme wirken als *Störungen* innerhalb der Forschungsstruktur, die, wenn sie nicht neutralisiert werden können (etwa durch *Etikettenschwindel*), Veränderungen in Gang setzen (ebd.: 91ff). Daß die mit Förderprogrammen verbundenen Steuerungsziele nicht unbedingt realisiert werden, ist in dieser Perspektive nachrangig; entscheidend ist, daß der durch die Autonomie der Wissenschaft abgesicherten Beharrungstendenz eine Störung implementiert wird, die durch Außenseiter soweit verstärkt werden kann, daß existierende Forschungslandschaften umstrukturiert werden können (vgl. ebd.: 95). Krohn/Küppers überschätzen aber einerseits die Reichweite von Forschungsprogrammen und andererseits ihre potentiell hinderlichen Auswirkungen, die dann auftreten, wenn die einseitige Förderung eines Gebietes die Entwicklungsfähigkeit anderer beeinträchtigt. Die Tatsache, daß auch aus *extrem fremdorganisierten Programmen* einzelne Disziplinen *enorm gestärkt* hervorgehen können, reicht kaum aus, um das Wechselverhältnis von Forschungsförderung und Wissenschaftsentwicklung zu charakterisieren (ebd.: 94). Weitaus differenzierter hatte Toulmin bereits dargestellt, daß zwar ganze Wissenschaftsgebiete durch Förderung quasi "künstlich" geschaffen werden können, [1] die "Reife" und entsprechend der Ertrag eines Wissensgebietes aber vom Zusammenwirken zweier Filter, nämlich eines äußeren oder gesellschaftlichen und eines inneren oder geistigen abhinge.

• Wissenschaftliche Ausbildung und Lehre stellt eine vierte Umwelt für die Forschung dar. In der Lehre wird eine Ordnung des Wissens eines Gebietes geschaffen, Inkonsistenzen beseitigt oder in wissenschaftstheoretische Begrifflichkeiten übertragen, kurz, es wird eine *Axiomatisiersung des Wissens* geleistet (ebd.: 96). Die dabei entstehenden Glättungen und mit den je aktuellen Kontroversen kaum vermittelten Bilder der Disziplin ändern nichts an der bedeutsamen Rückkopplung, die die Lehre

---

1 Toulmin (1983: 252) nennt das Beispiel der Exobiologie, das eigentlich nur dank großzügiger Förderung durch die NASA bestehe.

bewerkstelligt: *Sie leistet nicht nur die Durchgestaltung der Wissensgebiete, sondern ermöglicht unter anderem den Wissenstransfer in relativ entfernt liegende Forschungsbereiche, konserviert Wissensbestände, die aktuell nicht abgefragt, aber in einer veränderten Forschungslandschaft plötzlich gebraucht werden* (ebd.: 98). Unklar bleibt leider, welcher Art die Rückkopplungen genau sind: Werden Wissenschaftler in die kognitiven und praktischen Traditionen ihrer Disziplinen einsozialisiert und verfügen so über einen gemeinsam geteilten Sinnhorizont, oder wirkt die aktuell von Wissenschaftlern erbrachte Lehrleistung als Strukturierungshilfe für ihre Forschungstätigkeiten, oder geht es nur darum, einem nichtwissenschaftlichem Publikum gegenüber mit Rekurs auf die Ausbildung die Befähigung zum Experten zu legitimieren (die Konstruktion der eigenen Disziplin zu legitimieren)?

- In der fünften Umweltschleife geht es um die institutionelle Kontrolle der Verwendung wissenschaftlichen Wissens in Praxisfeldern, also nicht um die basale Absicherung von Forschungsprozessen, sondern um die Expansion von Wissenschaft in andere gesellschaftliche Bereiche (vgl. Kap. 3.2.4). Gelingt es Disziplinen, die Definitionsgewalt in Praxisfeldern gegen konkurrierende Ansprüche durchzusetzen, erhöht sich nicht nur die *funktionale Zuständigkeit*, sondern zugleich verringert sich die *funktionelle Abhängigkeit*, die Autonomie der Disziplin ist auf breiter Basis gesichert (KROHN/KÜPPERS 1989: 103). Soweit sich in diesem Prozeß Institutionen entwikkeln,[1] wird der Verwissenschaftlichung gesellschaftlicher Handlungsfelder Stetigkeit und Irreversibilität verliehen, und zugleich wird die *rechtliche, ökonomische und soziale Durchführbarkeit theoretisch möglicher Veränderungen* in die Forschung als Problemstellung zurückgeholt (ebd.: 107). Handelt es sich um professionalisierte Tätigkeiten, dann sind es vor allen Dingen die *Normen und Präferenzen in der Gesellschaft*, für die sich Wissenschaft einerseits als nützlich erweisen muß und die andererseits in den Forschungsprozeß zurückfließen und *nach Maßgabe wissenschaftlicher Erkenntnis redefiniert* werden (ebd.: 109).

- Als generalisiertes Verhältnis zur Gesellschaft ist schließlich eine besondere Randzone zu nennen, in der Legitimation für wissenschaftliches Handeln abgesichert wird. Die erreichte rechtliche Absicherung einer autonomen Wissenschaft ist eine weitgehend abstrakte Zusicherung; der tatsächliche Handlungsspielraum muß hingegen ständig durch Legitimationsstrategien gesichert bzw. erweitert werden. Gegenstand offensiver oder defensiver Legitimationsstrategien ist ein Gesamtbild von Wissenschaft oder zumindest einzelner Disziplinen. Die Erstellung dieses Bildes ist auch die zentrale und dauerhafte Rückkopplung dieser Umweltschleife in die Forschung, denn einerseits gilt es, immer wieder auftretende Inkonsistenzen mit wissenschaftstheoretischen oder -historischen Argumentationen zu glätten, andererseits ist der Adressatenkreis für solche Selbstdarstellungen so heterogen, daß einzelne Strategien kontraproduktiv werden können. Legitimation ist daher ein *durch einen besonderen Typus der wissenschaftlichen Tätigkeit ständig aufrechtzuerhaltender Schutzwall der Wissenschaft* (ebd.: 112). Zu den wichtigsten Legitimationsmechanismen gehört die *Legitimation durch technischen Nutzen*, aber auch das Gegenstück - eine Abwehr von

1 Dazu gehören etwa unmittelbar staatliche Forschungsinstitutionen im Bereich Gesundheitswesen, Umweltschutz, Energiesektor, Meß- und Eichwesen etc., die sowohl Forschungsaufgaben erfüllen als auch bestimmte Dienstleistungen erbringen.

nutzenbezogener Erwartungshaltungen - in Gestalt einer *Legitimation durch den Wert reiner Erkenntnis*. Offensive Legitimationsstrategien treten dort auf, wo Wissenschaft über Praxisfelder unmittelbaren Gestaltungsanspruch erhebt. *Legitimation durch wissenschaftliche Reform* ist entsprechend der Anspruch, gesellschaftliche Probleme nicht nur zu lösen, sondern mit wissenschaftlichen Mitteln auch zu definieren. Erhalt von Freiräumen und des Anrechts auf Scheitern erfordern eher defensive Strategien der *Legitimation durch Wertfreiheit*. Zu den wirksamsten Legitimationsmechanismen gehört der Ausweis wissenschaftlicher Selbstkontrolle. Mit der *Legitimation durch Wissenschaft über Wissenschaft* gelingt es, Kritik an Wissenschaft wiederum wissenschaftlich zu bearbeiten, Kritik also in die Form wissenschaftlich fundierter Kritik zu bringen. Schließlich verweist *Legitimation durch kritische Wissenschaft* darauf, daß Wissenschaft auch an gesellschaftliche Veränderungspotentiale angeschlossen ist (ebd.: 1989: 112 ff).

Die Strategien der Akzeptanzerzeugung lassen z.T. widersprüchliche Selbstbilder der Wissenschaft entstehen. Der Versuch, durch reflexionswissenschaftliche Unternehmungen Einheitlichkeit herzustellen, läuft eher auf das entgegengesetzte Ergebnis hinaus: eine Kennzeichnung der Diffusität und Kontingenz dieser Selbstbilder. Erst die Praxis in den jeweiligen Institutionen dieser Randzone erzeugen akzeptable Bilder, die in der Öffentlichkeit als Fremdbild der Wissenschaft geeignet sind. Wissenschaftshandeln vollzieht sich also immer in Umweltschleifen, die z.T. innerwissenschaftlich sind (Bildung von Zeitschriften, Fachgemeinschaften etc.), z.T. auf außerwissenschaftliche Handlungsformen (Politik, Ökonomie etc.) stoßen. Die Grenze zwischen inner- und außerwissenschaftlich ist weder konstant noch genau zu bestimmen. In den Randzonen der Wissenschaft treten daher regelmäßig konkurrierende Ansprüche auf Definitionsmacht auf mit der Folge einer eigenen Dynamik (Autonomie) dieser Randzonen. Die Institutionen, die in den Randzonen für Rückkopplungsprozesse sorgen, lassen sich natürlich auch selbst als selbstorganisierende Systeme verstehen: das Netzwerk von Forschungsgruppen wird dann zur Umwelt und der Output des einen zum Input des anderen Systems. Eine derartige Verknüpfung selbstorganisierender Systeme bezeichnen Krohn/Küppers (1989: 125f) als *Hyperzyklus*, was heißen soll, daß die einzelnen Komponenten *nicht nur wechselseitig black boxes, sondern indeterminierte, d.h. in ihrer Reaktion unvorhersehbare Umwelten* bilden. Schließlich bilden die Randzonen auch die Schnittstelle zu anderen gesellschaftlichen Umwelten, für die prinzipiell ein ähnliches wechselseitiges Beeinflussungsverhältnis unterstellt werden darf.

Im Ergebnis läßt sich festhalten, daß die Autonomie der Wissenschaft als eine *ständig aktivierte soziale Konstruktion von für die Forschung günstigen Randbedingungen* betrachtet werden muß, innerhalb derer kontinuierlich externe Ansprüche auf Definitionsmacht in den Randzonen verarbeitet werden müssen (ebd.: 1989: 132). Der Forschungsprozeß erscheint dabei als weitgehend *anarchisch*, während in den Umweltschleifen die wissenschaftstypischen *Aspekte der Rationalität* entstehen (als soziale Konstruktion) (ebd.: 1989: 133). Für die Frage nach den Möglichkeiten und Bedingungen einer Bewertung wissenschaftlicher Leistungen steuert das Modell von Krohn/Küppers vor allen Dingen eine zusammenfassende Beschreibung der vielfältigen sozialen Einflußprozesse und Wechselbeziehungen auf das Forschungshandeln und entsprechend auch auf Bewertungen bei. Die Umweltschleifen bilden sozusagen ein Reservoir für die Gewinnung von Relevanzkriterien und Entscheidungshilfen bei der Bewertung wissenschaftlicher Leistungen, die sich weder aus der methodologischen Analyse noch einem normorientierten Verhalten ableiten lassen. Anders als im Luhmannschen Modell erscheinen hier die jeweils spezifischen Randbedingungen entscheidend für Stabilisierungen oder Dynamisierungen, Vereinheitlichungen oder Diversifikationen und schließlich für die Externalisierung oder Internalisierung von Problemlagen.

Kritisch bleibt allerdings anzumerken, daß die *kognitiven Rückkopplungen,* von denen Krohn/Küppers sprechen, in ihrer Theorie nicht auf ein Feld eigenständiger kognitiver Strukturen stoßen, so daß diffus bleibt, welche Wirkungen diese Rückkopplungen eigentlich induzieren. Ebenso scheinen die Anleihen bei den naturwissenschaftlichen Theorien der Selbstorganisation keine wirkliche theoretische Perspektive zu eröffnen, dazu werden sie zu sehr mit immer neuen Indeterminiertheiten und Antizipationen durchsetzt. Es handelt sich insgesamt wohl eher um eine metaphorische Anlehnung an die Terminologie dieser Theorietradition.

3.4 Resümee: Bewertungen als sozialer Aushandlungsprozeß

Parallel zu - und keineswegs unabhängig von - den theoretischen Diversifizierungen in der Wissenschaftstheorie ist auch in der Wissenschaftssoziologie seit den 70er Jahren die theoretische und methodische Diversität der Disziplin bis zur Fragmentiertheit angewachsen. Das gilt für die Wissenschaftssoziologie allgemein und für die soziologische Analyse wissenschaftlicher Bewertungsprozesse im speziellen. Das sich monolithischen Rationalitätsschemata widersetzende buntscheckige Bild von Wissenschaft und ihren Produktions- und Evaluationsprozessen wirft für die Beurteilung von Bewertungsprozessen (und darauf gestützte Konstruktionen von Wissenschaftsindikatoren) grundsätzlich das Problem auf, von raum-zeitlichen Kontexten ausgehen zu müssen, die die Bewertungen von Wissenschaftlern als jeweils nur unter spezifischen Bedingungen gültige ausweisen. Im Hinblick auf die wissenschaftsinternen Prozesse der Bewertung wissenschaftlicher Leistungen lassen sich jedoch einige - keineswegs geradlinige - Entwicklungen festhalten:

Die theoretische Fassung dessen, was der Gegenstand von Bewertung ist, hat sich mehrfach verschoben. Während in der Merton-Tradition der Erkennntnisanspruch und die Anerkennung von Priorität (beides über die Publikation vermittelt und dokumentiert) im Vordergrund standen, verschob sich in der Fleck/Kuhnschen Tradition der Fokus auf den Wissenschaftler und die zugehörige Paradigmengemeinschaft (Denkkollektiv), zur Beurteilung von Bewertungsprozessen mußten nun der oder das Bewertete und die Bewerter zusammen gesehen werden. Das weitgehend unbewußte Zusammenspiel von kognitiven Attitüden und sozialer Gruppenkonformität läßt sich bis in das Habitus-Konzept Bourdieus verfolgen. Mit den konstruktivistischen Laborstudien wurde das Bewertungsobjekt abermals ausgeweitet. Dort sind es ganze Konfigurationen aus Theorien, handwerklichem Wissen, Wissenschaftlern, Geräten, Materialien, lokalen und situationalen Spezifika, die als "Tatsachen" bewertet werden. Im letzten Entwicklungsstand dieser Theorielinie ist ein analytischer Zugriff auf die

Bewertungsproblematik gar nicht mehr möglich, denn sich selbst rechtfertigende Netzwerke aus humanen und nicht-humanen, materiellen und immateriellen Elementen, können allenfalls noch auf ihren "Erfolg" in einer definierten Umwelt hin untersucht werden.

Diese Perspektivverschiebungen wirkten sich auch auf die Untersuchung der Verfahren von institutionalisierten oder routinisierten Bewertungen und den involvierten Akteuren aus. In der strukturfunktionalistischen Tradition waren Institutionen und Akteure, die innerhalb eines verbindlichen, normativen Rahmen situationsunspezifische Universalisierungsleistungen erbringen, noch klar bestimmt. Mit der genaueren Untersuchung von wissenschaftlichen Diskursen, Kontroversen und institutionellen Bewertungspraxen änderte sich das Bild: Bewertungsoperationen und die dazu gehörigen fachlichen Standards folgen offenbar keinem einheitlichen Schema, sondern diese "kognitive Kultur" variiert (auch innerhalb von Disziplinen) nach wissenschaftlichen Spezialgebieten, nach den adressierbaren Auditorien (inner- wie außerwissenschaftlich), nach der Art des Forschungsproblems, den Ressourcen der beteiligten Akteure und in der Zeit hinsichtlich der Abgeschlossenheit wissenschaftlicher Kontroversen. Darüber hinaus findet offenbar ein großer Teil der Bewertungsprozesse und der Verhandlungen um die Güte von Befunden unsichtbar (aus der Perspektive des Publikationssystems) in der Laborarbeit und im informellen Austausch von Wissenschaftlern statt, sowie beim Austausch von Materialen und Geräten: *One of the main findings of social and historical studies of controversy in science has been that criticism goes beyond logical and empirical matters: challenges implicate experimental skills as often as they implicate logical, mathematical or conceptual competence. In practice this means that scientists recover and re-evaluate skills, procedures and choices* (GOODING 1990: 9). Die Vielfalt der Akzeptanzprozesse von neuen Erkenntnisansprüchen modifiziert auch den Konsensbegriff, soweit er als Indikator für Qualität benutzt wird. Wenn Konsens nicht mit "Übereinstimmung durch Anwendung ähnlicher Bewertungsverfahren" gleichzusetzen ist, dann können gleichartige Empfehlungen oder Voten ebenso wie gleichartige Verhaltensweisen (z.B. das Zitieren bestimmter Quellen) auf sehr unterschiedlichen Beobachtungen und Bewertungen beruhen. Mit anderen Worten: Konsens hinsichtlich bestimmter Entscheidungen ist nicht gleichzusetzen mit "gleicher Meinung sein" über die verschiedenen Bewertungsaspekte und ihre Bedeutung.

Auch die Antworten auf die alte Frage danach, in welchem Maße Bewertungsoperationen intern gesteuert und kontrolliert werden oder extern beeinflußt sind bzw. wo genau die Grenzen zwischen dem Wissenschaftssystem und seiner Umwelt verlaufen, sind eher diffuser als klarer geworden. Welche Kontexte in Bewertungsprozesse einfließen, scheint hochgradig variabel zu sein. Schließlich ist es - insbesondere bei der Analyse des formalen Kommunikationssystems - immer fragwürdiger geworden, was eigentlich genau die angemessenen Analyseeinheiten sind. In arbeitsteilig organisierten und infrastrukturell voraussetzungsreichen Wissenschaftsgebieten ist wissenschaftliche Leistung individuell nicht mehr exakt zurechenbar. Ausdifferenzierte Positionen (z.B. Laborchef) liefern wichtige Vorleistungen (Beobachtung des Feldes, Informationsmanagement, Ressourcenakquirierung, Koordination von Kontakten etc.); die Honorierung solcher Leistungen kann, aber muß nicht über das formale Kommunikationssystem erfolgen. Leistungen können dann nur kollektiv (Labore, Institute etc.)

zugerechnet werden. Weitgehende Einigkeit besteht inzwischen darüber, daß Bewertungen nicht als mechanische Anwendung einer Beurteilungsregel, sondern als sozialer Aushandlungsprozeß betrachtet werden müssen. Uneinigkeit und Unklarheit besteht aber nach wie vor darüber, welche Ressourcen in diese Aushandlungsprozesse eingebracht werden, wie diese beendet werden, welche Art von Macht und Einfluß mobilisiert werden kann, wieweit Kriterien partikulare, situationale, territoriale oder aber universelle Geltung haben, wie inner- und außerwissenschaftliche Relevanzen verrechnet werden, ob institutionalisierte Bewertungsprozesse tatsächlich steuern oder nur Legitimation nach außen herstellen und über viele weitere verwandte Fragen.

Ähnlich der Wende in der Wissenschaftstheorie im Verlauf der 70er Jahre hat auch die Wissenschaftssoziologie eine Wende durchlaufen. In beiden Disziplinen koexistieren heute sehr unterschiedliche, teilweise widersprüchliche Forschungslinien. Interessanterweise steigen die Hinweise darauf, daß die jeweils andere Disziplin durchaus Desiderata der eigenen zu füllen vermöchte, in dem Maße an, wie in den Einzeldisziplinen dominante und einheitliche theoretische Paradigmen an Boden verlieren. Fruchtbare interdisziplinäre Ergänzungen entstehen dabei aber nur im Ausnahmefall, die Regel ist eher eine Verschiebung der disziplinär nicht gelösten Probleme. Im folgenden Kapitel soll daher der Versuch unternommen werden, die Befunde aus Wissenschaftstheorie und -soziologie soweit zu integrieren, daß eine Basis entsteht für die kritische Würdigung von Wissenschaftsindikatoren, die ja beanspruchen, permanent ablaufende Bewertungsprozesse zu quantitativen, aggregierten Deskriptionen wissenschaftlicher Qualität zu komprimieren.

4 Synthese: Das Bild der Wissenschaft von sich selbst

> Die Wahrheit ist alles andere als eine erhabene und gestrenge Herrin; sie ist eine gefügige und gehorsame Dienerin.
>
> Nelson Goodman

Die vorangegangenen Kapitel dienten dem Zweck, sich über zwei verschiedene Wege (wissenschaftstheoretisch und -soziologisch) der für die Konstruktion von Wissenschaftsindikatoren zentralen Frage nach den Bedingungen und Möglichkeiten qualitativer Beurteilung wissenschaftlicher Leistungen anzunähern. Es war beabsichtigt, die einzelnen Theorie- und Empiriestücke nicht von vornherein auf die Frage nach Indikatoren engzuführen, um den weiteren Argumentationskontext, in dem sie ihre facettenreiche Bedeutung entfaltet, zu erhalten.

Ausgangspunkt der Überlegungen war, daß erstens zur Entwicklung von Wissenschaftsindikatoren zum Zwecke von Leistungsmessungen nicht nur Informationen über die Quantitäten von Input und Output des Wissenschaftssystems benötigt werden, sondern vor allem auch Informationen über die Qualität wissenschaftlicher Leistungen, und daß zweitens die Implementation und Akzeptanz von Indikatoren davon abhängt, welche eingespielten Mechanismen der Selbststeuerung des Wissenschaftssystems durch ein öffentliches, auf Indikatoren gestütztes Berichtssystem tangiert werden. Versteht man also die hinter der Konstruktion und Verwendung von Wissenschaftsindikatoren stehende Problematik nicht einfach als technisches Problem ihrer Operationalisierung oder als ebenfalls technisches Implementationsproblem wissenschaftspolitischer Programme oder als Informationsproblem einer als betriebsförmig gedachten Forschungsorganisation, sondern als eine weit in das hochreflektierte Selbstverständnis von Wissenschaft hineinreichende Problematik, dann erscheint es geradezu notwendig, sehr verschiedene Wege auf ihren möglichen Ertrag zu prüfen. Dies um so mehr, als eine übergreifende Theorie nicht in Sicht ist. Im folgenden soll nun versucht werden, den Ertrag der bisherigen Diskussion zusammenzuführen.

Die Auflösung der zunächst noch hierarchisch institutionalisierten Verfahren der Entscheidungsfindung und Bewertung im Ausdifferenzierungsprozeß von Wissenschaft und der innerwissenschaftlichen Ausdifferenzierung von Disziplinen zugunsten *marktförmiger Mechanismen* (BEN-DAVID 1977: 250) bildet eine Art historischen Ausgangspunkt. Eine zentrale Kontrolle über Bewertungen (und eine entsprechende Außenvertretung) kann unter diesen Bedingungen weder durch einzelne Personen oder Institutionen noch durch einzelne Disziplinen (Philosophie, Wissenschaftstheorie) übernommen werden. Statt dessen entsteht *die Bewertung einer wissenschaftlichen Leistung (...) als das aggregierte Resultat einer Vielzahl relativ unabhängig voneinander erfolgender Einschätzungen* (STICHWEH 1984: 54). Dieser "Entdogmatisierung" entspricht auf der anderen Seite historisch der Versuch, über Methodologie und Erkenntnistheorie eine rational begründbare Besonderheit und Einheit von Wissenschaft herzustellen, und, wenn nicht Handlungsnormen aufzustellen, so doch zumindest im nachhinein die spezifische Rationalität wissenschaftlicher Handlungen und Entscheidungen aufzudecken. Die strikte Orientierung des logischen Empirismus des Wiener Kreises, aber auch des Kritischen Rationalismus auf logisch hergeleitete Bewertungsverfahren und insgesamt auf eine Rechtfertigung von (Natur)Wissenschaft als eines logischen Unternehmens waren nicht nur auf eine "Purifizierung" der Wissenschaft, auf die Beseitigung metaphysischer Restbestände gerichtet, sie lieferten auch eine starke Begründung für den Autonomieanspruch von Wissenschaft.

In der jüngsten Vergangenheit ist die Bewertungsproblematik in die Debatte zurückgekehrt, allerdings unter ganz anderen Vorzeichen: Nachdem die wissenschaftliche Autonomie rechtlich und faktisch durchgesetzt war und die Wissenschaft in den Industrieländern einen exponentiellen Zuwachs an Ressourcen und Personal realisiert hatte, schoben sich Probleme wie Steuerbarkeit und selektive Mittelvergabe, Effizienzsteigerung und Wettbewerb, Transfer zwischen Wissenschaft und Wirtschaft, Legitimation nach innen und außen usw. in den Vordergrund. In steigendem Maße muß z.B. wissenschaftsintern, noch bevor Leistungen unabhängig bewertet werden können, durch vorgeschaltete Bewertungen bereits über die Chance für nachfolgende Bewertungen entschieden werden. Auch wissenschaftsextern entstand angesichts des enormen Ressourcenbedarfs von Forschung und Lehre, den vielfältigen Leistungstransfers von der Wissenschaft in andere gesellschaftliche Bereiche, sinkender Akzeptanz des kulturellen Eigenwertes wissenschaftlicher Erkenntnis und Zweifeln an der effizienten Selbststeuerungsfähigkeit ein wachsender öffentlicher Druck, die Leistungen der Wissenschaftsinstitutionen zu belegen.

Die wissenschaftstheoretische Debatte hat sich in dieser Zeit historischen und soziologischen Argumentationen geöffnet, mit der Folge, daß die methodologische Begründbarkeit universeller Bewertungsstandards sich zu einem weitaus differenzierteren und von vielen nicht-logischen Elementen durchsetzten Modell entwickelte: *[T]he subsequent historically oriented work of Kuhn, Feyerabend and Toulmin, and the epistemology of Quine (...), has now undermined several of the premisses upon which the standard empiricist account depended. The most important of these are the assumptions of naive realism, of a universal scientific language, and of the correspondence theory of truth* (HESSE 1980: vii). Ähnlich sind die Entwicklungstendenzen in der Wissenschaftssoziologie. Von der Analyse universeller Wissenschaftsnormen führte der Weg zur Untersuchung immer kleingliedrigerer Strukturen, verbunden mit der Einsicht, daß *scientists do not act according to a strict epistemological rationality in making collective judgements but rather utilize social strategies and resources in persuading colleagues* (WHITLEY 1983: 697).

Während also auf der einen Seite der Bedarf an evaluativen Informationen erheblich gestiegen ist, wurde auf der anderen Seite das theoretische und empirische Fundament unübersichtlicher, und zugleich zeichneten sich mit dem Aufkommen bibliometrischer Techniken neue empirische Zugänge zur Bewertungsproblematik ab. Dieses ungleichgewichtige Zusammentreffen von Bedarf, theoretischer Fundierung und empirischen Techniken bildet gewissermaßen den Ausgangspunkt für die Entwicklung von Wissenschaftsindikatoren, sowohl als analytisches Instrument der Wissenschaftsforschung wie als Element evaluativer Berichterstattung. Rescher beschreibt das Dilemma anschaulich mit den folgenden Worten: *It scarcely needs emphasis that this whole issue of evaluation is a hornet's nest. The difficulties that lie in the way of an objective treatment are doubtless among the main reasons why this theme is so rarely discussed in terms other than those of grossest generality. All the same, we must somehow cut the Gordian knot. The whole process of assessing the merit of scientific findings may be inexact and 'judgemental', but unless we are prepared to abandon the whole topic of scientific progress, we shall have to grasp the nettle of this problematic issue* (RESCHER 1978: 96). Der Gordische Knoten, der zu lösen ist, läßt sich stark vereinfacht etwa so beschreiben: Eine kontextfreie Berichterstattung über wissenschaftliche Leistungen, wie sie etwa mit Forschungsindikatoren angestrebt wird, muß über ein Kriterium zur Bestimmung von Leistungen und ihrer qualitativen Differenzierung verfügen.[1] Die Besonderheit im Falle von Wissenschaft besteht darin, daß sich mit einem Leistungsbegriff, der sich auf den Leistungstransfer zwischen Subsystemen bezieht und entsprechend Bewertungskriterien durch Bezug auf die Akzeptanz auf der "Abnehmerseite" gewinnen könnte, nur ein kleiner Teil der wissenschaftlichen Bewertungsprozesse erfassen läßt. Die hier vor allen Dingen interessierende Grundlagenforschung speist ihre Ergebnisse überwiegend wieder in den Forschungsprozeß ein. Damit werden Kriterien der Nützlichkeit von Ergebnissen wissenschaftlichen Forschens in anderen gesellschaftlichen Handlungskontexten nachrangige Kriterien. Vielmehr werden die Produzenten auch zu Bewertern, d.h. Wissenschaft entscheidet autonom auch über die Kriterien der Bewertung ihrer Leistungen, und ihr wird in der Reflexion auf diesen Vorgang zum Problem, daß der Anspruch auf objektive Erkenntnis auch den Anspruch auf objektive Bewertung impliziert.

Während Qualität in einem alltäglichen Sinne relativ klar als die Eignung eines Produktes über Kriterien bestimmt werden kann, die sich aus dem ihm bestimmten Verwendungszweck ergeben (Qualität also als Maß der selbst definierten Zielerreichung verstanden werden kann), verhält es sich bei der Beurteilung wissenschaftlicher Leistungen nicht so einfach. Der Zweck, das Telos von Wissenschaft liegt nämlich keineswegs auf der Hand, sondern ist selbst erst unter Rückgriff auf *erkenntnisanthropologische Überlegungen und Unterscheidungen* zu bestimmen (RADNITZKY 1975: 46). Die Unschärfen bei der Bestimmung eines solchen für die Wissenschaft insgesamt geltenden Telos haben zu den bekannten Unterscheidungen von angewandter Wissenschaft und Grundlagenforschung, von zwei oder drei Wissenschaftskulturen, von Wissenschaft und Nicht-Wissenschaft geführt: *Wissenschaft folgt schon lange nicht mehr einem, sondern vielen konkreten Zwecken, darunter auch Verwertungszwecken, die wir mit ihr verbinden, und unübersehbaren Problemen, die Wissenschaft lösen könnte und sollte. Ohnehin gehören Vorstellungen von der inneren Einheit der Wissenschaft oder ihrem System weniger zum Alltag der Wissenschaft als zum Sonntag der Wissenschaftstheorie* (MITTELSTRAß 1993: 70). Im Hintergrund dieser Unterscheidungen steht die Frage danach, ob sich ein gemeinsames Telos und ein zugehöriger Operationsmodus bestimmen läßt, der als basale Identitätsbeschreibung und damit auch als Bestimmungskriterium für die Grenzlinie zwischen Wissenschaft und ihrer Umwelt dienen kann. Auch Mittelstraß will trotz der diagnostizierten Ausdifferenzierungen keineswegs die "Einheit der Wissenschaft" völlig aufgeben, er

---

1 Rescher selbst, der lediglich globale Aussagen über das Wachstum von Wissenschaft und die nötigen Ressourcen macht, begnügt sich damit zu zeigen, daß sich einige Evidenz beibringen läßt für die Behauptung, daß die Größe von Wissenschaftseliten bzw. die Anzahl wissenschaftlicher Arbeiten mit hoher Qualität als logarithmische Funktion der jeweiligen Gesamtheit ausgedrückt werden kann (vgl. Kap. 3.1.1). Das Problem einer Definition von Qualität ist damit umgangen.

verlagert sie in das Bemühen um eine einheitliche Wissenschaftssprache. Der Grund, warum insbesondere die Wissenschaftstheorie trotz aller Probleme mit der Begründbarkeit normativer Methodologien und meist forschungspraktischer Irrelevanz solcher Postulate an Konzepten wie Wahrheit, Objektivität, Realismus festhält, ist unmittelbar mit der Bewertungsproblematik verbunden: *Wenn es so etwas wie objektive Wahrheit nicht gibt, dann haben die Kriterien für die Beurteilung von Behauptungen keine wesentliche Beziehung zu Wahrheit oder Falschheit und können sich ebensogut mit dem Urheber des Arguments befassen, seinen oder ihren Motiven, den Konsequenzen der Aufstellung der Behauptung oder anderen solchen Fragen* (SEARLE 1994: 385). Geht man wie Searle davon aus, daß es sowohl objektiv wie intersubjektiv geltende Kriterien intellektueller Leistung und Qualität gibt, dann stellt sich regelmäßig das Problem, solche Kriterien und die zugehörigen Anwendungsregeln zu explizieren. Im Kapitel 2 wurde dargelegt, daß die Konkretisierung methodologischer Begrifflichkeiten (wie Objektivität, Wahrheit, Vollständigkeit, Einfachheit, Konsistenz etc.) in einer nicht aufhebbaren Vagheit verbleibt. Es gelingt nicht, aus diesen Normen Verwendungsalgorithmen zu destillieren, vielmehr wird ihnen der Charakter "regulativer Ideen" zugeschrieben, die innerhalb von Bewertungsprozessen als Grundlage für Argumentation figurieren. Dabei kommt eine wichtige Asymmetrie ins Spiel: Trotz unklarer positiver Bestimmungen von Begriffen wie Objektivität, Wahrheit etc. ist die Negation dieser Begriffe weitaus präziser (Falschheit, Subjektivität, Willkür etc.). In der Beurteilung wissenschaftlicher Leistungen beziehen sich positive Urteile denn auch eher auf Relevanzaspekte, auf den Beitrag zur Lösung eines Problems, auf die Auswirkung für weiteres Forschungshandeln, während negative Kritik sich häufig die Asymmetrie methodologischer Normen zueignet: *Wir setzen die normative, also primär negativ wirksame Kraft einer methodologischen Idee ein, wenn wir kognitive Akte und Unterlassungen bewerten und beurteilen, wenn wir uns fragen, ob sie die Bedingungen der Objektivität (Einfachheit, Vollständigkeit etc.) erfüllen oder nicht. Falls man schlußfolgern kann, daß dieser besondere kognitive Akt, dieser Geltungsanspruch oder diese Person parteilich oder subjektiv, willkürlich oder voreingenommen ist, dann hat man eine sehr ernst zu nehmende Kritik vorgebracht* (TRANØY 1986: 48).

Die Diskussion verschiedener wissenschaftstheoretischer Ansätze hatte gezeigt, daß die Positionen sowohl hinsichtlich der Möglichkeit einer retrospektiv rationalen Rekonstruierbarkeit wissenschaftlichen Fortschritts als auch prospektiv hinsichtlich der Gestaltungsmacht oder auch nur Wünschbarkeit normativer methodologischer Postulate weit auseinanderliegen. Das Spektrum reicht von Feyerabends Pluralismus mit der provokativen Warnung, daß Methodologie den wissenschaftlichen Fortschritt behindere, über die mehr oder weniger relativistischen (oder naturalistischen) Konzepte (z.B. RORTRY, QUINE), die pragmatischen Konzepte in der Wittgenstein-Tradition (z.B. TOULMIN), die Bewertungen, Kriterien und Standards in einer historisch sich entwickelnden Praxis verankern, die eher transzendentalpragmatische Ansätze (z.B. HABERMAS), die an Wahrheit und Objektivität festhalten, wenn auch verlagert in das hypothetische Konstrukt der idealen Sprechsituation, und die ebenfalls pragmatistisch inspirierten Ansätze des Konstruktivismus bis zu den verschiedenen Varianten Kritisch-Rationalistischer Argumentationen, die am Realismus, am semantischen Wahrheitsbegriff (Tarskischer Provenienz) und an der Möglichkeit normativer methodologischer Regeln festhalten. Darüber hinaus scheint es, als transportierten Bewertungen, je nachdem, aus welcher Perspektive man sie betrachtet, zu gleicher Zeit sehr Unterschiedliches: Legt man einen propositionalen Wissenschaftsbegriff zugrunde, dann sind Bewertungen diejenigen Verfahren, die über Wahrheitsgehalte oder über Falschheit von Aussagen entscheiden, in einer soziologischen, oder weiter gefaßt, kultursoziologischen Perspektive ist Bewertung eine soziale Praxis, die einerseits den kontingenten Möglichkeitsraum wissenschaftlichen Handelns durch kollektive Konventionen begrenzt und andererseits die interne Hierarchisierung und Positionierung von Personen und Institutionen organisiert. In einer anthropologischen Perspektive schließlich tauchen Bewertungen als Teil des wissenschaftlichen Produktionsprozesses auf, nämlich als Interpretationsarbeit an bestehendem Wissen oder an artifiziell produzierten Daten.

Bei aller Unterschiedlichkeit der diskutierten methodologischen Ansätze läßt sich zumindest in negativer Hinsicht mit Schneider (1988: 440) festhalten, daß *eine unmittelbare Bewertung von Forschungsleistungen nach formalisierten, kontextunabhängigen und ohne zusätzliche Interpretationsleistungen anwendbaren Kriterien (..) nicht möglich* ist. Die Anwendbarkeit methodologischer Bewertungsregeln setzt vielmehr Entscheidungen voraus. Aus diesem Grund hatte Stegmüller auch nur einen Teil der Wissenschaftsgeschichte für rational rekonstruierbar gehalten, während ein anderer Teil allenfalls entscheidungstheoretisch beleuchtet werden könne. Gemessen an den Zielen wissenschaftstheoretischer Idealvorstellungen enthalten wissenschaftliche Bewertungen eine logisch irreduzible hermeneutische Komponente, die den Bewertungsakt zu einem riskanten Unternehmen macht.

Schon Mitte der 60er Jahre hatte Polanyi zu zeigen versucht, daß sowohl Entdekkung wie Rechtfertigung von Wissen grundsätzlich nicht explizierbare Bestandteile enthält, da im Erkenntnis- und Urteilsakt notwendig auf eine einfühlende und verinnerlichte Deutung von Erfahrungen zurückgegriffen werden muß (vgl. POLANYI 1985: 13 ff). Auch wissenschaftliches Wissen ist daher *implizites Wissen,* und entsprechend kann es *keine explizite Rechtfertigung einer wissenschaftlichen Wahrheit geben* (POLANYI 1985: 30). Skepsis gegenüber der Praxis wissenschaftlichen Urteilens und Optimismus hinsichtlich der "Richtigkeit" dieser Praxis gehen dabei Hand in Hand: *Die Ablehnung vermeintlicher Erkenntnisse wegen ihrer Unglaubwürdigkeit hat sich oftmals als Irrtum erwiesen; aber diese Gefahr ließe sich nur um den Preis bannen, daß man die wissenschaftlichen Zeitschriften einer Flut von Unsinn öffnete. (...) Der Korpus des wissenschaftlichen Wissens ist das, was er ist, aufgrund der Tatsache, daß wissenschaftlicher Sachverstand ständig damit beschäftigt ist, Beiträge, denen ein annehmbarer wissenschaftlicher Wert fehlt, auszusondern - und zwar nach einem Bündel von Kriterien, das sich aus Präzision, systematischer Relevanz und dem Interesse der Nicht-Spezialisten an dem Thema zusammensetzt. Auf dem Weg über derartig heikle Wertungen entscheidet die wissenschaftliche Meinung über die Gestalt der Wissenschaft* (POLANYI 1985: 62 ff).

Dabei scheitert die "Standardisierbarkeit" von Bewertungen nicht so sehr an der Unterschiedlichkeit von Bewertungskriterien, sondern an der Frage, welche Relevanz einzelnen Kriterien bei der "Verrechnung" der verschiedenen Aspekte in einer gegebenen Problemsituation zugemessen werden soll. Die nicht kodifizierten Mechanismen der Relevanzbestimmung im Forschungsprozeß wie auch in der Ergebnisbewertung machen offenbar gerade die Urteilsfähigkeit des kompetenten Wissenschaftlers in der Einschätzung seiner Kollegen aus: *Es ist interessant, daß diese Relevanzkriterien - von vielerlei Art und auf vielen Ebenen angesiedelt - niemals formuliert oder dem jungen Wissenschaftler beigebracht werden. (...) Der Grund für diesen überraschenden Mangel ist vielleicht der allgemeine unphilosophische Zuschnitt der Wissenschaftler, vielleicht auch das gesunde Gefühl, eine solche Kodifizierung würde mehr hindern als anregen* (HODGSON 1981: 170 f). Ähnlich hatte Toulmin darauf hingewiesen, daß die Anwendbarkeit von Methoden situations- und problemabhängig ist: *[D]ie Urteilsfähigkeit eines Wissenschaftlers zeigt sich weniger darin, daß er sich an eine allgemeine 'Methode' hält, als in seinem Spürsinn für die besonderen Erfordernisse seines jeweiligen Problems* (TOULMIN 1983: 180). Die Diskussion der verschiedenen Relevanzsysteme hatte ergeben, daß derartige Relevanzen in der Tat auf verschiedenen Ebenen angestoßen werden und sich im Laufe des Forschungs- oder Bewertungsprozesses verändern können. Die Interdependenz der drei Relevanztypen macht erklärlich, warum es nicht gelingt, von den situativen Komponenten zu abstrahieren und Relevanz ausschließlich als thematische oder methodische oder motivationale zu bestimmen.

Man ist angesichts der Diskrepanz zwischen einer sich selbständig immer weiter entwickelnden wissenschaftlichen Praxis und den Grenzen einer methodologischen Begründbarkeit dieser Praxis geneigt, Wissenschaftstheorie mit Mittelstraß tatsächlich als "exotisches Sonntagsunternehmen" zu betrachten. Dieser Eindruck entsteht, wenn man an Methodologien den Anspruch heranträgt, eine verbindliche Anleitung für die Forschungspraxis, zumindest jedoch für die Bewertung von Erkenntnisansprüchen zu liefern. Derartige Ansprüche sind aber mit der "pragmatischen Wende" in der Wissenschaftstheorie weitgehend zurückgenommen worden. Handlungsanweisungen sind nicht das zentrale Anliegen methodologischer Reflexionen, ebensowenig wie eine exakte Befolgung methodologischer Regeln unter allen Umständen wünschenswert ist: *Es geht hier gar nicht um einzelne Anweisungen und Vorschriften, sondern um eine Grundlage für Beurteilungen, um allgemeine Beurteilungskriterien dafür, was es heißen kann, daß eine Theorie 'besser' ist, mehr leistet als eine andere, unter Umständen auf ganz anderen Grundlagen beruhende. (...) Um zu neuen Ufern aufzubrechen, um Regeln kreativ zu brechen, muß man welche haben, muß man ideale Bewertungsstandards voraussetzen* (LENK 1986: 120). Aus systemtheoretischer Perspektive läßt sich das Mißlingen einer "Standardisierung" der wissenschaftlichen Bewertungsoperationen als typisches Phänomen selbstreferentieller Bezugnahme charakterisieren. Das Fehlen einer unzweifelhaft objektivierenden Instanz zwingt die reflexive Kommunikation über Geltungsansprüche und ihre Grundlagen in hohem Maße zur Introspektion. Der Verlust einer transzendierenden Instanz verweist Wissenschaft auf sich selbst bei der Klärung ihrer basalen Operationen: *Das »Selbst« der Selbstreferenz muß sich selbst als unaustauschbar behandeln* (LUHMANN 1984: 622). Folge dieser ausschließlich auf Selbstreferenz abstellenden Behandlung ist, daß alle Möglichkeiten einer Parallelisierung unterschiedlicher Perspektiven und ein konsensualer Abgleich entfallen. Bei Reflexionsprozessen handelt es sich dann immer *um einen selbstreferentiell-geschlossenen Prozeß, dem die objektivierende, Standpunkte neutralisierende Qualität der Fremdbeobachtung, notwendigerweise fehlen* (LUHMANN 1984: 623). Dies führt konsequent zu Luhmanns Diagnose, daß Reflexionswissen (er nennt hier ausdrücklich die Wissenschaftstheorie), wenn es für Zwecke der Selbstbeobachtung in Anspruch genommen wird, zu *typischen Überspannungen* führt (ebd.): *Es entsteht mehr Gewißheit, als wissenschaftlich gerechtfertigt, und mehr Ungewißheit, als wissenschaftlich nötig* (ebd.).[1] Die Beobachtung und Beschreibung des systemischen Prozessierens ist aber eine wesentliche Voraussetzung für die Steuerung der Reproduktion eines Systems: *Auf der Basis des Grundgeschehens Kommunikation und mit ihren operativen Mitteln konstituiert sich ein soziales System demnach als Handlungssystem. Es fertigt in sich selbst eine Beschreibung von sich selbst an, um den Fortgang der Prozesse, die Reproduktion des Systems zu steuern* (LUHMANN 1984: 227).

Anstelle des von Luhmann postulierten einheitlichen Kommunikationsmediums (Wahrheit) und dem zugehörigen binären Schematismus, in den Selbstbeschreibungen dann gezwängt werden, möchte ich im folgenden einen modifizierten Begriff von Selbstbeschreibung benutzen, der vor allen Dingen an die von Toulmin entwickelte evolutionäre Betrachtungsweise anknüpft: Eine Selbstbeschreibung gibt in modellhafter Abstraktion darüber Auskunft, aufgrund welcher Bewertungen aus der Menge von Erkenntnisbehauptungen Selektionen getroffen wurden und werden (sollen) und liefert zugleich Gründe für die Angemessenheit dieser Bewertungen. Eine Selbstbeschreibung enthält also zum einen symbolische Objektivationen (Theorien, Hypothesen, Begriffe, Probleme, die sich allerdings im Unterschied zu Poppers Welt 3 nicht auch auf die möglichen, sondern auf die historisch realisierten bezieht) und praktische Verfahren, in denen Begriffe und Theorien verwandt werden, und sie benutzt zum anderen einen Code zur Bewertung dieser Wissensformationen. Der Code, mit dem Wissen bewertet wird, besteht nicht aus der wahr/unwahr-Dichotomie, sondern weitaus übergreifender in der Form des methodischen Arguments, das die Erklärungskraft eines Erkenntnisanspruchs im Hinblick auf einen Anwendungsbereich darlegt.[2] Für die Anwendbarkeit des Codes ist die *regulative Idee der Wahrheit* (POPPER 1984b: 123) daher nicht notwendig;[3] sie wird erst dann notwendig, wenn einzelne innerhalb des Codes koexistierende Verfahren des Argumentierens ausgezeichnet werden sollen. Der Wahrheitsbegriff wird nur dann wichtig, wenn der Code selbst expliziert oder normativ begrenzt werden soll. Ebensowenig wie ein Wahrheitsbegriff automatisch ein Wahrheitskriterium mitliefert, bedeutet der Verzicht auf einen Wahrheitsbegriff keineswegs, daß alles als Argument zugelassen ist. Eben hier täuscht sich Searle, wenn er meint, der Verzicht auf objektive Wahrheit erhebe auch Argumente ad hominem in den Rang methodischer Argumente. Argumente ad homi-

---

1 Allerdings greift diese Diagnose selbst auf den gerade kritisierten Anspruch zurück, denn was wissenschaftlich gerechtfertigt oder gar nötig ist, kann ohne Bezugnahme auf Reflexionswissen gar nicht beurteilt werden. Luhmann rekurriert hier allenfalls auf "überzogene" Ansprüche einzelner methodologischer Positionen, nicht nur retrospektiv partielle "Objektivierungen" von Theorieveränderungen und Selektionsentscheidungen zu ermöglichen, sondern auch prospektiv Handlungsanweisungen zu generieren.

2 Der Begriff "Erklärungskraft" läßt zwar offen, mit welchen Verfahren ein Argument begründet werden kann, er hält aber am Begriff der Begründung fest. Im Gegensatz dazu versteht Luhmann (1990: 440) unter einem Argument lediglich die Ausbalancierung von Redundanz und Varietät.

3 Die Bedeutung des Wahrheitsbegriffes liegt für Popper nicht darin, daß sich ein Wahrheitskriterium angeben ließe (er hält dies mit Tarski innerhalb einer hinreichend reichen Sprache für unmöglich), sondern darin, daß er bei der *Suche nach der Wahrheit, daß es so etwas wie Wahrheit oder Übereinstimmung gibt,* hilfreich ist (POPPER 1984b: 330). Er dient also nur zur Abstützung der Realismus-Annahme, daß eine von Theorien unabhängige Welt der Tatsachen existiert.

nem - so sehr sie faktisch benutzt wurden und werden - sind deshalb nicht leistungsfähig, weil sie gerade dem Anspruch, die Erklärungskraft einer Theorie zu demonstrieren, nicht genügen.

Die Anwendung des Codes setzt voraus, daß Erklärungsideale (und Probleme als Differenz zur vorhandenen Problemlösungsfähigkeit) mit einer gewissen Konsensualität vorhanden sind. Die Quellen von Problemen liegen nun einerseits in der Selbstbeschreibung (als beschreibbare Differenz zum Erreichten, als Inkonsistenzen bestehenden Wissens, als Inkompatibilitäten zwischen empirischen Daten und Theorien) und sind soweit ein gegenüber den aktuellen Wahrnehmungen und Handlungen von Wissenschaftlern emergentes Phänomen,[1] und sie resultieren andererseits aus der Umwelt von Wissenschaft, von wo aus praktische Probleme an Wissenschaft herangetragen werden. Eine Bestimmung der Relevanz der einzelnen Probleme - gar im Hinblick auf eine Dringlichkeitshierarchie bei der Bearbeitung - ist durch Anwendung des Codes nicht erreichbar. Die Methodologie hat zwar versucht, sich des Problems mit Kategorien wie "Tiefe einer Theorie" oder "Dringlichkeit einer Frage" anzunehmen, praktikable Ergebnisse sind dabei jedoch nicht entstanden. Und es scheint auch sehr fraglich, ob es möglich ist, den *Bedarf an einer methodologischen Präferenzregel für Fragen und damit für methodologische Argumentationsweisen, die bei der Schätzung der wissenschaftlichen Wichtigkeit einer Frage Bewertungs- bzw. Entscheidungshilfe geben können*, im Rahmen eines methodologischen Diskurses zu decken (RADNITZKY 1980: 369).

Welche methodologischen Kriterien und welche fachwissenschaftlichen Verfahren im Rahmen eines Codes "methodisches Argumentieren" als angemessen gelten können, ist nicht a priori festgelegt, sondern erst im Hinblick auf das zu lösende Problem und den Kontext der Beurteilung zu spezifizieren. Selbst auf der einfachsten Ebene, der Prüfung einer einzelnen Hypothese, lassen sich daher immer eine Fülle von Kriterien einführen: z.B. ihre logisch-semantischen Eigenschaften (Konsistenz, Signifikanz etc.), ihre epistemischen Eigenschaften (Fidelität etc.), ihr Verhältnis zum bestehenden Wissen (Kohärenz im Sinne der Assimilierbarkeit von Vorgängertheorien), ihre Bewährung in der Konfrontation mit empirischen Daten, ihre ästhetischen Qualitäten (Einfachheit). Ebenso lassen sich diese Kriterien auch unter Bezug auf eine oder mehrere übergeordnete Wahrheitstheorien legitimieren (Kohärenz-, Korrespondenz-, Konsenstheorien). Auch wenn auf der Ebene der Selbstbeschreibung innerhalb des Bewertungscodes also unterschiedliche Verfahren koexistieren, bedeutet dies keineswegs Beliebigkeit. Da einzelne methodologische Verfahren ebenso wie fachliche Methoden nicht auf eine genau definierte Menge von Anwendungen begrenzt sein können, transportiert ein Code immer auch eine "Überschußbedeutung" (vgl. GIESEN 1991: 157), einen Anspruch auf Universalität. Unabhängig davon, wie stark ein solcher Universalitätsanspruch erhoben wird, scheint mittlerweile unumstritten, daß man für jedes methodologische Bewertungskriterium eine praktische Forschungssituation benennen kann, *in der das Kriterium temporär heruntergespielt oder*

1 Weil die einmal in die Selbstbeschreibung aufgenommenen Elemente ein "Eigenleben" in Korrespondenz mit anderen Elementen entfalten, das von ihren Schöpfern nicht kontrolliert werden kann, und weil diese Entitäten dank ihrer Symbolisierung auch "überleben", wenn sie nicht zum Gegenstand des je aktuellen Wissenschaftshandelns werden, läßt sich mit Popper und auch mit Toulmin von autonomen oder objektiven Tatsachen sprechen.

sogar aufgehoben werden muß, nämlich in dem Kompromiß, den man in konkreten Situationen treffen muß (RADNITZKY 1975: 50). Praktisch zeigt sich dieser Kompromißcharakter darin, daß die Anwendung von Bewertungskriterien sich mit einer gewissen interpretativen Flexibilität mit dem Forschungsprozeß selbst verändert und die strikte Trennung von Entdeckungs- und Begründungszusammenhang damit aufgehoben wird: *The criteria for defining results as 'established knowledge' are themselves often created and refined as an integral part of the process of discovery and validation* (MULKAY 1978: 113). Nicht nur im Extremfall (Kuh Revolutionen) des Austausches eines Großteils der Erklärung-, Begründungs- und Validierungsverfahren, sondern auch in der alltäglichen Forschungspraxis verschwimmen die Grenzen von Entdeckung- und Begründungszusammenhang: *Wenn man (...) der (...) Meinung folgt, daß Erkenntnis durch einen fortlaufenden kritischen Dialog zwischen konkurrierenden wissenschaftlichen Forschungsprogrammen mit ihren konkurrierenden Metaphysiker und ihren konkurrierenden Wissensvorstellungen fortschreitet, dann gibt es in diesem fließenden Zustand keine fertigen Produkte, keine Selektion des Unbekannten, keine strenge Trennung zwischen offenen und gelösten Problemen und infolgedessen auch keine Unterscheidung zwischen den beiden Kontexten* (ELKANA 1986: 93). Bewertungsregeln stehen somit in einer Art Konkurrenzsituation. Über ihre Angemessenheit läßt sich im Konfliktfall nur nach ähnlichen Verfahren wie bei der Anwendung solcher Regeln streiten, indem retrospektiv ihr Geltungsbereich geprüft wird, prospektiv die Konsequenzen abgewogen und gegenwartsbezogen auch Regeln auf Konsistenz und Kohärenz geprüft werden. Mit anderen Worten, der Code "methodisches Argumentieren" steht selbst unter Explikationsdruck und ist veränderlich, nicht nur wenn ein grundsätzlicher Ideenwandel in einer Disziplin greift, sondern auch wenn die Gewißheit über zu interpretierende Experimentalbefunde sich verändert, der Adressatenkreis für die Präsentation von Befunden wechselt, das verfügbare Instrumentarium verändert wird, die Konkurrenzsituation in der Disziplin sich verändert usw. Sowohl bei der Bestimmung von relevanten "Erklärungsidealen" wie auch bei der Entwicklung von angemessenen Validierungsstrategien bzw. der Auswahl von Bewertungskriterien ergibt sich auf der Ebene der Selbstbeschreibung zwar eine Art "Sachzwang", weil Probleme und Bewertungsverfahren und -kriterien als historisch entwickelte Genealogie nur mit hohem Begründungsaufwand verändert werden können, dennoch bleibt die Spezifikation des Codes "methodisches Argumentieren" an eine in sozialen Interaktionsprozessen sich vollziehende Ausdeutung gebunden. Die *Entscheidung darüber, was man in irgendeiner Situation als 'relevant' akzeptieren kann, sind Sache des wissenschaftlichen Urteils und müssen nach den Besonderheiten jedes Einzelfalls neu festgelegt werden. Wie alle Urteile beruhen diese Entscheidungen auf der erfahrungsgeleiteten Deutung historischer Präzedenzfälle, die sich trotzdem im Laufe der Zeit als in gewisser Hinsicht abwegig oder irreführend herausstellen kann* (TOULMIN 1983: 304). Diese Situation macht erklärlich, warum sich dem unmittelbaren Beobachten wissenschaftlicher Labortätigkeiten ein Gewebe aus lokalen und situativen Kontingenzen, fachlichen Regeln und interpretativen Aufweichungen dieser Regeln und intuitiven Entscheidungen von Wissenschaftlern darbietet: *To understand the research process one has to look exactly in the middle of order and disorder. There are rules - borrowed from previous experience - but they are followed or not according to the circumstances* (LATOUR 1981: 61). Was der ethnographischen Beobachtung allerdings entgeht, ist, daß ein Teil dieser Regeln weit über die individuellen oder lokal sedimentierten Erfahrungen hinaus auf ein hochreflektiertes Wissen und zugehörige Interpretationschemata verweisen. Ohne einen solchen Bezug wäre die Konstruktion und der Austausch von wissenschaftlichen Fakten gar nicht möglich: *Without some 'rules of the game' no result or outcome could be produced* (WHITLEY 1983: 707).

Auf diese kognitive, aber nicht als deterministisches Regelsystem zu verstehende Ebene zielt der hier vorgeschlagene Begriff der Selbstbeschreibung. Selbstbeschreibungen können als eine systematisierte "Systemgeschichte" betrachtet werden, die gegenüber dem tatsächlichen Geschichtsverlauf abstrakter und einfacher ausfällt, weil sie die Entstehung und Bewertung wissenschaftlichen Wissens als erfolgreiche Anwendung des Codes rekonstruiert. Fleck (1980: 101,149) hatte bereits dargelegt, wie sich im Rückblick eine *Zick-Zacklinie*, als *gerader, zielbewußter Weg* darstellt. Ähnlich lassen sich Selbstbeschreibungen auch als *simplifizierende Abstraktionen* verstehen, die durch *sinnhafte Zusammenhänge generalisierter kognitiver, evaluativer und normativer Orientierungen* die *spezifische Handlungslogik eines bestimmten gesellschaftlichen Teilsystems* konstituieren (SCHIMANK 1988: 633, 636). Der Bedeutungsüberschuß, den Selbstbeschreibungen transportieren, ergibt sich aus der Verlängerung der Rekonstruktion in die Zukunft. Genauer gesagt, aus der Erwartung, daß der nur situationsgebunden explizierbare Code, ähnlich wie eine Sprache, deren Verwendungsregeln nicht vollständig explizierbar sind, auch auf zukünftige Situationen angewandt werden kann.

Bevor auf die Frage eingegangen wird, wie Selbstbeschreibungen von Akteuren im sozialen System zur Reduktion situativer Kontingenzen eingesetzt werden, soll zunächst festgehalten werden, was sich im Hinblick auf die im Zusammenhang mit Wissenschaftsindikatoren immer wieder diskutierte Frage der Qualität oder der inhärenten Qualität wissenschaftlicher Leistungen ergibt: Qualitätsbestimmungen bedürfen offensichtlich einer mehrfachen Relationierung. Sie sind erstens nur im Hinblick auf einen Anwendungsbereich oder eine Problemkonstellation in ihrer Leistungsfähigkeit bestimmbar, sie sind zweitens nur im Hinblick auf andere konkurrierende Erklärungen oder Befunde zu beurteilen, sie sind drittens auf eine Zeitdimension bezogen, denn eine Qualitätszuschreibung fällt je nachdem, ob sie sich auf einen Längsschnitt (z.B. eine Abfolge von Theorien, die einen ähnlichen Problembereich behandeln) oder einen Querschnitt (z.B. einen Theorienvergleich) bezieht, unterschiedlich aus und kann sich im Zeitverlauf verändern. Viertens sind Qualitätsbestimmungen an einen sozialen und kognitiven Kontext, der als Urteilshintergrund figuriert, gebunden. Fünftens verändert sich die Einheitlichkeit von Bewertungsverfahren mit der organisationellen und professionellen Struktur des jeweiligen Gebietes. Weiterhin läßt sich festhalten, daß ein standardisiertes Maß für Qualität in einem methodologischen Sinn nicht vorhanden und auch nicht in Aussicht ist, da die Spezifizierung von Bewertungskriterien an situationsgebundene Relevanzbestimmungen gebunden ist. Die Idee einer überzeitlichen, kontextfreien "inhärenten Qualität" ist im Grunde eine Wiederholung der methodologischen Diskussion um Wahrheit und Wahrheitsnähe und scheitert wie jene an der Unmöglichkeit einer kontextfreien einheitlichen Maßeinheit. Von Belang sind die wissenschaftstheoretischen Reflexionen für die Frage der Leistungsbewertung also nicht im Sinne einer Entscheidungsinstanz, sondern in ihrer sedimentierten Form gleichsam angewandter Wissenschaftstheorien, die als Orientierungswissen implizite Formen des Selbstverständnisses bereitstellen: *Bei genauerem Zusehen stellt sich (...) heraus, daß es sich bei diesen Selbstverständnisformen um Sedimente der professionellen philosophischen Wissenschaftstheorie früherer Phasen handelt, so daß zwar im Wissenschafts- und Technologiebetrieb eine relativ hohe Einheitlichkeit an anerkannten Methoden und Theorien, in der Selbstinterpretation von Wissenschaftlern und Technikern aber eine bunte Mischung von verschiedenen Theorieansätzen herrscht. Damit spiegelt sich, was auf der Ebene der innerphilosophischen Theoriedebatte gilt: daß unterschiedliche wissenschaftsphilosophische Auffassungen zur selben Zeit koexistieren (...). So trägt die heutige Diskussionslandschaft eine Art von Sedimentstruktur, in der Neopositivismus, Kritischer Rationalismus, radikaler Konstruktivismus, historischer Relativismus, hypothetischer Realismus, dialektische Wissenschaftstheorie und anarchistischer Dadaismus sich in mehr oder minder friedlicher Koexistenz gegenseitig bekämpfen* (ZIMMERLI 1988: 48). Diese Vielfalt adressierbarer wissenschaftstheoretischer Konzepte einerseits und die unauflösliche Bindung des Bewertungsprozesses an situationale Spezifika andererseits erklärt, warum Begriffe wie Qualität, Fortschritt, Nutzen, Bewährung etc. zwar als Appellationsinstanz untauglich sind, aber dennoch wichtige diskursive Funktionen übernehmen.

Selbstbeschreibungen entstehen und verändern sich nämlich nur durch eine wissenschaftliche Praxis, sie setzen aber zugleich einer aktuellen Praxis Rahmenbedingungen - analog zur Sprache, die mit ihrer Grammatik die Möglichkeit von verständlichen Sprechakten begrenzt, aber Neuschöpfungen in der Sprachverwendung nicht unterbindet. Eine ähnliche Beziehung zwischen der Praxis von Akteuren und regulativen Strukturen hat Giddens (1988: 77 f) zur allgemeinen Charakterisierung sozialer Systeme benutzt. Giddens versteht *Strukturen* als Menge von Regeln und Ressourcen, die zunächst ohne anwesendes Subjekt außerhalb von Raum und Zeit liegen. Erst im Prozeß der Strukturierung durch *bewußt vollzogene Handlungen situierter Akteure* in Interaktionszusammenhängen werden sie produziert und reproduziert. Soziale Systeme[1] umfassen dann die *situierten Aktivitäten handelnder Menschen, die über Raum und Zeit reproduziert werden.* Die Strukturmomente solcher sozialen Systeme sind entsprechend *sowohl Medium wie Ergebnis* rekursiv organisierter Praktiken. Strukturen ermöglichen erst Handeln und begrenzen zugleich mögliches Handeln. Wenngleich der einzelne Akteur keine Kontrolle über Strukturen gewinnen kann, sind sie dennoch dem *praktischen Bewußtsein* der Akteure zugänglich, ermöglichen *reflexive Steuerung* und fließen so wieder in die Strukturierung sozialen Lebens ein. Die Möglichkeit reflexiver Steuerung von Interaktionsprozessen bedeutet auch, daß die normativen Elemente (Regeln) nicht einfach den Interaktionszusammenhang determinieren. Normen erscheinen vielmehr als *kontingente Ansprüche*, die erst durch eine *erfolgreiche Mobilisierung von Sanktionen in den Kontexten wirklicher Begegnungen aufrechterhalten und 'zur Geltung gebracht' werden* (GIDDENS 1988: 83). Soziale Systeme existieren zu gleicher Zeit in und durch die Kontinuität sozialer Praktiken. Die Akteure erscheinen in diesem Raum mit *sozialen Positionen* (GIDDENS 1988:

1 Soziale Systeme sind manifeste, beobachtbare Interaktionsmuster, während Strukturen eine virtuelle Ordnung von Regeln und Ressourcen darstellen.

137). Solche sozialen Positionen bezeichnen nach Giddens eine *Identität* innerhalb eines sozialen Netzwerkes von Beziehungen: *Unter einer sozialen Position verstehe ich eine soziale Identität, die um eine Reihe bestimmter Rechte und Pflichten (wie diffus diese auch immer gekennzeichnet sein mögen) herum organisiert ist* (GIDDENS 1988: 138).

Die Strukturierungstheorie geht von vier basalen Kategorien (modalities of structuration) aus, die an jedem Strukturierungsprozeß beteiligt sind. Es handelt sich um die bereits erwähnten Normen, die aus zwei Typen bestehen: normativen Regeln, die Rechte und Verpflichtungen markieren, und interpretative Schemata, die die Bedeutungszuschreibung organisieren. Die im Strukturierungsprozeß einsetzbaren Ressourcen bestehen ebenfalls aus zwei Typen, die den sozialen vom ökonomischen Aspekt trennen: Beim ersten handelt es sich um ökonomische oder allokative Ressourcen, beim zweiten um politische oder autoritative Ressourcen. Die Entwicklung einer sozialen Praxis ebenso wie die Entwicklung einer institutionellen Kultur greift nun regelmäßig auf alle oder zumindest mehrere dieser Kategorien zurück: *No social practice expresses, or can be explicated in terms of, a single rule or type of resource. Rather, practices are situated within intersecting sets of rules and resources, that ultimately express features of the totality* (GIDDENS 1979: 82). Die Dualität von Struktur und die Modalitäten der Strukturierung sind die Kernpunkte der Theorie der Strukturierung. Mit den konstruktivistischen Theorien teilt sie die Negation eines prästabilierten Regelsystems außerhalb realer Interaktionen, im Unterschied zu jenen wird jedoch die kausale Wirkung vorgängiger, virtueller Strukturen anerkannt und ebenso die Variabilität der Nutzung von Regeln und Ressourcen in einer sozialen Praxis bzw. einer sozialen Institution.

Aus dieser Perspektive lassen sich nun viele der scheinbar gegensätzlichen Befunde der Wissenschaftssoziologie integrieren, denn es läßt sich zeigen, daß die Widersprüchlichkeit z.T. schlicht auf der unterschiedlichen Betonung des jeweils dominanten Regelsystems beruht: Beispielsweise stellt Mertons Analyse ganz wesentlich auf das normative Regelsystem ab, während Latours aus der Laborbeobachtung gewonnenes Diktum, Wissenschaft sei die Fortsetzung machiavellistischer Politik mit anderen Mitteln (LATOUR 1987), die Ressourcen des Strukturierungsprozesses betont. Wenn Wissenschaft tatsächlich aus vielen fachlichen Kulturen besteht, die zudem lokale und situationale Varianzen aufweisen, dann müssen zwangsläufig makrosoziologische Erklärungsmuster scheitern, die einheitliche Strukturen voraussetzen, ohne die Variabilitäten der sozialen Praxis zu berücksichtigen, ebenso wie mikrosoziologische scheitern, die zwar eine kontingente Praxis, aber keine diese integrierende Strukturmuster erkennen können. Hier bietet die Strukturierungstheorie eine Heuristik, die es erlaubt, kognitive, ethisch-moralische, sozioökonomische und politisch-strategische Elemente aufzunehmen. Giddens Entwurf macht darüber hinaus deutlich, wie einerseits Wissensansprüche, aber auch Bewertungsverfahren "aussterben" können, weil sie in tatsächlichen Interaktionen nicht benutzt werden, wie andererseits Bewertungen rekursiv stabilisiert und in Positionen institutionalisiert werden können, und schließlich, wie institutionalisierte Praxen sich mit ihrer Verwendung verändern.

Für das Subsystem Wissenschaft hatte ich versucht, mit dem Konzept der Selbstbeschreibung den Interaktionszusammenhängen vorgängige "Strukturen" genauer zu fassen. Abweichend von Giddens Terminologie enthält die Selbstbeschreibung nicht nur Normen und Interpretationscodes, sondern auch Wissen als symbolische Objektivation. Diese Ergänzung scheint notwendig, da im Falle von Wissenschaft die normativen Regeln unter besonderem Begründungsdruck stehen. Wissen beinhaltet hier sowohl positives Wissen um Sachverhalte und Theorien als auch Reflexionswissen. In der Selbstbeschreibung stehen also auch die reflexiven Diskurse um die "Richtigkeit" der Selbstbeschreibung in Form von Wissen oder Argumentationen als Ressource zur Verfügung. In der Strukturierungstheorie liegt dieses Reflexionswissen in erster Linie bei den Akteuren - in ihrer *knowledgeability*. Mit sehr ähnlicher Stoßrichtung entwirft Schimank (1988) eine auf Wissenschaft als Subsystem anwendbare Verknüpfung von Akteurs- und Systemtheorie. Auch in diesem Modell ist den Akteuren die Handlungslogik eines Teilsystems im interpretierenden und simplifizierenden Zugriff als *'abstraktive Fiktionen'* zugänglich und kann dann als wechselseitig unterstellte Erwartungshaltung zur Reduktion situativer Kontingenzen eingesetzt werden. Ähnlich wie Giddens Strukturen erscheint das Subsystem als *handlungsprägendes Sozialsystem*, das *Konstitutionsbedingung der Handlungsfähigkeit gesellschaftlicher Akteure* ist (SCHIMANK 1988: 630). Generalisierte Handlungsorientierungen enthalten kognitive Orientierungen (z.B. Theorien), normative Orientierungen (z.B. methodische Postulate) und evaluative Orientierungen (z.B. das Curiositas-Motiv). Für die kommunikative Vernetzung des Forschungshandelns und für die Bewertung von Erkenntnisansprüchen ist danach eine Art identitätsstiftender gemeinsamer Bezugsrahmen notwendig. Schimank beschreibt mit dem Begriff der Fiktionalisierung jenen aktiven Zugriff auf die abstrakte Handlungslogik derart, daß Wissenschaftler bei der Bewertung von Erkenntnisansprüchen über Freiräume verfügen und diese Interpretationsspielräume durchaus bewußt zur Herstellung von Konsensualität verwenden können, sie also als strategische Komponente nutzen können. Sie betreiben, in Goffmans Worten, "impression management". Mit *talk about science* und *talking science* charakterisiert Lynch (1985: 143 ff) diese Differenz zwischen unmittelbarem Forschungshandeln und der Überzeugungsarbeit für ein nur mittelbar involviertes Publikum. Auch die Erklärungsideale, die Toulmin zur Identitätscharakterisierung von Disziplinen herangezogen hatte, lassen sich als ein von den Akteuren (Forschern) geteilter oder projektierter Sinnzusammenhang verstehen, von dem aus sich die Handlungsfelder der Akteure erschließen. Schneider (1991: 165) bezeichnet die Toulminschen Erklärungsideale entsprechend als *'konkrete Utopien' von Funktionssystemen.*

Diese theoretischen Ansätze konvergieren also zunächst einmal in der Annahme einer handlungsprägenden Struktur oder eines subsystemischen Sinnzusammenhangs. Unterschiedlich fällt aber die Antwort auf die Frage aus, wie diese Strukturen in die Situationsgestaltung einwirken und wie variabel sie selbst sind. Giddens stellt positiv darauf ab, daß normative Ansprüche überhaupt erhoben werden müssen, um wirksam zu werden und negativ auf die Sanktion von normwidrigen Verhaltensweisen (ähnlich wie Mertons Wissenschaftsnormen sanktionsbewehrt sind). Negative Sanktionen sind aber im Wissenschaftssystem eher eine Ausnahme. Für das "Verbindlichwerden" von Bewertungen, für die Entwicklung von Relevanzbezügen ist nicht so sehr die Sanktionsdrohung wesentlich, sondern die konstruktive Funktion des Abgleichs von Erwartungen, Einschätzungen, Zielen und Interessen. Schimank (1988: 635) unterscheidet zwischen *theoretischen Fiktionen*, deren Adäquanz sich daran erweist, daß die aus ihnen generierten Hypothesen sich in der Wirklichkeit bewähren und *prakti-*

schen Fiktionen, die nicht nur die Kontingenz sozialer Situationen reduzieren, sondern darüber hinaus Erwartungen produzieren, die als self-fulfilling prophecies in die Situationsgestaltung zurückwirken. Soweit "Spielregeln" für eine Fiktionalisierung eindeutig vorhanden sind, wie z.B. bei den Konventionen für wissenschaftliche Publikationen, läßt sich mit diesem Modell erläutern, wie das Stilisieren eigener Befunde, Bewertungen des vorhandenen Wissens und auch die Strukturierung des Forschungshandeln durch Antizipation von Konventionen präformiert werden können. Die interpretativen Grauzonen von Bewertungen lassen sich durch die Orientierung an diesen Konventionen verringern. Dies sind im weitesten Sinne Bedingungen von "Normalwissenschaft", unter denen sich gerade nicht die Frage stellt, wie denn theoretische Fiktionen, deren "Wirklichkeitsadäquanz" umstritten ist, in praktische Fiktionen transformiert werden können. Es wird gerade jene Situation dargestellt, in der der Rationalitätsbegriff der Erkenntnistheorie mit den Konventionen des Kommunikationssystems weitgehend zur Deckung kommt: *Alle sind einer Meinung darüber, wie alles und jedes, was alle anderen sagen, zu bewerten ist. Oder allgemeiner, normaler Diskurs ist genau das, was sich in einem allgemein anerkannten System von Konventionen abspielt, die festlegen, was als ein relevanter Beitrag gilt, als Beantwortung einer Frage, als gute Kritik dieser Antwort oder als gutes Argument für sie* (RORTY 1981: 348 f). Die Folge ist, daß in Schimanks Modell ein sehr statisches Bild von Forschung entsteht: *Die Antizipation der Fiktion des jeweiligen gesellschaftlichen Teilsystems durch die in die konkrete soziale Situation involvierten Akteure führt zu einer Fiktionalisierung der Situation im Sinne einer Annäherung an die abstrakte Handlungslogik des gesellschaftlichen Teilsystems. Dies wiederum bestätigt die Adäquanz der Fiktion, wodurch die Fiktionalisierung entsprechender sozialer Situationen beibehalten werden kann* (SCHIMANK 1988: 636). Dabei läßt dieses Modell völlig offen, mit welchen Geltungsansprüchen solche Fiktionalisierungen auftreten können und unter welchen Bedingungen andere Akteure an solche Fiktionalisierungen anknüpfen können: Eine veröffentlichte und allen Publikationskonventionen der Disziplin folgende Veröffentlichung kann dennoch ohne jede Resonanz bleiben. Viele Nobelpreisträger mußten die Erfahrung machen, daß vor ihrer Ehrung angesehene wissenschaftliche Zeitschriften den Abdruck ihrer Artikel unter Berufung auf Konventionen verweigerten, manche Stilisierung eines Forschungsergebnisses erweist sich im Nachhinein als inkompetente Verfahrensanwendung. Kurz, es mangelt an einer Analyse der Bedingungen, unter denen Fiktionalisierungen erfolgreich verlaufen, und einer Erklärung der Veränderungen im "handlungsprägenden System", denn Rückkopplungen, wie sie im Strukturierungsmodell angelegt sind, fehlen in Schimanks Theorie.

Zum Gelingen von "Fiktionalisierungen" gehört offenbar, daß die Akteure den abstrakten und angesichts der Unbestimmtheit der subsystemischen Handlungslogik kontingenten Handlungsentwurf durch Informationen und Orientierungen ergänzen und spezifizieren, die nicht aus dem selbstreferentiellen Operieren des Systems zu gewinnen sind. Für das Orientierungswissen, das zur Interpretation der Selbstbeschreibung, also zur Bewertung von vorhandenem Wissen ebenso wie von neuen Erkenntnisansprüchen eingesetzt wird, möchte ich den Begriff des Selbstbildes vorschlagen. Es handelt sich beim Selbstbild um die Wahrnehmung eines Forschungsterritoriums aus der Perspektive handelnder Forscher oder Forschergruppen. Im Gegensatz zur Selbstbeschreibung enthält das Selbstbild auch implizite Wissensformationen und ist hinsichtlich des Gegenstandsbereiches nicht begrenzt, d.h. es umfaßt alle für die Durchführung und Absicherung zukünftigen Handelns wichtigen Informationen, Erwartungen und Strategeme, mithin auch Erwartungen und Einschätzungen der sozialen und politischen Umwelt des Wissenschaftlers. Es ist daher nicht notwendig, die sozialen Konstitutionsprozesse des Selbstbildes von vornherein auf einen analytisch unterstellten gemeinsam geteilten Sinnhorizont engzuführen. Es reicht, daß die Informationen, Einschätzungen und Erwartungen in irgendeinem Zusammenhang mit einem Forschungsproblem, den institutionellen, professionellen oder auch persönlichen Bedingungen weiteren Handelns im Kontext von Wissenschaft stehen. Daß Wissenschaftler ihr Forschungsfeld durchaus strategisch beobachten, haben insbesondere Laborstudien materialreich dargelegt: *Wissenschaftler beobachten ihr Forschungsfeld mindestens ebenso, wie sie 'Realität' beobachten* (KNORR CETINA/AMANN 1992: 223).

Solange das Selbstbild nicht problematisiert oder durch Konfrontation mit Fremdbildern unhaltbar wird, steht es nicht unter einem Explikations- und Rationalisierungsdruck wie die Selbstbeschreibung und bedarf auch keiner exakten Trennung von epistemischen und sozialen, kognitiven, strategischen, disziplinförderlichen oder individuellen Nutzenerwägungen. Was die begrenzte Explikationsfähigkeit des Selbstbildes anbetrifft, finden sich Parallelen zum Kuhnschen Paradigmabegriff, zu Polanyis Konzept des impliziten Wissens, aber auch zu Toulmins Anleihen bei der Wittgensteinschen Lebensform. Ähnlich können die von Knorr Cetina diagnostizierten lokalen Traditionen und Idiosynkrasien eines Labors als Bestandteil von Selbstbildern verstanden werden. Im Gegensatz zur Paradigmengemeinschaft fehlt Selbstbildern jedoch die dogmatisierende Gestalt von "Glaubensgemeinschaften", wie sie Kuhns Paradigmengemeinschaften anhaftet. Selbstbilder konvergieren graduell, je nachdem, wie ähnlich Aspekte der Umwelt als wichtig und inhaltliche Beurteilungen als übereinstimmend eingestuft werden. Konsens wäre in dieser Sichtweise nicht einfach erwartbar, wenn ein Wissenschaftsbereich hinreichend methodisch gefestigt ist. Vielmehr wäre Konsensualität von Wissenschaftlern ein ausgesprochen voraussetzungsreiches Phänomen, das vom Konvergieren verschiedener Selbstbilder in bestimmten Kontextbezügen und auf einem bestimmten Generalisierungsniveau abhinge. In diese Richtung deuten auch die empirischen Versuche, Disziplinen, Wissenschaftsgebiete oder Paradigmengemeinschaften auszumachen, die sich durch ein hohes Maß an Konsens über Aufgaben und Standards charakterisieren lassen. Zum einen konnte verschiedentlich gezeigt werden, daß Wissenschaftler auf Befragen in den verschiedenen Disziplinen und Subdisziplinen ein sehr unterschiedliches Maß an Konsensualität über Probleme, Methoden und Bewertungskriterien angaben und sich insofern durchaus Abstufungen ausmachen ließen. Zum anderen zeigten Untersuchungen zur Manuskriptbegutachtung in wissenschaftlichen Zeitschriften, zur Antragsbeurteilung in der Forschungsförderung und Fallstudien über wissenschaftliche Kontroversen auch in den vermeintlich hochkonsensualen Bereichen erheblichen Gutachter- und Expertendissens (vgl. Kap. 5.1.1). Auf diesem Hintergrund entstand das Bild einer, wie Gilbert (1976: 302) es formuliert, *evolving family of different but related models distributed among the members of a research network in place of one fixed paradigm shared by a unified research community*. In dieser Perspektive erscheint wissenschaftlicher Konsens und mit ihm die assoziierte Validität von Bewertungen in einen Kontext von informellen Verhandlungsstrategien versetzt, in den die Beteiligten ihre spezifischen Interessen, soziale Unterstützung oder Reputation einbringen. Eigenart und Ausmaß intellektuellen Konsenses erscheint danach nicht nur kontextabhängig, sondern insgesamt als loses und flexibles Arrangement, dessen Inhalt für vielfältige Interpretationen offen ist.

Beurteilungen und Relevanzeinschätzungen, die sich auf Selbstbilder stützen, lassen sich nicht als Wahrheitsfragen thematisieren, und entsprechend macht es weder Sinn, ihre Konstitution mit einem einheitlichen Kommunikationsmedium wie Wahrheit zu verbinden, noch läßt sich eine rigide Dichotomie wie wahr/unwahr konstruieren. Anstatt komplizierte Zweit- und Drittcodierungen einzuführen, geht das vorgeschlagene Modell davon aus, daß der auf der Ebene der Selbstbeschreibung ausgemachte Code "methodisches Argumentieren" für Handeln erst nutzbar gemacht werden kann, wenn Relevanzeinschätzungen kognitiver oder sozialer Art hinzugezogen werden, die sich aus dem praktischen Orientierungswissen des Selbstbildes herleiten. Zur Spezifikation von Relevanzbezügen, sei es bei der Auswahl von Forschungsproblemen, sei es bei der Entwicklung und "Verrechnung" von Beurteilungskriterien muß auf Informationen zurückgegriffen werden, die sich aus methodologischen Konzepten nicht herleiten lassen. Das bedeutet, daß die Einflüsse sozialer Strukturen einerseits mehr darstellen als externe Adnoten zu einer internalistisch strukturierten Wissenschaftsentwicklung, andererseits läßt sich aus der Wirksamkeit sozialer Strukturen noch nicht auf eine Determination kognitiver Entwicklungen schließen, wie Ben-David (1971) zu Recht vermutet. D.h. aus dem vorgeschlagenen Konzept ergibt sich weder ein methodisches "anything goes" noch die Möglichkeit, allein von der Analyse sozialer Strukturen auf kognitive Entwicklungen zu schließen. Selbstbild und Selbstbeschreibung sind in dem hier vorgeschlagenen Modell aufeinander bezogen. Anders als der Laborkonstruktivismus gehe ich davon aus, daß über das Selbstbild nur ein Teil der Relevanzspezifikationen organisiert wird. Daß sich dabei Ähnlichkeiten zum Alltagshandeln auftun, ist erwartbar, denn der Grundmodus der Spezifikation von Relevanzen ist natürlich auch in alltäglichen Situationen zu finden, in denen mit unbekannten Phänomenen umgegangen werden muß. Das heißt aber keineswegs, daß alltägliche Bewertungsprozesse mit wissenschaftlichen identisch sind.

Für eine genauere Analyse von Selbstbildern lassen sich die unterschiedlichsten wissenschaftssoziologischen und -psychologischen Untersuchungsverfahren einsetzen, soweit sie in der Lage sind, entweder Rahmenbedingungen des Forschungshandelns zu bestimmen oder Bestandteile des Orientierungswissens von Wissenschaftlern zu rekonstruieren. Dazu haben die soziologischen Laboruntersuchungen eine Fülle wertvollen Materials beigetragen. Geht man von einer solchen mikrosoziologischen Perspektive aus, dann fokussiert man die Forschergruppe bzw. den Forscher mit seinem sozialen Netzwerk. Aus dieser Perspektive geraten dann einerseits die eher sozialpsychologischen Mechanismen der Gruppenidentität und andererseits die engeren und weiteren Umweltschleifen des Wissenschaftshandelns, die *die Mikrowelt des Wissenschaftlers zur Makrowelt der Wissenschaft* vernetzen, in das Blickfeld (KROHN/KÜPPERS 1987: 97). In den Mittelpunkt rückt die Forschergruppe. Deren Interaktionsprozesse mit anderen Gruppen und mit den Akteuren in den Randzonen des Wissenschaftssystems bilden das nur noch mittelbar mit dem Forschungshandeln verknüpfte Wissenschaftshandeln. Für jede Forschergruppe existiert eine Umwelt (die Trennung in inner- und außerwissenschaftlich ist nicht von Belang), die eine Vielzahl von Optionen und Restriktionen bereithält. Ähnlich wie schon bei der Selbstbeschreibung bleibt auch auf der Ebene des Selbstbildes die Notwendigkeit zu entscheiden, welche Aspekte in der konkreten Situation besonders bedeutsam sind (z.B. die Aussicht mit einem anderen Forscher zukünftig zu kooperieren, die Aussicht auf Forschungsmittel oder Publikationsraum, die Öffentlichkeitswirksamkeit eines Themas, die ökonomische oder technische Verwertbarkeit, das Interesse außerwissenschaftlicher Institutionen etc.). Zum Orientierungswissen, das das Selbstbild bereitstellt, gehören auch andere laborübergreifende Rahmenbedingungen, wie beispielsweise der professionelle Handlungszusammenhang, in dem ein Forschungsgebiet steht. Dabei kann der "Sinnhorizont" oder die "konkrete Utopie", die sich aus der Selbstbeschreibung wissenschaftlicher Disziplinen herleiten läßt, als spezielle Variante einer für Professionen typischen Ausprägung der *Entwicklung des Bewußtseins einer einzigartigen Aufgabe* (BUCHER/STRAUSS 1972: 189) gelten, die zusammen mit einem "code of ethics" sowohl die Binnenstrukturierung organisiert als auch eine weitgehend autonome Position innerhalb der Gesellschaft sicherstellt. Wissenschaftliche Professionen "tragen" zwar ihre Disziplin und sind damit auf die disziplinären Ziele und Probleme bezogen, aber ihre Binnenstrukturierung folgt durchaus Imperativen, die denen anderer Professionen vergleichbar sind: d.h., *daß Macht eben Macht und Institution eben Institution bleibt, ob sie nun wirtschaftlichen, politischen oder wissenschaftlichen Zwecken dient* (TOULMIN 1983: 312).

Zwischen den verschiedenen Forschungsgebieten entstehen Unterschiede im Ausmaß der disziplinären Kontrolle über Berufsfelder, in der mehr oder weniger starken Institutionalisierung als "big science" in außeruniversitären Forschungseinrichtungen, in der Zahl und Struktur der adressierbaren fachlichen und außerfachlichen Auditorien, in der internen Strukturierung, der Wettbewerbssituation und in der Abhängigkeit von zentralisierten Finanzierungsformen. All das sind Faktoren, die sich auf die Organisation und die Einheitlichkeit von Bewertungsprozessen auswirken und die Spielräume für die lokale Definition von Standards vergrößern oder verkleinern. Die Genese und Stabilisierung von Selbstbildern setzt Interaktionsprozesse zwischen Akteuren voraus. Das heißt allerdings nicht, daß Selbstbilder ausschließlich auf der Ebene des einzelnen Wissenschaftlers oder der Forschergruppe verortet werden könnten. Überall dort, wo sich Institutionalisierungsprozesse abzeichnen (Fachgesellschaften, Kongreßzyklen, spezialisierte Publikationsorgane etc.) können sich auch Forschergruppen übergreifende Selbstbilder entwickeln.

Daß die Wahrnehmung eines Feldes in verschiedenen Selbstbildern nicht völlig divergent ausfällt, ist einerseits auf ihre rekursive Stabilisierung in der Interaktion mit anderen Akteuren zurückzuführen, andererseits aber darauf, daß die von den je aktuellen Interaktionen unabhängige systemische Selbstbeschreibung diesen Selbstbildern einen (daran gemessen, langsam veränderlichen) Rahmen setzt. Auf der Ebene von Forschergruppen müssen die systemischen Selbstbeschreibungen konkretisiert werden. Diese Konkretisierung aber gelingt nur im Prozeß einer Kontextualisierung, in dem Entscheidungen und Bewertungen auf Relevanzen gestützt werden, die sich nicht ausschließlich aus den kognitiven Problemgenealogien einer Disziplin herleiten lassen. Das Selbstbild einer Forschergruppe entsteht also nicht ohne Bezug auf generalisierte Selbstbeschreibungen, die unabhängig von der Gruppe existieren, ist von jenen jedoch auch nicht determiniert. Ihre Varianz erhalten die Selbstbilder, weil die systemische Selbstbeschreibung eben nur einen zu konkretisierenden Rahmen liefert, dessen Ausfüllung entlang einer Kette von kontingenten Entscheidungen verläuft. Das Selbstbild enthält nur zum Teil explizites Wissen, zum anderen Teil enthält es Erwartungen, Einschätzungen, Intuitionen, Hypothesen, lokale Traditionen, kurz: eine Verortung des individuellen oder kollektiven Akteurs in seiner Umwelt, die sich ebenso auf reflexives Wissen wie auf habitualisierte Routinen gründet. Soweit kann das Selbstbild als orientierende, handlungsleitende Matrix verstanden werden. Selbstbilder sind insofern mit der Dynamik von Wissenschaft eng verknüpft, sowohl mit ihrer fachlichen Entwicklung wie auch mit ihrer sozialen Formierung und ihrer institutionellen Entwicklung. Sie werden laufend justiert und bilden eine Art Referenzpunkt, von dem aus soziale, kognitive und zeitliche Ereignisse in eine modellhafte Ordnung gebracht werden können. Im Unterschied zu den Versuchen, Vereinheitlichungen als analytische Kategorie vorauszusetzen (sei es als paradigmatische Entwicklung, sei es als funktionales Erfordernis, sei es als Fixierung der kognitiven Eigenarten eines Gebietes), macht das Konzept des Selbstbildes zunächst keine Voraussetzungen über die Art der Handlungsorientierung der Akteure. Erst in der Konfrontation mit der Selbstbeschreibung entsteht die Notwendigkeit, diese Handlungsorientierungen als wissenschaftliche auszuweisen. Anstelle einer Beschreibung homogener Bereiche durch die normative Setzung einheitsstiftender Bezüge bzw. der analytisch gewaltsamen Verkürzung der vielfältigen Handlungsorientierungen von Wissenschaftlern auf eine einzige Dimension ergibt sich so die Chance zur empirischen Analyse tatsächlicher Sinnorientierungen, die nicht den Blick auf die Spannung zwischen dem *Eigen-Sinn eines Handelns (Forschen) und seinem durch die sozialstrukturelle Einbettung gegebenen systemischen Sinnbezug* verstellt (MAYNTZ 1988: 31). Das vorgeschlagene Modell von Selbstbeschreibung und Selbstbild zeichnet im Hinblick auf die Konsensualität von Bewertungsprozessen ein weitaus heterogeneres Muster, als im traditionell internalistischen Wissenschaftsverständnis vorgesehen. Die kontextuellen Bedingungen für Konsensualität bei der Bewertung von Erkenntnisansprüchen setzen sich offenbar nicht aus monolithisch konstruierten sozialen Organisationen zusammen, sondern aus fallspezifisch relevanten wissenschaftsinternen und -externen Umwelten und den problemabhängigen Deutungen vorhandenen Wissens und Reflexionswissens. Auch hinter pauschalen konsensualen Urteilen (z.B. förderungswürdig) können sich unterschiedliche Urteilsgründe und -kriterien verbergen, ebenso wie divergenten Urteilen ähnliche Urteilskriterien, aber unterschiedliche Relevanzeinschätzungen zugrunde liegen können. In dem Maße, in dem Urteile entkontextualisiert und zu einem standardisierten Maß verarbeitet werden, gehen auch die Urteilsgründe verloren.

Mit der Selbstbeschreibung und dem Selbstbild sind Wissensformationen bestimmt, die die Basis für Beurteilungsprozesse abgeben. Für den Handlungsaspekt, d.h. den Versuch, eine nach außen gerichtete Explikation eines Selbstbildes anzufertigen, möchte ich den Begriff der Selbststilisierung reservieren. Selbststilisierungen bilden das Scharnier zwischen der expliziten, hoch reflektierten Ebene der Selbstbeschreibung und der eher impliziten Kartographie des Feldes im Selbstbild. Sie enthalten ein strategisches Element, das sich daraus ergibt, daß unter Rückgriff auf die Ebene der Selbstbeschreibung eine Interpretation von Forschungsgegenständen, -problemen, -themen, -verfahren, von Personen, Gruppen, Institutionen etc. offeriert wird, die von Dritten akzeptiert werden kann, wobei der Adressat solcher Selbststilisierungen nicht von vornherein im Sinne einer System-Umwelt-Grenze feststeht. Selbststilisierungen lassen sich auf der basalen Ebene ausmachen als Versuch, im Rahmen von Publikationen eine bestimmte Perspektive auf ein Forschungsterritorium allgemeinverbindlich zu machen (und dabei auch die eigene Leistung zu placieren). Eher legitimationsbeschaffenden Charakter erhalten sie, wenn sie zur Sicherung der Randbedingungen des eigentlichen Forschungshandelns eingesetzt werden, also Dritten ein Bild von speziellen Themen, Forschungsgruppen, Institutionen oder gar Wissenschaft allgemein vermitteln, mit dem expliziten oder impliziten Ziel, einen Ressourcentransfer in Gang zu bringen oder zu sichern. Die manchmal erstaunlich leeren Begründungsformeln für die Autonomie der Wissenschaft sind eine solche Selbststilisierung auf hoch generalisierter Ebene; das einleitende Kapitel eines Aufsatzes enthält häufig Selbststilisierungen als perspektivgebundener Problemaufriß der Forschungsthematik.

Ob Selbststilisierungen auf Akzeptanz stoßen, hängt nicht nur von "Wahrheit" oder "Konsistenz" ab, sondern ergibt sich einerseits aus den Anforderungen des Adressaten, andererseits aus der Fähigkeit des Akteurs, Beurteilungskompetenz zu monopolisieren. Je größer die Entfernung zum unmittelbaren Forschungshandeln wird und je geringer die Konkurrenz alternativer Stilisierungen, desto eher ergeben sich die Chancen zu Dogmatisierungen. Max Webers Figur der Legitimität von Herrschaft weist auf einen ähnlichen Mechanismus hin. Der jeder Macht unterstellte Drang zur *Selbstrechtfertigung* kann die Form einer *Legende* annehmen, die solange akzeptabel bleibt, wie sie nicht *durch zwingende Verhältnisse zum 'Problem' gemacht wird* (WEBER 1980: 549). Das heißt, Selbststilisierungen können ihre Funktion als Legitimationsbeschaffer durchaus unabhängig von ihrer Angemessenheit (die ohnehin nur bedingt feststellbar ist) solange erfüllen, wie sie wissenschaftsintern oder in anderen Systemkontexten akzeptiert werden. Im Zusammenhang der Debatte um angemessene bürokratische Organisationsformen der Forschung in den 60er und 70er Jahren wurde z.B. immer wieder angeführt, daß individuelle wie kollektive wissenschaftliche Leistungsfähigkeit nur über die Garantie der Autonomie des Handlungsraums der Wissenschaftler zu erreichen sei. Mayntz (1985: 20) resümiert diese Autonomie-Diskussion folgendermaßen: *Die hochgradige Redundanz dieser Diskussion erweckt am Ende den Eindruck, daß hier Forscher das von ihnen selbst empfundene Autonomieverlangen wissenschaftlich begründen und ihren Anspruch auf diese Weise legitimieren wollten.* Mit Beck/Brater/Daheim (1980: 86 f) läßt sich vermuten, daß es sich dabei um eine professionstypische Strategie handelt, *Fremdkontrolle durch Eigenkontrolle* zu ersetzen, dies nicht so sehr mit dem Ziel, Transparenz über die tatsächlichen Kompetenzen der Professionsmitglieder herzustellen, sondern vor allen Dingen eine "Mystifizierung", die es dem Laien unmöglich macht, professionsinterne Belange zu beurteilen. Derartige eingespielte Legitimations- und Reputationsmuster nach innen wie nach außen können durch Wissenschaftsindikatoren verstärkt oder eben in Frage gestellt werden. Das macht - unabhängig von ihrer Validität und Reliabilität - ihre wissenschaftspolitische Brisanz aus. Gelingt es, Akzeptanz für Selbststilisierungen herzustellen, dann werden einerseits Veränderungen im Selbstbild (und entsprechend in Fremdbildern) und möglicherweise in der Selbstbeschreibung induziert, andererseits bildet sich eine temporär stabile Zone von Erwartungen und Erwartungszuschreibungen. Wissenschaftsintern sind diese Selbststilisierungen als die je aktuelle Formulierung der fachlichen Problemgenealogien und in sozialer Hinsicht als Versuch der Positionierung eines Forschers oder Gruppe innerhalb einer bestimmten community zu verstehen. Nach außen gerichtet, kann man Selbststilisierungen als das Herstellen von Legitimation als eine für Wissenschaft überlebensnotwendige Operation im Wissenschaftsrand betrachten. Sie nimmt die Form des Abgleichs von Selbst- und Fremdbeschreibung an. Was für beide Seiten als hinreichender Legitimationsausweis gilt, ist dabei nicht festgelegt. Die modellhafte Abstraktion und Verkürzung, die solchen Bildern zugrunde liegt, läßt die Möglichkeit einer auch anderen Fassung ständig mitlaufen. Auf beiden Seiten wird daher die Akzeptanz und Übernahme einer Selbststilisierung abhängen a) von der Kompatibilität von Selbststilisierung und Fremdbeobachtung, b) von dem Problemhintergrund, zu dessen Ruhigstellung sie beitragen soll, und den Interessen, die in jenen Problemhintergrund verwoben sind, und c) vom vorhandenen Reflexionswissen, d.h. den expliziten Selbstbeschreibungen.

Selbststilisierungen, soweit sie Beurteilungen anderer Personen oder Theorien beinhalten, hängen natürlich auch davon ab, ob Bewertungsprozesse durch institutionelle Vorgaben vorstrukturiert werden. So wird etwa der Gutachter einer Zeitschrift andere Kriterien mitberücksichtigen müssen (Profil der Zeitschrift, Redaktionspolitik) als ein Gutachter in einer Forschungsförderungseinrichtung und dieser wieder andere Kriterien als ein Laboratoriumschef, der z.B. die Publikationen seines Laboratoriums prüft und dann als Mitautor verantwortlich zeichnet. Entscheidend ist aber, daß institutionelle Vorgaben die Bindung der Beurteilung an das Selbstbild nicht aufheben können. Denn wie bereits mehrfach angesprochen, lassen sich wohl Kriterienkataloge aufstellen, die Anwendung solcher Kriterien im Urteilsakt ist jedoch an die interpretierende Verknüpfung von Selbstbild und Selbstbeschreibung gebunden.

Für die Konstruktion von Wissenschaftsindikatoren bilden die Selbststilisierungen das eigentliche Datenmaterial, denn Selbststilisierungen enthalten die ständig neu produzierten Bewertungen von wissenschaftlichen Leistungen. Da diese Bewertungen nicht für den Zweck einer Leistungscharakterisierung von Personen, Institutionen, Forschungsprogrammen etc. angefertigt wurden, sondern perspektiv- und zweckgebunden in den Fortgang des Wissenschaftshandelns eingelassen sind, handelt es sich um Prozeßdaten, die die Konstrukteure von Indikatoren in einen neuen Sinnzusammenhang setzen. Diese "Transplantation" wirft drei Probleme auf: erstens ein technisches Problem, nämlich zu klären, welche Handlungen als Bewertung angesehen werden können, wie sie zu identifizieren sind und wie sie zu quantitativen Aggregaten verarbeitet werden können. Das zweite Problem entsteht dadurch, daß Wissenschaftsindikatoren als Produkt wissenschaftlichen Handelns selbst mit der Selbstbeschreibungsebene kompatibel sein müssen, dabei aber auf kontextsensitive Selbststilisierungen und keineswegs auf irgendwelche harten Fakten als Datenmaterial zurückgreifen, so daß eine angezielte "Objektivierung" immer unter dem Vorbehalt steht, lediglich soziale Strategien abzubilden. Damit stehen Wissenschaftsindikatoren drittens selbst vor dem Problem, als Selbststilisierung Akzeptanz im Rahmen anderer Selbstbilder herstellen zu müssen.

5 Leistungsbewertungen mit Hilfe von Wissenschaftsindikatoren

> Meine Urteile selbst charakterisieren die Art und Weise, wie ich urteile, das Wesen des Urteilens.
>
> Ludwig Wittgenstein

Unter Wissenschaftsindikatoren kann man zunächst einmal alle quantifizierenden Verfahren verstehen, die Voraussetzungen, Prozesse oder Ergebnisse des Wissenschaftshandelns in einem numerischen Relativ abbilden. Diese oder ähnlich unscharfe Begriffsbestimmungen stellen eher eine Heuristik als eine klare Definition dar. Der Grund für jene Vagheit ist ein doppelter: Einerseits handelt es sich bei den zu indizierenden Objekten selbst meist nur um unscharf bestimmte Konzepte (wie z.B. Fortschritt, Bedeutsamkeit, Nützlichkeit), andererseits ist auch der Verwendungszusammenhang solcher Indikatoren meist unbestimmt (er reicht vom Hilfsmittel in wissenschaftssoziologischer Forschung bis zur Information für politische Steuerung). Die nur vage Bestimmung von Wissenschaftsindikatoren schien geradezu notwendig zu sein: *Science Indicators will be produced, compared, and consumed by groups and individuals having varied priorities, programs, and preoccupations and dealing with a plurality of sciences. A rigid definition or an unswerving goal would have no great value (...). Eclecticism is as necessary as it is useful to the measurer of scientific change* (ELKANA u.a. 1978: 3). Soweit mit Indikatoren auch Qualitätsaspekte erfaßt werden, kann dieser Eklektizismus aber schnell in eine Konfundierung epistemischer Bewertungen mit sozialen Verhaltensweisen und methodischen Artefakten umschlagen: Der unklaren Definition von Indikatoren entspricht ein unklarer Sprachgebrauch, eine *inability of the academic science of science community to be semantically precise* (MORAVCSIK 1987: 300), mit der Folge, daß sich hinter den Stichworten Qualität, Leistung, Bedeutung, Impact, Sichtbarkeit, Akzeptanz, Performance, Wichtigkeit, Fortschritt etc. häufig recht unterschiedliche Konzepte und Operationalisierungen verbergen. Anders als Kennzahlen, die in der Regel nur eine Beschreibung von schon vorfindlichen Quantitäten liefern (z.B. Anzahl des Forschungspersonals) und Operationalisierungsprobleme nur im Sinne angemessener Klassifikationen haben, beziehen sich Indikatoren auf ein Konstrukt, auf etwas, das nicht als Quantität vorfindlich ist, sondern über ein Konzept definiert wird (Qualität, Effizienz, Leistung etc.). Darin gleichen sich Wissenschaftsindikatoren und andere Indikatoren, wie z.B. Sozialindikatoren oder ökonomische Indikatoren (z.B. Lebensstandard, Armutsindikatoren, Inflationsrate, Arbeitslosenquote). Auch in anderer Hinsicht ähneln sich Sozial- und Wissenschaftsindikatoren: Beide wurzeln jeweils in zwei sehr unterschiedlichen Kontexten, nämlich einerseits in einem akademischen Kontext, in dem Indikatoren als analytische Werkzeuge benutzt werden, und andererseits in einem politischen Kontext, in dem sowohl steuerungsrelevante Informationen von seiten der Politik verlangt werden als auch Argumentationsmaterial von Interessengruppen für ihre Politiken gesucht wird.

Heute etablierte Indikatoren wie etwa der Lebenshaltungskostenindex wurden zunächst als analytisches Instrument in der ökonomischen Forschung entwickelt. Nachdem der Index 1921 in den USA erstmals veröffentlicht wurde, bekam er sehr schnell nicht nur innerhalb der Wirtschaftspolitik große Bedeutung, sondern auch in den Tarifpolitiken von Gewerkschaften, Unternehmen und Staat. Damit erhielt der Index ein Eigenleben: Aus dem Neologismus für einen komplexen sozialen und ökonomischen Sachverhalt wurde ein regulatives kommunikatives Symbol, das sich als politische Ressource verwenden ließ. Die Folge war, daß Justierungen des Index nicht mehr allein über wissenschaftliche Argumentationen (etwa angemessene Berücksichtigung von verändertem Konsumverhalten) möglich waren, sondern nur im Verein mit mächtigen politischen Interessen (vgl. EZRAHI 1978: 308).[1]

Die Entwicklung von Wissenschaftsindikatoren hatte einen ähnlichen Ausgangspunkt: *On the applied side, the demand from science policy for 'objective' data and specific manipulations of data ('science and technology indicators') is a continuos driving force for the development of quantitative studies of science and technology. (...) On the basic side, science is a complicated system of knowledge production and knowledge exchange, and the use of empirical methods in which sophisticated data-collection and data-handling techniques play a substantial role, is undoubtedly a prerequisite for the advancement of our understanding* (VAN RAAN 1988: 1). Auch in der Frage, ob und welche Wissenschaftsindikatoren als Entscheidungsgrundlage für Wissenschaftspolitik, für wissenschaftsinterne Verteilung von Mitteln oder für eine öffentliche Berichterstattung über wissenschaftliche Leistungen verwandt werden sollten, entstanden sehr bald Debatten, deren Schärfe weniger aus den akademischen Fragen nach der Validität und Reliabilität der Indikatoren zu erklären ist, sondern aus den im weitesten Sinne wissenschaftspolitischen Interessen und Befürchtungen der involvierten Akteure.

Wissenschaftsindikatoren bieten ebenso wie Sozial- und Wirtschaftsindikatoren keine neutralen Realitätsbeschreibungen. Sie stellen vielmehr eine auf ein bestimmtes Ziel hin gerichtete Selektion, Transformation und Kombination von Daten dar, die ohne normative und definitorische Vorgaben nicht möglich ist. Dies gilt auch für einflußreiche und wohletablierte Indikatoren wie etwa das Bruttosozialprodukt. Dessen Berechnung ist auf die klassischen Stabilitätsziele einer wachstumsorientierten Wirtschaftspolitik zugeschnitten. Daher bleiben ökologische Kosten und Schäden, Naturverbrauch, Einkommens- und Vermögensverteilung, informelle Gütermärkte und Bewertungen von Bestandsänderungen an Ressourcen und Humankapital unberücksichtigt. Verändert man die Zieldefinition und bezieht derartige Größen in die Berechnung eines Wohlfahrtsmaßes ein, dann zeigt sich, daß auch bei steigendem Bruttosozialprodukt durchaus abnehmende Wohlfahrtsentwicklungen zu verzeichnen sind (vgl. SEIFERT 1995: 2). Ob ein solcher Wohlfahrtsindikator jedoch jemals in das regelmäßig veröffentlichte Standardrepertoire volkswirtschaftlicher Daten übernommen wird, hängt nicht von der wissenschaftlichen Kritik am Indikator "Bruttosozialprodukt" oder den wissenschaftlichen Argumenten für einen alternativen Indikator ab. Die Akzeptanz von Indikatoren bzw. Einigung über Inhalt und Aufbau eines Indikators ist regelmäßig nicht allein eine Frage des methodisch-technischen "state of art", sondern

1 Während des Zweiten Weltkrieges änderte sich in vielen Ländern das Konsumverhalten erheblich. Statistikern und Ökonomen in den USA gelang es aber nicht, eine Änderung der Definition des Indexes durchzusetzen. Erst als die Gewerkschaften die Vorteilhaftigkeit einer Änderung für ihre Interessenpolitik erkannten, setzten sie sich für eine Veränderung ein, mit dem Argument, der Index sei nach wissenschaftlichen Kriterien inadäquat.

ebenso ein Verhandlungsprozeß zwischen betroffenen Akteuren, die jeweils unterschiedliche Ziele mit der Verwendung des Indikators verbinden. Daher sind Indikatoren auch nicht beliebig zwischen verschiedenen Kontexten transferierbar. Was etwa in der Grundlagenforschung ein geeigneter Indikator sein mag, kann sich in einem wissenschaftspolitischen Steuerungskontext oder für die Demonstration der Leistungsfähigkeit eines Forschungsinstitutes als ungeeignet erweisen.

In der Wissenschaftsforschung wurden Indikatoren zunächst überwiegend zur Beschreibung der exponentiellen Wachstumsverläufe von Wissenschaft seit Beginn des 20. Jahrhunderts entwickelt und eingesetzt (vgl. ausführlich RESCHER 1978). Später wurden Indikatoren für wissenschaftshistorische und -soziologische Analysen genutzt. Erst in den 70er Jahren tat sich aufgrund steigenden Steuerungsbedarfes in der Politik ein neuer Verwendungszusammenhang (als Leistungsindikatoren) außerhalb rein akademischer Fragestellungen auf, der bis heute die Kontroversen um Wissenschaftsindikatoren dominiert. Dabei haben sich sowohl die grundlegenden Techniken der Indikatorenkonstruktion geändert (mit der computerunterstützten Auswertbarkeit großer Datenbanken) als auch der Verwendungszusammenhang dieser Indikatoren. Auch heute befinden sich aber unter denjenigen szientometrischen Verfahren, die sich mit der Output-Seite und qualitativen Wertungen befassen, einige Verfahren, die nicht primär dem Ziel gewidmet sind, Leistungen zu quantifizieren, sondern Strukturen und Prozesse des wissenschaftlichen Kommunikationssystems abzubilden. Vor allen Dingen Techniken des "mapping of science" versuchen kognitive oder soziale Beziehungsmuster abzubilden. Ebenso existieren reine Input-Indikatoren, die selbst noch keinerlei Hinweise auf Leistungen geben. Zwischen diesen verschiedenen Indikatoren läßt sich allerdings nicht scharf trennen. So werden Input-Daten sehr bedeutsam, wenn es nicht allein um die Beschreibung von Leistungen geht, sondern auch um die Effizienz, mit der diese Leistungen produziert wurden. Effizienzangaben sind nur möglich, wenn Input-und Output-Daten in Beziehung gesetzt werden können. Zudem lassen sich manche Finanzdaten - z.B. Drittmitteleinwerbungen -, die rein technisch gesehen Input-Angaben sind, durchaus auch als Output-Angaben interpretieren, wenn man Beantragung, Prüfung und Bewilligung als eigenständigen Leistungsprozeß ansieht. Auf der anderen Seite lassen sich auch Strukturindikatoren wie etwa die Cozitationsanalyse (vgl. Kap. 5.6) als Leistungsindikatoren benutzen. Strukturabbildende Verfahren bemühen sich nämlich, ohne vorgängige Klassifizierung Forschungsbereiche zu identifizieren, in denen sich neue "Forschungsfronten", also aktuelle und zukunftsträchtige Forschungsthemen herausbilden; die Teilhabe an solchen "Forschungsfronten" läßt sich durchaus als eine qualitativ besondere Leistung ("Spitzenforschung") verstehen.[1] Auch zwischen Output-Indikatoren, die Aktivität anzeigen, und solchen, die Qualität kennzeichnen, läßt sich nicht scharf trennen. Z.B. kann die Zählung von Publikationen als Aktivitätsindikator interpretiert werden. Haben diese Publikationen eine Begutachtung durchlaufen, könnte man auch einen Qualitätsaspekt vermuten.

Innerhalb der Wissenschaftsforschung, die sich um die Konstruktion von Indikatoren bemüht, läßt sich zur Beurteilung von Indikatoren ebenso wie für alle anderen wissenschaftlichen Aussagen auf das im vorhergehenden Kapitel entwickelte Schema

1 Beispielhaft für die praktische Nutzung der Cozitationsanalyse als Leistungsindikator in der Politikberatung: SCHWEIZERISCHER WISSENSCHAFTSRAT 1989: 117-130.

von Selbstbeschreibung, Selbstbild und Selbststilisierung zurückgreifen. Verwirrend ist dabei allerdings, daß Indikatoren zum einen als wissenschaftliche Produkte selbst in dieser Trias verortet werden können, zum anderen aber Aussagen über wissenschaftliches Handeln machen, das sich wiederum auf den drei Ebenen verorten läßt. Als wissenschaftliche Produkte lassen sich Indikatoren zunächst daraufhin befragen, wie sie ihr Ziel, relevante Aspekte der Realität zu repräsentieren, operationalisieren (vgl. EZRAHI 1978: 311). Genauer gesagt, wie sie das vorhandene Wissen um Bewertungen von wissenschaftlichen Aussagen konzeptualisieren und welches Maß an Validität und Reliabilität bei der Messung erreicht wird. Der immer wieder erhobene Anspruch auf Realitätsrepräsentation umfaßt also zwei Problembereiche. Zum einen das Konzept selbst, zum anderen die Operationalisierung des Konzeptes: *Indikatoren sind nun in Zahlen faßbare Repräsentationen der Konzepte, gleichsam Surrogate, die nicht etwa die Konzepte definieren oder auch nur eindeutig darstellen, sondern zumeist nur einen Aspekt 'messen'. Das bedeutet, daß man es bei Indikatoren mit Ansprüchen auf die Repräsentation der Wirklichkeit zu tun hat, die in doppelter Weise interpretationsfähig und vor allem auch interpretationsbedürftig sind* (WEINGART/WINTERHAGER 1984: 14). Auf die Operationalisierungsprobleme der verschiedenen Indikatoren wird in den folgenden Kapiteln ausführlicher eingegangen werden. Hier geht es zunächst um das "Konzept", das Leistungsindikatoren unterliegt. Fraglos ist dabei zunächst nur das globale Ziel: *Clearly, we need indicators of the qualitative as well as the quantitative aspects of science* (COLE/COLE/DIETRICH 1978: 210).

In den Kapiteln 2 und 3 wurde ausführlich dargelegt, welche Schwierigkeiten mit dem Begriff und der Bestimmung wissenschaftlicher Qualität verbunden sind. Ein überzeitlicher, generalisierter (von der Situiertheit urteilender Subjekte unabhängiger) Begriff von Qualität wissenschaftlicher Arbeit scheint danach nicht möglich. Qualitätsbewertungen sind vielmehr Prozesse, in der Zeit veränderlich und in ihrer je aktuellen Gestalt unaufhebbar an das disziplinäre (kognitive) und professionelle (soziale) Leben einer wissenschaftlichen Gemeinschaft gebunden. Der greifbarste Anhaltspunkt für das, was als Fortschritt (von dem aus die Qualität von Grundlagenforschung ja hergeleitet wird) gelten darf, ergibt sich auf der Ebene der Selbstbeschreibung, nämlich dort, wo disziplinäre Selbststilisierungen unter dem Druck des übrigen Reflexionswissens zu einer "Erfolgs"-Geschichte der Disziplin verarbeitet werden. Dies sind allerdings ex-post-Analysen, die sich auf weit zurückliegende Zeiträume beziehen. Wissenschaftsindikatoren aber beanspruchen eine zeitnahe Berichterstattung, die auch für zukunftsorientiertes Handeln geeignet ist.

Will man von der notwendig vagen Bestimmung von Qualität, die in der Diagnose der Wissenschaftsforschung lautet, *daß der Begriff wissenschaftlicher Qualität offenbar mehrdimensional ist* (WEINGART/WINTERHAGER 1984: 133), zurück zu einer quantitativen Wissenschaftsforschung gelangen, deren Emblematik ja etwa entgegengesetzt aus exakter Messung und statistisch gesicherter Datenverarbeitung besteht, dann ist es notwendig, Begriffe zu wählen, die die interpretationsbedürftige Beziehung zwischen dem Zahlenkonstrukt und dem zu indizierenden Phänomen präsent halten. Einen solchen Versuch, ein empirisches Projekt mit einer Reflexion auf die theoretischen Probleme einer Messung wissenschaftlicher Leistungen zu verbinden, haben z.B. Martin und Irvine (1983) vorgelegt. Es soll hier stellvertretend für viele andere Definitionsversuche und deren Schwierigkeiten stehen. Das Ziel ihrer Arbeit lautet: *Yet it is with indicators of scientific progress that we must be most concerned if we are to evaluate the extent to which scientists succeed in fulfilling the primary goal of basic research, the production of new scientific knowledge* (MARTIN/IRVINE 1983: 65). Dabei betonen die Autoren, daß wissenschaftlicher Fortschritt oder die Produktion neuen Wissens nicht einfach greifbare Entitäten dieser Welt seien und die Probleme ihrer Messung gerade aus der wenig zugänglichen Natur dieser "Produkte" entstünden: *Indeed, the very nature of the "product" depends on our philosophy of science (...), as well as on our approach to the sociology of scientific institutions* (ebd.: 63). Die Autoren bemühen sich daher sowohl um eine konzeptuelle Klärung dessen, was die Qualität wissenschaftlicher Arbeit (am Beispiel von Publikationen) ausmacht, als auch um praktikable Operationalisierungen dieser Konzepte in Gestalt von Indikatoren. Sie unterscheiden drei Konzepte: *quality, importance* und *impact,* die jeweils danach befragt werden, in welchem Verhältnis sie zum wissenschaftlichen Fortschritt, zur Produktion neuen Wissens stehen.

Mit *quality* bezeichnen Martin/Irvine zunächst eine dem Produkt (hier Publikation) inhärente Qualität (*a property of (...) the research*): *It describes how well the research has been done, whether it is free from obvious "error", how aesthetically pleasing the mathematical formulations are, how original the conclusions are, and so on* (ebd.: 70). Aus dieser intrinsischen Qualität wird aber schon im nächsten Satz eine relative, dem "Produkt" durch soziale Beurteilungsprozesse zugeschriebene Qualität: *But quality is still relative rather than absolute, and it is socially as well as cognitively determined; it is not just intrinsic to the research, but it is something judged by other who, with differing research interests and social and political goals (...), may not place the same estimates on the quality of a given paper. Even the same individual may evaluate the quality of a paper differently at different times because of progress in scientific knowledge and shifts in his or her location* (ebd.). Diese Doppeldeutigkeit habe ich in Kapitel 4 damit erklärt, daß auf der Ebene der Selbstbeschreibung lediglich modellhafte Abstraktionen vorliegen, während der eigentliche Bewertungsprozeß erst auf der Ebene des Selbstbildes stattfindet, also unter Einbeziehung einer Vielzahl situativer Spezifikationen und Ergänzungen des abstrakten Schemas und des Bewertungscodes. Mit intrinsischer Qualität wird auf ein Moment der Selbstbeschreibung von Wissenschaft Bezug genommen, das wissenschaftlichen Beiträgen eine Art objektiven Gehalt zumißt, der sich unabhängig von den interessengeleiteten Stellungnahmen anderer Forscher ergibt.

Daß für Martin/Irvine eine nach universalistischen Kriterien bestimmbare Qualität eine Rolle spielt, die sich in den Urteilen anderer Forscher nicht unbedingt widerspiegelt, zeigt sich an ihrer Definition der Bedeutsamkeit (importance) einer Publikation: Mit dem Begriff *importance* beziehen sich Martin/Irvine auf *potential influence on surrounding research activities - that is, the influence on the advance of scientific knowledge it [a publication S.H.] would have if there were perfect communication in science (in short, if there were the completely "free market" of scientific ideas (...)* (ebd.). Auch dieser Begriff mit seiner Analogie zu den transzendentalpragmatischen Ansätzen der Wissenschaftstheorie (ideale Kommunikationssituation) und dem ökonomischen Modellplatonismus (ideale Marktbedingungen) verweist einerseits auf ein objektives Konzept,[1] andererseits auf die tatsächlich realisierten Relevanzzuweisungen, die Wissenschaftler vornehmen. Während Martin/Irvine also einmal dem Selbstbeschreibungsideal entsprechend von einer subjektunabhängigen Eigenschaft wissenschaftlicher Publikationen sprechen, definieren sie an anderer Stelle *quality, importance* und *impact* genau entgegengesetzt: *These factors are not absolute (in the sense of holding the same value for all people and all time) but relative, varying over time and according to the cognitive and social location of the assessor* (MARTIN/IRVINE 1983: 70 f).[2] Damit aber ist auch das hypothetische Konstrukt *importance* wieder in die Perspektive handelnder Wissenschaftler versetzt, die aus ihren Relevanzkontexten zu Bewertungen kommen. *Importance* scheint danach eher ein Bestandteil von Qualität zu sein und zwar im Sinne von Relevanz. *Quality* und *Importance* erscheinen als Qualitätsmerkmale in einem generalisierenden Sinne, wobei es sich einmal gewissermaßen um "virtuelle Phänomene" handelt, die nicht als explizite Urteile existieren, und ein andermal um partikulare oder gruppenpartikulare Urteile, die auf das Selbstbild zurückgreifen und aus der Situiertheit der Urteilenden entstehen. Deshalb stellen die tatsächlich realisierten Urteilshandlungen, die Martin/ Irvine mit *impact* bezeichnen, auch nur eine Modifikation von *importance*[3] dar (unter idealen Kommunikationsbedingungen wird eine wissenschaftliche Leistung wahrheitsadäquat beurteilt und auch der Grad der "Fortschrittlichkeit" korrekt bewertet).

Den Begriff *impact* benutzen Martin/Irvine zur Kennzeichnung der tatsächlichen, aktuellen, nicht langfristigen Wirkung einer wissenschaftlichen Leistung, z.B. einer Publikation: *The "impact" of a publication describes ist actual influence on surrounding research activities at a given time. While this will depend partly on ist importance, it may also be affected by such factors as the location of the author, and the prestige, language, and availability, of the publishing journal* (ebd.). Trotz dieser Einschränkung sehen Martin/Irvine im *impact* das wichtigste Indiz für wissenschaftlichen Fortschritt: *It is the "impact" of a publication that is most closely linked to the notion of scientific progress - a paper creating a great impact represents a major contribution to knowledge at that time (although its impact may of course alter with time)* (MARTIN/IRVINE 1983: 70). Impact, wie er von Martin/Irvine definiert wurde, ist eine generalisierende Zusammenfassung vieler kontextgebundener Einzelhandlungen, die Bewertungen implizieren, und ähnelt sehr dem pragmatischen Kriterium der "Nützlichkeit".

Mit *impact* wird allerdings zunächst nicht mehr bezeichnet als die Tatsache, daß verschiedene Wissenschaftler - aus welchen Gründen auch immer - an den Inhalt einer vorliegenden Publikation in ihren jeweiligen Forschungskontexten anknüpfen. Ähnlich wie bei der Kritik am pragmatischen Nützlichkeitsbegriff läßt sich gegenüber einem solchen Verständnis von "Fortschrittlichkeit eines wissenschaftlichen Beitrages" als die Menge der durch ihn induzierten Folgehandlungen einwenden, daß das Faktum, daß an einen Beitrag angeknüpft wird, keine Unterscheidung zuläßt zwischen

1 Ein bedeutsamer Artikel ist ein bedeutsamer Artikel, unabhängig davon, ob er tatsächlich rezipiert wird bzw. wird ein bedeutsamer Artikel unter idealen Bedingungen immer rezipiert, so jedenfalls die erste Definition von Martin/Irvine (Bedeutung unter idealen Kommunikationsbedingungen).

2 Auch wissenschaftlicher Fortschritt wird relativ definiert, nämlich abhängig von subjektiven Bewertungen: *scientific progress, refers to the extent to which scientific activity actually results in substantive contributions to scientific knowledge (as judged by other scientists)* (MARTIN/IRVINE 1983: 65).

3 Unter idealen Kommunikationsbedingungen entspricht *importance* dem *impact* (vgl. ebd.).

einer endlosen Perpetuierung von Anknüpfungen, ohne daß etwas Neues entsteht, und einer kumulativen Anknüpfung in dem Sinne, daß auf einen Beitrag aufgebaut, das Problem weiterentwickelt wird und also Neues entsteht.

Was Martin/Irvine mit diesen drei Begriffen umreißen, sind drei verschiedene Zugriffe auf den Qualitätsbegriff, die leider die Vagheit dieses Begriffes nicht beheben. Die Dekomposition des Urteilsaktes in drei Komponenten, die sich jeweils der Selbstbeschreibung (quality), dem Selbstbild (importance) und der Selbststilisierung (impact) zuordnen lassen, führt notwendig zu dem verwirrenden Resultat, daß alle drei Komponenten nicht deckungsgleich sind oder zumindest nicht sein müssen: *It seems plausible to suggest that a high quality paper in an activ speciality will generally have a greater importance than a similar quality paper in a dormant or declining one. If so, we can see that the "quality" of a publication need not be synonymous with its contribution to scientific knowledge in general. Nor is the "importance" of a paper necessarily an indication of the size of its contribution; important papers can go unnoticed if authors express themselves poorly, if they publish in a journal with a restricted circulation* (MARTIN/IRVINE 1983: 70). Die Autoren argumentieren hier im "als-ob-Modus", sie unterstellen, daß ein Urteil über Qualität, Bedeutung und Wirkung einer Publikation möglich sei, und zeigen dann, daß die drei Konzepte nicht deckungsgleich sind. Auf die Frage, ob eines der drei Konzepte einer absoluten oder direkten Messung zugänglich sei, geben Martin/Irvine eine klare Antwort: *The short answer is "No"* (ebd.). Aber schon die Überlegung, daß ein gehaltvoller Artikel in einem sich progressiv entwickelnden Forschungsgebiet größere Bedeutung habe als ein ebenso gehaltvoller in einem degenerierenden Gebiet läßt sich logisch nicht halten.[1] Ebenso ist es gar nicht oder nur sehr schwer möglich, zu beurteilen, ob eine nicht zur Kenntnis genommene Publikation eine besondere Bedeutung hatte bzw. umgekehrt, ob eine stark beachtete (z.B. zitierte) Publikation eine herausragende Bedeutung hatte. Was sollte der Maßstab sein, wenn keines der drei Konzepte direkt meßbar ist?

An dieser Stelle zeigt sich das Grundproblem der Wissenschaftsindikatoren. Sie zielen auf die Abbildung eines Konstruktes, das die Bewertungen einzelner Wissenschaftler oder Experten transzendiert. Als Datengrundlage dienen Handlungen von Wissenschaftlern, die als Urteile interpretiert werden. Realität wird dabei insofern abgebildet, als Urteile, Bewertungen, Auszeichnungen, Ehrungen, Preise, Vorstellungen von Qualität etc. tatsächlich im Wissenschaftssystem vorhanden sind. Ein Indikator, der sich auf prozessuale Ereignisse stützt, enthebt diese jeweiligen Handlungen aber ihrer ursprünglichen Kontextgebundenheit. D.h. zunächst finden auf der konzeptuellen Ebene Selektionen statt (hier die Orientierung am *impact*), dann wird aus der Menge möglicher Indikatoren ausgewählt (z.B. Zitationsindikatoren) und Verfahren der Auswahl, Aggregation und Manipulation der Daten bestimmt (z.B. Schwellenwerte für die Clusterbildung einer Cozitationsanalyse), schließlich wird aus der möglichen Menge von Daten abermals selektiert (z.B. nur Zitate, die in einer Datenbank auffindbar sind) und diesen Daten zumindest teilweise die zu indizierende Eigenschaft (Qualitätsurteil, Beitrag zum Fortschritt etc.) zugesprochen. Das Aggregat

1 Vgl. dazu Lakatos' einschränkende Bemerkungen zur Prognostizierbarkeit der zukünftigen Entwicklung solcher Gebiete und Feyerabends Kritik am Konzept progressiver und degenerativer Forschungsprogramme in Kapitel 2.2.

der Daten (hier Zitate) erscheint nach dieser Kette von Selektionen unmittelbar auf das Konzept (Fortschritt) bezogen, ohne daß mit dem ursprünglichen Handlungsakt (zitieren) eine derartige Bewertung intendiert gewesen sein muß. Die vom Indikator gelieferte Beschreibung - das macht seine Stärke und seine Schwäche aus - erhält ihre Eindeutigkeit durch die stark operationale Definition des Konzeptes. Die Schwierigkeiten entstehen nun, sobald man den Rahmen dieser operationalen Definition verläßt. Aus der Perspektive der Selbstbeschreibung läßt sich Fortschritt nur durch inhaltlichen Vergleich von Aussagen, Theorien oder Experimentalbefunden bestimmen. Eine einzelne Publikation wird aus dieser Perspektive häufig Irregularitäten aufweisen, wie z.B. fehlende Zitierungen wichtiger Beiträge zum Thema. In der Logik der Indikatorenkonstruktion wird dann darauf verwiesen, daß solche "Fehler" Zufallsfehler seien und bei hinreichend großen Analyseeinheiten die Valididät der Messung nicht in Frage stellen (vgl. NEDERHOF/VAN RAAN 1987: 326). Auch die Zeitdimension erscheint in der Selbstbeschreibung als langfristige, während ein Impact-Indikator vor allen Dingen kurzfristige Suchbewegungen abbildet. Aus der Perspektive des Selbstbildes wird sich immer auch zeigen lassen, daß Themen modisch sind, sich lediglich großzügiger Förderung oder politischer Aufmerksamkeit verdanken oder gar Erkenntnisbehauptungen weniger um des Fortschritts willen als vielmehr zum Zwecke der Profilierung einzelner Wissenschaftler oder wissenschaftlicher Institutionen in Umlauf gebracht werden. Um ein Beispiel zu nennen: Die vermeintliche Entdeckung der "kalten Fusion" führte zu wissenschaftlichen Artikeln der Entdecker, die, mitbedingt durch eine öffentlichkeitswirksame Inszenierung, zweifellos einen hohen *impact* hatten, denn weltweit bemühten sich Laboratorien mit enormem Aufwand, die Ergebnisse zu überprüfen. Der Grund dürfte in der hohen Relevanz dieser Hypothese für die Weiterexistenz der klassischen Fusionsforschung gelegen haben. Die Entdeckung entpuppte sich schließlich als nicht ausreichend genaue Messung. Nach Martin/Irvine handelt es sich aufgrund des hohen *impact* um einen substantiellen Beitrag zum wissenschaftlichen Fortschritt. Wenn man jedoch fehlerhafte Ergebnisse als Fortschritt betrachten will (was durchaus möglich ist), dann ist die ganze Debatte darum, was Fortschritt ist, neuerlich eröffnet.

Martin und Irvine sprechen von Partialindikatoren, womit zunächst gemeint ist, daß die abhängige Variable "wissenschaftlicher Fortschritt" nur durch die Messung mehrerer Konzepte erfaßt werden kann, die nur wenn sie konvergieren, zuverlässige Aussagen zulassen: *[Q]uantitative "measures of science" are at best partial indicators, influenced by a network of interrelated factors of which the size of contribution to scientific progress is but one. (...) Given the absence of any adequate single measure of scientific progress, the only way forward would appear to be through the combination of several partial indicators. However, since each partial indicator is influenced to a greater or lesser extent by numerous other factors in addition to the magnitude of the contribution to science involved, one must attempt to "control for" these other factors by choosing the groups of scientists to be compared in such a way that one can examine the size of the effects of the "other factors" on each of the partial indicators* (MARTIN/IRVINE 1983: 74 f). Gelingt es, die Störeffekte intervenierender Variablen dadurch zu minimieren, daß die Untersuchungseinheiten vergleichbar gewählt werden, dann erwarten Martin und Irvine für die Fälle, in denen die Resultate der verschiedenen Messungen konvergieren, daß *a reasonable estimate of the con-*

tribution to scientific progress vorliegt (ebd.). Martin/Irvine schlagen hier also ein Meßmodell vor, in dem mehrere unabhängige Messungen zu einer zuverlässigen Schätzung der abhängigen Variablen führen. Was sie als zu eliminierende Fehler betrachten, ergibt sich aus der alten Dichotomie sozial/kognitiv. Bei den *other factors* handelt es sich um soziale und politische Einflüsse, die das rein kognitive Konstrukt *contribution to scientific progress* überformen. Tatsächlich jedoch handelt es sich dabei, so hatte ich versucht zu zeigen, um ein Konstrukt, das notwendig aus sozialen wie kognitiven Gehalten besteht. Darüber hinaus ist das Konvergieren verschiedener Indikatoren nur dann bedeutsam, wenn sie tatsächlich verschiedene und unabhängige Aspekte des Konzepts zu messen vermögen. Angesichts der Stratifikationsmuster in der Wissenschaft läßt sich aber genauso plausibel vermuten, daß Indikatoren mit ähnlich gerichteten, systematischen Fehlern behaftet sind.

Der eigentliche Operationalisierungsschritt betrifft die Frage, wie sich denn nun diese Konzepte messen lassen. Weder *importance* noch *impact* noch *quality* sind direkt meßbar. Man kann sich ihnen nur über Indikatoren nähern, und diese sind wiederum Partialindikatoren. Impact z.B. kann der Einfluß von Ideen, von Personen, Aufsätzen, Gesprächen etc. auf einen Forscher oder eine Forschergruppe sein, der zu neuerlichen Forschungsarbeiten stimuliert hat. Greift man einen Bereich heraus, z.B. den Impact von Publikationen, lassen sich wiederum verschiedene Wege der Messung vorstellen: inhaltsanalytische Untersuchungen von Texten, Interviews mit Wissenschaftlern der Forschungsspezialität, Analyse von acknowledgements, Danksagungen, Zitationsanalysen etc. Jedes dieser Meßverfahren hat mit spezifischen Verzerrungen zu kämpfen: Im Interview rationalisieren die Wissenschaftler die tatsächlichen Wirkungen, die andere Arbeiten auf ihr Schaffen gehabt haben, inhaltsanalytischen Untersuchungen entgehen die unterschlagenen Einflüsse, Zitate können auch vergeben werden, obwohl das zitierte Dokument keinerlei Wirkung auf den zitierenden Autor hatte (z.B. um am Prestige des zitierten Autors zu partizipieren), oder Zitate werden nicht vergeben, weil das Dokument so einflußreich und verbreitet ist, daß sich eine Quellenangabe erübrigt. Kurz, jede dieser Meßoperationen ist nur in der Lage, einen Teil des Konzeptes zu erfassen, und ist außerdem mit Meßfehlern behaftet. Von Partialindikatoren läßt sich daher in einem doppelten Sinne sprechen. Sie bezeichnen die Partialität des Konzeptes im Hinblick auf "wissenschaftlichen Fortschritt" und die partielle Indizierung des Konzeptes durch Indikatoren. Schließlich ist jeder Indikator mit methodisch-technischen Problemen behaftet, die sowohl Entscheidungen vom Konstrukteur des Indikators verlangen (was ist eine geeignete Datenbasis, was sind sinnvolle Vergleichsmaßstäbe, welche Relationen sind angebracht, um reine Größeneffekte auszuschalten?) als auch erhebliche Kontrollen, Korrekturen und Modifikationen notwendig machen.

Indikatoren bilden also eine komplexe Realität nicht einfach ab, sondern sie konstruieren eine eigene Realität. Dies läßt sich abschließend am deutlichsten mit Hilfe einer Analogie klären: Angenommen die Bewohner einer bestimmten Gegend verfügten über keinerlei Landkarten ihres Gebietes, aber über eine gute Orientierungsfähigkeit. Zur Orientierung benutzen sie je nach Jahreszeit, Wetterverhältnissen, natürlichen Gegebenheiten, der Entfernung von ihrem Wohnsitz und der Genauigkeit ihrer Ortskenntnis unterschiedliche Orientierungsmarken. Ihr Orientierungswissen ist auf ein bestimmtes Areal begrenzt, und die Weitergabe dieses Wissens setzt beim Orientierungssuchenden die (fehleranfällige) Übernahme des wenig standardisierten Orientierungsschemas der Person mit Ortskenntnis voraus (und vice versa). Durch eine Landkarte läßt sich nun dieses Orientierungswissen generalisieren. Der Konstrukteur einer Landkarte ist dabei gezwungen, a) ein erhebliches Maß an Abstraktion vorzunehmen (nur ein Teil der relevanten Orientierungsmarken läßt sich einheitlich symbolisieren), b) Standardisierungen einzuführen (z.B. einen einheitlichen Maßstab, während Wegbeschreibungen unterschiedliche Maßstäbe benutzen), c) neue Typen von Information zu kreieren, die von den Bewohnern so nicht benutzt werden (z.B. Isolinien, die bestimmte Angaben zur Topographie, zum Biotop oder zum Klima enthalten), d) den Informationsbedarf der Kartennutzer zu spezifizieren (Wanderkarte, Landkarte, Klimakarte etc.), und schließlich muß er e) Kompromisse schließen bei der Abbildungstreue, wenn die dreidimensionale Realität auf die zweidimensionale Karte übertragen wird. Die Karte gibt nun zweifellos etwas von der Realität des Gebietes wieder, selbst dann, wenn die Bewohner keinerlei Ähnlichkeiten zwischen der Karte und der von ihnen bewohnten Gegend feststellen können bzw. der Karte keinerlei für sie relevante Informationen entnehmen können. Mehr noch, das Lesen der Karte verlangt besondere Qualifikationen und zur Rückübersetzung der Karte in Orientierungswissen sind häufig zusätzliche Informationen notwendig, die die Karte nicht enthält (z.B. reichen die Entfernungsangaben nicht aus, den Zeitaufwand abzuschätzen, um von A nach B zu kommen). Will man nun die Güte der Karte beurteilen, dann sind grundsätzlich drei Kriterien im Spiel: Das erste bezieht sich auf die "Objektivität" der Karte (z.B. korrekte Durchführung der Höhen- und Entfernungsmessungen und ihrer maßstabsgerechten Verrechnung). Das zweite Kriterium bezieht sich auf die Zulässigkeit und Angemessenheit der Datenmanipulation (z.B. die Berechnung von Durchschnittstemperaturen, die Wahl von Klassifikationen für die Abbildung von Ortsgrößen etc.). Das dritte Kriterium bezieht sich auf die Relevanz der selektierten Informationen (die Klimakarte nutzt dem Wanderer nicht, die Wanderkarte dem Autofahrer nur wenig etc.).

Ganz ähnlich verhält es sich mit der Beurteilung von Leistungsindikatoren. Dem üblichen Beurteilungsprozeß kommt das kontextsensitive, wenig formalisierte Urteil von Expertengruppen am nächsten. Der Vorteil liegt darin, daß Experten situationsadäquate Relevanzspezifizierungen vornehmen. Der Nachteil dieses Verfahrens (vgl. Kap. 5.1) besteht in der nicht hintergehbaren Subjektivität und damit der Möglichkeit, daß durch starke Bindungen an das jeweilige Selbstbild der Experten oder durch unvollständige Information ein unangemessenes Urteil entsteht. Auf der anderen Seite stehen "objektive" Messungen, die weitgehend situationsunabhängig nach einem festen Verfahren Informationen und dann auch Bewertungen produzieren. Gerade den genauesten Messungen, etwa der Auszählung von Publikationen, fehlt aber eine klare Spezifikation der Relevanz der so gewonnenen Informationen. Objektivität im Sinne genauer und wiederholbarer Messungen ist ähnlich wie im Falle der Landkarte ein notwendiges, aber keinesfalls hinreichendes Gütekriterium. Die verschiedenen Verfahren zur Beurteilung wissenschaftlicher Leistungen hat Narin (1978: 36) auf den Dimensionen Objektivität und Relevanz verortet: *Within the limitations of the current state-of-the-art, those science policy studies which are most relevant to measuring the true rate of contribution of a science have the greatest uncertainty as to objectivity, while those which are most objective have greatest uncertainty to relevance.* Um so erstaunlicher ist es, daß von Wissenschaftsindikatoren recht umstandslos vermutet wird, sie seien ein *Weg zur Quantifizierung und damit zur Objektivierung der Bewertungsprozesse* (HAN LIN 1984: 68). Dieser Objektivitätsmythos ist bei manchen Autoren bis heute ungebrochen. So z.B. bei Giese, der fordert, man solle bei der Ermittlung des Forschungsniveaus von Fachbereichen anstelle von Befragungen *mit objektivierbaren Sachverhalten (objektiven Indikatoren) arbeiten* (BATHELT/GIESE 1995: 158).

Es mag zur "Verhärtung der Fronten" zwischen Befürwortern und Gegnern der breiten Anwendung von quantitativen Wissenschaftsindikatoren beigetragen haben, daß der Eindruck entstand, als solle das als institutionelle Errungenschaft einer autonomen Wissenschaft angesehene Peer Review-Verfahren durch Indikatoren nicht ergänzt, sondern ersetzt werden. Die Euphorie (nicht ganz frei von auch kommerziellen Interessen), mit der die Leistungsfähigkeit von Wissenschaftsindikatoren hervorgehoben, und die Heftigkeit, mit der Kritik am Peer Review-Verfahren auf der einen Seite vorgetragen wurde, und die nicht weniger vehemente methodische Kritik an quantitativen Vorgehensweisen auf der anderen Seite hat die Debatte um die Methodik von Leistungsbewertungen zeitweilig derartig polarisiert, daß nur eine Entscheidung zwischen quantitativen Indikatoren und qualitativen Verfahren möglich schien. Beispielhaft dafür mag die Position von Kornhuber stehen, der die optimistische Erwartung äußert, es gäbe eine Alternative zum Peer Review-Verfahren, *die nicht nur besser, sondern auch billiger und weniger zeitaufwendig* sei, nämlich *objektive Evaluation von Forschungsleistungen* (KORNHUBER 1988: 375). Er sieht dabei weniger die Validitätsprobleme von Wissenschaftsindikatoren und den enormen Aufwand für ihre Erstellung, sondern vorrangig das Problem, *Arznei gegen die Angst vor objektiver Evaluation* bereitzustellen (ebd.). Dabei wird - abgesehen von der noch zu erörternden Validitäts- und Reliabilitätsproblematik - schlicht übersehen, daß auch Publikationen und Zitationen mittelbar oder unmittelbar durch Peer Review-Prozesse beeinflußt werden. Die Publikation eines Artikels setzt meist voraus, daß er die Begutachtungsprozesse in der Fachzeitschrift erfolgreich durchläuft. Die Möglichkeit der Zitation eines solchen Artikels beruht also bereits auf einer ersten Peer Review-Entscheidung. Damit das Zitat in eine Datenbank aufgenommen wird, die üblicherweise für die Analyse von Zitationen benutzt wird, muß der zitierende Autor seinerseits mit seinem eigenen Artikel neuerlich die Hürden des Peer Review-Verfahrens nehmen. Alle "objektiven" Wissenschaftsindikatoren unterliegen mehr oder weniger stark derartigen Beeinflussungen durch Peer Review-Prozesse: *Performance indicators of research largely are based on peer review, their objectivity can be disputed, and comparisons across entities then become precarious* (GOEDEGEBUURE u.a. 1990: 31).

Die Polarisierung zwischen Peer Review und quantitativen Verfahren scheint allerdings inzwischen weitgehend aufgelöst. Zum einen wird von den Wissenschaftsforschern betont, daß quantitative Indikatoren noch nicht als Standardverfahren einsetzbar sind: *In short, a lot of work remains to be done before quantitative evaluation techniques can be applied on a routine basis* (MARTIN 1990: 379). Und zum anderen hat sich die Einsicht durchgesetzt, daß Peer Review und Wissenschaftsindikatoren als komplementäre Verfahren sich gegenseitig befruchten können: *Bibliometric analysis will never be a substitute for peer review, but, if the analysis is comprehensive and sound, it should inform peer review* (JONES/SIZER 1990: 321). Umgekehrt ist auch die

Konstruktion von aussagefähigen Indikatoren auf die Nutzung von Expertenwissen angewiesen: *Unverzichtbar für die institutionelle Analyse ist (...) die frühzeitige Einbeziehung von Experten, um Fehlern bei der Generierung der quantitativen Information vorzubeugen und die empirischen Befunde einerseits zu kontrollieren und andererseits zu kommentieren* (SEHRINGER 1991: 119). Kurz: Eine Substitution von Peer Review durch Indikatoren wird heute nicht mehr ernsthaft diskutiert: *[R]esearch evaluations and perfomance indicators are merely a complement to, not a replacement for, peer review* (MARTIN 1990: 378). Statt dessen wird zunehmend über die Möglichkeit spekuliert, ob die spezifischen Schwächen beider Verfahren durch Kombinationen dieser Verfahren gemildert werden können. So beschreibt Weingart eine mögliche *Vermittlungsfunktion* von bibliometrischen Indikatoren: *Expertenurteile weisen keine größere Homogenität und Treffsicherheit auf, als die über bibliometrische Daten produzierten Einschätzungen. Führt man beide zusammen, lassen sie sich jedoch beide in spezifischer Weise präzisieren* (WEINGART 1991: 231).

Wissenschaftsindikatoren arbeiten häufig mit ökonomischen Methaphern oder mit Anleihen bei strukturfunktionalistischen Austauschtheorien. Gewissermaßen wird die schwierige Bestimmung der Gebrauchswerte wissenschaftlicher Produkte durch die Approximierung ihrer Tauschwerte ersetzt. Da Indikatoren jedoch kein Selbstzweck sind, sondern zumindest potentiell Steuerungsinformationen bereitstellen, muß zwischen Tausch- und Gebrauchswerten ein enger Zusammenhang angenommen werden, denn es geht zumindest in wissenschaftspolitischen Zusammenhängen letztlich nicht darum, die sozialen Austauschmechanismen zu identifizieren, sondern "gute" Wissenschaft. Eine Zusammenführung von Expertenurteilen und Wissenschaftsindikatoren ist daher nicht ohne weiteres möglich, denn bei der Bestimmung von "Gebrauchswerten" stößt dann ein Konstrukt, das wesentlich über die Ebene der Selbstbeschreibung definiert ist (Indikator), auf ein Konstrukt, das stark über das Selbstbild geformt ist (Expertenurteil). Dabei können sowohl die Bewertungen unterschiedlich ausfallen als auch die gewählten Gebietsabgrenzungen, die Beurteilungskriterien, der Zeitrahmen sowie die Relevanzspezifikationen. Nach den Ausführungen in Kapitel 4 ist beispielsweise zu erwarten, daß Experten ein kontextgebundenes Urteil abgeben. Sie werden daher zumindest so lange, wie das Selbstbild in einem bestimmten Bereich nicht konsensual abgeschlossen ist, auf das Verlangen, ein möglichst kontextfreies Urteil abzugeben, sehr zurückhaltend reagieren. Eben diese Erfahrungen machte Winterhager (1991) bei dem Versuch, den semantisch unscharfen Anspruch der Cozitationsanalyse, wichtige Publikationen ausfindig zu machen, direkt in eine Frage an wissenschaftliche Experten zu übertragen: *Eine weitere Schwierigkeit ergab sich bei den unterschiedlichen Interpretationsmöglichkeiten von Wichtigkeit: welches sind die wichtigsten Veröffentlichungen, Institutionen, Zeitschriften usw.? Während das für die Frage nach den Zeitschriften weitgehend unproblematisch erschien, taten sich bei der Frage nach den Publikationen einige Experten unerwartet schwer* (WINTERHAGER 1991: 187). Die Experten waren durchaus in der Lage, verschiedene Relevanzkontexte zu benennen, in denen jeweils andere Arbeiten als "wichtig" einzustufen wären. In diesem Fall wurde erst in der Feldarbeit die Einsicht gewonnen, *wie sehr der Begriff der wichtigen Arbeit nicht nur im Bereich der (Co-)Zitationsanalyse, sondern durchaus auch unter den Experten selbst mit Definitionsproblemen behaftet ist* (ebd.). Wissenschaftsindikatoren ohne eine theoretisch angeleitete Begrifflichkeit haben nicht nur mit Operationalisierungsproblemen zu kämpfen, sondern können sich auch unter der Hand von einem empirisch-analytischen Instrumentarium zu einem normativen, bestimmte Elemente der Selbstbeschreibung verabsolutierenden und manipulierbaren Instrument entwickeln, dessen wissenschaftspolitische Auswirkungen von der scientific community zu Recht als bedrohlich empfunden werden, wenn sie unmittelbar zur Grundlage von wissenschaftspolitischen Steuerungsinstrumentarien werden.

Die "Mehrfachnutzbarkeit" von Wissenschaftsindikatoren bedeutet daher keineswegs, daß sich die Entwicklung und Anwendung der zugehörigen Techniken umstandslos in eine routinisierte Politikberatung transformieren läßt. Wissenschaftsindikatoren lassen sich sowohl zur Vertiefung und Erweiterung des Reflexionswissens einsetzen (die Ebene der Selbstbeschreibung) wie auch auf der Ebene des Selbstbildes, d.h. als ein freiwilliges "monitoring" von Institutionen oder Forschergruppen, und schließlich stellen Wissenschaftsindikatoren ein wissenschaftspolitisches Kontroll-, Informations- und Steuerungspotential dar, werden also bei der Aushandlung akzeptanzfähiger Selbststilisierungen wichtig.

Bisher bezieht sich allerdings nach wie vor der größte Teil der routinemäßig erhobenen Daten auf die Input-Seite des Wissenschaftssystems, im wesentlichen also auf Angaben über Finanzen, sächliche Ausstattungen und Personal. Es handelt sich dabei um einfache Aufwandsstatistiken oder um Kennzahlen. Zwar ist eine differenzierte und vergleichbare Datenerhebung auf der Input-Seite noch keineswegs erreicht (vgl. BLOCK/ HORNBOSTEL/NEIDHARDT 1990), aber immerhin werden Aufwandsstatistiken von den Statistischen Ämtern bereits routinemäßig erhoben. Auch im Bundesforschungsbericht wurden Ende der 80er Jahre die Gewichte der bisherigen Forschungsberichterstattung ähnlich eingeschätzt: *Der Schwerpunkt der statistischen Erhebungen und der Methodenentwicklungen lag in der Vergangenheit eindeutig bei den Aufwandsindikatoren für Forschung und Entwicklung. Nach wie vor sind auch hier weitere Anstrengungen notwendig, insbesondere, um die internationale Vergleichbarkeit zu verbessern (...). Jedoch ist im Vergleich zur Aufwandsseite die Datenlage bei den Ergebnisindikatoren für Forschung und Entwicklung noch sehr viel weniger entwikkelt. Es handelt sich hier auch um ein noch schwierigeres Unterfangen, weil damit in viel stärkerem Maße qualitative Wertungen verbunden sind* (BMFT 1988: 47).

Wissenschaftsindikatoren teilen in ganz unterschiedlichen Verwendungszusammenhängen nicht nur Methoden und Techniken, sondern auch Probleme und Beschränkungen ihrer Aussagefähigkeit. Dies wurde zumindest zu Beginn der praktischen Verwendung von Indikatoren in den 70er Jahren in den USA und ca. 10 Jahre später in Europa übersehen und hat Anlaß für viele Mißverständnisse gegeben. Die Hoffnung, aus der Grundlagenforschung relativ schnell Methoden und Verfahren entwickeln zu können, die der Politik exakte Informationen über Leistungen, Leistungsdefizite und Entwicklungstrends zur Verfügung stellen, ist inzwischen der realistischeren Einschätzung gewichen, daß die wissenschaftlichen Produkte, nämlich Erkenntnisbehauptungen, einer quantifizierenden Analyse nicht ohne weiteres zugänglich sind (vgl. NATIONAL SCIENCE FOUNDATION 1987: ix). In der Bundesrepublik Deutschland verhielt sich die Wissenschaftspolitik weitaus zurückhaltender gegenüber einer möglichen Verwendung von Indikatoren. Die Skepsis in der Wissenschaftspolitik wird vor allen Dingen mit methodischen Bedenken begründet, wenn auch im Forschungsbericht der Bundesregierung von 1988 erstmals eingestanden wird, daß die

Vernachlässigung der Entwicklung von Wissenschaftsindikatoren möglicherweise ein Informationsdefizit begründen könnte: *Zwar liegen Analysen vor, die einzelne Wissenschaftsgebiete und Forschungsinstitute auch unter Hinzuziehung quantitativer Indikatoren evaluieren (...) oder einzelne Aspekte international vergleichen. Vielfach ist die Aussagekraft derartiger Analysen jedoch begrenzt. Damit die analytische Durchdringung im Bereich der Ergebnisse von Forschung und Entwicklung geschlossener, vergleichbarer und aussagefähiger wird, ist noch weitere intensive Arbeit an Methoden und Datenbasis notwendig. Weltweit werden dabei in Ergänzung zu den vorherrschenden Verfahren der Beurteilung durch peer review (...) zunehmend auch quantitative Verfahren zur Bewertung der Leistungsfähigkeit und zur Erkennung von Problemfeldern in Technik und Wissenschaft genutzt. Auf diesem Gebiet der Wissenschaftsforschung besteht in der Bundesrepublik ein Rückstand gegenüber einigen anderen großen Industrieländern (...), die sich solcher Methoden bereits systematischer bedienen* (BMFT 1988: 47).

Auch die Hochschulen haben erst in jüngster Zeit und nur vereinzelt Kennzahlen und Indikatoren als Informationsquellen für internes Management und öffentliche Selbstdarstellung entdeckt. Bis heute scheint eher Skepsis zu überwiegen. Eine 1985 im Rahmen der OECD durchgeführte international vergleichende Studie, die lediglich um Auskunft über die Verwendung von Kennzahlen bei den Hochschulen nachsuchte, hatte denn auch in der Bundesrepublik mit erheblichen Antwortverweigerungen zu kämpfen. Ein Drittel der deutschen Hochschulen reagierte gar nicht (21), ein weiteres Drittel lehnte eine Antwort aus inhaltlichen Gründen ab (12) oder benutzte keinerlei Kennzahlen (8), und ein Drittel der Hochschulen (23) gaben Auskunft über die intern verwandten Kennzahlen. Die Ergebnisse zeigen - soweit bei der geringen Beteiligung zulässig interpretierbar -, daß von den Hochschulen selbst weder Evaluation noch vergleichbare Erfassung von Forschungsleistungen vorgenommen werden, abgesehen von Datenerhebungen, die durch Rechtsvorschriften verbindlich geregelt sind (vgl. HÜFNER 1988). Bis in die 90er Jahre hinein blieb die Beschäftigung mit Wissenschaftsindikatoren und quantifizierenden Evaluationsverfahren eine weitgehend akademische Debatte: *[P]erformance indicators and competition among universities have long been discussed, but explicit comparisons between different disciplines or between different organisations have mostly been dismissed. Evaluation is expected to be in terms of scientific critique, and not in terms of effectiveness or competitiveness* (SCHLIE-ROOSEN 1990: 441). Diese eher ablehnende Haltung gegenüber Wissenschaftsindikatoren insbesondere der Hochschulen sollte allerdings nicht darüber hinwegtäuschen, daß sich im Laufe der 80er Jahre auch in der Bundesrepublik Deutschland nicht nur die programmatischen Positionen bezüglich einer quantifizierenden Leistungsbewertung veränderten, sondern auch empirische Erfahrungen gesammelt wurden, allerdings ohne daß eine methodische Standardisierung oder eine Institutionalisierung der disziplinär weit gestreuten Versuche im Umgang mit Wissenschaftsindikatoren erkennbar geworden wären (vgl. DANIEL/FISCH 1990: 327 ff). Immerhin wird inzwischen auch von den Hochschulen anerkannt, daß *das Interesse an der Bewertung von Hochschulleistungen (...) angesichts der Bedeutung von Qualifikation und Forschung für die Entwicklung in diesem Lande wie auch im Hinblick darauf, daß das Hochschulsystem weitgehend aus Steuergeldern finanziert wird, verständlich und legitim* ist (ERICHSEN 1995: 217).

Eine wichtige Rolle in der seit Mitte der 80er Jahre auch von den Massenmedien stark beachteten Debatte um Möglichkeiten der Leistungsmessung in Lehre und Forschung spielte der Wissenschaftsrat, der in seinen *Empfehlungen zum Wettbewerb im deutschen Hochschulsystem* explizit einen stärkeren Wettbewerb im Hochschulsystem befürwortet und als Voraussetzung dafür eine bessere Transparenz hinsichtlich der Leistungen in Forschung und Lehre forderte (WISSENSCHAFTSRAT 1985). Auch der Wissenschaftsrat stellte allerdings fest, daß die programmatischen Forderungen nach Transparenz noch weit davon entfernt sind, zu ernsthaften Größen in den Selbstbildern und Selbstdarstellungen der Hochschulen zu werden: *Transparenz, Evaluation der Leistungen und differenzierte Mittelverteilung nach der Leistung sind an den Hochschulen nicht selbstverständlich* (WISSENSCHAFTSRAT 1988: 67). Und auch 1993 wiederholt der Wissenschaftsrat in seinen *Zehn Thesen zur Hochschulpolitik*, daß es noch immer an systematisch erprobten Verfahren der ortsvergleichenden Leistungsberichterstattung fehle (WISSENSCHAFTSRAT 1993a). Die Westdeutsche Rektorenkonferenz bestätigt dies indirekt mit ihrem 1988 formulierten Vorsatz, die Entwicklung eines *Bündels von Indikatoren* mit *konstruktiver Skepsis* zu begleiten und so die eingegangene *Selbstverpflichtung* einzulösen (WESTDEUTSCHE REKTORENKONFERENZ 1989: 13). Inzwischen liegen immerhin die ersten Ergebnisse aus einem Modellversuch zur Leistungsberichterstattung (Profilbildung der Hochschulen) vor (vgl. HOCHSCHULREKTORENKONFERENZ 1993). Heute ist das "ob" einer Leistungsberichterstattung nicht mehr umstritten, nach wie vor aber das "wie". Dabei bilden die verschiedenen Formen von Expertenbeurteilungen auf der einen und die Vielzahl quantitativer Indikatoren auf der anderen Seite immer noch die Polaritäten im Spektrum möglicher Verfahren der Qualitätsbeurteilung, wenngleich die Grenzziehungen diffuser werden: *Das Kernproblem aller Steuerungs- und Kontrollversuche dürfte das Problem der Definition und Feststellung von Qualität sein. Begrenzt kann man sich zwar auch hier quantitativer Indikatoren bedienen (z.B. eingeworbene Drittmittel, Zitations- und Publikationsindizes, ordinales ranking), doch ist sowohl in der Lehre wie in der Forschung weder der Qualitätsgrad noch die Qualitätsart einer wissenschaftlichen Leistung zuverlässig quantitativ zu messen. Insofern bleibt nur die verbale Umschreibung oder das Qualitätsurteil, vom Fachmann (oder Komitees) abgegeben und vom kundigen Leser ausgewertet* (ALEWELL 1993: 161 f).

Da Peer Review-Verfahren sowohl als eigenständiges Meßinstrument für Qualität benutzt werden, aber auch implizit bei der Konstruktion von bibliometrischen Indikatoren und explizit bei deren Kontrolle und Validierung eine wichtige Rolle spielen, soll im folgenden zunächst auf die Grundzüge des Peer Review-Verfahrens eingegangen werden, danach werden Indikatoren vorgestellt, die direkt oder indirekt auf einem Peer Review-Prozeß beruhen, und abschließend bibliometrische Indikatoren, die versuchen, das Peer Review-Verfahren möglichst weitgehend auszuschalten, und von manchen Autoren als "objektive Indikatoren" betrachtet werden.

Auf die Analyse von Patentdaten wird hier nicht gesondert eingegangen, da es sich dabei um Technologieindikatoren handelt. Nur in einem kleinen Segment der Grundlagenforschung (Ingenieurwissenschaften und neuerdings in der Biologie)[1] spielen

1 Eine solche Grauzone ist z.B. die Patentierung von gentechnisch manipulierten Lebewesen. Hier sind insbesondere in den USA auch in der universitären Forschung ökonomische Kalküle und Grundlagenforschung extrem eng miteinander verflochten.

Patentierungen in der Grauzone zwischen Grundlagenforschung und angewandter Wissenschaft eine Rolle. Auch hier ist allerdings der rechtlich normierte Bewertungsprozeß der Patentschrift und das wesentliche Beurteilungskriterium (Neuigkeit) nicht identisch mit Beurteilungen durch die scientific community, wenngleich in einzelnen Forschungsgebieten Publikations- und Patentindikatoren durchaus miteinander korrelieren (vgl. SCHMOCH u.a. 1988). Da Patentierung zuallererst auf die Sicherung ökonomischer Verwertungsansprüche zielt und mit erheblichen finanziellen Aufwendungen verbunden ist und die Patentierungsstrategien zudem von ökonomischen Kalkülen, institutionellen Gepflogenheiten und Ressourcen, Marktbedingungen und möglichen Alternativstrategien (Geheimhaltung, Kooperation etc.) abhängen (vgl. PAVITT 1988), sind Patentindikatoren als allgemein verwendbare Leistungsindikatoren ungeeignet. Es sei hier aber erwähnt, daß im Rahmen von Technologieanalysen und -prognosen auch Patentdaten mit Hilfe bibliometrischer Verfahren (Zitationsanalyse) untersucht werden (vgl. NARIN/OLIVASTRO 1988; SCHMOCH 1996). Patentindikatoren können in technologienahen Gebieten eine wertvolle Ergänzung anderer Wissenschaftsindikatoren sein.

5.1 Peer Review

Die Bezeichnung Peer Review ist zwar sehr gebräuchlich, leider jedoch nicht exakt definiert (vgl. GILLET 1989). In der allgemeinsten Bedeutung bezeichnet das Verfahren zunächst die Bewertung einer wissenschaftsbezogenen Angelegenheit durch kompetente Personen. Der Gegenstandsbereich ist dabei kaum begrenzt. Es kann sich um Personen, Institutionen, Forschungsanträge, Forschungsprogramme, Forschungsleistungen, Zeitschriftenartikel, Ausbildungsleistungen, Ausbildungsprogramme etc. handeln. Ebenso sind die Urteilskriterien variabel. Es kann sich um die Beurteilung wissenschaftlicher Qualität, Originalität, Reputation, effizienter Mittelverwendung, gesellschaftlicher Nützlichkeit, technologischer Realisierbarkeit, ökonomischer oder ökologischer Folgen handeln oder um beliebige Kombinationen davon; das Urteil kann sich auf vergangene Leistungen erstrecken oder eine Prognose über zukünftige Leistungen enthalten. Es kann dabei nach hoch formalisierten Vorgaben erfolgen, die Auswahl bestimmter Urteilskriterien kann aber auch den Gutachtern (Peers) überlassen bleiben. Ebenso ist die Komposition des Gutachtergremiums weder hinsichtlich der Mindest- oder der Höchstzahl noch nach der fachlichen Nähe zum zu beurteilenden Objektbereich der beteiligten Gutachter festgelegt.

Auch die Verfahren, mit denen die Kompetenz der Gutachter oder zumindest die Akzeptanz ihres Urteils sichergestellt werden sollen, sind sehr variabel. Die Konzepte reichen vom Versuch, Repräsentativität für eine spezielle scientific community herzustellen (HILL 1989: 87), über Versuche, die Gutachter selbst anhand von (u.a. bibliometrischer) Evaluationsverfahren auszuwählen (IRVINE 1989: 81), über demokratische Wahlakte in den Fachgesellschaften der jeweiligen Disziplin (DFG) bis hin zu intuitiven oder an Reputation orientierten Bestellungen der Gutachter durch den Auftraggeber. Schließlich ist es weitgehend offen, welches Maß an Konsens unter den Gutachtern bestehen muß, um von einem klaren Urteil sprechen zu können bzw. welche

Mittel zulässig sind, um in strittigen Fällen ein kompetentes Votum zu erreichen (z.B. Sondergutachter der DFG, vgl. NEIDHARDT 1988).

Für den hier vorliegenden Kontext von Forschungsbewertung mittels Wissenschaftsindikatoren rücken vier größere Anwendungsbereiche von Peer Review in den Vordergrund: Die Begutachtung von Forschungsanträgen für Drittmittelgeber, die Begutachtung von eingereichten Manuskripten für Fachzeitschriften, die Verleihung von Wissenschaftspreisen und schließlich die Beurteilung von Institutionen zum Zwecke von Leistungsvergleichen. Inwieweit es sich bei diesen organisierten Beurteilungen um Wissenschaftsindikatoren handelt, ist strittig. Der letzte Typus von Beurteilung scheint, wenn als quantifizierbares Urteil formuliert, am ehesten einem Indikator zu entsprechen. Die übrigen Begutachtungen durchlaufen in der Regel eine Transformation, bevor sie als Indikatoren genutzt werden: Wissenschaftspreise, drittmittelgeförderte Forschungsprojekte lassen sich auszählen und Personen oder Institutionen zuordnen, ebenso kann das Vorliegen einer im Peer Review-Verfahren erzielten Begutachtung als qualitatives Gewichtungskriterium für Publikationen benutzt werden.

Peer Review ist nach wie vor das am häufigsten verwandte Verfahren zur Bewertung im Wissenschaftsbereich, und es ist zugleich wohl auch das am heftigsten und häufigsten attackierte Verfahren (vgl. GUSTAFSON 1975; SANDERS 1982; CALLITON 1984; ROY 1984; GILLESPIE u.a. 1985; YALOW 1986; MERVIS 1988; LEOPOLD 1988; GARFIELD 1986a, 1986b, 1987a, 1987b; CHUBIN/HACKETT 1990).

Angesichts der Variabilität des Verfahrens fällt eine globale Würdigung dieses Bewertungsverfahrens denn auch schwer. Dennoch sollen, bevor Probleme in speziellen Anwendungsbereichen benannt werden, einige allgemeine Charakteristika zur Sprache kommen. Peer Review ist zunächst einmal mehr als lediglich eine Technik oder soziale Praxis von Bewertungen, die im Einzelfall unter Verfahrensfehlern leiden kann. Zuckerman und Merton hatten bei ihrer Untersuchung des Peer Review-Verfahrens einer physikalischen Fachzeitschrift darauf hingewiesen, daß selbst wenn die Gutachter kaum Manuskripte zurückweisen, ihr Urteil eine wichtige Funktion für die Wissenschaft hat. Sie stehen gewissermaßen als Garanten dafür, daß *die gute Wissenschaft von der schlechten zu trennen* (MERTON 1985: 211) ist, oder allgemeiner, daß ein Urteil über die Qualität wissenschaftlicher Produktion überhaupt möglich ist und damit auch die Chance akkumulativen Wissensfortschritts besteht. Ein Vertreter der National Science Foundation brachte den Doppelcharakter von Peer Review auf die Formel: *Peer review is both a social institution (a set of practices) and an ideology (a statement of a set of ideals)* (KRUYTBOSCH 1989: 70).

Kritiker des Verfahrens halten demgegenüber die Funktionsfähigkeit von Peer Review für eine *Fiktion*, die nicht nur hinderlich, sondern schädlich für die Wissenschaft sei: Das Peer Review-Verfahren *ist unzuverlässig (nicht reliabel), ungültig (nicht valide), und es schadet am meisten der besten, der innovativen Forschung. (...) Das System ist wenig hilfreich, behindert die Wissenschaft aber erheblich, am meisten die gute* (KORNHUBER 1988: 363, 377). Roy resümiert speziell für die Forschungsförderung ähnliche Kritikpunkte: Es gäbe weder theoretische noch empirische Hinweise darauf, daß gute Forschung durch die Evaluation der Forschungsanträge identifiziert werden könne; das Peer Review-Verfahren führe zur Vergeudung wertvoller Zeit und Energie; es sei innovationsfeindlich, einerseits weil Interessenkonflikte dadurch entstünden, daß Gutachter häufig Konkurrenten des Antragstellers seien, und andererseits, weil bahnbrechende Ideen regelmäßig sehr kritisch beurteilt würden; die Dauer des Bewilligungsverfahrens entspräche nicht der schnellen Wissensentwicklung in der Forschung, und schließlich sei der Ausgang einer Begutachtung durch Peers stark abhängig von der Zusammensetzung des Gutachtergremiums (vgl. ROY 1985: 74 f).

Hinter der Kritik wird ein sehr hohes Erwartungsniveau hinsichtlich der Leistungsfähigkeit des Peer Review-Systems sichtbar. Den Peers kommt nämlich nicht nur indirekt oder direkt die Aufgabe zu, sachgerecht, frei von persönlichen Idiosynkrasien und ohne Rücksicht auf soziale Merkmale Reputation und materielle oder immaterielle Ressourcen zuzuteilen bzw. zu verweigern, ihnen wird zusätzlich die Rolle des Sachwalters für den wissenschaftlichen Fortschritt angetragen. In bezug auf die DFG-Gutachter fordert z.B. Oehler die Adäquanz des Wissenschaftsverständnisses der Gutachter mit dem, *was fachspezifisch unter wissenschaftlichem Fortschritt zu verstehen wäre* und folgert: *Damit konzentriert sich die Frage nach der Effizienz bei der Selbststeuerung der Forschungsförderung an den Hochschulen darauf, ob die Gutachtervoten innovative gegenüber weniger innovativen Forschungsprojekten zuverlässig selegieren und damit zugleich eine Signalwirkung für die Forschungsentwicklung überhaupt entfalten* (OEHLER 1990: 27 f). Dieses hohe Erwartungsniveau erscheint zumindest in der strukturfunktionalistischen Tradition auch folgerichtig, denn die *Status-Richter* (ZUCKERMAN/MERTON 1985) oder die *gatekeeper of science* (CRANE 1967) definieren in dieser Tradition den Weg, den eine Disziplin geht, und zwar sowohl hinsichtlich der sozialen Positionierung von Personen und Institutionen über die Bewertung der *Qualität der Rollenperformanz* (ZUCKERMAN/MERTON 1985: 173) als auch - darüber vermittelt - hinsichtlich der kognitiven Entwicklungsrichtungen. Dabei ist es unerheblich, ob sie dies durch aktive Selektionsentscheidungen tun oder gewissermaßen ihre bloße Existenz die Befolgung von Normen und Standards auf dem Wege der Antizipation erzwingt. Bedingt durch die Ambivalenz der Wissenschaftsnormen, aber auch durch die soziale Nähe zwischen Gutachtern und Begutachteten ist die Rolle des Gutachters notwendig eine prekäre. Die Notwendigkeit eines institutionalisierten Begutachtungsverfahrens wird daher von vielen Wissenschaftlern sowohl praktisch (vgl. ROY 1985: 76) wie theoretisch mit dem Mangel an funktionsfähigen Alternativen begründet.

5.1.1 Reliabilität und Validität der Peer-Urteile

Es liegt nahe, die verschiedenen institutionalisierten Begutachtungsverfahren in der Wissenschaft auf ihre adäquate Funktionsfähigkeit zu befragen. In der strukturfunktionalistischen Tradition werden dabei, neben der Notwendigkeit, das Fehlen partikularistischer Orientierungen bei den Gutachtern zu belegen (vgl. CRANE 1965; COLE/COLE/SIMON 1981; COLE/RUBIN/COLE 1978; PETERS/CECI 1982; MAHONEY 1977; ROSS 1980), zwei eng verwandte Kriterien zum Gütemaßstab für das Peer Review-Verfahren, nämlich der Grad der Kodifizierung der Disziplin und das Ausmaß von Konsens unter den Experten: *Codification refers to the consolidation of empirical knowledge into succinect and interdependent theoretical formulations. (...) The comprehensive and more precise theoretical structures of the more codified fields not only allow empirical particulars to be derived from them but also provide more clearly defined criteria for assessing the importance of new problems, new data, and newly proposed solutions. All this should make for greater consensus among investigators at work in highly codified fields on the significance of new knowledge and the continuing relevance of old* (ZUCKERMAN/MERTON 1973: 507). Es wurde bereits darauf hingewiesen, daß die Kodifizierung eines wissenschaftlichen Bereiches weder stabil sein muß, noch aus einer methodologischen Perspektive als hinreichende Bedingung für ein adäquates Urteil dienen kann. Die Art der Erkenntnisbehauptung, die Kontextbedingungen und die durch nicht nur wissenschaftsinterne Relevanzbezüge spezifizierten Bewertungskriterien spannen vielmehr einen Raum auf, in dem abweichende Urteile möglich werden, ohne daß basale Vorstellungen wissenschaftlicher Rationalität verletzt würden, selbst wenn die Kontextbedingungen aufgrund hoher Kodifizierung nur geringfügig variieren. Auch die Möglichkeit, solche Urteile als Ergebnis sozial ausgehandelter, nicht universalistischer, kognitiver Standards zu sehen, bleibt völlig unbenommen. In genau dieser Richtung vermutet Mulkay (1978: 113) die Entwicklung von Bewertungsstandards: *The criteria for defining results as "established knowledge" are themselves often created and refined as an integral part of the process of discovery and validation.* Maßstäbe für Wissenschaftlichkeit und wissenschaftliche Qualität sind *keine ontologischen Größen, sondern Ergebnisse von Entscheidungen, über die sich streiten läßt* (NEIDHARDT 1986b: 100). Fragt man nun, welche Faktoren darüber entscheiden, wie grundsätzlich ein solcher Streit ausfällt, läßt sich zunächst einmal an Merton, aber auch an Kuhn anknüpfen. Beide gingen davon aus, daß Kodifizierung bzw. paradigmatische Festigkeit Zonen hoher Konsensualität markieren. Ähnlich vermutet Neidhardt, daß die Akzeptanz von Peer Review-Urteilen in starkem Maße vom *normativen Zustand der einzelnen Disziplinen* bzw. vom Vorhandensein von *"common sense"* abhängen (NEIDHARDT 1986 b: 100).

Merton und Zuckerman waren bei der Analyse der Annahme- und Ablehnungspraxis von Manuskripten durch wissenschaftliche Zeitschriften auf empirische Hinweise für unterschiedliche Konsensstrukturen in Gestalt deutlich fachabhängiger Annahmeraten gestoßen. Die Ergebnisse wurden mit folgender Faustregel umschrieben: *[J]e stärker humanwissenschaftlich eine Zeitschrift orientiert ist, desto höher die Ablehnungsrate bei zur Veröffentlichung eingereichten Manuskripten; je stärker experimentell und empirisch, auf strenge Beobachtung und Analyse ausgerichtet eine Zeitschrift ist, desto niedriger die Ablehnungsrate* (ZUCKERMAN/MERTON 1985: 186). Eher vom Kuhnschen Paradigmaansatz ausgehend, also von der Vorstellung, daß diverse Elemente sozialer wie kognitiver Herkunft sich zu disziplinären Matrizen verbinden, versuchten Lodahl/Gordon (1972) und Beyer/Stevens (1975), wissenschaftsinterne Differenzen in Konsensualitäts- und Kooperationsstrukturen auszumachen. In diesen Studien wurde mit Hilfe von Befragungen versucht, Aspekte und Ursachen von Unstimmigkeiten innerhalb der scientific community verschiedener Disziplinen aufzudecken. Die Auswertungen zeigen, daß sowohl der Gegenstand von Kontroversen als auch das Ausmaß von Dissens disziplinspezifische Muster zeigt: *Auf Grund der hoch entwickelten Methodologien, der Ausstattung und klar ausgedrückten Theorie sind die Forschungsergebnisse in den Natur- und anderen gut entwickelten Wissenschaften verhältnismäßig leicht zu beurteilen. Es gibt mehr Übereinstimmung über das, was als bewiesen gilt; Resultate können oft deutlich veranschaulicht wer-*

den. In den weniger entwickelten Wissenschaften gibt es nicht soviel Übereinstimmung über die Methodologien, Theorien sind weit weniger präzise entwickelt und nicht so breit akzeptiert, daher sind Forschungsergebnisse weit schwieriger zu interpretieren (LODAHL/GORDON 1973, zitiert nach BEYER/STEVENS 1975: 363). Offene Fragen verbleiben allerdings bei der Identifizierung von Konsensstrukturen auf der Ebene relativ grob geschnittener disziplinärer Paradigmengemeinschaften. Dies betrifft die Eigendynamik, die sich in differenzierten Disziplinen innerhalb der Untergebiete entwickelt, die Veränderungen von Konsensstrukturen im Übergang von normaler zu revolutionärer Wissenschaft, die Beziehung von Theorie und Empirie in Spezialgebieten und Disziplinen und schließlich die Frage, inwieweit externe, im weitesten Sinne wissenschaftspolitische Einflüsse kognitive und soziale Integration modifizieren.

Eine empirische Bestätigung für die Vermutung subdisziplinärer Integrationsformen findet sich in Knorrs (1975) Befragung des wissenschaftlichen Personals sozialwissenschaftlicher Forschungseinheiten in Österreich nach dem Ausmaß von Dissens im jeweiligen Spezialgebiet. Auf sieben verschiedenen Dimensionen wurde die Konsensperzeption der Wissenschaftler abgefragt.[1] Die Ergebnisse zeigen einerseits eine den Ergebnissen von Lodahl/Gordon entsprechende Rangordnung sozialwissenschaftlicher Disziplinen nach dem innerdisziplinären Konsensualitätsgrad, andererseits bestätigen sie die schon dort vorgebrachten Zweifel mit dem Befund, daß für die Herstellung von Konsensualität die Gemeinsamkeiten in der methodischen Verfahrensweise von größerer Bedeutung sind als die Disziplinzugehörigkeit. Auch in wenig integrierten sozialwissenschaftlichen Disziplinen existieren daher *hochgradige Konsolidierung und hochgradiger Dissens nebeneinander* (KNORR 1975: 343). Diese Ergebnisse stimmen weitgehend mit den in Kapitel 4 aufgestellten Überlegungen überein, wonach disziplinäre oder subdisziplinäre Gruppierung sicherlich ein Element bei der Herausbildung von Konsensstrukturen sein kann, aber ebenso sicher keine hinreichende Bedingung für Konsens ist. Die Suche nach homogenen und damit potentiell konsensfähigen Bereichen in der Wissenschaft scheint daher - angesichts der vielfältigen weiteren Bedingungen für Konsens - ein Stück Sisyphusarbeit, das zudem immer wieder fragwürdige Setzungen über die Abgrenzung solcher Bereiche einführen muß.

Allein anhand einer Identifizierung hinreichend homogener Bereiche oder ähnlicher Versuche der Klassifizierung von Wissenschaft in *hard*, *medium* und *soft* (STORER 1967) läßt sich also kaum für die wenigstens prinzipielle Funktionsfähigkeit des Peer Review-Verfahrens argumentieren. Um so mehr wurde der tatsächlich erreichbare Konsens im Peer Review zu einem in doppelter Hinsicht symbolischen Bezug zum eigentlich zu verhandelnden Wahrheitsanspruch entwickelt: Kompetente Experten kommen zu intersubjektiv stabilen Urteilen. Kompetenz wird dabei über Reputation (oder wenigstens fachliche Zugehörigkeit) approximiert; Expertenkonsens steht für das in der Profession als gesichert anzunehmende Wissen und das methodologische Repertoire. Konsens steht insofern für die nicht weiter begründungsbedürftigen Kerne im Wissensbestand einer Wissenschaftlergemeinschaft und markiert damit zugleich den paradigmatischen Entwicklungsstand der Disziplin ebenso wie die Zuverlässigkeit (im Sinne der Wahrheitsförderung) des Peer Review-Verfahrens.

---

1 Es handelt sich um folgende Dimensionen: 1. zentrale Fragestellung, 2. wissenschaftstheoretische Voraussetzungen, 3. theoretische Ansätze, 4. vorrangige Untersuchungsprobleme, 5. anerkannte Techniken und Methoden, 6. aussichtsreiche Techniken und Methoden, 7. anerkannte Ergebnisse.

Die Konsensualität von Gutachterentscheidungen sowohl synchronisch wie auch diachronisch (rereview), sowohl mit Bezug auf das Gesamturteil wie im Hinblick auf einzelne Dimensionen des Urteils, avanciert damit zu einem entscheidenden Prüfstein für die Qualität des Verfahrens. In beiderlei Hinsicht werden die in der Literatur mitgeteilten Werte für das Maß an Gutachterübereinstimmung als *significantly above chance, though far from substantial* (SCOTT 1974: 701) oder *moderately better than a chance result* (INGELFINGER 1974: 686) bezeichnet. Diese zunächst für die Manuskriptbegutachtung in psychologischen Fachzeitschriften mitgeteilten Befunde (ein Überblick in: MARSH/ BALL 1989) bestätigten sich auch für soziologische Journale (HARGENS/HERTING: 1990), medizinische Zeitschriften (CICCHETTI 1991) und ebenso für Fachzeitschriften der Chemie (DANIEL 1992). Allerdings ist bei diesen Befunden zu berücksichtigen, daß der in aller Regel verwandte Intraclass-Korrelations-Koeffizient dazu neigt, das tatsächliche Ausmaß der Gutachterübereinstimmung systematisch zu unterschätzen (vgl. DANIEL 1992: 101 f; CRANDALL 1978). Die Befunde im Bereich der Begutachtung von Forschungsförderungsanträgen fallen weniger eindeutig aus. Während Cole/Cole/Simon (1981: 885) aus der Analyse wiederholter Begutachtungen von Anträgen an die National Science Foundation den Schluß zogen, daß *the fate of the particular grant application is roughly half determined by the characteristics of the proposal and the principal investigator, and about half by apparently random elements which might be characterised as the 'luck of the reviewer draw'*, berichtet Hartmann (1990: 154) über die DFG-Gutachter, daß die *Gutachterübereinstimmung (...) äußerst hoch* ist. Berücksichtigt man jedoch, daß die Fördervoten der DFG-Gutachter auf einer weniger differenzierten Skala erhoben wurden, minimieren sich diese Unterschiede. So kommen auch Neidhardt/Hartmann (1990) zu dem Schluß, daß das Schicksal von Forschungsanträgen zur Hälfte durch Vorgänge *"behind the curtain"* bedingt sei. Darüber hinaus zeigte sich, daß von allen in der DFG-Studie untersuchten Beurteilungsdimensionen auf der Dimension *wissenschaftliche Relevanz* der größte Gutachterdissens nachweisbar war (HARTMANN 1990: 156).[1] Ein Befund, der den bisher angestellten Überlegungen zu Relevanzstrukturen und deren Variationsmöglichkeiten auch empirische Evidenz verleiht.

Ebenfalls uneindeutig sind die Befunde hinsichtlich der Frage, ob Gutachter tatsächlich nach strikt universalistischen Kriterien urteilen oder ob Status, Ansehen der Institution, Geschlecht, Rasse oder bestimmte inhaltliche Merkmale der zu begutachtenden Arbeit das Urteil der Gutachter beeinflussen (vgl. BEYER 1978 und vgl. als Überblick ROSS 1980). Peters und Ceci (1982) untersuchten in einer experimentellen Studie das Review- System angesehener amerikanischer psychologischer Fachzeit-

1 Die Reputation des Antragstellers wird hingegen wesentlich konsensualer beurteilt. Im Gutachterfragebogen der NSF ist ausdrücklich eine solche Bewertung vorgegeben, in der von Neidhardt vorgelegten Untersuchung wird in knapp der Hälfte aller Gutachten die Reputation bzw. Qualifikation des Antragstellers explizit angesprochen (NEIDHARDT 1986b: 66). Sowohl in der NSF-Untersuchung (COLE/ RUBIN/COLE 1978) wie auch in der DFG-Studie zeigte sich, daß die Gutachter auf dieser Urteilsdimension höhere Konsensusraten erzielten. Vergangene Leistungen scheinen in der Beurteilung unproblematischer zu sein. Dies ist auch plausibel, wenn man bedenkt, daß der Herstellung von Reputation eine breite Basis wissenschaftlicher Werturteile zugrunde liegt. Gutachter können sich in diesem Punkt auf eine erhebliche Menge schon vorliegender Entscheidungen der scientific community stützen. Voraussetzung ist allerdings, daß es sich bei dem Antragsteller nicht um einen Newcomer handelt, der am Beginn einer wissenschaftlichen Karriere steht und Reputation erst erwerben muß. Mit anderen Worten: Für die Beurteilung von Reputation steht häufig schon eine disziplinäre Selbststilisierung zur Verfügung, an die angeschlossen werden kann.

schriften und kamen aufgrund eines allerdings sehr kleinen Samples zu einem vernichtenden Ergebnis. Sie reichten 12 Artikel, die zwei bis drei Jahre zuvor bereits veröffentlicht worden waren, neuerlich zur Publikation bei den Zeitschriften ein, in denen der Artikel ursprünglich abgedruckt worden war. Nur in drei Fällen wurde entdeckt, daß die Artikel bereits veröffentlicht waren. Von den verbleibenden 9 Manuskripten wurden 8 zurückgewiesen, hauptsächlich mit den Begründungen, daß das Design der Studie Mängel enthalte, die statistischen Auswertungen unzureichend seien oder methodische Mängel vorlägen. Die mangelnde Konsistenz der Reviewer-Entscheidungen wurde vor allen Dingen darauf zurückgeführt, daß die Originalautoren aus sehr angesehenen Institutionen stammten, die abermals eingereichten Manuskripte jedoch fiktive Autorennamen und ebenso fiktive Hochschulnamen trugen. Peters/Ceci vermuten, im Anschluß an andere Studien, daß der Gutachterbias wesentlich durch den Status der Autoren oder der Institution, der die Autoren angehören, bedingt sei. Daß Gutachter dazu neigen, Reputation von größeren Einheiten auf kleinere zu übertragen, zeigte sich auch in einem Vergleich zwischen den Peer-Urteilen über Departments amerikanischer Universitäten und Qualitätseinstufungen, die auf bibliometrischen Indikatoren basierten (vgl. ANDERSON u.a. 1978). Trotz insgesamt hoher Korrelationen zwischen beiden Messungen, zeigte sich, daß die Gutachter - insbesondere bei großen Universitäten - die einzelnen Departments nicht unabhängig beurteilten, sondern die Reputation der Universität oder bestimmter Abteilungen auf die Beurteilung der Departments an der jeweiligen Universität übertragen wurde.

Hinweise darauf, daß der Status der Autoren das Gutachterurteil beeinflussen könnte, fanden sich bereits in der Studie von Zuckerman und Merton (1971) (ähnlich z.B. DANIEL 1992). Es bleibt dabei allerdings immer offen, ob die höheren Erfolgsraten von Autoren mit hohem professionellen Status nicht einfach durch qualitativ überlegene Manuskripte bedingt sind. Über einen Geschlechtsbias berichtet Sahner (1982), über höhere Erfolgschancen von Artikeln mit signifikanten Befunden z.B. Greenwald (1975), Begg/Berlin (1989) und abweichend Sahne (1982). Mahoney (1977) schließlich weist darauf hin, daß Artikel, die der Gutachtermeinung ähnlich sind, bessere Publikationschancen hätten. Generell gilt dabei, daß ein Urteil über selektive Diffusionschancen von Manuskripten oder Forschungsanträgen, selbst in Input-Output-Analysen, *mit Fragezeichen zu versehen* sind, *solange man nicht eine Entscheidung bezüglich der Qualität der untersuchten Arbeiten fällen kann oder will* (SAHNE 1982: 83).

Für die Begutachtung von Forschungsförderungsanträgen kommt Neidhardt (1986b: 27) zu dem Schluß, daß die erhobenen Daten eine *"Vetternwirtschafts"-Hypothese* nicht unterstützen und übereinstimmend mit Cole/Rubin/Cole (1978) auch zu dem Ergebnis, daß der akademische Status der Antragsteller keinen großen Einfluß auf die Bewertung des Antrages hat. Über die Fairneß des Peer Review-Verfahrens läßt sich nach diesen Befunden kein generalisierendes Urteil fällen. Sie zu kontrollieren, ist sicherlich eine dauernde Aufgabe, ihre allgemeine und systematische Verletzung zu unterstellen, scheint aber vom heutigen Kenntnisstand aus nicht gerechtfertigt. Es scheint daher legitim, Gutachterkonsens und -dissens als jedenfalls nicht entscheidend durch partikularistische Interessen überformt anzusehen. Dennoch bleibt aber zu klären, ob die in der Literatur mitgeteilten und zumindest statistisch unbefriedigenden Konsensraten von Gutachtern das Peer Review-Verfahren als qualitative

Informationsquelle für die Entwicklung von Wissenschaftsindikatoren unbrauchbar machen. Dazu soll noch einmal an die analytische Unterscheidung des vorangegangenen Kapitels von Selbststilisierung, Selbstbild und Selbstbeschreibung angeknüpft werden. Das Konsensuskonzept ist auf allen drei Ebenen zu verorten: Als Teil der Selbstbeschreibung erscheint das Konzept als theoretisch reflektierter Versuch, das Operieren des Wissenschaftssystems zu beschreiben und zwar erkenntnistheoretisch als pragmatische Konsenstheorie der Wahrheit (vgl. SKIRBEKK 1989), soziologisch z.B. als Versuch zu zeigen, daß Wissenschaftler innerhalb eines Rahmens arbeiten, der normativ und organisationell Diskursforen ermöglicht, in denen Kontroversen idealiter in kognitivem und sozialem Konsens aufgehoben werden. Auf der Ebene des Selbstbildes erscheint Konsens als Bestandteil der handlungsorientierenden Matrix in Form der Übereinstimmung über bestimmte Aspekte des Wissenschaftsalltags. Hier läßt sich Konsens oder Dissens in unterschiedlicher Tiefe auf allen praktischen und theoretischen Gebieten ausmachen. Konsens muß hier nicht völlige Übereinstimmung bedeuten, sondern ist eher im Sinne einer Koalitionsbildung zur Problemlösung zu verstehen. Deshalb können Konsensualitätszonen auch in *transwissenschaftlichen* und *transepistemischen* Feldern auftreten (KNORR CETINA 1991). Ähnlich schildert Mulkay die wenig stabilen Bedingungen für Konsens innerhalb von Forschernetzwerken: *[T]he eventual consensus which appears in many fields seems to be the outcome of a delicate balance between cooperation and collaboration, on the one hand, and dispute, competition and specialization, on the other hand. In other words, scientific consensus in research networks seems to be achieved, at least partly, by processes of informal negotiation between participants who have certain shared as well as certain conflicting interests* (MULKAY 1978: 111). Auf der Ebene der Selbststilisierung wäre Konsens schließlich eher als ein Machtphänomen zu verstehen als das - durch Expertenkonsens legitimierte - Verbindlichwerden einer Bewertung: *Jede Profession prämiert das einheitliche Urteil, sie dramatisiert den Gegensatz von "lizensiertem" und "wildem" Denken, sie sucht Konsolidierung in einem gemeinschaftlichen Kern* (HARTMANN 1991: 143). Nach innen regelt eine solche Stilisierung die Zulassung von Fragen und Methoden, die noch zu den disziplinären Aufgaben gehören, nach außen verweist die Stilisierung auf einen stabilen paradigmatischen Kern und begründet damit Kompetenzansprüche und die Prognose zukünftiger Leistungen. Diese Stilisierungen werden also u.U. stark durch "mainstream-Positionen" und einflußreiche Gruppierungen geprägt.

Fragt man nun, was die jeweils unterschiedlichen "Konsenskonzepte" auf den drei Ebenen für die Praxis von Peer Review bedeuten, ließe sich etwa folgendes erwarten: Wenn Experten eine ähnliche wissenschaftstheoretische Grundposition vertreten (weitgehend unabhängig vom Fach), ist zu erwarten, daß sie ähnliche Kriterien für den Bewertungsakt für wichtig halten und im Idealfall ein konsensuales Urteil für möglich und wünschenswert halten (Selbstbeschreibung). Für die Praxis der Beurteilung dürfte dem Selbstbild größere Bedeutung zukommen. Es ist zu erwarten, daß die Experten bei ihrer Urteilsbildung eher aufgrund der impliziten Standards, die in ihrer eigenen Forschungspraxis gebildet wurden, zu einem Verständnis der disziplinären Aufgaben und daran gemessen zu einem kontextabhängigen Urteil über den Bewertungsgegenstand kommen. Dies würde eine mehr oder weniger große Varianz der Urteile erwarten lassen, abhängig von der Übereinstimmung der impliziten Urteilsmatrizen und der kontextualen Bedingungen. In diese Richtung deuten auch die Ergebnisse psychologischer Forschung, die zeigen, *daß sich das Bezugssystem des Urteilenden in Abhängigkeit von dem Beurteilungsobjekt verändert* (DANIEL 1992: 48). In dem Maße, in dem Experten einer gemeinsamen "Schule" oder, um Toulmins Begriff zu benutzen, einer "Generation" angehören, ist zu erwarten, daß sie an schon vorhandene, aus ihrer Perspektive verbindliche Selbststilisierungen anknüpfen, die mit der Ebene der Selbstbeschreibung kompatibel sind. Es wäre dann ein eher einheitliches, konsensuales Urteil zu erwarten. Natürlich ist dieses Reflexionswissen auch den Gutachtern zugänglich, d.h. sie können in selbstkritischer Distanzierung oder umgekehrt im Bestreben, einem Konsensusideal möglichst nahe zu kommen, ihr Urteil neuerlich modifizieren. Konsensus ist daher nicht notwendig ein Anzeichen für ein sachgerechtes Urteil. Aus einer methodologischen Position kann ein konsensuales Urteil, selbst wenn es reliabel ist, falsch sein (ähnlich: MAHONEY 1985: 32). Gewicht gewinnt dies durch die Tatsache, daß die Gutachter in reflexiver Weise an eine Selbstbeschreibung anknüpfen können, d.h. möglicherweise den als notwendig erachteten Konsens durch Antizipation der übrigen Gutachtermeinungen (soweit das Verfahren oder die Bedingungen in der Disziplin dies möglich machen) aktiv herstellen.[1] Weiter verstärkt wird dies Problem, wenn die Gutachter selbst Einfluß auf die Auswahl weiterer Gutachter zum gleichen Anliegen haben (vgl. dazu das Problem der Sondergutachter der DFG; NEIDHARDT 1988). Es handelt sich dabei nicht so sehr um ein Phänomen von "old-boy-networks", sondern vielmehr um eine durch das leitende Konsensideal erzwungene "Risikoscheu". Der Vorwurf der "Innovationsfeindlichkeit" des Peer Review-Verfahrens geht in diese Richtung. Innovative, d.h. in der Regel umstrittene Forschung, hätte dann geringere Aussichten auf eine konsensuale Beurteilung.

Dieser Tendenz zum Konsensus entgegengesetzt, ließe sich bei weitgehender Unabhängigkeit der Gutachtervoten erwarten, daß, auch wenn Übereinkunft hinsichtlich wichtiger Beurteilungskriterien herrscht, die praktische, stark über das Selbstbild gesteuerte Beurteilung weit streuen kann, nicht weil es an Kompetenz der Gutachter mangelte, sondern weil sie gewissermaßen aus unterschiedlichen Perspektiven unterschiedliche Sachverhalte als Beurteilungsobjekte sehen. Gottfredsons (1978) Untersuchung der Beurteilungskriterien von Herausgebern amerikanischer Psychologie-Fachzeitschriften liefert ein Indiz in dieser Richtung. Gottfredson fand zwar eine hohe Übereinstimmung hinsichtlich der Kriterien, die zur Gütebeurteilung der eingereichten Manuskripte herangezogen werden sollten (*prescriptive norms for scientific evaluation exist and transcend subdisciplinary bounds* GOTTFREDSON 1978: 924), aber in der praktischen Beurteilung von Manuskripten nur moderate Übereinstimmungen zwischen den Gutachtern (GOTTFREDSON 1978: 930). Auch die Versuche, gutachterliche Stellungnahmen inhaltsanalytisch zu vergleichen, deuten darauf hin, daß Gutachter auf der Grundlage jeweils unterschiedlicher Relevanzsysteme unterschiedliche Aspekte einer Vorlage behandeln und kritisieren: *Instead, the referees simply observed and commented on different aspects of the manuscript* (BAKANIC u.a. 1989: 650). Ähnlich stellten Fiske/Fogg (1990: 591) fest: *It seemed that reviewers (...) wrote about different topics, each making points that were appropiate and accurate.* Man kann mit guten Gründen vermuten, daß der individuelle Zuschnitt von Gutachten oder Kritiken

1 *Kritiker schielen einander über die Schulter, um eine gewisse Einheitlichkeit des Urteils zu wahren*, heißt es bei HARTMANN 1991: 144.

zwar einen formalisierten Entscheidungsprozeß behindert, dennoch aber gerade einer falladäquaten Justierung von Beurteilungskriterien entspricht, die auch der objektiven Bewertungsunsicherheit Rechnung trägt. Aus dieser Argumentation folgt der paradoxe Schluß, daß sehr hohe Konsensusraten von Gutachtern eher ein Alarmzeichen als ein Gütezeichen sind: *Too much agreement is in fact a sign that the review process is not working well, that reviewers are not properly selected for diversity, and that some are redundant* (BAILAR 1991: 138).

Berücksichtigt man nun auch noch, daß den Gutachtern nicht nur das Wissen um das Konsensusideal und seine Begründung, sondern natürlich auch die Kritik daran und die wissenschaftstheoretische Reflexion auf die Fragilität des "Konsensprinzips" zugänglich ist, dann ergibt sich eine weitere Differenzierung der Bedeutung von Konsens. Gutachter haben nicht nur die Option, aufgrund ihrer fachlichen Standards zu urteilen, sondern auch die Option, ihr eigenes Urteil reflektierend zu begleiten und dann unter gewisse Kautelen zu stellen.[1] Dies bedeutet, daß neben der fachlichen Perspektive des Gutachters ein bestimmter Kritikstil zumindest die generalisierende Empfehlung (zur Publikation, zur Förderung, zum Preisverleih etc.) beeinflussen könnte. Hartmann (1991: 143) sieht in einer solchen transparent gemachten *methodologischen Ausrichtung des Urteils über fachliche Leistungen*, mit Bezug auf das Rezensionswesen in der Soziologie, eine Möglichkeit zur Befreiung von Konformismuszwängen und einer befruchtenden Konkurrenz nicht entscheidbarer Wissenschaftsbilder. Folgt man dieser Überlegung, dann läßt sich die Kompetenz von Gutachtern in zwei Dimensionen gliedern: die fachliche Kompetenz und die Kompetenz zur reflexiven Distanzierung von den eigenen Standards:[2] *Entwurf und Aneignung eines Wissenschaftsbildes setzen darum eine höhere fachliche Qualifikation voraus als die Einübung der Begriffe und Methoden einer Profession. (...) Die Beschäftigung mit übergreifenden Fragen verlangt die Bereitschaft, über die Grenzen der eigenen beruflichen Spezialisierung hinaus zu denken und sich von den Besonderheiten des eigenen Faches distanzieren zu können* (HARTMANN 1991: 144).

Bezieht man in die Überlegungen zum Gutachterkonsens derartige Kritikstile mit ein, scheint auch plausibel, daß die Gutachter regelmäßig nur einen Ausschnitt der möglichen Urteilskriterien explizit ansprechen. Manche Kriterien mögen dann irrelevant, manche von einer grundsätzlichen Stellungnahme zu übergeordneten Kriterien abhängig sein, oder es können im Rahmen eines Gutachtens Grenzen der Explizierbarkeit erreicht sein, so daß ein intuitives Urteil lediglich in der Gesamtbewertung seinen Niederschlag findet. Die Erfahrungen der amerikanischen National Science Foundation deuten jedenfalls darauf hin, daß sich die Qualität des Review-Prozesses nicht einfach dadurch erhöhen läßt, daß man das Votum der Gutachter in stärker standardisierter Form (Vorgabe von Urteilskriterien) erfragt (vgl. WEINBERG 1989: 12f). Auch die Untersuchung von DFG-Gutachten zeigte, daß die Gutachter keinen festen Algo-

---

1 Wenn den Gutachtern Urteilskriterien und -kategorien vorgegeben werden, würde sich ein solches Verhalten als mangelhafte interne Konsistenz äußern, denn im Gesamturteil könnten andere Erwägungen (z.B. eine andere theoretische oder wissenschaftstheoretische Perspektive) berücksichtigt werden als bei der fachlichen (eigene Perspektive) Beurteilung auf einzelnen Items.

2 Auch die häufig bewußt gewählte Zusammensetzung des Gutachtergremiums aus Spezialisten und Generalisten zielt offenbar auf die Nutzung von "überfachlichen" Kompetenzen (vgl. DANIEL 1992: 17). Ebenso deutet Neidhardts (1986b: 100 ff) Charakterisierung kompetenter Gutachter mit den Begriffen Integrität und Souveränität auf fachliche Standards transzendierende Kompetenzen hin.

rithmus zur Verrechnung der Bewertungen auf verschiedenen Dimensionen zugrundelegen, sondern vor allen Dingen bei überwiegend kritischen Bemerkungen dennoch häufig zu einer positiven Förderungsempfehlung gelangen. Neidhardt (1986b: 89 ff) führt zur Erklärung dieses Sachverhalts ein Konzept von Kollegialität ein, das sich vor allen Dingen aus der sozialen Position des Gutachters ergibt. Man könnte ergänzen, daß sich auch aus der kognitiven Perspektive Erklärungen für das Gutachterverhalten ergeben können: Je nachdem auf welches wissenschaftstheoretische Konzept der Gutachter Bezug nimmt, könnten unterschiedliche Urteilsstile zum Tragen kommen. Die zwei wesentlichen Strategien, mit denen DFG-Gutachter die Inkonsistenz zwischen inhaltlicher Kritik und Förderungsentscheidung zu rationalisieren versuchen, lassen eine solche Interpretation durchaus zu: *[E]ntweder: "Ich habe zwar Einwände, aber wenn alle anderen Gutachter dafür sind, will ich nicht dagegen sein" - oder: "Ich halte zwar nichts vom dem Projekt, aber der Antragsteller soll es durchaus versuchen. Mal sehen!"* (NEIDHARDT 1986b: 89). Erstere Strategie ließe sich als konventionalistisches Verhalten deuten: Der paradigmatische Rahmen des Projektes ist zweifelhaft, aber kann nicht klar als degeneriert oder aussichtslos betrachtet werden. Der Gutachter reproduziert sozusagen das Konsensideal, indem er die Gewichtigkeit seiner Einwände vom Konsens der Mitgutachter abhängig macht. Letztere Strategie ließe sich einem methodologischen Pluralismus zuordnen: Der Gutachter expliziert seine vom Antragsteller abweichende Position, kann der immanenten Argumentationslogik des Antrags aber soviel Dignität konzidieren, daß er die Förderung befürwortet. Positive Förderungsvoten trotz kritischer Haltung gegenüber vielen Einzeldimensionen könnten also im Falle konfligierender Wissenschaftskonzepte auch als Urteilsstil im Umgang mit nicht aufhebbaren Urteilsunsicherheiten gedeutet werden.

Für die Wertung konsensualer Urteile bringen diese Überlegungen eine weitere Variante ins Spiel: Konsensuale Urteile können kollektiv falsche oder richtige Urteile sein, sie können aber auch völlig unterschiedliche Urteile mit gleicher Konsequenz sein, Konsensualität muß also noch nicht unbedingt gleichgerichtete inhaltliche Überzeugungen der Gutachter zum Ausdruck bringen. In einem technischen Sinne sind natürlich Konsensmessungen, in denen Gutachter mit unterschiedlichen Perspektiven unterschiedliche inhaltliche Ausschnitte thematisieren, keine reliablen Messungen. So lautet denn auch die radikale Kritik am Peer Review-Verfahren: *The concept of peer review is philosophically faulty at ist core* (HORROBIN 1982: 218). Aber es fragt sich, ob diese technischen Einwände bezüglich mangelnder Reliabilität nicht am Kern der Sache vorbeigehen. Versucht man nämlich, handlungsleitende Fiktionen der Bewertung von Erkenntnisansprüchen (Selbstbeschreibung) als praktisches Prozedere zu installieren, dann ist damit zu rechnen, daß eben jene nicht vollständig explizierbaren und einem logisch-rationalen Fortschreiten nur teilweise subsumierbaren Handlungsmatrizen (Selbstbild), die schon im Forschungsprozeß wirksam waren, auch in der organisierten Bewertung von Erkenntnissen zum Tragen kommen. Anders formuliert: Gerade ein gewisser Mangel an Reliabilität könnte darauf hindeuten, daß das Peer Review-Verfahren über eine Flexibilität und falladäquate Justierung verfügt, die der auch theoretisch unmöglichen Verrechnung von Kriterienkatalogen zu einem Urteil Rechnung trägt. Peer Review wäre dann ein weiteres Beispiel dafür, wie Selbstbeschreibung, Selbstbild und Selbststilisierung eine heikle, aber leistungsfähige Mischung eingehen können. Heikel deshalb, weil die mangelnde Reliabilität nicht nur fruchtbaren Dissens andeuten kann, sondern auch die Möglichkeit von Selbststilisierungen, die legitimierbar sind, aber nicht den disziplinären Zielen dienen; mangelnde Reliabilität ist dann sozusagen das Einfallstor für *den Partikularismus von Korruption und Klüngelei* (NEIDHARDT 1986b: 99). Leistungsfähig aber wäre es nicht nur deshalb, weil möglicherweise trotz unzureichender Reliabilität im statistischen Sinne das gesamte Verfahren dennoch valide Ergebnisse produziert, sondern auch weil - häufig übersehen - Peer Review direkt in den Forschungs- und Publikationsprozeß zurückwirkt. So ergab die Analyse von DFG-Gutachten, *daß sich in fast einem Drittel der Gutachten neben Beschreibungen und Urteilen auch Hinweise und Modifikationsvorschläge an die Antragsteller befinden* (NEIDHARDT 1986b: 91). Daniel ermittelte, daß 63% aller Zuschriften an die Zeitschrift *Angewandte Chemie* aufgrund inhaltlicher oder formaler Korrekturvorschläge der Gutachter vor der Veröffentlichung von den Autoren noch einmal überarbeitet wurden, mit dem Erfolg, daß überarbeitete Zuschriften nach Veröffentlichung ähnlich hoch zitiert wurden wie unverändert angenommene Zuschriften. Man kann darin einen Beleg dafür sehen, daß *die Gutachter zur Verbesserung eines großen Teils der veröffentlichten Manuskripte beigetragen haben* (DANIEL 1992: 107).

Eine empirische Möglichkeit, der Vermutung nachzugehen, Peer Review sei vom Ergebnis her ein zwar fehlerbehaftetes, aber dennoch überwiegend geeignetes Verfahren, "gute" Beiträge zu identifizieren, besteht darin, anstelle des problematischen Konsensuskriteriums zur Beurteilung der Güte von Gutachterentscheidungen die prognostische Qualität der Expertenurteile heranzuziehen, d.h. den späteren "Erfolg" (Impact) des begutachteten Objekts zum Validitätskriterium der Gutachterurteile zu machen. Operationalisieren läßt sich dieses Konzept, indem entweder zu einem späteren Zeitpunkt das Peer Review-Verfahren neuerlich benutzt wird, um im nachhinein die Bedeutung einer Publikation oder eines Forschungsprojektes zu evaluieren (vgl. GOTTFREDSON 1978), oder es wird auf das Konzept der Wissenschaftsindikatoren zurückgegriffen, d.h. die Rezeption in einer breiten wissenschaftlichen Öffentlichkeit wird dem Gutachterurteil gegenübergestellt. Im letzteren Fall werden beispielsweise Zitationsraten von abgelehnten und angenommenen Artikeln einer Fachzeitschrift verglichen (vgl. DANIEL 1992; LOCK 1985), oder es werden Zitationsraten von Artikeln, denen eine Drittmittelförderung (nach Begutachtung) zugrundelag, mit solchen von Artikeln ohne Förderung verglichen (vgl. HORNBOSTEL 1991a) bzw. die qualitative Einstufung eines Förderungsantrages durch die Gutachter wird mit den später erhaltenen Zitaten verglichen (vgl. CARTER 1974). Gegenüber einer solchen Validierungsstrategie sind allerdings einige Vorbehalte anzumelden: Wissenschaftsindikatoren stellen dem Expertenurteil keine "objektive" Messung gegenüber, sondern ein anderes, ebenfalls kritisierbares Meßkonstrukt. Die Messungen sind nicht unbedingt unabhängig. Dieselben Momente, die das Peer-Urteil möglicherweise beeinflußt haben (z.B. Reputation des Autors oder Antragstellers) können auch die Rezeption der Ergebnisse beeinflussen. Speziell im Fall der Projektbegutachtung muß das Scheitern oder die geringe Rezeption der Projektergebnisse nicht unbedingt auch die Irrelevanz des ursprünglichen Vorhabens belegen, und umgekehrt können Projektergebnisse mit dem ursprünglich begutachteten Forschungsvorhaben nur entfernt verwandt sein. Das Ergebnis eines institutionalisierten Begutachtungsverfahrens geht zwar in der Regel ganz überwiegend, aber nicht ausschließlich auf die abgegebenen Peer-Urteile zurück.

Das Ergebnis des Verfahrens ist eine Entscheidung (Publikation - Ablehnung, Förderung - Ablehnung etc.), die auch den Entscheidungsspielraum und -einfluß von Herausgebern, Fachreferenten, Komitees etc. enthält, d.h. auch Überlegungen, die mit der Qualität des Begutachtungsobjekts nichts zu tun haben (z.B. Herausgeberpolitik, d.h. eine Zuschrift paßt nicht zum thematischen Schwerpunkt; Forschungsförderung: ein Antrag paßt nicht in das spezialisierte Programm eines Drittmittelgebers). Es ist weiterhin nicht auszuschließen, daß angenommene Zuschriften oder bewilligte Forschungsprojekte auch deshalb rezipiert werden, weil sie in einer angesehenen Zeitschrift erschienen oder von einem angesehenen Förderer unterstützt wurden. Was passiert wäre, wenn die Zuschrift bzw. das Projekt anderswo untergekommen wäre, ist eine rein fiktionale Frage, der man sich praktisch höchstens im Falle von Doppelveröffentlichungen annähern könnte.

Prognostische Validierung sollte daher nicht als Validitätskriterium in einem strengen Sinne verwandt werden, sondern eher als eine heuristische Strategie, den Leistungen und Problemen des Peer Review-Verfahrens auf die Spur zu kommen. Small (1974b) fand bei einer Untersuchung von vielzitierten Artikeln aus der Chemie keine signifikanten Korrelationsbeziehungen zwischen der Zahl der Zitationen von Artikeln und den Gutachtervoten, die von den Zeitschriften vor der Veröffentlichung eingeholt worden waren. Im Ergebnis stellte er fest, daß vielzitierte Beiträge im allgemeinen schlechtere Begutachtungen erhalten hätten als weniger häufig zitierte. Die Studie basiert allerdings nicht nur auf einer sehr kleinen Stichprobe (35 Manuskripte); sie zielt auch eher auf die Frage, inwieweit die Peer-Urteile Rangfolgen produzieren, die mit den Rangfolgen auf der Grundlage von Zitationsanalysen deckungsgleich sind. Gottfredson (1978) hatte bei einem Vergleich der Zitationen, die Beiträge in Fachzeitschriften der Psychologie innerhalb von acht Jahren erhalten hatten, mit einer neuerlichen Beurteilung der Qualität (*quality*) und der Bedeutung (*impact*)[1] durch Peers (10 Jahre nach Erscheinen der Artikel) festgestellt: *While largely statistically significant, these relations are very weak* (GOTTFREDSON 1978: 931).

Diese Befunde deuten darauf hin, daß die von Gutachtern benutzten Kriterien für die Bestimmung von Qualität und entsprechend das Urteil über Qualität nicht völlig identisch sind mit den Kriterien für die Vergabe eines Zitats und entsprechend mit der Summe der Zitationen, die ein Artikel innerhalb einer bestimmten Zeit erhält. Auf dieses Phänomen wird noch einmal zurückzukommen sein (vgl. Kap. 5.5). Hier sei nur festgehalten, daß nach prognostischer Validität auf zwei unterschiedliche Weisen gefragt werden kann: Man kann aus der Perspektive der Zitationsanalyse danach fragen, ob alle vielzitierten Artikel auch ein sehr positives Gutachtervotum erhalten haben, und man kann aus der Perspektive des Peer Review-Verfahrens fragen, ob angenommene und abgelehnte Artikel sich mit Hilfe der Zitationsanalyse qualitativ trennen lassen. Im ersten Fall geht es darum, inwieweit das Peer Review-Verfahren gleiche Bewertungen wie die Zitationsanalyse produziert, im zweiten Fall geht es um die Frage, ob Experten im Durchschnitt (nicht im Einzelfall) in bezug auf den Standard einer Zeitschrift Bewertungen produzieren, die bei positiv bewerteten Artikeln eine überzufällig höhere Zitationsrate zur Folge haben. Ein Fehlurteil im Einzelfall oder eine niedrige Zitationsrate eines angenommenen Artikels, die sich beispielsweise

1 Die Bewertung von "quality" und "impact" wurde von den Begutachtern jeweils auf einer siebenstufigen Bewertungsskala vorgenommen (vgl. GOTTFREDSON 1978: 927).

daraus erklären könnte, daß der Artikel ein "Nischenproblem" außerhalb des "mainstream" behandelt, stellen die Validität des Peer-Urteils dabei noch nicht in Frage.

Die wenigen vorhandenen empirischen Studien aus dem Bereich der Manuskriptbegutachtung, die dieser letzten Frage nachgegangen sind, weisen in dieselbe Richtung: Die Zitationsanalyse der akzeptierten und der abgelehnten Manuskripte des *Journal of Clinical Investigation*, des *British Medical Journal* und der *Angewandten Chemie* (vgl. DANIEL 1992) ergaben jeweils, daß die abgelehnten Manuskripte, sofern sie andernorts veröffentlicht wurden, deutlich weniger häufig zitiert wurden: *Der Unterschied in der mittleren Zitationshäufigkeit ist statistisch hoch signifikant. Gemessen an der durchschnittlichen Zitierhäufigkeit angenommener und abgelehnter - jedoch andernorts publizierter Manuskripte weist die Herausgeberentscheidung (...) eine hohe prognostische Validität auf* (DANIEL 1992: 105). Schlüsselt man diese Ergebnisse nach dem Ausmaß des Gutachterkonsensus auf, zeigt sich, daß die Zuschriften in der Tendenz um so häufiger zitiert wurden, je besser sie von den Gutachtern beurteilt worden waren, allerdings scheint sich bei Gutachterdissens die Prognosefähigkeit der Gutachter im Bereich des Zufalls zu bewegen (vgl. DANIEL 1992: 106). Es handelt sich hier offenbar um eine "Grauzone", in der der Herausgeberentscheidung große Bedeutung zukommt und in der die Gutachtervoten eine offenbar auch in der Disziplin vorhandene Unsicherheit über die Bedeutung der Artikel abbilden.

5.2 Wissenschaftspreise als Leistungsindikatoren

> Eine Hauptursache der Armut der Wissenschaft ist meist eingebildeter Reichtum.
>
> Bertolt Brecht

Neben dem Einsatz von Expertengruppen zur unmittelbaren Evaluation von Institutionen (vgl. dazu CAVE u.a. 1991) ist die Vergabe von Wissenschaftspreisen und Ehrungen eine der wenigen Situationen, in denen das Peer Review-Verfahren direkt für die Bewertung und Auszeichnung wissenschaftlicher Leistungen eingesetzt wird. Im Unterschied zu allen im folgenden diskutierten Verfahren der Leistungsmessung, die indirekt über die Nutzung von prozeßproduzierten Daten ein Leistungsmaß konstruieren, handelt es sich bei wissenschaftlichen Auszeichnungen um *das 'geronnene Urteil' der 'scientific community' über ihre eigenen Mitglieder, noch dazu ein Urteil, das im wissenschaftlichen Kontext ohne äußere Veranlassung mit der expliziten Absicht der Bewertung der Forschungsqualität getroffen wird* (WEINGART/WINTERHAGER 1984: 157). Soweit scheinen Wissenschaftspreise ein unmittelbarer Ausdruck wissenschaftsintern produzierter Bewertungen zu sein, ihre Verarbeitung zu einem Indikator entsprechend eine einfache und valide Darstellung zumindest von "Spitzenforschung". An derartigen Versuchen, insbesondere aus den nationalen Anteilen an den Nobelpreisen Rückschlüsse auf das nationale Forschungsniveau zu gewinnen, hat es auch nicht gemangelt (vgl. ebd.). Schließlich läßt die geradezu explosionsartige Vermehrung der Wissenschaftspreise seit 1970 erwarten, daß auch eine ausreichend große

Zahl geehrter Personen zur Verfügung steht.[1] Dennoch sind die Einwände gegen eine Verwendung von Wissenschaftspreisen als Leistungsindikator erheblich. Die wichtigsten Gründe, die gegen die Konstruktion eines Leistungsindikators auf dieser Grundlage sprechen, sind die folgenden:

a) Bereits die Vermutung von Weingart und Winterhager, Preise würden ohne äußeren Anlaß vergeben, ist so nicht haltbar. Preise werden vielmehr gestiftet und vom Stifter mit mehr oder weniger detaillierten Auflagen zur Weite des Fachgebietes, in dem der Preis vergeben wird (von kleinsten Spezialgebieten bis zu disziplinübergreifenden Definitionen), zur zeitlichen Begrenzung des zu würdigenden Werkes (von aktuellen Arbeiten bis zum Lebenswerk), zur sozialen Eingrenzung der Empfängergruppe (Nachwuchspreis versus allgemeiner Preis) und gelegentlich mit Auflagen zur Begrenzung hinsichtlich des territorialen Geltungsbereiches (z.B. Hochschule, Bundesland, international) versehen. Der Stifter verbindet mit dem Preis in der Regel ein Interesse, das von spezifischen Steuerungsinteressen (z.B. die Beförderung eines Spezialgebietes) bis zu relativ unspezifischen Interessen, wie z.B. das Prestige des gestifteten Preises als Imagegewinn auf den Stifter zu übertragen, reicht. Für die Akzeptanz des Preises als Wissenschaftspreis erscheint es den Stiftern allerdings häufig notwendig, die Auswahl der Preisträger einem wissenschaftlich qualifizierten Juroren-Gremium zu übertragen. Bei mehr als einem Drittel der Wissenschaftspreise geschieht dies, indem die Preisvergabe einer Fach- oder Fördergesellschaft übertragen wird (vgl. DEBELIUS u.a. 1987: 12). Auch wenn die Preisvergabe an wissenschaftsinterne Gremien übergeht, bleiben dennoch vage Vorgaben der Beurteilungskriterien durch den Stifter erhalten, wie z.B. "Spitzenforschung", "Leistungen zum Nutzen der Menschheit", "beste Arbeit" usw. Das ist im Hinblick auf die auszeichnende Funktion des Preises auch völlig legitim, denn in Ermangelung eines allgemeingültigen Qualitätskriteriums steht es Stiftern wie Juroren natürlich in gewissem Rahmen frei, Kriterien zu definieren. Diese Variabilität macht aber die "Verrechnung" unterschiedlicher Preise sehr schwer, denn dann werden Bewertungen, die sich auf unterschiedliche Kriterien stützen, auf unterschiedliche Objekte beziehen (von einer einzelnen Arbeit bis zum Lebenswerk) und auf unterschiedliche Zeitdimensionen orientieren (von weit zurückliegenden Leistungen bis zur Erwartung zukünftiger Leistungen) miteinander kombiniert. Für die Konstruktion eines Indikators kämen aber nur vergleichbare, nicht allzu spezialisierte disziplin- oder gebietsspezifische Preise (wie z.B. der Nobelpreis) in Frage. Wobei dennoch das grundsätzliche Problem bleibt, daß gerade neue und innovative Forschungsgebiete sich häufig den disziplinären Grenzziehungen verweigern.

b) Auch disziplinspezifische oder überdisziplinäre Preise werfen ein weiteres Problem auf, das Merton im Hinblick auf die französische Akademie[2] als Problem des 41. Platzes beschrieben hatte (vgl. MERTON 1973: 441). Da die Mitgliederzahl der Akademie auf 40 begrenzt war, mußte zwangsläufig einer Vielzahl von "akademiewürdigen" Wissenschaftlern die Mitgliedschaft verweigert werden. Ähnlich verhält

1 64% der 1987 in der Bundesrepublik Deutschland existierenden 509 Wissenschaftspreise wurden im Zeitraum zwischen 1971 und 1987 erstmals vergeben, lediglich 6,3% der Preise wurde vor 1945 erstmals vergeben (KRAUSE 1988: 69).

2 Die französischen Akademien sind die Geburtsstätte der Wissenschaftspreise. Zur Entwicklung des Preissystems vgl. CROSLAND/GÁLVEZ 1989.

es sich mit angesehenen Wissenschaftspreisen. Ihre Zuteilung läßt sicherlich auf eine herausragende Leistung schließen, ihre Verweigerung aber umkehrt nicht auf das Nichtvorhandensein einer solchen Leistung. Die Selektivität von Wissenschaftspreisen macht es unmöglich, wissenschaftliche Leistungen ähnlicher Güte zu identifizieren. Im Hinblick auf den Nobelpreis versuchte Garfield (1980) z.B. eine Liste von Wissenschaftlern mit Hilfe der Zitationsanalyse aufzustellen, die potentielle Kandidaten für den Preis umfaßt. Auf derartigen Kandidatenlisten fehlen zwar regelmäßig einzelne tatsächlich geehrte Gewinner, aber insbesondere dann, wenn solche Listen für einzelne Spezialgebiete aufgestellt werden und der Preis in diesem Gebiet vergeben wird, entstehen deutliche Überlappungszonen. Es überrascht angesichts der meist sehr zurückhaltenden Bewertungen des Komitees nicht, daß unter den im Sinne der Zitationsanalyse besonders "sichtbaren" Wissenschaftlern regelmäßig auch Nobelpreisträger auftreten, und zeigt, daß bei einer Konzentration auf lediglich die tatsächlich ausgezeichneten Wissenschaftler der größte Teil hochwertiger wissenschaftlicher Arbeit keine Berücksichtigung in einem solchen Indikator finden würde.

c) Die Zuerkennung eines angesehenen Preises zeichnet Wissenschaftler als Mitglieder einer Leistungselite aus. Mit dem Preis ist - je nach Renommee des Preises - ein erheblicher Zugewinn an Reputation verbunden. Dieser Zugewinn setzt nun seinerseits den Matthäus-Effekt in Gang, mit der Folge, daß einer Ehrung weitere folgen, bessere Zugangsbedingungen zu Ressourcen bestehen, aber auch mit der Konsequenz, daß nach der Ehrung die Schriften des geehrten Wissenschaftlers zu einer angesehenen Quelle werden (erkennbar an steigenden Zitationsraten; vgl. INHABER/PRZEDNOWEK 1976). Mit der Ehrung vollzieht sich häufig ein Übergang von der Leistungs- zur Statuselite, wie Zuckerman im Hinblick auf Nobelpreisträger feststellt: *There is, as I have noted, a distinct tendency for laureates to be honored after the prize, usually for old achievements rather than new ones. Thus, archived status tends to be transformed into ascribed status quite without intent and often without recognition of those involved in the process* (ZUCKERMAN 1977: 251). Mit anderen Worten: Die mit der Preisvergabe angezielte Publizität führt in der Folge zu einer möglichen Entkopplung von zu messender Leistung und zugeteilter Aufmerksamkeit, auf der Indikatoren beruhen.

d) Preisjuroren, die sehr allgemein "herausragende Leistungen" oder "Spitzenforschung" honorieren sollen, stehen vor dem Problem, eine solche Leistung zu identifizieren und gegen andere abzugrenzen (vgl. zur Spitzenforschung SCHNEIDER 1983). Abgesehen davon, daß derartiges disziplinübergreifend zu bestimmen enorme Vergleichsprobleme aufwirft, entstehen natürlich alle in Kapitel 2 geschilderten Probleme einer Qualitätsbestimmung. Ein mehr oder weniger elaboriertes Vorschlagsverfahren allein vermag dies Problem nicht zu lösen. Es ist daher nicht verwunderlich, daß selbst ein Preis wie der Nobelpreis, der vom Stifter ausdrücklich Leistungen des jeweils vergangenen Jahres gewidmet wurde, tatsächlich für überwiegend weit zurückliegende Leistungen vergeben wurde (vgl. KÜPPERS/ULITZKA/WEINGART 1982). Die Stabilisierung und Konsensualisierung von Selbstbildern bzw. die Transformation von Wissensansprüchen von der Ebene des Selbstbildes in akzeptiertes Wissen auf der Ebene der Selbstbeschreibung ist ein langfristiger Prozeß. Mit der zeitlichen Distanz zwischen dem Öffentlichwerden der Leistung und der Honorierung steigt die Chance, eine Leistung auszuzeichnen, die auch in den Archiven der Disziplin dauerhaft als Fortschritt verzeichnet wird. Dies impliziert aber auch die Tendenz, die *Leistungselite von gestern* auszuzeichnen (WEINGART/WINTERHAGER 1984: 165). Auch Preise wie etwa der Leibniz-Förderpreis der DFG, der sich ausdrücklich auf die Förderung zukünftiger Leistungen richtet, entgehen diesem Problem nicht, denn auch sie basieren auf einer konsensfähigen Beurteilung bereits erbrachter Leistungen (vgl. KRAUSE 1988: 111).

e) Wissenschaftspreise sind ein typisches Institut im Wissenschaftsrand, das wissenschaftsinterne Steuerungsprozesse mit externen Steuerungsinteressen verbindet. Die preisverleihende Institution und u.U. der Stifter verbindet in der Regel durchaus eigene Interessen mit dem Ansehen und der Akzeptanz des Preises, entsprechend bilden sich auch institutionelle Politiken um die Preisvergabe heraus. Damit ist nicht gemeint, daß die Auswahlentscheidung durch partikularistische Kriterien gesteuert wird, sondern lediglich, daß die Beurteilungsspielräume anhand institutioneller Vorgaben ausgefüllt werden, wie z.B. Paritätsüberlegungen bei der Berücksichtigung einzelner Disziplinen im Falle überdisziplinärer Preise (z.B. Leibniz-Förderpreis) oder nationale Paritäten (z.B. Nobelpreis).

Wissenschaftspreise, wie Auszeichnungen auf anderen Gebieten auch, machen einen kleinen Teil herausragender Leistungen besonders sichtbar. Im Falle von Produkten und Wirtschaftsunternehmen läßt sich dies in ökonomische Vorteile übersetzen, im Falle von Wissenschaft in Zugewinn an Aufmerksamkeit, Reputation und Ressourcen, auch für die Institution, der der ausgezeichnete Wissenschaftler angehört. Als Indikator für Forschungsleistungen oder für "Spitzenforschung" von Institutionen eignen sie sich jedoch, abgesehen von den übrigen Einwänden, aufgrund ihrer hohen Selektivität allenfalls als eine ergänzende Information. Eine Berichterstattung über Forschungsleistungen wird in irgendeiner Weise an die im Alltagsgeschäft der Forschung sich permanent vollziehenden Bewertungsprozesse anknüpfen müssen, denn der extrem kleine Ausschnitt der Forschungstätigkeit, der sich in Preisverleihungen ausdrückt und von dem auch nicht sicher gesagt werden kann, ob er angemessen gewählt ist, reicht weder für eine Charakterisierung institutioneller Leistungen noch zur hinreichenden Kennzeichnung der an Spitzenforschung beteiligten Wissenschaftler aus.

5.3 Drittmitteleinwerbungen als Leistungsindikator

> Das müßte ein Tropf von einem Naturkündiger sein, der, wenn man ihn bei fünftausend Taler Besoldung ein paar Jahre einsperrte, nicht wollte einen Folianten über einen Kirschenstil schreiben. Jede Wissenschaft, jedes Kapitel einer Wissenschaft, jede Paragraphe hat ihre Kirschenstile.
>
> Georg Christoph Lichtenberg

Eingeworbene Drittmittel sind zunächst einmal zweckgebundene Mittel, die zusätzlich zu den regelmäßigen Haushaltsmitteln der Grundausstattung zur Verfügung stehen. [1] In diesem Sinne handelt es sich um eine Inputgröße, die über die Voraussetzungen

1 Vgl. zur organisatorischen Gestaltung der Forschungsförderung in der Bundesrepublik: ALBERS 1983.

einer Leistungserstellung informiert. Insoweit ist eine differenzierte Drittmittelstatistik als Ergänzung und strukturelle Erweiterung der Hochschulfinanzstatistik [1] sicherlich begrüßenswert, denn tief disaggregierte, vergleichbare Daten stehen bisher kaum zur Verfügung (vgl. HETMEIER 1989, WISSENSCHAFTSRAT 1993b). Dieser Mangel an Transparenz scheint auch für die Entwicklung länderspezifischer Forschungsförderungsmaßnahmen hinderlich zu sein: *Um eine bisher überwiegend überregionale Forschungsförderung mit regionalen Aspekten sinnvoll und effizient zu ergänzen, fehlt es jedoch noch weitgehend an Informationsunterlagen und Steuerungsmechanismen* (HARNIER 1987: 389).

Der Versuch, Drittmitteleinwerbungen darüber hinausgehend als Indikator für Forschungsleistungen zu benutzen, gründet auf zwei Überlegungen: Erstens ist die Durchführung größerer Forschungsvorhaben völlig ohne Drittmittel kaum mehr möglich. Drittmittelanträge könnten daher als Indikator für Forschungsaktivität interpretiert werden. Die unterschiedlich gute Personal- und Finanzausstattung der Fachbereiche scheint dabei keine hindernde oder fördernde Rolle bei der Drittmitteleinwerbung zu spielen. Zwischen haushaltsmäßiger Personalausstattung und der Zahl drittmittelfinanzierter Wissenschaftler gibt es keine statistischen Zusammenhänge (vgl. SCHIMANK 1992: 31). Zweitens ist die Bewilligung von Drittmitteln an Voraussetzungen geknüpft. Je nach Drittmittelgeber geht der Bewilligung von Mitteln ein mehr oder weniger umfänglicher Begutachtungsprozeß durch Experten voraus. Am deutlichsten ausgeprägt ist die Einbindung der jeweiligen scientific community im Gutachtersystem der DFG. Drittmittelgeförderte Projekte, denen ein derartiger Begutachtungsprozeß vorausgegangen ist, können daher auch unter einer qualitativen Perspektive betrachtet werden, nämlich als Forschungsdesigns, die in einer fachlichen Begutachtung positiv bewertet wurden. Die quantitative Größe "durchschnittliches Drittmittelvolumen" oder "Zahl der Drittmittelprojekte" enthält dann sowohl ein Peer-Urteil über die Qualität des (bewilligten) Forschungsantrages als auch einen Hinweis auf Forschungsaktivität. Weingart, Sehringer und Winterhager (1985) halten diese Annahme im Hinblick auf die formale Wirkungsweise des Gutachtersystems in Grenzen für plausibel, verweisen aber darauf, daß Verselbständigung von Prestige in der Wissenschaft auch die Erfolgswahrscheinlichkeit von Drittmittelanträgen beeinflussen kann. Die nähere Untersuchung des Gutachterwesens der DFG erbrachte allerdings keine Anhaltspunkte dafür, daß die Reputation des Antragstellers die fachwissenschaftlichen Kriterien der Gutachter außer Kraft zu setzen vermag (vgl. NEIDHARDT 1988). Der Wissenschaftsrat sieht in einer Drittmittelstatistik denn auch eher einen Ansatzpunkt für eine Leistungscharakterisierung von Fachbereichen als eine reine Input-Information: *Das Drittmittelvolumen ist Anhaltspunkt für die wissenschaftliche Leistungsfähigkeit der Hochschulen* (WISSENSCHAFTSRAT 1993b: 4).

Eine Unterstützung dieser Auffassung ergibt sich auch empirisch bei einer genaueren Betrachtung der Output-Seite: Üblicherweise ist die Förderung eines Projektes mit der Auflage verbunden, in den aus den Projektarbeiten entstehenden Publikationen einen Hinweis auf den Förderer anzubringen. Enstprechend finden sich entweder im

1 Die Statistischen Ämter bemühen sich mit zunehmendem Erfolg um eine vollständige Erfassung der Drittmittel. Allerdings müssen solche Drittmittel unerfaßt bleiben, die nicht über die Hochschulhaushalte abgewickelt werden. Daher steht nach wie vor keine zuverlässige bundesweite Drittmittelstatistik zur Verfügung: *Der Erfassungsgrad der Drittmittel hat sich zwar verbessert, eine annähernd vollständige Erfassung ist aber noch nicht gegeben* (WISSENSCHAFTSRAT 1993b: 7).

Text solcher Publikationen oder in speziellen Acknowledgements Hinweise auf den Drittmittelgeber. Im Rahmen einer Fallstudie[1] für drei physikalische Fachbereiche (TU Berlin, Köln und Konstanz) haben wir ca. 1.200 Artikel, die in der Datenbank SCISEARCH[2] unter der institutionellen Adresse dieser Fachbereiche nachgewiesen sind, dahingehend überprüft, ob im Text ein Hinweis auf eine Drittmittelförderung enthalten ist (vgl. HORNBOSTEL 1991a, 1991b). Die Ergebnisse (vgl. Tab. 3) zeigen, daß sich der Anteil der drittmittelgeförderten Publikationen bis Ende der 80er Jahre an allen drei Fachbereichen auf eine Größenordnung von ca. 50% bis 70% des gemessenen Publikationsoutputs erhöht hat.

Tabelle 3: Anteil der drittmittelgeförderten Publikationen im Fach Physik

Universität	1983/84	1985/86	1987/88
Köln	58,9%	70,2%	66,3%
TU Berlin	24,1%	37,0%	48,4%
Konstanz	37,6%	54,9%	69,8%

Quelle: eigene Erhebung

Diesem Befund korrespondiert, daß auch in anderen drittmittelintensiven Fächern eine enge Korrelation zwischen der Anzahl der Publikationen und dem Drittmittelvolumen der Fachbereiche besteht. Diese Korrelation ist nur geringfügig durch die Größe der Fachbereiche beeinflußt. Im wesentlichen bleibt die enge Beziehung auch dann bestehen, wenn man die größenneutralen "Pro-Kopf-Drittmittel" und die "Pro-Kopf-Publikationen" betrachtet (vgl. Tab. 4).

Obwohl in unserer Fallstudie keineswegs alle Drittmittel erfaßt sind (nur DFG, DFG-Sonderforschungsbereiche, BMFT und VW-Stiftung), läßt sich je nach Fachgebiet zwischen 60% und 78% der Varianz der Publikationsmenge der Fachbereiche und zwischen 41% und 67% der Varianz der Publikationen je Professor mit Hilfe der Drittmitteleinwerbungen statistisch erklären.

Tabelle 4: Pearsons Corr. für Drittmittel und Publikationen (1983-1988)

Fach	Drittmittelsumme (DFG, DFG-SFB, BMFT, VW)	Publikationen des Fachbereichs in SCISEARCH 1983-1988 absolut	Publikationen des Fachbereichs in SCISEARCH 1983-1988 je Professor
Biologie (44 Fachbereiche)	absolut	.77	
	je Professor		.69
Chemie (45 Fachbereiche)	absolut	.86	
	je Professor		.66
Physik (46 Fachbereiche)	absolut	.70	
	je Professor		.67

Anm.: Nur Lehr- und Forschungsbereiche mit durchschnittlich mehr als einem Professor 1984 und 1986.
Quelle: eigene Erhebung

1 Das Projekt wurde im Rahmen einer Förderung durch den Bundesminister für Bildung und Wissenschaft am Forschungsinstitut für Soziologie der Universität zu Köln unter Leitung von F. Neidhardt und H.-J. Block durchgeführt. Zu Einzelheiten vgl. Hornbostel (1990, 1991a, 1991b, 1991c).

2 SCISEARCH ist eine on line-Version des Science Citation Index.

Auf einen Zusammenhang zwischen der Drittmitteleinwerbung und einem qualitativen Aspekt des Publikationsoutputs verweist schließlich der unterschiedliche Erfolg (gemessen in Zitationen) von Publikationen hin, die aus Drittmittelprojekten entstanden, und solchen, die ohne Drittmittelförderung angefertigt wurden. Aus der erwähnten Fallstudie über die Publikationen der physikalischen Fachbereiche der Universitäten TU Berlin, Köln und Konstanz (1983-1987) ergeben sich nicht nur signifikante Unterschiede in der Zahl der durchschnittlich pro Artikel erhaltenen Zitate, sondern auch ein deutlich geringerer Anteil von nicht oder kaum zitierten Publikationen bei den drittmittelgeförderten Publikationen und umgekehrt ein höherer Anteil an international sehr stark wahrgenommenen Publikationen unter den drittmittelgeförderten Publikationen (vgl. Tab. 5). Diese Befunde sprechen dafür, Drittmitteleinwerbungen als eine in den Verfahrensinstanzen der Drittmittelgeber gefilterte Expertenprognose über den wissenschaftlichen Ertrag eines Forschungsprojekts zu betrachten, die ein ansehnliches Maß an prognostischer Validität bietet, auch wenn der Begutachtungsprozeß selbst, die benutzten Urteilskriterien, das Maß an Gutachterübereinstimmung und das Maß an Standardisierung des Begutachtungsverfahrens über einen Drittmittelindikator nicht rekonstruierbar sind, ebensowenig wie bei anderen "objektiven" bibliometrischen Indikatoren auch. Solche Prognosen können im Einzelfall natürlich dennoch falsch oder ungerechtfertigt sein. Gegenüber vergleichbaren Verfahren (etwa den Peer Review-Prozessen in wichtigen Publikationsorganen) ist das Risiko einer Fehlprognose insofern größer, als erst zu erbringende Leistungen bewertet werden.

Tabelle 5: Publikationen (1983-1987) und Zitate in den ersten drei Jahren nach Erscheinen für die physikalischen Fachbereiche der Universitäten TU Berlin, Köln und Konstanz

mit Drittmittelförderung				ohne Drittmittelförderung			
Zahl der Artikel *	Mittelwert Zitate **	nicht zitiert ***	viel zitiert ****	Zahl der Artikel *	Mittelwert Zitate **	nicht zitiert ***	viel zitiert ****
543	7,4	127 (23,4%)	42 (7,7%)	469	4,9	171 (36,5%)	14 (3,0%)

* Zahl der in SCISEARCH nachgewiesenen Artikel (nach institutioneller Adresse).
** Mittelwert (mean) der in den ersten 3 Jahren nach Erscheinen erhaltenen Zitate.
*** Artikel, die in den ersten 3 Jahren nicht oder einmal zitiert wurden. In Prozent der Anteil an den geförderten bzw. nicht geförderten Artikeln.
**** Artikel, die in den ersten 3 Jahren mehr als 20mal zitiert wurden. In Prozent der Anteil an den geförderten bzw. nicht geförderten Artikeln.
Quelle: eigene Erhebung

Zu den Einwänden gegen eine Verwendung des Drittmittelindikators als Leistungsindikator gehören aber auch andere Argumente als die Prognoseunsicherheit: Die Förderung durch Drittmittel verändert sich von einer breit gestreuten, maßgeblich durch die scientific community kontrollierten Förderung zu einer selektiven, an den programmatischen Vorgaben der Drittmittelgeber orientierten Forschungsförderung. Starke Aktivität in der Drittmittelforschung könnte also vor allen Dingen Aktivität in politisch oder ökonomisch besonders ausgezeichneten Bereichen indizieren. Weiterhin wird die fachspezifische Eignung eines Drittmittelindikators davon abhängen, wie üblich und verbreitet Drittmittelforschung im jeweiligen Fachgebiet ist. Drittmittelanträge setzen Vorarbeiten, eine längerfristige Planung und eine gewisse Überschaubarkeit des Forschungsprozesses voraus. Es könnte daher sein, daß mit einem Drittmittelindikator vornehmlich ein bestimmter Typus projektförmiger, empirischer Forschung abgebildet wird. Damit verbunden ist der Vorwurf, daß durch das zeitaufwendige Antrags- und Begutachtungsverfahren innovative Forschung eher gehindert als gefördert werde. Schließlich wird, ähnlich wie beim Peer Review-Verfahren insgesamt, in Zweifel gezogen, daß der Begutachtungsprozeß eine valide Qualitätsbeurteilung des Antrages ist. Dabei wird einerseits auf Variationen der These einer mehr oder weniger verdeckten Vetternwirtschaft zwischen Gutachtern, Mittelgebern und Antragstellern zurückgegriffen, andererseits auf die Behauptung, daß Drittmittelprojekten ein gewisser Erfolg sicher sei, da sie über bessere materielle Bedingungen verfügten als vergleichbare Forschung und zudem die Antragsteller bereits eine qualitative Selbstselektion ausübten. An diesen Einwänden gegen die Aussagefähigkeit eines Drittmittelindikators orientieren sich die folgenden Überlegungen.

5.3.1 Entwicklung, Struktur und Stellenwert der Drittmittelforschung

Drittmittel, d.h. Mittel, die den Hochschulen von öffentlichen oder privaten Stellen zusätzlich zum regulären Hochschulhaushalt zufließen, spielen seit jeher eine wichtige Rolle in der Finanzierung der Hochschulforschung. Eine weit zurückreichende Statistik, die eine Beurteilung der Entwicklung des Drittmittelvolumens über lange Zeiträume ermöglichen würde, existiert m.W. aber nicht. Erst in jüngerer Zeit haben sich vor allem der Wissenschaftsrat und die Bundesländer Nordrhein-Westfalen und Baden-Württemberg, aber auch einzelne Hochschulen und neuerdings in einem Modellprojekt auch die Hochschulrektorenkonferenz um eine möglichst vollständige und vergleichbare Erfassung der Drittmittel auf tiefer Disaggregationsebene bemüht.

Forschungsvorhaben, die in Hochschulen mit Mitteln Dritter finanziert werden, sind zwar grundsätzlich anzeigepflichtig (§25 Abs. 3 HRG), dennoch fehlen für eine vollständige Statistik dieser Mittel die gesetzlichen Grundlagen (vgl. WISSENSCHAFTSRAT 1993b: 4 ff). Ursache dafür ist, daß weder die Definition der Drittmittel eindeutig ist (z.B. die Trennung zwischen personenbezogenen Mitteln wie Stipendien, Forschungsfreijahre etc. und projektbezogenen Mitteln) noch die Bewirtschaftung der Mittel einheitlich gehandhabt wird (an einige Universitäten wird ein großer Teil der Mittel über Privatverträge bewirtschaftet und daher nicht in den Hochschulhaushalt eingestellt).

Für die folgenden Angaben über Drittmittelnutzungen, die auf eigenen Erhebungen beruhen, wurde daher das Drittelvolumen der einzelnen Fachbereiche direkt bei den drei wichtigsten Drittmittelgebern (DFG, BMFT, VW-Stiftung) erhoben. Da es aus Gründen des Datenschutzes nicht möglich war, die ca. 30.000 analysierten Einzelprojekte (in den Jahren 1982 bis 1987 bewilligte Projekte) aufgrund des Namens des Empfängers den Fachbereichen zuzuordnen, mußte auf die fachliche Zuordnung der Drittmittelgeber zurückgegriffen werden. Da diese fachlichen Zuordnungen nicht einheitlich gehandhabt werden, sind insbesondere bei interdisziplinär angelegten

Projekten Ungenauigkeiten entstanden, die nur z.T. durch nachträgliche Recherchen (Ermittlung der Empfängerinstitution) beseitigt werden konnten. Bewilligungen und Nachbewilligungen wurden zunächst zu Projekten zusammengefaßt und die Gesamtbewilligungssumme anhand der Laufzeit der Projekte auf eine Bewilligungssumme je Halbjahr umgerechnet. Auf dieser Grundlage wurde für jeden Fachbereich für den Zeitraum 1983 bis 1988 die Zahl der Projekte und die Bewilligungssumme in jedem Halbjahr ermittelt. Die im folgenden genannten Angaben ähneln daher den Angaben der Hochschulhaushalte, die die real verausgabten Mittel - nicht die Bewilligungssumme - im Haushaltsjahr ausweisen. Angaben über die Sonderforschungsbereiche (SFB) der DFG lagen für den Zeitraum 1984 bis 1988 vor und zwar als Bewilligungen pro Jahr. Die Zuordnung der SFB-Mittel erfolgte auf der Grundlage von Einzelprojekten, so daß die Mittel nicht ausschließlich der Sprecherhochschule, sondern auch den kooperierenden Einrichtungen zugerechnet werden konnten. Zufällige Schwankungen bei der Einwerbung von Drittmitteln konnten durch diese Berechnungsmethode ausgeglichen werden. Berücksichtigt wurde nur die Forschungsförderung (Projektförderung); Druckbeihilfen, Stipendien, Veranstaltungszuschüsse, Akademiestipendien der VW-Stiftung, Finanzierung von Forscherfreijahren etc. blieben unberücksichtigt. Soweit im folgenden auf Angaben zum Drittmittelvolumen aus eigenen Erhebungen zurückgegriffen wird, handelt es sich um die oben beschriebene Datengrundlage.

Wie sich aus der Drittmittelstatistik des Wissenschaftsrates entnehmen läßt, zeichnet sich seit den 70er Jahren ein stetiger Zuwachs des Drittmittelvolumens nominal wie auch real ab (die Steigerungsraten sind allerdings mit Vorsicht zu interpretieren, da sie z.T. aus einer im Laufe der Zeit vollständigeren Erfassung der Drittmittel resultieren). Bezieht man diese Einwerbungen auf das wissenschaftliche Personal an den Hochschulen, betrachtet man also die "Pro-Kopf-Einwerbungen", dann ist bis in die Mitte der 70er Jahre, bedingt durch den starken Stellenzuwachs, zunächst ein Absinken dieser Quote zu beobachten, danach steigen - bei stagnierendem Stellenvolumen an den Hochschulen - auch die Einwerbungen je Wissenschaftler stetig an.

Tabelle 6: Drittmittel* der Hochschulen in Millionen DM

	1970	1980	1985	1990
Drittmittel (nominal)	629,6	1.566,9	2.050,9	2.964,4
Drittmittel (real) **	1.254,2	1.566,9	1.769,5	2.249,3
Drittmittel je Stelle wiss. Personal **	0,0324	0,0291	0,0334	0,0417
Drittmittel je Stelle Profess. & Dozenten **	0,0979	0,0643	0,0711	0,0988

* Drittmittel von öffentlichen Mittelgebern, incl. Mittel zur Förderung des wissenschaftlichen Nachwuchses, von Stiftungen und Fördergesellschaften und von der Wirtschaft und Verbänden.

** In Preisen von 1980 (diskontiert mit dem Preisindex für den Staatsverbrauch).

Quelle: Wissenschaftsrat 1993b

Da sich während der 80er Jahre die Personalstruktur der Hochschulen vor allen Dingen durch eine Erhöhung des Anteils der Professorenstellen änderte (Überleitungen aus dem Mittelbau), wurde eine den 70er Jahren vergleichbare "Pro-Kopf-Einwerbung", bezogen auf die Professorenstellen, erst in den 90er Jahren wieder erreicht (vgl. Tab. 6). Seit 1980 gewinnen die Drittmittel aber auch deshalb an Gewicht, weil ihr Anteil am finanziellen Gesamtvolumen der Hochschulen, bei stagnierenden oder sogar sinkenden Etatmitteln (in einzelnen Jahren) für die Grundausstattung (in realen Preisen) beständig gewachsen ist. Diese wachsende Bedeutung der Drittmittelforschung spiegelt sich auch in den Befragungen von Hochschullehrern wider: *Für 83% aller Professoren sind die Chancen, Drittmittel einzuwerben, eine wichtige Determinante ihrer Forschungsmöglichkeiten. Vergleichsweise wenige - nur 74% - der Geistes- und Sozialwissenschaftler, aber jeweils mehr als 90% der Mediziner, Ingenieurwissenschaftler und Agrarwissenschaftler stellen dies für sich fest* (SCHIMANK 1992: 28). Insbesondere diese Auseinanderentwicklung von frei verfügbaren Grundmitteln für Forschung und Lehre und den antragsgebundenen Drittmitteln (vgl. Abb. 2) hat dazu geführt, daß heute in vielen Disziplinen Drittmittelforschung der einzige Weg zur Realisierung auch bescheidenerer Forschungsvorhaben ist: *Man kann (...) schließen, daß offenbar gänzlich ohne Drittmittel kaum noch geforscht werden kann. (...) Insbesondere die Drittmittel von seiten der DFG bilden in nicht wenigen Fällen eine zwangsläufig erforderliche Erweiterung der "Grundausstattung"* (SCHIMANK 1992: 33).

Abb. 2: Grund- und Drittmittel

1980=100 (in realen Preisen von 1980)

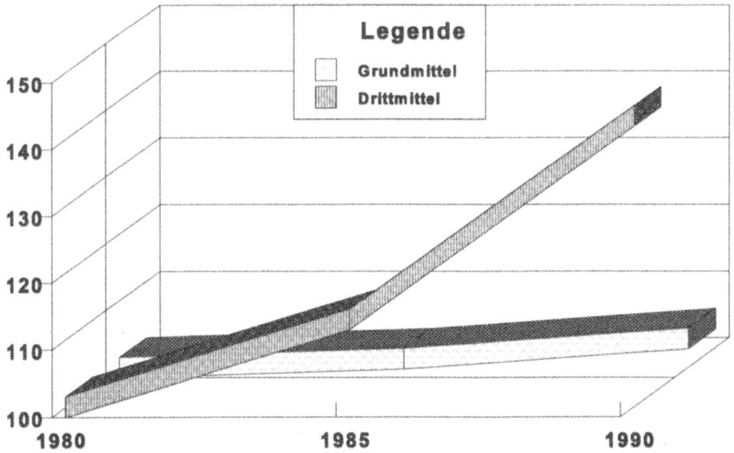

Grundmittel für Forschung und Lehre. Nettoausgaben abzüglich unmittelbarer Einnahmen, Baumaßnahmen sowie Erwerb von beweglichem und nichtbeweglichem Sachvermögen.
Quelle: Wissenschaftsrat 1993b

Geschwindigkeit und Ausmaß, mit dem das Gewicht der Drittmittelforschung zugenommen hat, bewog den Wissenschaftsrat (1988: 264) zu einer deutlichen Warnung: *Die Lücken in der Grundausstattung sind in manchen Instituten so groß geworden, daß die laufende Forschung, die dem Projektvorlauf und damit dem späteren*

Einwerben von Drittmitteln dient, aus Haushaltsmitteln nicht mehr finanzierbar ist. Die Hochschulforschung droht an Wettbewerbsfähigkeit gegenüber anderen öffentlich finanzierten Forschungseinrichtungen zu verlieren. Dabei bewegt sich die Bundesrepublik Deutschland in einem europäischen Trend nicht nur zu einer grundsätzlichen Verschiebung der Gewichte zugunsten antragsgebundener Forschung, sondern auch zur verstärkten Ausbringung sehr spezieller, politisch definierter Förderprogramme durch Bund und Länder: *[D]espite an apparent aversion towards explicit prioritysetting, the Federal Republic of Germany seems to have been no less active than other industrialized nations in pursuing greater selectivity and concentration, even though overall support for academic and related research has not grown especially rapidly* (IRVINE/MARTIN/ISARD 1990: 74).

Abb. 3: Drittmittel der Hochschulen in Preisen von 1980 - in Millionen DM

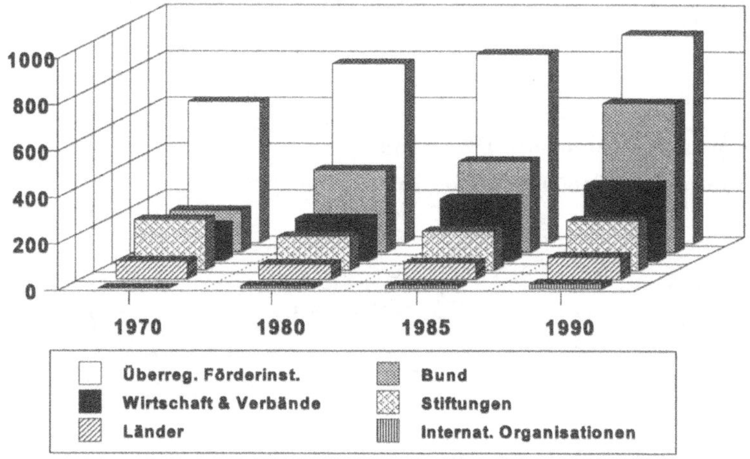

Ohne Mittel für die Förderung des wissenschaftlichen Nachwuchses.
Quelle: Wissenschaftsrat 1993b

Wie Abbildung 3 zeigt, hat insbesondere der Bund seinen Anteil in den letzten Jahren erheblich vergrößert. Von den Bundesmitteln entfiel der Löwenanteil (ca. 86% in 1990) auf das ehemalige Bundesministerium für Forschung und Technologie (BMFT). Der Anteil der überregionalen Förderinstitutionen, das sind ganz überwiegend die Mittel der DFG, am gesamten Drittmittelvolumen der Hochschulen ist in diesem Zeitraum hingegen leicht rückläufig. D.h. gerade jener Teil der Drittmittel, die keine programmatische Bindung haben bzw. deren Bindung (Sonderforschungsbereiche, Schwerpunktprogramm der DFG) in hohem Maße durch die scientific community beeinflußt wird, haben in ihrer relativen Bedeutung am Anwachsen der Mittel nicht partizipieren können. Einen relativen Bedeutungsverlust bei etwa gleichbleibenden

Aufwendungen (in realen Preisen von 1980), erlitten die Stiftungen und Fördergesellschaften (in dieser Gruppe stellt die Volkswagenstiftung mit knapp 48% der Zuwendungen 1990 die größte Stiftung dar). Die Entwicklung der Förderung durch die Bundesländer ist aufgrund von Erfassungsproblemen in der Abb. 3 nur unzureichend ausgewiesen. Deutlicher erkennbar wird die Bedeutung der Landesmittel, wenn man entsprechende Statistiken der Bundesländer zu Rate zieht. In Nordrhein-Westfalen z.B. betrug von 1982 bis 1986 der Anteil der Landesmittel an allen Drittmitteln 18,4% in den Wirtschafts- und Gesellschaftswissenschaften, 14,3 % in der Gruppe Mathematik und Naturwissenschaften und 20,8 % in den Ingenieurwissenschaften (MWF 1986, 1988). Die relativ große Bedeutung der Landesmittel manifestiert sich ebenfalls in den Befragungen von Hochschullehrern. Wenngleich diesen Angaben aus Telefoninterviews, die das Max-Planck-Institut für Gesellschaftsforschung im WS 1990/91 durchführte, nur eine sehr unscharfe Definition von "Drittmitteln" zugrunde liegt, lediglich Projekte unabhängig von Finanzvolumen und Laufzeit erfragt wurden und mit erheblichen Unvollständigkeiten in der Erfassung gerechnet werden muß, zeigt sich dennoch, daß der Anteil der Länderförderung weit höher liegt, als nach der Drittmittelstatistik des Wissenschaftsrates zu erwarten ist, während die herausragende Stellung der DFG in beiden Quellen ähnlich dokumentiert ist (vgl. Tab. 7). Drittmitteleinwerbungen stehen nach diesen Befunden an einer Schnittstelle zwischen wissenschaftlichen Selbststeuerungsprozessen (wie sie vor allen Dingen im Normalverfahren der DFG zum Ausdruck kommen) und mehr oder weniger (forschungs)politisch motivierten Programmen, die wissenschaftsexterne Zielvorgaben transportieren, bis hin zur reinen Auftragsforschung.

Tabelle 7: Prozentualer Anteil derjenigen Professoren, die nach eigenen Angaben in den letzten drei Jahren Drittmittel erhalten haben. (Stand WS 90/91)

Drittmittelgeber	Anteil der Professoren (incl. Mehrfachnennungen)
DFG Normalverfahren	45 %
Sonderforschungsbereiche der DFG	17 %
DFG Schwerpunktprogramm	18 %
BMFT Förderprogramm	18 %
BMFT Verbundforschung	9 %
Bundesländer	28%
EG	4 %
Stiftungen	29%

Quelle: SCHIMANK 1992: 27

Hatte der Wissenschaftsrat diese Entwicklung in Verbindung mit sinkender Grundversorgung der Hochschulen bereits warnend kommentiert, sehen andere darin eine verschwörerische Indienstnahme der Forschung für partikulare Interessen: *Die Unterkapitalisierung der Hochschulen wird gezielt ausgenutzt, um die Drittmittel gegenüber den Haushaltsmitteln zu steigern und darüber vermehrte externe, staatliche und private Steuerungs- und Verfügungskompetenzen in die Gestaltung der Hochschulforschung einbringen zu können. Über Drittmittel werden Forschungsprozesse selektiv und sektoral gelenkt und Prioritäten in den Hochschulen gesetzt* (BUND DEMOKRATISCHER WISSENSCHAFTLERINNEN UND WISSENSCHAFTLER o.J.: 114). Ziel dieser Lenkung sei *die Integration universitärer Forschung in die zivilindustriellen und militärischen Expansionsbestrebungen der Bundesrepublik*, wobei speziell der Forschungsförderung durch die Länder attestiert wird, *auch strukturelle und stofflich-kognitive Anpassungen der universitären Grundlagenforschung an die Verwertungsbedürfnisse der im Land ansässigen Groß- und mittelständischen Unternehmen* zu betreiben (ebd.: 110).

Die Frage, ob eine derartig massive Steuerung überhaupt möglich sein kann, ist bekanntlich umstritten. Am deutlichsten hatte Ben-David (1971: 12) einer solchen Auffassung widersprochen: *Thus although societies can accelerate or decelerate scientific growth by lending or denying support to science or certain parts of it, they can do relatively little to direct its course. This course is determined by the conceptual state of science and by individual creativity - and these follow their own laws, accepting neither command nor bribe.* Hingegen wurde im Rahmen der Finalisierungsdebatte ein bestimmtes Maß an Steuerungsmöglichkeiten durchaus gesehen. Krohn (1979: 141) z.B. bestreitet, daß von einem absoluten Internalismus gesprochen werden könne. Für Wahrheitsfindung und Naturerkenntnis lasse sich kein unzweideutiges Ziel formulieren, dies sei abhängig von Werten und Vorstellungen, die die entsprechenden Wissenschaftsprogramme hervorgebracht haben, und diese können selbst nahezu beliebigen Ursprungs sein. Es ist wichtig, zu bemerken, daß internalistische Programme die Forscher zwar orientieren, aber nicht binden. Im Gegensatz zu den allgemeinen Normen oder institutionellen Imperativen trennen diese Wertvorstellungen nicht wissenschaftliches von unwissenschaftlichem Handeln.

Immerhin wäre es möglich, daß universitäre Fachbereiche bei starker Orientierung auf einen Drittmittelgeber angesichts der knappen Grundausstattung in eine Art Abhängigkeitssituation kommen. In der Tat zeigt sich bei den von uns untersuchten 135 Fachbereichen aus der Physik, Chemie und Biologie, daß die Mehrheit deutliche Schwerpunkte bei einem Drittmittelgeber hat.[1] Darüber hinaus ist in Tabelle 8 auch erkennbar, daß die Publikationsaktivität (Mittelwert aller in SCISEARCH nachgewiesenen Publikationen (1983-88) je Professor) an denjenigen Fachbereichen besonders hoch liegt, die mehr als die Hälfte ihres Drittmittelaufkommens aus DFG-Sonderforschungsbereichen beziehen. Dabei ist allerdings zu berücksichtigen, daß gerade im Rahmen der Sonderforschungsbereiche regelmäßig auch Autoren, die nicht dem Fachbereich angehören, unter der institutionellen Adresse der Sprecheruniversität publizieren. Insoweit ist die Angabe "Zahl der Publikationen je Professor" in Tabelle 8 verzerrt. Davon abgesehen ist aber erkennbar, daß Fachbereiche, die in einem eindeutigen "Klientenverhältnis" zu einem Drittmittelgeber stehen, eine geringere Publikationsaktivität "pro Kopf" aufweisen, als Fachbereiche, die bei verschiedenen Geberinstitutionen die Mittel akquirieren. Ob und inwieweit von der programmgebundenen Drittmittelförderung Steuerungsimpulse auch für die kognitive Entwicklung einzelner Forschungsgebiete ausgehen, kann hier nicht überprüft werden. Es ist für die Konstruktion eines Indikators auch nicht wesentlich, welche Impulse für die Entwicklung eines Themas maßgeblich waren, sondern lediglich die Frage, ob die For-

1 Es wurden hier nur Drittmittel von DFG, BMFT und VW-Stiftung berücksichtigt. Allerdings ändert die Einbeziehung weiterer Drittmittelgeber kaum etwas an der Orientierung auf einen Drittmittgeber. So ließ sich z.B. für Nordrhein-Westfalen (1982-86) feststellen, daß 54% aller Universitäten in der Fächergruppe Mathematik/Naturwissenschaften mehr als die Hälfte ihres Drittmittelaufkommens von nur einem Drittmittelgeber bezogen.

schungsbefunde publiziert und von der einschlägigen scientific community als relevant erachtet werden.

Tabelle 8: Fachbereiche nach Drittmittelstruktur und Publikationsaktivität
Lehr- und Forschungsbereiche Physik, Chemie und Biologie

Födertypus *	Fachbereiche nach der Zahl der Publikationen je Professor (1983-1988) - in Prozent der Fachbereiche -			Summe aller Fachbereiche	
	unter Durchschnitt	Durchschnitt ***	über Durchschnitt	Anzahl	%
Mischförderung **	39,6%	18,8%	41,7%	48	35,6
>50% DFG Normalverfahren	52,8%	25,0%	22,2%	36	26,7
> 50% Sonderforschungsbereiche	14,3%	33,3%	52,4%	21	15,6
> 50% BMFT-Förderung	43,3%	26,7%	30,0%	30	22,2
Summe	40,0%	24,4%	35,6%	135	100

* Anteile an der durchschnittlichen Fördersumme je Halbjahr von BMFT, DFG und VW-Stiftung.
** kein Drittmittelgeber mit einem Anteil > 50%.
*** Mittelwert im Fachgebiet +/- 2 Standardfehler.
Quelle: eigene Erhebung

Die Tabelle 8 wirft aber die Frage auf, ob die starke Orientierung auf einen einzigen Drittmittelgeber auch Einfluß auf die Begutachtung und Bewilligung von Drittmittelanträgen hat. Es ließe sich z.B. vermuten, daß die Mittelvergabe bei "Dauerklienten" nach weniger strengen Selektionskriterien erfolgt oder eine besonders anwendungsbezogene Forschung gefördert wird. Die Frage kann mit dem vorliegenden Datenmaterial nicht überprüft werden. Es bedürfte dazu einer Kontrolle des "Erfolges" der geförderten Projekte bzw. der daraus hervorgegangenen Publikationen. Eine derartige Kontrolle der Publikationen konnten wir allerdings nur für drei Fachbereiche aus dem Lehr- und Forschungsgebiet Physik (Konstanz, Köln und TU Berlin) durchführen; die Verallgemeinerungsfähigkeit dieser Befunde ist begrenzt. Es wurden dazu für mehr als 1.000 Artikel aus den drei Fachbereichen (Publikationszeitraum: 1983-1988) die Zitationen aus den ersten drei Jahren nach der Veröffentlichung ermittelt und die Artikel darauf durchgesehen, ob sie Angaben über eine Drittmittelförderung bzw. den Drittmittelgeber enthalten. Insgesamt erreichen Publikationen aus drittmittelgeförderten Projekten signifikant höhere durchschnittliche Zitationsraten und auch einen deutlich höheren Prozentanteil an "vielzitierten" Arbeiten, und zwar unabhängig davon, wer die Drittmittel zur Verfügung stellt (vgl. Tab. 9). Zwischen den Zitationsraten, die die Publikationen aus Drittmittelprojekten erhielten, bestehen hingegen keine signifikanten Unterschiede. Zumindest für die drei hier untersuchten Fachbereiche ist also nicht erkennbar, daß die thematische Orientierung oder die Qualität der Forschung systematisch variieren würde zwischen der stärker akademisch kontrollierten Förderung der DFG und der stärker programmorientierten Förderung des BMFT.

Tabelle 9: In der Datenbank SCISEARCH nachgewiesene Publikationen der TU Berlin, U Köln und U Konstanz im Fachgebiet Physik, aufgeschlüsselt nach der Zahl der Zitate in den ersten 3 Jahren nach Veröffentlichung und nach der Art der Förderung (nach Angaben im Text der Veröffentlichungen). Publikationszeitraum: 1983 - 1987

	Anzahl der Artikel	Zahl der Autoren (Mittelwert)	Artikel nach der Zahl der Zitierungen				erhaltene Zitate	
			0 - 1 Zitat	2- 10 Zitate	11-20 Zitate	> 20 Zitate	Mittelwert	Stand. fehler
DFG*	360	3,2	21,7%	57,8%	13,6%	6,9%	7,4	0,48
BMFT*	114	5,9	25,4%	54,4%	12,3%	7,9%	6,6	0,77
DFG+BMFT	7	7,0	14,3%	42,9%	14,3%	28,6%	9,9	3,62
andere Förderer	62	3,8	30,6%	46,8%	12,9%	9,7%	8,6	1,75
keine Drittmittel	469	2,6	36,5%	50,3%	10,2%	3,0%	4,9	0,31

* inkl. Kombinationen mit anderen Förderern.
Quelle: eigene Erhebung

Allerdings bleibt bei dieser Analyse offen, ob sich aus den Projekten der verschiedenen Drittmittelgeber ein quantitativ und qualitativ vergleichbarer Output an Publikationen entwickelt hat. Diese Frage ließe sich möglicherweise durch eine Analyse der Abschlußberichte der Projektnehmer genauer klären. Wir konnten nur überprüfen, ob die tatsächlich in wichtigen Fachzeitschriften publizierten Beiträge unterschiedliche Resonanz (gemessen in Zitaten) hervorriefen.

5.3.2 Fachspezifische Nutzung von Drittmitteln

Der fachspezifisch unterschiedlich große Stellenwert, den Drittmittel für die Durchführung von Forschung einnehmen, wird besonders am Anteil der drittmittelfinanzierten Wissenschaftler am gesamten wissenschaftlichen Personal deutlich. Die Drittmittelstatistik des Landes Nordrhein-Westfalen (1986) weist beispielsweise für die Wirtschafts- und Gesellschaftswissenschaften einen Anteil von 6,9%, für die Fächergruppe Mathematik und Naturwissenschaften 17,5% und für die Ingenieurwissenschaften 28,9% aus (vgl. MWF 1988). Dabei ist zusätzlich zu berücksichtigen, daß der Anteil des drittmittelfinanzierten Personals noch höher ausfällt, wenn nur die für Forschung und Entwicklung (FuE) zur Verfügung stehende Personalkapazität berücksichtigt wird. An baden-württembergischen Universitäten erreicht beispielsweise in der Fächergruppe Mathematik/Naturwissenschaften das drittmittelfinanzierte Personal einen Anteil von 37,6% (1987) am gesamten FuE-Personal. In diesen Fächergruppen sind allerdings Fächer mit höchst unterschiedlicher "Drittmittelintensität" enthalten. Für einzelne experimentell orientierte Fächer ist daher mit einem Anteil von über 50% zu rechnen. Deutlich werden diese Unterschiede zwischen Fächern der gleichen Fächergruppe auch in der Höhe der eingeworbenen Drittmittel. So wurden etwa im Fach Mathematik 1986 an den nordrheinwestfälischen Universitäten und Gesamthochschulen im Durchschnitt 3.540 DM je Wissenschaftler eingeworben, im Fach Physik hingegen 57.030 DM. Ähnliches gilt für die wirtschafts- und gesellschaftswissenschaftliche Fächergruppe. Dort wurden im Fach Volkswirtschaftslehre im Durchschnitt 8.130 DM je Wissenschaftler eingeworben, in der Soziologie hingegen 22.120 DM. Diese Unterschiede gehen nur zum kleinen Teil auf unterschiedlich teure Projekte zurück, gewichtiger sind die Unterschiede im Hinblick auf die Üblichkeit von Drittmittelforschung zwischen den Fächern. Die Tabelle 10 zeigt, daß in den drei naturwissenschaftlichen Fächern und im Maschinenbau durchschnittlich von jedem Professor 1,0 bis 1,4 laufende Drittmittelprojekte betreut werden, die von der DFG, der VW-Stiftung oder dem BMFT gefördert wurden. In den gesellschaftswissenschaftlichen Forschungsgebieten ist dieser Anteil nicht einmal halb so hoch. Allerdings sollte das über eine erhebliche personenbezogene Varianz nicht hinwegtäuschen. Insbesondere im Maschinenbau findet sich eine relativ kleine Gruppe von Antragstellern (5,9% aller Personen mit DFG-Förderung), die mit 11 und mehr Projekten im Halbjahr ca. 40% aller laufenden Projekte durchführt. Auch in den übrigen ingenieurwissenschaftlichen Fächern liegt die Zahl der Projekte je Professor so hoch, daß an der "Üblichkeit" von Drittmittelforschung kein Zweifel besteht. Da gerade in den ingenieurwissenschaftlichen Forschungsgebieten neben der Publikation auch andere Produkte wissenschaftlicher Leistungen existieren (Prototypen, Blaupausen etc.), dürfte hier der Einsatz eines Drittmittelindikators als Korrektiv zu anderen bibliometrischen Indikatoren besonders interessant sein. Ausschließen kann man hingegen die Nutzung dieses Indikators für die Rechtswissenschaft. Dort ist Drittmittelforschung so unüblich, daß man mit einem entsprechenden Indikator kaum die rechtswissenschaftliche Forschung angemessen beschreiben könnte. Die gesellschaftswissenschaftlichen Fächer nehmen eine Zwischenstellung ein, wenngleich ihr Drittmittelaufkommen in Tabelle 10 unterschätzt ist, da diese Fächer kaum an BMFT-Mitteln partizipieren, dafür aber stärker an in Tabelle 10 nicht erfaßten Mitteln kleinerer Stiftungen.

Tabelle 10: Von Fachbereichen durchschnittlich eingeworbene Drittmittel 1983-1988
(DFG, DFG-Sonderforschungsbereiche, BMFT, VW-Stiftung)
- nur Sachbeihilfen -

Lehr- und Forschungsgebiet	Mittlere Zahl der Drittmittelprojekte im Halbjahr	Mittlere Bewilligungssumme je Halbjahr	Mittlere Zahl der Drittmittelproj. im Halbjahr je Prof.	Mittlere Bewilligungssumme im Halbjahr je Professor
Physik	22,6	1.720.633	1,0	71.313
Chemie	30,5	1.384.637	1,4	61.964
Biologie	19,9	1.321.428	1,2	63.187
Wirtschaftswissenschaft	3,3	183.200	0,2	9.316
Pol. u. Sozialwissenschaften	4,0	201.233	0,3	15.067
Rechtswissenschaft	1,2	56.468	0,0	2.263
Maschinenbau/Verfahrenstech.	44,5	3.319.238	1,3	96.377
Bauingenieurwesen	13,1	940.724	0,6	43.167
Elektrotechnik	15,2	1.106.146	0,8	58.252

Quelle: eigene Erhebung bei den Drittmittelgebern

Immerhin liegt die Anzahl der Projekte z.B. in den Politik- und Sozialwissenschaften so hoch, daß statistisch jeder dritte Professor ein laufendes Drittmittelprojekt betreut.

Dennoch bedürfte es in den geistes- und gesellschaftswissenschaftlichen Fächern einer genaueren Überprüfung der Eignung des Drittmittelindikators.

Zur Einschätzung der Bedeutung der Drittmittelforschung in den einzelnen Fächern muß schließlich auch berücksichtigt werden, daß fachinterne Differenzierungen vorliegen, die vermutlich mit der Dichotomie theoretisch versus experimentell/empirisch nur unzureichend erfaßt sind. So wie sich zeigen ließ, daß relativ junge, sich schnell entwickelnde Teilgebiete wie die Mikrobiologie abweichende Publikations- und Zitationsmuster hervorbrachten, ist auch zu erwarten, daß der Einsatz von Drittmitteln in solchen Teilgebieten besonders intensiv ist. Dies einerseits, weil solche Entwicklungen z.T. auf besondere Förderungsbereitschaft bei den Drittmittelgebern treffen (Schwerpunktprogramme, Förderschwerpunkte), und andererseits, weil der Zwang, zusätzliche Ressourcen zu mobilisieren, besonders groß sein dürfte.

5.3.3 Drittmittel, Forschungsprozeß und Innovation

Wenn, wie oben geschildert, Drittmittelforschung nicht nur tendenziell gegenüber der grundausstattungsfinanzierten Forschung an Bedeutung gewinnt, sondern in vielen Fächern bereits, gemessen am Personaleinsatz wie am Publikationsoutput, ähnlichen oder sogar größeren Umfang als die grundausstattungsfinanzierte Forschung erreicht hat, dann stellt sich die Frage nach den Auswirkungen dieser konditionalen Finanzierung auf den Forschungsprozeß und auch auf die sozialen Strukturen der scientific community. Im Hinblick auf die Eignung von Drittmitteldaten zur Beschreibung von Forschungsaktivitäten bzw. -qualitäten, kann die Frage dahingehend zugespitzt werden, ob mit der Drittmittelforschung ein spezifischer Typus von Forschung erfaßt wird, dem durch die Notwendigkeit der detaillierten Planung, dem Zwang zur Überzeugung eines Gutachtergremiums und durch eventuelle programmatische Schwerpunkte des Drittmittelgebers bestimmte Charakteristika eigen sind. Ein vor allen Dingen in den Geistes- und Sozialwissenschaften geäußerter Vorbehalt gegen die *projektförmige* Drittmittelforschung bezieht sich auf die Sogwirkung, die von der Projektforschung auf die Gestaltung der disziplinären Forschungspraxis ausgeht. Beklagt wird, daß bei absinkenden frei verfügbaren Hochschulmitteln die drittmittelgestützte Projektforschung ein dem Forschungsprozeß insgesamt unzuträgliches Eigenleben gewonnen hat: *Nicht, daß Forschung projektförmig betrieben werden kann, unter bestimmten Bedingungen auch so betrieben werden sollte, ja muß, scheint es zu sein, was irritiert, sondern vielmehr der Umstand, daß sich das Prinzip der projektförmigen Verfaßtheit des Forschungshandelns auf der Lebensbahn eines Forschungsvorhabens so weit vorgeschoben hat, daß eine eben geborene Forschungsidee sofort in seinen Bannkreis gerät, kaum mehr eine andere Lebensperspektive für sich sieht als die an diesem Prinzip ausgerichtete, und sich schon in ihren ersten Entwicklungsstadien nicht mehr anders denken kann als in Projektförmigkeit mündend* (MATTHES 1988: 467). Als bedrohlich erscheint dieses Übergreifen des Projektdenkens, weil es Verschiebungen im Verständnis des Forschungshandelns provoziert. Die Vorstellung einer von äußerlichen Zwängen freien Forschung macht ja gerade die Merkmale von

Unabsehbarkeit und Zufälligkeit im Forschungsprozeß stark. Der Forscher qualifiziert sich danach gerade durch die Fähigkeit, auch Unerwartetes sehen zu können: *Forschung stellt einen Suchprozeß dar, einen Vorstoß ins Unbekannte, der mit Risiken behaftet ist, weil die Wahrscheinlichkeit von Überraschungen relativ hoch liegt. Die Qualität dieses Prozesses liegt wesentlich in der strukturell zu sichernden Fähigkeit der Beteiligten, sich überraschen zu lassen, also Unerwartetes wahrzunehmen und dann auch zu verarbeiten* (NEIDHARDT 1983: 554). Im Gegensatz zu diesem Bild ist das Forschungshandeln unter Projektbedingungen eher konnotiert mit Beschränkungen derartiger Kontingenzen. Planhaftigkeit, Fristigkeit, Prognostizierbarkeit, eng definierte Ziele und im Hinblick auf die zu überzeugenden Gutachter eine stringente Darlegung des antizipierten Projektverlaufs schränken die *Offenheit der Informationssuche,* aber auch im Verlaufe des Projekts die Freiheitsgrade des *inneren Gestaltungsraums der Forschung* ein (NEIDHARDT 1983: 554).

Nun ließe sich vermuten, daß die Wahrnehmung solcher Einschränkungen wesentlich von der disziplinspezifischen Kodifizierung des Wissens und der Konsensualität über geeignete Methodik geprägt ist. Für Naturwissenschaften wäre dann unter den Bedingungen höherer paradigmatischer Verfestigung und vor allen Dingen vorherrschender Arbeitsformen wie dem Laborexperiment, das den historischen Ausdifferenzierungsprozeß dieser Wissenschaften eng begleitet und immer schon Elemente der Planhaftigkeit und Restriktivität aufgewiesen hat, zu erwarten, daß Projektförmigkeit von Forschungshandeln weitaus unproblematischer sich in das disziplinäre Selbstverständnis des Forschungshandelns fügt. Dies scheint allerdings nur bedingt zuzutreffen. Auch in den Naturwissenschaften und typischerweise insbesondere dort, wo sich paradigmatische Umbruchsituationen ereignen, wird beredte Klage geführt über die Zwänge der Drittmittelforschung. Die Endokrynologin und Nobelpreisträgerin Yalow (1986) etwa nennt im Hinblick auf das Forschungsförderungssystem der USA Vorbehalte, die den oben genannten ähneln: *The very nature of revolutionary research makes it impossible to predict whether a problem has a solution; the experimental course leading to the solution; the timetable for ist completion; or whether an unexpected finding will divert the effort in a new direction. Thus there is an inherent conflict between the 'peer review system' as currently managed and the ability to promote scientific revolutions* (YALOW 1986: 1). Allerdings bedarf es wohl eines zweiten, genaueren Blicks, um zwischen zweckdienlicher Rhetorik und den tatsächlich strukturierenden Einflüssen projektförmiger Forschung zu unterscheiden. Neidhardt (1983: 554) konnte nach der Analyse von 41 sozialwissenschaftlichen Forschungsprojekten feststellen, daß *Projektanträge und Planungsskizzen in der Sozialforschung nur unzuverlässige Annoncen sind* und Forschungsabläufe über Konzeptionen *offenkundig nur begrenzt strukturierbar* sind. Dies kann Ausdruck unzureichender Planung oder vermeidbarer Fehler sein, es kann aber ebenso als durch geschickte Planung gesicherte und sachlich gebotene Offenheit von Projekten interpretiert werden. Die Chancen, auch Unwägbarkeiten gegenüber Drittmittelgebern zu vertreten, dürften so schlecht nicht sein, denn das Problem nur bedingter Prognosesicherheit einschließlich des Risikos des Scheiterns ist auch Gutachtern und Drittmittelgebern bewußt (vgl. GLASER 1988). Auch die Ausdifferenzierung der DFG-Förderung in eine Kleinförderung (die sozusagen Geburtshelferfunktionen bei der Entwicklung einer Forschungsidee ausübte), das Normalverfahren (die eigentliche Projektforschung) sowie in Forschergruppenförderung und Sonderforschungsbereiche (die Fristigkeit und thematische Enge entzerren), deuten darauf hin, daß in gewissem Umfang der "Projektreife" eines Forschungsvorhabens Rechnung getragen wird.

Allerdings ist auch die "Risikokapazität" von Drittmittelgebern begrenzt. Erfolglose Projekte, wenn sie sich häufen, unterminieren die Legitimation sowohl des Drittmittelgebers wie auch der Begutachtungs- und Entscheidungsinstanzen. Nicht überraschend ist daher, daß mit steigenden Kosten eines projektierten Forschungsvorhabens die Risikobereitschaft der Gutachter und Entscheidungsgremien der DFG nachläßt. Aber auch wenn man ein erhebliches Maß Unspezifität in der Erwartungshaltung des Drittmittelgebers hinsichtlich der Projektergebnisse unterstellt - Neidhardt (1983: 554) spricht von *"Gestaltungsnormen", die sich meistens auf die Zumutung beschränken, daß "etwas herauskommen muß"* - bleibt die Frage, ob Antragsprozedur, zeitliche Vorgaben und ein unbestimmter Erfolgsdruck in der Drittmittelforschung zu einer Bevorzugung konventioneller Fragen, Theorien, Techniken und Methoden führt. Eine schon gesicherte wissenschaftliche Basis reduziert das Risikopotential eines Projektes. Eine solche Selektionsleistung müßte nicht unbedingt durch die Entscheidungen des Drittmittelgebers entstehen, sie könnte auch antizipierenden Selbstselektionsprozessen der Antragsteller geschuldet sein. In den Niederlanden wurde festgestellt, daß nach der Umstellung eines großen Teils der Grundausstattungsfinanzierung der Universitäten auf eine extern begutachtete Projektfinanzierung (Conditional Funding seit 1983) viele Hochschulen bei der Auswahl von Förderprojekten Strategien der Risikovermeidung, wählten: *Universities inserted mostly 'safe' research and refrained from risky research (research of which successful completion could not be foreseen); this implied relatively little conscious selection of research for coherent research programmes* (WESTERHEIJDEN 1990: 194). Umgekehrt ergab eine Untersuchung des Vorwurfs, daß durch die National Science Foundation überwiegend orthodoxe Forschungsprojekte gefördert würden, daß *the NSF's share of all major advances in several fields was roughly in proportion to ist share of total funding on the field. This was taken as evidence against the conservative hypothesis* (KRUYTBOSCH 1989: 73).

Allerdings verstellt diese Orientierung auf Erfolg den Zugang zur eingangs aufgestellten Frage, inwieweit die Drittmittelforschung eine Verengung der Forschungsperspektiven aufnötigt, die ex post kaum mehr zu rekonstruieren ist. Anders gesagt, auch und gerade konventionelle Forschung kann selbstverständlich erfolgreich sein und zu wichtigen Ergebnissen führen, ihr Erfolg gibt aber keine Auskunft über das Potential möglicher Alternativen. Im Gegensatz zu erfolgreichen und gescheiterten Entdeckungen sind Nicht-Entdeckungen nicht analysierbar. Es muß daher bei Spekulationen bleiben. Das folgende Zitat über eine wichtige Entdeckung im Bereich der Gentechnologie mag aber illustrieren, daß solche Spekulationen nicht völlig bodenlos sind: *Hätte man sich um 1970 dazu entschlossen, sehr starke Forschungsbemühungen in Gang zu bringen, nützliche und experimentell verwendbare Gen-Vektoren für Pflanzen zu entwickeln, so hätte man aller Wahrscheinlichkeit nach alle Anstrengungen auf das Studium von pflanzlichen DNA-Viren als Genvektoren gerichtet. Es ist nicht ausgeschlossen, ja sogar wahrscheinlich, daß solche Bemühungen erfolgreich hätten sein können, aber tatsächlich ist es so, daß man auf diesem Wege den Gen-Vektor übersehen hätte, der heute als einziger die erwünschte Funktion im Experiment aus-*

übt. Dabei würde man auch nicht auf die sehr wichtige Tatsache gestoßen sein, daß "genetic engineering" als natürliches Phänomen vorkommt und vielleicht eine bedeutsame Rolle in der Evolution lebender Organismen gespielt hat (SCHELL 1983: 361).

Zwei weitere Argumente, die für die Vermutung eines latenten Konservatismus der Projektforschung angeführt werden, sollen hier zumindest erwähnt werden: Es handelt sich zum einen um den Rollenkonflikt, der in die Gutachterrolle eingelassen ist. Gutachter figurieren einerseits als neutrale Experten, sie sind andererseits aber selbst aktive und hoch interessierte Wissenschaftler. Die Gutachter können aufgrund ihrer intimen Kenntnis der aktuell sich entwickelnden Forschungslandschaft - ohne intentional zum Plagiator zu werden - schnell in die Rolle des bevorteiligten Konkurrenten kommen. Es scheint daher unter den Antragstellern eine gewisse Zurückhaltung bei der Präsentation bahnbrechender Forschungsideen zu geben: *Even assuming complete conscious honesty on the part of all who have access to the information in grant proposals, it is impossible to eliminate the possibility that knowledge of a very original idea or finding by a restricted few, in advance of ist availability to the general scientific community, does confer an unfair advantage to the few and serves to the disadvantage of the original proposer of the idea* (YALOW 1979: 5). Derartige Besorgnis um Prioritätsansprüche kann entweder dazu führen, daß Finanzierungsmöglichkeiten unabhängig von einem detaillierten Antrag gesucht werden, oder - was wahrscheinlicher ist -, daß Forschungsanträge strategische Informationslücken enthalten, die eine allzu präzise Bekanntgabe verhindern: *Zweifellos ist Auslassung wichtiger Information in Anträgen zuweilen unvermeidlich im Hinblick auf den starken Wettbewerb, der für heutige Forschung typisch ist* (SANDERS 1982: 38). Die bereits genannten Diskrepanzen zwischen Projektannoncen und realisierten Projektinhalten finden darin eine weitere Erklärung.

Ein zweites Argument bezieht sich auf den erheblichen Zeitaufwand, der für die Akquirierung eines Projektes notwendig ist. Beklagt wird nicht nur, daß bis zu einem Drittel der Arbeitszeit von Wissenschaftlern für das Schreiben und Begutachten von Forschungsanträgen vernutzt wird (vgl. LEOPOLD 1988), sondern auch der lange Zeitraum, der bis zur endgültigen Entscheidung und der Bereitstellung der Mittel vergeht. Glaser (1988) berichtet aus Erfahrungen mit der DFG, *daß die Zeitspanne, die einer braucht, um eine Förderung zu erhalten, nicht selten so groß ist, wie die Spanne, innerhalb derer er gefördert wird: zwei Jahre,* und folgert, daß die *Risikoscheu der Geldgeber und eine umständliche Forschungsbürokratie (...) manchen Gedanken veralten* [lassen], *bevor er in die sogenannte Förderung kommt.* Häufig wird der Vorwurf der Innovationsfeindlichkeit der Drittmittelforschung mit spektakulären Beispielen illustriert, in denen Wissenschaftler für Forschungsprojekte geehrt wurden, die von Drittmittelgebern abgelehnt wurden (vgl. KORNHUBER 1988: 365). Es muß an dieser Stelle aber kritisch gefragt werden, woraus sich diese Spektakularität ergibt.

Folgt man den wissenschaftssoziologischen Analysen, die Widerstände gegen Entdeckungen oder den Ein- bzw. Ausschluß von paradigmainkompatiblem Wissen zum Gegenstand haben, so scheint Innovationsfeindlichkeit nicht nur ein verbreitetes Phänomen menschlichen Versagens in der Wissenschaft oder ein Ausdruck des sozialisierten Gestaltsehens zu sein, sondern in gewissem Maße auch eine funktionale

Notwendigkeit, die ein Mindestmaß an Akkumulationsfähigkeit von Wissen dadurch sicherstellt, daß hohe Schranken gegen die vorschnelle Destruktion bewährter Theorie errichtet werden. Während aber die Nichtakzeptanz von Theorien sich im Forum des demokratischen (wohl nicht herrschaftsfreien) Diskurses der wissenschaftlichen Öffentlichkeit durchsetzt, erscheint die (ex post facto) fachlich ungerechtfertigte Ablehnung eines Forschungsantrages als Vorenthaltung der materiellen Voraussetzungen von Forschung aufgrund asymmetrischer Machtbeziehungen. Ist die unzureichende Rezeption neuer Theorie oder Empirie nur in Ausnahmefällen als persönliches Fehlverhalten erkennbar, in der Regel aber dem anonymen Zusammenspiel von Individualentscheidungen in der scientific community zuzurechnen, so ist im Falle der Forschungsförderung die Fehlerzurechnung eindeutig. Es scheint, als würde die "Gatekeeper-Rolle", die die Förderinstitutionen zweifellos einnehmen, nicht nur mit Gerechtigkeitspostulaten befrachtet, sondern zusätzlich mit dem Anspruch, weitgehend das zu generieren, was Wissenschaft selbstläufig nur bedingt hervorzubringen vermag, nämlich historisch richtige Selektionsentscheidungen, deren Angelpunkt die theoretisch kaum begründbare Fortschrittlichkeit von Theorieprogrammen ist.

Um auf die Ausgangsfrage zurückzukommen: Die Auswahl eines Kandidaten für einen Forschungspreis aus einer Vielzahl ähnlich qualifizierter Aspiranten erscheint deshalb nicht als Fehlverhalten, weil lediglich ein reputatives Surplus vergeben wird. Die Vorenthaltung einer Förderung aber wird spektakulär, wenn sie mit anderen disziplinären Urteilen konfligiert, weil die Voraussetzungen für Reputationserwerb verweigert werden und die fachliche Selektionskompetenz der Förderinstitution in Frage gestellt wird. Bei allen ernstzunehmenden Einwänden gegen die Drittmittelforschung muß daher bedacht werden, auf welch hohem Aspirationsniveau die Kritik vorgetragen wird. Es scheint daher auch wenig realistisch, zur Lösung der thematisierten Probleme eine Rückkehr zur *Anstaltsforschung* (KADDATZ 1987) im Namen einer *genuinen Kreativität frei suchenden Forschens* (MATTHES 1988: 467) zu postulieren. Hier droht durchaus das andere Extrem eines sich *als Originalität (...) ausgebenden Dilettantismus, der seine 'Überraschungen' im Grenzfall nurmehr an seiner eigenen Voraussetzungslosigkeit erfährt* (MATTHES 1988: 467).

Folgt man Kaddatz (1987) in seiner Analyse der Hochschulentwicklung als eines fortschreitenden Rationalisierungsprozesses, dann treffen in der traditionellen, über Grundausstattungen finanzierten Hochschul(Anstalts)forschung und der fremdfinanzierten Projektforschung zwei Rationalisierungs- und Vergesellschaftungselemente von Forschung aufeinander, die sich zwar konflikthaft, aber nicht antagonistisch zueinander verhalten. Die Anstalt (im Sinne Max Webers) gewährt den *Schutzraum (...), der auch die Rationalitätschancen wissenschaftlicher Arbeit schützt, indem er diese vom irrationalen Zugriff des Marktes und den irrationalen Interessen beliebiger 'Konsumenten' abschirmt* (KADDATZ 1987: 99). Die Anstaltsverfassung markiert aber auch die Grenzen einer Rationalisierung des wissenschaftlichen Arbeitsprozesses, sowohl im Hinblick auf materielle und personelle Ressourcen als auch im Hinblick auf die flexible Orientierung an sich verändernden Forschungsinhalten und schließlich auch auf die Aufrechterhaltung wissenschaftlicher Rationalität gegen die Zwänge betriebsförmiger Verwaltung. Diese Grenze wird mit der Projektforschung überschritten, die die Arbeitsteilung und Rollendifferenzierung weiter vorantreibt: *[A]ufwendige Verfahren lassen sich realisieren, anspruchsvolle Fragestellungen in Angriff neh-*

men. Projekte bzw. Projektgruppen stellen sich als kleine, bewegliche Arbeitseinheiten dar, die durch Flexibilität ihrer Strukturen, ihres Personal- und Mitteleinsatzes ein fruchtbareres wissenschaftliches Arbeiten gestatten, als es bei langfristiger Festlegung der Ressourcen (etwa bei Fakultäten) grundsätzlich zu erwarten wäre. Sie erlauben die Qualifikation des wissenschaftlichen Nachwuchses im Forschungsbereich und teilweise auch ein 'training-on-the-job' (...). So werden Projekte zur ausgezeichneten Konzentrationsform wissenschaftlicher Arbeit, zum spezifischen Handlungsfeld der Forschung inmitten forschungsunspezifischer Vergesellschaftungsformen (wie dem Institut) (KADDATZ 1987: 139). Die Risiken und Rationalisierungsgrenzen dieser Projektforschung sieht Kaddatz zum einen in den sozialen Lagen des von den universitären Stellenplänen und Karrieremustern entkoppelten Projektpersonals, zum anderen in der durch Fristigkeit, zu knappe Kalkulation, Personalfluktuation und vor allen Dingen durch die isolierte Existenz des einzelnen Projektes bedingten Unmöglichkeit eines komplexeren Planungskontextes (vgl. auch BOCHOW/JOAS 1987). Es werde so verhindert, daß *Erfahrungen institutionell gesichert und planmäßig transferiert* werden (KADDATZ 1987: 147).

Der Verweis auf soziale Verwerfungen und Marginalisierungen innerhalb des akademischen Personals ist ernstzunehmen, nicht nur im Hinblick auf die Entwicklungschancen wissenschaftlichen Nachwuchses, sondern auch im Hinblick auf die Begutachtungsproblematik bei den Förderinstitutionen; er setzt die Drittmittelgeber nicht nur unter den Zwang, positiv "Spitzenforschung" zu identifizieren, sondern auch negativ *"Schnelle Brüter"* (MATTHES 1988: 471), Projekte, die wesentlich aus Versorgungsmotiven entstanden, zu erkennen. Diese Negativsicht bedarf allerdings einer gewissen Korrektur, denn Drittmittelforschung hat offensichtlich einen 'spin off'-Effekt im Hinblick auf die Nachwuchsförderung (abgesehen von den der Nachwuchsförderung unmittelbar gewidmeten Stipendien und Beihilfen). Zwischen der durchschnittlich je Professor an einem Fachbereich eingeworbenen Drittmittelsumme (1983-88) und der Zahl der Promotionen je Professor (1984-86) ergeben sich hohe Korrelationen (Physik .59, $p < .001$; Chemie .46, $p < .001$ und Biologie .26, n.s.). Drittmittelforschung hat demnach eine über den Forschungsbeitrag hinausweisende Bedeutung für die Ausbildung des wissenschaftlichen Nachwuchses.

5.3.4 Prognostische Validität von Förderungsentscheidungen

Drittmitteleinwerbungen tauchen zwar in den Katalogen möglicher Forschungsindikatoren immer wieder auf, sie werden auch hin und wieder in Evaluationsprozeduren einbezogen (vgl. GIESE 1988, NAUMANN 1989), auf ihre Eignung als Forschungsindikator sind sie bisher allerdings kaum systematisch untersucht worden. Dem entspricht ein erstaunlich geringes Maß an empirischem Wissen über die Qualität der Drittmittelförderung. Systematische Untersuchungen über die Auswirkungen und Qualität der Drittmittelförderung, wie sie etwa der Wissenschaftsrat gegenüber der DFG anriet, sind bisher die Ausnahme. Auch das Forschungsministerium hat seine Projektevaluationen bisher auf Kosten-Nutzen-Analysen und ökonomische Effizienzprüfungen angelegt. Neben dem unzureichenden Wissen über die Qualität der drittmittelgeförderten Forschung und die Zuverlässigkeit der Bewertungs- und Auswahlprozeduren dürften auch technische Gründe für die geringe Nutzung von Drittmitteldaten bei Evaluationen von hochschulischen Forschungsleistungen mitverantwortlich sein.

Während Publikations- und Zitationsangaben mit einiger Zuverlässigkeit über Datenbanken ermittelt werden können, sind Informationen über Drittmitteleinwerbungen entweder nicht vollständig und nicht in der notwendigen Form disaggregiert (wie in der amtlichen Statistik) oder aber nicht bundesweit vergleichbar (Länderstatistiken). Giese (1988) kommt in einer Übersicht zum empirischen Stand der Evaluationsforschung von Forschungsleistungen in der Bundesrepublik zu der Einschätzung, *daß die Erhebung von Drittmittelbeträgen ein höchst kompliziertes Unterfangen darstellt, das mit etlichen Unwägbarkeiten behaftet ist und Grauzonen aufweist. Bei der Anwendung dieses Indikators ist daher höchste Vorsicht geboten, vor allem, wenn es um die Ermittlung fachspezifischer Angaben mit dem Ziel des Leistungsvergleichs geht. (...) Eine aussagefähige Validierung des Drittmittelindikators als Bewertungsmaßstab für Forschungsqualität steht noch aus.*

Als Indikator für Forschungsqualität wurden Drittmitteleinwerbungen im europäischen Ausland allerdings durchaus eingesetzt. Das britische *University Grants Committee*[1] benutzte in seinem *1989 Research Assessment Exercise*, das als Grundlage für selektive Mittelzuweisungen an die Universitäten diente, im wesentlichen vier Kriterien, die als Grundlage für die Evaluatoren nach den Angaben der Hochschulen bereitgestellt wurden: *i) publications and other publicly identifiable output, ii) success in obtaining research grants and studentships, iii) success in obtaining research contracts; iv) professional knowledge and judgement of advisory groups and panels, supplemented where appropriate by advice from outside experts* (SIZER 1990: 313). Eingeworbene Forschungsmittel wurden dabei je nach Herkunft unterschiedlich stark berücksichtigt. Besonderes Gewicht wurde auf das *peer review grant income* vor allen Dingen von den Research Councils gelegt, während Forschungsverträge mit der Industrie und kommerzielle Auftragsforschung eine untergeordnete Rolle spielten. Auch in Großbritannien wurde der Indikator allerdings in erster Linie aus theoretischen Überlegungen eingeführt, nicht weil seine Eignung auch empirisch belegt wäre. Im Unterschied zur Manuskriptbegutachtung tritt bei der Prüfung prognostischer Validität im Bereich der Begutachtung von Forschungsprojektanträgen ein zusätzliches Problem auf: *Grant applications describe an optimistic forecast of the possible achievements of future work rather than the tangible end product of actual research. A research proposal is, in effect, an exercise making a promissory note. But the promise may not be fulfilled. Someone who is good at 'selling' ideas is not necessarily good at executing them* (GILLET 1989: 28). Eine Prüfung der prognostischen Validität der Begutachtung muß also in Rechnung stellen, daß es sich hier um einen zweistufigen Prozeß handelt. Die Gutachter geben ein Statement zur Qualität des Forschungsantrages ab und eine Prognose über Realisierungschancen durch den Antragsteller. Im Gegensatz zur Manuskriptbeurteilung sind allerdings die abgelehnten Projekte kaum zu verfolgen, da ein Teil dieser Projekte tatsächlich nicht durchgeführt wird, also

1 Mittlerweile ist es umorganisiert und umbenannt in *University Funding Council (UFC)*. Zur Organisation und Bedeutung des UGC: HORNBOSTEL/OEHLER/TEICHLER 1986; zur jüngeren britischen Hochschulpolitik und Forschungsförderung: ANDERSON 1989, COLMAN u.a. 1995, zu den vom UGC benutzten Indikatoren: JONES/SIZER 1990 und SIZER 1990.

auch keine Ergebnisse vorliegen, die mit bewilligten Projekten vergleichbar wären; und ein weiterer Teil wird zwar mit Hilfe anderer Finanzierungen in derselben oder modifizierten Form durchgeführt, aber er ist nur mit Hilfe der Antragsteller selbst zu identifizieren, was aus Gründen des Datenschutzes, den die Drittmittelgeber gewähren, äußerst aufwendig, wenn nicht unmöglich ist. Eine Prüfung des Erfolges von Drittmittelprojekten hat es also nur mit dem Segment von Projekten zu tun, die tatsächlich abgeschlossen und deren Ergebnisse publiziert wurden.

Small (1974a) fand in einer Studie für die NSF (National Science Foundation), daß die Empfänger von Drittmittelzuwendungen für ihre wissenschaftlichen Publikationen signifikant mehr Zitate erhielten als nichtgeförderte Autoren. Interne Studien der NSF ergaben allerdings nur sehr schwache Korrelationen zwischen den "Ratings" der Gutachter und den Zitationen (vgl. COLE/RUBIN/COLE 1978: 14). Ähnlich fand Carter (1974) in einer Untersuchung der Förderung der biomedizinischen Forschung des NIH (National Institutes of Health), daß Artikel aus geförderten Projekten, die später sehr häufig zitiert wurden, signifikant, aber nur geringfügig häufiger auch einen *high-priority score*[1] bei der Bewertung durch die Reviewer des NIH erhalten hatten als wenig zitierte Artikel. Immerhin zeigte sich, daß das mehrstufige NIH-Review-System später stark zitierte Projekte von Anfang an besser beurteilt hatte als die übrigen Publikationen. Der Fokus dieser Studien bezieht sich allerdings, ähnlich wie bei der Manuskriptbegutachtung, weniger auf die Frage, ob die Gutachter im Durchschnitt zwischen "erfolgreichen" und "nicht-erfolgreichen" Projekten zu differenzieren vermögen, sondern auf die Frage, ob die spätere Resonanz der Ergebnisse (Zitate) mit den "Ratings" der Gutachter übereinstimmt. Insgesamt wurde bisher der Prüfung der prognostischen Validität der Forschungsprojektbegutachtung sehr wenig Aufmerksamkeit gewidmet und statt dessen z.T. mit Bezug auf die Reliabilitätsuntersuchungen relativ pauschal und empiriefern für oder gegen die Validität der zugrundeliegenden Peer-Urteile argumentiert (vgl. GILLET 1989; CAVE u.a. 1991).

Etwas differenziertere Hinweise auf die prognostische Qualität der Peer-Urteile lassen sich aus unserem Datenmaterial gewinnen (vgl. HORNBOSTEL 1991b). Es handelt sich allerdings nur um eine kleine Fallstudie, deren Verallgemeinerungsfähigkeit weiterer Forschung vorbehalten bleiben muß. Da der potentielle "Erfolg" abgelehnter Drittmittelprojekte nicht rekonstruierbar ist, läßt sich die Validität der Förderungsentscheidungen nur auf Umwegen prüfen. Man kann dabei von folgender Überlegung ausgehen: Wenn der Verdacht richtig ist, daß in der Forschungsförderung innovative Projekte systematisch benachteiligt werden und die Bewilligungsentscheidung kaum mehr als ein Zufallsprodukt ist, dann dürfte man erwarten, daß die Ergebnisse aus drittmittelgeförderten Projekten auf geringere, allenfalls gleich große Resonanz in der Fachöffentlichkeit stoßen wie die Ergebnisse aus nichtgeförderten Projekten. Die internen Studien der National Science Foundation (NSF) laufen z.B. darauf hinaus, daß die NSF-Förderung weder einen konservativen bias habe, noch in besonderem Maße innovative Projekte selektiere (vgl. KRUYTBOSCH 1989: 73). Dagegen argumentieren z.B. Einhorn/Hogarth (1978: 395 ff) umgekehrt, daß das Forschungsförderungssystem eine *illusion of validity* schaffe, da die Selbstselektion bei den Antragstellern sehr hoch und ebenfalls die Ablehnungsrate der Förderinstitutionen hoch sei,

1 Der *priority score* ergibt sich aus dem Mittelwert aller Gutachtervoten, denen eine Bewertungsskala von 1 bis 5 zugrunde liegt.

die geförderten Forscher deutlich bessere Bedingungen für die Produktion von Output hätten und außerdem abgewiesene Projekte nicht weiterverfolgt würden. Sie behaupten, eine positive Beziehung zwischen Förderungsbewilligungen und "erfolgreichem" Output würde sich selbst dann einstellen, wenn *the validity of the judgments on which the decisions are based is zero* (ebd.). Danach wäre zu erwarten, daß Publikationen aus geförderten Projekten grundsätzlich höhere Zitationsraten aufweisen müßten.

Wie sich aus dem Vergleich der Fachbereiche von drei Universitäten in unserer Fallstudie ersehen ließ, bestätigt sich zwar im Durchschnitt, daß drittmittelgeförderte Projekte stärker zitiert wurden, aber immerhin rund 23% der Artikel, die aus Drittmittelprojekten hervorgingen, blieb ohne nennenswerte Resonanz (vgl. Tab. 11).

Tabelle 11: In der Datenbank SCISEARCH nachgewiesene Publikationen der TU Berlin, U Köln und U Konstanz im Fachgebiet Physik (1983-1987) und die Zahl der darauf entfallenen Zitate in den ersten 3 Jahren nach Veröffentlichung, nach Fachbereichen und Art der Förderung.

Universität	mit Drittmittelförderung				ohne Drittmittelförderung				o.A.
	Zahl d. Artikel *	mittlere Zahl d. Zitate **	nicht zitiert ***	viel zitiert ****	Zahl d. Artikel *	mittlere Zahl d. Zitate **	nicht zitiert ***	viel zitiert ****	
Köln	306 64,3%	6,9	74 24,2%	19 6,2%	170 35,7%	6,9	47 27,6%	10 5,9%	1
TU Berlin	92 35,4%	7,3	22 23,9%	9 9,8%	168 64,6%	3,6	67 39,9%	1 0,6%	3
Konstanz	145 52,5%	8,7	31 21,4%	14 9,7%	131 47,5%	4,1	57 43,5%	3 2,3%	1
Gesamt	543 53,7%	7,4	127 23,4%	42 7,7%	469 46,3%	4,9	171 36,5%	14 3,0%	5

* Zahl der in SCISEARCH nachgewiesenen Artikel (nach institutioneller Adresse), in Prozent der Anteil an allen Publikationen.

** Mittelwert der in den ersten 3 Jahren nach Erscheinen erhaltenen Zitate.

*** Artikel, die in den ersten 3 Jahren nicht oder einmal zitiert wurden. In Prozent der Anteil an den geförderten bzw. nicht geförderten Artikeln.

**** Artikel, die in den ersten 3 Jahren mehr als 20mal zitiert wurden. In Prozent der Anteil an den geförderten bzw. nicht geförderten Artikeln.

o.A. Für diese Artikel konnte das Original nicht beschafft werden und daher keine Prüfung auf eine Drittmittelförderung vorgenommen werden.

Quelle: eigene Erhebung

Schlüsselt man diese Daten nach den einzelnen Universitäten auf, zeigt sich, daß an der Universität Köln geförderte und nichtgeförderte Artikel eine fast identische Rezeption in der Fachöffentlichkeit aufweisen, während an den beiden anderen Universitäten die Zitationshäufigkeiten der Publikationen aus geförderten Projekten deutlich höher liegen als die Werte nichtgeförderter Publikationen. Die Tabelle 11 läßt einen weiteren interessanten Befund erkennen: Während die durchschnittlichen Zitationshäufigkeiten und die prozentualen Anteile nicht- und vielzitierter Publikationen bei den nichtgeförderten Publikationen zwischen den einzelnen Universitäten ganz erheblich schwanken, zeigen die drittmittelgeförderten Publikationen an allen drei Universitäten ein homogeneres Bild.

Inwieweit stützen oder widerlegen diese Befunde nun die These einer Validitätsillusion? Gegen die Vermutung von Einhorn/Hogarth, geförderte Projekte erhielten quasi automatisch eine stärkere Rezeption, läßt sich das Beispiel der Kölner Physiker anführen, die einen ähnlich stark rezipierten Output mit und ohne Drittmittelförderung produzierten. Das mag daran liegen, daß die These von Einhorn/Hogarth, abgelehnte Projekte würden nicht weiterverfolgt werden, keine sehr plausible Behauptung ist. Denn gerade wenn hochqualifizierte Wissenschaftler ihre besten Forschungsvorhaben als Projektanträge einreichen (Selbstselektion), ist nicht zu erwarten, daß sie sich nach einer Ablehnung nur noch mit drittklassiger Forschung beschäftigen. Plausibler ist wohl die Vermutung, daß sie sich um anderweitige Finanzierung bemühen und ihre Vorhaben (möglicherweise in veränderter Form) weiterverfolgen (ähnlich wie im Falle abgelehnter Manuskripte die Autoren sich um anderweitige Publikation bemühen). Auch die Vermutung von Einhorn/Hogarth, daß aufgrund einer qualitätsnivellierenden Selbstselektion unter den Antragstellern eine qualitative Homogenität von drittmittelgeförderten Projekten entstünde, bedarf zumindest einer Differenzierung. Das Vorhandensein von Selbstselektivität ist eine triviale Feststellung, denn selbstverständlich wirkt dieser Selektionsmechanismus auch bei Zusendung von Manuskripten an die Fachzeitschriften. Im Falle der aus drittmittelgeförderten Projekten hervorgegangenen Publikationen ist in unserer Fallanalyse festzustellen, daß a) in der Tat insgesamt jene Publikationen signifikant stärker zitiert werden als Publikationen, die nicht aus geförderten Projekten hervorgingen und b) daß Umfang und Struktur der Zitationen der Publikationen, die aus Drittmittelprojekten hervorgingen, im Vergleich zwischen den Fachbereichen homogener waren als im Falle der übrigen Publikationen der drei untersuchten Fachbereiche. Das heißt allerdings nicht, daß die Zitationsmuster der Publikationen aus Drittmittelprojekten grundsätzlich homogener seien (vgl. Tab. 9). Vielmehr folgen deren Zitierungen einem ähnlichen, wenngleich flacheren Kurvenverlauf. Sie sind schief verteilt wie die Gesamtheit des Publikationsoutputs (23,4 % der geförderten Publikationen erhielten kein oder nur ein Zitat, 7,7 % erhielten mehr als 20 Zitate). Es scheint daher sehr stark von den Forschungs- und Publikationsgepflogenheiten an den einzelnen Fachbereichen abzuhängen, wie stark eine qualitative Selbstselektion zum Tragen kommt. Auch die von Einhorn/Hogarth pauschal unterstellte hohe Ablehnungsrate, die den Effekt einer *illusion of validity* weiter verstärken soll, gilt für die Bundesrepublik zumindest in dieser Allgemeinheit nicht. Die durchschnittlichen Ablehnungsraten (Normal- und Schwerpunktverfahren) [1] der DFG bewegten sich in den Jahren 1975 bis 1985 zwischen 12% und 25%, wobei sich diese Raten keineswegs gleichmäßig auf alle Fächer verteilen (vgl. NEIDHARDT 1986b: 106). Je nach Fach, Zeitpunkt und Art der beantragten Förderung ergeben sich danach Ablehnungsraten, die sich zwischen geringfügig und erheblich bewegen.

Die deutlichen Differenzen der Zitationsraten von Publikationen aus geförderten und nichtgeförderten Projekten an der Universität Konstanz und der Technischen Universität Berlin deuten darauf hin, daß auch die umgekehrte These einer systematischen Benachteiligung innovativer Forschung oder einer rein zufälligen Bewilligungspraxis keine empirische Bestätigung findet. Nun sollten diese Ergebnisse allerdings nicht überstrapaziert werden. Das Argument, geförderte Projekte hätten

1 Einschließlich zurückgezogener Anträge. Betrachtet man nur das Normalverfahren, dann liegt die Ablehnungsrate mit Werten zwischen 48% und 27% deutlich höher.

automatisch bessere Produktionsbedingungen, ist nämlich nicht gänzlich von der Hand zu weisen, es entspricht der Tendenz, daß ein Artikel, der in einer Zeitschrift mit einem hohen Impact Faktor erscheint, automatisch eine bessere Chance hat, zitiert zu werden, als der gleiche Artikel in einer Zeitschrift mit niedrigem Impact Faktor. Über die Folgen eines "was wäre, wenn man anders entschieden hätte?" läßt sich eben meist nur spekulieren, und zwar bei allen wissenschaftlichen Entscheidungsprozessen. Dennoch ist diese hypothetische Frage nicht unwichtig, sie unterbricht nämlich die möglicherweise zirkulären Rechtfertigungen wissenschaftlicher Auswahlprozesse.

Sieht man von diesem grundsätzlichen Einwand ab, läßt sich hier aber festhalten, daß offenbar sowohl die Manuskriptbegutachtung wie auch die Begutachtung von Forschungsanträgen ein erhebliches Maß an prognostischer Validität aufzubieten haben. Es erweist sich hier als Vorteil, nicht die Reliabilität der Gutachtervoten in den Vordergrund zu rücken, sondern die Validität des gesamten Verfahrens, in dem auch "kollegiale Beißhemmungen" der Gutachter in gewissem Maße durch weitere Entscheidungsinstanzen korrigiert werden (vgl. NEIDHARDT 1986b: 92 f). Das macht das Peer Review-Verfahren der Forschungsförderung als Grundlage für Indikatoren interessant. Es ist kein Beleg für den grundsätzlich richtigen Ausgang von begutachtungsgestützen Entscheidungsverfahren, sondern nur der Verweis darauf, daß diese Entscheidungen im Durchschnitt valide sind. Dies ist zugleich ein weiterer Hinweis darauf, daß Wissenschaftsindikatoren, wenn sie informativ sein sollen, gleichzeitig über möglichst verschiedene Entscheidungs- und Bewertungsprozesse berichten müssen.

Es gibt viele Argumente dafür, Drittmittel primär als einen Output-Indikator anzusehen. Für eine solche Betrachtung spricht, daß zum Zeitpunkt der Mittelbewilligung zwar kein Endprodukt vorliegt, aber ein voraussetzungsvolles Zwischenprodukt, nämlich der Bewilligungsantrag. Ein solcher Antrag basiert in aller Regel auf erheblichen Vorarbeiten, z.T. gehen dem Antrag sogar gezielte Forschungsvorhaben voraus. Insoweit ist der Drittmittelantrag durchaus mit einem zur Publikation eingereichten Manuskript vergleichbar. So wie bei Manuskripten die Publikationsentscheidung zumindest in den *refereed journals* wesentlich von den Expertisen der Gutachter abhängig ist, wird auch der überwiegende Teil der Drittmittelförderung in Abhängigkeit einer fachwissenschaftlichen Begutachtung ausgesprochen. Auch hier trägt die Analogie zum Publikationssystem. Allerdings urteilen die Gutachter nicht über ein vorliegendes Forschungsergebnis, sondern über *Annoncen über Projekte* und über *Bedingungen von Wahrheitserzeugung*, sie geben *Prognosen über Erfolgswahrscheinlichkeiten* ab und müssen *Aufwands- und Ertragskalkulationen* berücksichtigen (NEIDHARDT 1988: 89). In die Begutachtung spielen daher einerseits besondere Unsicherheitsfaktoren hinein, andererseits Kriterien, die nicht die fachliche Güte, sondern den forschungsökonomischen Aspekt fokussieren. Hinzu kommt, daß die Selektionsschärfe nicht nur mit der Zahl der Anträge, sondern auch mit den Veränderungen der finanziellen Möglichkeiten der Drittmittelgeber variiert. Während für Publikationen im Falle einer Ablehnung durch eine Zeitschrift alternative Publikationsorgane gewählt werden können, gilt dies für die Drittmittelbeschaffung in weitaus eingeschränkterem Maße. Der Markt ist wesentlich begrenzter. Den Urteilen der Gutachter kommt insofern größere Bedeutung zu. Drittmitteleinwerbungen werden daher nur dann zur Konstruktion von Indikatoren tauglich sein, wenn die Entscheidungen der Drittmittelgeber sachgerecht sind und die zur Verfügung stehenden Drittmittel zumindest überwiegend nicht durch politisch motivierte Förderprogramme strukturiert sind.

Publikationen können als Teil des umfassenderen wissenschaftlichen Kommunikationssystems als Ausdruck einer universellen Norm - trotz mancher Einschränkung - verstanden werden. Indikatoren, die auf Publikationsoutput beruhen, können also für sich in Anspruch nehmen, auf einer zentralen Verhaltensnorm zu basieren. Für die Finanzierung eines Forschungsvorhabens dürften hingegen eher Opportunitätsgesichtspunkte wesentlich sein.[1] Nur dann, wenn in einem bestimmten Gebiet (Disziplin, Subdisziplin, Forschergruppen) entweder ein vergleichbarer und erheblicher Zwang besteht, zur Durchführung von Forschung Drittmittel einzuwerben, oder wenn in Gebieten, wo dies nicht der Fall ist, drittmittelgeförderte Forschung sich als qualitativ deutlich unterscheidbar von nichtgeförderter Forschung erweisen sollte, wäre die Basis für die Entwicklung eines aussagekräftigen Drittmittelindikators gegeben. Das heißt aber, daß der Verwendung eines solchen Indikators eine disziplinspezifische Prüfung der Validität des Indikators vorausgehen muß. Bereits eine erste sehr grobe Inspektion der "Drittmittelintensität" unterschiedlicher Disziplinen (vgl. Tab. 10) zeigt, daß einige Fächer von vornherein ausscheiden (z.B. Rechtswissenschaft), andere wie die Wirtschafts- und Sozialwissenschaften sehr genau daraufhin überprüft werden müssen, welchen Stellenwert die Drittmittelforschung innerhalb der Forschungsproduktion dieser Fächer einnimmt.

Die Konstruktion eines Drittmittelindikators ähnelt in vielerlei Hinsicht den im folgenden Kapitel näher behandelten Publikationsanalysen: So wie nicht alle Publikationen eines Autors/Fachbereiches gleichermaßen gezählt oder gewichtet werden, sondern nur oder mit besonderem Gewicht diejenigen, die sich durch die Güte der Zeitschrift oder die erhaltenen Zitationen qualifiziert haben, werden nicht alle Drittmittel berücksichtigt werden können bzw. nicht gleichermaßen gewichtet werden können. Mit Rekurs auf das Peer Review-Verfahren wird denjenigen Mitteleinwerbungen besondere Qualität unterstellt, die nach einer fachwissenschaftlichen Begutachtung zugesprochen wurden. Damit ergibt sich für den Drittmittelindikator eine der Gewichtungsproblematik bei Publikationen vergleichbare Schwierigkeit. Welche Drittmittel sollen berücksichtigt werden bzw. können Gewichtungsfaktoren begründet werden, die etwa zwischen industrieller Auftragsforschung und einem DFG-Projekt qualitativ differenzieren?

Auch die Aggregation von Einzeldaten zu einem Indikator, der Leistungen eines Personenkollektivs messen soll, wirft Fragen auf, die denjenigen der Publikations- und Zitationsanalyse ähneln. Grundannahme ist in allen Fällen, daß Urteile über bestimmte Einzelleistungen zu einem Indikator aufsummiert werden, der neben der Messung von Forschungsperformanz immer auch Urteilskomponenten enthält, die sich auf anderes als die eigentliche Forschungsqualität beziehen und selbstverständlich auch in gewissem Maße Fehlurteile transportiert. Es bedarf daher sowohl einer Begründung der Auswahl bestimmter Drittmittel als auch einer empirischen Prüfung der Validität eines solchen Indikators. Die Aggregation von Einzeldaten wirft darüber hinaus - ebenfalls den Publikationsanalysen vergleichbar - die Frage nach der korrekten Zurechnung von Einzelleistungen zu einer Institution, Organisation oder Gruppe

1 Allerdings ist auch die Bewilligung von Drittmittelprojekten - insbesondere von DFG-Projekten - durchaus reputationsförderlich.

auf. Besteht im Falle der Publikationen die Schwierigkeit, mit Mehrfachautorschaften und der institutionellen Zuordnung der Autoren angemessen zu verfahren, so ergeben sich ähnliche Probleme bei Drittmittelprojekten, an denen verschiedene Institutionen teilhaben, und bei Projekten, die durch verschiedene Drittmittelgeber gleichzeitig gefördert werden. Eine starke Konzentration der Drittmitteleinwerbungen auf wenige Personen innerhalb einer zu bewertenden Institution entspricht extrem schief verteilten Publikations- oder Zitationshäufigkeiten.

Ein Drittmittelindikator greift, wie bibliometrische Indikatoren auch, auf Prozeßdaten zurück, also Daten, die nicht ursprünglich für den Zweck einer Leistungscharakterisierung von Personen oder Institutionen angefertigt wurden. Der zentrale Unterschied zwischen beiden Datentypen ist folgender: Die Prozeßdaten, auf denen bibliometrische Untersuchungen beruhen, sind im wesentlichen auf der Ebene der Selbststilisierung angesiedelt und erfahren ihre Einschränkungen vor allen Dingen durch die dort typische Motivmischung für bestimmte Handlungen (z.B. Zitieren). Die Prozeßdaten, auf denen Peer Review-gestützte Indikatoren (wie z.B. der Drittmittelindikator) beruhen, beziehen sich hingegen vornehmlich auf die Ebene des Selbstbildes. Die Gutachter haben wenig Gelegenheit und nur ein kleines Auditorium für Selbststilisierungen, die Probleme erwachsen daher stärker aus der Repräsentanz unterschiedlicher Selbstbilder und ihrer Kompatibilität im Hinblick auf den Beurteilungsprozeß.

Während bibliometrische Indikatoren stärker den unmittelbaren "Erfolg" von Forschungsunternehmungen in sichtbaren Handlungen von Wissenschaftlern (z.B. Zitaten) auf deren aktuellem Forschungshintergrund abbilden, beschreibt ein Drittmittelindikator eher potentiell erfolgversprechende Forschungen auf dem Hintergrund der disziplinären Standards und Probleme. Entsprechend haben beide Indikatoren auch mit sehr unterschiedlichen Verzerrungen zu kämpfen: Während Zitationsraten z.B. durch die Reputation und Bekanntheit des Autors erheblich beeinflußt werden können, ist die Vergabe von Drittmitteln kaum an die Reputation der Antragsteller gebunden (die Urteile der Gutachter der National Science Foundation ließen sich z.B. durch die Zitationen der bisherigen Arbeiten der Antragsteller nicht prognostizieren; vgl. COLE/RUBIN/COLE 1978: 57). Beide Beschreibungen haben - die Meßfehler und Verzerrungen in beiden Fällen außer acht gelassen - eine gemeinsame Schnittmenge, aber sie sind nicht deckungsgleich. Daher ist ein Drittmittelindikator kein Ersatz für bibliometrische Analysen und umgekehrt, daher korrespondieren bibliometrische Daten auch nur begrenzt mit den Werten eines Drittmittelindikators. Der Drittmittelindikator erfaßt aber neben der gemeinsamen Schnittmenge auch Komponenten des Leistungsbegriffes, die in der "erfolgsorientierten" bibliometrischen Analyse nicht sichtbar werden, nämlich die untersuchungswürdigen, aber aktuell nicht bis zum Durchbruch geführten Fragestellungen, die interessanten, aber gescheiterten Forschungsanstrengungen, die thematisch "wichtigen", aber abseits des mainstreams liegenden Probleme usw.; kurz: die vielen Neben- und Umwege, die zu einer produktiven Forschung gehören, aber in einer auf internationale "Spitzenforschung" orientierten Bibliometrie unsichtbar werden. Andererseits ist es angesichts der Störanfälligkeit des Peer Review-Systems, der unscharfen Messung, der Schwierigkeit, die Standards der Drittmittelgeber zu kontrollieren, der latent konservativen Wirkung des Antrags- und Begutachtungsverfahrens und der nur fachspezifischen Eignung dringend geboten, einen Drittmittelindikator mit weiteren Leistungsindikatoren zu ergänzen und zu konfrontieren.

Auch ein Drittmittelindikator liefert kein klares numerisches Datum über die wissenschaftliche Leistung beispielsweise eines Fachbereiches, sondern nur ein interpretationsbedürftiges Puzzlestück. Um mögliche Ergänzungen dieses Puzzles geht es in den folgenden Kapiteln.

5.4 Publikationsanalysen

> Die Vernunft hat so viele Gestalten, daß wir oft nicht wissen, an welche wir uns halten sollen; die Erfahrung hat deren nicht weniger.
>
> Michel de Montaigne

Versucht man, qualifizierende Aussagen über Wissenschaftler, Forschergruppen, Institutionen oder ganze Disziplinen zu gewinnen, ohne unmittelbar auf die Einschätzungen und Urteile von Experten zurückzugreifen, dann entsteht die Frage nach einem meßbaren Objekt, in dem sich wissenschaftliche Leistung materialisiert. Es liegt nahe, die Suche nach einem solchen Objekt im Bereich der Kommunikation von Wissenschaftlern anzusiedeln, denn Wissen wird zu intersubjektiv geteiltem wissenschaftlichen Wissen nur dann, wenn es der Kommunikation von Wissenschaftlern überantwortet wird.

Grob lassen sich die Bereiche wissenschaftlicher Kommunikation trennen in ein formelles Kommunikationssystem, das auf allgemein zugänglichen Publikationen beruht, und in ein informelles System, das wesentlich auf persönlichen Kontakten und selektiver Informationsverbreitung basiert. Eine exakte Trennung ist allerdings kaum möglich. In der Zwischenzone entwickelt sich ein "grauer" Publikations- und Veranstaltungsmarkt, der einerseits nicht ohne weiteres zugänglich ist, andererseits aber weit über persönlich gestiftete Netzwerke hinausreicht. Während im Forschungsprozeß selber sicherlich dem informellen System erhebliche Bedeutung zukommt, ist sein Einfluß auf die Bewertung wissenschaftlicher Leistungen und die Zuteilung von Anerkennung umstrittener. Whitley (1972b: 188) vertritt die Ansicht, daß das informelle Kommunikationssystem eine untergeordnete Rolle spielt: *In ihm ist die Anerkennung persönlich und in Form von mehr unmittelbaren und verbrauchsbezogenen Belohnungen. Eine Legitimierung des Zieles oder der Methoden einer Arbeit wird von dem sozialen System selten durch informelle Kommunikationssysteme geleistet, obwohl deren Wichtigkeit als Informationsverbreitungssystem wächst.*

In entgegengesetzter Richtung sieht De Solla Price (1974: 101 f) die Auswirkungen, die im Übergang von *Little Science* zu *Big Science* entstehen: *Wir tendieren heute dazu, Informationen von Person zu Person zu übertragen, nicht mehr so sehr von Aufsatz zu Aufsatz. In den aktivsten Forschungsgebieten wird Wissen durch Zusammenarbeit übertragen. In ausgewählten Gruppen suchen wir Prestige und Anerkennung durch unseresgleichen als zur Zusammenarbeit würdig erachtete Kollegen. Wir publizieren für die kleine Gruppe und beschleunigen das Tempo (...). All das ruft eine beträchtliche Veränderung in der Motivation eines Wissenschaftlers hervor*

(...). Es hat auf verschiedene Weise den wissenschaftlichen Aufsatz zu einer toten oder sterbenden Kunst gemacht. Diese Prognose (vom Beginn der 60er) scheint allerdings die Bedeutung des formellen Kommunikationssystems zu unterschätzen. Folgt man Krohn/Küppers (1987) Vorschlag, von unterschiedlichen *Milieus* zu sprechen, dann scheint das informelle Kommunikationssystem vor allen Dingen für Organisations- und Kooperationsleistungen auf der Ebene von Forschungsgruppen und Laboratorien sowie für schnelle Informationsprozesse über Ergebnisse und Vorhaben innerhalb einer Fachgemeinschaft verantwortlich zu sein. Zwar beinhalten diese Austauschprozesse durchaus auch die Bewertung von Leistungen und Personen, aber die vorrangigen Ziele sind *nicht Reputation, sondern Beschleunigung und Richtungskorrektur der Forschung* (KROHN/KÜPPERS 1987: 48). Zur Vernetzung der Selbst- und Fremdbilder von Forschergruppen, die *sachlich gesehen immer auch Angaben über den Stand der Forschung enthalten* (ebd.), ist als weiteres Milieu das Publikationswesen notwendig. Dort wird der eigene Forschungsbeitrag modelliert, in die Forschungslandschaft eingepaßt und durch Zitierungen mit den Arbeiten anderer Forschungsgruppen vernetzt. Mit der Publikation gewinnt das Forschungsgebiet seine Konturen. Durch Redaktionspolitiken entsteht zwar eine gewisse institutionelle Eigenständigkeit, das Publikationswesen bleibt aber *weitgehend durch Wissenschaftler kontrolliert* (KROHN/KÜPPERS 1987: 58).

Man mag zu Recht beklagen, daß das informelle Kommunikationssystem aus dem Blickfeld der Wissenschaftsforschung geraten ist und nur auf der Ebene des Labors näher untersucht wurde, man darf umgekehrt aber davon ausgehen, daß das Publikationswesen für die Zuteilung von Anerkennung, für die Bewertung von Leistungen, für die Anerkennung von Prioritäten und Geltungsansprüchen und für die inhaltliche Bestimmung des Forschungsfeldes entscheidende Bedeutung hat. Die Publikation läßt gewissermaßen die "gesellschaftliche Wirklichkeit" der Wissenschaftler sichtbar werden. Es wundert daher nicht, daß sich das Zählen von Büchern und Aufsätzen bis in die Zeit der Bibliothek von Alexandria zurückverfolgen läßt, wenngleich die ersten Versuche dessen, was wir seit Pritchard (1969) unter Bibliometrie verstehen, aus den 20er und 40er Jahren unseres Jahrhunderts datieren, und bibliometrische Studien in großem Stil erst seit Ende der 60er Jahre mit den wachsenden Möglichkeiten der elektronischen Datenverarbeitung und der Verfügbarkeit von Literaturdatenbanken betrieben wurden (vgl. BROADUS 1987).

Unter den verschiedenen Publikationstypen (Lehrbuch, Monographie, Aufsatz, und man kann auch die Patentschrift dazurechnen) war es insbesondere der Aufsatz in einer wissenschaftlichen Fachzeitschrift, der als Übermittlungsorgan aktueller Forschungsergebnisse angesehen wurde, als *das typische Produkt derjenigen wissenschaftlichen Tätigkeit, die als Grundlagenforschung charakterisiert wird und bei der das produzierte 'Gut' Wissen allen anderen Forschern zugänglich gemacht wird* (WEINGART/WINTERHAGER 1984: 89). Die Terminologie (*Gut* oder *Produkt*) deutet bereits an, daß Publikationen häufig - in Analogie zur ökonomischen Terminologie - als Produkte eines wissenschaftlichen Produktions- und Distributionsprozesses gesehen werden. In der Tat materialisiert sich ja in der Publikation ein Teil der immateriellen Forschungsanstrengungen. Insofern lassen sich zwar erste Quantifizierungen vornehmen, es handelt sich dabei aber, um in der Sprache der Ökonomie zu bleiben, noch nicht um Wertgrößen, denn entscheidend ist natürlich nicht (oder nicht nur) die

Veröffentlichung an sich, sondern ihr Inhalt. Publikationsaktivität ist also eine notwendige, aber keine hinreichende Voraussetzung für einen kumulativen Wissensfortschritt. Deshalb entsteht bei der Auszählung von Publikationen zum Zwecke einer Leistungsbeurteilung von Personen oder Institutionen sofort die Frage nach der Vergleichbarkeit einzelner Publikationen im Hinblick auf ihre wissenschaftliche Bedeutung.

Schon früh wurde der Verdacht geäußert, das wissenschaftliche Publikationswesen transportiere in hohem Maße redundante Information. May (1968) kam für die Mathematik zu dem Ergebnis, daß nur einer von sechs Aufsätzen tatsächlich Neues mitteile, während der Rest Variationen und Wiederholungen von bereits Bekanntem seien. De Solla Price (1974: 50) formuliert die Frage drastisch: *Wer würde es wagen, einen Aufsatz von Einstein über Relativitätstheorie zu vergleichen mit 100 Aufsätzen von Dr. X über die Elastizitätskonstanten verschiedener Holzarten (eine pro Aufsatz) der Wälder im unteren Basutoland?*

Wenn Publikationszählungen die Grundlage einer Beurteilung wissenschaftlicher Leistungen bilden sollen, dann ist es notwendig, wie in der Ökonomie ein dem Geldwert entsprechendes abstraktes Maß zu formulieren, das es erlaubt, den "Wert" von Publikationen zu vergleichen. Eine solche "Zahlungseinheit", die Tauschwert oder Gebrauchswert von Publikationen zu beschreiben vermöchte, liegt aber aus den bereits dargelegten Gründen nicht vor, sie läßt sich nur unter Rückgriff auf theoretische Annahmen postulieren. Eine Verarbeitung von Publikationszählungen zu Leistungsindikatoren muß daher durch Ausgrenzungen und Gewichtungen eine artifizielle Maßeinheit herstellen, die als Vergleichsgrundlage dienen kann.

5.4.1 Publikationstypen, Auswahl und Gewichtung

Zunächst ist zu entscheiden, welche Publikationen überhaupt "Produktstatus" erhalten. Häufig werden z.B. "working papers" nicht berücksichtigt, und ebenso werden Rezensionen von der Auswertung ausgeschlossen, da sie *ja keine eigene Forschung dokumentieren* (BACKES-GELLNER/SADOWSKI 1988: 262). Manche Publikationsanalysen beziehen sich von vornherein nur auf Zeitschriftenartikel, andere versuchen, ein möglichst breites Spektrum von verschiedenen Publikationstypen zu erfassen (ein Überblick in: CAVE u.a. 1991: 119 ff). Bereits an dieser Stelle werden normative Setzungen eingeführt, die nur schwer begründbar sind. Sammelrezensionen etwa können, ganz abgesehen von der dazu notwendigen Kompetenz und dem Arbeitsaufwand, sehr wichtige orientierende und kodifizierende Funktionen in einem sich schnell entwikkelnden Forschungsgebiet haben. Sie können entsprechend durchaus als Beitrag zur Forschung gewertet werden.

Welcher Publikationstypus überwiegt, ist zudem in den verschiedenen Fachgebieten recht unterschiedlich. Während in den Naturwissenschaften der Zeitschriftenaufsatz der ganz dominierende Typus ist, kommt in den Wirtschafts- und Sozialwissenschaften der Monographie je nach Fach weit größere Bedeutung zu (vgl. ROEDER u.a. 1988: 465 und LINDSEY 1978). Auch innerhalb der Wirtschafts- und Sozialwissenschaften lassen sich noch erhebliche Unterschiede in der Publikationskultur finden.

Für das Verhältnis von Monographien und Zeitschriftenaufsätzen nennen Backes-Gellner und Sadowski (1988: 270) folgende Werte für die Bundesrepublik: *[W]ährend in der Soziologie 5,6 mal soviel Aufsätze wie Monographien geschrieben werden, sind es in der BWL noch 4,1- und in der VWL nur noch 3,6 mal soviel.* Anhaltspunkte für die sehr unterschiedliche Bedeutung von Monographien in den verschiedenen Disziplinen fanden auch Small/Crane (1979) bei der Untersuchung von Cozitationsclustern (vgl. Kap. 5.6), in denen nur noch die relativ häufig zitierte Literatur präsent ist. Eine Analyse des Anteils der zitierten Bücher in diesen Clustern über die Jahre 1972 bis 1974 ergab folgende Werte: Hochenergiephysik 0,9%, Psychologie 14,5%, Ökonomie 24,6% und Soziologie 39% (vgl. SMALL/CRANE 1979: 451).
Für die in der sozialwissenschaftlichen Datenbank SOLIS gespeicherte Literatur ermittelte Winterhager (1994: 544) einen Anteil von 42% für Zeitschriftenaufsätze, 32% für Beiträge in Sammelbänden und 26% für Monographien (im Zeitraum 1985 bis 1989). Mit aller gebotenen Vorsicht läßt sich daraus schließen, daß in den Wirtschafts- und Sozialwissenschaften auch die für die Entwicklung der Disziplin besonders einflußreiche Literatur weitaus stärker in Gestalt von Monographien vorliegt, als dies in der Naturwissenschaft der Fall ist. Möglicherweise verändert sich aber auch in den Sozialwissenschaften der Stellenwert der Monographie. So jedenfalls vermuten Nederhof/Zwaan/DeBruin/Dekker (1989: 433) nach einer Publikations- und Zitationsanalyse in acht geistes- und sozialwissenschaftlichen Disziplinen: *Contrary to general beliefs, scholary articles in journals were the predominant outlet for published scholary communication in all these disciplines. (...) The importance of books as a publication medium was less evident in this study than in previous (...) studies. One explanation for this finding is that publication habits in the social sciences and the humanities are becoming more similar to those of the natural sciences over time.*

Die Zusammenfassung von Monographien, Aufsätzen, Aufsätzen in Sammelbänden, Herausgeberschaften etc. zu einer Publikationsmaßzahl wird häufig über Gewichtungen vorgenommen. Dabei werden z.T. spezielle Gewichte für fremdsprachige Publikationen vergeben, da sie *mit höherer Wahrscheinlichkeit einen größeren Verbreitungsgrad aufweisen und in der Regel mit höherem Aufwand bei der 'Produktion' verbunden sind* (BACKES-GELLNER/SADOWSKI 1988: 263). Vereinzelt wurde auch versucht, möglicherweise ungleiche Zugangschancen zu Publikationsraum durch spezielle Gewichte zu entzerren, z.B. durch die Differenzierung in *Hauszeitschrift* und *externe Zeitschriften* (HÜFNER u.a. 1984: 10 ff). Ältere Publikationsanalysen versuchten schließlich, die "Gewichtigkeit" von Publikationen (in Seiten oder in cm) zu berücksichtigen, ohne daß allerdings wesentliche Veränderungen gegenüber einer ungewichteten Zählung festgestellt wurden (vgl. CAVE u.a. 1991: 121; FINKENSTAEDT 1986; KLAUSA 1978). Sichtet man verschiedene Studien nach der Gewichtungsmethode, zeigt sich, daß weder eine Konvention über die notwendigen Gewichtungskriterien noch über die zu benutzenden Gewichtungsfaktoren besteht. Selbst dann, wenn entschieden ist, welche Publikationen als "Produkte" anerkannt werden sollen, bleibt das Problem ihrer Identifizierung bestehen. Man kann dabei drei Strategien unterscheiden, mit denen Publikationen aufgefunden werden:

1) Es wird ein Set von Zeitschriften definiert, und nur dort erschienene Artikel werden berücksichtigt (vgl. z.B. RAU/HUMMEL 1988). Dabei wird bewußt auf Voll-

ständigkeit verzichtet, mit dem Argument, daß nur Publikationen, die ein bestimmtes Qualitätsfilter passiert haben, berücksichtigt werden sollen. Die Gefahr, daß ein quantitiv erheblicher Teil des Publikationsoutputs und/oder ein qualitativ gewichtiger nicht erfaßt wird, ist dementsprechend groß.

2) Es werden Publikationslisten der Wissenschaftler oder entsprechende Berichte von Institutionen (z.B. Jahresberichte der Universitäten) zugrunde gelegt (vgl. z.B. BACKES-GELLNER/SADOWSKI 1988). Diese Auswahlstrategie enthält zunächst keine einschränkenden Bedingungen durch den Evaluateur. Nach der Datenerhebung werden allerdings auch bei dieser Strategie Auswahlen notwendig: Solche Listen enthalten nämlich einerseits "zuviel" an Literaturangaben (z.B. "graue" Literatur, nicht fachwissenschaftliche Beiträge etc.) und andererseits "zuwenige" Literaturangaben im Vergleich zu einer Datenbankrecherche, weil die Wissenschaftler z.B. in ihrer Publikationsliste von einem zunächst als *abstract* oder *meeting abstract* und später erweitert als *full article* veröffentlichten Befund nur noch den *article* zählen, während in der Datenbank beide Publikationen nachgewiesen werden (vgl. SEHRINGER 1991: 114). Ein "natürliches" Vollständigkeitskriterium existiert also nicht, es bedarf vielmehr immer einer Definition des Evaluateurs.

3) Es werden Literaturdatenbanken maschinell oder anhand gedruckter Ausgaben ausgewertet. Diese Suchstrategie läßt sich sowohl mit einem Selektionskriterium verbinden (vgl. z.B. DANIEL 1988, für die Auswahl von *cited core documents*) als auch als Suchstrategie für möglichst vollständige Publikationslisten einsetzen (vgl. z.B. HORNBOSTEL 1991b, SEHRINGER 1991). Die wesentliche Kritik an diesen Auswahlstrategien besteht a) in der Vermutung, daß nur ein Teil der relevanten Literatur in den Datenbanken erfaßt ist, und b) in der Möglichkeit, daß ein Teil der Literatur im retrieval nicht aufgefunden wird. Informationen aus Literaturdatenbanken beruhen grundsätzlich auf einer mehr oder weniger nachvollziehbaren Auswahl von Zeitschriften. Für den Science Citation Index (SCI) gilt beispielsweise, daß die ausgewählten Zeitschriften eine gewisse Bedeutung erreicht haben müssen (Impact Faktor, vgl. Kap. 5.4.3). Fachdatenbanken sind demgegenüber i.d.R. vollständiger, bieten aber für statistische Auswertungen oft weniger Möglichkeiten, vor allen Dingen sind Zitationsanalysen nicht möglich. Wie "vollständig" die Literaturangaben aus einer Datenbankrecherche sind, hängt vom Fach, der Datenbank und der Suchstrategie ab. Der Social Science Citation Index (SSCI) z.B. wertet weltweit 73 Soziologiezeitschriften (ohne die entsprechenden Randgebiete) aus, allerdings mit einem starken bias zugunsten amerikanischer Zeitschriften. Aus der Bundesrepublik Deutschland werden z.B. nur zwei Soziologiezeitschriften[1] berücksichtigt. Ist man an einer Publikationsanalyse deutscher Soziologen interessiert, kommen also nur Fachdatenbanken wie SOLIS oder Sociological Abstracts in Frage. Anders ist die Situation in den Naturwissenschaften, wo eine klarere Hierarchie unter den Zeitschriften herrscht, ein weitaus höherer Internationalisierungsgrad und entsprechend geringere Sprachbarrieren vorliegen (vgl. ALLISON 1980, STEPHAN/LEVIN 1988: 51). Exemplarisch mag dafür ein Vergleich aus dem Bereich der Physik stehen. Dazu wurde die Universität Köln ausgewählt und die Eintragungen in den Jahrbüchern der Universität mit den Daten der

1 Es handelt sich um die Kölner Zeitschrift für Soziologie und Sozialpsychologie und die Zeitschrift für Soziologie.

Fachdatenbank PHYS und der Datenbank SCISEARCH für das Jahr 1986 verglichen.[1] Im Ergebnis ergab sich folgendes Bild (vgl. Abb. 4):

Abb. 4: Publikationsnachweise im Lehr- und Forschungsbereich Physik der Universität zu Köln (1986)

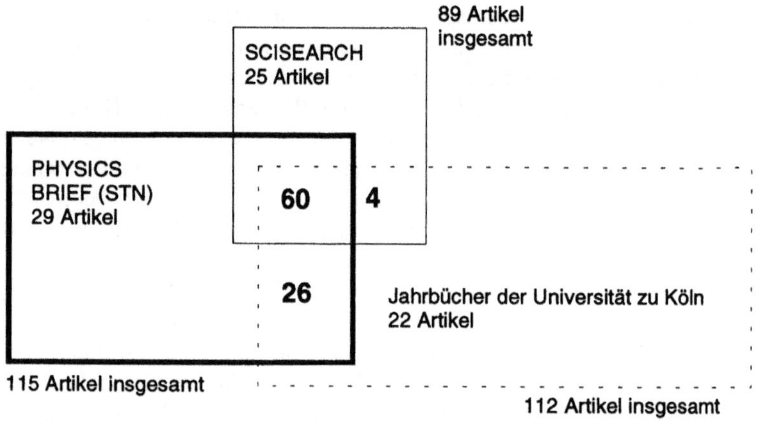

Quelle: Eigene Erhebungen

Die Fachdatenbank PHYS erfaßt einen deutlich höheren Anteil der Publikationen, die im Kölner Jahrbuch ausgewiesen sind, und darüber hinaus 29 Artikel, die nicht in den Jahrbüchern erwähnt sind. Sowohl PHYS wie auch SCISEARCH weisen eine kleine Anzahl von Publikationen nach, die nicht im Jahrbuch angegeben sind. Andererseits weist das Jahrbuch eine kleine Anzahl von Publikationen nach, die in keiner der beiden Datenbanken erscheinen. Die Tatsache, daß mit der für unsere Analysen verwendeten Abfrage von SCISEARCH nur knapp zwei Drittel aller Publikationen des Jahrbuchs erfaßt sind, geht auf zwei Ursachen zurück: Zum einen ist der von SCISEARCH ausgewertete Zeitschriftenkanon begrenzt, ein Teil der Publikationen also nicht erfaßt, zum anderen führt die von uns vorgenommene Begrenzung der Recherche auf bestimmte Subjectcodes dazu, daß ein (allerdings sehr kleiner) Teil der Publikationen in Zeitschriften, die in SCISEARCH ausgewertet werden, aus der Auswertung herausfallen, da ihnen ein anderer Subjectcode zugeordnet wurde (z.B. Medizin, Ingenieurwissenschaft). Bei diesem Vergleich trat auch eine weitere Fehlergröße in Erscheinung. Die Klassifikation einer Publikation als Artikel, Abstract, Konferenzbeitrag oder Short Communication wird nicht ganz einheitlich gehandhabt. Werden nur Artikel extrahiert, entstehen Differenzen.

Es empfiehlt sich also, Publikationsanalysen, die auf Datenbankrecherchen beruhen, zumindest stichprobenartig zu kontrollieren. Dabei erscheint weniger der Erfas-

1 In beiden Fällen wurde anhand der institutionellen Adresse gesucht.

sungsgrad problematisch (hier könnte eingewandt werden, daß mit der Selektion bestimmter Zeitschriften auch eine qualitative Komponente eingeführt wird) als die Möglichkeit einer systematischen Verzerrung, wenn bestimmte Institutionen oder Personen bevorzugt Publikationsorgane benutzen, die z.B. in SCISEARCH nicht erfaßt sind (z.B. anwendungsorientierte Naturwissenschaft, die eher auf Sprachprobleme und Adressatenkreis Rücksicht nimmt).

Mit welchen Verlusten und Fehlern bei der Datenbankabfrage gerechnet werden muß, hängt ebenfalls von der Fragestellung und der sich daraus ergebenden Suchstrategie ab. In der oben präsentierten Publikationsanalyse Kölner Physiker wurde beispielsweise nach der institutionellen Adresse (corporate source) selektiert. Es mag an dieser Stelle ausreichen, exemplarisch die Probleme und Fehlerquellen zu skizzieren, die bei einer solchen Abfrage für alle (alt)bundesdeutschen Universitäten entstanden: Die Schreibweise der institutionellen Adresse [1] ist keineswegs einheitlich, und es empfiehlt sich, zunächst zu kontrollieren, welche institutionellen Adressen die Datenbank ausgibt, wenn lediglich nach dem Ort [2] gefragt wird. Danach ist es in der Regel notwendig, verschiedene Varianten von institutionellen Adressen abzufragen. Da die Eintragungen der institutionellen Adresse keinerlei Standardisierungen unterliegen, ist es unmöglich, Fachbereiche oder Institute auf diese Weise einigermaßen vollständig zu identifizieren. D.h. man muß entweder alle institutionellen Adressen, die für eine Universität oder eine Ortsangabe ausgegeben werden, überprüfen oder eine fachliche Vorselektion durchführen. Eine solche fachliche Selektion ist anhand des subject codes (Fachgebietszuordnung) möglich. Allerdings wird der subject code pauschal für alle Artikel einer bestimmten Zeitschrift vergeben, d.h. die Zeitschrift, nicht der einzelne Artikel, wird einem Fachgebiet zugeordnet. Eine solche Vorselektion schließt also diejenigen Autoren aus, die zwar zum Fach gehören, aber in einer Zeitschrift publiziert haben, die nicht den entsprechenden subject code trägt. Außerdem werden die Beiträge in wichtigen, aber disziplinär nicht eindeutig zugeordneten Zeitschriften wie z.B. Nature höchst willkürlich einem Fachgebiet zugeordnet.

Wie eine Überprüfung der laut subject code zu den Gebieten Physik, Chemie und Biologie gehörenden Publikationen von 12 exemplarisch ausgewählten Fachbereichen ergab, stimmt die fachliche Zuordnung der Publikationen aufgrund des subject codes nur sehr bedingt mit der Fachzugehörigkeit der Autoren überein. Problematisch ist dies insofern, als der subject code (trotz Mehrfachangaben in diesem Feld) in der Regel zu einer eindeutigen fachlichen Zuordnung führt, wie Tabelle 12 zeigt. Wenn also aufgrund des subject codes die Chemie selektiert worden ist, ein Teil der Publikationen aus dem Fachbereich Chemie aber den subject code für Biologie trägt, dann tauchen diese Publikationen zwar in der Biologie auf, nicht aber in der Chemie. Um diesen Fehler auszugleichen, mußten in unserer Publikationsauszählung die jeweils

1 Der Eintrag beruht auf der Angabe des Autors in seinem Artikel. Nach wie vor erscheinen auch Artikel ohne eine solche Adressenangabe. Eine genaue Quantifizierung dieses Anteils, der von den Publikationsnormen der einzelnen Zeitschriften abhängt, ist jedoch nicht möglich (vgl. WEINGART/WINTERHAGER 1984: 131).

2 Bei den Ortsnamen existieren z.T. parallel englische und deutsche Schreibweisen, ebenfalls nicht ganz einheitlich ist die Behandlung von Umlauten. Zu berücksichtigen ist weiterhin, daß einige Universitäten Neben- und Außenstellen mit abweichender postalischer Anschrift unterhalten. Die Abfrage nur nach dem Ortsnamen ist deshalb wichtig, weil nur so Universitätseinrichtungen identifiziert werden können, in denen das Kürzel UNIV nicht auftaucht, z.B. STERNWARTE GÖTTINGEN, aber auch Angaben wie Lehrstuhl für ... .

Tabelle 12: Fachcodierung nach Subjectcode (SCISEARCH) und Fachzugehörigkeit der Autoren

Laut Vorlesungsverzeichnis gehören die Autoren zum Fachbereich:	Laut subject code gehören die Publikationen zum Fachgebiet: (Publikationen 1983 - 1988)						
	Physik	Chemie	Biologie	Physik/ Chemie	Chemie / Biologie	Biolog. / Physik	Summe:
TU Berlin							
Physik	260	9	5	4			278
Chemie	92	423	288	7	3		813
Biologie	1	2	27				29
Physik/Chemie	11	3	4				18
Chemie/Biolog.	2		2				5
Biolog./Physik							
Summe.	365	437	326	11	4		1142
U Bremen							
Physik	29	8	18				55
Chemie	15	113	33			1	162
Biologie		1	81				82
Physik/Chemie	1	7	2				10
Chemie/Biolog.		7	6				13
Biolog./Physik			7				7
Summe:	45	136	147			1	329
U Konstanz							
Physik	219	21	9	2	1		252
Chemie	14	271	35	1	6		327
Biologie	7	7	531		4		549
Physik/Chemie	1						1
Chemie/Biolog.		5	3				8
Biolog./Physik	11	1	2				14
Summe:	252	305	580	3	11		1151
U Köln							
Physik	402	11	2	11			426
Chemie	28	304	58	1	1		392
Biologie		1	411				412
Physik/Chemie	8	1		1			10
Chemie/Biolog.			19				19
Biolog./Physik			1				1
Summe:	438	317	491	13	1		1260

Anm.: Nur Publikationen, deren Autor(en) oder Coautor(en) sich im Vorlesungsverzeichnis der jeweiligen Universität nachweisen lassen.

Quelle: eigene Erhebung

"falsch" ausgewiesenen institutionellen Adressen in das zugehörige Fach übertragen werden. Dabei können, wie aus der Tabelle ersichtlich, in geringem Ausmaß Doppelzählungen auftreten, d.h. eine Publikation, die als institutionelle Adresse zwei Fachbereichsangaben enthält, wird für jeden Fachbereich einmal gezählt. Nicht ausgeschlossen werden kann auch, daß weitere Publikationen unter subject codes versteckt sind, die in dieser Analyse gar nicht selegiert wurden (z.B. Chemie unter Medizin). Das Ausmaß der Abweichungen zwischen der Fachcodierung der Datenbank und der Fachbereichszugehörigkeit der Autoren ist in Tabelle 12 wiedergegeben. Wie diese Tabelle zeigt, hängt das Ausmaß der Fehlzuordnung von den Bedingungen an der jeweiligen Universität ab und folgt nicht einem einheitlichen disziplinären Schema (über ähnliche Probleme bei der Erstellung fachspezifischer Publikationslisten für einzelne Institutionen berichten: CARPENTER u.a. 1988: 229).

Auch wenn es gelingt, durch Wahl eines sehr breiten Zeitschriftensamples die Verluste zu minimieren und mit Hilfe (aufwendiger) manueller Korrekturen die falsch klassifizierten Artikel zu eliminieren, entgeht ein Teil der Literatur, da nicht immer alle Koautoren mit der institutionellen Adresse aufgeführt sind. Ein anderer Teil enthält nur die Angabe Universität XY, eine genaue Fachzuordnung muß dann anhand des Namens[1] und der Vorlesungsverzeichnisse vorgenommen werden. Man erhält auf diese Weise eine Liste von Autoren und Publikationen, die unter der gesuchten institutionellen Adresse publiziert haben.[2] Diese Liste enthält allerdings neben dem Personal eines Institutes oder eines Fachbereiches auch die Publikationen von Gastforschern, Emeriti oder Forschern des Institutes, die im Ausland unter der Anschrift ihres Heimatinstitutes publizieren. An vier Universitäten konnten wir jeweils drei Fachbereiche (Chemie, Physik, Biologie) daraufhin kontrollieren, ob sich der oder die Autor(en) auch in den Personal- oder Vorlesungsverzeichnissen nachweisen ließen (bei mehreren Autoren mußte mindestens ein Autor im Personalverzeichnis aufgeführt sein): Nur ein kleiner Teil der nachgewiesenen Publikationen stammt von Wissenschaftlern, die nicht wenigstens für einen befristeten Zeitraum auch in den Personalverzeichnissen der jeweiligen Universität geführt werden (in den Jahren 1983-88 betrugt dieser Anteil nach unseren Erhebungen an der TU Berlin 4,0%, an der Universität Bremen 0,9%, an der Universität Konstanz 7,5%, an der Universität Köln 13,2%).

Werden andere Suchstrategien gewählt, entstehen auch andere als die hier aufgelisteten Probleme. In aller Regel aber ist ein nicht unerheblicher Korrektur- und Kontrollaufwand notwendig, wenn aus Datenbankabfragen vergleichbare Publikationslisten für institutionelle Einheiten gebildet werden sollen. Generalisierend läßt

1 Bei den Namen ergaben sich drei praktische Probleme: a) das Problem von Homonymen, was bei häufigen Nachnamen schon an ein und demselben Fachbereich auftreten kann. Da SCISEARCH nur den ersten Buchstaben des Vornamens enthält, war es in einigen Fällen notwendig, die Originalpublikation zu konsultieren, um eine eindeutige Zuordnung zu ermöglichen. b) Es treten in gewissem Maße Schreibfehler auf und uneinheitliche Behandlung von Umlauten. Bei unserer Selektion nach institutioneller Adresse konnten diese Fehler im nachhinein korrigiert werden. c) Gelegentlich treten durch Heirat Namensänderungen auf, die erst später auch in Vorlesungs- oder Personalverzeichnissen dokumentiert sind.

2 Aus der institutionellen Adresse bzw. den Abkürzungen, die in SCISEARCH abgespeichert werden, läßt sich allerdings nicht immer eine korrekte Zuordnung gewinnen. Ein regelmäßig auftretender und quantitativ gewichtiger Fall ist die Unterscheidung von Physikalischer Chemie und Physiologischer Chemie. Die häufig verwandte Abkürzung PHYS CHEM läßt eine klare Zuordnung nicht zu und macht manuelle Nachrecherchen notwendig.

sich festhalten: *online paper counts will be more reliable the larger the aggregates of study become. (...) When units of study get smaller one has to pay more attention to the journal coverage, the quality of bibliographic descriptions, the formatting of the database, and the information retrieval technique available. Online bibliometric studies may sometimes require intensive interaction with the database which may lead to fairly expensive searches. Still, a manual check and recoding are sometimes needed to ensure high quality data* (PERSSON 1988: 250).

5.4.2 Mehrfachautorschaft

Ebenfalls ein Gewichtungsproblem, aber ganz anderer Art, stellt die Zurechnung einer Publikation zu einem Autor oder einer Institution dar. Noch zu Beginn dieses Jahrhunderts war es die Regel, daß für eine Publikation eindeutig nur ein Autor verantwortlich zeichnete. Mehrfachautorschaft war derart ungewöhnlich, daß ein Beitrag, den Delbrück zusammen mit zwei weiteren Autoren verfaßte, allgemein unter der Bezeichnung "Dreimännerwerk" bekannt wurde (vgl. MULLINS u.a. 1988: 86). De Solla Price (1974: 98) konnte anhand der "Chemical Abstracts" zeigen, daß 1900 noch 80% der Veröffentlichungen lediglich einen Autor hatten und der Rest fast vollständig auf Doppelautorschaft zurückging. Seitdem ging der Trend beständig in Richtung Mehrfachautorschaft (vgl. z.B. ZUCKERMAN/MERTON 1973: 547). Wenngleich der Trend nicht so geradlinig verlief, *daß 1980 der Einautorenaufsatz ausgestorben* war, so ist doch zu erkennen, daß diese Art der Publikation in den Naturwissenschaften mittlerweile die Ausnahme ist (PRICE 1974: 100).

Auch in anderer Hinsicht verlief die Entwicklung keineswegs geradlinig. So konnten Beaver und Rosen (1978) zeigen, daß bereits im 19. Jahrhundert in der französischen Wissenschaft[1] Koautorschaft ein übliches Publikationsverhalten war. Sie führen dies auf ein deutlich höheres Maß an Professionalisierung in der französischen Wissenschaft des vergangenen Jahrhunderts zurück. Dafür spricht auch, daß in einzelnen kooperationsintensiven Disziplinen - vor allen Dingen in der Astronomie - im Frankreich des 19. Jahrhunderts der Mehrautorenaufsatz bereits die Regel war. Aus verschiedenen Publikationsanalysen ist bekannt, daß Mehrfachautorschaft auch heute noch ein disziplinspezifisches Phänomen ist. In den Naturwissenschaften, aber auch in der Medizin ist Mehrfachautorschaft nicht nur weitaus üblicher als in den Sozial- und Geisteswissenschaften, auch die Zahl der Autoren liegt weitaus höher und kann in Extremfällen bei weit über 100 Autoren liegen (vgl. KYVIK 1989: 207; ROTH 1992). Auch innerhalb von Disziplinen traten je nach Forschungsschwerpunkt erhebliche Unterschiede in der durchschnittlichen Zahl der Autoren je Artikel auf (vgl. BEAVER/ROSEN 1979a: 242).

Für interdisziplinäre, aber auch für intradisziplinäre Produktivitätsvergleiche stellt sich daher die Frage, ob jedem Autor/Koautor die gesamte Publikation oder nur ein Anteil daran zugerechnet werden kann. Man kann die Frage auch radikaler stellen: Da

1 Für Deutschland, Großbritannien und Schweden lassen sich für das 19. Jhdt. jedoch nur wenige wissenschaftliche Artikel mit mehreren Autoren nachweisen (vgl. BEAVER/ROSEN 1978: 78).

es keine verbindliche Konvention dafür gibt, welche Art von Leistung eine Mitautorschaft begründet, wird zunehmend unklarer, was Autorschaft überhaupt heißt. Wird Autorschaft sehr weit interpretiert, dann erscheint jeder, der irgendwie zum Entstehen der Publikation beigetragen hat, als Autor. So wurde etwa dem *New England Journal of Medicine* ein Beitrag von 200 Autoren (inclusive Schreibkräfte) zur Veröffentlichung eingereicht (vgl. ROTH 1992). Wird Autorschaft sehr eng interpretiert, dann ist es fraglich, ob die verbreitete Praxis, daß Laborleiter ihre Genehmigung (und Durchsicht) eines Manuskripts durch Mitautorschaft dokumentieren, denn gerechtfertigt ist. Wer als Mitautor einer Publikation erscheint, ist bisher von den stark variierenden Praxen in großen Labors und Arbeitsgruppen abhängig. Lindsey (1980: 146 f) unterscheidet drei Strategien im Umgang mit diesem Problem:

1) *normal counts* rechnen jedem Mitautor eine volle Publikation an, was in den meisten von Lindsey durchgesehenen empirischen Studien der Fall ist.

2) *straight counts* erfassen lediglich den Erstautor. Eine technisch sehr einfache Methode, die auf Cole/Cole (1973) zurückgeht und davon ausgeht, daß der Erstautor den überwiegenden Teil der Arbeit geleistet hat.

3) *adjusted counts* rechnen jedem Autor einen Bruchteil des Artikels zu.

Berücksichtigt man nur die Erstautoren (straight counts), dann muß unterstellt werden, daß die Anordnung der Autorennamen die Bedeutung ihrer Mitarbeit widerspiegelt. Seit langem ist allerdings bekannt, daß die Ordnung der Autorennamen häufig der alphabetischen Ordnung folgt (vgl. ZUCKERMAN 1968). In einer Analyse der Beiträge des Journal of the Chemical Society konnte Rudd (1977: 268) zeigen, daß *11% had a single author and 77% had two or more authors listed alphabetically, leaving 12% of articles having two or more authors who were not listed in a strict alphabetical order.* Ähnliche Ergebnisse berichtet Lindsey (1980: 149) über die Analyse von 1300 Zeitschriftenartikeln aus unterschiedlichen Wissenschaftsgebieten: *There is a tendency towards alphabetic name ordering in the double-authored papers, and this trend continues (but a reduced level) for triple-authored papers.* Eine ausschließliche Berücksichtigung des Erstautors muß demnach zu ganz erheblich verzerrten Ergebnissen führen und kommt für eine Leistungsmessung weder auf der individuellen noch auf der institutionellen Ebene in Frage.

Tabelle 13: Anzahl der Publikationen von Autoren aus den Fachbereichen Physik, Chemie und Biologie in den Jahren 1983-1988 auf der Grundlage der Nachweise in SCISEARCH

	TU Berlin	U Bremen	U Konstanz	U Köln
complete count	1.143	330	1.153	1.247
straight count	707	177	494	625

Quelle: eigene Erhebung

Die Tabelle 13 demonstriert den erheblichen und keineswegs gleichmäßigen "Verlust" an Publikationen, wenn nur die Erstautoren berücksichtigt werden. Bricht man mit dem Grundsatz "*one paper is one paper, irrespective of the number of authors*" (LINDSEY 1982: 389) und rechnet jedem Autor eine gemeinschaftliche Publikation vollständig an (*normal count* oder *complete counts* in der Terminologie von Long u.a. 1980), dann ergeben sich auf der Ebene des einzelnen Wissenschaftlers Überschätzungen der Produktivität, wenn dieser regelmäßig mit vielen anderen Koautoren gemeinsam publiziert; auf der Ebene von Institutionen ergeben sich Überschätzungen, wenn starke Vernetzungen mit anderen Forschungseinrichtungen bestehen und die Publikationen regelmäßig von Autoren verschiedener Institutionen gemeinsam verfaßt werden. Versucht man auf der Grundlage solcher "normal counts" Produktivitätsvergleiche zwischen einzelnen Wissenschaftlern anzustellen, dann entstehen höchst skurrile Ergebnisse: Die Liste der *Top twenty der Graphomanen* der wissenschaftlichen Welt weist für den ersten Platz (Struchkow, Y.; Chemie; UdSSR) alle 3,9 Tage und für den 20. Platz (Peters, T.; Biochemie, GB) immerhin noch alle 11,3 Tage eine Publikation aus (ROTH 1992). Selbstverständlich beruhen diese Publikationsmengen auf der Arbeit der Labors und nicht auf individueller Produktion. Das macht intuitiv auch einsichtig, daß die Publikationsmenge mit der Qualität der Arbeit nicht unbedingt etwas zu tun hat. So findet man beispielsweise den zweimaligen Nobelpreisträger F. Sanger nicht einmal unter den ersten tausend Graphomanen. Beim institutionellen Produktivitätsvergleich fällt dies allerdings nur ins Gewicht, wenn zwischen den Institutionen erhebliche Unterschiede im Umfang institutionsübergreifender Kooperationen bestehen.

Solange es um die institutionelle Ebene geht, lassen sich auch *complete counts* so einrichten, daß der Institution eine Publikation zugerechnet wird, wenn einer oder mehrere Autoren des Artikels der Institution angehören (vgl. GLENN/VILLEMEZ 1970: 245, HORNBOSTEL 1991a: 73 f). Damit ist zwar auf der Ebene der einzelnen Institution das Prinzip "one paper is one paper" gewahrt,[1] die übrigen skizzierten Verzerrungen sind damit aber nicht aufgehoben. Das Problem stellt sich ähnlich bei der Frage, wie denn Zitationen, die auf Artikel mit mehreren Autoren entfallen, zu behandeln sind (vgl. Kap. 5.5).

In beiden Fällen ist entscheidend, ob die Analyse auf eine Bewertung einzelner Wissenschaftler oder kleiner Gruppen zielt oder ob Aussagen über größere Personenaggregate gemacht werden sollen. Im letzteren Fall kann die Einschätzung von Long/McGinnis (1982) durchaus zutreffen, daß die Verwendung von "complete counts" gegenüber "adjusted counts" keine gewichtigen Veränderungen produziert. Analysiert man jedoch individuelle Leistungen, so führt die Verwendung von "normal counts" zu einer erheblichen Unterschätzung der Leistungen von allein oder in kleinen Gruppen arbeitenden Wissenschaftlern gegenüber denjenigen, die in großen Forschungsteams mit häufiger Koautorenschaft arbeiten. Lindsey (1982: 392) demonstrierte diesen Effekt anhand einer Auswahl von 155 Artikeln aus dem Bereich der Biochemie (vgl. Tabelle 14). Rechnet man jedem Autor nur den Bruchteil der Publikation zu, der sich aus der Gesamtzahl der Autoren ergibt (adjusted count), wird die Produktivität von Personen und Institutionen möglicherweise unterschätzt. Dafür spricht zunächst die intuitive Erfahrung, daß eine Publikation, die z.B. von drei Autoren verfaßt wird, für jeden Autor nicht etwa 1/3 des Zeit- und Arbeitsaufwandes einer Einzelpublikation bedeutet, sondern deutlich mehr. Dieses "mehr" wird an anderer

1 Auch wenn ein Artikel von mehreren Autoren aus demselben Fachbereich verfaßt ist, rechnet die Publikation für den Fachbereich nur einmal.

Stelle auch sichtbar, wie die Tabellen 14 und 15 mit den deutlich höheren Zitationsraten pro Artikel bei Mehrfachautorschaft zeigt.

Tabelle 14: Vergleich von 'normal counts' und 'adjusted counts' für 155 publizierte Artikel aus dem Gebiet der Biochemie

Anzahl der Autoren	Anzahl der Artikel	Zitate pro Artikel	adjusted count		normal count	
			Artikel	Zitate	Artikel	Zitate
1	29	8,45	29	245	29	245
2	72	18,11	72	1.304	144	2.608
3	34	15,06	34	512	102	1.536
> 3	20	9,85	20	197	124	1.221
		Summe:	155	2.258	399	5.610

Quelle:: LINDSEY 1982: 392; eigene Berechnungen

Auch für andere Wissenschaftsgebiete fand Lindsey (1980) deutlich höhere Zitationsraten für Artikel mit mehr als einem Autor. Leicht höhere Zitationsraten für Mehrfachautoren zeigen auch die Ergebnisse einer Untersuchung soziologischer Zeitschriften durch Oromaner (1974). Presser (1980: 96) befand nach einer Analyse der Herausgeberentscheidungen von *Social Psychology Quarterly* über eingereichte Manuskripte, daß *collaboration bears a modest relation to quality, as measured by editorial decision*. Ähnlich fanden Gordon (1980) für die Astronomie und Lawani (1986) für die Krebsforschung höhere Akzeptanzraten für Manuskripte mit Mehrfachautorschaft. Nudelman/Landers (1972: 9) ließen amerikanische Soziologen Bewertungspunkte für Artikel mit Mehrfachautorschaft vergeben (ein Artikel mit einem Autor = 100 P-unkte) und stellten fest, daß *79 percent gave a total of more than 100 points for two-author articles and 83 percent gave a total of more than 100 points for three-author articles. A modal 29 percent gave the maximum of 200 points for two-author and 300 points for three-author articles*. Zitationsanalysen ergaben für Artikel mit internationaler Coautorenschaft doppelt so hohe Zitationsraten, wie für Artikel, deren Verfasser aus einem Institut kamen (NARIN u.a. 1991).

Wir fanden bei der Untersuchung von vier Fachbereichen der Physik ebenfalls ein Ansteigen der Zitationshäufigkeit für Artikel mit Mehrfachautorschaft. Allerdings stellte sich ein erkennbarer Effekt erst ab vier oder mehr Autoren ein und äußerte sich vor allem in einem Absinken des Anteils nicht zitierter Arbeiten und einem Ansteigen des Anteils vielzitierter Arbeiten (vgl. Tab. 15). Wie und ob durch Kooperation ein qualitatives "mehr" entsteht, das für diese höheren Zitationsraten verantwortlich gemacht werden kann, bedarf einer genaueren Prüfung.[1] Es ist durchaus möglich, daß andere Variablen, wie etwa die finanzielle Förderung von Forschergruppen oder etwa

1 Grundsätzlich ist dabei eine Veränderung der tatsächlichen Kooperationsstrukturen von einer Veränderung der Dokumentationspraxis dieser Strukturen zu unterscheiden. Die Frage, welche Art von Zu- oder Zusammenarbeit einen Autoren- bzw. Koautorenstatus rechtfertigt, bezieht sich auf das Belohnungssystem und die veränderlichen gebietsspezifischen Praxen der Anerkennung und Belohnung von Leistungen. Steigende Mehrfachautorschaften können daher sowohl durch verändertes Kooperationsverhalten als auch durch veränderte Belohnungsmechanismen verursacht werden.

der Zwang zur Kooperation bei der Nutzung besonders teurer Laborgeräte (vgl. KNORR CETINA 1991) im Hintergrund stehen und der Erfolg solcher Artikel sich entsprechend auf eine bessere Forschungsausstattung bzw. -infrastruktur gründet. Einige Untersuchungen deuten denn auch darauf hin, daß zwischen finanzieller Förderung und durchschnittlicher Autorenzahl Zusammenhänge bestehen (vgl. BEAVER/ROSEN 1979b: 241). Indirekt zeigt sich dies auch in der unterschiedlichen Häufigkeit von Einzelautorschaft bei theoretischen bzw. empirischen Artikeln. Krekel-Eiben (1990: 155) konnte für die deutsche Soziologie einen Anteil von Aufsätzen mit Einzelautorschaft von 78,1% (in den USA 60,9%) unter den empirischen Arbeiten und von 91,4% (USA: 85,9%) unter den theoretischen Beiträgen für die Nachkriegszeit ermitteln. Finanzielle Förderung außerhalb der Haushaltsmittel und empirische Orientierung deuten darauf hin, daß Forschung projektförmig betrieben wird. Damit gewinnt Arbeitsteilung, Teamarbeit und die Integration von Spezialisten einen hohen Stellenwert, der sich auch in "Produktionsvorteilen" niederschlägt.

Tabelle 15: Zeitschriftenartikel (Physik) der Universitäten Köln, TU Berlin, Konstanz und Bremen (1983 bis 1987) nach der Anzahl der Autoren (nur Publikationen mit < 7 Autoren)

Anzahl der Autoren	Zitate in den ersten 3 Jahren nach Veröffentlichung					Anzahl der Artikel
	0 - 1	2 - 5	6 - 10	11-15	> 15	
1	35,8%	34,2%	14,6%	8,8%	6,7%	240 (100%)
2	36,9%	38,1%	15,4%	5,4%	4,2%	260 (100%)
3	31,1%	37,3%	21,2%	5,2%	5,2%	212 (100%)
4	26,3%	35,3%	15,0%	6,8%	16,5%	133 (100%)
5	19,1%	31,5%	21,3%	13,5%	14,6%	89 (100%)
6	21,3%	36,1%	16,4%	11,5%	14,8%	61 (100%)

Quelle: eigene Erhebung

Allerdings verbergen sich hinter höheren Zitationsraten für Artikel mit mehreren Autoren auch völlig qualitätsunabhängige Effekte. So steigt z.B. die Anzahl der Selbstzitationen mit der Zahl der Autoren, aber auch mit dem Impact-Factor der Zeitschrift an, wie Herbertz (1995) für molekularbiologische Zeitschriften zeigen konnte. Ein erheblicher Teil der scheinbaren Qualitätsunterschiede geht demnach auf unterschiedliche Selbstzitationsraten zurück. Zudem scheinen sich innerhalb des Stratums hochzitierter Publikationen, anders als beim Vergleich von Publikationen unterschiedlichster Qualität, keine nennenswerten Veränderungen der (um Selbstzitate bereinigten) Zitationshäufigkeiten zu ergeben, so daß Produktionsvorteile weniger stark für Top-Institutionen entstehen. Weitgehend unklar ist allerdings, was in bibliometrischen Analysen mit Kooperation (operationalisiert über die Autorenschaft) tatsächlich gemessen wird, denn aufgrund der geringen Konventionalisierung der Autorennennung werden sehr unterschiedliche Formen von Kooperation, die von technischer Unterstützung bis zur aktiven Autorschaft reichen, erfaßt (vgl. MOED u.a. 1991).

Das Thema wissenschaftlicher Kooperation kann hier nicht vertieft werden, aber es deuten viele Indizien auf ein Muster hin, nach dem durch Kooperation und Koautorschaft a) Zugänge zur wissenschaftlichen Elite geschaffen werden, die sich für die betroffenen Personen in einer langanhaltenden Vorteilsakkumulation niederschlagen,[1] b) Produktionsvorteile durch Arbeitsteilung und Spezialisierung entstehen und c) Kooperation (und als Indikator Koautorschaft) Wissenschaftlern angesichts wachsender Spezialisierung höhere Mobilität zwischen verschiedenen Spezialgebieten erlaubt (vgl. BEAVER/ROSEN 1979 b: 243). Koautorschaft bietet neben dem "Reputations-sharing" durch die Erreichbarkeit größerer Netzwerke auch höhere Chancen für die Wahrnehmung der Publikation. Das alles sind Erklärungsansätze für höhere Erfolgschancen (gemessen in Zitaten) für Publikationen mit mehreren Autoren. Unter welchen Bedingungen und in welchen Wissenschaftsbereichen dabei allerdings tatsächlich höhere Erfolge vorliegen und nicht lediglich veränderte Selbstzitationsraten oder verändertes Publikationsverhalten höheren Erfolg suggeriert, ist bisher nur ansatzweise geklärt. Für die hier verfolgte Frage nach der Zurechenbarkeit von Leistungen stellt sich die Mehrfachautorschaft eher als Problem dar, denn je nach der gewählten Untersuchungseinheit führen die unterschiedlichen Zurechnungsmethoden zu mehr oder weniger unterschiedlichen Ergebnissen.

Für die Auswirkungen der Gewichtungen von Publikationstyp und Autorenzahl sei exemplarisch auf eine Studie zur Produktivität norwegischer Wissenschaftler hingewiesen. Auf der Grundlage der in einer Befragung des gesamten hauptamtlichen wissenschaftlichen Personals an den vier norwegischen Universitäten angegebenen Publikationslisten führte Kyvik (1989) einen disziplinären Produktivitätsvergleich durch. Er benutzte dazu sowohl die ungewichteten Publikationsangaben als auch nach Autorenzahl und Typ der Publikation gewichtete Angaben (vgl. Tab. 16).[2]

Tabelle 16: Durchschnittliche Zahl von Publikationen je Forscher (Norwegen 1979 - 1981)

	Geisteswissenschaft	Sozialwissenschaft	Naturwissenschaft	Medizin	Gesamt
Publikationen (ungewichtet)	3,5	4,6	5,1	8,2	5,3
Publikationen (gewichtet)	4,7	5,9	3,9	5,2	4,8

Quelle: Kyvik 1989: 208

1 Wissenschaftler, die zu Beginn ihrer Karriere in ein kooperatives Forschungsmilieu einsozialisiert wurden und ihre ersten Veröffentlichungen in Koautorschaft verfaßten, weisen auch im weiteren tendenziell höhere Produktivität und höhere Sichtbarkeit (Zitationen) auf (vgl. z.B.: BEAVER/ROSEN 1979a; ZUCKERMAN 1967; CRANE 1970, 1965). Auch neuere Untersuchungen bestätigen diesen Prozeß der Vorteilsakkumulation durch Kooperation (vgl. für die Soziologie: GÜDLER 1994).

2 *An article in a journal or book is given the value of 1, while a book receives 2-6 points according to the number of pages and type of book. (...) A report receives 1-6 points using the same criteria as for books. In cases where more than one author collaborates on an article or book the values are set according the following criteria: if there are two or three authors, each author receives half the number of points given for the publication; if there are more than three authors, each receives a third of this points* (KYVIK 1989: 206).

Die Gegenüberstellung von derart gewichteten und ungewichteten Angaben zeigt, daß sich höchst unterschiedliche Aussagen zu den disziplinären Produktivitätsunterschieden norwegischer Wissenschaftler ergeben. So haben etwa die Geisteswissenschaften nach ungewichteten Publikationszählungen den geringsten Output, nach den gewichteten Angaben jedoch einen deutlich höheren als die Naturwissenschaften. Es ist zwar nicht zu vermuten, daß ähnlich starke Differenzen auch bei einem innerdisziplinären Vergleich auftreten, die Tabelle 16 zeigt aber - jenseits aller methodischen Detailprobleme -, daß je nach Publikationsgepflogenheiten und Wahl der Gewichtungsfaktoren sehr unterschiedliche Ergebnisse erzielt werden können. Die Vermutung, daß innerhalb einer Disziplin homogenere Bedingungen vorliegen und Gewichtungen dieser Art im innerdisziplinären und intrainstitutionellem Vergleich weniger bedeutsam sind, läßt sich auch anhand unseres eigenen Datenmaterials exemplifizieren. So zeigt der Vergleich von drei physikalischen Fachbereichen, daß offenbar ähnliche Kooperationsstrukturen vorliegen, die Gewichtung der Beiträge nach Autorenzahl daher auch nicht die Rangfolge der Fachbereiche beeinflußt (vgl. Tab. 17). Diese Ergebnisse entsprechen in der Tendenz den Befunden von Long und McGinnis (1982), die in einem Sample von 557 Biochemikern nicht nur sehr hohe Korrelationen (zwischen 0.89 und 0.97) zwischen Publikations- und Zitationszählungen fanden, die jeweils auf *adjusted* und *unjusted counts* beruhten, sondern auch in verschiedenen Regressionsrechnungen zur Erklärung der Produktivität der Wissenschaftler keine wesentlichen Abweichungen der r^2 Werte für die beiden unterschiedlichen Zählungen entdeckten (LONG/MCGINNIS 1982: 382 ff).

Tabelle 17: Auswirkung unterschiedlicher Publikationszählungen auf die Positionierung von Fachbereichen. Fachgebiet Physik - In SCISEARCH nachgewiesene Artikel 1983-1988

Universität	Zahl der Autoren (Mittelwert)	Publikationen ungewichtet	Publikationen gewichtet mit der Zahl der Autoren (1)
Köln	3,42	568 (44,2%)	437,4 (44,2%)
TU Berlin	3,39	313 (24,4%)	229,6 (23,2%)
Konstanz	3,19	322 (25,1%)	255,3 (25,8%)
Bremen	2,96	82 (6,4%)	66,6 (6,7%)
Gesamt:	3,33	1.285 (100%)	988,9 (100%)

(1) = Summe (Publikation * (Zahl der Autoren des Fachbereichs / Gesamtzahl der Autoren))
Anm.: nur Publikationen, deren Autor(en) in den Vorlesungs- bzw. Personalverzeichnissen der jeweiligen Universitäten nachweisbar waren.
Quelle: eigene Erhebung

Mehrfachautorschaft läßt sich allerdings nicht nur unter der Perspektive angemessener Publikationszählungen sehen, sondern auch als wertvolle Information über die Ausbildung sozialer Netzwerke. Die Tatsache, daß der überwiegende Teil (zumindest des naturwissenschaftlichen) Publikationsoutputs von mehreren Autoren verfaßt wird, erweist sich in einer analytischen Perspektive als Vorteil und läßt sich zusammen mit anderen strukturabbildenden Verfahren zur Kennzeichnung kognitiv und/oder sozial homogener Gebiete bzw. zur Kennzeichnung gegenseitiger intellektueller oder sozialer Einflüsse einsetzen (vgl. STOKES/HARTLEY 1989; SUBRAMANYAM 1983; EDGE 1979). Ebenso läßt sich Koautorschaft zur Untersuchung internationaler Kooperationsnetze benutzen (vgl. LUUKONEN u.a. 1991). Geht es beispielsweise um die Evaluation des Nutzens von Austauschprogrammen für Wissenschaftler, dann kann die Abbildung solcher internationalen Netzwerke sehr hilfreich sein. Ein Leistungsindikator wird internationale Kooperation, wenn etwa periphere Länder über internationale Kooperation Anschluß an neuere Forschung suchen. Gómez und Méndez (1991: 39) stellten - in der Tendenz der obigen Befunde - für schwedische und spanische Publikationen (Physik insgesamt), die in internationaler Kooperation verfaßt waren, höhere Zitationsraten als bei den übrigen Publikationen fest. Dies gilt allerdings nicht ausnahmslos: Auf der Ebene der Spezialgebiete verzeichnen in internationaler Kooperation verfaßte Publikationen nicht durchgängig höhere Zitationsraten.

5.4.3 Qualitative Differenzierung von Publikationen

Soweit bei den Gewichtungsverfahren, die im Kap. 5.4.1 vorgestellt wurden, Qualitätsaspekte überhaupt eine Rolle spielen, handelte es sich um intuitiv gewählte Gewichtungen (z.B. für fremdsprachige Artikel oder Artikel in Hauszeitschriften) oder um Auswahlen von Publikationsorganen, die ähnlich intuitiv mit besonderer Qualität dieser Publikationsorgane gerechtfertigt wurden. Es bedarf allerdings einer sehr starken qualitativen Differenzierung von Zeitschriften und einer klaren und quantitativ bedeutsamen Trennung von "refereed journals" und anderen, wenn eine solche Gewichtung Sinn machen soll (vgl. CARTTER 1966). Für eine Qualitätsmessung sind solche Verfahren sicherlich nicht befriedigend, es handelt sich eher um Aktivitäts- als um Qualitätsmessungen (vgl. MORAVSCIK 1973: 268). Daß Publikationszählungen immer wieder auch als Qualitätsindikator benutzt wurden, liegt daran, daß Publikationen zumindest dann, wenn sie in Zeitschriften mit einem Peer Review-Verfahren erscheinen, bereits eine institutionelle Qualitätskontrolle durchlaufen haben. Man kann also mit einiger Plausibilität vermuten, daß solche Publikationen eine bestimmte Qualitätsmarge nicht unterschreiten, über die Qualitätsdifferenzen zwischen einzelnen Publikationen läßt sich aber so nichts aussagen. Zwar wurde immer wieder unterstellt, daß zwischen der Quantität des wissenschaftlichen Outputs (Publikationen) und der Qualität dieser Arbeiten eine hohe Korrelation bestehe (vgl. CLARK 1957; COLE/COLE 1973; KLINGEMANN 1974; DE SOLLA PRICE 1974; BACKES-GELLNER 1988), die theoretischen und empirischen Gegenevidenzen sind jedoch so groß, daß die einfache Gleichstellung, Quantität ist gleich Qualität, nicht haltbar ist (vgl. SMITH/FIEDLER 1971; SPIEGEL-RÖSING u.a. 1975; MARTIN/IRVINE 1983; WEINGART/WINTERHAGER 1984). Es kann als gesichert gelten, daß dieser Zusammenhang von Quantität und Qualität zumindest bei kleinen Untersuchungspopulationen nicht unterstellt werden darf. Möglicherweise liegt ein Grund darin, daß hohe Korrelationen zwischen Quantität und Zitationshäufigkeiten überwiegend für einzelne Wissenschaftler oder kleine Strata hochproduktiver Wissenschaftler festgestellt wurden. Vergleicht man jedoch Gruppen oder Institutionen, läßt sich ein solcher Zusammenhang in der Regel nicht finden (vgl. SPIEGEL-RÖSING u.a. 1975: 58).

Wenn Publikationszählungen nicht nur zur Indizierung von Aktivität (Teilhabe an der wissenschaftlichen Kommunikation), sondern auch zur Indizierung von Qualität verwandt werden sollen, dann ist eine Gewichtung der Publikationszahlen mit einem qualitativen Merkmal notwendig. Grundsätzlich bieten sich vier Strategien dazu an:

	pauschal (Zeitschrift)	individuell (Artikel)
quality (Peer-Einschätzung)	a)	d)
impact (Bibliometrie)	b)	c)

Der erste Weg besteht in einer technisch relativ einfachen Approximation der Qualität des einzelnen Artikels durch eine Bewertung des Publikationsorgans (in der Regel Zeitschriften; kann aber auch auf Handbücher, Standardwerke etc. übertragen werden). Dabei wird davon ausgegangen, daß Zeitschriften sich in der Strenge ihrer Aufnahmekriterien und in der Folge in der durchschnittlichen Qualität der Beiträge und/oder zumindest in der Verbreitung und der Größe des Publikums erheblich unterscheiden. Die Bewertung der Zeitschriften kann nun wiederum als Peer-Urteil erhoben (a) oder mit Hilfe bibliometrischer Verfahren bestimmt werden (b). Der zweite Weg besteht in einer Qualitätscharakterisierung des einzelnen Artikels. Auch dieser erhebungsmäßig wesentlich aufwendigere Weg läßt sich wieder als Impact-Messung mit Hilfe bibliometrischer Verfahren durchführen (c) oder als erneute Begutachtung durch Peers (d). Letzteres kommt jedoch nur zu analytischen Zwecken oder im Rahmen von Validitätsprüfungen in Frage, für eine nachträgliche, routinisierte Begutachtung größerer Publikationsmengen ist das Peer Review-Verfahren ungeeignet. Die Variante d) soll daher nicht weiter diskutiert werden.

Eine der ersten Studien, die versuchte, die Bedeutung von soziologischen und psychologischen Fachzeitschriften durch eine Befragung von Fachwissenschaftlern zu ermitteln, legten Anger/Scherer (1969) für die Bundesrepublik Deutschland vor. Sie ermittelten einen *Index der relativen Wichtigkeit einer Zeitschrift*, der neben der Zahl der Nennungen auch den Konsens der Befragten berücksichtigte. Glenn/Villemez (1970) entwickelten ähnliche Zeitschriftenbewertungen aufgrund von Befragungsdaten für die Soziologie, Hawkins u.a. (1973) für die Ökonomie; Pommerehne (1986) führte eine solche Befragung unter bundesdeutschen Wirtschaftswissenschaftlern durch. Coe und Weinstock (1984) stellten zwei Rangordnungen für "Management Journals" auf, die auf den Angaben von 114 *management department chairs* aus den Jahren 1968 und 1982 beruhten. Sie fanden beim Vergleich der Rangreihen, daß *only a few notable changes in journal ratings occurred* (COE/WEINSTOCK 1984: 664). Außer der zeitlichen Stabilität dieser Rangordnungen fanden sie, daß in der Regel bereits zwei oder drei Rangplätze signifikante Unterschiede in der Rangposition der Zeitschriften ausmachten. Anders die Ergebnisse von Teevan (1980). Er konstruierte auf der Grundlage von Peer-Bewertungen einzelner Artikel aus ausgewählten soziologischen Fachzeitschriften fünf verschiedene Prestige-Messungen, die mit der Zeitschriften-Prestige-Bewertung von Glenn (1971) konstrastiert wurden.

Dieser Fokus auf die Frage, ob denn zufällig ausgewählte Beiträge einer Zeitschrift tatsächlich in ihrer Bedeutung ähnlich eingeschätzt werden wie das Prestige der Zeitschrift, in der sie veröffentlicht wurden, brachte folgendes Ergebnis: *Higly regarded articles appear in less highly regarded journals (as defined by Glenn's sample), while less highly regarded articles appear in highly ranked journals. (...) If individuals want to evaluate a piece of scholary research, they would be well advised to read the actual article and (...) not judge a book by its cover* (TEEVAN 1980: 112).

Pommerehne/Renggli (1986) verglichen die Positionierung von Fachbereichen aus der Volks- und der Betriebswirtschaftlehre, die sich bei Zugrundelegung ungewichteter Publikationsdaten[1] und Publikationsdaten ergaben, die mit Hilfe der Zeitschriftenbewertung gewichtet worden waren.[2] Es stellten sich zwar relativ hohe Rang-Korrelationskoeffizienten (VWL: 0.739 und BWL: 0.949; Kendalls Tau-C .588 und .861) ein, was allerdings nicht darüber hinwegtäuschen sollte, daß sich für einzelne Fachbereiche ganz erhebliche Positionswechsel ergaben. Bei beiden untersuchten Fachbereichen ist zu erkennen, daß die Spitzengruppe relativ unempfindlich auf die Einführung von Gewichtungsfaktoren reagiert. Aufgrund der erheblichen empirischen Probleme der verwandten Outputmessung kommen die Autoren zu dem vorsichtigen Schluß, daß unter methodischen Gesichtspunkten *zwischen der quantitativen und der qualitätsgewichteten Publikationshäufigkeit beträchtliche Unterschiede bestehen können und es sinnvoll ist, dem qualitativen Aspekt der universitären Forschungsleistung mehr Aufmerksamkeit zu schenken* (POMMEREHNE/RENGGLI 1986: 111).

Die Probleme, die ein solches Gewichtungsverfahren aufwirft, ähneln den bekannten Problemen aus Interviewerhebungen: Ein erheblicher Teil von Antwortausfällen ist zu verzeichnen, die es erschweren, einen möglichen bias zu identifizieren, die Fragebogengestaltung kann verzerrende Einflüsse haben (z.B. alphabetische Listen), es besteht Unklarheit über die inhaltliche Dimension des Urteils (Prestige, Lesehäufigkeit, Qualität der Beiträge etc.), Fehleinschätzungen hochspezialisierter Periodika mit kleinem Publikum sind möglich, schließlich muß der Bewertungsdissens angemessen in der Zeitschriftenbeurteilung berücksichtigt werden (z.B. weichen Nachwuchswissenschaftler in der Bewertung einzelner Zeitschriften deutlich von etablierten Wissenschaftlern ab; vgl. ebd.). Eine Spezifität dieser Bewertungsverfahren ist darüber hinaus eine gewisse Konservativität bei der Zeitschrifteneinschätzung; Hochschullehrer stützen sich vor allen Dingen *auf ihre in der Vergangenheit gewonnenen Erfahrungen und Eindrücke* (ebd.: 103). Neben der Bewertung durch Befragungen wurden auch indirekte Meßverfahren zur Einschätzung von Zeitschriften benutzt wie etwa die Benutzungshäufigkeit bestimmter Zeitschriften in Bibliotheken (SINGLETON 1976; DHAWAN u.a. 1980) oder die Analyse von Literaturlisten in der Graduate-Ausbildung (SKEELS/TAYLOR 1972). Wenngleich diese Verfahren zumindest bei der Identifikation von "Spitzenzeitschriften" durchaus mit alternativ gewonnenen Bewertungen harmonieren, scheinen sie sich als Standardverfahren nicht durchzusetzen: *However, in general, the cost, time delay, and potentials for response bias have discouraged these studies on anything more than an informal level* (NOMA 1988: 678).

---

1 Tatsächlich lag auch diesen Daten eine implizite Gewichtung zugrunde, da keineswegs alle Zeitschriften erfaßt waren, z.T. fehlten in der Volkswirtschaft sogar sehr wichtige Zeitschriften.

2 Dazu wurden zwei Qualitätsindizes benutzt, die sich a) aus der Rangordnung der Zeitschriften und b) aus der Häufigkeit der Nennungen ergeben.

Bibliometrische Verfahren der Zeitschriftenbewertung gehen im Unterschied dazu von der grundsätzlichen Annahme aus, daß sich die Qualitätseinschätzungen wissenschaftlicher Publikationen durch Impact-Messungen gewinnen lassen (vgl. GARFIELD 1979). Der Impact (das Ausmaß an Resonanz in der Fachöffentlichkeit in Gestalt von Zitierungen) wird als Indikator für Qualität betrachtet. Qualitätsbewertungen äußern sich nach diesem Ansatz unmittelbar in der Quantität der Bezugnahmen, von denen angenommen wird, daß sie eine instrumentelle Verwendung des zitierten Artikels dokumentieren (vgl. GARFIELD 1979: 83 ff).

Die Angabe allein, wieviele Zitate auf eine Zeitschrift in einem bestimmten Zeitraum entfallen, ist natürlich eine kaum nutzbare Information. Die Zahl der Zitate hängt von der Größe der Zeitschrift (Anzahl und Länge der Artikel; vgl. SEGLEN 1991) ab, vom Alter der Zeitschrift (neugegründete Zeitschriften haben nur einen kurzen Zeitraum für die "Ansammlung von Zitaten"), von den Zitiergepflogenheiten in dem Wissenschaftsgebiet oder den -gebieten, die die Zeitschrift abdeckt. Für die Eignung eines Zeitschriften-Impact als Schätzer des Impacts einzelner Publikationen ist schließlich die Varianz der Zitationen innerhalb einer Zeitschrift von großer Bedeutung. Vorteile gegenüber einer Auszählung von Zitaten für einzelne Publikationen werden darin gesehen, daß Impact- oder Influence-Maße für Zeitschriften, da relativ stabil, prognostisch genutzt werden können, also nicht ein Zeitraum von zwei bis drei Jahren abgewartet werden muß, um eine Publikation zu gewichten. Außerdem gilt als Vorteil, daß solche Maße Normalisierungen erlauben, die auch Gebiete mit abweichenden Publikations- und Zitiergepflogenheiten vergleichbar machen, und schließlich, daß solche Impact-Faktoren wesentlich kostengünstiger und zeitsparender eingesetzt werden können als Zitationszählungen (vgl. MARTIN 1990: 360; BAUIN/ROTHMAN 1991: 97; NOMA 1988: 678 f; GARFIELD 1979: 149).

Von den verschiedenen Verfahren, die versuchen, Zeitschriften auf der Grundlage bibliometrischer Daten zu charakterisieren, sollen im folgenden die wichtigsten genannt werden: Seit 1973 wird vom Institut for Scientific Information (ISI) der *Journal Citation Report* (JCR) herausgegeben, in dem jährlich der Impact Factor der Zeitschriften mitgeteilt wird, die für den Science Citation Index (SCI) ausgewertet werden. Der von ISI berechnete Impact-Factor ist folgendermaßen definiert: *The JCR impact factor is basically a ratio between citations and citable items published. Thus the 1987 impact factor of journal X would be calculated by dividing the number of all the SCI, SSCI and A&HCI source journals' 1987 citations of articles journal X published in 1985 and 1986 by the total number of source items it published in 1978 and 1979* (INSTITUT FOR SCIENTIFIC INFORMATION 1988: 10A). Der Impact Factor versucht also, reine Größeneffekte der Zeitschrift auszuschalten. Die *citable items*, die zur Normalisierung benutzt werden, sind allerdings zu hoch veranschlagt, da alle Beiträge, d.h. auch in der Regel nicht zitierte Editorials, meeting abstracts usw. zu den *citable items* zählen (vgl. SCHUBERT/GLÄNZEL 1983: 60). Ebenfalls unberücksichtigt bleibt die Länge der Artikel, die die Häufigkeit der Zitierung beeinflussen kann (vgl. SENGUPTA 1986).

Eher auf die Verbreitungsgeschwindigkeit der Artikel einer Zeitschrift stellt der *Immediacy Index* ab, der ebenso wie der Impact Factor konstruiert ist, aber nur die im Erscheinungsjahr der Zeitschrift erhaltenen Zitate berücksichtigt. Dieser Index bevorteiligt Zeitschriften mit hoher Erscheinungsfrequenz (z.B. wöchentlich) ganz erheblich gegenüber Zeitschriften, die nur viertel- oder halbjährlich erscheinen, denn gegen Ende des Jahres erschienene Artikel haben kaum noch eine Chance, zitiert zu werden.

Bekanntermaßen verteilen sich Zitationen innerhalb einer Zeitschrift nicht gleichmäßig auf alle Artikel, d.h. auch Zeitschriften mit hohem Impact Factor enthalten immer Artikel, die kaum oder gar nicht zitiert werden, und Artikel, die sehr häufig zitiert werden. Die Häufigkeitsverteilung von wenig, mittel und viel zitierten Artikeln ist nun keine Zufallsverteilung, sondern in der Regel eine sehr schiefe Verteilung, d.h. nur wenige Artikel erhalten den Großteil der Zitationen. Derartige Verteilungen von Zitationen und auch von Publikationen sind seit langem in der Wissenschaftsforschung bekannt (z.B. Lotka's Law). Verteilungen wie Lotka's Law werfen allerdings sowohl mathematische[1] wie empirische Probleme auf, denn gute Passungen von theoretischen Erwartungswerten und empirisch zu beobachtenden Werten werden meist nur mit negativ binominalen Verteilungen erreicht (ALLISON 1980: 170). Ein arithmetischer Mittelwert, wie ihn der Impact Factor von ISI darstellt, ist für derartige Verteilungen natürlich ein schlechter Schätzwert, abgesehen davon, daß er keinerlei Information über die zugrundeliegenden Varianzen enthält. Schubert/Glänzel (1983) benutzen eine negative binominale Verteilung, um *corrected impact factors* und zugehörige Standardfehler zu berechnen. Da zur Schätzung der Parameter der Verteilungsfunktion nach diesem Modell der Anteil der nichtzitierten Publikationen benötigt wird und Schubert/Glänzel außerdem nur etwa 75% der *source items*[2] zur Normalisierung (Zitate pro *citable item*) benutzen, können die *corrected impact factors* nur aus dem Rohmaterial neu berechnet werden. Eine zwar theoretisch sehr unbefriedigende, aber aus den Daten des Journal Citation Report (JCR) leicht zu gewinnende Ersatzlösung bieten Nieuwenhuysen/Rousseau (1988) mit der Berechnung von Vertrauensintervallen für die Impact Factors des JCR. Die Berechnung von Varianzangaben erlaubt einerseits zu testen, ob den Differenzen zwischen verschiedenen Journal Impact Factors auch statistisch signifikante Unterscheidungen entsprechen, und andererseits erlaubt dies, für die Gewichtung von Publikationen mit Hilfe des Journal Impact Factor anstelle eines Wertes die Ober- und Untergrenzen eines Konfidenzintervalls um den (korrigierten) Impact Factor zu benutzen. Davon wird leider praktisch kein Gebrauch gemacht.

Eher ein Konzept "relativer Bedeutung" wird mit den von Narin (1976) (vgl. PINSKI/NARIN 1979) entwickelten *influence weights* präsentiert. Ausgangspunkt ist auch hier die Häufigkeit der Zitierung einer Zeitschrift in Relation zur Zahl der erschienenen Artikel. Darüber hinaus wird aber auch die Zahl der vergebenen Zitate (references) berücksichtigt. Damit geht zunächst der (durch die Zahl der Referenzen approximierte) Umfang der einzelnen Artikel in die Berechnung des Influence-Wertes ein. Ein weiterer Vorteil ist, daß die rein technischen Differenzen zwischen Zeitschriften, die viele Reviews oder Überblicksartikel enthalten, die naturgemäß sehr viel Referenzliteratur zitieren und umgekehrt häufig zitiert werden, und solchen Zeitschriften, die keine oder wenig Reviews veröffentlichen, ausgeglichen werden. Ähnlich verwendet Noma (1988) das Verhältnis von erhaltenen und vergebenen Zitaten

1 Mathematisch gesehen läßt sich für Lotkas Verteilung weder ein theoretischer Mittelwert noch eine theoretische Varianz angeben.

2 Anstelle aller *source items* werden nur *articles, reviews, notes* und *letters to the editor* berücksichtigt.

innerhalb eines bestimmten Zeitraums, um sowohl Alterseffekte wie auch Größeneffekte auszuschließen. Die Berücksichtigung der Zahl der *references*, der vergebenen Zitate und der *citations*, der erhaltenen Zitierungen, hat gegenüber dem Impact Factor den Vorteil, daß fachspezifisch unterschiedliche Gewohnheiten der Zitierhäufigkeit berücksichtigt werden. Eine weitere Besonderheit der *influence weights* liegt in der Gewichtung der Zitate, die eine Zeitschrift erhält, nach der Herkunft der Zitate. Bei der Berechnung des Impact Factor wurde unterstellt, daß Zitationen unabhängig davon, wer und an welchem Ort zitiert, gleiche Bedeutung haben. Geht man aber überhaupt davon aus, daß Zeitschriften und Artikel von unterschiedlichem Wert für die scientific community sind, dann erscheint es nur konsequent, auch die Zitationen nach Prestige des Autors, der Zeitschrift oder der Resonanz des zitierenden Artikels zu gewichten. Die Gewichtungsproblematik wiederholt sich dann intern, und es droht ein Regressus ad infinitum, da das zu verwendende Gewicht selbst wiederum durch (gewichtete) Zitationen bestimmt wird. Im einzelnen divergierende Verfahren benutzen grundsätzlich die Input-Output-Matrix von erhaltenen und vergebenen Zitationen der Zeitschriften, um in iterativen Schätzverfahren einen Influence-Index zu bilden, der nach einer Reihe von Iterationen stabile Werte liefert. Schließlich werden *influence weights* nicht wie der Impact Factor über alle Wissenschaftsgebiete hinweg berechnet, sondern nur für neun größere Gebiete, d.h. der Rang einer Zeitschrift wird relativ zu anderen Zeitschriften des Fachgebietes bestimmt. Bedeutsam sind derartige Normalisierungen vor allen Dingen dann, wenn Vergleiche über verschiedene Forschungsgebiete hinweg gemacht werden sollen, denn die Häufigkeit, mit der andere Aufsätze durchschnittlich zitiert werden, schwankt zwischen den Fachgebieten erheblich, so daß der *impact factor* für molekularbiologische Zeitschriften relativ hoch, für mathematische Fachzeitschriften hingegen relativ niedrig ausfällt; *influence weights* unterdrücken diesen Effekt.

Die Bewertung von Zeitschriften, unabhängig davon, ob mit bibliometrischen Verfahren, subjektiven Einschätzungen oder indirekten Nutzungsmessungen erhoben, hatte ihren Ausgangspunkt nicht in der Intention, einzelne Artikel in ihrer Bedeutung einzuschätzen, sondern die Zeitschrift zu charakterisieren. Die ersten auf Zitationsanalysen beruhenden Zeitschrifteneinschätzungen[1] waren als Instrumente konzipiert, die Bibliothekaren Entscheidungshilfen bei der Akquisition geben sollten: *Citation analysis has been applied primarily to the development of journal collections, where decisions to be made include: to acquire or not acquire a particular title, to continue or discontinue a subscription, to weed or not to weed a backset* (SMITH 1981: 97). Für diesen Zweck erwies sich das Instrumentarium der Zeitschriftenbewertung allerdings nur bedingt als geeignet. Wie verschiedene Bibliotheksnutzungsstudien zeigten, sind die bibliometrisch gewonnenen Zeitschriftenbewertungen keineswegs mit den Nutzungsinteressen in einzelnen Bibliotheken deckungsgleich, und bestimmte Zeitschriften (technische und Professionsorgane) sind gar nicht erfaßbar, so daß letztlich bibliometrische Zeitschriftenbewertungen allenfalls als zusätzliche Information für fachkundige Bibliothekare eine Rolle spielen (PRITCHARD 1980; SINGLETON 1976; LINE/SANDISON 1975).

1 Gross und Gross entwickelten bereits 1927 eine Zeitschriftenbewertung auf der Grundlage von Zitationszählungen.

Der zweite Entwicklungsstrang der Bemühungen um Zeitschriftenbewertungen hatte als Ziel die Aufdeckung von disziplinären Kommunikationsstrukturen, [1]und in diesem Zusammenhang stand die Untersuchung von Qualitätseinschätzungen von Zeitschriften, ihrer über Zitate gestifteten Verbindungen untereinander, ihrer Beziehung zu Spezialgebieten etc. Bibliometrische Analyse, so Garfield (1979: 149), *provides a number of interesting and useful insights into the network of journals that function as the primacy, formal communications medium of science*. Der letzte, hier vor allen Dingen zu diskutierende Entwicklungsstrang beschäftigt sich mit der Frage, inwieweit der Publikationsoutput von Personen, Forschergruppen, Institutionen oder anderer großer Aggregate durch Nutzung der Zeitschriftenbewertung als Gewichtungsfaktor in seinem Impact charakterisiert werden kann. Die hier skizzierten Verfahren sind eher aus der Not geboren als aus einem theoretischen Konzept. Sie sollen nämlich billiger, zeitnäher (weil prospektiv), technisch einfacher zu handhaben und weniger fehleranfällig sein als die Ermittlung des Impacts (Zitationen) des jeweils einzelnen Artikels. Wie oben diskutiert, sind solche Gewichtungsverfahren in der Tat schneller, einfacher und billiger. Ihre Reliabilität ebenso wie ihre Validität sind allerdings bis heute umstritten. Grundsätzlich gehört dazu die Frage, ob Zitationen zulässigerweise als Indikator für Einfluß oder Bedeutung einer Zeitschrift bzw. eines Artikels gedeutet werden dürfen (vgl. Kap. 5.5).

Es stellen sich aber darüber hinaus je nach verwendetem Verfahren eine Fülle von Reliabilitätsproblemen ein, die hier nicht im einzelnen analysiert werden können. Eine Dimension möglicher Fehleinschätzungen der Zitierhäufigkeit bei der Verwendung von *Journal-to-Journal Citation Data*, wie sie den *Journal Citation Reports (JCR)* des ISI zugrunde liegen, geben Rice u.a. aufgrund einer aufwendigen Analyse der Bereiche *Communications* und *Information Science and Library Science* an. Sie summieren die Fehleinschätzungen, die durch die begrenzte Zeitschriftenauswahl (Fully Covered Source Journals), uneinheitliche Abkürzungen, wechselnde Zeitschriftengrundgesamtheit und fehlende oder unzugängliche Angaben entstehen, auf eine Größenordnung von bis zu 25%. Ihre Schlußfolgerung für den praktischen Umgang mit Zeitschriftenqualitätseinstufungen lautet: *Our data suggest that the JCR totals considerably underestimate the actual citing and cited totals in journal-to-journal citation data. While these percentages by themselves are rather considerable, it is up to the researcher to decide whether use of the journal-to-journal citation data as published in the JCR would significantly affect conclusions that are, after all, generally focused upon the most frequently cited and citing journals which would be less affected by these sources of error* (RICE u.a. 1989: 277).

Dem Konzept der Übertragung von Prestigeeinschätzung (Umfragedaten) oder von Impact/Influence-Berechnung der Zeitschriften (bibliometrische Verfahren) auf einzelne Artikel liegt die Idee zugrunde, daß Zeitschriften eine strenge und signifikante Qualitätshierarchie aufweisen und die Autoren versuchen, ihre jeweils besten Forschungsergebnisse in den "ranghöchsten" Zeitschriften unterzubringen. Diese Annahmen sind jedoch zumindest zweifelhaft, denn die Übereinstimmung in der Einschätzung der Bedeutung einer Zeitschrift durch Fachexperten und der Rangposition der Zeitschrift aufgrund des *impact factor* oder des *influence weight* fallen z.T.

1 Eine erste derartige Studie legten Cason und Lubotsky 1936 für Fachzeitschriften der Psychologie vor.

nicht sehr hoch aus (GORDON 1982; MARTIN 1990: 370; MCALLISTER u.a. 1980). Allerdings sind diese Befunde umstritten, denn die in der Literatur mitgeteilten Werte für die Übereinstimmung von subjektiven Zeitschrifteneinschätzungen und entsprechenden Einschätzungen mit Hilfe bibliometrischer Angaben schwanken erheblich. Smart (1983: 177) berichtet für erziehungswissenschaftliche Zeitschriften *a statistically significant but modest correlation (rho= .21, p<0.5)*. McDonough (1975) hingegen berichtet eine Rangkorrelation von .87 (n=70) für wirtschaftswissenschaftliche Zeitschriften. Roche und Smith (1978) nennen für soziologische Zeitschriften Rangkorrelationen von .65 (n=24) mit den Daten von Glenn/Villemez (1970) und .63 (n=25) mit den Daten von Glenn (1971). Abgesehen davon, sprechen aber auch einige Befunde dafür, daß nicht so sehr der Status einer Zeitschrift, sondern ihre thematische Eignung für die Autoren das wichtigste Selektionskriterium beim Einreichen von Manuskripten ist (GORDON 1984; SEGLEN 1991: 75).

Zeitschriftenimpactmaße gehören inzwischen zum Standardinstrumentarium bibliometrischer Untersuchungen und werden nicht nur für die Erstellung von Zeitschriftenranglisten benutzt, sondern auch als *a weighting factor of papers published and as a reference value for citations received* (SCHUBERT/GLÄNZEL 1983: 60). Im Hinblick auf den ersten Punkt (Gewichtungsfaktor) ist das gemeinsame Problem aller Gewichtungsverfahren, die durch Einstufung der Zeitschrift den einzelnen Artikel werten, allerdings, daß ein bestimmtes Maß an Homogenität innerhalb der Zeitschriften gegeben sein muß. Übersteigt die Varianz der Impactmaße (Zitate) innerhalb einer Zeitschrift die Qualitätsvarianzen zwischen den Zeitschriften, dann wird dieses Verfahren ausgesprochen arbiträr. Kompliziert wird dieser Umstand durch die schiefe Verteilung der Zitationen auf die einzelnen Artikel in einer Zeitschrift. Sie führt dazu, daß auch Zeitschriften mit sehr unterschiedlichem Impact Factor eine große Gruppe von nicht oder wenig zitierten Artikeln aufweisen, deren realer Impact annähernd null ist, denen bei Gewichtung mit einem Impactmaß aber je nach Impact der Zeitschrift mehr oder weniger hohe Werte zugewiesen werden.

Praktisch ist damit die Verwendbarkeit von Zeitschriftenimpacts stark von der Fragestellung, den Vergleichseinheiten, der Enge oder Weite des Wissenschaftsgebietes und der Samplegröße abhängig. Diese starke Gebundenheit an das Untersuchungsdesign ist wohl auch der Grund für die divergierenden Ansichten über den Nutzen solcher Impactmaße. Sowohl die theoretische Anlage von Journal-Impact-Maßen wie auch die empirischen Befunde machen es jedoch möglich, einige Faustregeln zu bestimmen:

1. Je größer das Sample von zu gewichtenden Publikationen ist, desto zuverlässiger die Ergebnisse einer Gewichtung mit Journal-Impact oder Influence-Maßen.
2. Je weniger spezialisiert die zu untersuchende Einheit, desto valider die Ergebnisse einer Gewichtung mit den mehr oder weniger unspezifischen Impact oder Influence-Gewichten.
3. Je größer die Differenzen im Untersuchungssample (Personen, Institutionen, Nationen etc.), desto eher konvergieren die verschiedenen Maße bei der Identifikation von Spitzengruppen.

Theoretisch sind diese Regeln leicht einsehbar: Mit steigender Samplegröße steigt auch die Wahrscheinlichkeit, daß die Verteilung von viel und wenig zitierten Arbeiten sich der Verteilung in den jeweiligen Zeitschriften annähert. Mit der Untersu-

chung größerer Forschungsgebiete werden die Auswirkungen gebietsspezifischer Publikations- und Zitationsmuster neutralisiert. Bei in sich stark differenzierten Untersuchungseinheiten werden sowohl die Fehler wie auch die Verfahrensunterschiede der einzelnen Gewichtungsmethoden nivelliert.
Diese Überlegungen lassen sich auch anhand empirischer Studien exemplifizieren. Stephan und Levin (1988) gingen anhand einer großen Longitudinalstudie über amerikanische Ph.D.s den Beziehungen von Alter und wissenschaftlicher Produktivität nach. Sie berechneten für verschiedene Jahrgänge den gesamten Publikationsoutput (normal count) für jeweils einen Zweijahreszeitraum, den Publikationsoutput, der sich ergibt, wenn bei Mehrfachautorschaft nur der entsprechende Bruchteil der Publikation angerechnet wird (adjusted count), und gewichteten beide Messungen schließlich mit dem Journal Impact Factor. Die Ergebnisse gibt die folgende Tabelle 18 wieder:

Tabelle 18: Publikationen von 'Doctorate Recipients from United States' (Physik 1973 - 1979)

Publikations-zeitraum	N	Artikel im SCI (normal count)	Artikel mit Autorenzahl gewichtet (adjusted count)	Artikel mit dem Impact Factor der Zeitschrift gewichtet	Artikel mit Autorenzahl und Impact Factor gewichtet
1974 - 75	2017	1,64	0,75	4,26	1,82
1976 - 77	2121	1,65	0,72	4,07	1,65
1978 - 79	2031	1,84	0,77	4,50	1,78
1980 - 81	1062	1,80	0,71	4,09	1,53

Quelle: Stephan/Levin 1988: 54

Wie schon die Inspektion der Tabelle zeigt, besteht zwischen den verschiedenen Messungen hohe Ähnlichkeit. Die Korrelationskoeffizienten (Pearson) liegen zwischen .662 und .848 für die verschiedenen Produktivitätsmaßzahlen. Dennoch ergeben die verschiedenen Maßzahlen recht unterschiedliche Interpretationen der Publikationsaktivitäten der Ph.D.s. Die reine Publikationszählung deutet auf steigende Publikationszahlen hin, die Berücksichtigung der Autorenzahl auf stabile Publikationsaktivität und die zusätzliche Berücksichtigung des Zeitschriftenimpacts auf sinkenden "Erfolg" der Publikationen. Insgesamt ergeben sich aber durch Gewichtung und Berücksichtigung von Mehrfachautorschaften nur leichte Verschiebungen in diesem großen, die gesamte Physik abdeckenden Sample. Ähnliche Befunde berichten Bauin/Rothman (1991), die den Publikationsoutput verschiedener Institutionen im Bereich der Pflanzengenetik untersuchten. Sie verwandten sowohl die Auszählung von Zitaten für jede Publikation wie auch die beiden oben vorgestellten Gewichtungsverfahren *corrected impact factor* nach Schubert/Glänzel und die *influence weights* nach Narin. Die Ergebnisse zeigt die folgende Tabelle 19. Dabei ist zu berücksichtigen, daß zwar die auf dem Impact Faktor beruhenden Kalkulationen als zu erwartende Zitate je Artikel interpretiert werden können, nicht jedoch die anders berechneten Influence Weights, die sich nicht unmittelbar als zu erwartende Zitate interpretieren lassen. Weiterhin ist zu berücksichtigen, daß der Zeitraum für die Messung der tatsächlich erhaltenen Zitate sehr kurz angesetzt ist und sich möglicherweise im Zeitablauf noch ändern kann. Die Schlußfolgerung von Bauin/Rothman (1991: 102) lautet: *Die drei*

Maße erbrachten etwa die gleichen Ergebnisse, die fast identisch sind (...), wenn jede der verglichenen Gruppen mindestens hundert Publikationen enthielt. Tatsächlich bleibt die Rangfolge (bis auf einen Wechsel) im wesentlichen erhalten. Dabei sollte jedoch beachtet werden, daß a) die tatsächliche Zitationshöhe regelmäßig unterschätzt wird[1] und b) daß die über Gewichtung gewonnenen Werte größere Unterschiede zwischen dem Publikationsoutput vermuten lassen, als sich in den tatsächlichen Zitationen widerspiegelt.

Tabelle 19: Zitationen und Gewichtungsfaktoren für Publikationen (1986 - 1987) aus verschiedenen Labors, die auf dem Gebiet der Pflanzengenetik arbeiten. (In Klammern Rangfolge der einzelnen Einrichtungen)

Labortyp	Zahl der Artikel	Zahl der Artikel tatsächlich erhaltene Zitate pro Artikel	erwartete Zitate nach dem Corrected Impact Factor	Influence Weight
Typ III	159	5,29 (1)	4,13 (1)	23,09 (1)
Typ II	190	3,56 (2)	2,68 (2)	14,14 (2)
andere	102	1,43 (3)	0,71 (4)	5,47 (4)
Typ IV	28	1,21 (4)	1,30 (3)	9,81 (3)
Typ I	296	1,03 (5)	0,69 (5)	2,99 (5)
Gesamt:	775	2,58	1,91	10,42

Quelle: Bauin/Rothman 1991: 108

Dies kann bei Institutionen, deren Publikationsimpact sich nicht so deutlich unterscheidet, zu größeren Ranginkonsistenzen führen. Einen Zusammenhang zwischen der Größe des untersuchten Publikationssamples und dem Konvergieren der verschiedenen Gewichtungsverfahren hatten auch Carpenter u.a. (1988) festgestellt. Sie verglichen für 10 Universitäten im Fachgebiet Biologie mit relativ niedrigem Publikationsoutput die absolute Zahl der tatsächlich erhaltenen Zitate mit dem entsprechenden Influence-Wert und stellten eine Korrelation 0.32 fest und für Zitate je Artikel und Influence je Artikel eine Korrelation von 0.53. Für ein weiteres Sample von Universitäten, die jeweils ca. 45-50 Artikel im Fachgebiet publiziert hatten, erhöhten sich die Korrelationen auf 0.80 bzw. 0.84 (CARPENTER u.a. 1988: 219). Die Autoren zogen daraus den Schluß, daß Influence-Indikatoren nur anwendbar sind, wenn mehr als 30 bis 40 Artikel vorliegen und die Analyse sich auf größere Forschungsgebiete bezieht. Eine ganz andere Situation ergibt sich, wenn einzelne Forscher oder kleine hochspezialisierte Forschergruppen miteinander verglichen werden sollen, also die oben empfohlenen Grenzen von 40 bis 100 Artikeln unterschritten werden.[2] Seglen (1991: 75) demonstriert am Vergleich zweier Autoren, daß zwischen den tatsächlich erhaltenen Zitaten für alle bis 1984 publizierten Artikel und den jeweils korrespondierenden Impact-Faktoren praktisch keine Beziehung besteht. Ebenso konnte Seglen für neun

1 Bis auf die Labors des Typ IV, die richtig geschätzt wurden, allerdings bei einer sehr kleinen Anzahl von Publikationen.

2 Bauin/Rothman gehen von einer Grenze von mindestens 100 Publikationen aus; Carpenter u.a. glauben, daß mindestens 30 bis 40 Publikationen vorhanden sein müssen. Tatsächlich dürfte es schwer fallen, eine allgemeingültige Grenze anzugeben, da, wie oben gezeigt, die Eignung von Impact- oder Influence-Gewichtungen nicht nur von der Samplegröße abhängt.

Forschergruppen eines biomedizinischen Institutes zeigen, daß durch eine Gewichtung mit dem Journal Impact Factor nicht nur die tatsächlichen Zitationen stark unterschätzt wurden, sondern auch, daß zwischen beiden Messungen eher zufällig Korrelationen entstehen und im Durchschnitt lediglich eine Korrelation von .16 festzustellen ist (vgl. die folgende Tab. 20).

Tabelle 20: Vergleich von neun biomedizinischen Forschungsprojekten anhand der Zeitschriftenartikel mit dem Projektleiter als Erstautor (1976 - 1982). Verglichen werden die Mittelwerte der erhaltenen Zitate pro Publikation mit der Gewichtung der Publikationen durch den Journal Impact Factor

Gruppe	Artikel	Zitate je Artikel in 2 Jahren nach Veröffentlichung		Journal Impact (JI)		Korrelation zwischen beiden Messungen
		Zitate	Std. Fehler	Impact	Std. Fehler	
1	21	10,95	3,39	3,06	0,45	- 0.29
2	29	6,93	1,25	4,40	0,58	0.36
3	15	3,87	0,89	1,32	0,16	0.50
4	15	3,80	1,16	2,65	0,69	0.66
5	24	3,79	0,84	2,32	0,60	0.14
6	13	3,38	0,87	2,93	0,34	0.18
7	8	2,13	0,74	1,60	0,33	-0.28
8	22	2,05	0,34	1,01	0,15	0.52
9	9	1,89	0,84	3,83	1,13	-0.32
	Gesamt:	4,31	0,97	2,57	0,38	0.16

Quelle: Seglen 1991: 84

Zu ähnlichen Ergebnissen kommt Vinkler (1986: 162) beim Vergleich von aggregierten Zeitschriftenimpactwerten und der Summe der tatsächlich erhaltenen Zitate für die Abteilungen eines chemischen Forschungsinstitutes. Im Ergebnis läßt sich festhalten, daß sich Gewichtungsverfahren, die auf Zeitschriften-Impact oder Influence Weights beruhen, erst ab einer bestimmten Größe (gemessen in Publikationen) der Untersuchungseinheiten und nicht allzu feiner fachlicher Gliederung einsetzen lassen. Auch dann allerdings bleibt zu prüfen, ob die Untersuchungseinheiten ähnliche fachliche Spezialisierungen aufweisen, da ansonsten erhebliche Verzerrungen durch gebietsspezifische Publikations- und Zitationsmuster entstehen können. Umgekehrt scheinen ab einer bestimmten Größe verschiedene Indikatoren zu konvergieren, so daß sehr ausgefeilte Verfeinerungen des Gewichtungsverfahrens kaum Wirkungen zeigen. Ähnlich hatte Tomer (1986: 257) aus seiner Untersuchung von Impact Factor und Immediacy Index geschlossen, daß diese Messungen zwar die Identifikation jener kleinen Zahl von Zeitschriften erlaubt, die überproportional viele Zitate erhalten, aber in anderer Hinsicht seien diese Indices *uniformative derivations, which produce an order not dissimilar to that which produced by uncorrected rates of citation and which fail in most instances to furnish genuinely useful insight or guidance in regard to the relative quality of scientific journals.*

Für eine Gewichtung reiner Publikationszählungen sind Journal-Impact-Maße insgesamt wohl eher eine schnelle und kostengünstige Strategie, mögliche Problemfälle zu identifizieren als ein ernsthaftes Verfahren zur Messung des Impacts von Publikationen. Dies mag abschließend ein praktisches Beispiel verdeutlichen: Im Rahmen der oben erwähnten Studie von Carpenter u.a. (1988) wurden 54 britische Universitäten im Fachgebiet Physik sowohl nach der absoluten Zahl der Publikationen (adjusted counts) als auch nach dem Einfluß (Publikation * Influence Weight) dieser Publikationen in eine Rangordnung gebracht. Vergleicht man beide Rangreihen, zeigt sich ein hohes Maß an Übereinstimmung (Pearsons Cor .991, Kendalls Tau-C .811). Mit anderen Worten, die Impact-Gewichtung der Publikationen verändert die Rangfolge der Universitäten aufgrund einfacher Publikationszählungen kaum (es geht hier nicht um den durchschnittlichen Impact der Artikel, sondern um den absoluten Output). Betrachtet man nun die Rangplatzwechsel genauer, dann zeigt sich - wie schon in anderen Fällen beobachtet -, daß eine Spitzengruppe von Universitäten in ihrer Rangordnung fast unverändert bleibt, während es im Mittelfeld und in der Schlußgruppe zu erheblichen Veränderungen kommt. Von den 14 Universitäten, deren Positionierung sich auf der einen Rangliste um mehr als 5 Rangpositionen von der Rangposition auf der anderen Liste unterscheiden, besteht für 6 Universitäten das Publikationssample aus weniger als 50 Artikeln, für weitere 6 aus 50-70 Artikeln und nur 2 erreichen 70-90 Artikel. D.h. gerade für diejenigen Universitäten, an denen die Impact-Gewichtung zu einer deutlichen Rangveränderung führt, stellt sich die Frage nach der Eignung des Gewichtungsverfahrens.

Größere Bedeutung kommt den Journal-Impact/Influence-Maßen als Referenzgröße für anderweitig ermittelte Impactangaben zu. Immer dann, wenn Daten über andere, vergleichbare Untersuchungseinheiten nicht zur Verfügung stehen, fällt es schwer, Impactangaben (z.B. die mittlere Zahl von Zitaten je Artikel) zu interpretieren. Moed/van Raan (1988) untersuchten z.B. einzelne Forschungsgruppen an der Universität Leiden. Um den gemessenen Publikationsimpact dieser Forschungsgruppen zu vergleichen und Trendaussagen zu machen, benutzten sie den Journal Impact Factor als Referenzebene: *Numbers of citations to publications of a research group have been compared with the average citation scores of the journals in which the group itself has published . (...) We then assume that this comparison of 'expected' impact with 'actual' impact provides, at least in first approximation, a reasonable indicator of the international impact level of a Leiden group* (MOED/VAN RAAN 1988: 182). Die Approximation des Impacts eines Artikels mit Hilfe der Bewertung der Zeitschrift, in der er veröffentlicht wurde, ist eigentlich nur ein zeit- und arbeitssparendes, dafür aber ungenaues Substitut für die Messung des tatsächlichen Impacts eines Artikels. Impact, daran sei noch einmal erinnert, ist zunächst ein theoretisches Konzept von Einfluß und Wirkung, den eine Publikation in der scientific community im Hinblick auf den Fortschritt weiterer Forschung erzeugt. Die Operationalisierung dieses Konzeptes erfolgt in der Regel als Zitationsmessung. Da in der Literatur häufig das theoretische Konzept von der Operationalisierung nicht unterschieden wird, ist auch im folgenden die Unterscheidung nicht immer durchzuhalten, dennoch sollte in Erinnerung bleiben, daß Impactmessungen nur unvollständige Operationalisierungen des Impactkonzepts darstellen.

Die Erhebung von Zitationsangaben für jeden einzelnen Artikel erlaubt nicht nur eine genauere Bestimmung des potentiellen Impacts, sondern gestattet auch weitergehende Analysen der Herkunft der Zitate und bestimmte Bereinigungen (z.B. Ausschluß von Selbstzitaten, Identifikation von Zitaten aus dem engeren Forschungsgebiet, Inhaltsanalysen der zitierenden Artikel, prinzipiell auch die Gewichtung der erhaltenen Zitate). Die Grenze dieses Bewertungsverfahrens liegt im enorm hohen Aufwand der Informationsbeschaffung. Bei diesem Verfahren werden aus einer Datenbank für jede Publikation die dort erfaßten Zitationen extrahiert. Um Fehler zu vermeiden, die durch Namenshomonyme, fehlerhafte Eintragungen in der Datenbank, fehlerhafte Zitierweise des Autors etc. entstehen können, sind darüber hinaus während und nach der Abfrage einige manuelle Kontrollprozeduren notwendig. Da ein gewisser Zeitraum zwischen Publikation eines Artikels und Auswertung der erhaltenen Zitate verstrichen sein muß, damit die Aufnahme eines Artikels in der scientific community einigermaßen korrekt beurteilt werden kann, ist dieses Verfahren nur auf Publikationen anwendbar, die zeitlich deutlich vor Beginn der Auswertung veröffentlicht wurden.

Gegenüber einer Zeitschriftenbewertung, deren Impact, zumindest für größere Zeitschriften, als ein in der Zeit relativ stabiler Schätzer betrachtet werden kann (vgl. NIEUWENHUYSEN/ROUSSEAU 1988; SCHUBERT/GLÄNZEL 1983) und entsprechend auch für jüngere Publikationen als Gewicht verwandt werden kann, weist die Einzelbewertung von Artikeln ein deutliches time lag auf. Die Konstruktion von *citation windows* erlaubt allerdings mit der Messung des *short-term impact* einen gangbaren Kompromiß (MOED/VAN RAAN 1988: 181). Mit *citation window* ist der Zeitraum gemeint, der zwischen Publikationsdatum und Auszählungsdatum verflossen ist. Die Festlegung dieses Zeitraums orientiert sich an der disziplin- oder subdisziplinspezifischen Entwicklung der Zitationshäufigkeiten über die Zeit. Ein irgendwie geartetes Abbruchkriterium für die Zitationszählungen ist in jedem Fall notwendig. Fraglich ist aber, wieviel Zeit verstrichen sein muß, bis die Zitationsauszählung als halbwegs stabiler Schätzwert eines Artikels gelten kann. Seit langem ist bekannt, daß Artikel, die im Laufe eines längeren Zeitraums häufig zitiert werden, in der Regel schon bald nach ihrem Erscheinen relativ viel zitiert werden. Cole (1972: 169) hatte bei einer Zitationsanalyse von 177 Artikeln, die 1963 in *Physical Review* erschienen waren, festgestellt, daß *nach drei Jahren vielzitierte Arbeiten (...) auch schon nach einem Jahr verhältnismäßig häufig zitiert* wurden. Ähnliche Befunde hatte Crane (1972: 72) berichtet: *Papers that were cited most during the years immediately after publication continued to be cited most frequently in subsequent years.* De Solla Price (1976: 303) kam bei dem Versuch, Zitationsverläufe als Funktion der Zeit zu beschreiben, zu dem Ergebnis, daß *the paper is weighed by peers and in its incunable period produces a first pulse of citations which in most cases probably determines all future citation history (...). The pulse size is clearly a determinant of the effectiveness of the paper at the research front.* Burton und Kebler (1960) hatten für neun Disziplinen festgestellt, daß die Häufigkeit, mit der Artikel zitiert werden, mit dem Alter der Artikel exponentiell abnimmt (ähnliche Befunde bei MCRAE 1969). Selbstverständlich gilt diese Regel nicht im Einzelfall. Auch aus der neueren Wissenschaftsgeschichte sind Fälle bekannt, in denen ein wichtiger Beitrag über Jahre oder Jahrzehnte unentdeckt (unzitiert) blieb (vgl. HOLTON 1978). Ebenfalls bekannt ist, daß in fast allen Disziplinen eine Reihe von "key papers" existiert, die auch lange nach der Veröffentlichung noch stark zitiert werden. Weiterhin sind die typischen Zitationsmuster eines Forschungsgebietes von dessen Entwicklungsdynamik abhängig. In neuen, sich schnell entwickelnden Gebieten veraltet die Literatur sehr schnell, und es kommt zumindest zu Beginn der Entwicklung zu einem "Überhang" zitierender Literatur, da nur wenig zitierbares Material vorhanden ist. Hard und Fleige (1977) konnten für die Geographie zeigen, wie fachliche Krisen sich in einer veränderten Zahl durchschnittlicher Referenzen und einer stärkeren Zitierung nichtfachlicher Literatur ausdrückten.

Die für ein Forschungsgebiet typische Geschwindigkeit, mit der die Fachliteratur im Durchschnitt veraltet (nur noch wenig zitiert wird), läßt sich (ähnlich wie für den Zerfall radioaktiven Materials) als "Halbwertszeit" beschreiben. Zwar ist die Lebenszeit einer Publikation im Prinzip unendlich (d.h. eine Publikation kann immer wieder zitiert werden), stützt man jedoch auf die beobachteten Zitationsentwicklungen ein stochastisches Modell, dann läßt sich eine durchschnittliche "Halbwertszeit" für die Publikationen eines bestimmten Fachgebietes berechnen. Diecks und Chang (1976: 256) geben als charakteristische Halbwertszeit für Artikel aus dem (damals sehr neuen) Bereich der Laseroptikforschung zwei Jahre an, während Artikel aus dem Bereich magnetischer Resonanzforschung eine Halbwertszeit von ca. sieben Jahren aufweisen. Neuere Untersuchungen betonen denn auch die ganz erheblichen Unterschiede in den Zitierpraxen nicht nur zwischen den Disziplinen, sondern bereits zwischen den Forschungsgebieten einer Disziplin. Dies betrifft nicht nur die durchschnittliche Menge vergebener Zitate (Referenzen), sondern auch das Alter der zitierten Literatur, den Anteil von Monographien, die Geschwindigkeit, mit der ein Artikel veraltet (nicht mehr zitiert wird), und entsprechend auch das Jahr, in dem ein Artikel im Durchschnitt die größte Anzahl von Zitaten erhält: *Both between fields of research as well as within fields, substantial differences in the year of maximum citation rates can occur* (MOED/VAN RAAN 1988: 181).

Abb. 5

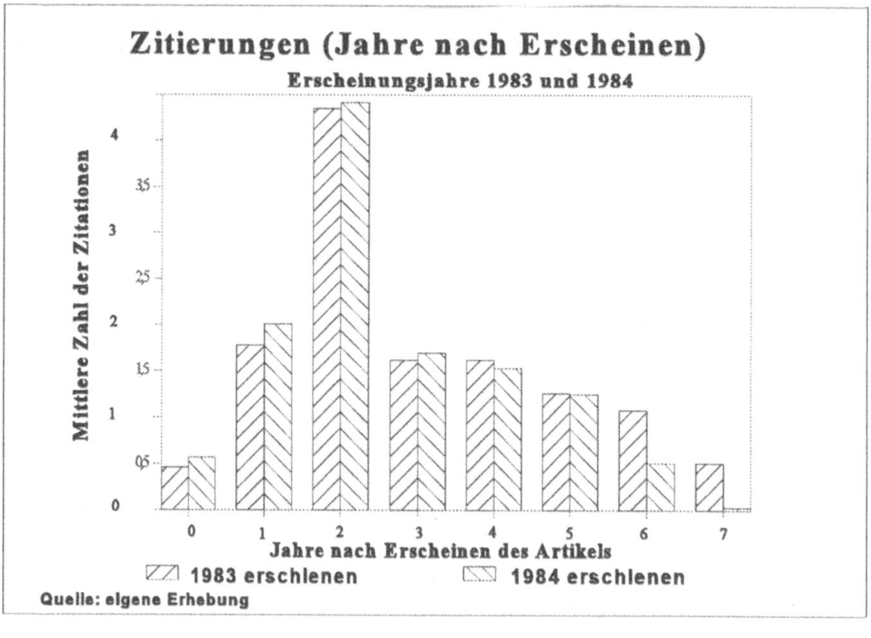

Die Graphik (Abb. 5) zeigt die durchschnittliche Entwicklung der Zitationshäufigkeit anhand der Daten unserer Fallstudie (ausführliche Angaben zur Datengewinnung in: HORNBOSTEL 1991a und b). Angegeben ist die mittlere Zahl von Zitaten, die 179 Artikel, die im Jahr 1983 publiziert wurden, und 200 Artikel aus dem Jahr 1984 in jedem Jahr nach ihrer Veröffentlichung erhielten. Die Artikel wurden an den physikalischen Fachbereichen der Universitäten Köln, Konstanz, TU Berlin und Bremen verfaßt. Das Erscheinungsjahr ist mit 0 bezeichnet. Der Verlauf dieser Entwicklung ist einigermaßen typisch für die "kurzlebigen" naturwissenschaftlichen Zeitschriftenartikel. Er stimmt recht genau überein mit den Ergebnissen einer niederländischen Studie, die nach der Analyse von ca. 10.000 Publikationen und ca. 80.000 darauf entfallenden Zitaten zu dem Ergebnis kam, daß *the second year after publication (publication year is taken as zero) is the 'top year' for receiving citations* (MOED/VAN RAAN 1988: 181). Dieser Verlauf ist selbstverständlich ein Durchschnittswert, von dem die einzelne Publikation erheblich abweichen kann.

Problematisch wäre es, wenn im Laufe einer längeren Zeitspanne bestimmte Publikationen (z.B. die sehr häufig zitierten) von diesem Verteilungsmuster abwichen und nennenswert erst zu einem wesentlich späteren Zeitpunkt (außerhalb des "citation window") wahrgenommen (zitiert) würden. Die Autoren der niederländischen Studien stellen an anderer Stelle Vermutungen in dieser Richtung an: *Of course, the influence of a publication cannot be fully determined by analysing its impact over the first few years after publication. One can however establish whether or not it is picked up, and whether it plays at least some part in the sientific debate - although it is hardly possible to assess the nature of the latter. Short-term impact-indicators are primarily considered as indicators of the visibility of a group at the research front: the extent to which it is active, its publications are known and picked up by fellow researches* (MOED/VAN RAAN 1989: 185).

Abb. 6

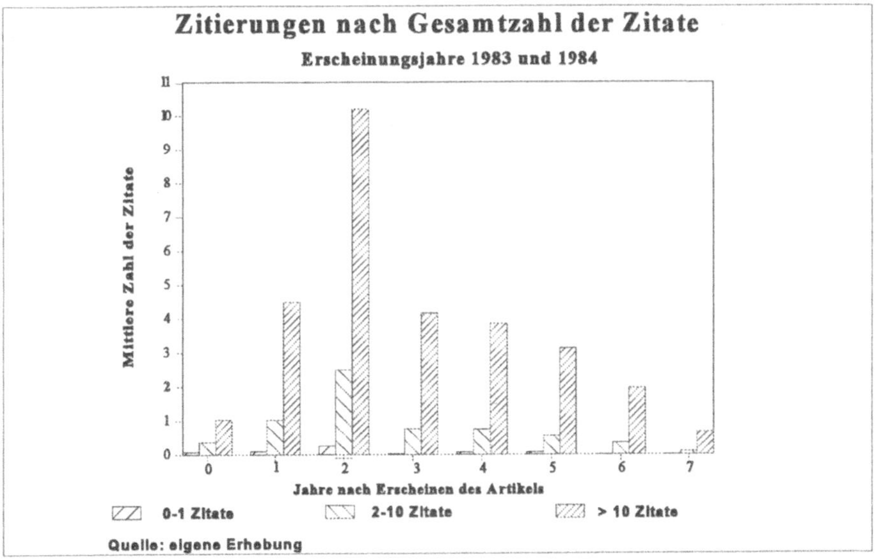

Unsere kleine Fallstudie läßt es als wahrscheinlich erscheinen, daß zwischen dem *short-term-impact* und dem *long-term-impact* keine allzugroßen Unterschiede bestehen. Vergleicht man die Publikationen, die im Untersuchungszeitraum von gut 7 Jahren keine Zitate oder nur ein Zitat erhalten haben (20% der Artikel), eine mittlere Anzahl von Zitaten erhielten (50% der Artikel) und die Gruppe der Artikel mit mehr als 10 Zitaten (30% der Artikel) im Hinblick auf die Zeiträume, in denen diese Zitate akkumuliert wurden, dann zeigt sich ein sehr ähnlicher Verlauf (vgl. Abb. 6). Alle Gruppen zeigen ein Maximum an Zitationen im zweiten Jahr nach Erscheinen des Artikels. Danach scheinen die Zitationen aus den ersten 2 bis 3 Jahren auch ein guter Prädiktor für die Gesamtzahl der Zitate in einem weitaus längeren Zeitraum zu sein.

Verallgemeinerungsfähig ist dieser Befund jedoch nicht. Das zeigt sich schnell, wenn ein kleines Publikationssample verglichen wird. Die folgende Tabelle 21 zeigt einen Vergleich der Zitate im "citation window" (in den ersten drei Jahren nach Veröffentlichung) und einem längeren Zeitraum von ca. 6 Jahren. Vergleicht man für das Jahr 1983 die Daten aus dem citation window mit den längerfristigen Zitaten, dann bleibt zwar die Rangfolge zwischen Kölner Physikern und den Konstanzern erhalten, aber einige Publikationen der Kölner Physiker wurden im vierten, fünften und sechsten Jahr nach der Veröffentlichung noch häufig zitiert. Dies hat zur Folge, daß bei Benutzung der längerfristigen Zitationsraten der Abstand zwischen beiden Universitäten anwächst, so daß beim Vergleich der Angaben aus dem citation window kein signifikanter Unterschied zwischen beiden Universitäten festzustellen ist, bei Benutzung des längeren Zitationszeitraums der Unterschied jedoch signifikant wird. [1]

Tabelle 21: Publikationen aus dem Forschungsgebiet Physik 1983 -1988 nach der Zahl der erhaltenen Zitate in den ersten 3 Jahren und den ersten 6 Jahren nach Veröffentlichung

Jahr	Universität	Artikel	Mittlere Zahl von Zitaten in 3 Jahren	Standardfehler	Signifikanz	Mittlere Zahl von Zitaten in 6 Jahren	Standardfehler	Signifikanz
1983	Köln Konstanz	84 51	7,36 4,47	1,129 0,751	F = 3,407 p = 0,067	12,99 6,90	2,003 1,037	F = 5,087 p = 0,026
1984	Köln Konstanz	96 42	7,54 6,55	0,849 1,206	F = 0,432 p = 0,512	11,43 10,12	1,206 1,988	F = 0,339 p = 0,562

Quelle: eigene Erhebung

Abgesehen von der Frage, wie gut der "short-term-impact" eine Publikation zu charakterisieren vermag, stellt sich natürlich die Frage, ob die Zahl der ermittelten Zitate denn nun unmittelbar den Impact der Publikation beschreibt. Ohne der Frage des folgenden Kapitels vorgreifen zu wollen, als was ein Zitat überhaupt interpretiert werden kann, läßt sich doch ein zunehmend vorsichtigerer Sprachgebrauch feststellen: Die anfangs noch feste Überzeugung, die Zahl der Zitationen repräsentiere die Qualität eines Beitrages (so COLE/COLE 1967: 379), wich der Vorstellung, daß

1 Bei Benutzung des citation windows ist mit einem p= .0671 das 5%-Signifikanzniveau allerdings auch nur knapp verfehlt.

citations generally represent an authentic indicator of influence (COLE/COLE 1972: 369); umgekehrt zeigten sich die Skeptiker beeindruckt von den immer wieder vorgetragenen hohen Korrelationen zwischen bibliometrischen und nicht-bibliometrischen Messungen von Forschungsproduktivität: *the evidence pointing to the validity of citations as a measure of quality is impressive* (LAWANI 1977: 31; vgl. auch NARIN 1976). Die eigentümliche Situation, daß Zitationen einerseits als reliable und valide Messung von Qualität angesehen werden, andererseits aber weitgehend im dunkeln liegt, was ein Zitat zum Ausdruck bringt und welche Bedingungen für eine Akkumulation von Zitaten verantwortlich sind, führt heute überwiegend zu der Vorstellung einer begrenzten Nutzbarkeit von Zitationszählungen, allerdings ohne daß die Grenzen genau angegeben werden könnten: *[C]itation counts remain our most reliable convenient measure of quality in science - a measure that will continue to be widely used, but that must be used with caution. Nevertheless, it is important to note that citation counts are a limited measure of quality. Citation counts cannot substitute for the human judgement of quality* (LINDSEY 1989: 201).

Zumindest die wichtigsten Einschränkungen und Korrekturmöglichkeiten bei der Benutzung von Zitationsauszählungen als qualitativem Gewichtungsfaktor für Publikationen sollen im folgenden benannt werden: Wie oben schon berichtet, unterscheiden sich die Zitiergepflogenheiten in den verschiedenen Forschungsgebieten erheblich. Vergleicht man also einen Artikel aus der Mathematik mit einem Artikel aus der Molekularbiologie, dann sind, auch bei gleichem Impact dieser Artikel (im theoretischen Sinne, d.h. beide Artikel berichten für das Fach ähnlich wichtige Ergebnisse, die weitere Forschung anstoßen), unterschiedlich viele Zitate zu erwarten. Will man fehlerhafte Schlußfolgerungen aus Zitationszählungen vermeiden, müssen entweder sehr ähnliche Vergleichseinheiten gewählt werden (so die Forderung von Martin/Irvine, nur "like with like" zu vergleichen), oder die Zitationszählungen müssen in irgendeiner Weise normalisiert werden, d.h. nicht absolute Zitationszahlen, sondern zu den Standards des jeweiligen Spezialgebietes relative Zahlen werden benutzt. Die Vergleichbarkeitsforderung ist forschungspraktisch nur selten umsetzbar. Universitäre Fachbereiche oder Institute etwa versammeln in der Regel schon ein ganzes Spektrum von Spezialgebieten mit unterschiedlichen Zitationsgepflogenheiten. Auf die Möglichkeit der Normalisierung wurde im Zusammenhang mit den Journal-Impact-Maßen bereits hingewiesen. Moed und Van Raan (1988) benutzten die aggregierten Journal Impacts als Referenzmaß für die für jede Forschungsgruppe ermittelten Zitationen.

Als ein Beispiel dafür, wie sich gewichtete Publikationsmaße für institutionelle Vergleichszwecke entwickeln lassen, sollen hier einige von Vinkler (1986) vorgeschlagene und im *Central Research Institute for Chemistry of the Hungarian Academy of Sciences* eingesetzte bibliometrische Indikatoren skizziert werden: Vinklers Ziel ist eine vergleichbare Charakterisierung der Publikationsaktivitäten der verschiedenen Departments des Institutes, und zwar sowohl in qualitativer Hinsicht wie in quantitativer. Er schlägt dazu einen Indikator (P_I) vor, den er als *relativ publication impact* bezeichnet (VINKLER 1986: 166 f). Dieser Indikator besteht zunächst aus einer Normalisierung der tatsächlich erhaltenen Zitate mit Hilfe der aufaggregierten Impact-Faktoren der Zeitschriften, in denen diese Artikel erschienen sind. Es handelt sich dabei um eine "relative Zitationsrate", bei der die Impact Faktoren der Zeitschriften als eine Schätzung für die im Spezialgebiet erwartbare Anzahl von Zitaten für einen durchschnittlichen Artikel figurieren. D.h. dieser Indikator bildet nicht die absolute Zahl der Zitate ab, sondern das Verhältnis von tatsächlichen und erwarteten Zitationen. Durch Multiplikation mit der Anzahl der publizierten Artikel erhält man dann ein gewichtetes Outputmaß. Da die einzelnen Departments untereinander in bestimmtem Maße kooperieren, wird durch einen Kooperationsfaktor nur der (geschätzte) Eigenanteil des jeweiligen Departments berücksichtigt. Durch Division mit der Zahl der Forscher am jeweiligen Department ergibt sich schließlich ein Produktivitätsmaß, also eine Pro-Kopf-Angabe des gewichteten Publikationsoutputs. Mit dieser Art von Gewichtung ergeben sich natürlich all die Probleme, die oben bereits für die Impact-Faktoren erwähnt wurden, aufs neue. D.h. bei kleinen Publikationsmengen muß mit einer mehr oder weniger fehlerhaften Einschätzung der zu erwartenden Zitationszahlen gerechnet werden. Ob ein Artikel als relativ gut oder relativ schlecht eingeschätzt wird, hängt danach entscheidend vom Impact-Faktor der Zeitschrift ab, in der er publiziert wurde. Um diese recht arbiträren Einflüsse auszuschalten, benutzt Vinkler einen *average impact factor of research subfield* (ebd.: 168 f). Dazu wird für jedes vertretene Forschungsgebiet des Institutes ein typisches Zeitschriftensample erstellt, das zwischen 34 und 70 einzelne Zeitschriften umfaßt. Für dieses Zeitschriftensample wird sodann ein durchschnittlicher Impactfactor errechnet und mit einem Faktor 0.85 multipliziert, um einen angenommenen Anteil von 15% Selbstzitaten zu korrigieren. Auf diese Weise läßt sich ein *relative subfield impact*-Indikator P_W berechnen, der die relative Publikationseffizienz jedes Departments angibt. Die Rangfolge der Departments ändert sich in Vinklers Untersuchung allerdings nur unwesentlich, wenn statt des Indikators P_I der Indikator P_W benutzt wird. Diese aus Quantität und relativem Impact zusammengesetzten Indikatoren ergaben laut Vinkler (1986: 167) eine gute Übereinstimmung mit den im Institut durchgeführten Peer-Evaluationen.

Dennoch wurde schon seit den ersten Zitationsstudien gemutmaßt, daß Zitationen nur zum Teil auf der Qualität der publizierten Arbeit beruhen. Whitley (1972b: 199) etwa fand es bei seiner Untersuchung von Kommunikationsnetzwerken *schwierig zu sagen, inwieweit der Unterschied in den Zitierungsraten auf die eigentliche Qualität der Arbeiten und inwieweit er auf andere Faktoren zurückzuführen ist.* Diese Vorstellung findet sich später in Begriffen wie "Partialindikator" oder "limited measure of quality" wieder. Man kann auf diese Partialität der Zitationsmessungen mehr oder weniger große Zweifel am Nutzen des Instrumentes gründen, unabweisbar ist aber sicherlich die Frage danach, wann denn - angesichts dieser Unsicherheit - von signifikanten Unterschieden im Impact gesprochen werden kann. Auch hier sei nur exemplarisch auf ein Konzept hingewiesen.

Diecks und Chang (1976) gehen davon aus, daß zwei Artikel mit gleichem Impact[1] nicht notwendigerweise auch die gleiche Anzahl von Zitaten erhalten. Den Grund dafür sehen die Autoren darin, daß die Entscheidung, eine Arbeit aus der Fülle der vorhandenen Literatur zu zitieren, einen Auswahlprozeß darstellt, der nicht nur durch den Impact des tatsächlich zitierten Artikels bestimmt ist, sondern durch eine

---

1 *'[I]mpcat' denotes the actual importance of a paper as judged by the scientific community* (DIECKS/CHANG 1976: 249).

Fülle weiterer Faktoren, die als zufällig bezeichnet werden. Entsprechend wird der Zitierakt als probabilistischer Vorgang modelliert. In diesem Modell haben alle Wissenschaftler unabhängig voneinander die gleiche Chance, einen Artikel zu zitieren, wobei angenommen wird, daß das Zitat eine wissenschaftliche Anerkennung der zitierten Arbeit darstellt. Da aber Wissenschaftler in einem gegebenen Jahr einen bestimmten Artikel durchaus mehrmals zitieren, ist die Unabhängigkeitsbedingung offensichtlich nicht erfüllt. Dieck und Chang (1976: 252) entschieden daher, anstelle der Anzahl der Zitate die Anzahl verschiedener zitierender Autoren zu zählen. Dieser Ansatz weist einige Vorteile auf, denn die Auswirkung von "Zitierkartellen" wird abgemildert, und eine Arbeit kann nicht allein deshalb im Impact steigen, weil viele kleine, zergliederte oder ähnliche Publikationen eines Autors das Werk immer aufs neue zitieren. Der Nachteil liegt jedoch nicht nur in dem erheblichen Mehraufwand, Autoren statt Zitate zu identifizieren und die Zählung entsprechend zu bereinigen, sondern vor allen Dingen in der oben diskutierten Problematik der Mehrfachautorschaft. Was *different citing authors* eigentlich sind, bleibt leider unklar (ebd.). Man kann darunter jeweils den Erstautor verstehen oder fixe Kombinationen von Autoren, man kann aber auch eine Autorengruppe nur einmal zählen und die Coautoren in jeder anderen Kombination, wenn sie die bestimmte Arbeit im gleichen Jahr noch einmal zitieren, für die Zitationszählung nicht mehr berücksichtigen. Letztere Lösung, wohl die dem Impact-Konzept angemessenste, würde aber bedeuten, daß die Menge potentieller Fremdautoren, die eine Arbeit zitiert, sich drastisch verkleinert und der Impact einer Publikation möglicherweise unterschätzt wird.[1] Dieck und Chang (1976) stellten weiterhin den "Alterungseffekt" von Publikationen in Rechnung. Da die Chance einer Publikation, zitiert zu werden, im Laufe der Zeit geringer wird, entschieden sie sich für einen Gewichtungsfaktor, der das Gewicht der erhaltenen Zitate entsprechend des zeitlichen Abstandes zur Veröffentlichung[2] des zitierten Artikels erhöht. Die Rate, mit der ein Artikel veraltet, läßt sich für jeden Artikel gesondert bestimmen und als Mittelwert für das jeweilige Forschungsgebiet benutzen. Aus diesem Wert und der Anzahl von zitierenden Fremdautoren in einer bestimmten Anzahl von Jahren berechnen Dieck/Chang (1976: 255 f) *the initial likeliness for a given paper to be cited. (...) [W]e have called this quantity the Citation Index Activity (CIA). The CIA of a particular paper can be considered as a measure of its impact.* Hat man die durchschnittliche "Alterungsrate" für ein Forschungsgebiet ermittelt, dann kann der damit berechnete CIA-Wert als *relative impact* verstanden werden (ebd.). Da die Zufallsverteilung der zitierenden Autoren durch eine Poisson-Verteilung approximiert wurde, lassen sich dann auch Signifikanztests durchführen, um zu entscheiden, ob zwei Publikationen einen signifikant unterschiedlichen Impact haben. Dieser Punkt ist in der Tat bedeutsam, da es wenig Probleme bereitet, sehr viel zitierten Publikationen gegenüber nicht zitierten einen qualitativen Unterschied zu attestieren, wohl aber, wenig und nicht zitierte Publikationen angemessen zu bewerten: *What*

1 Abgesehen davon, ist diese Lösung technisch schwer zu realisieren, da bei der maschinellen Abfrage von den zitierenden Autoren nur der Erstautor ausgegeben wird. Es muß also in einem zweiten Schritt die vollständige Quelle ermittelt werden und diese mit allen anderen Quellen iterativ auf das Auftreten weiterer Namen geprüft werden.

2 Da es eine gewisse Zeit dauert, bis andere Wissenschaftler von einer Publikation Kenntnis nehmen, haben Dieck/Chang statt des Veröffentlichungsjahres das Jahr der ersten Zitation als Ausgangsbasis benutzt.

is evident is that most articles are rarely cited, while a few attracts an extraordinary number of citations. The difference between the articles that attracts no citation and the one that attracts two or three over a seven year period is not substantial. Thus, in the heavily populated middle range of the continuum of quality, citation counts are of doubtful utility (LINDSEY 1989: 196). Legt man eine Poisson-Verteilung zugrunde, wären die von Lindsey genannten Differenzen nicht signifikant.[1] Abgesehen von der Frage, welche Signifikanztests der schiefen Verteilung angemessen sind (vgl. z.B. für nicht parametrische Tests DEWITT u.a. 1980), stellt sich hier allerdings auch ein theoretisches Problem. Das Impact-Konzept geht von einer linearen Beziehung zwischen erhaltenen Zitaten und Impact des Artikels aus. Nun ist aber seit langem bekannt, daß offenbar ab einem bestimmten Maß an Sichtbarkeit des Autors (sei es durch Zitate, sei es durch Preisverleihungen oder auch durch überraschend entstehende außerwissenschaftliche Relevanz) ein dem Matthäus-Effekt vergleichbares Phänomen auftritt: Schon zitierte Publikationen werden verstärkt zitiert (vgl. DE SOLLA PRICE 1976). Dieser Effekt, ebenso wie die Unbestimmtheiten im mittleren Bereich der Zitationshäufigkeit, läßt sich mildern, in dem entweder mit logarithmierten Werten gerechnet wird oder anstelle der tatsächlichen Zitationszahlen Gruppen gebildet werden, die als Gewichtungsfaktoren für die Publikation eingesetzt werden. Das Problem der Varianz und der Bestimmung signifikanter Unterschiede ergibt sich auf allen Ebenen: beim Vergleich der Produktionen einzelner Autoren ebenso wie beim Vergleich der Produktion von Gruppen oder Institutionen, beim Querschnittsvergleich ebenso wie beim Längsschnittvergleich.

Die Tabelle 22 zeigt am Material unserer Fallstudie, daß die Varianzen der Zitationszahlen von Jahr zu Jahr erheblich schwanken können und daher signifikante Unterschiede in einem Jahr nicht unbedingt signifikante Unterschiede im Mehrjahresvergleich ausmachen und umgekehrt. Ebenso zeigt die Tabelle, daß die Rechnung mit logarithmierten Daten oder mit Gewichtungsfaktoren anstelle der Anzahl der erhaltenen Zitate nur in Grenzfällen Differenzen entstehen läßt. So unterscheidet sich etwa die durchschnittlich pro Artikel erhaltene Zahl der Zitationen (1983-87) der Physiker der TU Berlin (4,94 Zitate) vom Erfolg der Konstanzer Physiker (6,46 Zitate) bei Benutzung der Rohdaten signifikant (auf dem 5% Niveau), nicht jedoch bei Verwendung der logarithmierten Daten, da die Konstanzer ihren höheren Mittelwert u.a. einzelnen stark zitierten Beiträgen verdanken. Mit Zitaten gewichtete Publikationsanalysen sollten daher grundsätzlich über einen längeren Zeitraum durchgeführt werden und nicht auf Einzeljahresergebnisse gestützt werden. Die Tabelle 22 zeigt außerdem, daß sich sowohl die Logarithmierung der Zitationszählung wie die Gewichtung der Publikationen nach Gruppen von Zitationshäufigkeiten zwar auf die Feststellung signifikanter Differenzen zwischen den Universitäten auswirkt, insgesamt aber eher ein "fine tuning" ist, das die Ergebnisse nicht entscheidend verändert.

---

1 Man sollte sich dabei aber sowohl der Grenzen von Signifikanztests (vgl. KRIZ 1985) wie des Impact-Konzepts bewußt sein. Um ein Beispiel zu nennen: Die acht Nobelpreisgewinner des Jahres 1975 weisen, bis auf einen, sowohl hohe Publikationszahlen (zwischen 41 und 87 zitierte Artikel) als auch hohe Zitationszahlen (zwischen 94 und 385 Zitate) auf. Einer der Gewinner (J. Rainwater) jedoch kommt auf lediglich 7 zitierte Artikel mit einer Gesamtzahl von 8 Zitaten. Der Durchschnittswert für alle zitierten Wissenschaftler zu dieser Zeit (1974) lag bei 2 Publikationen und insgesamt 7 Zitaten. Gegenüber einer sehr großen Zahl anderer Wissenschaftler unterscheidet sich offenbar der Impact der Arbeiten von Rainwater nicht (vgl. LAWANI 1977).

Tabelle 22: Publikationen aus dem Forschungsgebiet Physik 1983-1987 nach der Zahl der erhaltenen Zitate in den ersten 3 Jahren nach Veröffentlichung

Jahr	Universität	Artikel	Mittlere Zahl von Zitaten	Stand.-fehler	95% Konfidenzintervall für die mittlere Zahl von Zitaten	auf dem 5%-Niveau signifikante Unterschiede			
						Köln	Konstanz	TU Berlin	Bremen
1983	U Köln	84	7,36	1,129	5,1 bis 9,6				
	U Konstanz	51	4,47	0,751	3,0 bis 6,0	#			
	TU Berlin	41	4,83	0,989	2,8 bis 6,8				
	U Bremen	3	8,00	3,464	0,0 bis 22,9				
1984	U Köln	96	7,54	0,849	5,9 bis 9,2				
	U Konstanz	42	6,55	1,206	4,1 bis 9,0				
	TU Berlin	46	4,13	0,979	2,2 bis 6,1	# O *			
	U Bremen	16	2,06	0,698	0,6 bis 3,6	# O *	# O*		
1985	U Köln	101	6,73	0,843	5,1 bis 8,4				
	U Konstanz	62	4,98	0,817	3,4 bis 6,6				
	TU Berlin	59	4,79	0,703	3,3 bis 6,1				
	U Bremen	16	2,19	0,776	0,5 bis 3,8	# O *			
1986	U Köln	91	6,69	0,859	5,0 bis 8,4				
	U Konstanz	60	9,35	1,581	6,2 bis 12,5				
	TU Berlin	43	7,12	1,330	4,4 bis 9,8				
	U Bremen	22	3,73	0.796	2,1 bis 5,4		# *		
1987	U Köln	105	6,21	0,741	4,7 bis 7,7				
	U Konstanz	62	6,72	1,544	3,6 bis 9,8				
	TU Berlin	73	4,43	0,705	3,0 bis 5,8				
	U Bremen	10	3,60	1,796	0,0 bis 7,7				
1983	U Köln	477	6,88	0,391	6,1 bis 7,6				
-	U Konstanz	277	6,46	0,547	5,3 bis 7,6				
1987	TU Berlin	262	4,94	0,407	4,1 bis 5,7	# O *	# *		
	U Bremen	67	3,13	0,483	2,2 bis 4,1	# O *	# O *		

* = Rohdaten sig. auf 5% Niveau.
O = logarithmierte Rohdaten sig. auf 5% Niveau.
# = gewichte Publikationsdaten sig. auf 5% Niveau (Gewichtungsfaktoren: 0-1 Zitat: 1; 2-5 Zitate: 2; 6-10 Zitate: 3; 11-15 Zitate: 4; 16-20 Zitate: 5; >20 Zitate: 6.
Quelle: eigene Erhebung

Von den hier vorgestellten Verfahren zur qualitativen Gewichtung sind die Varianten einer auf Zitationszählungen des einzelnen Artikels beruhenden Methode sicherlich die aussagekräftigsten und methodisch anspruchsvollsten. Die in der Literatur häufig berichtete Übereinstimmung von derart bibliometrisch gewonnenen Leistungseinschätzungen und Expertenurteilen wird denn auch immer wieder als Grund angeführt für ein generalisierendes Urteil, wie z.B. Le Pair (1988: 550) es fällt: *[C]itation analysis is probably a fair evaluation tool for those scientific subfields where publication in the serial literature is the main vehicle of communication.*

In diesem Kapitel ging es zunächst um Publikationszählungen und die Möglichkeiten, diesen Publikationen ein qualitatives Gewicht zuzuordnen, d.h. es ging um die

Bestimmung absoluter Outputgrößen. Dabei zeigte sich, daß für Vergleichszwecke in der Regel bestimmte Normalisierungen notwendig sind. Konkret ging es a) um die Ausschaltung von gebietsspezifischen Effekten (Publikations- und Zitationsmuster, Veraltungsrate), um über verschiedene Subgebiete hinweg Vergleiche anstellen zu können, b) um die Ausschaltung der absoluten Größe des Publikationsoutputs, der an die (personelle) Größe der jeweiligen Untersuchungseinheit gebunden ist, zugunsten durchschnittlicher Qualitätscharakterisierungen (etwa mittlere Zahl von Zitaten pro Artikel) und c) um Effizienzaspekte, die einen qualitativ gewichteten Output in Relation zur eingesetzten "man power" bringen. Die beiden letzteren Punkte sind Vorgriffe auf die folgenden Kapitel, denn sie stellen größenunabhängige Messungen dar.

Im folgenden Kapitel (5.4.4) soll auf die Probleme bei der Konstruktion von Effizienzmaßen eingegangen werden. Im übernächsten Kapitel geht es dann noch einmal um die Zitationsanalyse. Nicht nur um Verfahren zu diskutieren, die von der hier vorgestellten Publikationszählung und Gewichtung unabhängig sind, sondern auch weil trotz der häufig dokumentierten Übereinstimmung von Einschätzungen wissenschaftlicher Leistungen unter Nutzung der Zitationsanalysen mit den Urteilen von Fachexperten ein Fragezeichen bleibt. Dies resultiert nicht nur aus dem unzureichenden Wissen darüber, unter welchen Bedingungen, für welche Forschungsgebiete, bis zu welchem Auflösungsvermögen, mit welchen notwendigen Korrekturen und für welche Art von Aggregaten die Zitationsanalyse eingesetzt werden kann. Vielmehr produziert auch die Art der Validierung einige Fragezeichen: Denn zum einen sind die Urteile der Experten selbst in gewissem Maße fragwürdig und daher nur ein begrenzt brauchbares Validitätskriterium, zum anderen ist unklar, wie unabhängig die Einschätzungen von Peers (die ja einen Teil ihres Urteils auch auf die Beobachtung des formellen Kommunikationssystems stützen) von bibliometrischen Analysen sind. Mit anderen Worten: Im Hintergrund steht nach wie vor die Frage, ob denn die Operationalisierungen des Impact-Konzepts auch ein valides Indiz für Qualität sind. Es mangelt dabei nicht an neuen Verdikten über alte Verdikte, die anstelle eines Konventionalisierungsprozesses den Indikatoren in autoritativer Manier bestimmte Eigenschaften zuschreiben: *The verdict of Spiegel-Rösing (1973), namely that citation counts are a valid measure for scientific quality in some fields of natural science, is no longer disputed* (LE PAIR 1988: 544). In dieser Frage teilen sich aber tatsächlich nicht nur die Lager, sondern je nach eigenem Forschungskontext neigt auch ein und derselbe Autor mal zur Affirmation, mal zur Skepsis. So fanden z.B. Moed und van Raan (1988) eine gute Übereinstimmung zwischen Ergebnissen eines Evaluationskomitees an der Universität Leiden und ihren bibliometrischen Ergebnissen. Sie folgerten daraus: *This is striking support for the hypothesis that numbers of citations do reflect important aspects of research quality* (MOED/VAN RAAN 1988: 184). Andernorts und mit anderer Thematik beschäftigt, kommt der Erstautor allerdings zu einem diametral entgegengesetzten Ergebnis: *Researchers are assumed to be able to recognise quality and may have particular ways of responding to quality. On the other hand, quality is not identical to what researchers actually conceive as quality. A piece of research is not 'good' just because most researches say that it is 'good', or because they respond to it in some specific way* (MOED 1989: 483).

5.4.4 Output und Effizienz

Bisher waren Gewichtungsverfahren vorgestellt worden, die - ausgehend von verschiedenen methodischen Ansätzen - den "Wert" der einzelnen Publikation zu differenzieren versuchten. Derartige Angaben können sowohl als größenunabhängige Aussage über den durchschnittlichen Impact der Publikationen einer Institution X berechnet werden als auch als absolute Angabe, wenn man die Gesamtzahl der Publikationen mit heranzieht. Im letzteren Fall erhält man sozusagen das absolute Gewicht einer Institution in einem nationalen oder internationalen Forschungsfeld, wenn die entsprechenden Vergleichsangaben einbezogen werden.

In der Regel interessiert aber nicht nur dieses absolute Gewicht, sondern auch die Effizienz, mit der diese Leistungen erbracht werden. Es erscheint trivial, daß personell und materiell gut ausgestattete Institutionen einen größeren absoluten Output produzieren. Größe und möglicherweise damit bessere Produktionsbedingungen bewirken aber nicht unbedingt auch einen im Durchschnitt einflußreicheren Output. Obwohl trivial, wurde z.B. vom Nachrichtenmagazin FOCUS 1993 eine Rangliste deutscher Universitäten publiziert (Autor: S. Lehrl), in der die Hochschulen nach der absoluten Publikationszahl nur eines einzelnen Jahres (1992) aus dem SCI und SSCI für die einzelnen Fachbereiche geordnet wurden (vgl. JURTSCHITSCH/GOTTSCHLING 1993). Abgesehen davon, daß weder der Sience Citation Index noch der Social Science Citation Index eine geeignete Basis sind, um den Publikationsoutput zu erfassen (dafür stehen weitaus vollständigere Fachdatenbanken zur Verfügung), [1]die Abgrenzung der Fachgebiete arbiträr ist[2] und eine ungewichtete Publikationsangabe allenfalls ein Aktivitäts-, aber kein Qualitätsindikator - wie dort behauptet - ist, ergibt ein solches Ranking relativ triviale Größenangaben. Entsprechend stehen meist die großen Fachbereiche (nach beschäftigtem Personal) an der Spitze dieser Rangliste. Der Rangliste des FOCUS-Magazins ist auch eine Effizienzangabe beigefügt (ermittelte Publikation bezogen auf Professoren, Akademische Räte und Studienräte im Hochschuldienst). Das Fehlen des gesamten befristet beschäftigten Mittelbaus, insbesondere des drittmittelfinanzierten Personals begründet der Autor der Rangliste folgendermaßen: *Wenn Professoren in der Lage sind, Gelder für sogenannte Drittmittelstellen aufzutreiben, ist dies auch ein Zeichen von Effizienz* (JURTSCHITSCH/GOTTSCHLING 1993: 131). D.h. daß das, was im FOCUS-Magazin als Effizienzmaß angegeben wird, eine undurchschaubare Mischung aus Drittmittelintensität, Personalstruktur des Fachbereiches und unzuverlässig ermittelten Publikationszahlen ist. Will man Drittmitteleinwerbungen als Leistungskriterium nutzen, dann sollte man einen Drittmittelindikator wählen.

Will man Institutionen (Forschergruppen, Fachbereiche, Forschungseinrichtungen, Universitäten) im Hinblick auf ihre Effizienz vergleichen, dann müssen die er-

1 So beziffert z.B. Winterhager (1994: 551) den "Verlust" an Publikation für die deutsche Soziologie bei Benutzung des Social Science Citation Index auf ca. 60%.

2 Im Sience Citation Index wird die fachliche Zuordnung eines Artikels allein aufgrund einer Klassifikation der Zeitschrift, in der der Artikel erschienen ist, vorgenommen. Will man den Publikationsoutput von Fachbereichen erfassen, müssen a) auch die Randgebiete kontrolliert werden und b) aufgrund der uneinheitlichen Schreibweise der institutionellen Adresse sehr aufwendige manuelle Korrekturen vorgenommen werden.

brachten Leistungen in Relation zum tatsächlich für die Produktion der Leistung eingesetzten oder verfügbaren Personal oder zur materiellen Ausstattung gesehen werden. Ist es auf der individuellen Ebene schon problematisch, Leistung exakt zuzurechnen (Mehrfachautorschaft), so vergrößern sich diese Probleme bei der Analyse von Personenaggregaten u.U. ganz erheblich. Bei der Analyse von Forschergruppen oder reinen Forschungsinstitutionen ist die Anzahl der zugehörigen Mitarbeiter meist noch ohne größere Probleme zu ermitteln. Weitaus schwieriger ist dies im Fall von Hochschuleinrichtungen, deren Personal erstens neben der Forschung auch Aufgaben der Lehre und der akademischen Selbstverwaltung zu erfüllen und zweitens je nach Status in unterschiedlichem Maße Chancen zur eigenständigen Publikation hat. Gravierend ist dies Problem, weil es für die verschiedenen Universitäten und Fachbereiche keineswegs eine feste Relation von Professoren und akademischem Mittelbau gibt und darüber hinaus auch der anteilmäßige Einsatz des Mittelbaus in der Forschung sehr unterschiedlich gehandhabt wird. Für ein einigermaßen faires Effizienzmaß wird aber eine vergleichbare Angabe über die verbrauchte "man power" benötigt.

Die entstehenden Probleme lassen sich anschaulich am Material unserer Fallanalyse darstellen. Die folgende Graphik (Abb. 7) zeigt, welche Personengruppen aus den Forschungsgebieten Physik, Chemie und Biologie der Universität Konstanz am gesamten Publikationsoutput der Jahre 1983 bis 1988 beteiligt waren. Als Output wurden hier all die Artikel angesehen, deren Autoren als Anschrift die Universität Konstanz angaben oder eine institutionelle Adresse, die der Universität zuzuordnen war. Rund 40% der Publikationen wiesen als Autor/Coautor einen Konstanzer Professor auf, der allein oder in Kooperation mit anderen Konstanzer oder Nicht-Konstanzer

Abb. 7: Publikationen (1983-88) der Universität Konstanz aus den Gebieten Physik, Chemie und Biologie nach dem Status des/der Autor(en)

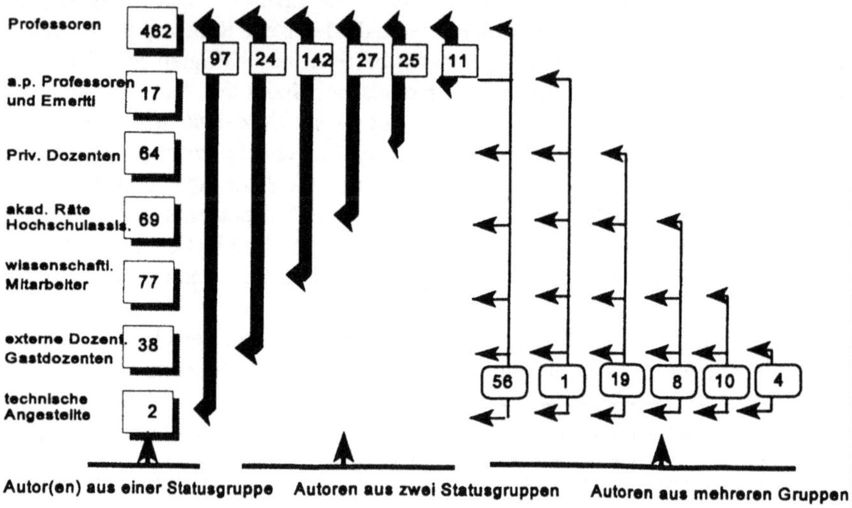

Professoren als Autor zeichnete. Weitere 33% der Publikationen weisen einen ordentlichen Professor des jeweiligen Fachbereichs in Kombination mit einer der anderen Statusgruppen (nur Personen aus der Universität Konstanz) auf. Zwar hängt die Nennung eines Mitarbeiters (bzw. des verantwortlichen Forschungsleiters) als Autor stark von lokalen Praxen ab, aber man darf bei diesen 33% wohl davon ausgehen, daß tatsächlich Zusammenarbeitsverhältnisse vorlagen. Von den übrigen Publikationen wird der überwiegende Teil (knapp 7% aller Publikationen) allein von den wissenschaftlichen Mitarbeitern bestritten.

Würde man zur Berechnung eines Effizienzmaßes nur die Zahl der Professoren verwenden, wäre dies nur dann eine sinnvolle Bezugsgröße, wenn an anderen Universitäten ebenfalls rund 60% des Publikationsoutputs auf andere Statusgruppen und Kooperationen der Professoren mit anderen Mitarbeitern entfallen würden. Ein Vergleich zeigt aber schnell, daß dies nicht der Fall ist: An der Universität Köln wurde in den gleichen Forschungsgebieten allein von der Professorengruppe ca. 31% der Publikationsmenge und weitere 30% als Kooperation von Professoren mit anderen Gruppen erbracht, während die wissenschaftlichen Mitarbeiter allein dort 16% der Gesamtpublikationsmenge produzierten. Der Anteil der Publikationen mit einem Professor des Fachbereiches als Autor/Coautor an der Gesamtpublikationsmenge unterscheidet sich in den vier hier untersuchten Universitäten auch innerhalb des gleichen Faches erheblich (Physik: von 70% bis 89%, Chemie: von 56% bis 97%, Biologie: von 59% bis 85%). Das erste Problem eines Effizienzmaßes besteht also darin zu entscheiden, was überhaupt als Output der Institution betrachtet werden darf: Alles was Personen produzieren, die in irgendeiner Weise die materielle oder ideelle Infrastruktur genutzt haben und dies in ihrer Anschrift zum Ausdruck bringen? Dies würde heißen, daß auch Gastforscher, Stipendiaten, Emeriti etc. zu berücksichtigen wären. Oder sollten nur Publikationen des von der Universität angestellten Personals berücksichtigt werden? Oder nur Leistungen des festangestellten Personals? Oder gar nur der Output, den bestimmte Gruppen (z.B. nur Professoren oder nur ordentliche Professoren) erbringen? Für alle Entscheidungen lassen sich plausible Gründe beibringen, das Output-Ergebnis wird jedesmal unterschiedlich ausfallen. Das zweite Problem besteht darin, das ausgewählte Personenkollektiv exakt zu quantifizieren. Den oben dargestellten Differenzen der Publikationsaktivität des akademischen Mittelbaus in Köln und Konstanz korrespondiert nämlich ein unterschiedliches Stellenvolumen, wie die Tabelle (23) zeigt.

Diese Angaben wurden der amtlichen Statistik entnommen. Leider sind die Angaben der amtlichen Statistik zum Personal der Hochschulen keineswegs befriedigend (vgl. HORNBOSTEL 1991a, 1991b). Sie sind z.T. ungenau und widersprüchlich, und ihre Zuordnung zu Fachgebieten über die Zeit ist nicht konsistent. Angaben der Hochschulen wiederum folgen häufig einer anderen fachlichen Zuordnungslogik. Während die amtliche Kollektiverhebung von der organisatorischen Zuordnung ausgeht, folgen die amtliche Individualerhebung und viele Hochschulstatistiken den faktischen Aufgabenschwerpunkten des Personals. Darüber hinaus arbeiten viele Wissenschaftler keineswegs vollständig für die Organisationseinheit, der sie zugeordnet sind. Dienstleistungsverflechtungen in Forschung und Lehre sind aber kaum realistisch quantifizierbar. Die Aufgabenverteilung zwischen Forschung und Lehre ist zwar rechtlich charakterisiert, die praktischen Umverteilungsmöglichkeiten sind jedoch erheblich.

Welche Zeitanteile für Forschung zur Verfügung stehen, insbesondere des akademischen Mittelbaus, dürfte von vielen organisatorischen Determinanten abhängen. Schließlich sind Personalfluktuation und Teilzeitarbeitsverhältnisse zu berücksichtigen. Eine exakte Gegenüberstellung von Personal (oder Zeiteinheiten) und zuzuordnenden Publikationen ist daher nicht möglich. Es handelt sich immer nur um mehr oder weniger gelungene Approximationen, die von Institution zu Institution besser oder schlechter ausfallen können (vgl. Tab. 23).

Tabelle 23: Personal 1984 nach der amtlichen Kollektiverhebung (Teilzeitstellen sind als halbe Stellen gezählt) für die Studienfächer Physik, Chemie und Biologie

Universität	Personalgruppe	Physik	Chemie	Biologie
Köln	Professoren	25,0	17,0	38,0
	Mittelbaustellen	19,5	22,0	25,0
	Qualifikationsstellen	37,5	51,0	44,0
Konstanz	Professoren	11,0	10,0	28,0
	Mittelbaustellen	13,0	6,0	11,0
	Qualifikationsstellen	22,0	27,5	44,0
Bremen	Professorenstellen	16,0	15,0	19,0
	Mittelbaustellen	1,0	3,0	1,0
	Qualifikationsstellen	18,5	25,5	30,5

1) = C_4, C_3, C_2 und die Besoldungsgruppen $H_5/H_4,C_3,C_2$.

2) = Oberassistenten/-ingenieure, akad./wiss. Räte auf Dauer, wiss. Mitarbeiter auf Dauer (BAT I-II), Fachlehrer, technische Lehrer, sonst. Lehrkräfte für besondere Aufgaben.

3) = Hochschulassistenten (C_1), wiss. Assistenten, Oberräte und akad./wiss. Räte auf Zeit, wiss. Mitarbeiter (BAT I-II) auf Zeit.

Quelle: Wissenschaftsrat (unveröffentlichte Daten).

Versucht man trotz dieser Unwägbarkeiten die präsentierten Daten für einen Effizienzvergleich zu nutzen, dann ergibt sich folgendes Bild (vgl. Tab. 24): Nimmt man alle Publikation der Autor(en)/Coautor(en), die als institutionelle Adresse ein physikalisches Institut/Fachbereich angeben und setzt sie in Relation zum Personal der amtlichen Statistik, dann erreicht Köln die höchste Pro-Kopf-Produktion von Artikeln. Gewichtet man die Artikel nach der Zahl der erhaltenen Zitate, liegen Köln und Konstanz etwa gleichauf. Berücksichtigt man jedoch nur die Anteile, die jeweils nur die Autoren, die in den Vorlesungs-/Personalverzeichnissen der Universität aufgeführt sind, an der (gewichteten) Publikation hatten, dann führt Konstanz die Liste an. Da die Kölner mit einem hohen Anteil von Gastforschern, Stipendiaten und Kooperationen mit anderen Fachbereichen bei dieser Zählung nur jeweils einen kleineren Teil der Publikation verbuchen, sinkt ihr Anteil entsprechend ab.

Im übrigen zeigt sich dabei auch, daß Vorlesungs- bzw. Personalverzeichnis ebenfalls keine fehlerfreie Datenbasis sind und zudem nicht nach einheitlichen Kriterien erstellt werden. Legt man die Angaben dieser Verzeichnisse zugrunde, dann sinken die Publikationszahlen für alle drei Universitäten ab.

Tabelle 24: Vergleich verschiedener Effizienzmaße. Publikationen (1983-1988) und Zitationen (aus den ersten 3 Jahren nach Veröff.) aus dem Forschungsgebiet Physik

Universität	I Zahl der Artikel	II mit Zitaten gewichtete Artikel	III mit Zitaten gewichtete Anteile der Autoren	IV Personal (amtliche Statistik) gewichtet	Relationen I/IV	Relationen II/IV	Relationen III/IV
Köln	662	1.455	440,9	47,3	14,0	30,8	9,3
Konstanz	316	725	441,9	24,8	12,7	29,2	17,8
Bremen	82	143	82,1	22,7	3,6	6,3	3,6

I Alle Publikationen der Datenbank SCISEARCH, die als institutionelle Adresse den Fachbereich Physik oder entsprechende Institute und Lehrstühle aufweisen.
II Jede Publikation wurde nach dem Schema von Tabelle 22 gewichtet.
III Gewichtungsfaktor = Autoren aus dem Fachbereich/Gesamtzahl der Autoren.
IV Professoren wurden mit 1, Mittelbaustelle mit 1/2 und Qualifikationsstellen mit 1/3 gewichtet. Teilzeitstellen wurden als halbe Stellen gerechnet.
Quelle: eigene Erhebung

Die Tabelle 24 weist aber darüber hinaus auf ein weiteres Problem solcher Effizienzvergleiche hin. Die Universität Bremen ist bei allen Kennzahlen hinsichtlich der Produktivität und Effizienz weit abgeschlagen. Dies muß nicht unbedingt der realen Produktivität entsprechen. Stellt man nämlich die fachlichen Schwerpunkte in Rechnung, soweit dies ermittelbar ist,[1] dann zeigt sich, daß Bremen einen personellen Schwerpunkt im Bereich Didaktik der Naturwissenschaft hat (33% der plan- und außerplanmäßigen Professoren), Konstanz einen Schwerpunkt in der experimentellen Physik (64% der Angaben) und Köln weist eine breite Streuung über verschiedene Gebiete auf, von denen allgemeine Physik und theoretische Physik mit jeweils 28% der genannten Professoren die meisten Nennungen aufweisen. Da Didaktiker vermutlich auch in Zeitschriften publizieren, die nicht physikalische Fachzeitschriften sind (nur die wurden hier ausgewertet), ist ihr Publikationsoutput möglicherweise unterbewertet; möglicherweise ist dieser Bereich auch weit stärker praxis- als forschungsorientiert.

Effizienzmessungen werfen demnach mehrere Fragen auf:

1) Wer ist zur Organisationseinheit zu rechnen (und zwar derart vergleichbar, daß diese Zurechnung für alle zu untersuchenden Organisationseinheiten vorgenommen werden kann)?
2) Ist der Output dieser Mitglieder tatsächlich erfaßt?
3) Bezieht sich dieser Output auf vergleichbare Forschungsgebiete?
4) Stehen vergleichbare Ressourcen zur Verfügung?
5) Wie werden inter- und intrauniversitäre Kooperationsbeziehungen gewertet?

Es ist kaum möglich, auf alle Fragen eine befriedigende Antwort zu geben, und häufig auch nur schwer möglich, die notwendigen Angaben zu ermitteln.

1 Dazu wurden Angaben aus dem Vademecum Deutscher Lehr- und Forschungsstätten. Stätten der Lehre. Teil 1. Wissenschaftliche Hochschulen. 8. Aufl., Stuttgart 1988 herangezogen. Die Angaben entsprechen allerdings nicht genau den Erhebungskategorien der amtlichen Statistik, und die fachliche Spezialisierung ist in vielen Fällen auch nicht angegeben. Es handelt sich also um grobe Schätzwerte.

Einen pragmatischen Weg, die Größe eines Fachbereiches und den zugehörigen Output zu schätzen, schlägt Spiegel-Rösing vor. Sie geht nicht von einer Personalstatistik aus, sondern von der Zahl der Autoren, die unter der institutionellen Adresse publizieren: *Der Produktivitätsindex einer Universität ist hier definiert als der prozentuale Überhang von Publikationen gegenüber veröffentlichenden Wissenschaftlern (Erstautoren). Bei 100 veröffentlichenden Wissenschaftlern und 150 Publikationen beträgt der Produktivitätsindex 50%* (SPIEGEL-RÖSING u.a. 1975: 39). Ein solches Vorgehen bevorteiligt natürlich Fachbereiche mit nicht-publizierendem Personal, da das tatsächliche Personal unterschätzt wird. Weiterhin entgehen alle Publikationen, die zwar einen Coautor aus der fraglichen Institution haben, jedoch einen Erstautor, der einer anderen Institution zugeordnet ist. Andererseits führt ein solches Verfahren zu besseren Personalschätzungen, wenn viele Gastwissenschaftler, Stipendiaten etc., die weder von der Personalstatistik noch von den Vorlesungsverzeichnissen korrekt erfaßt werden, am Fachbereich arbeiten. Ebenso wird eine möglicherweise zu selektive Auswahl von Publikationen in gewissem Maße korrigiert. Wie die folgende Tabelle 25 zeigt, führt die Einschränkung auf Erstautoren tatsächlich zu wesentlichen Erfassungslücken, da nicht einmal alle Professoren (obwohl sie als Coautoren publiziert hatten) erfaßt werden.

Tabelle 25: Produktivitätsindizes nach Spiegel-Rösing mit unterschiedlichen Methoden zur Ermittlung der Zahl der potentiellen Autoren im Fachgebiet Physik auf der Grundlage der Publikationen (1983-1988).

Universität	nur Erstautoren (1)			Alle Autoren (2)			Personalstatistik (Personen, ohne Berücksichtigung von Teilzeitarbeitsverhältnissen)			Personalstatistik (Personal gewichtet) (3)	
	alle	nur Prof.	Prod. Index	alle	nur Prof.	Prod. Index	alle	nur Prof.	Prod. Index	alle	Prod. Index
Köln	77	20	358	104	23	537	87	25	661	47,3	1300
Konstanz	38	10	397	51	11	520	57	11	454	24,8	1174
Bremen	14	5	179	23	14	257	48	16	71	22,7	261

(1) Angegeben ist die Zahl der Autoren, wenn nur Publikationen berücksichtigt werden, deren Erstautor dem Fachgebiet Physik der jeweiligen Universität zugeordnet ist. Für die Bildung des Produktivitätsindex wurden nur die Publikationen mit einem Erstautor aus dem jeweiligen Fachbereichs berücksichtigt.

(2) Angegeben ist die Zahl der Autoren, wenn alle Publikationen berücksichtigt werden, deren Autor oder Koautor dem Fachgebiet Physik der jeweiligen Universität zugeordnet ist. Für die Bildung des Produktivitätsindex wurden alle Publikationen mit der institutionellen Adresse des jeweiligen Fachbereichs berücksichtigt.

(3) Es wurden die Gewichtungen aus Tabelle 24 benutzt.

Quelle: eigene Erhebung

Berücksichtigt man jedoch auch Coautoren, die unter der jeweiligen Adresse publiziert haben, ergibt sich ein Bild, daß den Personalangaben der amtlichen Statistik etwas näher kommt. Allerdings auch nur dann, wenn man von reinen Kopfzählungen ausgeht. Für Effizienzanalysen muß jedoch berücksichtigt werden, daß vor allen Dingen im Mittelbau sehr viele Teilzeitarbeitsverhältnisse bestehen und dem Personal auf Qualifikationsstellen nicht in gleichem Umfang Zeit und Ressourcen für Publikationsaktivitäten zur Verfügung stehen. Je nachdem, welche Schätzung man für die Anzahl potentieller Autoren zugrunde legt, zeigen sich ganz erhebliche Differenzen in dem von Spiegel-Rösing u.a. vorgeschlagenen Produktivitätsindex (vgl. Tab. 25). Nicht einmal die Rangfolge der Universitäten bleibt erhalten, wenn statt der Erstautoren alle Autoren des jeweiligen Fachbereiches berücksichtigt werden.

Sadowski/Backes (1985: 411) weisen darauf hin, daß die Probleme einer Effizienzberechnung nicht allein durch verbesserte Meßmethoden zu bewältigen sind, sondern *eine Zusammenhänge stiftende Theorie der Produktion und Organisation von Forschung* benötigt werde. Sie schlagen vor, als Inputfaktoren das quantitativ und qualitativ differenzierte Personal, sächliche und finanzielle Ausstattung sowie Umweltbedingungen und als Outputfaktoren Publikationsmengen (gewichtet nach Publikationstyp) in einer Grenzproduktionsfunktion zu verrechnen, die fachspezifisch den jeweils bestproduzierenden Fachbereich als Basis für die Berechnung einer "relativen Ineffizienz" bestimmt (vgl. BACKES-GELLNER 1988). Da aber weder die Produktionsstrukturen bekannt bzw. operationalisierbar sind (insbesondere die schwererfaßbaren qualitativen Strukturen wie Kooperation, Berufungspolitiken, Personalqualifikation etc.) noch für die Input- und Outputmaße eine dem Modell entsprechende differenzierte Operationalisierung vorliegt,[1] bleibt auch dieser anspruchsvolle Ansatz einer betriebswirtschaftlichen Effizienzberechnung im wesentlichen auf eine Gegenüberstellung von Personal und Publikationsmenge begrenzt. Erwartungsgemäß zeigt sich auch in dieser Studie, daß *eine wesentliche Anzahl von Departments in deutlich besserem 'Licht' dasteht, wenn man ihren relativen Ressourcenverbrauch mitberücksichtigt* (BACKES-GELLNER/SADOWSKI 1988: 278).[2]

Anstelle der Personalangaben verwandte Müller-Hill (1991) das Verhältnis zwischen der Finanzausstattung molekularbiologischer Forschungsinstitute und ihrem Publikationsoutput als Effizienzmaß. Dazu wurde das Gesamtbudget 1982 von zwei Max-Planck-Instituten und einem Universitätsinstitut in Beziehung gesetzt zur Zahl der im Zeitraum von 1980 bis 1988 zitierten Publikationen und den erhaltenen Zitaten. Aus diesen Angaben wurden dann die Kosten pro Artikel bzw. die Kosten pro Zitat errechnet (vgl. Tab. 26). Im Ergebnis wurde ein Zitat an dem Universitätsinstitut kostengünstiger "produziert" als an den Max-Planck-Instituten.

Auch für diesen Vergleich gilt allerdings, daß a) Zitationen umstandslos gleichgesetzt werden mit Qualität, b) daß sich die Aufwandsseite tatsächlich genau ermitteln läßt[3] und c) daß die Institute ein sehr ähnliches inhaltliches Forschungsprogramm haben müssen. Bereits bei einer genaueren Erfassung der finanziellen Aufwendungen über den untersuchten Zeitraum (1980 bis 84) kann eine solche Effizienzberechnung schnell zu völlig anderen Ergebnissen führen. Effizienzmaße sind nach diesen Befun-

1 Als Outputmessung wurde eine Zählung der Publikationen auf der Grundlage der Forschungsberichte der Universitäten benutzt, verbunden mit verschiedene Gewichtungen für Monographien, Zeitschriftenartikel, Beiträge in Sammelbänden und Herausgeberschaft (vgl. BACKES-GELLNER/SADOWSKI 1988).

2 Es bedürfte allerdings einer genaueren Analyse, um festzustellen, ob die Rangplatzdifferenzen zwischen absolutem Output und Effizienz tatsächlich erheblich größer sind, als jene Veränderungen, die sich allein bei Verwendung unterschiedlicher Outputmaße ergeben.

3 Abgesehen davon, daß hier lediglich ein einziges Jahr verwandt wurde, sind die nicht haushaltsmäßig erfaßten aber geldwerten Serviceleistungen der Universität in dieser Rechnung gar nicht erfaßt.

den eine informative Leistungskennzeichnung, aber sie sind mit äußerster Vorsicht zu behandeln, denn in ihnen kumulieren die Fehler der Input-Messung und die Fehler der Output-Messung. Darüber hinaus ist das Maß hoch abstrakt, denn es gibt ja nicht irgendwelche tatsächlichen Pro-Kopf-Leistungen an, sondern einen Durchschnittswert, in dem herausragende Einzelleistungen ebenso untergehen, wie Nicht-Leistungen unkenntlich werden. Es ist denn auch kaum erstaunlich, daß Experten, wenn sie aufgefordert sind, etwa ganze Fachbereiche zu beurteilen, dazu neigen, entweder dem absoluten Output (also der Größe) oder herausragenden Leistungen besonderes Gewicht beizumessen. So gerechtfertigt der öffentliche Anspruch auf Transparenz dessen ist, was am Ende mit dem eingesetzten personellen und materiellen Input an Leistungen erreicht wird, so schwierig ist er einzulösen. Effizienzbeurteilungen dürften daher zumindest als szientometrische Routineerhebungen kaum möglich sein. Sie setzen einen erheblichen Rechercheaufwand voraus, der kaum standardisierbar ist.

Tabelle 26: Ertrags- und Aufwandsindikatoren für drei molekularbiologische Forschungsinstitute

	MPI für Biochemie	MPI für Molekulare Genetik	Institut für Genetik Uni Köln
Grundausstattung 1982 (DM x 10^6)	32,0	12,5	4,9
Drittmittel 1982 (DM x 10^6)	2,9	1,3	4,4
Gesamtbudget 1982 (DM x 10^6)	34,9	13,8	9,3
Artikel 1980-1984	629,2	370,0	168,0
Kosten pro Artikel (DM x 10^3)	55,5	37,3	55,6
Zitate 1980-1988	7016,2	3906,9	3839,0
Zitate pro Artikel	11,1	10,6	22,8
Kosten pro Zitat (DM x 10^3)	5,0	3,5	2,4

Quelle: Müller-Hill 1991: 12

Nach den bisherigen Darstellungen und Kritiken bleibt ein verwirrender Eindruck: Sind Publikationen überhaupt ein geeignetes Leistungsmaß? Ist ihre Gewichtung unkontrollierbare Manipulation oder eine Verbesserung des Meßverfahrens? Soll man Aussagen über Institutionen wagen, oder sollte man sich auf die Einschätzung individueller Leistungen konzentrieren? Weder der Gewichtungs- noch der Auswahlproblematik läßt sich dadurch entgehen, daß auf Gewichtungen verzichtet würde. Wie eingangs betont, ist das Maß Publikation, entgegen dem ersten Anschein, keine für sich selbst sprechende empirische Entität, sondern eine artifizielle Einheit. Ob etwa die Publikationen eines Wissenschaftlers oder einer Institution vollständig oder jedenfalls ausreichend erfaßt sind, läßt sich nur unter Benutzung einer Definition bestimmen. Ebenso ist das Weglassen von Gewichtungen keineswegs etwas anderes als die Benutzung von Gewichtungen. Wer Publikationsanalysen anstellt, kann sich daher dem Definitionsproblem (was ist die auch qualitativ vergleichbare Einheit?) nicht entziehen. Publikationszahlen - wenn Publikationen vollständig erfaßt werden - sind bestenfalls ein Aktivitätsindikator. Zwar führen starke Publikationsaktivitäten i.d.R. auch zu insgesamt höheren Zitationen (nicht jedoch zu höherer Zitation pro Artikel), aber ausschlaggebend für die Reputation von Institutionen ist die Häufigkeit, mit der Publikationen zitiert werden. Als Qualitätsindikator sollten Publikationen daher mit einer Gewichtung versehen werden.

Wie schnell eine Effizienzbeurteilung unsolide werden kann, zeigt der Versuch des FOCUS-Magazins, *in viermonatiger Arbeit* kurzerhand die gesamte deutsche Forschungslandschaft mit einer *objektiven Untersuchung der deutschen Universitäten* zu evaluieren. Das Ergebnis hinkt nicht nur hinter dem Stand szientometrischer Methoden hinterher, sondern dürften auch für die Akzeptanzproblematik weitaus solider konstruierter Indikatoren und Ranglisten mitverantwortlich sein.

5.5 Zitationsanalysen

Im vorhergehenden Kapitel wurde die Zitationsanalyse als Möglichkeit eingeführt, Aktivitätsindikatoren (z.B. Publikationszählungen) mit einer Gewichtung zu versehen, die die Resonanz einer Publikation in der Fachöffentlichkeit beziffert. Als ein Weg für eine solche Gewichtung wurden verschiedene Varianten von Zitationsanalysen vorgestellt. Dabei ergab sich schon sprachlich eine Schwierigkeit: Zitationszählungen wurden als unvollständige Impact-Messungen präsentiert, die je nach Autor als Indikator für Qualität, Erfolg, Sichtbarkeit, Resonanz, den Beitrag zum Fortschritt usw. betrachtet wurden. Trotz der Bemühungen um einen neutralen Begriff wie *impact* scheint gerade der Einsatz von Zitationsanalysen in Evaluationsprozessen eine pragmatische (wenn nicht zirkuläre) Interpretation von Zitationen befördert zu haben, die der Validierung und der theoretischen Formulierung dessen, was gemessen wird, weit vorausgeeilt ist: *In reading the literature in the social studies of science, one finds that authors talking about citations shift to talking about citation counts as measures of quality, and then to discussions of quality, on the assumption that quality is determined by a count of citations* (LINDSEY 1989: 191). Daß sich unter der Hand immer wieder eine Interpretation von Zitationen als Qualitätsbewertung einstellt, liegt daran, daß das Zitat selbst in verschiedenen Kontexten verortet werden kann. Auf der konzeptuellen Ebene ist das Zitat (vor allen Dingen in der strukturfunktionalistischen Theorietradition) der Selbstbeschreibung zugeordnet und bezeichnet idealiter die akribische Anerkennung jeder vorgängigen Leistung für das zitierende Opus. Auf der Ebene des Selbstbildes erfüllt das Zitat ganz andere Funktionen: Es selektiert Relevanzbezüge, stellt soziale Vernetzungen her, dementiert Übereinstimmung und markiert Grenzen des relevanten Forschungsterritoriums. Auf der Handlungsebene (Selbststilisierung) treten weitere Elemente hinzu: Der Autor fügt sich bestimmten Konventionen, demonstriert Kenntnisse des Forschungsgebietes, versucht an der Autorität der zitierten Quelle zu partizipieren oder notiert möglicherweise relevante Peers. Je nachdem, von wo aus man das Zitat betrachtet, erscheint die jeweils andere Ebene als mehr oder weniger bedeutsame "Fehlerquelle", die einer einheitlichen und eindeutigen Interpretation des Zitates entgegensteht. Wenn Zitationen tatsächlich als Bewertungseinheiten, als *pellets of peer recognition* (MERTON 1988: 622) oder, ökonomisch gesprochen, als Werteinheit verstanden werden sollen, muß aber ein Mindestmaß an Einheitlichkeit gegeben sein. Denn es ist gerade diese Annahme, Zitate seien eine aus normgeregeltem Verhalten entspringende Bewertungseinheit, die der Intention der Zitationsanalyse, Qualitätsaspekte bezifferbar zu machen, zugrunde liegt: *Citation indexing rests squarely on the assumption that citations can be treated as units. Aggregate these units, so the theory goes, and one can arrive at a measure of an individual's or group's contribution to the growth of knowledge in a particular subject field. Implicit in this is the assumption that author's citing habits display conformity and consistency* (CRONIN 1984: 2).

Was das Zitierverhalten von wissenschaftlichen Autoren aber tatsächlich bestimmt, ist bis heute keineswegs geklärt. Seit Beginn der Zitationsanalysen wurde sowohl das Fehlen einer einheitlichen "Theorie des Zitierens" beklagt als auch das Fehlen eines ausreichenden empirischen Wissens um die Motive der zitierenden Autoren und die Funktionen von Zitaten im Wissenschaftssystem (vgl. KAPLAN 1965; MULKAY 1974; EDGE 1979; COZZENS 1989; BROOKS 1986; CRONIN 1984; LEYDESDORFF 1987). Entsprechend weit fallen die Ansichten darüber auseinander, als was Zitate zulässigerweise interpretiert werden dürfen, und entsprechend unklar ist, sprachlich wie inhaltlich, was denn mit Zitationsanalysen eigentlich gemessen wird: *Do they measure quality, importance, impact, influence, utility, visibility, all of the above, or something else? What should one do about the effects of timing, journal of publication, accumulative advantage, obliteration by incorporation, field differences, self-citations, professional age, cross-disciplinary citation patterns, language of publication, in-group citation, and negative citations, to mention only a few of the factors that have appeared in the literature as inflating or deflating citation counts?* (COZZENS 1989: 437 f) Cozzens beschreibt sehr zutreffend, daß die Begriffe *quality* und *importance* sich auf einen bestimmten systematischen Zusammenhang beziehen, den sie als *reward (recognition, reputation) system* bezeichnet, während *relevance, utility* und *influence* sich auf eine kognitive Sphäre, *a rhetorical (conceptual, cognitive) system*, beziehen. Die beiden Systeme Cozzens', in deren Überlappungszone Zitationen zu verorten seien, entsprechen ziemlich genau der alten Dichotomie von sozial und kognitiv. Da die Trennung beider Sphären nur analytischen Charakter hat, hält Cozzens es für wenig verwunderlich, daß die Suche nach einer adäquaten sprachlichen Bezeichnung für das, was mit Zitationszählungen erhoben wird, nicht sehr erfolgreich war: *No wonder we have trouble choosing a term from one set or the other to interpret counts; choosing one neglects the other, when in reality both are present. No wonder analysts more often use bridging terms, like impact or visibility, even though they do not correspondend as neatly to concepts from either sphere* (COZZENS 1989: 442). Frei nach Wittgenstein (1980: 342) ließe sich sagen, daß der *Verhexung unsres Verstandes durch die Mittel unserer Sprache* nicht einfach dadurch beizukommen ist, daß lediglich die Bezeichnung verändert wird.

Es lohnt daher, zu rekapitulieren, warum Zitate überhaupt als Kandidaten für eine qualitative Bewertung wissenschaftlicher Leistungen gehandelt werden. Der Ausgangspunkt für die Entwicklung der Zitationsanalyse liegt nicht nur, wie einige Autoren vermuten, in der - dank der Literaturdatenbanken - relativ leichten Meßbarkeit, sondern auch in der theoretischen Tradition der Merton-Schule. Wissenschaft verfügt nach diesem Modell über ein Belohnungssystem, das nicht nur die individuelle Motivation der Wissenschaftler aufrechterhält, sondern das auch den kumulativen Prozeß der Wissensentwicklung steuert. Zentrale Annahme ist, daß Wissenschaftler sich bestimmten Normen unterwerfen, die sicherstellen, daß die Leistungen anerkannt (belohnt) werden und damit zugleich die wichtigen Leistungen selektiert und archiviert werden. Voraussetzung ist das öffentliche Zirkulieren der Erkenntnisansprüche und der öffentliche Ausweis, auf welchen Vorleistungen der neue Erkenntnisanspruch beruht. Das Zitat ist Ausdruck solch legitimer *appropriation as opposed to the pattern of illegitimate expropriation (plagiary)*, und es sichert geistiges Eigentum, *it registers in the enduring archives the intellectual property of the acknowledged source* (MERTON 1988: 621 f). Im Idealfall - so Mertons Theorie - koinzidieren in diesem Prozeß der soziale Mechanismus der Belohnung und der kognitive Prozeß der Schaffung neuen Wissens. Diese zentral auf die Funktionen von Wissenschaftsnormen abstellende Perspektive hat dem Zitat zu einer herausragenden Stellung in der Wissenschaftssoziologie verholfen: *The citation is probably among the more important institutional devices for coping with the maintenance of the imperative to communicate once's findings freely as a contribution to the common property of science while protecting individual property rights with respect to recognition and claims to priority* (KAPLAN 1965: 181). Während Kaplan noch betonte, daß über die normativen und sozialen Bedingungen des Zitierverhaltens kaum etwas bekannt sei, wurden diese Überlegungen zumindest in den frühen Zitationsanalysen in kruder Form so operationalisiert, daß Wissenschaftler im Fußnotenapparat ihrer Arbeiten säuberlich verzeichnen, welche Einflüsse für ihr Schaffen maßgeblich waren: *The norms of science require scientists to cite the work that they have found useful in pursuing their own research, and for the most part they abide by those norms, which have strong sanction* (COLE 1970: 381). Dies gesetzt, ist es nur noch ein kleiner Schritt zu behaupten, die Zahl der Zitate, die ein Artikel oder ein Autor erhält, seien ein mehr oder weniger direkter Ausdruck der Qualität des Beitrages oder der Forschungsleistungen des betreffenden Wissenschaftlers (COLE/COLE 1967: 379). Zitate als Bestandteil des formellen Kommunikationssystems sind natürlich nur ein Teil des wissenschaftlichen Belohnungssystems. Während Merton und Kaplan dem Zitat eine sehr prominente Stellung einräumen, geben ihm andere Autoren nur eine eingeschränkte Bedeutung: *[C]itations are only a small part of the overall reward system in science. It is pleasant to be cited favorably, but surely more pleasant to receive direct praise from colleagues, to be promoted, to be sought after as a collaborator and on the job market, and to receive grants and awards* (COZZENS 1989: 445). Mit diesen Zweifeln wird nicht die Funktion des formellen Kommunikationssystems in Frage gestellt, sie zielen vielmehr auf die Frage, ob die vielfältigen Einflüsse, Anregungen und Kenntnisse, die ein Autor beim Verfassen eines wissenschaftlichen Beitrages bewußt oder unbewußt verwendet, denn tatsächlich als Zitat kenntlich gemacht werden. Collins (1974: 168) etwa bezweifelt grundsätzlich, daß Wissenschaftler auf Befragen oder durch Zitate die für ihre Arbeit maßgeblichen Einflüsse korrekt und vollständig rekonstruieren könnten.

Mit der Betonung der informellen Netzwerke in der Wissenschaft verschiebt sich sozusagen die Perspektive. Wie Edge (1979: 115) betont, müsse der Zugang zum Verstehen wissenschaftlichen Handelns nicht von der formalen Seite aus, sondern umgekehrt von der informellen Seite aus erfolgen, so daß die formalen Aspekte aus den individuellen Handlungsorientierungen erklärbar werden - *including the relatively trivial behaviour of adding citations to papers.* Innerhalb des informellen Kommunikationsnetzes von Wissenschaftlern spielen sich eine Fülle von Austauschprozessen, von *personal interaction and 'negotiation'* (EDGE 1979: 118) ab, die für die wissenschaftliche Arbeit bedeutsam sind. In den formellen Kommunikationssystemen werden diese Austauschprozesse nur noch bedingt abgebildet. Bis zur Publikation und Zitation haben Wissensfragmente einen sehr komplexen Transformationsprozeß durchlaufen, der sich durchaus auch als Assimilierungsprozeß verstehen läßt (vgl. GARVEY/GRIFFTH 1971). Zitationen erscheinen dann nicht so sehr als eine sorgfältige Dokumentation von Einflüssen und wichtigen Vorarbeiten, sondern als strategische literarische Bearbeitung der eigenen Publikation: *Adding a list of references to a paper is often a last-minute chore: colleagues, 'trusted assessors', referees and editors all contribute suggestions as to authors and papers that 'ought' to be included somewhere* (EDGE 1979: 120).

In diese Richtung argumentieren auch MacRoberts/MacRoberts (1987: 294), die Arbeiten aus verschiedenen Disziplinen inhaltlich prüften: *We (...) compared information in the texts with bibliographic entries and found that only 30 percent of influences were referenced. If we had included informal influences, this figure would be even lower.* Diese Befunde veranlassen die Autoren zu der Vermutung, *that many scientist contribute significantly to scientific progress but receive little or no credit by way of citations, awards, and so forth, for their contribution* (ebd.). Die MacRoberts stützen ihre These auf eine inhaltliche Analyse von fünfzehn zufällig ausgewählten Artikeln aus dem Gebiet der Geschichte der Genetik. Sie versuchten anhand des Textes Einflüsse aus der Literatur zu rekonstruieren und kommen so zu einer quantitativen Angabe über *references needed to cover information in text* (MACROBERTS/MACROBERTS 1986: 166). Der Vergleich mit den tatsächlich aufgeführten Referenzen führt zu der Angabe, daß lediglich 30% und bei Berücksichtigung informeller Einflüsse nur noch 15% der tatsächlichen Einflüsse im Text durch Zitate ausgewiesen sei. Dabei sehen die MacRoberts durchaus die Problematik ihres Vorgehens, das immer subjektive Entscheidungen über die Notwendigkeit eines Zitates voraussetzt, mit der Folge, daß *no two analysts will duplicate when using the same sample* (ebd.). Ihre Überzeugung, daß die Mehrzahl der wissenschaftlichen Einflüsse in einem Artikel unausgewiesen bleibt und die quantitative Angabe *probably reflect the correct general magnitude* (ebd.), gründet sich offenbar auf die Vorstellung, es gäbe so etwas wie einen "korrekten" bibliographischen Apparat für jeden Text oder eine "richtige" Art zu zitieren. Damit stehen die MacRoberts unter demselben Begründungszwang wie die von ihnen attackierten Vertreter der Zitationsanalyse. Was als Beitrag oder als Einfluß verstanden werden kann, ist im Gegensatz zur impliziten Annahme der MacRoberts nicht festgelegt, sondern selbst disziplinärer Verhandlungsgegenstand. Worin man den MacRoberts aber folgen kann, ist die Vermutung, daß das Literaturverzeichnis eines wissenschaftlichen Artikels weder ein genaues Abbild von Einflüssen noch ein genaues Verzeichnis der unmittelbar bedeutsamen Vorarbeiten ist.

Entgegen der objektivistischen Vorstellung, der Autor unterliege einer dichten normativen Regelung, die ihn zu einer Art archivarischen Auflistung einflußreicher Vorarbeiten nötige, scheint er ein hohes Maß an Freiheit zu besitzen, das ihm erlaubt, Zitate nach sehr individuellen Kriterien und gemäß situativen Bedingungen zu vergeben oder auch nicht zu vergeben. Verlagert man die Perspektive auf den jeweils schreibenden Autor und dessen Motive für das Zitieren, dann scheint es sich - so die Kritik an der Zitationsanalyse - um einen weitgehend "privaten" Akt zu handeln, und die Aufaggregierung solcher Akte wäre nicht mehr als ein bedeutungsloses Artefakt: *[C]itations are simultaneously regarded as the products of the idiosyncratic private process of authorship which become valid sociometric measures when mechanically aggregated into a computer database. It is doubtful that a mere mechanical process can transform chaos into significant pattern* (BROOKS 1985: 223). Hinweise auf solche idiosynkratischen Auswahlen von Zitaten aus der Menge der Fachliteratur ergaben sich teils aus eher zufälligen Befunden, über die etwa Broadus (1983) berichtete, der ein fehlerhaftes Zitat in einer angesehenen Quelle auch in den späteren Arbeiten anderer Autoren verfolgen konnte. 4-8% der Autoren, so schätzte Broadus, übernehmen ohne inhaltliche Kenntnis der Quelle Zitate aus anderen Arbeiten. Systematischere Analysen entstanden aus inhaltsanalytischen Untersuchungen von Referenzen. Diese Studien sind zum Teil aus einer informationstheoretischen Perspektive entwickelt worden und hatten vor allen Dingen das Ziel, die Informationssuche in Datenbanken dadurch effektiver zu machen, daß der Zitation eine Angabe über die Funktion des Zitates im zitierenden Text beigegeben werden sollte; zum anderen Teil waren diese Studien explizit dem Ziel gewidmet, den sozialen Prozeß des Zitierens verständlich zu machen und die Eignung von aggregierten Zitationszahlen als Qualitätsindikator zu überprüfen (vgl. ausführlich CRONIN 1984; SMALL 1982).

Es mag an dieser Stelle ausreichen, exemplarisch drei solche Kontextanalysen [1] des letzteren Typs zu skizzieren: Moravcsik und Murugesan (1975) fanden bei einer Analyse von 575 Referenzen aus 30 Artikeln aus dem Forschungsgebiet Hochenergiephysik, daß etwa ein Drittel der vergebenen Referenzen redundant [2] sei und mehr als 40% oberflächlich (perfunctory) [3] seien: *This raises serious doubts about the use of citations as a quality measure, since (...) barely publishable papers on fashionable subjects (...) will then be cited as perfunctory, 'also ran' references* (MORAVCSIK/MURUGESAN 1975: 91).

Im gleichen Forschungsgebiet untersuchten Chubin und Moitra (1975) 43 Artikel und die zugehörigen 443 Referenzen. Sie verwandten das in Abbildung 8 dargestellte, von Moravcsik/Murugesan etwas abweichende Klassifikationsverfahren. Im Ergebnis stützt auch diese Studie die Zweifel daran, daß Zitationen als ein homogenes Element jeder wissenschaftlichen Publikation verstanden werden können: *Analysis of several distributions indicated that referencing behaviour does vary somewhat by form, content, and outlet of the article. Specifically, full-length articles, which tend to contain twice as many references as do 'letters', feature half as many that are used in an*

1 Small (1982) bezeichnet mit diesem Begriff alle Studien, die mit Hilfe einer Taxonomie oder eines Klassifikationsverfahrens das Zitat mit Hilfe des ihn umgebenden Textes näher qualifizieren.

2 Damit sind vor allen Dingen Referenzen gemeint, die sich auf mehrere Quellen beziehen. Moravcsik und Murugesan (1975: 90) halten solche Zitate für überflüssig: *[F]rom a strictly point of view, reference to one single paper would be sufficient, and the multiple reference is made mainley to 'keep everybody happy' in the game of priority hunting.*

3 Moravcsik/Murugesan (1975: 88) unterscheiden *organic* und *perfunctory references.* Während sie unter *organic* eine Referenz verstehen, die für das Verständnis des zitierenden Textes notwendig ist (*truly needed*), handelt es sich bei der Kategorie *perfunctory* um *mainley an acknowledgement that some other work in the in the same general area has been performed.*

affirmative-basic way (type 1) (CHUBIN/MOITRA 1975: 436). Darüber hinaus klassifizierten Chubin und Moitra nur einen Anteil von ca. 20% als *perfunctory*. Mit Ausnahme einiger weniger vielzitierter Artikel, die ganz überwiegend als *subsidiary* (Typ 2) klassifiziert wurden, lautet Chubin und Moitras Befund: *[T]he etiquette of citation in high-energy physics (...) is by no mean equally understood or practised* (ebd.: 438).

Abb.: 8

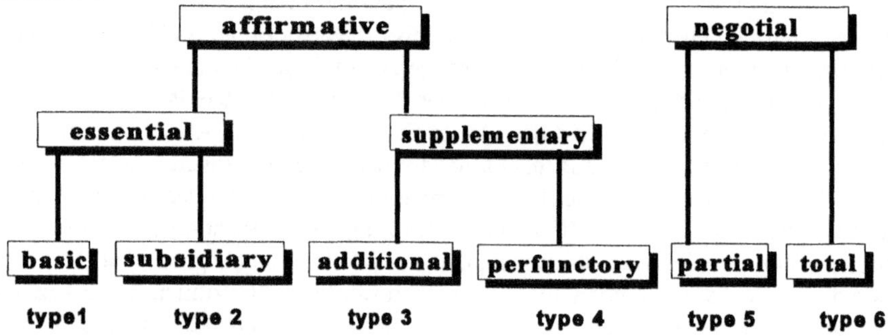

Quelle: Chubin und Moitra 1975

Als drittes Beispiel sei auf eine von Spiegel-Rösing (1977) durchgeführte Kontextanalyse von Artikeln aus dem Bereich von Science Studies hingewiesen. Das Klassifikationsschema sah zwar 13 verschiedene Kategorien vor, differenzierte aber nur verschiedene Typen "notwendiger" Zitate, d.h. Kategorien wie "perfunctory" waren nicht vorgesehen. 80% aller untersuchten Zitate ließen sich folgendermaßen charakterisieren: *Cited source substantiates a statement or assumption, or points to further information* (SPIEGEL-RÖSING 1977: 105). Kritische bzw. negative Zitate fielen mit 0,8% praktisch nicht ins Gewicht, während Moravcsik/Murugesan (1975: 90) etwa 14% der untersuchten Zitate als *negotional* klassifiziert hatte und Chubin/Moitra ca. 5% partiell negative Zitate fanden.

Die abweichenden Ergebnisse dieser drei Studien weisen deutlich auf das Grundproblem aller Versuche einer kontext- oder inhaltsanalytischen Qualifikation von Zitaten hin: Der Konstrukteur eines Klassifikationsschemas gibt mit diesem Schema, unabhängig von den Intentionen des Autors, der in seinem Text eine Quelle zitiert, eine "objektivierte" Version der Funktion des Zitates. Eine solche Objektivierung gelingt aber nur, wenn es Regeln dafür gibt, wann und wie zitiert werden muß. Aber selbst wenn man wie z.B. Ravetz (1971) von der Existenz normativer Regelungen ausgeht und Zitationen als ein System zum Schutz von *property rights* ansieht, bieten sich angesichts der Variabilität des Zitierverhaltens nur quasi-metaphorische Umschreibungen dieser normativen Regelungen: *[T]he citation can take a multitude of meanings. The materials themselves, the uses to which they can be put, and the relations between an existing result and a new one, are as complex as the history of a solved problem. The material may be crucial or merely incidental to the argument; it may have been central to first formulation of the problem, or merely a late addi-*

tion; and it may have been used as it was published or required extensive reworking. In all these dimensions, there is a continuous and complex scale from complete dependence to near independence. (...) Since citations must convey some very subtle messages by a very crude device, the etiquette of each field will impose a code for their interpretation, whereby the entries and their possible brief comments will convey the requisite meanings to those in the field. (...) In every case it will be a purely informal, perhaps tacit and unselfconscious, craft knowledge shared by members of the field (RAVETZ 1971: 256 f). Wenn also die Interpretation eines Zitates derart in Kontextbedingungen verwoben ist, die weit über den unmittelbaren textuellen Zusammenhang, in dem das Zitat verwandt wurde, hinausgehen, dann scheint die Interpretation des Zitates ähnliche Probleme aufzuwerfen, wie sie bereits für die Bewertung von Erkenntnisbehauptungen dargelegt wurden. Inhaltsanalytische Klassifikationen von Zitaten stehen vor ähnlichen Problemen wie methodologische Bewertungen: Selbst wenn Beurteilungsregeln existieren, widerstehen sie offenbar aufgrund ihrer kontextuellen Bindung einer Standardisierung.

Einige Autoren sehen daher den Weg zu einem besseren Verständnis von Zitationspraxen nicht in der Rekonstruktionsarbeit inhaltsanalytischer Verfahren, sondern in der direkten Erhebung von Motiven bei den schreibenden Autoren: *The complex of factors which characterize an author's approach to citation belong to his phenomenal field, and not to the public domain. Consequently, direct questioning might, at first glance, appear to be the most sensible and productive method of trying to gain access to his private world* (CRONIN 1984: 50). Aber auch gegenüber einer direkten Erhebung von Motiven ergeben sich Zweifel. Chubin und Moitra (1975: 426) vermuten, daß solche Erhebungen eher impressionistische Wiedergaben sind, zudem *selective and self-serving*. Wäre die Vergabe von Zitaten ein rein privater Akt und spielte ein einsozialisiertes "implizites Wissen", wie Ravetz (1971) es bezeichnete, keine Rolle, wäre auch kaum etwas gegen Motiverhebungen einzuwenden. Offensichtlich aber spielen normative Vorstellungen, wenn sie schon nicht das konkrete Zitierverhalten determinieren, aber doch eine Rolle als Leitvorstellungen für "richtiges" oder "angemessenes" Zitieren, so daß Motivationsuntersuchungen möglicherweise nur Rationalisierungen der Zitationspraxis wiedergeben. Eine instruktive Beschreibung dieser Koexistenz von normativen Vorstellungen und eher idiosynkratischen Zitierpraxen enthält Cronins (1982: 70 f) Befragung von Herausgebern psychologischer Fachzeitschriften. So fanden die eher normativen Items *Authors model their referencing behaviour on established practise within their particular subfield* und *Referencing is one way in which the scientific community distributes recognition* fast hundertprozentige Zustimmung bei den Herausgebern. Zugleich aber waren 87% der Befragten der Ansicht, daß das Zitieren kein völlig regelgeleiteter Prozeß sei. Die Beurteilung der konkreten Zitationspraxis fiel hingegen äußerst kritisch aus: 87% der Befragten waren der Ansicht, daß Autoren häufig (intentional oder unabsichtlich) einschlägige Arbeiten nicht zitieren, 49% waren der Ansicht, daß Autoren die zitierten Quellen nicht gelesen hätten, 47% meinten, Zitate seien als antizipierende Entkräftung von Peer-Kritiken placiert, und 65% waren der Ansicht, daß Autoren rituelle Zitierungen betrieben, um ihre Kenntnis im jeweiligen Forschungsgebiet zu demonstrieren. Schließlich waren 85% der Herausgeber der Ansicht, daß Autoren dazu neigen, Quellen zu zitieren, die die eigene Perspektive untermauern.

Während dies die Meinungen von Herausgebern über Autoren sind, konnte Brooks (1985) bei einer Befragung von Autoren über Zitationsmotive ebenfalls feststellen, daß der Wunsch, mit Hilfe von Zitaten die Überzeugungskraft der eigenen Argumentation zu erhöhen, eines der wichtigsten Motive war: *Persuasiveness achieved remarkable success as a motivation. (...) Authors can be pictured as intellectual partisans of their own opinion, scoring the literature for justification* (BROOKS 1985: 227). Die Studie ergab insgesamt drei Motivgruppen: *(1) persuasiveness, positive credit, currency, and social consensus, (2) negative credit, ad (3) reader alert and operational information* (BROOKS 1986: 36). Dabei stellte sich heraus, daß insbesondere kritisch zitierte Quellen häufig vom selben Autor zugleich mit positiven Referenzen versehen werden. Brooks (1986: 36) folgert daraus, *[t]hat authors may have complex, and seemingly contradictory, motives when giving references.* Die oben genannten Motivgruppen entsprechen den sieben von Brooks verwandten Skalen, auf denen die 20 befragten Autoren ihre Motive für insgesamt 437 Zitate mit Werten zwischen 0 (irrelevant) und 3 (primäres Motiv) benennen konnten. Die sieben Skalen geben in etwa die gängigen Theorien über mögliche Motive für Zitierungen und Funktionen von Zitaten wieder. Wenn Brooks' (1985: 227) Vermutung, *[l]ess tenable now are simple and rational motivational models* richtig ist, Autoren also in hohem Maße impliziten, kaum explizierbaren Regeln folgen, dann ist zu erwarten, daß die Autoren auf Befragen möglichst weitläufige und akzeptanzfähige Motive nennen. Daß dabei *Persuasion* einen so hohen Zuspruch erfährt, ist vielleicht nicht so sehr darauf zurückzuführen, daß dies einer in vielen Varianten formulierten Theorie von Zitationsmotiven entspricht, sondern darauf, daß *Persuasion* selbst eine vage Umschreibung von verschiedenen Motivlagen ist. Überzeugend kann nämlich sowohl die Faktizität der zitierten Befunde sein, wie logisch stringente Verbindung von Argumenten oder Befunden in der zitierten und der zitierenden Quelle, aber auch die hohe Reputation des zitierten Autors oder der Beleg der Aktualität für die Themas. Es scheint, daß die Motiverhebung von Brooks nicht viel anderes zu Tage fördert als eine auf die vermuteten fachlichen Praxen und Regeln hin interpretierte Beschreibung des eigenen Handelns.[1]

Aufschlußreicher ist eine von Vinkler (1987) durchgeführte Motivationsstudie. Befragt wurden 20 Autoren des Central Research Institute for Chemistry of the Hungarian Academy of Science nach ihren Motiven für die Zitierung anderer Autoren in jeweils einem ihrer eigenen Artikel. Zu insgesamt 484 Zitaten konnte auf diese Weise eine Stellungnahme erhoben werden. 70% der zitierten Artikel waren von den zitierenden Autoren, nach deren Angaben, sorgfältig gelesen worden, 25% nur teilweise und 5% der Zitate wurden, ohne daß der Originaltext zur Kenntnis genommen worden wäre, aus anderen Fußnoten übernommen (lifting). Da Vinkler wesentlich daran interessiert war, zwischen Motiven zu unterscheiden, die mit den theoretischen und praktischen Aspekten des Forschungsprozesses verbunden sind, und solchen, die eher persönliche, soziale oder externe Aspekte berühren, wurden drei in sich differenzierte

1 Ein Beispiel dafür, was sich unter der Kategorie "persuasiveness" alles unterbringen läßt, präsentiert Brooks (1985: 228) selbst: Ein Historiker, der seine Zitationsmotive in den vorgegebenen Skalen nicht zutreffend beschrieben fand, versammelte seine Zitate historischer Quellen unter der Kategorie "persuasiveness".

Motivklassen gebildet: Professionelle Motive,[1] die (exklusiv) 81% aller Nennungen ausmachten, und Beziehungsmotive (connectional),[2] die (exklusiv) nur 2% aller Nennungen ausmachten. Weitere 17% umfassen gleichzeitig beide Motivgruppen. Alle Autoren verwandten Zitate zur Dokumentation von Hintergrundinformation (51% der professionell motivierten Zitate),[3] 75% der Autoren gaben an, Teile der zitierten Arbeit für den eigenen Artikel benutzt zu haben (42 % der professionell motivierten Zitate), und 35% der Autoren meinten, daß ihre Arbeit *was based entirely on the cited paper* (4% der Zitate), wobei allerdings mehr als ein Drittel dieser Zitate auf eigene Arbeiten des Autors verweisen. Weitere 16% der professionell motivierten Zitate haben konfirmatorische Funktion[4] (von 70% der Autoren benutzt). Kritik der zitierten Werke spielte hingegen eine sehr untergeordnete Rolle (VINKLER 1987: 53 ff). Die nicht professionell motivierten Zitate haben insgesamt nur geringes Gewicht. Immerhin gaben 40% der Autoren als Grund für Zitate an, daß eine professionelle Beziehung zum Autor des zitierten Artikels bestehe oder angestrebt sei. Dies macht allerdings durchschnittlich nur 0,65 Zitate je Artikel aus bei insgesamt 24,2 verwendeten Zitaten je Artikel. 55% der Autoren wollte auf eine eigene Arbeit aufmerksam machen (1,55 Zitate). 20% der Autoren zitieren einen Artikel lediglich aufgrund der Reputation des Autors (0,5 Zitate). Überflüssige "Füllzitate" wurden nach Angaben der Befragten gar nicht vorgenommen. Die von Vinkler befragten 20 Autoren wurden auch um Auskunft über die Gründe für das Nichtzitieren von Arbeiten gebeten. Die Autoren nannten neben den 484 tatsächlich zitierten Arbeiten weitere 201 Publikationen, die hätten zitiert werden können. Als überwiegender Grund für Nichtzitierung (42%) wurde nicht ausreichende professionelle Relevanz angegeben. Weitere 26% der potentiellen Zitate wurden vernachlässigt, weil die enthaltenen Informationen allgemein bekannt sind (obliteration by incorporation), weitere 10%, weil die Quelle zum Zeitpunkt der Abfertigung des eigenen Artikels unbekannt war, und 11% wurden aufgrund von Begrenzungen durch den Herausgeber nicht zitiert bzw. weil alternativ auf Handbücher verwiesen wurde. Keiner der Autoren gab an, potentielle Quellen übersehen oder oberflächlich recherchiert zu haben. Nach diesen Ergebnissen scheinen die zitierten Publikationen sorgfältig ausgewählt worden zu sein und überwiegend professionell (kognitiv) motiviert zu sein. Dabei sind innerhalb der professionellen Motive zumindest zwei verschiedene Dimensionen erkennbar: Zitate, die überwiegend der Dokumentation und Übersicht dienen, und solche, die unmittelbar Verwendung in der eigenen Arbeit anzeigen (Methoden, Theorien, Daten etc.). Es bleibt allerdings ein nicht unbedeutender Anteil von Zitaten, der auch sozialen Beziehungen geschuldet ist. Persönlich bekannte Autoren und hoch reputierliche Autoren werden häufiger zitiert, ohne daß entscheidbar ist, ob die kognitiven oder eher die sozialen

1 Überblick, Vollständigkeit / Benutzung der Argumente, Methoden, Messungen etc. der zitierten Arbeit/ Bestätigung der Resultate / Kritik der zitierten Arbeit / sonstiges.

2 Professionelle oder private Beziehung zum Autor vorhanden oder erwünscht / Erwartung oder Vergabe von Respekt / professionelle oder finanzielle Abhängigkeit / nicht notwendige Füllzitate / Publizität schaffen für einen eigenen oder fremden Artikel / zitierter Artikel in angesehener Zeitschrift / Ein Autor mit hoher Reputation / auch durch andere zitiert.

3 Das zugehörige Fragebogenitem lautet: *The particular paper was cited in your paper because (...) in the introduction of your paper or later a review of literature is given due to 'completeness', preliminaries'* (VINKLER 1987: 54).

4 Das zugehörige Item lautet: *The particular paper was cited in your paper because (...)* the cited work confirms, *supports the results published in the citing paper* (VINKLER 1987: 54).

Motive ausschlaggebend waren. In bezug auf den von MacRoberts quantifizierten Verlust an nachweisbaren Einflüssen (70%), würde sich nach Vinklers Ergebnissen - selbst wenn man unterstellt, daß alle potentiellen, aber nicht zitierten Nachweise auf die Autoren nennenswerten Einfluß hatten - eine Größenordnung von 30% ergeben.

Motivationsanalysen können nach diesen Befunden durchaus ein Schlaglicht auf die Strategien von Autoren bei der Auswahl von Zitaten werfen. Was sich dabei im wesentlichen herausstellt, ist, daß Autoren nicht nur ein Motiv haben (to give credit, where credit is due! vgl. KAPLAN 1965), sondern mit Hilfe der Fußnote sehr verschiedene Intentionen verfolgen können, wobei offenbar der Wunsch, der eigenen Arbeit Akzeptanz zu verschaffen, sehr weit oben rangiert. Was die Motivationsanalyse jedoch nicht zu leisten vermag, ist eine Entscheidung darüber, ob Zitate nun Einflüsse oder Bewertungen korrekt wiedergeben, in welchem Umfang die zitierwürdige Literatur berücksichtigt wurde, ob der Inhalt einer zitierten Quelle oder ihre weite Verbreitung ausschlaggebend für das Zitat war etc. Diese Fragen stellen sich aus der Perspektive der Selbstbeschreibung; was Autoren angeben, sind aber die praktisch untrennbar verschmolzenen Ebenen des Selbstbildes und der Selbststilisierung. Was Motivationsanalysen und die ethnographisch orientierten Laborstudien gezeigt haben, ist zweifellos, daß das Zitat nicht einfach als Verzeichnis von Einflüssen oder Ausdruck einer qualitativen Bewertung der vorhandenen Literatur verstanden werden kann. Aus der mikrosoziologischen Perspektive erscheint das Zitat als ein Weg, mit dem der Autor vor allen Dingen der eigenen Publikation Gewicht verleihen möchte. Am deutlichsten hat diesen Ansatz Gilbert (1977: 155 f) formuliert, der die Publikationen und Zitationen als *tool of persuasion* bezeichnet. *A scientist who has obtained results which he believes to be true and important has to persuade the scientific community (...) to share his opinions of the value of his work. For it is only when some degree of consensus among his colleagues has been achieved that his research findings will become transformed into scientific knowledge* (GILBERT 1977: 115). Ein Teil dieser Überzeugungsstrategie liegt in der Argumentation und Konstruktion des Textes selbst, ein anderer Teil besteht in der Relationierung des Textes über Zitate mit anderen Texten. Um die Wichtigkeit, Neuigkeit oder Validität der eigenen Befunde oder die Lösung bekannter Probleme überzeugend darzulegen, empfehle es sich daher, *'important and correct' papers* zu zitieren (GILBERT 1977: 116). Auch ohne engen, unmittelbaren Zusammenhang zwischen beiden Texten strahlt das anerkannte Dokument u.U. auf das zitierende ab. Auf diese Weise kann der von Merton beschriebene Matthäus-Effekt einsetzen: Anerkannte Arbeiten werden durch häufiges Zitieren anerkannter und damit wiederum als Quelle attraktiver. Ähnlich hatte bereits Cole (1975) argumentiert. Er stellte bei einer inhaltsanalytischen Untersuchung von Arbeiten, die Mertons Aufsatz "Social Structure and Anomie" zitierten, fest, daß mehr als 40% der Zitate zeremonieller Art waren, also ohne substantielle Verbindung zum Text des zitierenden Autors: *In fact it is the theoretician as an authority that is being utilized rather than substantive theory. (...) It is not surprising that the most prestigious scientists, those who have contributed the most important theoretical ideas, are also the most likely to be utilized as legitimating authorities* (COLE 1975: 208).

Es ist allerdings allein aufgrund der Überzeugungshypothese nicht plausibel erklärbar, warum ein Artikel von anderen Autoren (übereinstimmend) als *tool of persuasion* angesehen wird. Offenbar muß zur Erklärung nicht nur Theorie über die sozialen Verhaltensweisen der Autoren, sondern auch Theorie über die kognitiven Prozesse, wie es bei Cole anklingt, bemüht werden. Auch in anderer Hinsicht bleibt der Versuch, Zitationen allein aus den Überzeugungsstrategien der Autoren erklären zu wollen, unbefriedigend: Gilbert (1977: 117) selbst führt aus, daß a) der Autor weder genaue Vorstellungen von den Grenzen seines Leserkreises hat noch von den Perzeptionen der relevanten Literatur in diesem Leserkreis. Die Auswahl der Quellen kann sich daher nur auf *informed guesses* gründen. Zudem gehört b) zur Überzeugungsstrategie auch die Betonung der Neuigkeit, diese läßt sich aber nur durch Zitieren neuerer, unbekannterer oder abseits liegender Literatur erreichen. Solange nicht geklärt ist, wodurch sich ein wissenschaftliches Auditorium überzeugen läßt, ist mit der Beschreibung wissenschaftlicher Publikationen und der enthaltenen Zitate als *tool of persuasion* nicht viel gewonnen. Gilberts Ansatz ist keineswegs so weit von normativen Konzepten, wie sie etwa Ravetz vertritt, entfernt, wie der Autor glauben machen will. Es mag zwar durchaus sein, daß die mit einer Zitation verbundene Motivation auf die Beförderung der eigenen Arbeit gerichtet ist und nicht auf die Anerkennung von *property rights* (RAVETZ 1971) anderer Werke. Wenn aber die Produzenten wissenschaftlicher Literatur in ihren Einschätzungen darüber, was das jeweilige Fachauditorium als *'valid science'* (GILBERT 1977: 116) akzeptiert, so konform gehen, daß der Matthäus-Effekt einsetzen kann, dann haben die Wissenschaftler in einem bestimmten Gebiet offenbar sehr ähnliche Erwartungen hinsichtlich dessen, was die jeweils anderen als *'valid science'* akzeptieren würden. Mehr noch, wie auch Gilbert (1977: 117) notiert, hat der einzelne Autor mit seinem eigenen Zitierverhalten Anteil an der (Re)Stabilisierung eines solchen Konsensus darüber, was 'important and correct' papers eigentlich sind. Angesichts der Tatsache, daß die Mehrheit der insgesamt vergebenen Zitate auf Artikel entfällt, die nur wenig zitiert werden, scheinen außerdem *authoritative papers* zumindest nicht extensiv als *tools of persuasion* eingesetzt zu werden (vgl. ZUCKERMAN 1987: 334).

Komplementär zu diesen sozialen oder funktionalen Erklärungsansätzen hat Small (1978) darauf hingewiesen, daß ein solcher Konsensualisierungsprozeß auch auf der kognitiven Ebene eine einheitliche Interpretation der zitierten Quellen im zitierenden Text voraussetzt. Small sieht die zentrale Frage nicht darin, ob der zitierte Text *'correct'* ist oder ob der zitierende Autor eine richtige Interpretation des zitierten Textes angefertigt hat, sondern in der Frage, ob verschiedene zitierende Autoren zu übereinstimmenden Interpretationen des zitierten Textes kommen (SMALL 1978: 338). Der Autor vollziehe im Akt des Zitierens einen *labelling process*, in dem seine Interpretation des zitierten Werkes symbolisch über die Fußnote mit dem zitierten Werk verknüpft wird (SMALL 1978: 328). Mit anderen Worten: Der Autor konstruiert durch die Verwendung des Zitates eine Bedeutung (*meaning*) der zitierten Quelle. Small sieht die eigentliche Aufgabe von Zitationsanalysen entsprechend nicht in der reinen Auszählung erhaltener Zitate, sondern im Ausweis einer uniformen Verwendung der zitierten Quelle. Der soziale Prozeß der Auswahl und Definition wissenschaftlich gehaltvollen Wissens wird als Dialog über öffentlich zugängliche Texte verstanden. Der Gebrauch dieser Texte wird als symbolische Repräsentation von Konzepten, Ideen, Theorien, Methoden oder empirischen Befunden aufgefaßt. Die Einheitlichkeit des Gebrauchs gibt das Ausmaß an Konsensualität der Interpreten an, also die Standardisierung des Textgebrauchs: *Most citations are the author's own private symbols for certain ideas he usues: such citations are (...) 'nonce symbols'. Other citations are to documents whose signifikant content may be shared by a community or group of scientists, and such documents are likely to be frequently cited: (...) they are 'standard symbols'* (SMALL 1978: 328 f). Welche Texte zum *standard symbol* werden, ist laut Small jedoch weder aus den inhärenten Qualitäten eines Textes noch aus den Intentionen des Autors abzuleiten, es handelt sich vielmehr um einen Transformationsprozeß in der Rezeptionssphäre[1], in der eine Vielzahl von inhaltlich gleichartigen Verwendungen ein *standard symbol* konstituiert: *In the case of 'standard symbols', the 'idea' is the product of a dialogue and selection process on the part of many individuals over a period of time. It follows that any single actor's utterance cannot be used to reconstruct the 'standard symbol': we can achieve this only by aggregating many utterances* (SMALL 1978: 329). Small analysierte für 52 vielzitierte Artikel und Monographien aus der Chemie jeweils 12 zufällig ausgewählte zitierende Artikel. Die inhaltsanalytische Auswertung der Textpassagen, in denen das Zitat auftrat, ergab ein sehr hohes Maß an übereinstimmender Benutzung spezifischer Phrasen oder Begriffe (92% für Zeitschriftenaufsätze und 68% für Bücher), d.h. das Zitat wurde von den zitierenden Autoren im Zusammenhang mit ähnlichen Termini benutzt. Wie nach Smalls Theorie zu erwarten, sind diese hochzitierten, älteren Arbeiten[2] (nicht die Publikationen der Forschungsfront) der chemischen Forschung also weitgehend standardisiert benutzt worden. Smalls Argumentation erinnert an den von Fleck (vgl. Kap. 3.3.1) beschriebenen Prozeß der "Popularisierung" und Vereinfachung, der die Akzeptanz von Theorien und Verfahren begleitet: *By condensing or 'capsulizing' a complex original text into a few standard statements, the community of scientists can more easily confirm, refute or build upon the earlier work* (SMALL 1978: 338). Während jedoch Fleck den Prozeß im Auge hatte und besonderes Gewicht auf das Einschleusen interpretativer Modifikationen in das bestehende Wissen legte, bietet Small nur eine Momentaufnahme von einem sehr kleinen Stratum hochzitierter Literatur und vernachlässigt überdies völlig den Argumentationszusammenhang, in dem das Zitat erscheint (das Auffinden einzelner Termini gibt keinen Aufschluß über die argumentative Verwendung der Quelle).

Für eine Theorie des Zitierverhaltens reichen daher beide Konzepte, weder das von Gilbert noch das von Small, nicht aus. Über den eigentlich kritischen Bereich der Zitationsanalyse, nämlich die Charakterisierung der weitaus größten Zahl von Publikationen, die nicht zu den wenigen extrem stark zitierten Quellen gehören und deren kollektive Interpretation noch im Fluß ist, gibt Smalls Untersuchung überdies keine Auskunft. Die eigentliche Operationalisierung dieses semiologisch inspirierten Ansatzes steht daher noch aus. Einen Schritt in diese Richtung bildet eine inhaltsanalytische Studie von Amsterdamska und Leydesdorff (1989). In Abgrenzung gegen eine

1 Diese Gedanken sind keineswegs neu. Es wäre wohl, wenn man Smalls Theorie folgt, zu erwarten, daß der Autor (Small) an dieser Stelle ein "standard symbol" für entsprechende linguistische Theorien zitiert. Beispielsweise würde sich Wittgensteins Diktum "Der Gebrauch ist die Bedeutung" anbieten. Small unterläßt es aber, mit Hilfe eines solchen "standard symbol" kumulativ an Wissensentwicklungen anzuschließen. Möglicherweise zeigt also Smalls Text selbst, daß "standard symbols" nur in bestimmten Kontexten von Zitaten zur Kennzeichnung replizierbarer technisch-wissenschaftlicher Verfahren, Prozeduren und damit zusammenhängender Theorien entstehen, daß sie jedoch keineswegs eine universelle Funktion von Zitaten charakterisieren.

2 Small bezeichnet solche vielzitierten Arbeiten auch mit Kuhns Begriff des *exemplar*.

ausschließlich auf die sozialen Referenzbeziehungen zwischen Autoren fokussierte Perspektive weist Leydesdorff (1987) darauf hin, daß zugleich eine zweite, kognitive Ebene existiert, auf der mit den Zitationen *knowledge claims* verbunden werden bzw. Verbindungen zum kodifizierten Wissen einer Disziplin gestiftet werden. Zitate schafften mit der Verknüpfung von Texten Verbindungslinien und Knotenpunkte zwischen Argumenten und kontextualisiertem bzw. innovativem und sedimentiertem Wissen. Die zentralen Fragen, die auf dieser Ebene entstehen, sind, welche Rolle der zitierte Artikel in der Argumentationsstruktur des Zitierenden spielt und ob dem zitierten Artikel oder jedenfalls zentraler Teile davon eine feste Funktion in der Argumentation der Zitierenden zukommt bzw. ob der Artikel für unterschiedliche Zwecke verwandt werden kann, und schließlich, wie die Argumentationsstruktur des zitierten Artikels sich auswirkt auf seine Verwendung als Zitat (AMSTERDAMSKA/LEYDESDORFF 1989: 452). In einer empirischen (inhaltsanalytischen) Untersuchung der Zitationen der vier meistzitierten Artikel (1979-1982) einer biochemischen Forschergruppe an der Universität Amsterdam konnte gezeigt werden, daß die vier Artikel nicht nur auf mehreren funktionalen Dimensionen[1] von den Zitierenden genutzt wurden, sondern daß Inhalt und Argumentationsstruktur der zitierten Artikel auch selbst Einfluß auf das Spektrum möglicher Funktionen in den Argumenten der Zitierenden haben: *[S]ignificance is not only a result of the quality of the paper itself - the elegance of its argument, the precision of its measurements, etc. - but also of the structure of knowledge involved, and of the way in which knowledge claims in a particular article match the state of the art, the research agenda, and the options for further development of the relevant science* (ebd.: 468). Drei der vier untersuchten Artikel wurden zunächst fast ausschließlich als valide Forschungsergebnisse zitiert, die Ergebnisse eines Artikels wurden in nennenswertem Umfang zurückgewiesen. Unabhängig davon zeigte sich aber, daß die vier Artikel signifikant unterschiedliche Funktionen als Zitat im Text der zitierenden Autoren einnahmen.

Im Gegensatz zu der von Small festgestellten Einheitlichkeit der Interpretation der Quelle als "standard symbol", kamen Amsterdamska und Leydesdorff zu dem Ergebnis, daß die vier untersuchten Artikel in sehr unterschiedlichem Maße in andere Wissensgebiete integrierbar waren und die zitierenden Autoren ein und denselben Quellentext auf sehr verschiedene Weise für ihre eigene Argumentation funktionalisierten: *[C]itations perform different functions in the citing articles, and that they clearly constitute a heterogeneous category at this level of analysis* (ebd.: 460). Im Hinblick auf die Frage, was Zitationen oder aggregierte Zitationen denn nun über den zitierten Text aussagen, kommt die Studie zu dem Ergebnis, *that quite apart from whether citations are positive or negative, perfunctory or substantive, simple citation counts and even the analysis of isolated sentences in which articles are cited tell us relatively little about the different kinds of cognitive significance of different articles. (...) [C]itations constitute a heterogenous category as indicators of the significance of new knowledge in published articles, and their use for this purposes is a violation of the assumption of structural equivalence among actor categories* (ebd.: 468). Zumindest im Hinblick auf die Meßbarkeit von Wissensfortschritt sind Zitationen da-

1 Unterschieden wurden im einzelnen: warrant, premise, analogy, support, context, summary, background, agenda, legitimation, critical, replication, modification, rejection, acceptance, neutral.

nach nur nach umfangreichen, inhaltsanalytisch gewonnen Differenzierungen als Indikator geeignet.

Den bisher vorgestellten Untersuchungsperspektiven, also der "internen" Analyse der Verteilung von Zitaten auf bestimmte Zeitschriften, auf Typen von Beiträgen, nach Ländern oder Sprachgebieten etc., der Analyse von Motiven bei den zitierenden Autoren, den verschieden inhaltsanalytischen Versuchen, das Bedeutungsspektrum von Zitaten im zitierenden Text zu klären bzw. fehlende Zitate zu identifizieren, und dem Versuch einer quasi linguistischen Betrachtung des Zitats als symbolischer Markierung innerhalb komplexer Zeichensysteme läßt sich abschließend noch die Perspektive des Publikums hinzufügen. Cronin kam bei dem Versuch, von einem fachkundigen Publikum in unpublizierten Artikeln, in denen die Zitate entfernt waren, fehlende Zitate ergänzen zu lassen, zu folgendem Ergebnis: *[T]here did (...) appear to be some evidence of a shared understanding as to how and where citations should be affixed to a scholarly journal article. However, Cronin was unable to show that certain trigger words kernel phrases were unambiguously associated in the readers' mind with the need for citation* (CRONIN 1984: 70). Diese Befunde fügen sich gut in das bisher entwickelte Gesamtbild, wonach das Zitierverhalten sich irgendwo zwischen normativen Anforderungen und großen individuellen Freiheitsgraden in der Konkretisierung bewegt.

Zitationen scheinen schließlich nicht unabhängig davon zu sein, ob das zitierte Werk Themen behandelt, die populär oder auch modisch sind oder im mainstream liegen, bzw. von der Zahl der Wissenschaftler, die verwandte Themengebiete behandeln: *Das Zitationspotential scheint unter anderem vom Verhältnis der veröffentlichenden Autoren zur Gesamtzahl der in einem Gebiet tätigen Forscher, von der Verteilung der Artikel über die Forscherpopulation und von der Verteilung der Zitate über die bestehende Literatur beeinflußt zu werden* (WEINGART/WINTERHAGER 1984: 139). In einer Überprüfung der Priceschen Theorie des Wissenszuwachses kam Moed zu dem Ergebnis, daß die durch Zitationen nachweisbaren Bezugnahmen auf andere Autoren nicht nur disziplinspezifisch sind, sondern auch innerhalb einer Disziplin sehr unterschiedlich ausgeprägt sein können. *Apparently, in some subfields the mode of utilization of knowledge seems to be more 'archival', while other subfields tend to build more rapidly upon highly specialized segments of recent literature. (...) Citation measures may indicate indeed 'popularity' in the sense that groups sharing an intellectual focus with other groups tend to obtain higher citation scores than groups that work to say more 'on their own'* (MOED 1989: 482).

Nur aus der Entfernung betrachtet scheinen Zitate also so etwas wie gleichförmige Einheiten zu sein, die aus normativ geregelten Verhaltenserwartungen entstehen. Die knappe äußere Form, mit der weitgehend standardisiert der Bezug zum Korpus wissenschaftlicher Literatur hergestellt wird, die historischen Wurzeln des Zitats in der Durchsetzung von Ansprüchen auf geistiges Eigentum und seine enge Verbindung zur Entwicklung des wissenschaftlichen Zeitschriftenwesens und der damit verbundenen Beschleunigung der Dissemination wissenschaftlichen Wissens, aber auch das diffuse Gespür beim Leser wissenschaftlicher Literatur dafür, daß an bestimmten Stellen eines Textes Belege und Verweise notwendig sind, das alles spricht für ein bestimmtes Maß an normativer Geregeltheit des Zitierprozesses. Eine solche mehr oder weniger explizierbare Regelhaftigkeit aufgrund von Normen liegt denn auch den verschiedenen Varianten strukturfunktionaler Erklärungsversuche zugrunde: Die Anerkennung von "property rights", die Verhinderung des Plagiats, der Wunsch, das Funktionieren des Belohnungssystems aus eigenem Interesse an Belohnung aufrechtzuerhalten, oder das sozialisatorisch erworbene Wissen um "angemessenes" Zitieren sind jeweils die Ansatzpunkte für die Erklärung einer zwar nie hundertprozentig befolgten, aber prinzipiell beschreibbaren Verhaltenserwartung an die Autoren wissenschaftlicher Texte. Als konsequente Fortsetzung dieser Linie lassen sich Garfields (1965) Spekulationen darüber ansehen, ob sich die Liste der notwendigen Referenzen in einem Text nicht ohne Zutun des Autors automatisch mit Hilfe des Computers generieren ließe. Das mutet phantastisch an, ist jedoch folgerichtig, wenn die Auswahl von Zitaten tatsächlich durch verbindliche Regeln beschrieben werden kann. Allerdings ist es schon aus der strukturfunktionalen Perspektive kaum möglich, exakte Verhaltensanforderungen zu formulieren. Selbst einfache normative Vorgaben wie das Verbot des Plagiats geraten schnell in eine Grauzone, in der die Verletzung oder Einhaltung der Norm nicht mehr klar entscheidbar ist. Mertons (1973) Begriff der *cryptomnesia* oder Ravetz' (1971: 257) Formulierung des *under-cite without stealing results* bezeichnen diese Grauzone.

Noch weitaus stärker verschwinden in einer mikrosoziologischen Perspektive alle Regelhaftigkeiten des Zitierverhaltens hinter einer Fülle individueller und kontextualer Variabilitäten. Je stärker der Focus auf den Mikrokosmos der Wissenschaftler verlagert wird, desto weniger glaubhaft erscheint die These, daß die Entscheidung, eine bestimmte Quelle zu zitieren, aus einigen normativen Postulaten ableitbar ist: *Ironically, it seems that the closer we look at the act of citation, the less we understand it* (COZZENS 1989: 439). Dieser Befund ist nach den allgemeinen Überlegungen zum Charakter des wissenschaftlichen Urteilsprozesses (vgl. Kap. 4) eigentlich nicht überraschend. Betrachtet man nicht die isolierte Fußnote, sondern ihre argumentative Stellung im Text und die Intentionen des Autors, die im Text möglicherweise nicht erkennbar sind, dann erscheint das Zitat wie ein Statement mit all den kontextualen Bindungen, die den wissenschaftlichen Urteilsprozeß charakterisieren, mit einer Fülle möglicher Gründe und Kriterien für das Statement und abhängig von den Eigenarten des zitierten Textes mit einer mehr oder weniger großen Variabilität in der Art des Bezuges auf die Quelle. So wie Bewertungsprozesse allgemein nur bis zu einem bestimmten Grad formalisierbar und standardisierbar sind, so ist auch das Wann und Wie des Zitierens nur bedingt standardisierbar. Dies ist auch der Grund dafür, warum eine automatische Einfügung von Zitaten durch den Computer, wie es Garfield diskutierte, nicht gelingt. Die Auswahl von Zitaten enthält, wie der zitierende Text selbst, unhintergehbar idiosynkratische Elemente, die sich aus den Selbststilisierungsstrategien des Autors ergeben und die, positiv formuliert, permanent neue Varianten der Auswahl und Interpretation des Vorhandenen wissenschaftlichen Textkorpus eröffnen.

Garfields Idee einer automatischen Einfügung von Zitaten ist aber in anderer Hinsicht bedenkenswert. In dem Maße, in dem die einschlägige Fachliteratur allein durch ihre Menge für den einzelnen Wissenschaftler unüberschaubar wird, steigt die Bedeutung von Literaturdatenbank und Abstract-Diensten an. Dort allerdings wiederholt sich das Problem, so daß die Anbieter von Datenbanken immer mehr damit beschäftigt sind, Abfragetechniken anzubieten, die dem Benutzer erlauben, Relevanzkriterien zu spezifizieren (vgl. BEST u.a. 1994). Wenn nun zu gleicher Zeit durch die Benutzung von Zitationen als Wissenschaftsindikator die Aufmerksamkeit der Autoren und auch von Herausgebern stärker auf den bisher möglicherweise nicht als zentral erachteten Anmerkungsapparat der Texte gelenkt wird und zu gleicher Zeit Techniken der Literaturrecherche angeboten werden, die nach bestimmten Algorithmen "relevante" Literatur selektieren, dann entstehen möglicherweise tatsächlich konsensfähige Konventionen darüber, welche Literatur als Fußnote in einem Artikel erwartet werden darf. Kurz, die Verwendung von Zitationsanalysen als Leistungsindikatoren und die Entwicklung der Literaturdatenbanken haben möglicherweise selbst Anteil an einer stärkeren Normierung des Zitationsverhaltens.

Die Verwendung von Zitationsanalysen zum Zweck der Leistungsmessung weist darüber hinaus ein ähnliches Problem auf wie Indikatoren, die auf Peer-Urteilen beruhen. Die Beurteilungen von Peers werden (je nach Verfahren) meist auf sehr wenige Kategorien reduziert (fördern/nicht fördern/teilweise fördern; publizieren/nicht-publizieren/nach Veränderung publizieren). Hinter dem knappen Urteil der Peers steht ein komplexer Beurteilungsprozeß, und keineswegs bedeutet ein konsensuales Urteil, daß die beteiligten Peers gewissermaßen mechanisch einen standardisierten Bewertungsprozeß ausgeführt hätten, vielmehr können die Verfahren völlig unabhängig oder die Bewertung einzelner Kriterien sogar entgegengesetzt sein. Ähnlich beim Zitat: Nicht der komplexe Zusammenhang von Zitat, textuellem und außertextuellem Kontext geht in die Analyse ein, sondern in der Regel wird nur die polare Ausprägung (zitiert, nicht zitiert) notiert. Mit inhaltsanalytischen Klassifikationen läßt sich die knappe Information über das Auftreten noch ergänzen um einige Funktionscharakterisierungen, und Cozitationsanalysen können weitere Strukturinformationen liefern. In allen Fällen aber bleibt die kontextuelle Einbettung des Zitats unberücksichtigt. Insofern ist die verbreitete Vorstellung, die Weingart und Winterhager explizit vortragen, zumindest irreführend: *Die Quantifizierung von Zitaten ist nur eine 'Objektivierung', die den informellen Charakter dieser Bewertungsform aufhebt und deshalb den an dem Prozeß Beteiligten fremd, oder besser noch 'wesensfremd' erscheint. Tatsächlich wird ihnen nur der Spiegel ihres Tuns vorgehalten* (WEINGART/WINTERHAGER 1984: 145). Dies gilt nur so lange, wie Zitationsanalysen als nackte Deskription von Textteilen, die aus ihrem Argumentationszusammenhang gelöst wurden, benutzt werden. Eine solche Deskription, ohne wertende Interpretation, aber wäre sinnlos. Tatsächlich wird in Zitationsanalysen das Verhalten von Wissenschaftlern nicht einfach gespiegelt, sondern es wird auf einem konzeptuellen Hintergrund neu interpretiert. Mit dem *Tun* der Wissenschaftler bei der Einfügung einer Fußnote, das ja weit über die Vergabe eines Eintrags im Science Citation Index hinausgeht, hat die Angabe erhaltener Zitate eben nur bedingt zu tun.

Versucht man Zitationen im sozialen und kognitiven System der Wissenschaft zu verorten, dann lassen sich die in Kapitel 4 entwickelten Begriffe von Selbstbeschreibung, Selbstbild und Selbststilisierung anwenden. In bestimmtem Maße erfolgt das Zitieren offenbar unter Rückgriff auf gemeinsam geteilte Fiktionen, d.h. Elemente der Selbstbeschreibung (Normen, Regeln, das Ideal des Ausweises der kognitiven Entwicklungslinien anhand des gegebenen Wissenskorpus, die öffentliche Anerkennung von Leistungen). Zu konkreten Selektionsentscheidungen werden diese Anknüpfungen auf der Ebene des Selbstbildes. Dies ist der Ort, an dem vage normative Vorgaben konkretisiert werden, sich gruppen- oder gebietsspezifische Zitierpraxen entwickeln und sich gegenseitig stabilisierende Erwartungen über das Zitierverhalten anderer Akteure entstehen. Ebenso ist dies der Ort, an dem implizite Zitierpraxen einsozialisiert werden und sich Konsensualitätszonen hinsichtlich wichtiger Traditionslinien und ihrer Repräsentanten herausbilden. Den eigentlichen Akt des Zitierens kann man auf der Ebene der Selbststilisierung verorten. Hier ist Raum sowohl für strategisches Handeln, soweit es sich im Hinblick auf die beiden anderen Ebenen noch legitimieren läßt, ebenso wie für idiosynkratische Neuinterpretationen des Selbstbildes.

Die analytischen Schwierigkeiten resultieren aus der Interdependenz dieser drei Ebenen. Der Facettenreichtum, den Zitate bieten, entsteht gerade daraus, daß sie nicht exklusiv einem Motiv oder einer Funktion zugeordnet werden können. Mit anderen Worten, die Tatsache, daß die drei genannten Ebenen untereinander lose gekoppelt sind, bedeutet, daß Zitate sich analytisch unter verschiedenen Perspektiven rekonstruieren lassen: Sie repräsentieren kognitive Verbindungslinien zwischen Texten (das Fachpublikum läßt sich nur überzeugen, wenn die Verbindung zu den disziplinären Problemgenealogien erkennbar ist), sie repräsentieren Motive und Strategeme des Autors (Herausgeber sollen überzeugt, auf andere Autoren soll aufmerksam gemacht werden), sie repräsentieren fachliche Usancen (das Publikum erwartet an bestimmten Stellen Zitate), sie repräsentieren intellektuelle Einflüsse (rekonstruiert und auf die kognitive Problemtradition des Faches hin stilisiert), sie dokumentieren benutzte Theorien und Verfahren (soweit diese Dokumentation üblich und erkennbar notwendig ist), sie transportieren Wertschätzungen anderer Arbeiten (der Autor schließt sich der kursierenden Einschätzung über bestimmte schon existierende Arbeiten an), sie figurieren als Symbole für Theorien, Konzepte und empirische Evidenzen usw. Verallgemeinert gesagt, findet sich auf der Selbstbeschreibungsebene alles, was als normorientiertes Verhalten interpretiert werden kann (Anerkennung von "property rights" oder Prioritäten, aber auch die argumentative Vernetzung von "knowledge claims"), auf der Ebene des Selbstbildes alles, was der Konstruktion eines fachlichen Konsensus bzw. der Verdeutlichung von Konfliktlinien dient, und auf der Ebene der Selbststilisierung alles, was mit den Durchsetzungsinteressen des Autors zusammenhängt. Versucht man nun eine Vielzahl solcher Zitate, von unterschiedlichen Autoren, in unterschiedlichen Verwendungskontexten entstanden, unter ein monolithisches Konzept zu ziehen und entsprechend zu interpretieren, dann muß notwendig ein Teil der Zitate als "noise", als bloßes Geräusch im Informationsprozeß bzw. als Fehler, genauer als Meßfehler, des Konzepts erscheinen. Hier allerdings droht die Argumentation zirkulär zu werden. Wenn das Konzept sehr weit gefaßt werden muß, dann ist auch die Identifikation eines Fehlers kaum möglich. Wenn das Konzept sehr eng gefaßt ist, handelt es sich möglicherweise nicht um einen Fehler, sondern um ein fehlerhaftes Konzept.

Diese Problematik macht sich unmittelbar bemerkbar bei dem Versuch, die Ergebnisse von Zitationsanalysen zu validieren. So gehen etwa Weingart/Winterhager (1984: 142 f) davon aus, daß eine Validierung von Zitationsindikatoren mit Hilfe anderer Indikatoren (Kollegenurteile, Ehrungen etc.) nicht möglich sei und der Versuch allenfalls *wenig Überraschung bergende Verdopplung* produziere. Im Hintergrund steht dabei die Annahme, daß eine Trennung kognitiver und sozialer Prozesse nicht möglich ist, sich die verschiedenen Bewertungen innerhalb des wissenschaftlichen Kommunikationssystems keineswegs unabhängig voneinander entwickeln (die Zahl von Publikationen und Zitationen geht sicherlich in Peer-Urteile ein) (vgl. auch NEDERHOF 1988) und schließlich die Mechanismen der Vorteilsakkumulierung (Matthäus-Effekt) eine klare Kausalattribution der einzelnen Effekte verunmöglichen (ist die Reputation eines Autors Ergebnis häufiger Zitierung seiner Arbeiten oder ist die Häufigkeit der Zitate Effekt der hohen Reputation des Autors?). Weingart/Winterhager sehen lediglich in fehlenden Korrelationen oder umgekehrten Kausalbeziehungen einen Hinweis auf nichttriviale Sachverhalte. Aber selbst solch widersprüchliche Werte verschiedener Indikatoren sind nur schwer zu interpretieren. Vergleicht man etwa Peer Review-Verfahren und bibliometrische Verfahren, dann gilt für beide Verfahren, daß ihre Reliabilität zumindest fragwürdig ist, weiterhin bleibt angesichts der konzeptuellen Diffusität unklar, ob die zu vergleichenden Messungen sich tatsächlich auf dieselben Aspekte des Meßobjekts beziehen. Auch fehlende Korrelationen können also das Ergebnis von Fehlern sein. Selbst wenn man verschiedenen Wissenschaftsindikatoren hohe Reliabilität unterstellt, führen die üblichen Validierungsstrategien natürlich in eine bekannte paradoxe Situation: *If the results of the work are counterintuitive to experts they are considered invalid; if the same as their usual intuitions, they are considered valid but uninteresting - they reveal only that which is already known* (HEALEY/ROTHMAN/HOCH 1986: 247).

Entsprechend den unterschiedlichen Möglichkeiten, die Ergebnisse von Validierungsstudien zu interpretieren, lassen sich auch unterschiedliche Strategien im Umgang mit diesen Ergebnissen ausmachen. Eine sehr verbreitete Position geht davon aus, daß Übereinstimmungen zwischen Peer-Bewertungen und Zitationsanalysen dafür sprechen, daß Zitationsanalysen einen qualitativen Aspekt wissenschaftlicher Leistung korrekt erfassen. Exemplarisch sei hier nur Lawanis Resümee genannt: *[T]he evidence pointing to the validity of citations as a measure of quality is impressive. This is, in general, inferred from the high correlations between scientific eminence and number of citations and between papers of known quality and the number of citations to them* (LAWANI 1977: 31). Der gleichen Position hinsichtlich der Validierungsstrategie, aber mit umgekehrtem Ergebnis hinsichtlich der Validität, sind diejenigen Positionen zuzurechnen, die aufgrund inhaltsanalytischer Überprüfungen Kritik an der Aussagefähigkeit des Konzepts der Zitationsanalyse üben und Zweifel an der Validität der Zitationsanalyse erheben. In den wenigsten Fällen handelt es sich um eine vollständige Ablehnung des Verfahrens der Zitationsanalyse. Verlangt werden entweder zusätzliche Informationen über Art und Funktion des Zitats im Text, Eingrenzungen auf bestimmte homogene Gebiete, Ausgrenzung anderer (z.B. Ingenieurwissenschaften), ein höherer und fehlerfreierer Erfassungsgrad der relevanten Literatur etc. Beispielhaft für eine solche Position, die in den Referenzen eines Textes nur einen Startpunkt für erheblich tiefergehende Analysen sehen, ist die Auffassung der MacRoberts: *The mere presence of a reference is not a marker of influence, nor is the absence of a reference evidence that it is uninfluential. (...) This does not mean that citation analysis may not have its purposes, but it does mean that if it is to be taken seriously, investigators must first descend to the documents from which these data derived in order to reconstruct influences before proceeding further* (MACROBERTS/MACROBERTS 1986: 167).

Eine mittlere Position nehmen Martin/Irvine mit ihrem Konzept der Partialindikatoren ein. Sie setzen zunächst enorm hohe Anforderungen an die Vergleichbarkeit der Untersuchungsobjekte voraus, um verzerrende Einflüsse, die durch Sprache, journal-impact und Arbeitsbedingungen entstehen, zu minimieren: *[W]hat is ideally required is that there should be two or more groups, working in the same specialty over a similar time period, publishing in the same journals, supported with a roughly similar level of resources, and situated in a similar institutional context* (MARTIN/IRVINE 1983: 75). Wenn solche Anforderungen wenigstens näherungsweise erfüllt sind, bleiben die benutzten Indikatoren (Peer-Review, Publikations- und Zitationshäufigkeiten) dennoch fehlerhafte Partialindikatoren, da sich für jeden Indikator zeigen läßt, daß die der Messung zugrundeliegenden Ereignisse immer auch auf andere Gründe zurückgeführt werden können als die dem Konzept des Indikators unterliegenden. Valide Ergebnisse für die Frage nach dem Beitrag zum wissenschaftlichen Fortschritt sehen Martin/Irvine daher nur dann, wenn die verschiedenen Messungen konvergieren. Obwohl sich die einzelnen Indikatoren auf unterschiedliche Aspekte beziehen, gehen Martin und Irvine davon aus, daß das Konvergieren der verschiedenen Indikatoren mit einer Art Fehlerkontrolle gleichzusetzen sei: *Only in those cases where convergent results are obtained can it be assumed that the influence of the other factors has been kept small (...), and that the indicators therefore provide a reasonable estimate of the contribution to scientific progress* (ebd.). Rein logisch gesehen ist es natürlich keineswegs ausgeschlossen, daß alle Indikatoren im Einzelfall einen gleichgerichteten Fehler aufweisen, und ebensowenig muß das "Nichtkonvergieren" der Indikatoren heißen, daß ein einzelner Indikator (z.B. Zitationen) unzureichend sei. Man muß wohl Martin/Irvines Vorschlag als eine eher pragmatische Strategie im interpretierenden Umgang mit den theoretisch ungeklärten und in der Operationalisierung fehleranfälligen Wissenschaftsindikatoren betrachten. Sie entspricht einem common sense-Verständnis; nur wenn sich aus verschiedenen Blickwinkeln ein klares Urteil abzeichnet, läßt sich auch eine vorsichtige Bewertung aussprechen. Eine Garantie für die Richtigkeit des Urteils ist das freilich nicht. Das größere Problem dürfte aber sein, daß wenn die Anforderungen von Martin und Irvine streng genommen werden, vergleichende Aussagen entweder gar nicht mehr oder nur noch für sehr kleine Segmente der Wissenschaft möglich sind oder die Tragweite der Bewertungen bis auf ein triviales Niveau abgeschwächt werden muß.

Eine dritte Position zur Validierung von Zitationsanalysen geht davon aus, daß Zitationszählungen, vor allen Dingen aber die aufwendigeren Verfahren von Cozitationsanalysen (vgl. Kap. 5.6), Informationen bereitstellen, die so durch andere Verfahren (etwa Expertenurteile) gar nicht hergestellt werden können und entsprechend auch nicht validiert werden können (vgl. z.B. RIP 1988: 259; WEINGART 1991: 229). Diese Position ist insofern kaum angreifbar, als Definitionen (nichts anderes sind ja die Konzepte, die den Indikatoren zugrunde liegen) nicht eigentlich falsch sein können, sie können nur irrelevant, unplausibel, unverständlich oder zu abstrakt sein. Eine solche Abschottung gegen Validierung ist allerdings nur begrenzt möglich. Wenn Zitationsanalysen in einen praktischen Bewertungskontext rückgeführt werden, verwandeln sich notwendig auch die abstrakten Definitionen wie etwa "Impact" in ein alltagssprachliches Konstrukt wie "Qualität", das sich aus den Relevanzhorizonten handelnder Akteure herleitet. So lautet denn eine typische Kompromißformel, daß angesichts der Varianz der Expertenmeinungen das Ergebnis von Zitations- oder Cozitationsanalysen nun seinerseits in seiner *Qualität* nicht hinter den Antworten namhafter Experten zurücksteht (WINTERHAGER 1991: 189). Genaugenommen geht es also nicht um Validierung, sondern um die Durchsetzung einer Sprachregelung (z.B. eine wichtige Arbeit ist ...), die mit konkreten bibliometrischen Verfahren assoziiert ist und mit alltagssprachlichen Begriffen kompatibel gehalten werden soll.

Aus der Fülle von Validierungsversuchen sollen im folgenden zumindest einige vorgestellt werden: Für eine Reihe von Studien wurden eigens Expertengruppen zusammengestellt und um Bewertung von einzelnen Forschern, Forschergruppen oder Institutionen gebeten. In einer frühen Studie über amerikanische Psychologen konnte Clark die Anzahl der Nennungen von Psychologen, die am meisten zum Wissensfortschritt im Fach beigetragen haben, durch eine Gruppe von Fachexperten mit bibliometrischen Messungen vergleichen. Von den verwandten Indikatoren korrelierte die Zahl der Zitationen von Artikeln in wissenschaftlichen Zeitschriften mit r =.67 am deutlichsten mit den Expertennennungen (CLARK 1957). Weidenhammer hat die Psychiatrie- und Neurologie-Ordinarien in der Bundesrepublik Deutschland durch eine Expertengruppe von 5 Neurologen und 5 Psychiatern hinsichtlich der Bekanntheit, der Produktivität und der Qualität ihrer wissenschaftlichen Arbeit bewerten lassen. Die Expertenurteile wurden mit den Ergebnissen der Zitationsanalyse (benutzt wurde ein *Science Impact Index*)[1] für die Jahre 1981 und 1982 verglichen. Es ergaben sich zwischen den einzelnen Bewertungsdimensionen und der Zitationsmessung hohe Korrelationen zwischen r=.48 und r=.67 (vgl. WEIDENHAMMER 1985, 1986). Da die Übereinstimmung unter den Experten relativ gering war, interpretieren Lehrl u.a. diese Ergebnisse so, daß die Zitationsanalyse *besser als die Mehrheit der einzelnen Fachkollegen wiedergibt, was mit dem Konstrukt der Eigenschaft(en) der Forschungsproduktivität und -qualität sowie -durchsetzung (...) intendiert ist* (LEHRL u.a. 1988: 301). Warum allerdings der undifferenziertere Befund der Zitationsanalyse besser sein soll als das abwägende, weniger konsensuale Urteil der Experten, das vermögen die Autoren nicht zu begründen.

Nicht auf Personen, sondern auf die einzelnen Artikel fokussierte Gottfredson eine Untersuchung über das Peer Review-System in wissenschaftlichen Zeitschriften. 982 Artikel aus psychologischen Fachzeitschriften (des Jahres 1968) wurden nachträglich durch von den Autoren benannte Experten begutachtet. Bewertet wurden unter anderem die Qualität der Artikel im Vergleich zu anderen Arbeiten im selben Zeitraum und zu anderen Arbeiten des gleichen Themengebietes überhaupt, die Qualität des Artikels im allgemeinen und der Einfluß des Artikels auf das Spezialgebiet sowie auf die Entwicklung in der Psychologie insgesamt. Ein Vergleich mit den Zitationen aus den Jahren 1968-76 ergab nur moderate Korrelationen in Höhe von .22 mit der Gesamtbewertung der Qualität des Artikels und .36 mit der Bewertung des Einflusses im Spezialgebiet. Höher fielen die Korrelationen für diejenigen Artikel aus, die Zitationen oberhalb des Medians aller untersuchten Publikationen erreichten (GOTTFREDSON 1978). Letzteres Ergebnis deutet darauf hin, daß am ehesten Übereinstimmung zwischen Peer-Urteilen und Zitationsmustern zu erwarten sind, wenn es

1 Dieser Index gibt die Zahl der Zitate an, die ein Autor (für alle Publikationen) von Fremdautoren in einem Jahr erhalten hat.

sich um herausragende Personen oder wissenschaftliche Arbeiten handelt. Auch die Versuche, das System wissenschaftlicher Preise (eine Variante des "peer judgements") als Validitätskriterium einzuführen, deuten in diese Richtung. Myers stellt fest, daß alle amerikanischen Psychologen, denen die "National Medal of Science" verliehen wurde, zu den dreißig meist zitierten Psychologen gehörten (MYERS 1970). Für Nobelpreisgewinner in der Physik konnte Wade zeigen, daß ihre durchschnittlichen Zitationsraten weit höher liegen als der Gesamtdurchschnitt aller zitierten Physiker. Lediglich 1% aller Physiker wies vergleichbare Zitationshäufigkeiten wie die Nobelpreisgewinner auf (WADE 1975). Cole und Cole (1973) berichteten eine Korrelation von r=.57 zwischen der Zahl wissenschaftlicher Preise und der Zahl der erhaltenen Zitationen bei amerikanischen Physikern.

Während diese Studien überwiegend auf eine etablierte wissenschaftliche Elite bzw. herausragende wissenschaftliche Arbeiten bezogen waren, versuchte Nederhof (1988) auch im "mittleren Bereich" wissenschaftlicher Hierarchie eine Validierung von Zitationsanalysen. Er zog dazu als eine Variante von Expertenurteilen die Begutachtung von Dissertationen in den Fächern Physik und Chemie an der Universität Leiden (NL) heran. Ein Vergleich der Publikationsaktivität von 'cum laude'-Doktoranden und denjenigen ohne Auszeichnung und der Häufigkeit, mit der Artikel aus beiden Gruppen während eines Zeitraumes von 5 Jahren vor der Dissertation bis 3 Jahre danach zitiert wurden, ergab folgende Ergebnisse: Cum laude-Doktoranden produzierten im Durchschnitt 0,65 Artikel im Jahr, Doktoranden ohne Auszeichnung nur 0,33 Artikel. Artikel der Cum laude-Absolventen wurden in den ersten zwei Jahren nach Veröffentlichung im Durchschnitt sechsmal zitiert, die der Vergleichsgruppe lediglich 3,7mal (NEDERHOF 1988: 211 ff). Diese Ergebnisse, so Nederhof (1988: 217), stützen die Auffassung, *that when sufficiently large numbers of papers are examined, citation counts can be used fruitfully to monitor scientific research.* Eine weitere Validierungsstrategie vergleicht die Selbsteinschätzung von Wissenschaftlern mit dem Fremdbild, das sich aus der Zitationsanalyse gewinnen läßt. Crane befragte Wissenschaftler danach, welche anderen Wissenschaftler für die eigene Arbeit bedeutsam waren. Sie konnte Überlappung von 71% zwischen den Angaben der Wissenschaftler und den Ergebnissen der Zitationsanalyse feststellen und schließt aus diesem Ergebnis, *that asking scientists to name influences upon their work produces information that is fairly similar to that obtained by examining influences using citations* (CRANE 1972: 46). Zuckerman (1987: 336) hingegen sieht die Möglichkeiten, *full and reliable reports (...) of specific influences on scientific work* durch Befragung von Wissenschaftlern zu erhalten, weitaus skeptischer. Sie konnte in ihren Untersuchungen über Mehrfachautorschaft zeigen, daß Coautoren eines Textes keineswegs immer einer Meinung darüber sind, welche Ideen und Vorarbeiten für ihre eigene Arbeit wesentlich waren (vgl. ZUCKERMAN 1987 und 1968). Ebenfalls abweichende Ergebnisse erbrachte jedoch eine Gegenüberstellung von Qualitätseinschätzung der eigenen Arbeit und der erhaltenen Zitationen. In einer niederländischen Untersuchung von zwei Jahrgängen von Sloan Fellows in Chemie wurden die Wissenschaftler gebeten, ohne Vorgabe von Kriterien ihre drei besten Publikationen zu benennen. Ein Vergleich mit den höchstzitierten Arbeiten ergab, daß lediglich ein Drittel der hochzitierten Publikationen auch von den Wissenschaftlern selbst als die besten Arbeiten eingestuft wurden. Ein solches Ergebnis ist zwar von einer zufälligen Überlappung weit entfernt, erlaubt aber nicht, die Selbst- und die Fremdwahrnehmung (hier Zitationen) von wissenschaftlicher Qualität gleichzusetzen. Die Differenz zwischen Selbst- und Fremdeinschätzung artikuliert sich besonders deutlich im Typus der Publikation. Die Wissenschaftler selbst nannten als beste Publikationen vor allen Dingen theoretische und empirische Arbeiten (79%) und nur in geringem Umfang (21%) methodische Publikationen, während 48% der meistzitierten Artikel als methodische Beiträge identifiziert wurden (PORTER u.a. 1988).

Die Befunde ähneln den Ergebnissen einer Untersuchung von "Citation Classics" in verschiedenen Wissenschaftsdisziplinen, in der Artikel mit methodischem oder technischem Inhalt lediglich ein Viertel des Samples ausmachten, dennoch aber überwiegend mehr Zitate je Artikel erhielten als die Bereiche "Basic Research" und "Reviews" (MÉNEDEZ/ GÓMEZ 1989: 624). Die Ergebnisse können allerdings aufgrund der extrem schiefen Verteilung von Zitationen nicht als gesichert betrachtet werden.

Diese Ergebnisse von Validierungsstudien werden in der Literatur meist zu der Empfehlung zusammengefaßt, daß Zitationsanalysen nur bei hinreichend großen Samples zu benutzen sind, die vergleichende Analyse auf einigermaßen homogene Forschungsgebiete begrenzt werden muß und in der Regel eine sorgfältige Überprüfung und gegebenenfalls eine manuelle Korrektur der Daten notwendig ist. Dann, so die Überlegung, sind Zufallsergebnisse weitgehend ausgeschlossen und Fehler durch gegenläufige Effekte minimiert. In dieser Richtung plädiert z.B. Zuckerman (1987) mit dem Argument, daß die Validierungsstudien des Zitationsindikators es gerechtfertigt erscheinen lassen, von einer wenn auch fehlerbehafteten Messung intellektuellen Einflusses zu sprechen. Da für eine Untersuchung großer Aggregate ohnehin keine anderen praktikablen Prozeduren zur Verfügung stehen, empfiehlt Zuckerman, durch Identifizierung und anschließende Quantifizierung möglicher Fehlerquellen den Zitationsindikator im Sinne eines eindimensionalen Meßkonzeptes zu verbessern. Sie weist auf gegenläufige Fehlerquellen hin, ohne allerdings Ausmaß, Verteilung und zeitliche Abfolge zu spezifizieren: Sehr bekannte Wissenschaftler könnten aufgrund von *obliteration by incorporation* Opfer von systematischer Unterschätzung, aufgrund der *persuasion hypothesis* aber auch Nutznießer einer Überschätzung ihres intellektuellen Einflusses sein. Überschätzungen des Einflusses junger Wissenschaftler kann durch gezieltes Zitieren durch deren akademische Lehrer (put them on the intellectual map) hervorgerufen werden, andererseits ist weitaus häufiger damit zu rechnen, daß der intellektuelle Einfluß junger Wissenschaftler aufgrund (noch) fehlender Reputation durch Zitationen eher unterschätzt wird. Bei Mehrfachautorschaften sind ebenfalls solch gegenläufige Effekte beobachtbar: unbekannte Wissenschaftler werden trotz ihrer Mitarbeit nicht als Autoren aufgeführt, prominente Wissenschaftler verzichten (allerdings weniger häufig) auf die Mitautorschaft zugunsten jüngerer Wissenschaftler, und umgekehrt erlaubt die institutionelle Machtbasis (Forschungsleiter, Direktor, ...) auch bei unwesentlicher Mitarbeit eine Berücksichtigung als Mitautor.

Dieser Liste sind weitere Fehlerquellen hinzuzufügen. Die theoretischen Überlegungen, aber auch die empirischen Ergebnisse über Fehler und Verzerrungen des Zitationsindikators (interpretiert als Meßgröße für intellektuellen Einfluß) deuten allerdings eher darauf hin, daß nicht globale Meßverzerrungen, sondern eher Verzerrungen in Abhängigkeit von einem sehr komplexen Bedingungsgefüge zu erwarten sind (Subdisziplin, organisatorischer Kontext der Forschungsarbeit, kognitive Funktion des Zitats, wissenschaftliche Kontextbedingungen, Motivationen etc.). Dies würde eher dafür sprechen, daß mit dem Zitationsindex nicht ein eindimensionales Meßkonzept vorliegt, sondern ein mehrdimensionales, mit dem nicht ein Konzept wie intellektueller Einfluß mehr oder weniger fehlerhaft gemessen wird, sondern verschiedene Dimensionen des Verhaltens von Wissenschaftlern. Entsprechend schlägt Cozzens (1989) vor, Zitationen in der Überschneidungszone zweier Systeme zu verorten: *a rhetorical (conceptual, cognitive) system, through which scientists try to persuade each other of their knowledge claims; and a reward (recognition, reputation) system, through which credit for achievements is allocated. (...) [A] third system also needs to be included in the model, the communication system. Among the citation inflators and deflaters, journal characteristics, language of publication and other measures of audience size need to be analysed as a part of this system* (COZZENS 1989: 440 ff). Das dritte "System" entspricht am ehesten dem Konzept einer "Fehlerkorrektur" oder der Berücksichtigung von Zufallsverteilungen der Zitationen. Der Nachteil dieses Modells besteht darin, daß es sich letztendlich wieder um eine nur analytisch durchführbare Zergliederung des Verhaltens von Wissenschaftlern in soziale und kognitive Komponenten handelt. Ich hatte daher mit dem eingangs vorgestellten Drei-Ebenen-Konzept vorgeschlagen, auf diese Zergliederung zu verzichten (soziale und kognitive Faktoren als nicht trennbare Elemente zu behandeln) und statt dessen unterschiedlich hoch generalisierte und funktional unterscheidbare Ebenen der Verhaltenssteuerung zu differenzieren, was zugleich dem Umstand Rechnung trägt, daß Begriffe wie Qualität, intellektueller Einfluß, Impact etc. keine kontextfreien, überzeitlichen oder gar exakt meßbaren Begriffe sind. Cozzens Konzept ähnelt im Aufbau (nicht im Inhalt) dem eingangs vorgestellten Modell, nach dem sich das Zitierverhalten auf unterschiedlichen Ebenen verorten läßt, nämlich mit seinen normativen und reflexiven Elementen auf der Ebene der Selbstbeschreibung, mit seinen (in der Zitationsanalyse sichtbar werdenden) Elementen der Konsensbildung, der Definition von Problemgenealogien und der sozialen Positionierung zugehöriger Akteure auf der Ebene des Selbstbildes und schließlich mit seinen strategischen Elementen auf der Handlungsebene von Individuen und kleinen Gruppen. Man kann also das Problem der Zitationsanalyse auch als eine Differenz von Mikro- und Makroanalyse des Verhaltens von Wissenschaftlern reformulieren. Was sich als besonders problematisch herausstellt, ist letztlich, daß sich die theoretischen wie empirischen Analysen auf der Mikroebene nicht oder nur bedingt mit den Analysen auf der Makroebene vereinbaren lassen.

Auf der Mikroebene geraten vor allen Dingen die Selbststilisierungen mit allen Freiheitsgraden bei der Auswahl oder Vernachlässigung der zu zitierenden Literatur in den Blick. Das Zitat erscheint im wesentlichen unter der strategischen Perspektive, seinem Beitrag Geltung und Anerkennung zu verschaffen bzw. in der kontextual gebundenen Bewertungsperspektive des einzelnen Autors. Auf der Makroebene hingegen erscheinen immer wieder charakteristische Muster (z.B. der Anteil von viel und nicht zitierten Arbeiten), und die Ergebnisse nähern sich häufig, jedenfalls was die vielzitierten Artikel oder Personen anbetrifft, den Urteilen von Peers, wenn sie zu generalisierenden Urteilen aufgefordert werden. Daraus kann allerdings nicht auf kausale Zusammenhänge auf der Individualebene geschlossen werden. So verhält es sich auch bei der Zitationsanalyse. Auf der individuellen Ebene ist es nicht gerechtfertigt, das Zitierverhalten unter ein einziges Erklärungsparadigma zu ziehen. Zwar ist das mögliche Verhalten aufgrund diffuser Normen und stabilisierter Annahmen über die Erwartungen von Publikum und Gatekeepern nicht völlig variabel, aber immerhin so groß, daß Zitate nicht einfach als Qualitätsurteil, als Annonce wichtiger Einflüsse oder als Anerkennung besonderer Leistungen gewertet werden können. Dies spielt auch eine Rolle, aber eben nur eine unter vielen möglichen Funktionen, die das Zitat auf der Ebene der Selbststilisierung übernehmen kann. Aus der Perspektive des Empfängers von Zitationen handelt es sich um einen "Erfolg" der Publikation. Qualitätsaspekte ergeben sich erst aus dem argumentativen Kontext, in dem das Zitat steht. Betrachtet man hingegen Aggregatdaten, dann bewegt man sich analytisch auf der Ebene des Selbstbildes. Vielzitierte Arbeiten (aber auch Cozitationscluster) bilden diejenigen Arbeiten ab, auf die sehr viele Autoren (aus welchen Gründen auch immer) als Quelle zurückgreifen. Das Besondere ist also eine Art Konsens über die Erwähnungswürdigkeit dieser Arbeiten. Das rückt sie in die Nähe dessen, was von Kuhn als *exemplar* bezeichnet wurde, man könnte mit Rip (1988: 261) besser vom *legitimatory repertoire of the field* sprechen. Eine Verbindung zur Qualität stellt sich nur insofern her, als man annehmen darf, daß solche Beiträge, wenn sie von vielen Autoren direkt genutzt oder in der Überzeugung benutzt werden, diese Arbeiten seien von anderen anerkannt, die fachlichen Standards reflektieren und Konsensualitätszonen markieren. Wenn auch die Anzahl der Zitate sich keineswegs unmittelbar in eine Graduierung von Qualität übersetzen läßt, wird es sich bei solchen Arbeiten, die über längere Zeit eine relativ zu anderen Arbeiten des Faches hohe Anzahl von Zitaten erhalten, um für die fachliche Entwicklung bedeutende Arbeiten handeln, insofern als diese Arbeiten über verschiedene konkrete Forschungskontexte hinweg gemeinsame Referenzpunkte bei der Stilisierung einer fachlichen Kohärenz bilden.

Weitaus schwieriger ist die Interpretation fehlender oder geringer Zitationsraten. Ist schon im positiven Fall (viele Zitate) nur eine sehr indirekte Verbindung zu qualitativen Merkmalen der zitierten Arbeit hergestellt, so sind im negativen Fall (keine/wenig Zitate) die möglichen Verbindungen zu qualitativen Aspekten noch vielschichtiger: Eine Arbeit kann für andere Forscher irrelevant sein, sie kann vermittelt durch andere Publikationen einflußreich sein, ohne daß die Originalarbeit selbst stark zitiert wird, eine Arbeit kann allein aufgrund geringer Bekanntheit oder des Status des Autors nur wenig zitiert werden, eine Arbeit kann für ein sehr kleines Spezialgebiet wichtig sein und in einer Zitationsanalyse, die ein größeres fachliches Gebiet abdeckt, allein aufgrund der hohen Spezialisation schlecht abschneiden, die Verbreitung der Zeitschrift ist u.U. gering, und schließlich spielen die mittelbaren Publikationsstrategien (Versand von Sonderdrucken, Präsentation der Ergebnisse auf Kongressen, das Erreichen wichtiger Netzwerke) eine große Rolle, schlußendlich lassen sich niedrige Zitationsraten auch damit erklären, daß die Ergebnisse einer Arbeit nicht weiter diskussionsbedürftige Faktizität repräsentieren.

Was bleibt, wenn man sich von der Annahme trennt, Zitationen seien unmittelbare und kontextfreie Messungen von Einfluß oder gar numerische Angaben der Qualität von Forschungsarbeiten, und wenn man weiterhin in Rechnung stellt, daß Zitationsanalysen in einem gewissen Maße mit technischen Erhebungsfehlern und verzerrenden Einflüssen durch Sprache, Publikationsort, Größe des potentiellen Auditoriums etc. versehen sind? Zitationsanalysen können als Abbildungen von Elementen disziplinärer oder subdisziplinärer Selbstbilder verstanden werden; als ein Teil (nämlich der über das formelle Kommunikationssystem hergestellte) kollektiv geteilter Interpretationen der fachlichen Probleme und Lösungsverfahren, der zugehörigen je aktuellen Relevanzkontexte, der Personen, die innerhalb der fachlichen Entwicklung eine Rolle spielen, und der materiellen Träger (Texte) wichtiger Ideen. Insoweit eignen sich Zitationsanalysen trotz aller Bedenken sehr wohl zur Beschreibung der Strukturen und Dynamiken wissenschaftlicher Forschungsgebiete. Die Identifikation von vielzitierten Arbeiten, von Cozitationsclustern oder Zitationsnetzwerken geben gewissermaßen Knotenpunkte der faktischen Entwicklung eines Forschungsgebietes in ihrem Schrifttum wieder.

Für die Entwicklung von Leistungsindikatoren sind Zitationsanalysen dennoch nur mit Einschränkungen brauchbar. Zitationen sind keine und können aus theoretischen Gründen auch keine unmittelbaren Qualitätsmessungen sein. Die Quantität erhaltener Zitate ist vielmehr eine Beschreibung des Gelingens einer Selbststilisierung. Dafür müssen zweifellos Aspekte wissenschaftlicher Qualität erfüllt sein, aber weder ist bestimmbar, welche dies genau sind (vgl. das Problem der Fälschung), noch handelt es sich um eine hinreichende Voraussetzung, vor allem aber ist das Gelingen einer Selbststilisierung nicht eine lineare Funktion von Qualität. Das macht Zitationsanalysen nicht wertlos, es heißt lediglich, daß man sich bei der Interpretation ihrer Ergebnisse von objektivistischen Vorstellungen einer Qualitätsmessung oder quasiobjektivistischen Vorstellungen einer Messung der perzipierten Qualitätseinschätzungen der Wissenschaftler trennen muß. Als Komponente von Leistungsindikatoren sind Zitationsanalysen daher eine Art "Erfolgsindikator". Der Versuch, die Bestandteile des Erfolgs analytisch zu zergliedern in rhetorische Komponenten, Bestandteile des sozialen Gratifikationssystems und kommunikationstechnische Elemente, wie Cozzens es vorschlägt, dürfte schon theoretisch kaum möglich, erst recht aber praktisch nicht durchführbar sein.

Wenn man eine Analogie aus der Ökonomie bemühen will, dann geben Zitationsanalysen sozusagen die Verkaufszahlen eines Produktes an; die Qualität des Produktes wird zwar unter Konkurrenzbedingungen und bei gleichen Preisen mit dem Verkaufserfolg korrelieren aber die Verkaufszahlen müssen nicht identisch sein mit den Ergebnissen einer Qualitätsbegutachtung (Warentest), und die dort verwandten Kriterien wiederum müssen nicht unbedingt den Qualitätsvorstellungen des Konsumenten entsprechen. So wie in der ökonomischen Theoriebildung die Annahme "idealer Marktbedingungen" zu einem hoch abstrakten und fiktionalen Modell tatsächlichen Wirtschaftshandelns führt, stellen die eindimensionalen Modelle einer Qualitätsmessung mit Hilfe von Zitationsanalysen ein unrealistisches Konzept normativ geregelten Verhaltens von Wissenschaftlern dar: *[S]imple citation analysis presupposes a highly rational model of reference-giving, in which citations are held to reflect primarily scientific appreciation of previous work of high quality or importance, and potential citers all have the same chance to cite particular papers. (...) Such a model is obviously a grossly oversimplified and possibly highly misleading representation of referencegiving* (MARTIN/IRVINE 1983: 69). Zitationsanalysen sind daher bei der Bewertung von wissenschaftlichen Leistungen nicht als eine selbstevidente Messung von Qualität einsetzbar, sondern nur als grober und interpretationsbedürftiger Indikator des Erfolges wissenschaftlicher Publikationen. Erst zusammen mit weiteren Informationen und Expertenwissen lassen sich aus den Angaben der Zitationsanalyse qualitative Einschätzungen wissenschaftlicher Leistungen entwickeln.

5.6 Strukturindikatoren als Leistungsindikatoren

Die bisher vorgestellten szientometrischen Indikatoren waren eindimensionale Konstrukte, registrierten also jeweils nur das Auftreten eines Ereignisses (Zitat, Publikation, Förderung etc.). Diese Indikatoren lassen sich zwar zur Charakterisierung von Forschungsgebieten, Forschergruppen, Institutionen, Ländern etc. kombinieren (z.B. relative Zitationshäufigkeit und relativer Publikationsoutput),[1] es bleibt dabei aber bei einer (vergleichenden) Charakterisierung der gewählten Einheit. Zweidimensionale Indikatoren hingegen beruhen auf Kookkurenzen von Zitaten in verschiedenen Texten, Begriffen aus dem Inhalt mehrerer Artikel oder dem gemeinsamen Auftreten bestimmter thesaurierter "key-words". Solche zweidimensionalen Indikatoren zielen auf die Identifikation von nicht unmittelbar sichtbaren Strukturmustern und ihrer Veränderung in der Zeit. Sie sind im engeren Sinne also keine Leistungsindikatoren, sondern strukturbeschreibende Indikatoren, die, da sie häufig als bildgebende Verfahren eingesetzt werden, auch unter der Bezeichnung "maps of science" oder "cognitive maps" bekannt sind (vgl. z.B. VAN METER/TURNER 1994).

In einem metaphorischen Sinne wurden die Begriffe Landkarte oder Landschaft in der Wissenschaftssoziologie von Anfang an benutzt, um Ordnungskonzepte auf die Dimensionen Raum und Zeit zu beziehen. Auch die in den letzten Jahrzehnten entwickelten Techniken des "mapping of science" zehren von der dem menschlichen Wahrnehmungsvermögen entgegenkommenden Möglichkeit, komplexe Strukturen auf unterschiedlichen Abstraktionsstufen räumlich zu präsentieren: *Maps not only allow for a synthetic view of aggregate levels of science (...), but also enable the location of different actors and intellectual themes within such spatial framework. One of the main advantages of mapping relational structures of intellectual activities lies in its capability of simplifying and summarizing the complexity of interrelations, while offering an appropriate level of accuracy and detail* (TIJSSEN 1992: 31). Von Belang ist dieser Typ von Indikatoren im hier diskutierten Zusammenhang deshalb, weil Strukturindikatoren als eine elaboriertere Form der Beschreibung wissenschaftlicher Leistungen anempfohlen werden. Der Grund hierfür liegt darin, daß auch Strukturbeschreibungen selten auf einer reinen Beschreibungsebene stehenbleiben, sie vielmehr die durch Datenselektion und Transformation gewonnenen Informationen auch bewertend kommentieren.

So sehen z.B. Weingart und Winterhager (1984) in der Ausdifferenzierung von Spezialgebieten den wichtigsten Ausdruck wissenschaftlichen Fortschritts und empfehlen zu seiner Darstellung die Kozitationsanalyse: Wo Spezialgebiete *neu entstehen, markieren sie den Verlauf der Forschungsfront, sie verändern sich laufend so-*

1 Die Bezugsgrößen können z.B. sein: Der impact factor der Zeitschrift, Publikationsmengen und Zitationsraten vergleichbarer Gruppen oder Institutionen oder auch weltweit im entsprechenden Fachgebiet.

wohl in ihren kognitiven Grenzen als auch in ihrer personellen Zusammensetzung, an ihnen läßt sich der jeweils aktuelle Fortschritt der Wissenschaft ablesen. (...) Es ist nun nachgewiesen worden, daß sich Spezialgebiete am schnellsten, nämlich schon in ihrer Entstehungsphase, über einige wenige Zeitschriftenartikel identifizieren lassen. (...) Diesem Umstand ist es zu verdanken, daß die für die Wissenschaftsforschung und die Wissenschaftspolitik erforderlichen Methoden zur Identifizierung, Beschreibung, und Analyse von Spezialgebieten durch die Weiterentwicklung der Zitationsanalyse zumindest in einem bestimmten Sinn verfügbar wurden, und zwar in Form der sogen. Co-Zitationsanalyse (WEINGART/WINTERHAGER 1984: 173 f). In der praktischen Politikberatung weisen die Autoren zwar darauf hin, daß es sich bei der Kozitationsanalyse nicht um einen Qualitätsindikator handele, betonen aber, daß sie zur *Erfassung spezifischer, qualitativ hochstehender Forschungen* ein sehr sensibles Instrument darstelle (SCHWEIZERISCHER WISSENSCHAFTSRAT 1989: 123).

Ähnlich, wenn auch vorsichtiger, ordnet Van Raan (1994: 509) die Kartographie von Wissenschaftsgebieten ein: *Maps of science can be seen as tools for searching, identifying and analysing the structures of scientific activities as reflected in publications. They may indicate the merging of certain fields of science, or emerging new activities, and they offer insight into the position of countries or companies in a field of science. Maps aggregate data in a way no expert, would be able to do given their background and the perspective from which they view matters. The carthograhic approach is, so to say, independent of individual opinions.* Trotz dieser Unabhängigkeit von subjektiven Einschätzungen geht Van Raan allerdings davon aus, daß eine sinnvolle Anwendung solcher Kartographien nur in enger Interaktion mit Experten und Nutzern sinnvoll ist. Andere Autoren hingegen halten am "Objektivitätsmythos" fest und meinen, die grundsätzlich einseitige Sichtweise des Beobachters ließe sich durch eine objektive Strukturbeschreibung des wissenschaftlichen Wissens ersetzen: *The way out is not with the help of an expert, himself partial and biased, but through the definition of "objective" procedures to enable the sociologist, who knows nothing at all about a particular speciality, to grasp its structure* (CALLON u.a.1983: 195). Im Unterschied zu eindimensionalen Indikatoren, die den Erfolg eines Produktes (i.d.R. eines Artikels) verfolgen oder die Aktivität von Personen oder Gruppen registrieren, gehen kartographische Verfahren von der Identifikation eines thematischen Feldes aus, das dadurch konstituiert wird, daß viele publizierende Wissenschaftler in ihren Arbeiten jeweils zwei oder mehr Dokumente oder Begrifflichkeiten in ähnlicher Kombination benutzen. Im Hintergrund steht also ein Konsenskonzept, das davon ausgeht, daß eine gewisse Konventionalisierung bei der Verwendung von Begriffen oder beim Zitieren verschiedener Dokumente ein Element des Selbstbildes, nämlich die Markierung eines relevanten Territoriums zum Ausdruck bringt (vgl. COURTIAL 1989). Der Begriff "cognitive mapping" deutet unmittelbar auf diese Vorstellung hin. Wie bei allen anderen Indikatoren auch besteht das Versprechen darin, mit Hilfe des Indikators eine Ebene aufspannen zu können, die die jeweils gruppenpartikularen "Wissenschaftskarten", die auf der Ebene des Selbstbildes existieren, aus ihren subjektiven Bindungen löst und dergestalt "objektiviert". Daher der immer wiederkehrende Verweis darauf, daß Experten unmöglich die Datenmengen verarbeiten könnten, die solchen Karten zugrunde liegen. Das ist sicherlich richtig, solange man sich auf einer sehr hohen Abstraktionsebene bewegt (z.B. die Abbildung der gesamten Physik weltweit), verliert aber in dem Maße an Gewicht, wie man sich innerhalb solcher Karten auf immer feiner abgegrenzte Spezialgebiete hinbewegt. Die Möglichkeit eines solchen "Wanderns" durch eine Karte von sehr allgemeinen Clustern zu immer spezifischeren, die am Ende auch die Information darüber bereithalten, welche Personen, welche Institutionen oder Länder, welche Aufsätze in diesem Gebiet "wichtig" sind, war die leitende Vorstellung bei der Entwicklung der Kozitationsanalyse in den 70er Jahren (vgl. SMALL/SWEENEY 1985; SMALL/SWEENEY/GREENLEE 1985).

Damit ist auch eine interessante Verschiebung der Bezugnahme der Indikatorenkonstrukteure auf die verschiedenen Ebenen von Selbstbeschreibung, Selbstbild und Selbststilisierung zu verzeichnen. Standen die eindimensionalen Performance-Indikatoren immer wieder vor dem Problem, ihre Messungen im Hinblick auf die Selbstbeschreibung ausweisen zu müssen (also zu begründen, was und warum eine bestimmte Zitationshäufigkeit etwas mit Qualität oder Fortschritt zu tun hat), so verschiebt sich mit den mehrdimensionalen Indikatoren die Argumentation auf die Ebene des Selbstbildes: Das was viele Wissenschaftler an Themen, Verfahren, Begrifflichkeiten, Personen oder Publikationen in eine Assoziation bringen, ist eine "Relevanzzone". Callon u.a. (1983) sprechen denn auch im Hinblick auf die co-word-Analyse von Akteursnetzwerken und Wortassoziationsmustern, die nicht logische Verbindungen markieren, sondern Übersetzungsprozesse von Interessen an bestimmten Wissensgebieten und ihrer Problematisierung darstellen. Der Übersetzungsbegriff steht dabei für all jene Prozesse, die an der Selbstbildformierung teilhaben, *for all the mechanisms and strategies through which an actor (...) identifies other actors or elements and places them in relation to one another* (ebd.: 193). Leider verliert dabei sowohl der Akteursbegriff seine Klarheit, denn Akteure sind nunmehr differenzlos sowohl Wissenschaftler wie Probleme, Interessennetzwerke wie auch Worte (Makro-Akteur) als auch der Übersetzungsbegriff, denn alle Handlungen, die der Herstellung von Identität dienen, die strategische Ziele verfolgen, die der kognitiven Überprüfung oder Veränderung von Wissen dienen, die die Herstellung von sozialen Hierarchien bewirken, fallen unter die Begriffe *translation* oder *countertranslation* (ebd.: 193). Dabei spielt der recht diffuse Interessenbegriff (vgl. Kap. 3.2) eine zentrale Rolle, numehr materialisiert in Wortsassoziationen: *The co-word program serves to visualize the resulting configuration of forces by measuring the stability of the intersection of interests which corresponds to the association of words operated by actors* (ebd.: 207). Während die Kozitationsanalyse stärker mit dem Konzept der Kuhnschen Spezialistengemeinschaften (die Forschungsfront) verbunden ist und entsprechend auf Akteursnetzwerke zielt, von denen unklar bleibt, welche Deckung zwischen sozialen und kognitiven Strukturen besteht, wird mit der co-word-Analyse der Anspruch transportiert,[1] aus den Selbststilisierungen der Akteure ein virtuelles Selbstbild (nicht die Vielzahl real existierender Selbstbilder und auch nicht eine photographische Abbildung eines Wissensgebietes) zu konstruieren und damit die problematischen Dichotomien von sozial/ kognitiv und intern/extern zu überwinden. Bei letzterem handelt es sich genau genommen um *strategic mapping, that is, mapping that reflects the strategies of actors, or the overall directions in which fields develop, as they result from the interactions between actor strategies* (RIP 1988: 263). Sobald es allerdings darum

1 Ähnlich bei den theoretischen Ansätzen der konstruktivistischen Laborstudien.

geht, die abgebildeten Strukturen epistemisch auszuzeichnen (fortschrittlich, wichtig etc.), kehren natürlich alle Probleme des Spannungsverhältnisses von Selbstbild und Selbstbeschreibung zurück. Insofern vergeben Bezeichnungen wie "cognitive mapping", die ja in Abgrenzung zu den sozialen Netzen der Wissenschaftler formuliert wurden, die Chancen dieser Verfahren. Die Charakteristika des Selbstbildes liegen gerade in der Verschmelzung sozialer und kognitiver Elemente und der wenig eingeschränkten Auswahl von Beurteilungskriterien. Der Anspruch einer Purifizierung des Selbstbildes auf seine kognitiven Bestandteile hin läßt sich aber nur unter Zuhilfenahme der Selbstbeschreibung erreichen und eben diesen Nachweis, daß es sich ausschließlich um kognitive Strukturen handelt, konnte bisher keines der strukturabbildenden Verfahren erbringen. Konzepte wie das der *problematic networks* (CALLON u.a. 1983) verzichten zwar weitgehend auf einen solchen Anspruch, allerdings mit der Folge, daß die abgebildeten Strukturen und ihre Entwicklung auch nicht in einem epistemisch wertenden Sinne interpretiert werden können, sondern allenfalls mit Begriffen wie Macht und Einfluß.

Die Gründe für die bisher geringe Routinisierbarkeit strukturabbildender Verfahren sind zunächst einmal ähnlich gelagert wie bei den eindimensionalen Performance-Indikatoren auch. Für die Kozitationsanalyse, die im ersten Schritt aus dem Gesamtkorpus der Literatur einer Datenbank nur die "hochzitierten" Publikationen auswählt, lassen sich auch alle Überlegungen für und gegen die Zitationsanalyse vorbringen, ebenso schlagen auch alle erwähnten technischen Probleme (von der Abhängigkeit der Zitierchance von der Publikationssprache bis zu den fehlerhaften Zitaten und Datenbankeinträgen) auf die Kozitationsanalyse durch. Zusätzlich zu den bereits bekannten Problemen im Umgang mit Zitationen entstehen aber bei allen strukturabbildenden Indikatoren weitere Schwierigkeiten, die sich aus einer Reihe von Entscheidungsprozessen ergeben, die vor und während der Clusterbildung getroffen werden müssen. Die Leistung der strukturabbildenden Indikatoren besteht gerade in der Reduktion einer sehr großen Datenmenge; die Regeln für diese Reduktion sind aber keineswegs selbstevident, sie müssen an vielen Stellen der Datenverarbeitung explizit formuliert werden. Diese Indikatoren reagieren daher noch weitaus sensibler auf die Vorentscheidungen des Konstrukteurs, als dies bereits die eindimensionalen Indikatoren taten (vgl. HICKS 1988). Folgende Schritte sind etwa für eine Kozitationsanalyse notwendig:

1. Alle zu berücksichtigenden Publikationen müssen ein bestimmtes Maß an Zitationen (im SCI oder SSCI) erreicht haben, alle anderen, die diesen Schwellenwert nicht erreichen, bleiben im weiteren Verfahren unberücksichtigt.
2. Um unterschiedliche Zitationsgepflogenheiten in verschiedenen Spezialgebieten auszugleichen, müssen Zitate normalisiert werden, z.B. durch Gewichtung mit der Zahl der vergebenen Referenzen im zitierenden Artikel (sog. *fractional citation counting*; vgl. SMALL/SWEENEY 1985: 393).
3. Ist auf dieser Grundlage eine *master list* erstellt, die jeweils alle Paare von cozitierten Dokumenten enthält, muß ein Cluster-Algorithmus und abermals ein Schwellenwert (cocitation strength), der eine Mindestzahl von Cozitationen vorgibt, definiert werden. Je nach gewähltem linkage-Verfahren und Schwellenwert wird so die Größe der zu bildenden Cluster gesteuert und ein mehr oder weniger ähnliches Bild der jeweiligen Spezialgebiete, ihrer internen Verknüpfung (Dich-

te) und ihrer Kontakte zu weiteren Clustern erzeugt.
Die Auswirkungen der Modifikationen an diesen Parametern auf die Stabilität und Güte der endgültigen Clusterlösung sind bisher erst in Ansätzen bekannt (vgl. zu einigen dieser Aspekte: SMALL/SWEENEY 1985). Die erhaltenen Cluster lassen sich nun über eine große Zahl bibliometrischer Informationen charakterisieren. Bei einer Verwendung als Leistungsindikator wird es typischerweise die Präsenz von Personen, Institutionen oder Ländern in bestimmten Clustern sein. Die Bezeichnung der Cluster löst sich allerdings von der Bindung an Autoren und Artikeln und wird als inhaltliche Beschreibung - basierend auf den key-words der zitierenden Dokumente - angegeben. Das zeigt bereits, daß die Verbindung von Dokumenten zu einem begrifflich abgrenzbaren Spezialgebiet nicht notwendigerweise über Zitate erfolgen muß, sondern ebenso über begriffliche Kookkurenzen hergestellt werden kann. Beide Konzepte liegen, obwohl sehr unterschiedlich ansetzend, nicht so weit auseinander, wenn man sich Smalls Definition von vielzitierten Arbeiten als *standard symbols* noch einmal vergegenwärtigt (vgl. Kap. 5.5). Derartige Symbole bezeichnen mit einer symbolischen (sprachlichen) Kurzform ein umfassenderes Konzept, eine Theorie oder Forschungslinie. Ähnliches leisten u.a. wissenschaftliche Fachtermini bzw. ihre Kombination in Texten. Begriffe wie Recombinant-DNA, soziale Schicht oder Supraleitung beziehen sich in ähnlicher Weise auf ein genau begrenztes Themengebiet mit einer bestimmten Forschungstradition. Das OBLI-Phänomen[1] bezeichnet eben diesen Wechsel zwischen der Zitierung einer Quelle und der sprachlichen Kurzfassung des gemeinten Verfahrens oder einer Theorie. Genaugenommen stellt die Kozitationsanalyse einen Spezialfall der Kowortanalyse dar.

Konsens und Konformität beim Zitieren von Quellen, die in der Kozitationsanalyse benutzt werden, lassen sich entsprechend auch auf die konforme Verwendung von Begriffen applizieren (vgl. WHITTAKER 1989). Damit scheint die Kowortanalyse einige wichtige Vorteile zu haben. Sie ist a) nicht an die schwer interpretierbare Zitierpraxis gebunden, sie ist b) nicht auf eine hochstandardisierte Kurzform (Literaturangabe) angewiesen, ihr steht vielmehr - nur begrenzt durch die Rechnerkapazität - der gesamte Textkorpus einer Quelle zur Verfügung,[2] sie kann c) auf sehr viel mehr und umfangreichere Literaturdatenbanken, aber auch auf andere relevante Informationen[3] zugreifen, da die Erfassung von Zitaten keine Rolle spielt, und schließlich ist d)

1 OBLI = obliteration by incorporation. Das Phänomen bezeichnet die Ersetzung des Zitates von sehr bekannten Quellen durch einfache Angabe einer entsprechenden sprachlichen Markierung im Text, die u.U. auch den Namen des Entdeckers enthalten kann; z.B. Plancksches Wirkungsquantum.

2 Kowortanalysen können sich auf den gesamten Text erstrecken, auf abstracts, auf Titel, auf von den Autoren bestimmte key words, aber auch auf externe Klassifikationen wie etwa die von Bibliothekaren vergebenen Schlagworte (vgl. zu den verschiedenen Verfahren: WHITTAKER 1989: 474 ff). Die Analyse von Schlagworten ist genaugenommen eine Klassifikation zweiter Ordnung, die auf der Klassifikation der Bibliothekare aufruht. Dabei kann einerseits die Expertise der Verschlagworter genutzt werden, die u.U. thesaurierte Begriffe verwenden, die im Text selbst niemals auftreten, andererseits besteht die Gefahr von Fehlklassifikationen und eines latenten Konservatismus durch die nur langsame Anpassung des Thesaurus an Forschungsthemen. Umgekehrt charakterisiert auch der Titel oder ein abstract einen Text nur unzureichend, da die Autoren primär auf Aufmerksamkeitsgewinn beim potentiellen Leser orientiert sind. Die konsequenteste Form der Kowortanalyse - die Volltextanalyse - ist allerdings mit heutiger Technik bei einer größeren Zahl von Dokumenten nicht möglich.

3 So wurde beispielsweise die Forschungsdatenbank FORIS des Informationszentrums Sozialwissenschaften als Datengrundlage für eine Kowortanalyse benutzt (VAN METER/TURNER 1994). Damit sind ähnlich wie bei der Analyse von Forschungsförderungsanträgen Strukturanalysen möglich, die nicht auf das fertige Produkt - die Publikation - angewiesen sind.

die Kowortanalyse aktueller, da die Kozitationsanalyse die Verbindung zwischen Dokumenten nur dadurch herstellt, daß sie einen ähnlichen Zugriff auf die Vergangenheit konstatiert. Zielsetzung und verfahrensmäßiger Aufbau der Kowortanalyse ist der Kozitationsanalyse sehr ähnlich: *In general terms, publications in a database can be considered votes for what is important and what is not in a given field of research. In order to describe how the voting is going, we analyze the degree of overlap between the key words of each document's indexing vocabulary. When the overlap is high, the coressponding documents are grouped together and we say that a subject area has been identified. (...) A 'map' of the cognitive structure of the field can be generated in order to help in decisions concerning resource allocation* (VAN METER/TURNER 1994: 258). Was hier als *voting* bezeichnet wird, ist nichts anderes als die Spezifikation von Relevanzen auf der Ebene des Selbstbildes; wie auch bei der Kozitationsanalyse wird die Entscheidung, ob die Dokumente ein thematisches Spezialgebiet konstituieren, entscheidend durch die Vorgaben des Clusterbildungsprozesses bestimmt. Abgesehen davon, daß Worte, da weniger standardisiert als Zitate, einige Zusatzprobleme aufwerfen (z.B. die Behandlung von Komposita, von Synonymen, von bestimmten und unbestimmten Artikeln, von Singular und Pluralformen, von Suffixen etc.), die in der Regel interaktive Eingriffe und Entscheidungen des Konstrukteurs notwendig machen, ähnelt die Kowortanalyse in den einzelnen Verarbeitungs- und Entscheidungsschritten der Kozitationsanalyse: Ausgehend von einem vorgegebenen Begriff werden die Dokumente selektiert, oder es wird eine Grundgesamtheit von Dokumenten definiert, die Kookkurenzen der Begriffe auszählt, ein Schwellenwert für die Aufnahme in ein Cluster definiert (saturation treshold) und ein Clusterbildungsalgorithmus bestimmt. Die Cluster lassen sich nun z.B. nach ihrer internen Vernetzung (Dichte) und ihren Verbindungen mit anderen Clustern (Zentralität) räumlich anordnen, und die so entstehenden Quadranten (und die dort identifizierbaren Publikationen) werden alsdann mit einer bewertenden Charakterisierung [1] versehen wie z.B. *mainstream, new and original research themes, ivory tower* und *bandwagon* (VAN METER/TURNER 1994: 269 f). Die Analogie zur Kozitationsanalyse reicht allerdings noch weiter: Fast alle Mehrdeutigkeiten, die für das Zitierverhalten festgestellt werden konnten, treffen nämlich auch auf die Verwendung von Begriffen zu: Ähnlich wie Reviewartikel einen sehr weiten Themenbereich umspannen, können Begriffe ein sehr weites semantisches Feld abdecken; ähnlich wie Zitate erst im textuellen Kontext interpretierbar werden, sind Begriffe kontextgebunden (häufig läßt sich das Bezeichnete erst unter Zuhilfenahme des Kontextes identifizieren); ähnlich wie Quellen einen autoritativen oder reputierlichen Status erreichen können, sind Begriffe geeignet, Anschluß an Modethemen, aktuelle Diskussionen oder anerkannte Theorien herzustellen, ohne daß der Text selbst dieser Annonce gerecht wird, schließlich werden, ähnlich wie z.B. das Zitat eines methodischen Aufsatzes zur Kennzeichnung des angewandten Verfahrens benutzt wird, Fachtermini gebraucht, die lediglich methodisches Vorgehen, aber nicht thematische Spezifität kennzeichnen. Darüber hinaus haben Begriffe hohe Freiheitsgrade, was ihre Verwendung in unterschiedlichen fach-

1 Andere Autoren sprechen davon, daß die Kowortanalyse differenzieren könne zwischen *important subject area's, having strong internal and strong external links, and unimportant subject area's having weak links* (BRAAM/MOED/VAN RAAN 1989: 310).

lichen Kontexten anbetrifft, während das Zitat immerhin eine Quelle eindeutig kennzeichnet, die sich auch fachlich verorten läßt. So wird sich die Kookkurenz von Begriffen wie z.B. Angst, Risiko, Sicherheit, Prävention vermutlich sowohl in einem Themenfeld "Aidsforschung" finden lassen, wie auch in einem Themenfeld "Kriminalitätsfurcht", möglicherweise auch in einem Themengebiet "Sicherheit von großtechnischen Anlagen". Insofern ist der Anspruch, "kognitive Karten" zu produzieren, aus zwei Gründen überzogen: a) Mit der Begriffswahl werden ebenso wie beim Zitat soziale und strategische Motive mitaktiviert und durch das Verfahren abgebildet, und b), ebenfalls wie beim Zitat, läßt sich die Frage, wie ein Begriff in einen intellektuellen Kontext verwoben ist, nicht durch das Auftreten von Kookkurenzen klären. Es handelt sich also noch einmal um das Zusammentreffen eines Objektivierungsanspruches (dies ist die kognitive Landkarte eines bestimmten Gebietes) und den partikularen, fragmentarischen, nicht rein kognitiven und immer von situationsabhängigen interpretativen Unschärfen durchsetzten Selbstbildern handelnder Akteure.

Schließlich haben beide Verfahren das gemeinsame Problem, die Strukturbeschreibungen in eine zweidimensionale Abbildung zu überführen (vgl. dazu TIJSSEN 1992). Angesichts dieser Ähnlichkeiten fragt sich, inwieweit Kowortanalysen und Kozitationsanalysen denn auch ähnliche "Karten" eines bestimmten Gebietes produzieren. Da in der Regel eine Datenbank nicht beides, Zitationen und einen ausreichenden Textkorpus, zur Verfügung stellen, ist ein solcher Vergleich relativ aufwendig. Braam u.a. (1989) unternahmen einen solchen Versuch mit Hilfe einer aus verschiedenen Quellen zusammengestellten Datenbank über Chemorezeptoren. Ihr Befund lautet folgendermaßen: *For the field of chemoreception research, a map based on co-citations only partly converges with a map based on co-word clustering. Most research topics identified in the co-citation map do also show up in the co-word map. The co-citation map, however, offers a more fragmented picture of chemoreception research than does the co-word map, as the co-citation map shows many (interconnected) clusters that deal with highly similar research topics. Further the co-word map displays a relatively large number of research topics that are not present in the co-citation map. Finally, many more publications are included in the co-word map than are included in the co-citation map* (BRAAM u.a.1989: 331). Es bleibt allerdings unentschieden, worauf diese Unterschiede zurückzuführen sind. Mehrere gleichermaßen plausible Erklärungen kommen dafür in Frage: a) Es handelt sich angesichts der Sensibilität, mit der Clusterverfahren auf Veränderungen der Parameter reagieren, [1] lediglich um ein Problem des "tuning" der Abbildungen. Die Autoren selbst schließen nicht aus, daß es gelingen kann, durch *turning the knobs* die Karten zum Konvergieren zu bringen; b) es handelt sich um die Messung unterschiedlicher Strukturaspekte. Die Kozitationsanalyse stellt wesentlich auf Konsens und Konformität (im Zitierverhalten) bezüglich der Basisliteratur ab, die Kowortanalyse stellt in erster Linie auf Themengebiete ab. Das Konvergieren beider Karten wäre nur dann zu erwarten, wenn beide Foci dicht beieinanderliegen, was offenbar eher ein kontingentes Ereignis ist;

1 Es ist bekannt, daß insbesondere dann, wenn dem Datensatz keine sehr klaren Strukturen zugrunde liegen, der gewählte Clusteralgorithmus ganz erhebliche Auswirkungen auf das jeweils erzielte Ergebnis hat. Eine systematische Prüfung der Stabilität von Clusterlösungen, in der Kowort- und Kozitationsanalysen und eine Variation der Parameter sowie der Clusterverfahren getestet wurden, ist mir nicht bekannt. Zu Verfahren der Stabilitätsprüfung vgl. BACHER 1989.

c) beide Karten enthalten durch die Aufsummierung verschiedenster Fehlerquellen so viele Unschärfen, daß eine ähnliche Abbildung eher das Ergebnis der Wirkungsrichtung systematischer Fehler ist; d) die Kowortanalyse ist tatsächlich vollständiger und stellt eine bessere Abbildung des fraglichen Gebietes dar.

Zumindest ein Teil dieser Hypothesen müßte sich durch Validierung der entwikkelten Karten anhand von Urteilen von Fachwissenschaftlern aus den kartierten Gebieten prüfen lassen (vgl. z.B: SMALL/CRANE 1979; TIJSSEN 1991; WINTERHAGER 1991). Ähnlich wie beim Vergleich der verschiedenen strukturabbildenden Verfahren, ist auch eine Konfrontation der Befunde mit Expertenurteilen jedoch kein Bescheid über die Güte entweder des bibliometrischen Verfahrens oder der Expertenurteile. Es muß notwendig bei der Feststellung von Übereinstimmung bzw. Abweichung bleiben, ohne daß die Ursachen dafür restlos zu klären wären. Erste Versuche dieser Art zeigten zunächst, daß auch Experten kleine Gruppen von Forschern ausmachen konnten, die untereinander in engem Kontakt standen und von anderen als führende Gruppe angesehen wurden (SMALL/CRANE 1979: 448). Genauere Überprüfungen zeigten jedoch ein differenzierteres Bild: Winterhager (1991) bat fünf Experten auf dem Gebiet der Supraleitung, für ein einzelnes Jahr (1987) die wichtigsten zehn Arbeiten in ihrem Gebiet, die wichtigsten Zeitschriften und die wichtigsten Institutionen zu benennen, und verglich die Ergebnisse mit den Befunden der Kozitationsanalyse.[1] Zwar zeigten sich durchaus erhebliche Überschneidungen zwischen Expertenaussagen und der bibliometrischen Analyse, angesichts der sehr deutlichen bibliometrischen Befunde erstaunt aber dennoch, wieweit die Experten einerseits von den bibliometrischen Befunden abwichen, andererseits untereinander offenbar unterschiedliche Wahrnehmungen von Wichtigkeit hatten. Wenn Wichtigkeit oder Relevanz als typisches Element des Selbstbildes begriffen wird, überrascht es nicht, daß die an die Experten gerichtete nicht-alltägliche Aufforderung zur Explikation neben einer sehr kleinen Spitzengruppe auch sehr viele nicht-konsensuale Nennungen hervorbringt. Im Alltagsgeschäft entwickeln sich solche Relevanzspezifikationen in Interaktionsprozessen und sind mit hoher situativer Flexibilität neu justierbar. Auch dafür finden sich in Winterhagers Untersuchung Anhaltspunkte: Die meisten Experten waren nach Vorlage der Ergebnisse der Kozitationsanalyse und der Präsentation von Veröffentlichungen, die von den Experten nicht benannt worden waren, bereit, Modifikationen an ihrem Urteil vorzunehmen: *Dabei bestätigten die Experten, daß diese Veröffentlichungen alle (bis auf wenige 'Enthaltungen') auch zu den wichtigen zu zählen waren* (WINTERHAGER 1991: 188).

Über Validierungsversuche von co-word maps sowohl hinsichtlich der Angemessenheit des Abbildungsverfahrens als auch hinsichtlich der Übereinstimmung von bibliometrisch erzeugten Karten und durch Expertenbefragung gewonnenen Karten berichtet Tijssen (1992: 241 ff). Dabei stellt sich erwartungsgemäß heraus, daß Experten bei der Explikation ihres Selbstbildes, also ihrer Wahrnehmung des eigenen

1 Bereits im folgenden Jahr "explodierte" das Gebiet der Supraleitung und eine vergleichbare Validierungsstudie wäre vermutlich nur noch für Teilgebiete möglich gewesen. Darüber hinaus bietet der gewählte Zeitpunkt einen weiteren Vorteil: Die durch die Kozitationsanalyse ausgewiesenen zehn wichtigsten Arbeiten erhielten bereits im ersten Jahr zwischen 119 und 664 Zitationen. Von allen im SCI erfaßten Publikationen erreichen nur 0,5% über viele Jahre hinweg eine akkumulierte Zitationszahl von über 100. Es liegen also aus bibliometrischer Sicht extrem klare Verhältnisse vor, die ein hohes Maß an Übereinstimmung zwischen Expertenurteil und Kozitationsanalyse erwarten lassen.

Forschungsgebietes und angrenzender Gebiete, untereinander Differenzen zeigen: *Even if a similar set of elements is used, there are significant differences between individual mental maps as well as in relation to the bibliometric map. One of the main reasons for these dissimilarities between individual views is that experts will differ in the meaning they attribute to those elements and aspects they focus on when judging similarity between elements* (TIJSSEN 1992: 282). Die bibliometrische Karte ist gegenüber den Expertenmeinungen nun keineswegs ein Abbild der "wirklichen" Verhältnisse, sondern ein artifizielles Konstrukt, das auf einer Makroebene eine Art Durchschnittswert der verschiedenen individuellen Einschätzungen wiedergibt. Zwischen der aus den durchschnittlichen Expertenmeinungen konstruierten Karte und der bibliometrischen Karte ergab sich - ähnlich wie im Falle der Kozitationsanalyse - nur mäßige Übereinstimmung: *The results indicate that the bibliometric map has a rather low correlation with the common mental map of the selected experts* (ebd.: 278). Das ist nur überraschend, wenn man unterstellt, daß die Struktur eines Wissenschaftsgebietes eine Art ontologische Tatsache ist, die sich mit hinreichend validen und reliablen Beobachtungen genau erfassen läßt.[1] Bei strukturabbildenden Verfahren handelt es sich aber um eine eigenständige Realitätskonstruktion, die die ständig neu justierten Selbstbilder der Akteure verfahrensmäßig auf eine Aggregatebene überführt, die so keinem der involvierten Akteure zur Verfügung steht: *Both co-citation and co-word maps do not just picture what is out there. (...) Of necessity, maps add and substract, and reduce complexity (...). The main point is that it is not very productive to see science as something "out there", to be mapped* (RIP 1988: 262). Das heißt aber keineswegs, daß derartige Karten nutzlos seien, nur hilft das salomonische Urteil, *Expertenurteile weisen keine größere Homogenität und Treffsicherheit auf, als die über bibliometrische Daten produzierten Einschätzungen* (WEINGART 1991: 231), für eine Beurteilung der Einsetzbarkeit der mapping-Verfahren als Leistungsindikator nicht weiter.

Vielmehr scheint es bei derartigen Verfahren weniger um die "Richtigkeit" der Abbildung zu gehen, als vielmehr um die Bereitstellung von Informationen, die a) stark von speziellen Nutzungsinteressen abhängen, b) einer fachlichen Interpretation und ggf. Korrektur bedürfen und c) eine erhebliche fallspezifische methodische Kontrolle benötigen. Insoweit können bibliometrische Karten hilfreiche Klassifikationskonzepte sein, Anregungen für genauere Analysen geben, von einzelnen Experten nicht beachtete Verbindungslinien aufdecken, globale Trends beschreiben oder Akteure in interessierenden Gebieten identifizieren. Im Gegensatz zu routinisierbaren Formen der Berichterstattung handelt es sich bei bibliometrischen Karten aber um eine Art Beratungs- oder Analyseinstrumentarium, das fallspezifisch justiert werden muß und sich daher für Routinenevaluationen kaum eignet. Das entspricht im übrigen der Einschätzung der international ausgewählten Experten, die Tijssen (1992) zur Evaluation von bibliometrischen Karten befragt hatte. Die Experten sahen die Karten vor allen Dingen für deskriptive Zwecke als hilfreich an, während sie sie für evaluative Zwecke als ungeeignet beurteilten (vgl. Tab. 27).

---

1 Eine derartige Vorstellung steckt implizit im Konzept "objektiver" bibliometrischer Verfahren.

Tabelle 27: Expertenurteile über den Nutzen von bibliometrischen Karten auf einer Skala von 1 (nicht nützlich) bis 5 (sehr nützlich)

	Mittelwert	Standardabweichung
Obtaining an overview	3.3	1.2
Identifying related research specialities	3.1	1.2
Demarcation of research areas	3.0	1.2
Identifying developments	2.9	1.3
Research programme management	2.7	1.3
Classification of research	2.6	1.3
Defining research programmes	2.4	1.0
Evaluation of research	1.8	1.2

Quelle: Tijssen 1992: 299

Der Vorbehalt von Wissenschaftlern gegenüber einer Nutzung von szientometrischen Informationen zu Evaluationszwecken ist allerdings nicht unbedingt ein Spezifikum der bibliometrischen Karten. Strukturabbildende Indikatoren sind erst zu Beginn der 70er Jahre entwickelt worden und befinden sich nach wie vor im Entwicklungsstadium. Aber nicht allein deshalb scheinen diese Indikatoren für eine routinisierte Berichterstattung ungeeignet. Clusterbildung ist ein sehr entscheidungsgeladenes Analyseverfahren. Dies ist einerseits eine Schwäche, weil vielerlei Artefakte auf diese Weise produziert werden,[1] andererseits aber auch eine Chance, das Urteilsvermögen von Experten im Analyseprozeß selbst zu verankern und so bibliometrische Analyse und Expertise von Peers zusammenzubringen. Ein solches Verfahren ist allerdings aufwendig und wird nur für sehr gezielte Fragestellungen und spezifizierte Nutzerkreise einsetzbar sein: *One should remain realistic about the yield of bibliometric maps. Although they reflect the way the internal structure of science is organized in the research literature, they can uncover only part of the complexity of science (...). At best such maps offer an auxiliary tool for picturing and disclosing features of the scientific landscape. It is an important proviso that the map is constructed and use critically, with care and in context, and - when necessary - the users are consulted before and after its construction* (TIJSSEN 1992: 301). Als Leistungsindikatoren sind daher strukturabbildende Verfahren (bisher) nicht geeignet.

5.7 Anwendungs- und Interpretationsprobleme in der Praxis: Ein Beispiel

In den vorhergehenden Kapiteln wurde ausführlich diskutiert, in welch starkem Maße die Ergebnisse, die Wissenschaftsindikatoren liefern, von technischen Vorentscheidungen, den Eigenheiten des untersuchten Gebietes, der Datenqualität, dem Ausmaß von Bereinigungen und nachträglichen Korrekturen, von Gewichtungsfaktoren, geeigneten Bezugsgrößen usw. abhängen. Daß es sich dabei nicht einfach um akade-

1 So entstehen z.B. in der Kozitationsanalyse relativ häufig reine "Methodencluster", die kein Themengebiet markieren, sondern nur dadurch entstehen, daß Methoden und Verfahren im Anmerkungsapparat verzeichnet sind. In der Kowortanalyse bilden sich Allgemeinbegriffe ab oder Dokumente mit nur sehr wenigen, aber exakt gleichen Begriffen werden sehr eng zusammengebunden.

mische Spitzfindigkeiten handelt, soll im folgenden abschließend an einem Beispiel demonstriert werden:

Das Wissenschaftsmagazin *Science* publizierte 1992 eine Rangliste der weltweit führenden molekularbiologischen Forschungsstätten (vgl. ANDERSON 1992). Im selben Jahr erschien in der vom Institute for Scientific Information herausgegebenen Zeitschrift *Science Watch* (Mai 1992) eine Liste der *Top 50 Research Institutions in Molecular Biology, Ranked by Citation Impact.* Ebenfalls 1992 erschien eine bibliometrische Untersuchung der *Biochemie und Molekularbiologie in der Bundesrepublik Deutschland* (MÜNZINGER/DANIEL 1992); ein Jahr zuvor war ein Effizienzvergleich zwischen drei deutschen molekularbiologischen Forschungseinrichtungen erschienen (MÜLLER-HILL 1991); schließlich mußte der Wissenschaftsrat 1990 Grundlagen für eine Bewertung der biomedizinischen Forschung der DDR erarbeiten und benutzte dazu auch bibliometrische Indikatoren. Vergleicht man das Datenmaterial, zeigt sich, daß auch bei Verwendung der gleichen Datengrundlage sehr unterschiedliche Ergebnisse erzielt werden können. Es können hier nur exemplarisch einige Ursachen benannt werden:

• Darstellungsprobleme: In der Science-Rangliste fehlen einige führende Institutionen, die in der Science Watch-Liste enthalten sind. Münzinger und Daniel (1992: 4) führen dies auf graphische Darstellungsprobleme zurück. In beiden Ranglisten sind außerdem führende deutsche Institutionen nicht enthalten, die wiederum bei Münzinger und Daniel auftauchen. Ursache dafür ist zum einen die Begrenzung der Ranglisten auf Institutionen, die zwischen 1981 und 1991 mit mehr als 200 Publikationen[1] im Science Citation Index erwähnt wurden. Das Institut für Genetik der Universität zu Köln z.B. verfehlte mit 197 Publikationen diese Marge nur knapp. Hätte man die Ranglisten nur nach dem *Impact* der Publikationen sortiert, wäre das Institut mit durchschnittlich 28,07 Zitaten pro Publikation auf Platz 9 der Weltliste gelandet.

• Die ausgewählten Zeitschriften: Das Institute for Scientific Information (ISI) ordnet die ausgewerteten Zeitschriften bestimmten Fachgebieten zu (unabhängig vom Inhalt der einzelnen Artikel). Multidisziplinäre Zeitschriften wie Science oder Nature werden jedoch keinem Fachgebiet zugeordnet, sondern in einer gesonderten Gruppe *multidisciplinary sciences* geführt. Münzinger und Daniel werteten diese Zeitschriften gesondert aus. Folgt man jedoch der Fachgebietsbezeichnung von ISI, entfallen die dort publizierten Artikel. Die deutschen Molekularbiologen veröffentlichten aber gerade in *Nature* und *Science* relativ viele Beiträge, die zudem sehr stark zitiert wurden (vgl. MÜNZINGER/ DANIEL 1992: 8).

• Das Zeitintervall: Die Ranglisten in *Science* und *Science Watch* umfassen den Zeitraum von 1981 bis 1991. In diesem Zeitraum haben sich ganz erhebliche Veränderungen in der Forschungslandschaft ergeben. So stieg beispielsweise die durchschnittliche Zitierhäufigkeit bundesdeutscher Arbeiten überdurchschnittlich (gemessen an der weltweiten Entwicklung) von 1,85 (1978-82) auf 2,61 Zitate im Zeitraum 1983-1987 (ebd.: 6). Die Wahl eines anderen Zeitintervalls verändert daher eine Rangliste unter Umständen ganz erheblich.

• Die institutionelle Binnenvarianz: Auf Platz 3 der Science Watch-Rangliste findet sich die University of Minnesota. Von den 485 Publikationen dieser Universität

1 Nur Publikationen in Zeitschriften, die von ISI ausgewertet werden und mindestens einmal zitiert wurden.

zogen lediglich vier Artikel (von zwei Autoren) etwa zwei Drittel der insgesamt 18.572 Zitate auf sich (vgl. SCIENCE WATCH 1992: 7). Bei den Artikeln handelt es sich um methodische Arbeiten (die häufig sehr stark zitiert werden, vgl. Kap. 5.5) zu Klonierungstechniken. Einer der beiden Autoren (J. Messing) war nach den Angaben der Science-Rangliste zum Zeitpunkt der Veröffentlichung bereits an einer anderen Universität tätig. Derartig starke Binnenvarianzen führen zu einer extrem labilen Position der Institution in einer Rangliste.

- Datenqualität: Daniel und Münzinger fanden bei ihrer Auswertung des SCI fehlerhafte Eintragungen der Autorennamen, die nachträglich vereinheitlicht werden mußten. Wir fanden bei der Fallanalyse dreier universitärer Physikinstitute ebenfalls derartige Fehler und ebenso für den Eintrag der institutionellen Adressen uneinheitliche, unvollständige und fehlerhafte Einträge. Insbesondere dann, wenn an einem Ort mehrere Institutionen ansässig sind, kann es zu fehlerhaften Zuordnungen der Publikationen zu den jeweiligen Institutionen kommen. Je nachdem, ob solche Fehler korrigiert werden (was einen erheblichen Aufwand darstellt) oder nicht, entstehen unterschiedliche Publikations- und Zitationszählungen.
- Die Wahl von Gewichtungsfaktoren: Im Zuge der Bestandsaufnahme, Bewertung und Neustrukturierung der Hochschulen in den Neuen Bundesländern durch den Wissenschaftsrat wurden mit Förderung des Stifterverbandes der Deutschen Wissenschaft auch bibliometrische Indikatoren eingesetzt. Die Frage an die Szientometrie war, auf welchen Forschungsteilgebieten der biomedizinischen Forschung die DDR-Autoren besonders hohe Zitationsraten erhielten. Die auf der Grundlage von bibliometrischen Wissenschaftsindikatoren gefundenen Antworten fallen abermals sehr unterschiedlich aus. Die Tabelle 28 zeigt für einen vergleichbaren Zeitraum drei Ranglisten, die alle auf dem Science Citation Index und der Grundidee einer Impact-Messung beruhen, aber zu jeweils unterschiedlichen Rangordnungen kommen. Die Ursachen liegen neben der insgesamt geringen Erfassung der DDR-Publikationen im Science Citation Index in unterschiedlichen Techniken der Abgrenzung von Teilgebieten und in den unterschiedlichen Konzepten der Impact-Messung.

Tabelle 28: Wissenschaftliche Teilgebiete der biomedizinischen Grundlagenforschung, auf denen DDR-Autoren in den achtziger Jahren am häufigsten zitiert wurden

Science Watch	Scientometrics	CHI Research
1. Virologie	1. Anatomie und Morphologie	1. Mikroskopie
2. Genetik	2. Parasitologie	2. Hygiene
3. Mikrobiologie	3. Mikrobiologie	3. Insektenkunde
4. Dermatologie	4. Pharmakologie und Pharmazie	4. Meeresbiologie
5. Biotechnologie	5. Biophysik	5. Genetik
(aus: High Impact Fields for FRG and GDR; Science Watch 1990, 1(4),2)	(aus: A. Schubert; W. Glänzel und T. Braun: World Flash on Basic Research; Scientometrics, 16, 1989)	(aus: Science Literature Indicators SP2 Subfield Citation Tape, CHI Research, 1989)

Quelle: Weingart 1993: 36

• Die Beurteilungskriterien: Geht es um eine Beschreibung von Leistungen, dann sind verschiedene Definitionen im Spiel, die zu jeweils unterschiedlichen Indikatoren führen: Leistungen können Personen oder Institutionen zugerechnet werden; es kann um Durchschnittswerte gehen (durchschnittliche Zahl der Zitationen pro Publikationen) oder ausschließlich um Spitzenleistungen; es kann um absoluten Einfluß oder um größenunabhängige Qualitätscharakterisierungen gehen; es können relative Indikatoren konstruiert werden, die weltweite Daten, vergleichbare Institutionen oder die Zeitschriften, in denen publiziert wurde, zur Bezugsgröße machen; es kann schließlich um die Frage gehen, mit welcher Effizienz bestimmte Leistungen produziert wurden. Je nach Fragestellung und Operationalisierung ergeben sich unterschiedliche Beurteilungen der erbrachten wissenschaftlichen Leistung.

Sind demnach Wissenschaftsindikatoren in der Praxis unbrauchbar? Diese Frage wird auch von Praktikern der Forschungsevaluation inzwischen verneint (vgl. BLOCK/KRULL 1990). Denn in vielen Fällen konvergieren Expertenmeinungen und bibliometrische Analysen; vor allen Dingen eröffnen Indikatoren aber die Möglichkeit der Analyse von Massendaten, die für einzelne Experten gar nicht mehr recherchierbar sind. Damit entstehen Beschreibungen und auch neue Fragestellungen, deren Nutzen kaum mehr angezweifelt wird. Darüber hinaus zeigt gerade die Auseinandersetzung um Wissenschaftsindikatoren, daß diese - im Gegensatz zum Peer Review-Verfahren, das allein schon wegen des Vertrauensschutzes der Gutachter nur eine sehr begrenzte Öffentlichkeit zuläßt - einer empirisch fundierten Kritik zugänglich sind. Fraglich ist daher vielmehr, wie die Indikatoren interpretiert und in ein umfassenderes Evaluationsprogramm integriert werden können. Diese Frage ist durch die methodischen Fortschritte der Indikatorenkonstruktion eher noch verschärft worden: *The use of even more complex scientometric techniques in larger and larger databases is leading to a crisis of interpretation since, despite their potential policy relevance, we still have a theoretically underdeveloped understanding of what these bibliometric data actually mean* (LEYDESDORFF 1989: 335).

Für die praktische Verwendung von Wissenschaftsindikatoren in Evaluationsprozessen bedeutet dies, daß a) bibliometrische Indikatoren mit weiteren quantitativen und qualitativen Informationen kontrastiert werden müssen und daß b) Indikatoren grundsätzlich durch fachwissenschaftliche Expertise ergänzt und kommentiert werden sollten.

6 Schlußbetrachtung

> Der wissenschaftliche Fortschritt ist ein Bruchteil, und zwar der wichtigste Bruchteil, jenes Intellektualisierungsprozesses, dem wir seit Jahrtausenden unterliegen, und zu dem heute üblicherweise in so außerordentlich negativer Art Stellung genommen wird.
>
> Max Weber

Die Diskussion sowohl um den Begriff der "wissenschaftlichen Qualität" als auch um die Verfahren zur Bewertung von Institutionen, Personen, Gruppen, nationaler Wissenschaftssysteme oder der Ausdifferenzierung neuer Spezialgebiete ist eigentümlich ambivalent geblieben. Die Kritik an den Wissenschaftsindikatoren hebt hervor, daß deren Datengrundlage - das untrennbar von sozialen, kognitiven und strategischen Momenten durchsetzte Verhalten (neben der Konzentration auf das formale Kommunikationssystem und den Unzulänglichkeiten der Datenbanken) - den eigentlich zu indizierenden Sachverhalten (Fortschritt, Qualität, Nutzen etc.) unangemessen sei, die verfahrensmäßige Konstruktion widersprüchliche und uneindeutige Ergebnisse produziere, die in hohem Maße von den Entscheidungen abhingen, die in die Konstruktion der Indikatoren und ihrer Präsentation eingingen. Umgekehrt betont die Kritik am Peer Review-Verfahren dessen mangelhafte Transparenz, die Subjektivität des Verfahrens, den geringen Grad an Gutachterübereinstimmung, die begrenzte Einsetzbarkeit des Verfahrens angesichts steigenden Informationsbedarfs, den großen Aufwand, die Trägheit und schließlich die Manipulationsanfälligkeit (durch Auswahl der Experten) des Verfahrens. Beide Positionen treten nicht nur mit theoretischen Vorbehalten auf, sondern können immer auch auf empirische Befunde und dramatische Einzelfälle zum Beleg ihrer Kritik verweisen.

Beiden Positionen gemeinsam ist, daß sie auf ein Konzept autonomer Wissenschaft verweisen, das im Idealfall seine Operationen ausschließlich an einem spezifischen Telos orientiert, dessen Erreichung durch Dysfunktion der wissenschaftsinternen Steuerungsprozesse mehr oder weniger gefährdet werden kann. Dabei erscheint mal das Peer Review-Verfahren als innovationsfeindlich und hinderlich für eine leistungsorientierte Steuerung, mal erscheinen Wissenschaftsindikatoren als fehlerhafte und falsche Signale, die, einmal implementiert, wissenschaftsintern wie -extern Qualität durch "Marktverhalten" ersetzen und so Reputation, öffentliche Aufmerksamkeit und staatliche Ressourcenströme fehlleiten könnten. Kritiker wie Befürworter greifen dabei gleichermaßen auf eine Selbstbeschreibung von Wissenschaft zurück, die ihre Wurzeln im wissenschaftsphilosophischen Diskurs einer anderen Epoche hat: Die enorme Steigerung der Leistungsfähigkeit der modernen Naturwissenschaft und ihre feste Institutionalisierung in den Universitäten im Verlaufe der (deutschen) Hochschulreform im 19. Jhdt. wurde seit der Jahrhundertwende von einer intensiven Reflexion über Wissenschaft begleitet. Und zwar als wissenschaftsphilosophische Unternehmung mit dem Ziel, der Praxis der (Natur)Wissenschaften ein methodisches Fundament zu verleihen, das nicht nur ihre weitere Entwicklung steuern kann, sondern zugleich als Thematisierung der Beziehung von Gesellschaft und Wissenschaft eine Legitimationsgrundlage für die Alimentierung einer autonomen Wissenschaft in einer modernen libertären Gesellschaft bietet. Zwischen der Jahrhundertwende und den 40er Jahren unseres Jahrhunderts wurden mit den amerikanischen Pragmatisten, dem Wiener Kreis und später Popper die wesentlichen Linien der Wissenschaftsphilosophie abgesteckt und zu gleicher Zeit die ersten Ansätze einer "Science of Science" ins Leben gerufen.

Diese erste Etappe, von einem aufklärerischen Impuls getragen und dann in der Abwehrhaltung gegenüber einer fremdgesteuerten Wissenschaft, wie sie Faschismus und Stalinismus hervorbrachten, profiliert, ist denn auch wesentlich durch ihr normatives Element gekennzeichnet, dem Versuch, nach innen Standards zu setzen und nach außen zu dokumentieren, daß eine solch autonome normativ integrierte Wissenschaftlergemeinde der beste Garant für Fortschritt und Wohlfahrt ist.

In den 50er und 60er Jahren schlägt sich das explosive Wachstum, das Entstehen von *big science*, die Einschätzung von Wissenschaft als Produktivkraft und die weitgehend anerkannte Autonomie der Wissenschaft in der theoretischen Reflexion als Pluralisierung nieder. Die "marktförmige Ausdifferenzierung" von Wissenschaft hat vor der Wissenschaftsphilosophie nicht haltgemacht. Die Folge ist, daß trotz eines enormen Bedeutungszuwachses der Wissenschaft, der sich nicht nur am gestiegenen Anteil der Aufwendungen von Forschung und Lehre am Bruttosozialprodukt, am Anteil wissenschaftlich ausgebildeter Personen, sondern auch inhaltlich an der Verwissenschaftlichung der Gesellschaft ablesen läßt, die Reflexion der Wissenschaft über sich selbst aber immer weniger ein einheitliches Fundament zur Charakterisierung der spezifisch wissenschaftlichen Operationen bereitstellen konnte.

Die Schwierigkeiten, den Autonomiebegriff angemessen zu fassen, zeigen sich heute an den unscharfen Grenzen zwischen noch legitimer politischer Steuerung über selektive Finanzierungsmechanismen und unzulässiger Instrumentalisierung von Wissenschaft, an den politischen Forderungen nach effizienter und öffentlich ausgewiesener Produktion von Wissen auf der einen und Erhaltung akademischer Freiräume auf der anderen Seite, an den Forderungen nach ethisch-moralischen Begrenzungen des Handlungsfreiraums von Wissenschaftlern einerseits und nach Freiheit der Forschung andererseits, an der Frage, inwieweit angesichts verschwimmender Grenzen zwischen Wissenschaft und Technik Wissenschaft mit den Folgen (den externen Kosten) des produzierten Wissens belastet werden kann bzw. welchen Geltungsanspruch wissenschaftliches Wissen über seinen engen Entstehungskontext hinaus beanspruchen darf. Die Wissenschaftsphilosophie hat diese Fragen bisher nur ansatzweise zur Kenntnis genommen und ist über programmatische Positionen, die der Philosophie eine zentrale Rolle in der Analyse der "Wissensgesellschaft" zuweisen, kaum hinausgekommen. Die konkreten Versuche, sich aus wissenschaftstheoretischer Perspektive als "Unternehmensberater" der Frage der Qualitätsbewertung wissenschaftlicher Arbeit anzunehmen, wirken eher hilflos, denn gerade in dieser Funktion erweisen sich Wissenschaftsindikatoren als ungleich leistungsfähiger. Das "Monitoring" von Forschergruppen oder Forschungsinstitutionen liefert z.B. unmittelbar "marktrelevante" Informationen, d.h. z.B. Angaben darüber, welche Aufsätze stark zitiert wurden, wo sie auf besondere Resonanz stießen, wie vergleichbare Gruppen abschneiden, wie effizient diese Aufmerksamkeit vergleichsweise produziert wurde usw. Derartige "Marktinformationen" lassen sich von der Frage der Qualität der Arbeiten weitgehend trennen oder zumindest in die Interpretationsperspektive der betroffenen Gruppe einordnen. Der Wert der Indikatoren liegt im Gegensatz zu einer methodologischen "Bewährungsbilanz", die den Wissenschaftlern aus der unmittelbaren Forschungsarbeit ohnehin mehr oder weniger bekannt ist, in einer Ergänzung des Selbstbildes der Gruppe um systematisch gewonnene Fremdbeobachtungen, die Rückschlüsse auf Bekanntheit und Akzeptanz zulassen. In diesem Sinne ist der Science Citation Index, unabhängig von der Indikatorendebatte und unabhängig von seinen Unzulänglichkeiten, längst zu einem insbesondere von Naturwissenschaftlern, aber auch von Wissenschaftsadministratoren benutzten Instrument geworden, das Anhaltspunkte für die ohnehin vagen Reputationszuschreibungen liefert. Die Praxis der Wissenschaft hat neben der abstrakt methodologischen Frage nach der Qualität ein Bündel von quasi-ökonomischen Bewertungskriterien etabliert, die die wissenschaftsinterne wie -externe Nachfrage nach dem "Produkt" zum Erfolgskriterium machen.

Diese Art von ökonomischer Metaphorik hat auch in der Wissenschaftssoziologie bei dem Versuch, die Mechanismen der Produktion, Diffusion, Selektion und Akzeptanz von Wissen zu rekonstruieren, ihre Spur hinterlassen. Bereits Max Weber hatte es als schweren Irrtum betrachtet, zu glauben, *in einem Kontor gehe es etwa anders zu wie in einem Laboratorium* (WEBER 1973: 313; original 1919). Von Mertons Definition eines einheitlichen Zahlungssystems (pellets of peer-recognition) über die folgenden tauschtheoretischen Ansätze bis hin zu den Kapitalismusanalogien von Kapitalakkumulation und ökonomischen Machtstrukturen in den laborkonstruktivistischen Theorien durchziehen Anleihen bei ökonomischen Theorien die wissenschaftssoziologische Beschreibung der Kooperationsstrukturen in der Wissenschaft. Die Ökonomie wurde nicht nur zur Beschreibung der Austauschbeziehungen bemüht, sondern seit Beginn der 60er Jahre auch zunehmend zur Charakterisierung der wissenschaftlichen Produktionsprozesse: *An die Stelle der liebenswürdigen Schlamperei, aus der in der Vergangenheit so viele gescheite Ideen entstanden sind, wird der leistungsbestimmte Betrieb treten. [O]hne eine unsentimentale Rationalisierung der Forschungsorganisation [ist] nicht jene Leistungssteigerung zu erzielen, die uns wieder auf den internationalen Stand bringt* (BAHRDT 1971: 153; original 1964). Rationalisierung, Betriebsförmigkeit, Arbeitsökonomie, Effizienz und Produktionsfunktionen sind Stichworte, die in der Folgezeit die Betriebsförmigkeit von Wissenschaft konkretisieren und zunehmend den wissenschaftlichen Produktionsprozeß charakterisieren; Markt, Tausch, Ressourcen, Nutzenmaximierung werden Begrifflichkeiten, mit denen die Integrations- und Austauschmechanismen beschrieben werden, und schließlich dringt in jüngster Zeit die ökonomische Analogiebildung auch in die Wissenschaftstheorie vor, wo Investitionsentscheidungen und Bilanztechnik als Modelle für wissenschaftliche Entscheidungs- und Bewertungsprozesse herangezogen werden. Erstaunlicherweise verändert sich dabei die organisatorische Gestalt der "Betriebsstätten", insbesondere der Hochschulen, kaum. Der Rationalisierungsprozeß vollzieht sich innerhalb der Organisation auf der Ebene der kleinsten "Produktionseinheiten".

In dieser Linie scheint es konsequent, auch Wissenschaftsindikatoren in Analogie zur Herausbildung besonderer Informationsmärkte in der Wirtschaft zu sehen, die weit über das rechtlich geforderte Maß hinaus Informationen sammeln, verarbeiten und bewerten. Die ersten Ansätze eines eigenständigen Informationsmarktes entstehen in der Wissenschaft mit dem Aufkommen der Fachzeitschriften, gefolgt von den

Abstract-Diensten und Literaturdatenbanken. Während dies im wesentlichen innerwissenschaftliche Serviceleistungen sind, entwickeln in jüngster Zeit spezielle Beratungsinstitutionen (z.B. der Wissenschaftsrat), Serviceeinrichtungen (z.B. Datenbankbetreiber) und schließlich die Medien eigenständige Informationspolitiken. Dabei handelt es sich z.T. um Leistungsindikatoren (z.B. die Ermittlung und Veröffentlichung der Fachstudienzeiten durch den Wissenschaftsrat), z.T. um Strukturinformationen (z.B. die Entwicklung der thematischen Ausrichtung von Fachzeitschriften) und z.T. um globale Vergleiche von Fachbereichen (Reputation, Aktivität, Qualität in Forschung und Lehre) in den Medien.

In diesem Prozeß entstehen einerseits neue Produkte - nämlich Informationen - und zugleich entstehen Verschiebungen in der innerwissenschaftlichen Machtbalance in Richtung auf relativ eigenständige Institutionen im Wissenschaftsrand: Wurde die gatekeeper-Funktion der Peers und ihre Macht zur Qualitätsdefinition durch die Herausgeberpolitiken der Fachzeitschriften und die Einrichtung spezieller Beratungsgremien nur unwesentlich tangiert, so ist mit der Institutionalisierung von Wissenschaftsindikatoren ein deutlich stärkeres "Auswandern" der Bewertungskompetenzen in spezialisierte Institutionen verbunden. Verfügung über Datenbanken einerseits und über technische Kompetenzen der Informationsaufbereitung und -verdichtung andererseits lassen neben den bestehenden Institutionen neuartiges Wissen und zugehörige Informationsprodukte entstehen. Im Unterschied zum allgemein verfügbaren Gemeineigentum des wissenschaftlichen Theoriewissens und auch im Unterschied zu den professionell mehr oder weniger kontrollierbaren klassischen Bewertungsverfahren basieren Wissenschaftsindikatoren auf großen Datenmengen, die nicht ohne weiteres zugänglich sind,[1] aber einen kaum kontrollierbaren Zugriff auf bewertende Informationen für beliebige Nutzer erlauben (Politik, Wissenschaft, Medien, Wirtschaft etc.). In diesem Sinne bedeutet ein verstärkter Einsatz von Wissenschaftsindikatoren tatsächlich einen gewissen Autonomieverlust, insofern als die wissenschaftsinterne Kontrolle über Gegenstand und Verfahren von Bewertungen und das Ausmaß öffentlicher Zirkulation solcher Bewertungen zumindest aufgeweicht wird. Allerdings ist ein solcher Autonomiebegriff, der genau genommen nur die Fähigkeit der Profession beschreibt, sich kontrollierenden und transzendierenden Zugriffen von außen zu entziehen, nicht identisch mit der rechtlich gesicherten Autonomie von Forschung und Lehre, die die inhaltlichen Freiräume der Forschungs- und Lehrtätigkeit bestimmt. Die heftigen Kontroversen um Indikatoren dürften in dieser Verschiebung von eingespielten Machtbalancen und der unabsehbaren Verwendung derartiger Informationen vor allen Dingen im wissenschaftspolitischen Handlungskontext begründet sein.

Analogien zur Ökonomie ergeben sich aber nicht nur im Hinblick auf die beschriebene breite Einsetzbarkeit von Indikatoren (vom Monitoring einzelner Forschungsgruppen, über die Evaluation von Entscheidungen und Förderprogrammen, die Sammlung von Informationen für strategische Entscheidungen, die öffentliche Bewertung von Institutionen bis hin zum Vergleich nationaler Wissenschaftssysteme), sondern auch im Hinblick auf die Aussagekraft und das Verhältnis von Indikato-

1 Angaben zum Drittmittelvolumen sind flächendeckend bisher nur aus den Unterlagen der Drittmittelgeber zu ermitteln, on line-Recherchen sind zwar für jedermann zugänglich, aber mit z.T. erheblichen Kosten verbunden; Kowort- oder Kozitationsanalysen setzen enge Kooperation mit den Datenbankbetreibern voraus.

ren und Experteneinschätzungen: Ökonomische Indikatoren sind ebenso definitorische Konstrukte wie Wissenschaftsindikatoren. Ihre Aussagekraft ergibt sich nicht durch ein "objektives" Verfahren der Datengewinnung, sondern im Hinblick darauf, ob der Indikator auf bestimmte Fragestellungen informative Antworten gibt bzw. ob ein Indikator Steuerimpulse produziert, die Verhaltensorientierungen in einer erwünschten Richtung erzeugen. Diese begrenzte Aussagekraft eines Indikators gerät zwar bei Indikatoren, die über lange Zeiträume angewandt und über Akkumulation der Erfahrungen dieser Anwendung zu einem konventionalisierten Symbol geworden sind, leicht in Vergessenheit, spätestens bei einer Veränderung der Zieldefinitionen, deren Erreichung über einen Indikator kontrolliert werden soll, stellt sich aber die Frage nach der Angemessenheit eines Indikators erneut. Beispielsweise ist es inzwischen weitgehend akzeptiert, daß die Orientierung von wirtschaftlichen Hilfsprogrammen für Entwicklungländer allein am Bruttosozialprodukt teilweise desaströse soziale und ökologische Folgen hatte, aber auch für Industrieländer die Indizierung der volkswirtschaftlichen Wohlfahrtsentwicklung allein durch das Bruttosozialprodukt irreführend ist. Statt dessen setzt sich die Erkenntnis durch, *daß es keinen Königsweg mehr gibt, sondern je nach Fragestellung gesonderte Erhebungs- und Auswertungsmethoden benötigt werden, die nicht konkurrieren, sondern sich sinnvollerweise eher ergänzen sollten* (SEIFERT 1995: 2).

Dies gilt analog für Wissenschaftsindikatoren. Eine globale Frage nach Umfang und Qualität wissenschaftlicher Produktion kann schlechterdings nicht durch einen einzelnen Indikator beantwortet werden. Ebensowenig gibt das Konvergieren verschiedener Indikatoren Auskunft über die Güte und Genauigkeit der Messung. Angesichts des facettenreichen Qualitätsbegriffes ist vielmehr zu erwarten, daß die unterschiedlichen Konstruktionen der Indikatoren, selbst wenn sie auf die gleiche Datenbasis zurückgreifen, auch zu mehr oder weniger unterschiedlichen Ergebnissen führen. Die begrenzte Aussagekraft von Indikatoren führt weiterhin dazu, daß Indikatoren selten für sich sprechen. Sie bedürfen meist der fachkundigen Kommentierung und häufig auch der Anreicherung oder Korrektur durch Kontextwissen. Dies gilt für ökonomische Indikatoren ebenso wie für Wissenschaftsindikatoren, wo sich mit der Formel "Peer Review kann durch Indikatoren informiert und inspiriert werden, Indikatoren werden durch Experten kommentiert und interpretiert" eine Entschärfung der unfruchtbaren Gegenüberstellung von Peer Review und Indikatoren abzeichnet.

Der Vergleich von ökonomischen Indikatoren und Wissenschaftsindikatoren macht allerdings auch gravierende Unterschiede zwischen beiden Indikatoren deutlich: Ökonomische Indikatoren verrechnen überwiegend Größen, die bereits auf dem Markt eine monetäre Bewertung erfahren haben. Ebendies gilt für Wissenschaftsindikatoren nicht: Weder existiert ein Markt mit klaren Produzenten-Abnehmer-Strukturen (sondern lediglich ein Quasi-Markt, auf dem zwar Konkurrenz herrscht, aber der Input wesentlich aus staatlichen Alimentierungen und der Output im wesentlichen aus Kollektivgütern besteht), noch steht auf diesem Quasi-Markt eine standardisierte Größe (ein Geldäquivalent) zur Verfügung, mit der wissenschaftliche Produkte bewertet werden. Insofern bestehen die Ähnlichkeiten zwischen ökonomischen Indikatoren und Wissenschaftsindikatoren vor allen Dingen dort, wo es um die Verrechnung von marktmäßig nicht oder nicht klar bewerteten Leistungen und Ressourcen geht (z.B. Umwelt, Freizeit, Wirtschaftsleistungen auf informellen Märkten).

Dabei wird ein zweiter Unterschied erkennbar: Zur Interpretation ökonomischer Indikatoren steht ein relativ konsistentes Theoriegebäude zur Verfügung, eine vergleichbare einheitliche Theorie über Produktions-, Austausch- und Bewertungsprozesse in der Wissenschaft existiert nicht. Nicht zuletzt dieses Theoriedefizit erschwert die Akzeptanz und verringert damit die Chancen einer Konventionalisierung der verschiedenen Wissenschaftsindikatoren. Letztlich sind auch die immer wieder geäußerten Befürchtungen, Wissenschaftsindikatoren könnten falsche Signale setzen (z.B. Zeitschriften durch Orientierung am "impact factor" zu ungerechtfertigten Redaktionspolitiken verleiten, junge Wissenschaftler vor allen Dingen auf methodische Entwicklungen in "high impact"-Forschungsbereichen lenken, gutes Marketing von Wissenschaftlern höher bewerten als solide Forschung usw.), auf einen eigentümlich unreflektierten Umgang mit dem Begriff "wissenschaftliche Qualität" zurückzuführen. Unterstellt wird dabei, es gäbe einen einheitlichen Qualitätsbegriff, der durch Indikatoren aber falsch operationalisiert werde. Ich hatte demgegenüber versucht zu zeigen, daß der Qualitätsbegriff nicht nur auf den drei Ebenen von Selbstbeschreibung, -bild und -stilisierung unterschiedlich ausfällt, sondern auch auf diesen drei Ebenen perspektivgebunden ist. Welche Theorien letztendlich weiterverfolgt werden, welche Arbeiten "Meilensteine" in der Entwicklung eines Gebietes darstellen, welche Personen und Institutionen dabei eine besondere Rolle gespielt haben, welche neuen Forschungsgebiete eine dauerhafte Weiterentwicklung ausbilden, all das ist in einem evolutionären Wissenschaftsmodell nur in der historischen Rückschau zu beurteilen. Zeitnah läßt sich nur darüber berichten, inwieweit die Selbstbilder von Personen und Gruppen Konvergenzen ausbilden. Dabei erweist sich ein allgemeiner Qualitätsbegriff als wenig hilfreich. Wichtiger sind vielmehr einzelne Aspekte dieses vielschichtigen Begriffs, die je nach Interesse des Fragenden unterschiedliche Relevanz haben.

Schon deshalb gibt es keinen "Superindikator", der die Frage nach der Qualität wissenschaftlicher Arbeit ultimativ beantworten würde. Auch der Gegensatz zwischen Indikatoren und Peer Review scheint auf diesem Hintergrund ohne inhaltlichen Grund, denn beide Verfahren liefern Informationen, die durch das jeweils andere Verfahren nicht erzeugbar sind. Was sich damit andeutet, ist eine, nicht nur innerhalb der Wissenschaft, rapide zunehmde "Informatisierung", innerhalb derer die Bewertungsproblematik nicht mehr exponiert und unter der grundsätzlichen Frage, ob Qualität meßbar sei, verhandelt wird, sondern gleichsam auf das Niveau von Konventionen reduziert wird, die, einmal etabliert, als Orientierungswissen über bestimmte Aspekte innerwissenschaftlicher Interaktionsprozesse zur Verfügung stehen. Die philosophische Frage nach der Qualität von Forschungsergebnissen wird damit nicht beantwortet, sondern ersetzt durch Informationen, die verschiedene Aspekte wissenschaftlicher Aktivität und des "Erfolges" dieser Aktivität sichtbar machen. "Erfolg" ist dabei im wesentlichen eine operationale Definition, die je nach Indikator anders ausfällt. Anders als im Falle ökonomischer Indikatoren, welche zum erheblichen Teil auf standardisierte Wertgrößen zurückgreifen können, die im Marktgeschehen selbst produziert werden, konstruieren Wissenschaftsindikatoren derartige standardisierte "Zahlungseinheiten", um Erkenntnisproduktion quantitativ zu erfassen und qualitativ zu verorten. In einem analytischen Sinne entstehen dabei Instrumente, die zur Analyse der Wissensproduktion oder pragmatisch zur Strukturierung von Wissen eingesetzt werden können. Öffentlich als Leistungsindikatoren verhandelt, entfalten sie aber unabhängig von ihrer analytischen Potenz eine Art "Beweislastumkehr": Sie setzen das vage wissenschaftsinterne System der Reputationszuweisung unter einen erheblichen Explikationsdruck.

Dies erklärt auch, warum Wissenschaftsindikatoren aus einer zunächst völlig unspektakulären Nutzung im Rahmen akademischer, wissenschaftssoziologischer Forschung unversehens in das Rampenlicht der Öffentlichkeit gekommen sind. Indikatoren als embryonale Elemente eines "Wissensmanagements" betreffen nämlich nicht nur die wissenschaftsinterne Bewältigung der Informationsflut (im Sinne von Hilfsmitteln), sie dienen sich vielmehr als Orientierungswissen in politischen Steuerungsprozessen an und verändern damit die traditionellen Aushandlungsspielräume zwischen Wissenschaft und Politik, sie beeinflussen wissenschaftsinterne Prozesse der Reputationszuweisung und wirken in den Randzonen des Wissenschaftssystems (Forschungsförderung, Fachzeitschriften), sie verändern möglicherweise die Interaktionsbeziehungen zwischen Akteuren in inner- und außerwissenschaftlichen Systemkontexten, sie erzeugen öffentlich zugängliche - von den wissenschaftlichen Akteuren nicht kontrollierbare - Leistungsvergleiche, die empfindlich auf die Reputation und damit indirekt auf die Ressourcenakquisition wirken können usw.

Die Hoffnungen, Indikatoren könnten in Zukunft in einer Art Routineberichterstattung über alle wesentlichen Aktivitäts- und Qualitätsaspekte informieren, sind allerdings ebenso unbegründet wie die Befürchtungen, daß von Wissenschaftsindikatoren massive Fehlsteuerungen der Wissenschaftsentwicklung ausgehen könnten: Wissenschaftsindikatoren befinden sich nach wie vor im Entwicklungsstadium, die Nutzung von Prozeßdaten - seien es bibliometrische Daten oder andere Bewertungsinformationen (z.B. Drittmittelvergabe) - setzen regelmäßig einen ganz erheblichen Rechercheaufwand voraus, erfordern aber angesichts der Unvollständigkeit der Datenbanken, fehlerhafter Einträge etc. auch enormen Aufwand bei der Korrektur und Zuordnung der Daten. Routinisierte Berichterstattungen, wie sie etwa das Institute for Scientific Information in der Zeitschrift "Science Watch" in Gestalt von Ranglisten herausgibt, aber auch Top-Ten-Ranglisten, wie sie etwa von "bild der wissenschaft" veröffentlicht werden, sind z.B. für die Charakterisierung der Leistungen der dort genannten Institutionen nicht geeignet. Sie basieren allesamt auf dem Science Citation Index und geben lediglich Publikationen und Zitationen bestimmter Forschungsgebiete wieder, die nicht unbedingt deckungsgleich mit den Arbeitsgebieten der Institutionen sind. Sie lassen außerdem einige Grundregeln für eine Leistungsberichterstattung außer acht: Es gibt keine Informationen über die qualitativen Binnenvarianzen an den verschiedenen Institutionen und ebensowenig Informationen über signifikante Unterschiede im Forschungsoutput, der Input - insbesondere die Anzahl des Forschungspersonals - bleibt unberücksichtigt, so daß reine Größeneffekte unerkennbar bleiben, und schließlich mangelt es an anderen, vom Science Citation Index unabhängigen Daten zur Ergänzung dieser Informationen. In aller Regel werden indikatorengestützte Bewertungen daher für bestimmte Fragestellungen auch gesondert entwickelt werden müssen.

Die Furcht davor, daß von Indikatoren falsche Steuerungssignale ausgehen könnten, ist zwar angesichts knapper Etats und den Erfahrungen in ausländischen Hochschulsystemen verständlich, aber weder sind in der Bundesrepublik irgendwelche Finanzierungsautomatismen mit Indikatoren verbunden, noch sind Indikatoren Ursache für Kürzungen oder selektive Mittelverteilungen (vgl. BLUME/SPAAPEN 1988; BRADBURN 1988; BENTAHM 1987). Sachkundig interpretierte Indikatoren bieten hier vielmehr die Chance einer Rationalisierung wissenschaftspolitischer Steuerungsimpulse.

Wissenschaftsindikatoren benötigen allerdings - wie ökonomische Indikatoren auch - eine Chance zur Konventionalisierung, d.h. eine Chance zur Verbesserung des Instrumentariums und zur Klärung ihrer Aussagekraft in praktischen Anwendungskontexten. Dies zeichnet sich immerhin - ähnlich wie in der Ökonomie - in Gestalt eines eigenständigen Informationsmarktes in der Randzone des Wissenschaftssystems ab, in dem Wissenschaftsindikatoren eines von vielen "Informationsprodukten" sein können, was angesichts der vielfältigen methodischen, technischen und konzeptionellen Schwächen der Indikatoren, aber auch angesichts eines fehlenden wissenschaftspolitischen Willens noch keineswegs Realität ist.

7 Literaturverzeichnis

Albers, F. 1983
Organisatorische Gestaltung der Forschungsförderung: Analyse der Forschungsförderung in der Bundesrepublik Deutschland und Entwicklung einer organisatorischen Forschungskonzeption für Forschungsinstitutionen. Frankfurt/M.: Lang.

Albert, H. 1982
Die Wissenschaft und die Fehlbarkeit der Vernunft. Tübingen: J.C.B. Mohr.

Albert, H. 1989
Die Möglichkeit der Erkenntnis. In: Salamun, K. (Hg.): Karl R. Popper ... Darmstadt, S.3-18.

Alewell, K. 1989
Begrüßungsansprache. In: Westdeutsche Rektorenkonferenz: Leistungsbeurteilung ... Bonn, S.9-14.

Alewell, K. 1993
Autonomie mit Augenmaß. Göttingen: Vandenhoeck & Ruprecht.

Allison, P. 1980
Inequality and Scientific Productivity. In: Social Studies of Science, 10, S.163-179.

Almeder, R. 1990
On Naturalizing Epistemology. In: American Philosophical Quarterly, 27, S.263-280.

Amann, K. 1993
Wissensproduktion im sozialen Kontext. In: Bonß, W. u.a. (Hg.): Wissenschaft ... Hamburg, S.27-40.

Amsterdamska, O. / Leydesdorff, L. 1989
Citations: Indicators of Significance? In: Scientometrics, 15(5-6), S.449-471.

Anderson, A. 1992
Molecular Biology: U.S. Juggernaut Overwhelms Divided European Elite. In: Science, 256, S.460-464.

Anderson, J. 1989
New Approaches to Evaluation in UK Research Funding Agencies Science Policy Support Group, Concept Paper No.9. London.

Anderson, R. C. / Narin, F. / McAllister, P. 1978
Publication Ratings versus Peer Ratings of Universities. In: Journal of the American Society for Information Science, 29, S.91-103.

Andersson, G. 1980
Das Problem der Wahrheitsähnlichkeit. In: Radnitzky, G./Andersson, G. (Hg.): Fortschritt ... Tübingen, S.287-308.

Andersson, G. 1981 a
Voraussetzungen, Probleme und Erkenntnisfortschritt. In: Radnitzky, G./Andersson, G. (Hg.): Voraussetzungen ... Tübingen, 1981, S.3-17.

Andersson, G. 1981 b
Sind Falsifikationismus und Fallibilismus vereinbar? In: Radnitzky, G./Andersson, G. (Hg.): Voraussetzungen ... Tübingen, S.255-276.

Andersson, G. 1981 c
Feyerabends Kritik des kritischen Rationalismus. In: Duerr, H. P. (Hg.): Versuchungen ... Frankfurt/M.: Suhrkamp, S.159-174.

Anger, H. / Scherer, K. R. 1969
Psycholinguistische Anmerkungen zu gegenwärtigen Tendenzen in den deutschen Sozial- und Verhaltenswissenschaften. In: KZfSS, 21(1), S.147-153.

Arbeitsgruppe Bildungsbericht 1994
Das Bildungswesen in der Bundesrepublik Deutschland. Reinbek: Rowohlt.

Baber, Z. 1992
Sociology of Scientific Knowledge. Lost in the Reflexive Funhouse? In: Theory and Society, 21, S.105-119.

Bacher, J. 1989
Einführung in die Clusteranalyse mit SPSS-X für Historiker und Sozialwissenschaftler. In: Historische Sozialforschung, 14(2), S.6-215.

Backes-Gellner, U. 1988
Ökonomie der Hochschulforschung. Wiesbaden: Gabler.

Backes-Gellner, U. / Sadowski, D. 1988
Validität und Verhaltenswirksamkeit aggregierter Maße für Forschungsleistungen. In: Daniel, H.-D./Fisch, R. (Hg.): Evaluation ... Konstanz, S.259-290.

Baecker, D. / Markowitz, J. / Stichweh, R. / Tyrell, H. / Wilke, H. (Hg.) 1987
Theorie als Passion. Niklas Luhmann zum 60. Geburtstag. Frankfurt/M.: Suhrkamp.

Bahrdt, H. P. 1971
Wissenschaftssoziologie - ad hoc. Düsseldorf: Bertelsmann Univ. Verlag.

Bailar, J. C. 1991
Reliability, Fairness, Objectivity and Other Inappropriate Goals in Peer Review. In: Behavioral and Brain Sciences, 14(1), S.137-138.

Bakanic, V. / McPhail, C. / Simon, R. J. 1989
Mixed Messages: Referees' Comments on the Manuscripts They Review. In: Sociology Quarterly, 30(4), S.639-654.
Baldamus, W. 1977
Ludwig Fleck and the Development of the Sociology of Science. In: Gleichmann, P. R. u.a. (Hg.): Human Figurations, Amsterdam, S.135-156.
Barber, B. 1972
Der Widerstand von Wissenschaftlern gegen wissenschaftliche Entdeckungen. In: Weingart, P. (Hg.): Wissenschaftssoziologie 1, Frankfurt/M., S.205-221, Original 1962.
Barnes, B. S. 1974
Scientific Knowledge and Sociological Theory. London: Routledge & Kegan Paul.
Barnes, B. S. 1977
Interests and the Growth of Knowledge. London: Routledge & Kegan Paul.
Barnes, B. S. 1980
Über den konventionellen Charakter von Wissen und Erkenntnis. In: KZfSS, Sonderheft 22, S.163-190.
Barnes, B. S. / Bloor, D. 1982
Relativism, Rationalism and the Sociology of Knowledge. In: Hollis, M. / Lukes, S. (Hg.): Rationality and Relativism, Oxford, S.21-47.
Barnes, B. S. / Dolby, R. G. A. 1972
Das wissenschaftliche Ethos. Ein abweichender Standpunkt. In: Weingart, P. (Hg.): Wissenschaftssoziologie 1, Frankfurt/M., S.263-286, Original 1970.
Barnes, B. S. / Edge, D.O. (Hg.) 1982
Science in Context: Readings in the Sociology of Science. Cambridge, Mass.: MIT Press.
Barnes, B. / Mac Kenzie, D. 1979
On the Role of Interests in Scientific Change. In: Wallis, R. (Hg.): On the Margins of Science ... Keele, S.49-66.
Bateson, G. 1984
Geist und Natur. Eine notwendige Einheit. Frankfurt/M.: Suhrkamp (4. Aufl.).
Bateson, G. 1992
Ökologie des Geistes. Anthropologische, psychologische, biologische und epistemologische Perspektiven. Frankfurt/M.: Suhrkamp (4. Aufl).
Bathelt, H. / Giese, Ernst 1995
Hochschulranking als Instrument zur Belebung des Wettbewerbs zwischen den Universitäten? In: Münchner Geographische Hefte 72, S.131-161.
Bauin, S. / Rothman, H. 1991
Der 'Impact' von Zeitschriften als Annäherungsmaß für Zitationsraten. In: Weingart, P. u.a. (Hg.): Indikatoren ... Frankfurt/M., S.91-111.
Baumert, J. / Naumann, J. / Roeder, P. M. / Trommer, L. 1987
Zur institutionellen Stratifizierung im Hochschulsystem der Bundesrepublik Deutschland. In: Max-Planck-Institut für Bildungsforschung: Nr 16/SuU.
Bayertz, K. 1980
Wissenschaft als hiostorischer Prozeß. Die antipositivistische Wende in der Wissenschaftstheorie. München: Fink.
Beaver, D. / Rosen, R. 1978
Studies in Scientific Collaboration. Part I. The Professional Origins of Scientific Co-Author-ship. In: Scientometrics, 1(1), S.65-84.
Beaver, D. / Rosen, R. 1979 a
Studies in Scientific Collaboration. Part III. Professionalization and the Natural History of Modern Scientific Co-Autorship. In: Scientometrics, 1(2), S.231-245.
Beaver, D. / Rosen, R. 1979 b
Studies in Scientific Collaboration. Part II. Scientific Co-Autorship, Research Productivity and Visibility in the French Scientific Elite, 1799-1830. In: Scientometrics, 1(3), S.133-149.
Beck, U. / Brater, M. / Daheim, H. 1980
Soziologie der Arbeit und der Berufe. Grundlagen, Problemfelder, Forschungsergebnisse. Reinbek: Rowohlt.
Beck, U. (Hg.) 1982
Soziologie und Praxis. Erfahrungen, Konflikte, Perspektiven. Göttingen: Vandenhoeck & Ruprecht.
Begg, C. B. / Berlin, J. A. 1989
Publication Bias and Dissemination of Clinical Research. In: Journal of the National Cancer Institute, 81(2), S.107-115.
Bentham, G. 1987
An Evaluation of the UGC's Ratings on the Research of British University Geography Departments. In: Area, 19, S.147-154.
Ben-David, J. 1960
Roles and Innovations in Medicine. In: American Journal of Sociology, 65, S.557-568
Ben-David, J. 1971
The Scientist's Role in Society. Englewood Cliffs, New Jersey: Prentice-Hall.

Ben-David, J. 1975
Probleme einer soziologischen Theorie der Wissenschaft. In: Weigart, P. (Hg.): Wissenschaftsforschung, 1975 b, S.133-161.
Ben-David, Joseph 1977
Centers of Learning. Chicago: Maple Press.
Ben-David, J. 1981
Sociology of Scientific Knowledge. In: Short, J. F. (Hg.): The State of Sociology ... Beverly Hills, S.40-49.
Ben-David, J. 1991
Scientific Growth. Essays on the Social Organization and Ethos of Science (Hg. von Freudenthal, G.). Berkeley: Univ. of California Press.
Best, H. / Ohly, R. 1994
Entwicklungstendenzen der deutschsprachigen Soziologie im Spiegel ihrer führenden Fachzeitschriften - Ergebnisse einer Korrespondenzanalyse. In: Best, H. u.a. (Hg.): Informations- und Wissensverarbeitung... Opladen 1994, S.575-592.
Best, H. / Endres-Niggemeyer, B. / Herfurth, M. / Ohly, H.P. (Hg.) 1994
Informations- und Wissensverarbeitung in den Sozialwissenschaften. Opladen: Westdeutscher Verlag, 1994.
Beyer, J. M. 1978
Editorial Policies and Practices Among Leading Journals in Four Scientific Fields. In: The Sociology Quarterly, 19, S.68-88.
Beyer, J. M. / Stevens, J. M. 1975
Unterschiede zwischen einzelnen Wissenschaften im Hinblick auf Forschungsaktivität und Produktivität. In: KZfSS, Sonderheft 18: Wissenschaftssoziologie, S.349-374.
Block, H.-J. 1987
Transparenz ist kein Problem. In: DUZ, 12, S.17-21.
Block, H.-J. 1989
Maßnahmen für eine Förderung des leistungssteigernden Wettbewerbs im deutschen Hochschulsystem. In: Helberger, C. (Hg.): Ökonomie der Hochschule I, Berlin, S.153-179.
Block, H.-J. / Hornbostel, S. / Neidhardt, F. 1990
Leistungstransparenz von Hochschulen. In: Bildung-Wissenschaft-Aktuell 8/90 (Hg.: Bundesministerium für Bildung und Wissenschaft).
Block, H.-J. / Hornbostel, S. / Neidhardt, F. 1992
Drittmittel als Indikator der Hochschulforschung. In: Bildung-Wissenschaft-Aktuell 5/92 (Hg.: Bundesminister für Bildung und Wissenschaft).
Block, H.-J. / Krull, W. 1990
What are the consequences? Reflections on the impact of evaluations conducted by a science policy advisory body. In: Scientometrics, 19, S.505-512.
Bloor, D. 1973
Wittgenstein and Mannheim on the Sociology of Mathematics. In: Studies in History and Philosophy of Science, IV, S.173-191.
Bloor, D. 1976
Knowledge and Social Imagery. London: Routledge & Kegan Paul.
Bloor, D. 1992
Left and Right Wittgensteinians. In: Pickering, A. (Hg.): Science as Practice and Culture, London, S.266-282.
Blume, S. / Spaapen, J. 1988
External Assessment and "Conditional Financing" of Research in Dutch Universities. In: Minerva, XXVI (1), S.1-30.
BMFT (Bundesminister für Forschung und Technologie) 1988
Bundesbericht Forschung 1988. Bonn.
Bochow, M. / Joas, H. 1987
Wissenschaft und Karriere. Der berufliche Verbleib des akademischen Mittelbaus. Frankfurt/M.; New York: Campus.
Böhler, D. / Nordenstam, T. / Skirbekk, G. (Hg.) 1986
Die pragmatische Wende. Sprachspielpragmatik oder Tranzendentalpragmatik? Frankfurt/M.: Suhrkamp.
Böhme, G. / van den Daele, W. / Krohn, W. 1973
Die Finalisierung der Wissenschaft. In: Zeitschrift für Soziologie, 2(2), S.128-144.
Bonß, W. / Hartmann, H. (Hg.) 1985
Entzauberte Wissenschaft. Zur Relativität und Geltung soziologischer Forschung. Soziale Welt: Sonderband 3. Göttingen: Otto Schwartz & Co.
Bonß, W. / Hohlfeld, R. / Kollek, R. 1993
Kontextualität - ein neues Paradigma der Wissenschaftsanalyse? In: Bonß, W. u.a. (Hg.): Wissenschaft als Kontext ... Hamburg, S.171-191.
Bonß, W. / Hohlfeld, R. / Kollek, R. (Hg.) 1993
Wissenschaft als Kontext - Kontexte der Wissenschaft. Hamburg: Junius.
Bourdieu, P. 1988
Homo Academicus. Frankfurt/M.: Suhrkamp.

Bourdieu, P. 1975
The Specificity of the Scientific Field and the Social Condition of the Progress of Reason. In: Social Science Information 14(6), S.19-47.
Boyd, R. / Gasper, P. / Trout, J. D. (Hg.) 1991
The Philosophie of Science. Cambridge: MIT Press.
Braam, R. R. / Moed, H. F. / van Raan, A. F. J. 1989
Comparison and Combination of Co-citation and Co-Word Clustering. In: van Raan, A. F. J. u.a. (Hg.): Science and Technology ... Leiden, S.307-337.
Bradburn, N. M. 1988
Das Ranking-Verfahren in den USA und seine Auswirkungen auf die Leistungsfähigkeit der Hochschulen. In: Hummel, T.R. (Hg.): Neue Entwicklungen im Hochschulwesen der USA. Frankfurt/M.: Lang, S. 74-92.
Breithecker-Amend, R. 1992
Wissenschaftsentwicklung und Erkenntnisfortschritt. Münster/New York: Waxmann.
Broad, W. 1981
The Publishing Game: Getting More for Less. In: Science, 211, S.1137-1139.
Broad, W. / Wade, N. 1984
Betrug und Täuschung in der Wissenschaft. Basel/Boston/Stuttgart: Birkhäuser.
Broadus, R. N. 1983
An Investigation of the Validity of Bibliographic Citations. In: Journal of the American Society of Information Science, 34(2), S.132-135.
Broadus, R. N. 1987
Early Approaches to Bibliometrics. In: Journal of the American Society for Information Science, 38(2), S.127-129.
Brooks, T. A. 1985
Private Acts und Public Objects: An Investigation of Citer Motivations. In: JASIS, 36(4), S.223-229.
Brooks, T. A. 1986
Evidence for Complex Citer Motivations. In: JASIS, 37(1), 1986, S.34-36.
Bubner, R. 1974
Dialektik und Wissenschaft. Frankfurt/M.: Suhrkamp.
Bucher, R. / Strauß, A. 1972
Wandlungsprozesse in Professionen. In: Luckmann, T./Sprondel, W. M. (Hg.): Berufssoziologie, Köln: Kiepenheuer & Witsch, S.182-197.
Buchholz, K. 1995
Criteria for the Analysis of Scientific Quality. In Scientometrics, 32(2), S.195-218.
Bud, R. 1985
The Case of the Disappearing Caveat: A Critique of Irvine and Martin's Methodology. In: Social Studies of Science, 15, S.548-553.
Bund demokratischer Wissenschaftlerinnen und Wissenschaftler (BdWi) o.J.
Krise und Zukunft der Hochschule. Denkschrift des BdWi. Forum Wissenschaft. Studienhefte Nr. 4. Bonn: Mauersberger, o.J..
Bunge, M. 1991
A Critical Examination of the New Sociology of Science. Part 1. In: Philosophy of the Social Sciences, 21(4), December, S.524-560.
Bunge, M. 1992
A Critical Examination of the New Sociology of Science. Part 2. In: Philosophy of the Social Sciences, 22(1), March, S.46-76.
Burleson, B. R. 1979
On the Foundation of Rationality. In: Journal of American Forensic Association, 16, S.109-124.
Burrichter, C. (Hg.) 1979
Grundlegung der historischen Wissenschaftsforschung. Basel; Stuttgart: Schwabe & Co.
Burrichter, C. (Hg.) 1987
Theorie und Praxis der Wissenschaftsforschung - Praxis und Konzepte- . Beiträge vom XIV. Erlanger Werkstattgespräch 1985. Erlangen-Nürnberg: IGW an der Univ. Erlangen-Nürnberg.
Burton, R. E. / Kebler, R. W. 1960
The Half-Life of Some Scientific and Technical Literatures. In: American Documentation, 11, S.18-23.
Calliton, B. J. 1984
Fine - Tuning Peer Review. In: Science, 226, S.1401.
Callon, M. 1980
Struggles and Negotiations to Define What is Problematic and What is Not: The Sociologic Translation. In: Knorr, K. u.a. (Hg.): The Social Process ... Boston, S.197-219.
Callon, M. 1986
Some Elements of a Sociology of Translation: Domestication of Scallops and the Fishermen of St. Brieuc Bay. In: Law, J. (Hg.): Power, Action and Belief. London: Routledge & Kegan Paul.
Callon, M. 1994
Four Models for the Dynamics of Science. In: Jasanoff, S. u.a. (Hg.): Handbook ... London, S.29-63.
Callon, M. / Courtial, J.-P. / Turner, W.A. / Bauin, S. 1983
From Translations to Problematic Networks: An Introduction to Co-word analysis. In: Social Science Information, 22, S.191-235.

Callon, M. / Law, J. / Rip, A. (Hg.) 1986
Mapping the Dynamics of Science and Technology. London: Macmillan.
Campbell, B. 1985
Uncertainity as Symbolic Action in Disputes Among Experts. In: Social Studies of Science, 15, S.429-453.
Carpenter, M.P. / Gibb, F. / Harris, M. / Irvine, J. / Martin, B.R. / Narin, F. 1988
Bibliometric Profiles for British Academic Institutions: An Experiment to Develop Research Output Indicators. In: Scientometrics, 14(3-4), S.213-233.
Carter, G. 1974
Peer Review, Citations and Biomedical Research Policy: NIH Grants to Medical School Faculty. Santa Monica: Rand Corporation Report.
Cartter, A. M. 1966
An Assessment of Quality in Graduate Education. Washington D.C.
Cason, H. / Lubotsky, M. 1936
The Influence and Dependence of Psychological Journals on Each Other. In: Psychological Bulletin, 33, S.95-103.
Cave, M. / Hanney, S. / Kogan, M. 1991
The Use of Performance Indicators in Higher Education: A Critical Analysis of Developing Practice. London: Jessica Kingsley Pub.
Cave, M. / Kogan, M. (Hg.) 1990
Output and Performance Measurement in Government: The State of the Art. London: Jessica Kingsley Pub.
Chubin, D. / Hackett, E. J. 1990
Peerless Science, Peer Review and US Science Policy. New York: University of New York Press.
Chubin, D. / Jasanoff, S. 1985
Peer Review and Publish Policy. In: Science, Technology, Human Values, 10 (3), S.3-5.
Chubin, D. / Moitra, S. 1975
Content Analysis of References: Adjunct of Alternativ to Citation Counting? In: Social Studies of Science, 5, S.423-441.
Chubin, D. / Studer, K.E. 1979
Knowledge and Structures of Scientific Growth: Measurement of a Cancer Problem Domain. In: Scientometrics 1(2), S.171-193.
Cicchetti, D. V. 1980
Reliability of Reviews for the American Psychologist: A Biostatistical Assessment of the Data. In American Psychologist, March, S.300-303.
Cicchetti, D. V. 1991
The Reliability of Peer Review for Manuscript and Grant Submissions: A Cross-Disciplinary Investigation. In: Behavioral and Brain Sciences, 14, S.119-135.
Clark, K. E. 1957
America's Psychologists: A Survey of a Growing Profession. Washington D.C.: American Psychological Association.
Coe, R. / Weinstock, I. 1984
Evaluating the Management Journals: A Second Look. In: Academy of Management Journal, 27(3), S.660-666.
Cohen, R. / Schnelle, T. (Hg.) 1986
Cognition and Fact - Materials on Ludwik Fleck. Dordrecht: Reidel.
Cohen, R. / Feyerabend, P. / Wartofsky, M.W. (Hg.) 1976
Essays in Memory of Imre Lakatos. Boston Studies in the Philosophy of Science, Bd. 39. Dordrecht: Reidel.
Cole, J. R. 1970
Patterns of Intellectual Influence in Scientific Research. In: Sociology of Education, XLIII, S.377-403.
Cole, S. 1972
Wissenschaftliches Ansehen und die Anerkennung wissenschaftlicher Leistungen. In: Weingart, P. (Hg.): Wissenschaftssoziologie 1 ... Frankfurt 1972, S.165-187.
Cole, S. 1975
The Growth of Scientific Knowledge: Theories of Deviance as a Case Study. In: Coser, L. A. (Hg.): The Idea ... New York; Chicago, S.175-220.
Cole, S. / Cole, J. R. 1967
Scientific Output and Recognition: A Study in the Operation of the Reward System in Science. In: American Sociological Review, 32, S.377-390.
Cole, J. R. / Cole, S. 1971
Measuring the Quality of Sociological Research: Problems in the Use of the Science Citation Index. In: American Sociologist, 6, S.23-29.
Cole, J. R. / Cole, S. 1972
The Ortega Hypothesis. In: Science, 178, S.368-375.
Cole, J. R. / Cole, S. 1973
Social Stratification in Science. Chicago: University of Chicago Press.

Cole, S. / Cole, J. R. / Dietrich, L. 1978
Measuring the Cognitive State of Scientific Disciplines. In: Elkana, Y. et al. (Hg.): Toward a Metric of Science, New York, S.209-251.
Cole, S. / Cole, J. R. / Simon, G. A. 1981
Chance and Consensus in Peer Review. In: Science, 214, S.881-886.
Cole, S. / Meyer, G. S. 1985
Little Science, Big Science revisted. In: Scientometrics, 7(3-6), S.443-458.
Cole, S. / Rubin, L. / Cole, J. R. 1977
Peer Review and the Support of Science In: Scientific American, 237(4), S.34-41.
Cole, S. / Rubin, L. / Cole, J. R. 1978
Peer Review in the National Science Foundation. Phase One of a Study. Washington: National Academy of Science.
Cole, S. / Rubin, L. / Cole, J. R. 1981
Peer Review in the National Science Foundation, phase two of a Study. Washington: National Academy of Science.
Cole, J. R. / Zuckerman, H. 1975
The Emergence of a Scientific Specialty: The Self-Exemplifying Case of the Sociology of Science. In: Coser, L. A. (Hg.): The Idea ... New York; Chicago, S.139-174.
Collins, H. M. 1974
The TEA-set: Tacit Knowledge and Scientifc Networks. In: Science Studies, 4, S.165-186.
Collins, H. M. 1975
The Seven Sexes: A Study in the Sociology of a Phenomenon in Physics. In: Sociology, 9, S.205-224.
Collins, H. M. 1981 a
Son of Seven Sexes: The Social Destruction of a Physical Phenomenon. In: Social Studies of Science, 11, S.33-62.
Collins, H. M. 1981 b
Stages in the Empirical Programme of Relativism. In: Social Studies of Science, 11, S.3-10.
Collins, H. M. 1985 a
Changing Order. Replication and Induction in Scientific Practice. London: Sage.
Collins, H. M. 1985 b
Die Soziologie des wissenschaftlichen Wissens: Studien zur gegenwärtigen Wissenschaft. In: Bonß, W./Hartmann, H. (Hg.): Entzauberte Wissenschaft, Göttingen, S.129-149.
Collins, H. M. / Pinch, T. J. 1979
The Construction of the Paranormal: Nothing Unscientific is happening. In: Wallis, R. (Hg.): On the Margins ... Keele, S.237-270.
Colman, A. M. / Dhillon, D. / Coulthard, B. 1995
A Bibliometric Evaluation of the Research Performance of British University Politics Departments: Publications in Leading Journals. In: Scientometrics 32(1), S.49-66.
Coser, L. (Hg.) 1975
The Idea of Social Structure. Papers in Honor of Robert K. Merton. New York; Chicago: Hartcourt Brace Jovanovich.
Courtial, J.-P. 1989
Qualitative Models, Quantitative Tools and Network Analysis. In: Scientometrics, 15(5-6), S.527-534.
Cozzens, S. E. 1985
Comparing the Sciences: Citation Context Analysis of Papers from Neuropharmacology and the Sociology of Science. In: Social Studies of Science, 15, S.127-153.
Cozzens, S. E. 1989
What do Citations Count? The Rhetoric-First Model. In: Scientometrics, 15(5-6), S.437-447.
Cozzens, S. E. / Gieryn, T. F. (Hg.) 1990
Theories of Science in Society. Bloomington and Indianapolis: Indiana University.
Cozzens, S. E. / Gieryn, T. F. 1990
Putting Science Back in Society. In: Cozzens, S. E./Gieryn, T. F. (Hg.): Theories of Science ... Bloomington, S.1-14.
Crandall, R. 1978
Interrater Agreement on Manuscripts Is Not So Bad! In: American Psychologist, 33, S. 623-624.
Crane, D. 1965
Scientist at Major and Minor Universities. In: American Sociological Review, 20, S.699-714.
Crane, D. 1967
The Gatekeepers of Science: Some Factors Affecting the Selection of Articles for Scientific Journals. In: The American Sociologist, 2, S.195-201.
Crane, D. 1970
The Nature of Scientific Communication and Influence. In: International Social Science Journal, XXII, S.28-41.
Crane, D. 1972
Invisible Colleges: Diffusion of Knowledge in Scientific Communities. Chicago: Univ. of Chicago Press.
Cronin, B. 1982
Norms and Functions in Citation: The View of Journal Editors and Referees in Psychology. In: Social Science Information Studies, 2, S.65-77.

Cronin, B. 1984
The Citation Process. The Role and Significance of Citations in Scientific Communication. London: Taylor Graham.
Crosland, M. / Gálvez, A. 1989
The Emergence of Research Grants within the Prize System of the French Academy of Science, 1795-1914. In: Social Science, 19, S.71-100.
Cuenin, S. 1987
The Use of Performance Indicators in Universities: An International Survey. In: Intern. Journal of Instit. Management in Higher Education, 11(2), S.117-139.
Daniel, H.-D. 1988
Methodische Probleme institutsvergleichender Analysen der Forschungsproduktivität. Untersucht am Beispiel des Faches Psychologie. In: Daniel, H.-D./Fisch, R. (Hg.): Evaluation ... Konstanz, S.215-242.
Daniel, H.-D. 1989
Ansätze zur Messung und Beurteilung des Leistungsstandes von Forschung und Technologie. In: Beiträge zur Hochschulforschung, 3, S.223-253.
Daniel, H.-D. 1992
Die Gralshüter der Wissenschaft. Evaluation des Peer-Review-Verfahrens bei Fachzeitschriften. Projektbericht an die Deutsche Forschungsgemeinschaft. Konstanz.
Daniel, H.- D. 1993
Guardians of Science. Fairness and Reliability of Peer Review. Weinheim: VCH.
Daniel, H.-D. 1994
Peer-Review als Qualitätsfilter im wissenschaftlichen Publikationswesen. In: Best, H. et al. (Hg.): Informations-und Wissensverarbeitung ... Opladen, S.525-538.
Daniel, H.-D. / Fisch, R. 1986
Messung von Forschungsleistungen. Eine annotierte Bibliographie 1910-1985 und Synopsis.
Hg. vom IGW an der Univ. Erlangen-Nürnberg. Erlangen: Deutsche Gesellschaft für zeitgeschichtliche Fragen.
Daniel, H.-D. / Fisch, R. (Hg.) 1988
Evaluation von Forschung. Methoden, Ergebnisse, Stellungnahmen. Konstanzer Beiträge zur sozialwissenschaftlichen Forschung Bd.4. Konstanz: Universitätsverlag Konstanz.
Daniel, H.-D. / Fisch, R. 1990
Introduction: Qantitative sience and technology indicators studies in the Federal Republic of Germany. In: Scientometrics, 19(5-6), S.327-329.
Debelius, J. / Kreklau, C. / Spiegel, H.-R. / Wild, H. 1987
Handbuch der Wissenschafts- und Technikpreise in der Bundesrepublik Deutschland. München; Köln; London: Weltforum Verlag.
Dewitt, T. W. / Nicholson, R. S. / Wilson, M. K. 1980
Science Citation Index and Chemistry. In: Scientometrics, 2, S.265-275.
Dhawan, S. M. / Phull, S. K. / Jain, S. P. 1980
Selection of Scientific Journals: A Model. In: Journal of Documentation, 36, S.24-41.
Diecks, D. / Chang, H. 1976
Differences in Impact of Scientific Publications: Some Indices Derived from a Citation Analysis. In: Social Studies of Science, 6, S.247-267.
Diederich, W. (Hg.) 1978
Theorien der Wissenschaftsgeschichte. Beiträge zur diachronischen Wissenschaftstheorie. Frankfurt/M.: Suhrkamp.
Di Trocchio, F. 1994
Der große Schwindel. Betrug und Fälschung in der Wissenschaft. Frankfurt/M.: Campus.
Dobrov, G. M. / Lotz, G. 1969
Wissenschaftswissenschaft. Berlin: Akademieverlag.
Dochy, F. J. R. C. / Segers, M. S. R. / Wijnen, W. H. F. W. (Hg.) 1990
Management Information and Performance Indicators in Higher Education. Assen; Maastricht: Van Gorcum.
Druwe, U. 1988
"Selbstorganisation" in den Sozialwissenschaften. In: KZfSS, 40(4), S.762-775.
Duerr, H. P. (Hg.) 1980
Versuchungen. Aufsätze zur Philosophie Paul Feyerabends. 1. Band. Frankfurt/M.: Suhrkamp.
Duerr, H. P. (Hg.) 1981 a
Versuchungen. Aufsätze zur Philosophie Paul Feyerabends. 2. Bd. Frankfurt/M.: Suhrkamp.
Duerr, H. P. 1981 b
Der Wissenschaftler und das Irrationale. 2 Bd. Frankfurt/M.: Syndikat.
Durbin, P. T. (Hg.)
A Guide to the Culture of Science, Technology, and Medicine. New York: Free Press.
Edge, D. 1979
Quantitative Meassures of Communication in Science: A Critical Review. In: History of Science, 17, S.102-134.
Einhorn, H. J. / Hogarth, R. M. 1978
Confidence in Judgement: Persistence of the Illusion of Validity. In: Psychological Review, 85, S.395-416.

Elias, N. / Martins, H. / Whitley, R. (Hg.) 1982
Scientific Establishments and Hierachies. Dordrecht: Reidel.
Elkana, Y. 1986
Anthropologie der Erkenntnis. Frankfurt/M.: Suhrkamp.
Elkana, Y. / Lederberg, J. / Merton, R. K. / Thackray, A. / Zuckerman, H. (Hg.) 1978
Toward a Metric of Scince: The Advent of Science Indicators. New York: J. Wiley & Sons.
Erichsen, H.-U. 1995
Ranglisten nein - Transparenz und Evaluation ja. In: Universitas, 585, S.216-220.
Evered, D. (Hg.) 1989
The Evaluation of Scientific Research. Ciba Foundation Conference. Chichester: Wiley & Sons.
Ezrahi, Y. 1978
Political Contexts of Science Indicators. In: Elkana, Y. et al. (Hg.): Toward a Metric of Science, New York, S.285-327.
Felt, U. / Nowotny, H. / Taschwer, K. 1995
Wissenschaftsforschung. Eine Einführung. Frankfurt/M.; New York: Campus.
Feyerabend, P. 1963
How to be a Good Epistemologist - a Plea for Tolerance in Matters Epistemological. In: Baumrin, B. (Hg.): Philosophy of Science: The Delaware Seminar. Bd.2, New York: Interscience Publ., S.3-39.
Feyerabend, P. 1974
Kuhns Struktur wissenschaftlicher Revolutionen - ein Trostbüchlein für Spezialisten? In: Lakatos, I./ Musgrave, A: Kritik ... Braunschweig, S.191-222.
Feyerabend, P. 1975
Über einen neueren Versuch die Vernunft zu retten. In: KZfSS, Sonderheft 18: Wissenschaftssoziologie, S.479-514.
Feyerabend, P. 1979
Erkenntnis für freie Menschen. Frankfurt/M.: Suhrkamp.
Feyerabend, P. 1980
Eine Lanze für Aristoteles. In: Radnitzky, G./Andersson, G. (Hg.): Fortschritt ... Tübingen, S.157-198.
Feyerabend, P. 1981
Über die Methode. Ein Dialog. In: Radnitzky, G./Andersson, G. (Hg.): Voraussetzungen ... Tübingen, S.175-253.
Feyerabend, P. 1986
Wider den Methodenzwang. Frankfurt/M.: Suhrkamp.
Feyerabend, P. 1989
Irrwege der Vernunft. Frankfurt/M.: Suhrkamp.
Finkenstaedt, T. 1986
Forschungsmessung in den Geisteswissenschaften. Das Beispiel Anglistik. In: Fisch, R./ Daniel, H.-D. (Hg.): Messung und ... Konstanz, S.51-60.
Fisch, R. 1988
Ein Rahmenkonzept zur Evaluation universitärer Leistungen. In: Daniel, H.-D./Fisch, R. (Hg.): Evaluation von Forschung, Konstanz, S.13-32.
Fisch, R. / Daniel, H.-D. (Hg.) 1986
Messung und Förderung von Forschungsleistungen. Person, Team, Institution. Konstanzer Beiträge zur sozialwissenschaftl. Forschung Bd.2. Konstanz: Universitätsverlag Konstanz.
Fiske, D. W. / Fogg, L. 1990
But the Reviewers Are Making Different Criticisms of My Paper! In: American Psychologist, 45(5), S.591-598.
Fleck, L. 1980
Entstehung und Entwicklung einer wissenschaftlichen Tatsache. Frankfurt/M.: Suhrkamp (Erstausgabe 1935).
Freudenthal, G. / Löwy, I. 1988
Ludwik Fleck's Roles in Society: A Case Study Using Joseph Ben-Davids Paradigm for a Sociology of Knowledge. In: Social Studies of Science, 18(4), S.625-653.
Fries, M. 1987
Forschungsmessung in der Bundesrepublik. Entwicklung und Stand der Diskussion. In: Beiträge zur Hochschulforschung, 3, S.251-297.
Fuller, S. 1989
Philosophy of Science and its Discontents. Boulder: Westview Press.
Galison, P. 1987
How Experiments End. Chicago: University of Chicago Press.
Garfield, E. 1965
Can Citation Indexing be automated? In: Stevens, M.E. et al. (Hg): Statistical association methods for mechanized documentation. Washington: National Bureau of Standards, S.189-192.
Garfield, E. 1979
Citation Indexing: Its Theory and Applications in Science, Technology, and Humanities. New York: John Wiley & Sons.
Garfield, E. 1980
Are the 1979 Prizewinners of Nobel Class? In: Current Contents, 38, S.5-12.

Garfield, E. 1985
In Tribute to Derek de Solla Price. A Citation Analysis of Little Science, Big Science. In: Scientometrics, 7, S.487-503.
Garfield, E. 1986 a
Refereeing and peer review. Part 1. Opinion and conjecture on the effectiveness of refereeing. In: Current Contents, 31, S.3-11.
Garfield, E. 1986 b
Refereeing and peer review. Part 2. The research on refereeing and alternatives to the present system. In: Current Contents, 32, S.3-12.
Garfield, E. 1987 a
Refereeing and Peer Review. Part 3. How the peer review of research-grant proposals works and what scientists say about it. In: Current Contents, 4, S.3-8.
Garfield, E. 1987 b
Refereeing and Peer Review. Part 4: Research on the peer review of grant proposals and suggestions for improvement. In: Current Contents, 5, S.3-9.
Garfinkel, H. 1967
Studies in Ethnomethodology. Englewood Cliffs: Prentice Hall.
Garvey, W. D. / Griffith, B. C. 1971
Scientific Communication: Its Role in the Conduct of Research and Creation of Knowledge. In: American Psychologist, XXVI, S.349-362.
Gaston, J. 1975
Soziale Organisation, Kodifizierung des Wissens und das Belohnungssystem der Wissenschaft. In: KZfSS, Sonderheft 18: Wissenschaftssoziologie, S.287-304.
Gaston, J. 1980
Sociology of Science and Technology. In: Durbin, P. T. (Hg.): A Guide ... New York, S.465-526.
Gethmann, C. F. 1981
Wissenschaftsforschung? Zur philosophischen Kritik der nachkuhnschen Reflexionswissenschaften. In: Janich, P.(Hg.): Wissenschaftstheorie ... München, S.9-38.
Giddens, A. 1979
Central Problems in Social Theory: Action, Structure and Contradiction in Social Analysis. London: Macmillan.
Giddens, A. 1988
Die Konstitution der Gesellschaft. 2. Aufl., Frankfurt/M.: Campus.
Giegel, H. J. (Hg.) 1992
Kommunikation und Konsens in modernen Gesellschaften. Frankfurt/M.: Suhrkamp.
Giere, R. N. 1988
Explaining Science. A Cognitive Approach. Chicago and London: Univ. of Chicago Press.
Gieryn, T. F. 1982
Relativist / Constructivist Programmes in the Sociology of Science: Redundance and Retreat. In: Social Studies of Science, 12, S.279-297.
Giese, E. 1988
Erfassung und Beurteilung universitärer Forschungsleistungen in der Bundesrepublik Deutschland - Stand der empirischen Forschung -. In: Beiträge zur Hochschulforschung, 4, S.419-466.
Giesen, B. 1991
Die Entdinglichung des Sozialen. Frankfurt/M.: Suhrkamp.
Gilbert, G. N. 1976
The Transformation of Research Findings into Scientific Knowledge. In: Social Studies of Science, 6, S.281-306.
Gilbert, G. N. 1977
Referencing as Persuasion. In: Social Studies of Science, 7, S.113-122.
Gilbert, G. N. / Mulkay, M. 1985
Die Rechtfertigung wissenschaftlicher Überzeugungen. In: Bonß, W./Hartmann, H. (Hg.): Entzauberte Wissenschaft, Göttingen, S.207-227.
Gillespie, G. W. / Chubin, D. E. / Kurzon, G. M. 1985
Experience with NIH Peer Review: Researchers' Cynicism and Desire for Change. In: Science, Technology, Human Values, 10, S.44-54.
Gillett, R. 1989
Research Performance Indicators Based on Peer Review: A Critical Analysis. In: Higher Education Quarterly, 43, S.20-38.
Glänzel, W. / Schubert, A. 1985
Price Distribution. An Exact Formulation of Price's "Square Root Law". In: Scientometrics, 7, S.211-219.
Glaser, A. 1988
Das geheime Reich der Forschung. In: DIE ZEIT, 10, vom 14.3., S.49-50.
Gleichmann, P. R. / Goudsblom, J. / Korte, H. (Hg.) 1977
Human Figurations. Essays for Norbert Elias. Amsterdam: Stichting.
Glenn, N. T. 1971
"American Sociologists" - Evaluation of Sixty-Three Journals. In: American Sociologist, 6, S.298-303.

Glenn, N. T. / Villemez, W. 1970
The Productivity of Sociologists at 45 American Universities. In: American Sociologist, 5 , S.224-252.
Goedegebuure, L. C. J. / Maassen, P. A. M. / Westerheijden, D. F. 1990
Peer Review and Performance Indicators: Quality Assessment in British and Dutch Higher Education. Utrecht: Lemma.
Gómez, I. / Méndez, A. 1991
Profitieren periphere Länder von wissenschaftlichen Kooperationsnetzen? In: Weingart, P. et al. (Hg.): Indikatoren ... Frankfurt/M., S.34-49.
Gooding, D. / Pinch, T. / Schaffer, S. (Hg.) 1989
The Uses of Experiment: Studies in the Natural Sciences. Cambridge; New York: Cambridge Univ. Press.
Gooding, D. 1990
Experiment and the Making of Meaning. Dordrecht: Kluwer.
Gooding, D. 1992
Putting Agency Back into Experiment. In: Pickering, A. (Hg.): Science as ... Chicago, S.65-112.
Gordon, M. D. 1980
A Critical Reassessment of Interferred Relations between Multiple Authorship, Scientific Collaboration, the Production of Papers and their Acceptance for Publication. In: Scientometrics, 2(3), S.193-201.
Gordon, M. D. 1982
Citation Ranking versus Subjective Evaluation in the Determination of Journal Hierachies in the Social Sciences. In: Journal of the American Society for Information Science, 33, S.55-57.
Gordon, M. D. 1984
How Authors select Journals: A Test of the Reward Maximization Model of Submission Behaviour. In: Social Studies of Science, 14, S.27-43.
Gottfredson, S. 1978
Evaluating Psychological Research Reports, Dimensions, Reliability and Correlates of Quality Judgements. In: American Psychologist, 33, S.920-934.
Grafton, A. 1991
Fälscher und Kritiker. Der Betrug in der Wissenschaft. Berlin: Wagenbach.
Greenwald, A. G. 1975
Consequences of Prejudice Against the Null Hypothesis. In: Psychological Bulletin, 82(1), S.1-20.
Groenewegen, P. 1989
Influences of Local and Organizational Factors on Output Indicators. In: Scientometrics, 15(5-6), S.409-422.
Gross, P. L. K. / Gross, E. M. 1927
College Libraries and Chemical Education. In: Science, 66, S.385-389.
Güdler, J. 1994
Akteursorientierte Wissenschaftsforschung auf der Grundlage datenbankarchivierter Dokumente - Bericht aus einem laufenden Forschungsprojekt. In: Informationszentrum Sozialwissenschaften: Jahresbericht 1993, Bonn, S.82-99.
Gumin, H. / Mohler, A. (Hg.) 1985
Einführung in den Konstruktivismus. München: Nymphenburg.
Gustafson, T. 1975
The Controversy over Peer Review. In: Science, 190, S.1060-1066.
Habermas, J. 1977
Erkenntnis und Interesse. Frankfurt/M.: Suhrkamp (4.Aufl.).
Habermas, J. 1982
Theorie des kommunikativen Handelns. Band 1. Frankfurt/M.: Suhrkamp (2. Aufl.).
Hacking, I. 1983
Representing and Intervening. Cambridge: Cambridge Univ. Press.
Hacking, I. 1992
The Self-Vindication of the Laboratory Sciences. In: Pickering, A. (Hg.): Science as ... Chicago, S.29-64.
Hagendijk, R. 1990
Structuration Theory, Constructivism, and Scientific Change. In: Cozzens, S. E./Gieryn, T.F. (Hg.): Theories of Science ... Bloomington, S.43-66.
Hagstrom, W. O. 1965
The Scientific Community. New York: Basic Books.
Han Lin, L. 1984
Ausdifferenzierung der Wissenschaftsbewertung in der Wissensproduktion. München: Minerva.
Hard, G. / Fleige, H. 1977
Zitierzeiten und Zitierräume in der Geographie. In: Mitteilungen der österreichischen Geographischen Gesellschaft, Bd. 119, I, 1977.
Hargens, L. L. / Herting, J. R. 1990
A New Approach to Referees'Assessments of Manuscripts. In: Social Science Research, 19, S.1-16.
Harnad, S. 1985
Rational Disagreement in Peer Review. In: Science, Technology, Human Values, 10(3), S.55-62.

Harnier, L. von 1987
Die Drittmittel der bayerischen Universitäten 1981-1986. In: Beiträge zur Hochschulforschung, 4, S.387-401.
Hartmann, I. 1990
Begutachtung in der Forschungsförderung - Die Argumente der Gutachter in der Deutschen Forschungsgemeinschaft. Frankfurt/M.: R.G. Fischer.
Hartmann, H. 1991
Kritik als Spielraum: Plädoyer für neue Orientierungen im Rezensionswesen. In: Soziologische Revue, 2, S.142-151.
Hasse, R. / Krücken, G. / Weingart, P. 1994
Laborkonstruktivismus. Eine wissenschaftssoziologische Reflexion. In: Rusch, G./Schmidt, J. (Hg.): Konstruktivismus ... Frankfurt/M., S.220-262.
Hawkins, R. G. / Ritter, L. S. / Walter, I. 1973
What Economists Think of Their Journals. In: Journal of Political Economics, 81, S.1017-1032.
Healey, P. H. / Rothman, H. / Hoch, P. K. 1986
An Experiment in Science Mapping for Research Planning. In: Research Policy, 15, S. 233-251.
Heintz, B. 1993
Wissenschaft im Kontext. Neuere Entwicklungstendenzen der Wissenschaftssoziologie. In: KZfSS, 45(3), S.528-552.
Hejl, P. 1987
Konstruktionen der sozialen Konstruktionen: Grundlinien einer konstruktivistischen Sozialtheorie. In: Schmidt, S. J. (Hg.): Der Diskurs ... Frankfurt/M., S.303-339.
Helberger, C. (Hg.) 1989
Ökonomie der Hochschule I. Schriften d. Vereins für Socialpolitik. Neue Folge Bd. 181/I Berlin: Duncker & Humblot.
Herbertz, H. 1995
Does it pay to cooperate? A bibliometric case study in molecular biology. In: Scientometrics 33(1), S.117-122.
Herfurth, M. / Ohly, H. P. 1994
Von bibliographischen Datenbanken zu Wissensbanken. In: Best, H. et al. (Hg.): Informations- und Wissensverarbeitung ... Opladen: Westdeutscher Verlag, S.79-90.
Hesse, M. B. 1980
Revolutions and Reconstructions in the Philosophy of Science. Brighton: Harvester Press.
Hetmeier, H.-W. 1989
Hochschulfinanzen 1987. In: Wirtschaft und Statistik, 7, S.447-452.
Hicks, D. 1988
Limitations and More Limitations of Co-Citation Analysis. Bibliometric Modelling: A Replic to Franklin. In: Social Studies of Science, 18(2), S.375-390.
Hilgartner, S. 1990
The Dominant View of Popularisation: Conceptual Problems, Political Uses. In: Social Studies of Science 20(4), S.519-539
Hill, C.T. 1989
How science policies are determined in the United States. In: Evered, D.(Hg.): The Evaluation ... Chichester, S.221-228.
Hitzler, R. / Honer, A. 1989
Vom Alltag der Forschung. Bemerkungen zu Knorr Cetinas wissenschaftssoziologischem Ansatz. In: Österreichische Zeitschrift für Soziologie, 14(4), S.26-33.
Hochschulrektorenkonferenz (Hg.) 1993
Profilbildung der Hochschulen I. Werkstattbericht über ein Pilotprojekt der Hochschulrektorenkonferenz. Dokumente zur Hochschulreform 82/1993. Bonn.
Hodgson, P. 1981
Voraussetzungen und Grenzen der Wissenschaft. In: Radnitzky,G./Andersson,G: (Hg.): Voraussetzungen... Tübingen, S.155-172.
Höffe, O. (Hg.) 1981
Klassiker der Philosophie. Band II. München: Beck, 1981.
Hohn, H.-W. / Schimank, U. 1990
Konflikte und Ungleichgewichte im Forschungssystem: Akteurkonstellationen und Entwicklungspfade in der außeruniversitären Forschung Frankfurt/M.; New York: Campus.
Holtkamp, R. / Reissert, R. 1992
Evaluation der Lehre im Vergleich - Voraussetzungen und Verfahren an den Hochschulen der Bundesrepublik Deutschland, der Vereinigten Staaten, Großbritanniens und der Niederlande. In: Grühn, D./Gattwinckel, H. (Hg.): Evaluation von Lehrveranstaltungen. Berlin: FU Berlin, Informationen aus Lehre und Forschung 2, S.61-73.
Hollis, M. / Lukes, S. (Hg.) 1982
Rationality and Relativism. Oxford: Blackwell.
Holton, G. 1978
Can Science be Measured? In: Elkana, Y. et al. (Hg.): Toward a Metric ... New York, S.39-68.

Hornbostel, S. 1990
Drittmitteleinwerbungen im Fach Chemie - ein Maß für universitäre Forschungsleistungen? In: Angewandte Chemie, 102 (9), S.A-290-A-291.
Hornbostel, S. 1991 a
Drittmitteleinwerbungen - ein Indikator für universitäre Forschungsleistungen? In: Beitrage zur Hochschulforschung, 1, S.57-84.
Hornbostel, S. 1991 b
Drittmitteleinwerbungen als Forschungsindikator. Ergebnisbericht zum Teil II des Projektes "Vergleichende Bewertung von Leistungen der Hochschulen". veröff. Typoskript. Köln: 1991.
Hornbostel, S. 1991 c
Drittmittel im Fach Physik - ein Indikator für Forschungsleistung? In: Physikalische Blätter, 47(2), S.123-125.
Hornbostel, S. / Oehler, C. / Teichler, U. (Hg.) 1986
Hochschulsysteme und Hochschulplanung in westlichen Industriestaaten. Werkstattberichte Bd. 15. Wiss, Zentrum für Berufs- und Hochschulforschung der GH Kassel, Kassel.
Horrobin, D. F. 1982
Peer Review: A Philosophically Faulty Concept which is Proving Disastrous for Science. In: The Behavioral and Brain Sciences, 5, S.217-218.
Hoyningen-Huene, P. 1989
Die Wissenschaftsphilosophie Thomas S. Kuhns. Braunschweig: Vieweg.
Hoyningen-Huene, P. / Hirsch, G. (Hg.) 1988
Wozu Wissenschaftsphilosophie? Positionen und Fragen zur gegenwärtigen Wissenschaftsphilosophie. Berlin: de Gruyter.
Huber, J. / Thurn, G. (Hg.) 1993
Wissenschaftsmilieus. Berlin: Edition Sigma.
Hüfner, K. 1986
The Role of Performance Indicators in Higher Education: The Case of Germany. Diskussionspapier 5/86 des Forschungsprojekts "Ökonomische Theorie der Hochschule", FU Berlin Berlin.
Hüfner, K. 1988
Kennzahlen-Systeme zur Hochschulplanung - Die Bundesrepublik Deutschland im internationalen Vergleich -. Diskussionspapier 9/88 des Forschungsprojekts "Ökonomische Theorie der Hochschule", FU Berlin. Berlin.
Hüfner, K. / Hummel, T. / Rau, E. 1984
Ansätze zur Messung der Qualität von Hochschulen. In: Freie Universität Berlin. Zentralinstitut für sozialwissensch. Forschung: Hochschule zwischen Plan und Markt. Forschungsprojektschwerpunkt "Ökonomische Theorie der Hochschule". Arbeitsheft 1, Berlin, S.77-123.
Hummel, T. (Hg.) 1988
Leistungsorientierte Kennzahlen im Spannungsfeld von Hochschule und Staat. Frankfurt/M.: Peter Lang.
Ingelfinger, F. J. 1974
Peer Review in Biomedical Publication. In: American Journal of Medicine, 56, S.686-692.
Ingwersen, P. 1994
Information Science as a Cognitive Science. In: Best, H. et al. (Hg.): Informations- und Wissensverarbeitung ..., Opladen, S.23-56.
Inhaber, H. / Przednowek, K. 1976
Quality of Research and the Nobel Prizes. In: Social Studies of Science, 6, S.33-50.
Institute for Scientific Information (ISI) 1988
Journal Citation Reports 1987. Philadelphia.
Irvine, J. 1989
Evaluation of Scientific Institutions: Lessons from a Bibliometric Study of UK Technical Universities. In: Evered, D.(Hg.): The Evaluation ... Chichester, S.141-156.
Irvine, J. / Martin, B. R. / Isard, P. 1990
Investing in the Future: An International Comparison of Government Funding of Academic and Related Research. Aldershot: Edward Elgar.
Janich, P. (Hg.) 1981
Wissenschaftstheorie und Wissenschaftsforschung. München: C.H. Beck.
Jansz, C. N. M. / Le Pair, C. 1991
Die bibliometrische Unsichtbarkeit des technischen Fortschritts. In: Weingart, P. et al. (Hg.): Indikatoren ... Frankfurt/M., S.209-223.
Jasanoff, S. / Markle, G. / Petersen, C. / Pinch, T. (Hg.) 1994
Handbook of Science and Technology Studies. Thousand Oaks; London; New Dehli: Sage.
Jones, P. / Sizer, J. 1990
The Universities Funding Council's 1989 Research Selectivity Exercise. In: Beiträge zur Hochschulforschung 4, S.309-348.
Jurtschitsch, E. / Gottschling, C. 1993
Focus-Uni-Report: Die besten deutschen Hochschulen. In: FOCUS, 39, S.128-140.
Kaddatz, B. 1987
Rationalität und Rationalisierung des wissenschaftlichen Arbeitsprozesses. Hochschulentwicklung, Forschungsorganisation, Projektpersonal. Frankfurt/M.; New York: Campus.

Kaiser, M. 1993
Aspekte des wissenschaftlichen Fortschritts. Frankfurt/M.; New York: Peter Lang.
Kaplan, N. 1965
The Norms of Citation Behavior: Prolegomena to the Footnote. In: American Documentation, 16, S.179-184.
King, M. D. 1974
Vernunft, Tradition und die Fortschrittlichkeit der Wissenschaft. In: Weingart, P. (Hg.): Wissenschaftssoziologie 2 ... Frankfurt/M., S.39-75.
Klausa, E. 1978
Die Prestigeordnung juristischer Fakultäten in der Bundesrepublik und den USA. In: KZfSS, 30, S.321-360.
Klingemann, H. 1974
Ein Beitrag zur Methode der Messung individueller wissenschaftlicher Leistung - dargestellt am Beispiel der Kernforschungsanlage Jülich. In: Zeitschrift fur Soziologie, 3(4), S.365-374.
Knorr, K. D. 1975
Konsensus, methodologische Verfahrensweisen und die Trivialisierbarkeit von Entscheidungen im Forschungsprozeß. In: KZfSS, Sonderheft 18: Wissenschaftssoziologie, S.325-348.
Knorr, K. D. 1981
Die Fabrikation von Wissen: Versuch zu einem gesellschaftlich relativierten Wissensbegriff. In: Stehr, N./Meja, V. (Hg.): Wissenssoziologie, Opladen, S.226-245.
Knorr, K. D. 1985
Zur Produktion und Reproduktion von Wissen: Ein deskriptiver oder ein konstruktiver Vorgang? In: Bonß, W./Hartmann, H. (Hg.): Entzauberte Wissenschaft, Göttingen, S.151-178.
Knorr Cetina, K. D. 1982
Scientific Communities or Transepistemic Arenas of Research? A Critique of Quasi-Economic Models of Science. In: Social Studies of Science, XII, S.101-130.
Knorr Cetina, K. D. 1983
The Ethnographic Study of Science: Towards a Constructuvist Interpretation of Science. In: Knorr Cetina, K./Mulkay, M. (Hg.): Science Observed, London, S.115-140.
Knorr Cetina, K. D. 1991
Die Fabrikation von Erkenntnis. Zur Anthropologie der Naturwissenschaft. Frankfurt/M.: Suhrkamp.
Knorr Cetina, K. D. / Amann, K. 1992
Konsensprozesse in der Wissenschaft. In: Giegel, H. J. (Hg.): Kommunikation und Konsens ... Frankfurt/M., S.212-235.
Knorr Cetina, K.D / Krohn, R. / Whitley, R. (Hg.) 1980
The Social Process of Scientific Investigation. Boston; Dordrecht; London: Reidel.
Knorr Cetina, K.D. / Mulkay M. (Hg.) 1983
Science Observed. Perspectives on the Social Study of Science. London; Beverly Hills: Sage.
Koertge, N. 1980
Ansätze zu einer neuen Theorie der wissenschaftlichen Forschung. In: Radnitzky, G. / Andersson, G. (Hg.): Fortschritt ... Tübingen, S.247-276.
Koertge, N. 1989
Wissenschaftsethik. In: Seiffert, H./Radnitzky, G.: Handlexikon zur Wissenschaftstheorie, München, S.405-411.
Kogan, M. (Hg.) 1989
Evaluating Higher Education. London: Jessica Kingsley Pub.
Kornhuber, H. H. 1988
Mehr Forschungseffizienz durch objektivere Beurteilung von Forschungsleistungen. In: Daniel, H.-D./ Fisch, R. (Hg.): Evaluation ... Konstanz, S.361-382.
Krause, M. 1988
Wissenschafts- und Forschungspreise als Instrument der Wissenschaftspolitik. Wissenschaftsforschung Report 34, Bielefeld.
Krekel-Eiben, E. 1990
Soziologische Wissenschaftsgemeinschaften. Wiesbaden: Dt. Univ.-Verl.
Kriz, J. 1985
Die Wirklichkeit empirischer Sozialforschung. Aspekte einer Theorie sozialwissenschaftlicher Forschungsartefakte. In: Bonß, W./Hartmann, H.: Entzauberte Wissenschaft, Göttingen, S.77-90.
Krohn, R. G. 1975
Wissenssoziologie und Wissenschaftssoziologie. Entwicklung eines gemeinsamen Untersuchungsrahmens. In: KZfSS, Sonderheft 18: Wissenschaftssoziologie, S.79-99.
Krohn, W. 1979
'Intern-extern','sozial-kognitiv'. Zur Solidität einiger Grundbegriffe der Wissenschaftsforschung. In: Burrichter, C.: Grundlegung der historischen ... Basel; Stuttgart, S.123-148.
Krohn, W. / Küppers, G. 1987
Die Selbstorganisation der Wissenschaft. Bielefeld: Kleine.
Krohn, W. / Küppers, G. 1989
Die Selbstorganisation der Wissenschaft. Frankfurt/M.: Suhrkamp.

Krohn, W. / Küppers, G. 1990
Science as a Self-Organizing System. Outline of a Theoretical Model. In: Krohn, W. et al. (Hg.): Selforganization ... Dordrecht, S.208-222.
Krohn, W. / Küppers, G. / Nowotny (Hg.) 1990
Selforganization. Portrait of a Scientific Revolution. (Sociology of the Sciences. A Yearbook - Vol. XIV), Dordrecht: Kluwer.
Kruytbosch, C.E. 1989
The Role and Effectiveness of Peer Review. In: Evered, D.(Hg.): The Evaluation ... Chichester, S.69-78.
Küppers, G. / Ulitzka, N. / Weingart, P. 1982
Die Nobelpreise in Physik und Chemie 1901 - 1929. Materialien zum Nominierungsprozeß. Report Wissenschaftsforschung 23. Bielefeld.
Kuhn, T. S. 1974 a
Logik der Forschung oder Psychologie der wissenschaftlichen Arbeit? In: Lakatos, I. / Musgrave, A. (Hg.): Kritik ... Braunschweig, S.1-24.
Kuhn, T. S. 1974 b
Bemerkungen zu meinen Kritikern. In: Lakatos, I./Musgrave, A: Kritik ... Braunschweig, S.223-270.
Kuhn, T. S. 1974 c
Bemerkungen zu Lakatos. In: Lakatos, I./Musgrave,A : Kritik ... Braunschweig, S.313-322.
Kuhn, T. S. 1979
Die Struktur wissenschaftlicher Revolutionen. Frankfurt/M.: Suhrkamp (4.Aufl.).
Kuhn, T. S. 1988
Die Entstehung des Neuen. Frankfurt/M: Suhrkamp (3. Aufl.).
Kyvik, S. 1989
Productivity Differences, Fields of Learning, and Lotka's Law In: Scientometrics, 15(3-4), S.205-214.
Lakatos, I. 1974
Falsifikation und die Methodologie wissenschaftlicher Forschungsprogramme. In: Lakatos, I./Musgrave, A: Kritik ... Braunschweig, S.89-190.
Lakatos, I. 1975
Kritischer Rationalismus und die Methodologie wissenschaftlicher Forschungsprogramme. In: Weigart, P. (Hg.): Wissenschaftsforschung, 1975b, Frankfurt/M., S.91-132.
Lakatos, I. 1978
Die Geschichte der Wissenschaft und ihre rationalen Rekonstruktionen. In: Diederich, W. (Hg.): Theorien... , Frankfurt/M., S.55-119.
Lakatos, I. / Musgrave, A. (Hg.) 1974
Kritik und Erkenntnisfortschritt. Braunschweig: Vieweg.
Latour, B. 1981
Is it Possible to Reconstruct the Research Process? Sociology of a Brain Peptide. In: Knorr, K. et al. (Hg.): The Social Process ... Boston, S.53-73.
Latour, B. 1983
Give me a Laboratory and I Will Raise the World. In: Knorr Cetina, K./Mulkay, M. (Hg.): Science Observed, London, S.141-170.
Latour, B. 1987
Science in Action. Milton Keynes: Open University Press.
Latour, B. / Woolgar, S. 1979
Laboratory Life: The Social Construction of Scientific Facts. Beverly Hills: Sage.
Law, J. 1973
The Development of Specialities in Science: The Case of X-ray Protein Crystallography. In: Science Studies, 3, S.275-303.
Law, J. 1974
Theories and Methods in the Sociology of Science. In: Sociology of Science, 13, S.163-172.
Lawani, S. M. 1977
Citation Analysis and the Quality of Scientific Productivity. In: Bioscience, 27(1), S.26-31.
Lawani, S. M. 1986
Some Bibliometric Correlates of Quality in Scientific Research. In: Scientometrics, 9(1-2), S.13-25.
Lawani, S. M. / Bayer, A. E. 1983
Validity of Citation Criteria for Assesing the Influence of Scientific Publications: New Evidence with Peer Assessment. In: Journal of the American Society of Information Science, 34, S.59-66.
Le Pair, C. 1988
The Citation Gap of Applicable Science. In: van Raan, A. F. J. (Hg.): Handbook ... Amsterdam, S.537-553.
Lehrl, S. / Kinzel, W. / Fischer, B. 1988
Der Science Impact Index - Untersucht an den Ordinarien der bundesdeutschen Psychatrie und Neurologie. In: Daniel, H.-D./Fisch, R. (Hg.): Evaluation ... Konstanz, S.291-306.
Lenk, H. 1986
Zwischen Wissenschaftstheorie und Sozialwissenschaft. Frankfurt/M.: Suhrkamp.
Lenzen, W. 1974
Theorien der Bestätigung wissenschaftlicher Hypothesen. Stuttgart: Frommann-Holzboog.

Leopold, A. C. 1988
The Peer-Review System. Pique and critique. In: The Scientist, 11, S.11-12.
Lewis, G. L. 1980
The Relationship of Conceptual Development to Consensus: An Exploratory Analysis of Three Subfields. In: Social Studies of Science, 10, S.285-308.
Leydesdorff, L. 1987
Towards a Theory of Citation? In: Scientometrics, 12(5-6), S.305-309.
Leydesdorff, L. 1989
The Relations between Qualitative Theory and Scientometric Methods in Science and Technology Studies: Introduction to the Topical Issue. In: Scientometrics, 15(5-6), S.333-347.
Lindsey, D. 1978
The Scientific Publication System in Social Science. San Francisco: Jossey-Bass.
Lindsey, D. 1980
Production and Citation Measures in the Sociology of Science: The Problem of Multiple Authorship. In: Social Studies of Science, 10, S.145-162.
Lindsey, D. 1982
Further Evidence for Adjusting for Multiple Authorship. In: Scientometrics, 4(5), S.389-395.
Lindsey, D. 1989
Using Citation Counts as a Measure of Quality in Science. Measurings What's Measurable Rather than What's Valid? In: Scientometrics, 15(3-4), S.189-203.
Line, M. / Sandison, A. 1975
Practical Interpretation of Citation and Library Use Studies. In: College & Research Libraries, 36, S.393-396.
List, E. 1993
Kontexte und Relevanzen wissenschaftlicher Diskurse. In: Bonß, W. et al.(Hg.): Wissenschaft als Kontext... Hamburg, S.149-170.
Lock, S. 1985
A Difficult Balance: Editorial Peer Review in Medicin. London: Nuffield Prov. Hospital Trust, S.64.
Lodahl, J. B. / Gordon, G. 1972
The Structure of Scientific Fields and the Functioning of University Graduate Departments. In: American Sociological Review, 37(1), S.57-72.
Lodahl, J. B. / Gordon, G. 1973
Funding the Sciences in University Departments. In: Educational Record, 54, S.74-82.
Long, J. S. / McGinnis, R. / Allison, 1980
The Problem of Junior-Authered Papers in Constructing Citation Counts. In: Social Studies of Science, 10, S.127-143.
Long, J. S. / McGinnis, R. 1982
On adjusting Productivity Measures for Multiple Authorship. In: Scientometrics, 4(5), S.379-387.
Lüdtke, K. 1995
Interdisziplinarität und Wissensentwicklung. In: Journal for General Philosophie of Science, 26, S.93-117.
Luhmann, N. 1974
Soziologische Aufklärung. Aufsätze zur Theorie sozialer Systeme. Bd. 1. Opladen: Westdeutscher Verlag (4. Aufl.).
Luhmann, N. 1980
Die Ausdifferenzierung von Erkenntnisgewinn. Zur Genese von Wissenschaft. In: KZfSS, Sonderheft 22: Wissenssoziologie, S.102-139.
Luhmann, N. 1981
Gesellschaftsstrukturelle Bedingungen und Folgerungen des naturwissenschaftlich-technischen Fortschritts. In: Löw, R. et al. (Hg.): Fortschritt ohne Maß? München: Piper, S.113-134.
Luhmann, N. 1984
Soziale Systeme. Frankfurt/M.: Suhrkamp.
Luhmann, N. 1987 a
Soziologische Aufklärung. Beiträge zur funktionalen Differenzierung der Gesellschaft. Bd. 4. Opladen: Westdeutscher Verlag.
Luhmann, N. 1987 b
Tautologie und Paradoxie in den Selbstbeschreibungen der modernen Gesellschaft. In: Zeitschrift für Soziologie 16(3), S.161-174.
Luhmann, N. 1990
Die Wissenschaft der Gesellschaft. Frankfurt/M.: Suhrkamp.
Luhmann, N. 1993
Bemerkungen zu "Selbstreferenz" und zu Differenzierung aus Anlaß von Beiträgen im Heft 6, 1992 der ZfS. In: Zeitschrift für Soziologie 22(2), S.141-144.
Luukkonen, T. / Persson, O. / Sivertsen, G. 1991
Internationale wissenschaftliche Kooperationsnetze. In: Weingart, P. et al. (Hg.): Indikatoren ... Frankfurt/M., S.11-33.
Lynch, M. E. 1985
Art and Artifact in Laboratory Science: A Study of Shop Work and Shop Talk in a Research Laboratory. London: Routledge & Kegan Paul.

Lynch, M. E. / Garfinkel H. 1985
Zeitliche Ordnung in der Arbeit des Labors. In: Bonß, W. / Hartmann, H. (Hg.): Entzauberte Wissenschaft, Göttingen, S.179-206.
MacRoberts, M. H. / MacRoberts, B. R. 1986
Quantitative Measures of Communication in Science: A Study of the Formal Level. In: Social Studies of Science, 16, S.151-172.
MacRoberts, M.H. / MacRoberts, B. R. 1987
Testing the Ortega Hypothesis: Facts and Artifacts. In: Scientometrics, 12(5-6), S.293-295.
MacRoberts, M. H. / MacRoberts, B. R. 1988
Problems of Citation Analysis: A Critical Review. In: Journal of the American Society for Information Science 40, S.342-349.
Mahoney, M. J. 1977
Publication Prejudices: An Experimental Study of Confirmatory Bias in the Peer Review System. In: Cognitive Therapy and Research, 2, S.161-175.
Mahoney, M. J. 1985
Open Exchange and Epistemic Progress. In: American Psychologist, 40(1), S.29-39.
Maier-Leibnitz, H. 1989
The Measurement of Quality and Reputation in the World of Learning. In: Minerva, XXVII (4), Winter, S.483-504.
March, J. G. (Hg.) 1990
Entscheidung und Organisation. Wiesbaden: Gabler.
Marsh, H. / Ball, S. 1981
Interjudgmental Reliability of Reviews for the Journal of Educational Psychology. In: Journal of Educational Psychology 73(6), S.872-880.
Marsh, H. / Ball, S. 1989
The Peer Review Process Used to Evaluate Manuscripts Submitted to Academic Journals: Interjudgmental Reliability. In: Journal of Experimental Education, 57(2), S.151-169.
Martens, E. 1981
Amerikanische Pragmatisten. In: Höffe, O. (Hg.): Klassiker der Philosophie, Bd.II., München: Beck, S.225-250.
Martin, B. R. 1990
Bibliometric Indicators and the Evaluation of British University Research. In: Beiträge zur Hochschulforschung 4, S.349-384.
Martin, B. R. / Crouch, D. 1991
Wissenschaft in der Bundesrepublik Deutschland, Frankreich und Großbritannien - ein internationaler Vergleich. In: Weingart, P. et al. (Hg.): Indikatoren ... Frankfurt/M; New York, S.144-179.
Martin, B. R. / Irvine, J. 1983
Assesing Basic Research. Some Partial Indicators of Scientific Progress in Radio Astronomy. In: Research Policy, 12, S.61-90.
Masterman, M. 1974
Die Natur eines Paradigmas. In: Lakatos, I./Musgrave, A: Kritik ... Braunschweig, S.59-88.
Matthes, J. 1988
Projekte - nein, danke? - Eine (un)zeitgemäßte Betrachtung. In: Zeitschrift für Soziologie, 17(6), S.465-474.
May, K. O. 1968
Growth and Quality of Mathematical Literature. In: Institute for Scientific Information Service 59, S.363-371.
Mayntz, R. 1985
Über den begrenzten Nutzen methodologischer Regeln in der Sozialforschung. In: Bonß, W./Hartmann, H. (Hg.): Entzauberte Wissenschaft, Göttingen, S.65-76.
Mayntz, R. 1988
Funktionelle Teilsysteme in der Theorie sozialer Differenzierung. In: Mayntz, R. et al. (Hg.): Differenzierung ... Frankfurt/M., S.11-44.
Mayntz, R. / Rosewitz, B. / Schimank, U. / Stichweh, R. 1988
Differenzierung und Verselbständigung. Zur Entwicklung gesellschaftlicher Teilsysteme. Frankfurt/M.; New York: Campus.
McAllister, P. R. / Anderson, R. C. / Narin F. 1980
Comparison of Peer and Citation Assessment of the Influence of Scientific Journals. In: Journal of the American Society for Information Science, 31(3), S.147-152.
McDonough, C. C. 1975
The Relative Quality of Economics Journals Revisited. In: Quarterly Review of Economics and Business, 15, S.91-97.
McRae, D. 1969
Growth and Decacy Curves in Scientific Citations. In: American Sociological Review, 34, S.631-635.
Meja, V. / Stehr, N. 1982
Der Streit um die Wissenssoziologie. I.Band. Frankfurt/M.: Suhrkamp.
Ménedez, A. / Gómez, I. 1989
A Comparison of Citation Classics in Three Fields of Science In: Scientometrics, 15(5-6), S.621-631.

Merton, R. K. 1972 a
Wissenschaft und demokratische Sozialstruktur. In: Weingart, P. (Hg.): Wissenschaftssoziologie 1 ... Frankfurt/M., S.121-164.
Merton, R. K. 1972 b
Wissenschaft und demokratische Sozialstruktur. In: Weingart, P. (Hg.): Wissenschaftssoziologie 1 ... Frankfurt/M., S.45-59.
Merton, R. K. 1973
The Sociology of Science: Theoretical and Empirical Investigations. Chicago: Univ. of Chicago Press.
Merton, R. K 1976
Sociological Ambivalence and other Essays. New York: Free Press.
Merton, R. K. 1977
The Sociology of Science: An Episodic Memoir. In: Merton, R. K./Gaston, J. (Hg.): The Sociology of Science ... Carbondale, S.3-141.
Merton, R. K. 1984
The Fallacy of the Latest Word: The case of "Pietism and Science". In: American Journal of Sociology, 89, S.1091-1121.
Merton, R. K. 1985
Entwicklung und Wandel von Forschungsinteressen. Aufsätze zur Wissenschaftssoziologie. Frankfurt/M.: Suhrkamp.
Merton, R. K. 1988
The Matthew Effect in Science, II. In: Isis, 79(299), S.606-623.
Merton, R. K. / Barber, E. 1976
Sociological Ambivalence. In: Merton, R. K.: Sociological Ambivalence ... New York, S.3-31.
Merton, R. K. / Gaston, J. (Hg.) 1977
The Sociology of Science in Europe. Carbondale, Illinois: Univ. of Southern Illinois Press.
Merton, R. K. / Zuckerman, H. 1971
Patterns of Evaluation in Science: Institutionalization, Structure, and Function of the Referee System. In: Minerva, IX (1), S.66-100.
Mervis, J. 1988
NIH Peers at its own Peeer-Review Process. In: The Scientist, 2(15), S.1-3.
Mitroff, I. I. 1974
Norms and Counter Norms in a Select Group of Apollo Moon Scientists: A Case Study of the Ambivalence of Scientists. In: American Sociological Review, 39, S.579-595.
Mittelstraß, J. 1979
Theorie und Empirie der Wissenschaftsforschung. In: Burrichter, C. (Hg.): Grundlegung der historischen... Basel; Stuttgart, S.71-106.
Mittelstraß, J. 1981
Rationale Rekonstruktion der Wissenschaftsgeschichte. In: Janich, P. (Hg.): Wissenschaftstheorie ... S.89-111.
Mittelstraß, J. 1982
Wissenschaft als Lebensform. Frankfurt/M.: Suhrkamp.
Mittelstraß, J. 1989
Der Flug der Eule. Von der Vernunft und der Aufgabe der Philosophie. Frankfurt/M.: Suhrkamp.
Mittelstraß, J. 1993
Natur und Geist. Von dualistischen, kulturellen und tranzdisziplinären Formen der Wissenschaft. In: Huber, J./Thurn, G. (Hg.): Wissenschaftsmilieus, Berlin, S.69-84.
Moed, H. F. 1989
Bibliometric Measurement of Research Performance and Price's Theory of Differences among the Sciences. In: Scientometrics, 15(5-6), S.473-483.
Moed, H. F. / Burger, W. J. M. / Frankfort, J. G. / van Raan, A. F. J. 1985
The Use of Bibliometric Data for the Measurement of University Research Performance. In: Research Policy, 14, S.131-149.
Moed, H. F. / van Raan, A. F. J. 1988
Indicators of Research Performance: Applications in University Research Policy. In: van Raan, A. F. J. (Hg): Handbook ... Amsterdam, S.177-192.
Moed, H. F. / van Raan, A. F. J. 1989
The Use of Bibliometric Data as Tools for University Research. In: Kogan, M. (Hg.): Evaluating ... London, S.183-192.
Moed, H. F. / De Bruin, R. E. / Nederhof, A. J. / Tijssen, R. J. W. 1991
International scientific cooperation and awareness within the European Community: Problems and perspectives. In: Scientometrics, 21, S.291-311.
Moravcsik, M. J. 1973
Measures of Scientific Growth. In: Research Policy, 2, S.266-275.
Moravcsik, M. J. 1987
We must Ask Questions before Giving Aswers. In: Scientometrics, 12(5-6), S.299-301.
Moravcsik, M.J. / Murugesan, P. 1975
Some Results on the Functions and Quality of Citations. In: Social Studies of Science, 5, S.6-92.
Müller-Hill, B. 1991
Funding of Molecular Biology. In: Nature, 51, S.11-12.

Münzinger, F. / Daniel, H.-D. 1992
Biochemie und Molekularbiologie in der Bundesrepublik Deutschland. Bibliometrische Indikatoren 1973-1987. In: FUTURA, 4, S.4-11.
Mulkay, M. 1974
Einige Aspekte kulturellen Wachstums in den Naturwissenschaften. In: Weingart, P. (Hg.): Wissenschaftssoziologie 2, Frankfurt/M., S.76-102.
Mulkay, M. 1978
Consensus in Science. In: Social Science Information, 17(1), S.107-122.
Mulkay, M. 1980
The Sociology of Science in East and West. In: Current Sociology, 28(3), S.1-184.
Mulkay, M. / Gilbert, G. N. 1982
Accounting for error. How scientist construct their social world when they account for correct and incorrect Belief. In: Sociology, 16(2), S.165-183.
Mulkay, M. / Gilbert, G. N. / Woolgar, S. 1975
Problem Areas and Research Networks in Science. In: Sociology, 9, S.187-203.
Mullins, N. / Snizek, W. / Oehler, K. 1988
The Structural Analysis of a Scientific Paper. In: van Raan, A. F. J. (Hg.): Handbook ... Amsterdam, S.81-105.
Musgrave, A. E. 1976
Method or Madness. In: Cohen, R. et al. (Hg.): Essays ... Dordrecht, S.457-491
Musgrave, A. 1980
Stützung durch Daten, Falsifikation, Heuristik und Anarchismus. In: Radnitzky, G./Andersson, G.: Fortschritt ... Tübingen, S.199-220.
Myers, C. R. 1970.
Journal citations and scientific eminence in contemporary psychology. In: American Psychologist, 25, S.1041-1048.
Myers, G. 1985
Texts as Knowledge Claims: The Social Construction of two Biology Articles. In: Social Studie of Science, 15, S.593-630.
MWF (Der Minister für Wissenschaft und Forschung des Landes Nordrhein-Westfalen) 1986
Forschung in Nordrhein-Westfalen. Faktenteil 1986. Düsseldorf.
MWF (Der Minister für Wissenschaft und Forschung des Landes Nordrhein-Westfalen) 1988
Forschung in Nordrhein-Westfalen. Faktenteil 1988. Düsseldorf.
Narin, F. 1976
Evaluative Bibliometrics. The Use of Publication and Citation Analysis in the Evaluation of Scientific Activity. Washington D.C.: Computer Horizonts Inc., Report No. 7004.
Narin, F. 1978
Objectivity versus Relevance in Studies of Scientific Advance. In: Scientometrics, 1(1), S.35-41.
Narin, F. / Olivastro, D. 1988
Technology Indicators Based on Patents and Patent Citations. In: van Raan, A. F. J. (Hg.): Handbook... Amsterdam, S.465-508.
Narin, F. / Stevens, K. / Whitlow, E. S. 1991
Scientific co-operation in Europe and the citation of multinationally authored papers. In: Scientometrics, 21, S.313-323.
National Science Foundation, National Science Board 1988
Science Engineering Indicators 1987. Washington: U.S. Govern. Printing Office.
Naumann, J. 1989
Qualitätsabstufungen und Leistungswettbewerb zwischen Fachbereichen - objektive Gegebenheiten und subjektive Bewertungen In: Helberger,C. (Hg.): Ökonomie ... Berlin, S.23-50.
Nederhof, A.J. 1988
The Validity and Releability of Evaluation of Scholary Performance. In: van Raan, A. F. J. (Hg.): Handbook ... Amsterdam, S.193-228.
Nederhof, A.J. / van Raan, A.F.J. 1987
Citation Theory and the Ortega Hypothesis. In: Scientometrics, 12,(5-6) S.325-328.
Nederhof, A. J. / Noyons, E. C. M. 1992
Assessment of the International standing of University Departments' Research: A Comparison of Bibliometric Methods. In: Scientometrics, 24(3), S.393-404.
Nederhof, A. J. / van Raan, A. F. J. 1989
A Validation Study of Bibliometric Indicators: The Comparative Performance of Cum Laude Doctorates in Chemistry. In: Scientometrics, 17(5-6), S.427-435.
Nederhof, A.J. / Zwaan, R.A. / De Bruin, R.E. / Dekker, P.J. 1989
Assessing the Usefulness of Bibliometric Indicators for the Humanities and the Social and Behavioural Sciences: A Comparative Study. In: Scientometrics, 15(5-6), S.423-435.
Neidhardt, F. 1983
Gruppierungsprobleme Sozialwissenschaftlicher Forschungsteams. In: KZfSS, Sonderheft 25, Gruppensoziologie, Opladen: Westdeutscher Verlag, S.552-573.
Neidhardt, F. 1986 a
Kollegialität und Kontrolle - Am Beispiel der Deutschen Forschungsgemeinschaft. In: KZfSS, 38 (1), S.3-12.

Neidhardt, F. 1986 b
Selbststeuerungsprozesse in der Forschungsförderung. Das Gutachterwesen im "Normalverfahren" der Deutschen Forschungsgemeinschaft (DFG). Berichte aus dem Forschungsinstitut für Soziologie der Universität zu Köln XII/1986.
Neidhardt, F. 1988
Selbststeuerung in der Forschungsförderung. Das Gutachterwesen der DFG. Opladen: Westdeutscher Verlag.
Neidhardt, F. / Hartmann, I. 1990
Peer Review at the Deutsche Forschungsgemeinschaft. In: Scientometrics, 19(5-6), S.419-425
Nieuwenhuysen, P. / Rousseau, R. 1988
A Quick and Easy Method to Estimate Random Effect on Citation Measures. In: Scientometrics, 13(1-2), S.45-52.
Noma, E. 1988
Using Influence Weights to Evaluate the Scientific Importance of Journals. In: van Raan, A.F.J. (Hg.): Handbook ... Amsterdam, S.677-704.
Nowotny, H. 1982
Leben im Labor und Draußen: Wissenschaft ohne Wissen? Anmerkungen zu neueren Ansätzen innerhalb der Wissenschaftssoziologie. In: Soziale Welt, 33, S.208-220.
Nowotny, H. 1990
Actor-Networks vs. Science as a Self-Organizing System: A Comparative View of Two Constructivist Approaches. In: Krohn, W. et al. (Hg.): Selforganization ... Dordrecht, S.223-239.
Nowotny, H. / Rose, H. (Hg.) 1979
Counter-Movements in the Sciences. Dordrecht: Reidel.
Nudelman, A.E. / Landers, C.E. 1972
The Failure of 100 divided by 3 to equal 33-1/3. In: The American Sociologist, 7(9), S.9.
Oehler, C. 1990
Effizienz der Drittmittelförderung in den Ingenieurwissenschaften. In: Arbeitspapiere des Wissenschaftlichen Zentrums für Berufs- und Hochschulforschung an der GH Kassel, Nr.23.
Oelmüller, W. (Hg.) 1988
Philosophie und Wissenschaft. Paderborn: Schöningh.
Oromaner, M. 1974
Collaboration and Impact: The Career of Multi-Authored Publications. In: Social Science Information, 14, S.147-155.
Oromaner, M. 1985
The Ortega Hypothesis and influential Articles in American Sociology. In: Scientometrics, 7 (1-2), S.3-10.
Ortega y Gasset, J. 1993
Der Aufstand der Massen. Stuttgart: Deutsche Verlags Anstalt (Original 1930).
Overington, M. A. 1985
Einfach der Vernunft folgen: Neuere Entwicklungstendenzen in der Metatheorie. In: Bonß, W./ Hartmann, H. (Hg.): Entzauberte Wissenschaft, Göttingen, S.113-127.
Pavitt, K. 1988
Uses and Abuses of Patent Statistics. In: van Raan, A. F. J. (Hg.): Handbook ... Amsterdam, S.509-536.
Pähler, K. 1986
Qualitätsmerkmale wissenschaftlicher Theorien. Tübingen: J.C.B. Mohr.
Peirce, Ch. S. 1967
Schriften I. Zur Enstehung des Pragmatismus. Hg. von K.O. Apel. Frankfurt/M.: Suhrkamp.
Persson, O. 1988
Measuring Scientific Output by Online Techniques. In: van Raan, A. F. J (Hg.): Handbook ... Amsterdam, S.229-252.
Peters, D. / Ceci, S. 1982
Peer Review Practices of Psychological Journals: The Fate of Published Articles, Submitted Again. In: Behavioral and Brain Sciences, 2(5), S.187-195.
Pickering, A. 1981 a
The Role of Interests in High Energy Physics: The Choice between Charm and Colour. In: Knorr, K. et al. (Hg.): The Social Process ... Boston, S.107-138.
Pickering, A. 1981 b
Constrains on Controversy: The Case of the Magnetic Monopole. In: Social Studies of Science, 11(1), S.63-94.
Pickering, A. 1984
Constructing Quarks. Chicago: Chicago University Press.
Pickering, A. 1989
Living in the Material World: On Realism and Experimental Practice. In: Gooding, D. et al. (Hg.): The Uses ... Cambridge, S.275-297.
Pickering, A. (Hg.) 1992
Science as Practice and Culture. Chicago and London: University of Chicago Press.
Pinch, T. J. 1981 a
Theoreticians and the Production of Experimental Anomaly: The Case of Solar Neutrinos. In: Knorr, K. et al. (Hg.): The Social Process ... Boston, S.77-106.

Pinch, T. J. 1981 b
The Sun-Set: The Presentation of Certainty in Scientific Life. In: Social Studies of Science, 11(1), S.131-158.
Pinch, T. J. 1982
Kuhn - The Conservative and Radical Interpretations: Are some Mertonians "Kuhnians" and some "Kuhnians" Mertonians? In: 4S Newsletter 7, S.10-25.
Pinski, G. / Narin, F. 1979
Structure of the Psychological Literature. In: Journal of the American Society for Information Science, 30, S.161-168.
Plomp, R. 1989
Statistical Reliability of Citation Frequency as an Indicator of Scientific Impact. In: Scientometrics, 17, S.71-81.
Polanyi, M. 1985
Implizites Wissen. Frankfurt/M.: Suhrkamp.
Pommerehne, W. 1986
Die Reputation wirtschaftswissenschaftlicher Fachzeitschriften Ergebnisse einer Befragung deutscher Ökonomen. In: Jahrbücher für Nationalökonomie und Statistik, 201 (3), S.280-306.
Pommerehne, W. / Renggli, M. F. P. 1986
Die Messung universitärer Forschungsleistung am Beispiel der Wirtschaftswissenschaften. In: Fisch, D. und Daniel, H.-D. (Hg): Messung und Förderung ... Konstanz, S.89-134.
Popper, K. R. 1974
Die Normalwissenschaft und ihre Gefahren. In: Lakatos, I./Musgrave, A.: Kritik ... Braunschweig, S.51-58.
Popper, K. R. 1984 a
Logik der Forschung. Tübingen: J.C.B. Mohr (8. Aufl.).
Popper, K. R. 1984 b
Objektive Erkenntnis. Ein evolutionärer Entwurf. Hamburg: Hoffmann & Campe (4. Aufl.).
Popper, K. R. 1992 a
Die offene Gesellschaft und ihre Feinde. Bd 1. Tübingen: J.C.B. Mohr (7. Aufl.).
Popper, K. R. 1992 b
Die offene Gesellschaft und ihre Feinde. Bd 2. Tübingen: J.C.B Mohr (7. Aufl.).
Porter, A.L. / Chubin, D.E. / Xiao-Yin Jin 1988
Citations and Scientific Progress: Comparing Bibliometric Measures with Scientist Judgements. In: Scientometrics, 13(3-4), S.103-124.
Post, H. 1980
Objektivismus und Soziologismus. In: Radnitzky, G./Andersson, G. (Hg.): Fortschritt ... Tübingen, S.309-316.
Presser, S. 1980
Collaboration and the Quality of Research. In: Social Studies of Science, 10, S.95-101.
Price, D.J. de Solla 1965
Networks of Scientific Papers. In: Science, 149, S.510-515.
Price, D.J. 1974
Little Science, Big Science. Frankfurt/M: Suhrkamp.
Price, D.J. de Solla 1976
A General Theory of Bibliometrics and Other Cumulative Advantage Processes. In: Journal of the American Society for Information Science, 27, S.292-306.
Price, D.J. de Solla 1981
Towards a Comprehensive System of Science Indicators. In: Scientia Yugoslawia, 6, S.45-65.
Price, D.J. de Solla 1986
Little Science, Big Science ... and Beyond. New York: Columbia Univ. Press.
Pritchard, A. 1969
Statistical Bibliography or Bibliometrics? In: Journal of Documentation, 25(4), S.348-349.
Pritchard, A. 1980
Citation Analysis vs. Use Data. In: Journal of Documentation, 36(3), S.268-269.
Quine, W. V. O. 1980
Wort und Gegenstand. Stuttgart: Reclam.
Quine, W. V. O. 1991
Theorien und Dinge. Frankfurt/M.: Suhrkamp.
Radnitzky, G. 1975
Das Programm der systemorientierten Forschungstheorie. In: Weingart, P. (Hg.): Wissenschaftsforschung, Frankfurt/M., S.14-57.
Radnitzky, G. 1980
Theoriebegründung oder begründete Theoriepräferenz. In: Radnitzky, G./Andersson, G. (Hg.): Fortschritt... Tübingen 1980, S.317-370.
Radnitzky, G. 1989 a
Wissenschaftstheorie, Methologie. In: Seiffert,H./Radnitzky,G. (Hg): Handlexikon ... München, S.463-472.

Radnitzky, G. 1989 b
Der Kritische Rationalismus in der Erkenntnistheorie und politischen Philosophie. In: Salamun, K. (Hg.): Karl R. Popper ... Darmstadt, S.179-202.

Radnitzky, G. / Andersson, G. (Hg.) 1980
Fortschritt und Rationalität. Tübingen: J.C.B. Mohr.

Radnitzky, G. / Andersson, G. (Hg.) 1981
Voraussetzungen und Grenzen der Wissenschaft. Tübingen: J.C.B. Mohr.

Rau, E. / Hummel, T. 1988
Die Besten und die Berühmtesten. Forschungsproduktivität wirtschaftswissenschaftlicher Fachbereiche in der Bundesrepublik Deutschland und in den USA. In: Daniel, H.-D./Fisch, R. (Hg.): Evaluation ... Konstanz, S.243-258.

Ravetz, J. 1971
Scientific Knowledge and its social problems. Oxford: Oxford Univ. Press.

Rescher, N. 1978
Scientific Progress. A Philosophical Essay in the Economics of Research in Natural Science. Oxford: Basil Blackwell.

Rescher, N. 1989
Die Kriterien der Wahrheit. In: Skirbekk, G. (Hg.): Wahrheitstheorien. Frankfurt/M., S.337-390.

Restivo, S. 1981
Commentary: Some Perspectives in Contemporary Sociology of Science. In: Science, Technology, Human Values, 6, S. 22-30.

Rice, R. E. / Borgman, C. L. / Bednarski, D. / Hart, P. J. 1989
Journal to Journal Citation Data: Issuses of Validity and Reliability. In: Scientometrics, 15 (3-4), S.257-282.

Rip, A. 1988
Mapping of Science: Possibilities and Limitations. In: van Raan, A.F.J. (Hg.): Handbook ... Amsterdam, S.253-276.

Roche, T. / Smith, D. L. 1978
Frequency of Citation as a Criterion for the Ranking of Departments, Journals, and Individuals. In: Sociological Inquiry, 48, S.49-57.

Roeder, P. M. / Baumert, J. / Naumann, J. / Trommer, L. 1988
Institutionelle Bedingungen wissenschaftlicher Produktivität. In: Daniel, H.-D./Fisch, R. (Hg.): Evaluation ... Konstanz, S.457-494.

Rorty, R. 1981
Der Spiegel der Natur. Frankfurt/M.: Suhrkamp.

Ross, P. F. 1980
The Sciences 'Self-Management': Manuscript Refereeing, Peer Review, and Goals in Science. Lincoln: The Ross Company.

Roth, K. 1992
Masse statt Klasse. Über die Schreibwut in der Wissenschaft. In: DIE ZEIT, Nr. 11, S.108.

Roy, R. 1984
Alternatives to Review by Peers: A Contribution to the Theory of Scientific Choice. In: Minerva, XXII, S.316-328.

Roy, R. 1985
Funding Science: The Real Defects of Peer Review and Alternative to it. In: Science, Technology, Human Values, 10, S.73-81.

Rudd, E. 1977
The Effect of Alphabetical Order of Author Listing on the Careers of Scientist. In: Social Studies of Science, 7, S.268-269.

Rusch, G. / Schmidt, J. (Hg.) 1994
Konstruktivismus und Sozialtheorie. Frankfurt/M.: Suhrkamp.

Sadowski, D. / Backes, U. 1985
Analysen zur Forschungseffizienz - Grundlage für die Forschungsfinanzierung von Universitäten? In: Brinkmann, G. (Hrsg.): Probleme der Bildungsfinanzierung. Berlin: Duncker & Humblot, S.407-437.

Sahner, H. 1982
Zur Selektivität von Herausgebern. Eine Input-Output-Analyse der "Zeitschrift für Soziologie". In: Zeitschrift für Soziologie, 11(1), S.82-98.

Salamun, K. (Hg.) 1989
Karl R. Popper und die Philosophie des Kritischen Rationalismus. Darmstadt: TH Darmstadt, 1981.

Sanders, H.J. 1982
Peer Review. How well is it working? In: Chemical and Engineering News, 60(11), S.32-43.

Schäfer, Lothar 1977
Theoriendynamische Nachlieferungen. Anmerkungen zu Kuhn-Sneed-Stegmüller. In: Zeitschrift für philosophische Forschung, 31, S.19-42.

Schell, J. 1983
"Genetic Engineering" als natürliches Phänomen oder: Die Entdeckung der Gen-Vektoren für Pflanzen. In: Schneider,C. (Hg.): Forschung ... Weinheim, S.361-365.

Schimank, U. 1985
Der mangelnde Akteurbezug systemtheoretischer Erklärungen gesellschaftlicher Differenzierung - Ein Diskussionsvorschlag In: Zeitschrift für Soziologie, 14(6), S.421-434.
Schimank, U. 1988
Gesellschaftliche Teilsysteme als Akteurfiktionen. In: KZfSS, 40(4), S.619-639.
Schimank, U. / Stucke, A.S (Hg.) 1994
Coping with Trouble: How Science reacts to Political Disturbances of Research Conditions. Frankfurt/M.; New York: Campus.
Schimank, U. 1992
Forschungsbedingungen der Professoren an den westdeutschen Hochschulen - Daten aus einer Befragung im Wintersemester 1990/91. MPIFG Discussion Paper 92/2. Köln: MPI für Gesellschaftsforschung.
Schlie-Roosen, F. 1990
Quantitative Indicators for Federal Government Research and Technology Policy. In: Scientometrics, 19(5-6), S.439-445.
Schmidt, S. J. (Hg.) 1987
Der Diskurs des radikalen Konstruktivismus. Frankfurt/M.: Suhrkamp.
Schmid, M. 1989
Rationalität und Irrationalität. In: Salamun, K. (Hg.): Karl R. Popper ... Darmstadt, S.125-142.
Schmoch, U. / Grupp, H. / Mannbart, W. / Schwitalla, B. 1988
Technikprognosen mit Patenindikatoren. Köln: TÜV Rheinland GmbH.
Schmoch, U. 1996
Die Rolle der akademischen Forschung in der Technikgenese. In: Soziale Welt (47), 2, S.250-265.
Schneider, C. (Hg.) 1983
Forschung in der Bundesrepublik Deutschland. Weinheim: Verlag Chemie.
Schneider, W. L. 1988
Grenzen der Standardisierbarkeit bei der Bewertung von Forschungsergebnissen. Einige Überlegungen aus der Sicht der Wissenschaftstheorie. In: Daniel, H.-D. / Fisch, R. (Hg.): Evaluation ... Konstanz, S.433-447.
Schneider, W. L. 1991
Objektives Verstehen. Rekonstruktion eines Paradigmas: Gadamer, Popper, Toulmin, Luhmann. Opladen: Westdeutscher Verlag.
Schnelle, T. 1982
Ludwik Fleck, Leben und Denken. Freiburg: Hochschulverlag.
Schubert, A. / Glänzel, W. 1983
Statistical Reliability of Comparisons based on the Citation Impact of Scientific Publications. In: Scientometrics, 5(1), S.59-74.
Schütz, A. 1982
Das Problem der Relevanz. Frankfurt/M.: Suhrkamp.
Schulte, J. 1989
Wittgenstein. Eine Einführung. Stuttgart: Reclam.
Schweizerischer Wissenschaftsrat 1989
Forschungsplatz Schweiz. Horizont 1995. Ziele für die schweizerische Forschungspolitik. Vorschläge des Wissenschaftsrates an den Bundesrat. Planungsperiode 1992-1995. Bern.
Schwemmer, O. 1981
Die Vernunft der Wissenschaft. Kritische Bemerkungen zu einem unvermeidlichen Anspruch. In: Janich, P. (Hg.): Wissenschaftstheorie ... München, S.52-88.
Science Watch (ohne Autorenangabe) 1992
Top 50 Research Institutions in Molecular Biology, Ranked by Citation Impact. In: Science Watch, 3(4), S.7.
Scott, W. A. 1974
Interreferee Agreement on Some Characteristics of Manuscripts Submitted to the "Journal of Personality and Social Psychology". In: American Psychologist, 29, S.698-702.
Searle, J. R. 1994
Rationalität und Realismus. Eine Verteidigungsrede. In: Merkur, 48(5), S.377-391.
Seglen, P. O. 1991
Die Evaluation von Wissenschaft anhand des 'journal impact'. In: Weingart, P. et al. (Hg.): Indikatoren der Wissenschaft .... Frankfurt/M., S.72-90.
Sehringer, R. 1991
Bibliometrische Analyseverfahren zur Ermittlung institutioneller Forschungsprofile. In: Weingart, P. et al. (Hg.): Indikatoren der Wissenschaft ... Frankfurt/M., S.112-131.
Seifert, E. K. 1995
Jenseits des Bruttosozialprodukts. Neue Ansätze zur Messung von nachhaltiger Entwicklung. In: Informationsdienst Soziale Indikatoren, 13, S.1-5.
Seiffert, H. / Radnitzky, G. (Hg.) 1989
Handlexikon zur Wissenschaftstheorie. München: Ehrenwirth.
Sengupta, I. N. 1986
Three New Parameters in Bibliometric Research and their Application to Rerank Periodicals in the Field of Biochemistry. In: Scientometrics, 10(5-6), S.235-242.

Shinn, T. / Whithley, R. (Hg.) 1985
Expository Science. Forms and Functions of Popularisation. Yearbook in the Sociology of the Sciences. Dordrecht: Kluwer.
Short, J. F. (Hg.) 1981
The State of Sociology: Problems and Prospects. London: Sage.
Singleton, A. 1976
Journal Ranking and Selection: A Review in Physics. In: Journal of Documentation, 32, S.258-289.
Sizer, J. 1990
Performance Indicators and the Management of Universities in the UK. A Summary of Developments with Commentary. In: Dochy, F. et al. (Hg.): Management ... Assen/Maastricht, S.5-46.
Skeels, J. W. / Taylor, R. A. 1972
The Relative Quality of Economics Journals: An Alternative Rating System. In: Western Economic Journal, 10, S.470-473.
Skirbekk, G. (Hg.) 1989
Wahrheitstheorien. Frankfurt/M.: Suhrkamp (5. Aufl.).
Small, H.G. 1974 a
Report on Citation Counts for National Science Foundation Grant Recipients and Non-Recipients. Philadelphia: Institut for Scientific Information.
Small, H.G. 1974 b
Characteristics of Frequently Cited Papers in Chemistry. Philadelphia: Institute for Scientific Information.
Small, H.G. 1978
Cited Documents as Concept Symbols. In: Social Studies of Science, 8, S.327-340.
Small, H.G. 1982
Citation Context Analysis. In: Dervin, B. J. / Voight, M. J.(Hg.): Progress in Communication Sciences, Band 3, Norwood, New Jersey: Ablex Publ., S.287-310.
Small, H.G. / Crane, D. 1979
Specialities and Disciplines in Science and Social Science: An Examination of their Structure using Citation Indexes. In: Scientometrics, 12(5-6), S.445-461.
Small, H.G. / Sweeny, E. 1985
Clustering the Science Citation Index using Co-citations I. A Comparison of Methods. In: Scientometrics, 7(3-6), S.391-409.
Small, H.G. / Sweeney, E. / Greenlee, E. 1985
Clustering the Science Citation Index Using Co-Citations. II. Mapping Science. In: Scientometrics, 8(5-6), S.321-340.
Smart, J. 1983
Perceived Quality and Citation Rates of Educational Journals. In: Research in Higher Education, 19, S.175-182.
Smelser, N. L. (Hg.) 1988
Handbook of Sociology. Beverly Hills: Sage.
Smith, C. S. / Larsen, O. 1989
The Criterion of "Relevance" in the Support of Research in the Social Sciences: 1965-1985. In: Minerva, XXVII(4) , S.461-483.
Smith, L. C. 1981
Citation Analysis. In: Library Trends, Summer, S.83-106.
Smith, R. / Fiedler, F. E. 1971
The Measurement of Scholary Work: A Critical Review of the Literature. In: Educational Record, S.225-232.
Spiegel-Rösing, I. 1977
Science Studies: Bibliometrics and Content Analysis. In: Social Studies of Science, 7, S.97-113.
Spiegel-Rösing, I. / Fauser, P. M. / Baitsch, H. 1975
Beiträge zur Messung von Forschungsleistungen - Institutionen, Gruppen und Einzelpersonen. Herausgegeben vom Bundesminister für Bildung und Wissenschaft. Schriftenreihe Hochschule 16. Bonn: Gersbach & Sohn.
Spinner, H. F. 1980
Gegen Ohne Für Vernunft, Wissenschaft, Demokratie etc. In: Duerr, H. P.(Hg.): Versuchungen ... Frankfurt/M., S.35-109.
Spinner, H. F. 1988
Der Wandel der Wissensordnung und die neue Aufgabe der Philosophie im Informationszeitalter. In: Oelmüller, W. (Hg.): Philosophie und Wissenschaft. Paderborn, S.61-78.
Star, S. L. 1985
Scientific Work and Uncertainty. In: Social Studies of Science, 15, S.391-427.
Stegmüller, W. 1978 a
Theoriendynamik und logisches Verständnis. In: Diederich,W. (Hg.): Theorien ... Frankfurt/M., S.167-209.
Stegmüller, W. 1978 b
Hauptströmungen der Gegenwartsphilosophie. Band 1. Stuttgart: Kröner (6. Aufl.).
Stegmüller, W. 1979
Hauptströmungen der Gegenwartsphilosophie. Band II. Stuttgart: Kröner (6. Aufl.).

Stegmüller, W. 1981
Eine kombinierte Analyse der Theoriendynamik. Verbesserung der historischen Deutung des Theorienwandels durch mengentheoretische Strukturen. In: Radnitzky, G./Andersson, G. (Hg.): Voraussetzungen... Tübingen, S.277-317.
Stehr, N. 1978
The Ethos of Science Revisited. In: Sociological Inquiry, 48, S.172-196.
Stehr, N. 1985
Robert K. Mertons Wissenschaftssoziologie. In: Merton, R. K.: Entwicklung ... Frankfurt/M., S.7-30.
Stehr, N. / Meja, V. (Hg.) 1981
Wissenssoziologie. Opladen: Westdeutscher Verlag.
Stephan, P. E. / Levin, S. G. 1988
Measures of Scientific Output and the Age-Productivity Relationship. In: van Raan, A. F. J. (Hg.): Handbook ... Amsterdam, S.31-80.
Stichweh, R. 1979
Differenzierung der Wissenschaft. In: Zeitschrift für Soziologie, 8, S.82-101.
Stichweh, R. 1984
Zur Entstehung des modernen Systems wissenschaftlicher Disziplinen. Frankfurt/M.: Suhrkamp.
Stichweh, R. 1987
Die Autopoiesis der Wissenschaft. In: Baecker, D. et al. (Hg.): Theorie als Passion ... Frankfurt/M., S.447-481.
Stichweh, R. 1988 a
Technologie, Naturwissenschaft und die Struktur wissenschaftlicher Gemeinschaften. Wissenschaftliche Instrumente und die Entwicklung der Elektrizitätslehre. In: KZfSS, 40(4), S.684-705.
Stichweh, R. 1988 b
Differenzierung des Wissenschaftssystems. In: Mayntz, R. et al. (Hg.): Differenzierung ... Frankfurt/M., S.45-115.
Stokes, T.D. / Hartley, J.A. 1989
Coauthorship, Social Structure and Influence Within Specialities. In: Social Studies of Science, 19, S.101-125.
Storer, N.W. 1967
The Hard Sciences and the Soft: Some Sociological Observations. In: Bulletin of the Library Association 55, S.75-84.
Storer, N.W. 1972 a
Das soziale System der Wissenschaft. In: Weingart, P. (Hg.): Wissenschaftssoziologie 1, Frankfurt/M., S.60-81.
Storer, N.W. 1972 b
Kritische Aspekte der sozialen Struktur der Wissenschaft. In: Weingart, P. (Hg.): Wissenschaftssoziologie 1, Frankfurt/M., S.85-120.
Subramanyam, K. 1983
Bibliometric Studies of Research Collaboration: A Review. In: Journal of Information Science, 6, S.33-38.
Sztompka, P. 1986
Robert K. Merton. An Intellectual Profile. New York: Saint Martin's Press.
Tagliacozzo, R. 1977
Self-Citations in Scientific Literature. In: Journal of Documentation, 33, S.251-265.
Tainer, J. A. 1991
Science, Citation and Funding. In: Science, 251, S.1408.
Teevan, J. J. 1980
Journal Prestige and Quality of Sociological Articles. In: American Sociologist, 15, S.109-112.
Tijssen, R. J. W. 1991
A quantitative assessment of interdisciplinary structures in science and technology: Co-classification analysis of energy research. In: Research Policy, 20, S.1-17.
Tijssen, R. J. W. 1992
Carthography of Science: Scientometric Mapping with Multidimensional Scaling Methods. Leiden: DSWO Press.
Tomer, C. 1986
A Statistical Assessment of two Measures of Citation: The Impact Factor and the Immediacy Index. In: Information Processing and Management, 22, S.251-258.
Toulmin, S. E. 1966
Is There a Limit to Scientific Growth? In: Science Journal, 2, S.80-85.
Toulmin, S. E. 1974
Ist die Unterscheidung zwischen Normalwissenschaft und revolutionärer Wissenschaft stichhaltig? In: Lakatos, I./Musgrave, A: Kritik .... Braunschweig, S.39-48.
Toulmin, S. E. 1978
Die evolutionäre Entwicklung der Naturwissenschaft. In: Diederich, W. (Hg.): Theorien ... Frankfurt/M., S. 249-275.
Toulmin, S. E. 1981
Voraussicht und Verstehen. Ein Versuch über die Ziele der Wissenschaft. Frankfurt/M.: Suhrkamp.

Toulmin, S. E. 1983
Kritik der kollektiven Vernunft. Frankfurt/M.: Suhrkamp.
Toulmin, S. E. 1991
Kosmopolis. Die unerkannten Aufgaben der Moderne. Frankfurt/M.: Suhrkamp.
Tranøy, K. N. 1986
Pragmatik der Forschung. Methodologien als normative Systeme. In: Böhler, D. et al. (Hg.): Die pragmatische Wende, Frankfurt/M., S.36-54.
Travis, G. D. L. 1980
On the Construction of Creativity: The 'Memory Transfer'phenomenon and the importance of being earnest. In: Sociological Science Yearbook 4, S.165-193.
Tversky, A. / Kahnemann, D. 1974
Judgement under Uncertainity: Heuristics and Biases. In: Science, 185, S.1124-1131.
Urbach, P. 1980
Die objektiven Aussichten eines Forschungsprogramms. In: Radnitzky, G./Andersson, G.: Fortschritt ... Tübingen, S.109-125.
van Meter, K. M. / Turner, W. A. 1994
Cognitive Mapping: The German FORIS Database and Sociological Abstracts' Aids Research. In: Best, H. et al. (Hg.): Informations-und Wissensverarbeitung ... Opladen, S.257-274.
van Raan, A. F. J (Hg.) 1988
Handbook of Quantitative Studies of Science and Technology. Amsterdam: Elsevier.
van Raan, A. F. J. 1989
Evaluation of research groups. In: Evered, D. (Hg.): The Evaluation ... Chichester, S.169-182.
van Raan, A. F. J. 1994
Assessment of Research Performance with Bibliometric Methods. In: Best, H. et al. (Hg.): Informations- und Wissensverarbeitung ... Opladen, S.499-524.
van Raan A.F.J. / Nederhof, A.J. / Moed, H.F. (Hg.) 1989
Science and Technology Indicators. Their Use in Science Policy and their Role in Science Studies. Leiden: DSWO Press.
van Raan, A. F. J. / van der Velde, J. G. M. 1991
Bibliometric mapping and early warning for emerging topics; ex exploring developments in material science. In: Research Evaluation, 1/2, S.115-127.
Vinkler, P. 1986
Evaluation of Some Methods for the Relative Assessment of Scientific Publications. In: Scientometrics, 10, S.157-177.
Vinkler, P. 1987
A Quasi-Quantitative Citation Modell. In: Scientometrics, 12(1-2), S.47-72.
Wade, N. 1975
Citation analysis: A new tool for science administrators. In: Sciece 188, S.429-433.
Wallis, R. (Hg.) 1979
On the Margins of Science: The Social Construction of Rejected Knowledge. Keele: University of Keele Press.
Watkins, J. 1980 a
Die Poppersche Analyse der wissenschaftlichen Erkenntnis. In: Radnitzky, G./Andersson, G. (Hg.): Fortschritt ... Tübingen, S.27-78.
Watkins, J. 1980 b
Die Bewährung und das Problem des Gehaltvergleichs. In: Radnitzky, G./Andersson, G.(Hg.): Fortschritt... Tübingen, S.393-439.
Weber, M. 1972
Gesammelte Aufsätze zur Religionssoziologie I. Tübingen: J.C.B. Mohr.
Weber, M. 1973
Soziologie. Universalgeschichtliche Analysen. Politik. Stuttgart: Kröner.
Weber, M. 1980
Wirtschaft und Gesellschaft. Tübingen: J.C.B. Mohr (5.Aufl.).
Weidenhammer, W. 1985
Science Citation Index - Empirische Zusammenhänge zur Beurteilung von Bekanntheit, Produktivität und Qualität deutschsprachiger Psychiater. In: geriatrics - pregeriatics - rehabilitation 1(2), S.62-68.
Weidenhammer, W. 1986
Empirische Zusammenhänge zwischen Zitierrate im Science Citation Index und der von Fachkollegen beurteilten Forschungsproduktivität und -qualität deutschsprachiger Neurologieordinarien. In: geriatrics - pregeriatics - rehabilitation 2(1), S.26-32.
Weinberg, A. M. 1989
Criteria for Evaluation, a Generation Later. Ciba Foundation Conference. In: Evered, D. (Hg.): The Evaluation ... Chichester, S.3-15.
Weingart, P. (Hg.) 1972
Wissenschaftssoziolgie 1. Wissenschaftliche Entwicklung als sozialer Prozeß. Frankfurt/M.: Fischer Athenäum.
Weingart, P. (Hg.) 1974
Wissenschaftssoziologie 2. Determinanten wissenschaftlicher Entwicklung. Frankfurt/M.: Fischer Athenäum.

Weingart, P. (Hg.) 1975
Wissenschaftsforschung. Frankfurt/M.; New York: Campus.

Weingart, P. 1991
Wissenschaftsindikatoren als soziale Konstruktionen und ihre Realität. In: Weingart, P. et al. (Hg.): Indikatoren ... Frankfurt/M., S.224-232.

Weingart, P. 1993
Der Forschungsindex. Welche Forschung ist gut? In: Bild der Wissenschaft 5, S.34-39.

Weingart, P. / Sehringer, R. / Winterhager, M. 1985
Die Bewertung der Hochschulforschung mit dem Drittmittel-Indikator - Kritik eines neuen Meßverfahrens anläßlich des Forschungsberichtes NRW 1984. Unveröff. Typoskript.

Weingart, P. / Sehringer, R. / Winterhager, M. (Hg.) 1991
Indikatoren der Wissenschaft und Technik. Theorie, Methoden, Anwendungen. Frankfurt/M.; New York: Campus.

Weingart, P. / Winterhager, M. 1984
Die Vermessung der Forschung. Frankfurt/M.; New York: Campus.

Welsch, W. 1995
Vernunft. Die zeitgenössische Vernunftkritik und das Konzept der transversalen Vernunft. Frankfurt/M.: Suhrkamp.

Wenzel, V. / Schulze, A. 1993
Kontextualisierung und Kontextgeneralisierung im wissenschaftlichen Diskurs. In: Bonß, W. et al. (Hg.): Wissenschaft als Kontext ... Hamburg, S.41-52.

Westerheijden, Don F. 1990
Peers, Performance and Power. In: Goedegebuure, P. et al. (Hg.): Peer Review .... Utrecht 1990, S.183-207.

Westdeutsche Rektorenkonferenz 1980
Effizienz der Hochschulen (WRK-Kolloquium, 1./2.10.1979). In: Dokumente zur Hochschulreform XXXVII/1980. Bonn.

Westdeutsche Rektorenkonferenz 1989
Leistungsbeurteilung und Leistungsvergleich im Hochschulbereich. Dokumente zur Hochschulreform 65/1989. Bonn.

Whitley, R. D. 1972 a
Black boxism and the sociology of science: a discussion of the major developments in the field. In: Sociological Review Monograph, 18, S.61-92.

Whitley, R. D. 1972 b
Kommunikationsnetze in der Wissenschaft: Status und Zitierungsmuster in der Tierphysiologie. In: Weingart, P. (Hg.): Wissenschaftssoziologie 1 ... Frankfurt/M., S.188-202.

Whitley, R. D. 1975
Konkurenzformen, Autonomie und Entwicklungsformen wissenschaftlicher Spezialgebiete. In: KZfSS, Sonderheft 18: Wissenschaftssoziologie, S.135-164.

Whitley, R. D. 1981
The Context of Scientific Investigation. In: Knorr, K. u.a. (Hg.): The Social Process ... Boston, S.297-322.

Whitley, R. D. 1982
The Establishment and Structure of the Sciences as Reputational Organisations. In: Elias, N. u.a.(Hg.): Scientific ... Dordrecht, S.313-357.

Whitley, R. D. 1983
From the Sociology of Scientific Communities to the Study of Scientists' Negotiations and beyond. In: Social Science Information, 22(45), S.681-720.

Whittaker, J. 1989
Creativity and Conformity in Science: Titles, Keywords and Co-word Analysis. In: Social Studies of Science, 19, S.473-496.

Williams, R. / Law, J. 1980
Beyond the Bounds of Credibility. In: Fundamenta Scientiae, 1, S.295-315

Winterhager, M. 1991
Indikatoren zur Forschung auf dem Gebiet der Hochtemperatur - Supraleitung im Jahr 1987 auf der Basis der Cozitationsanalyse. In: Weingart, P. u.a. (Hg.): Indikatoren ... Frankfurt/M., S.180-208.

Winterhager, M. 1994
Bibliometrische Basisdaten zur Entwicklung der Sozialwissenschaften in Deutschland. In: Best, H. u.a. (Hg.): Informations-und Wissensverarbeitung ... Opladen, S.539-552.

Wissenschaftsrat 1982
Zur Forschung mit Mitteln Dritter an Hochschulen. Köln.

Wissenschaftsrat 1985
Empfehlungen zum Wettbewerb im deutschen Hochschulsystem. Köln.

Wissenschaftsrat 1986
Drittmittel der Hochschulen (Vorläufige Ergebnisse). Köln.

Wissenschaftsrat 1988
Empfehlungen des Wissenschaftsrates zu den Perspektiven der Hochschulen in den 90er Jahren. Köln.

Wissenschaftsrat 1992 a
Personalstellen der Hochschulen 1991. Köln.

Wissenschaftsrat 1992 b
Eckdaten und Kennzahlen zur Lage der Hochschulen. Köln.
Wissenschaftsrat 1993 a
10 Thesen zur Hochschulpolitik. Berlin.
Wissenschaftsrat 1993 b
Drittmittel der Hochschulen 1970 bis 1990. Köln.
Wissenschaftsrat 1996
Empfehlungen zur Stärkung der Lehre an den Hochschulen durch Evaluation. Köln.
Wittgenstein, L. 1980
Schriften I. Frankfurt/M.: Suhrkamp (4. Aufl.).
Woodhouse, E. J. 1991
The Turn toward Society? Social Reconstruction of Science. In: Science, Technology, Human Values, 16, S.390-404.
Woolgar, S. 1981
Discovery: Logic and Sequence in a Scientific Text. In: Knorr, K. et al. (Hg.): The Social Process ... Boston, S.239-268.
Worrall, J. 1980
Wie die Methodologie der wissenschaftlichen Forschungsprogramme die Poppersche Methodologie verbessert. In: Radnitzky, G./Andersson, G. (Hg.): Fortschritt ... Tübingen, S.51-78.
Wynne, B. 1976
Barkla and the J Phenomenon: A Case Study in the Treatment of Deviance in Physics. In: Social Studies of Science, 6, S.307-347.
Yalow, R. S. 1979
Peer review: Some suggestions. In Chemical Engineering News, 57(40), S. 5.
Yalow, R. S. 1986
Peer Review and Scientific Revolutions. In: Biological Psychatry, 21, S.1-2.
Zahar, E. 1973
Why did Einstein's Programme Supersede Lorentz's? In: The British Journal for the Philosophy of Science, 24, S.95-123.
Zahar, E. 1980
"Experimenta crucis": Untersuchung eines Beispiels. In: Radnitzky, G./Andersson, G. (Hg.): Fortschritt... Tübingen, S.79-108.
Zimmerli, W. C. 1988
Von Wissenschaft zu Technologie. In: Oelmuüller, W. (Hg.): Philosophie und Wissenschaft. Paderborn, S.47-60.
Zuckerman, H. 1967
Nobel Laureates in Science: Patterns of Productivity, Collaboration and Authorship. In: American Sociological Review, 32, S.391-403.
Zuckerman, H. 1968
Patterns of Name Ordering among Authors of Scientific Papers: A Study of Social Symbolism and its Ambiguity. In: American Journal of Sociology, 74, S.276-291.
Zuckerman, H. 1977
Scientific Elite: Nobel Laureates in the United States. New York: Free Press.
Zuckerman, H. 1987
Citation Analysis and the Complex Problem of Intellectual Influence. In: Scientometrics, 12(5-6), S.329-338.
Zuckerman, H. / Merton, R. 1971
Patterns of Evaluation in Science: Institutionalization, Structure, and Functions of the Referee System. In: Minerva, IX, S.66-100.
Zuckerman, H. / Merton, R. K. 1973
Age, Ageing and Age Structure in Sciene. In: Merton, R. K.: The Sociology of Science, Chicago, S.497-559.
Zuckerman, H. / Merton, R. K. 1985
Institutionalisierte Bewertungsstrukturen in der Wissenschaft. In: Merton, R.K.: Entwicklung und Wandel... Frankfurt/M., S.172-216.
Zuckerman, H. 1988
The Sociology of Science. In: Smelser, N. L. (Hg.): Handbook ... Beverly Hills: Sage, S.511-576.

GPSR Compliance

The European Union's (EU) General Product Safety Regulation (GPSR) is a set of rules that requires consumer products to be safe and our obligations to ensure this.

If you have any concerns about our products, you can contact us on ProductSafety@springernature.com

In case Publisher is established outside the EU, the EU authorized representative is:

Springer Nature Customer Service Center GmbH
Europaplatz 3
69115 Heidelberg, Germany

Batch number: 10809472

Printed by Printforce, the Netherlands